Optik
Grundlagen und Anwendungen

D. Kühlke

Optik

Grundlagen und Anwendungen

Mit Abbildungen, Tabellen, Beispielen
und Aufgaben mit Lösungen

Prof. Dr. Dietrich Kühlke lehrt an der Fachhochschule Furtwangen (Schwarzwald), Hochschule für Technik und Wirtschaft, im Fachbereich Computer & Electrical Engineering und ist verantwortlich für den Schwerpunkt Laser- und Optoelektronik.

Anregungen zu Veränderungen und Ergänzungen richten Sie bitte an:

Verlag Harri Deutsch
Gräfstraße 47
D-60486 Frankfurt am Main
E-Mail: verlag@harri-deutsch.de
http://www.harri-deutsch.de/verlag/

Bibliographische Information Der Deutschen Bibliothek

Die Deutsche Bibliothek verzeichnet diese Publikation in der Deutschen Nationalbibliographie; detaillierte bibliographische Daten sind im Internet über <http://dnb.ddb.de> abrufbar.

ISBN 3-8171-1741-8

Dieses Werk ist urheberrechtlich geschützt.
Alle Rechte, auch die der Übersetzung, des Nachdrucks und der Vervielfältigung des Buches – oder von Teilen daraus –, sind vorbehalten. Kein Teil des Werkes darf ohne schriftliche Genehmigung des Verlages in irgendeiner Form (Fotokopie, Mikrofilm oder ein anderes Verfahren) reproduziert oder unter Verwendung elektronischer Systeme verarbeitet werden. Zuwiderhandlungen unterliegen den Strafbestimmungen des Urheberrechtsgesetzes.
Der Inhalt des Werkes wurde sorgfältig erarbeitet. Dennoch übernehmen Autor und Verlag für die Richtigkeit von Angaben, Hinweisen und Ratschlägen sowie für eventuelle Druckfehler keine Haftung.

2., überarbeitete und erweiterte Auflage 2004
© Wissenschaftlicher Verlag Harri Deutsch GmbH, Frankfurt am Main, 2004
Druck: fgb • freiburger graphische betriebe <www.fgb.de>
Printed in Germany

Vorwort zur 2. Auflage

Auch in der Optik erfordert ein tieferes Verständnis aktives Arbeiten und Üben. Um dieses zu unterstützen, wurde die Neuauflage um zahlreiche Übungsaufgaben mit ausführlich durchgerechneten Lösungen erweitert. Zielsetzung und Aufbau des Buches haben sich bewährt, so daß hier nichts geändert werden brauchte. Die Neuauflage wurde zudem genutzt, um neben der Korrektur von Tippfehlern in einigen Abschnitten kleinere Ergänzungen und Präzisierungen vorzunehmen.

Furtwangen, im September 2004 *Dietrich Kühlke*

Vorwort

Die Optik hat sowohl in der Forschung als auch in der Technik in den letzten Jahren erhebliche Bedeutung gewonnen. Mehr denn je verzweigen sich die Anwendungen der Optik weit in Bereiche der Chemie, Biologie, Medizin und Technik. Einige Beispiele mögen die vielgestaltigen Anwendungsbereiche aufzeigen. Das klassische Gebiet der Abbildungsoptik hat durch die rasante Entwicklung der Computertechnik und durch neue Herstellungsverfahren von abbildenden Bauelemente (z. B. asphärische Oberflächen durch Spritzgußtechnik, Linsenzeilen und -matrizen) neue Impulse bekommen. Die Verbindung von Optik und Elektronik führte zur Weiterentwicklung optischer Meßverfahren (Lasermeßtechnik, optische Fasersensoren) und des in den letzen Jahren rasant wachsenden Gebiets der optischen Nachrichtenübertragung. Der Laser als Strahlungsquelle zeitigte neue Verfahren, beispielsweise in der Materialbearbeitung und in der Medizintechnik.

So vielgestaltig die Anwendungsbereiche der Optik sind, so differenziert sind auch die Anforderungen an die Ausbildung der Optik. Während in der ingenieurwissenschaftlichen Ausbildung Kenntnisse gefordert sind, die sich an technischen Anwendungen orientieren, haben z. B. in der Physikausbildung Prinzipien der physikalischen Optik ein größeres Gewicht. Um diesen differenzierten Anforderungen entgegenzukommen, ist das vorliegende Buch in zwei Ebenen gegliedert.

In der ersten, der Basisebene, werden anwendungsorientierte Grundlagenkenntnisse dargestellt, die von den Bereichen der klassischen Optik (Abbildung, optische Bauelemente, Fotometrie und Lichtquellen) über die Optik mit Laserstrahlen (Gaußsche Strahlen) bis hin zu Lichtleitfasern reichen. Dabei wird auch in den sogenannten klassischen Gebieten immer wieder Bezug auf aktuelle Anwendungen genommen, wie z. B die Darstellung der Gradientenindexlinsen für die Fasertechnik im Kapitel "Optische Elemente" oder des Lasers im Kapitel "Lichtquellen". In dieser Ebene wurde eine anschauliche Darstellung gewählt, die auf langwierige Ableitungen verzichtet. Großer Wert wurde auf Verständlichkeit des Stoffes und anwendungsorientierten Folgerungen aus den Grundgleichungen gelegt. Die Zielstellung ist es, sichere Grundlagenkenntnisse über die Prinzipien der Optik und optischer Komponenten zu vermitteln, die sowohl auf die praktische Tätigkeit abgestimmt sind als auch den

Leser befähigen sollen, sich effizient in spezielle bzw. neue Bereiche des sich schnell entwickelnden Gebiets der Optik einzuarbeiten. Zahlreiche Übungsbeispiele ermöglichen dem Leser, das Verständnis des Stoffes zu überprüfen.

In der zweiten Ebene, der Vertiefungs- und Ergänzungsebene (abgesetzt durch eine kleinere Schrift), werden zu den Themen der Basisebene Ergänzungen und Vertiefungen dargestellt. Für ausgewählte Themen werden der physikalische Hintergrund und anhand einfacher Beispiele Methoden der physikalischen Optik aufgezeigt. Je nach Interessenlage kann der Leser auf diese Ebene verzichten, ohne daß die Verständlichkeit des in der Basisebene dargestellten Stoffes leidet. Ein Beispiel soll dieses Vorgehen verdeutlichen. Im Kapitel "Gaußsche Strahlen" werden in der Basisebene die Eigenschaften von Laserstrahlen dargestellt und besprochen, wie diese gezielt durch abbildende Elemente beeinflußt werden können. Das Ergebnis sind Relationen, die direkt für die Konzeption optischer Aufbauten mit Laserstrahlen verwendet werden können. Als Vertiefung dazu wird mit Hilfe des aus dem Huygens-Fresnelschen Prinzip herrührenden Beugungsintegrals gezeigt, wie sich die Eigenschaften Gaußscher Strahlen aus der beugungsbedingten Ausbreitung von Wellen ergeben. Der interessierte Leser hat damit die Möglichkeit, den physikalischen Hintergrund und anhand dieses Beispiels ein typisches Vorgehen in der physikalischen Optik kennenzulernen.

An einer Stelle wurde von diesem Vorgehen abgewichen. In dem Abschnitt "Filter auf der Basis von Interferenzen" wurde der Beschreibung spezieller Filtertypen aufgrund seiner Wichtigkeit ein Abschnitt vorangestellt, der die Matrixmethode zur Behandlung von Vielfachinterferenzen an Dünnschichtsystemen darstellt. Aber auch hier ist der didaktische Aufbau so, daß der Leser, der sich nur für die Eigenschaften der Filter interessiert, diesen Abschnitt übergehen kann, ohne daß die Verständlichkeit des folgenden Stoffes leidet.

Als Voraussetzungen zum Durcharbeiten der Basisebene genügen normale mathematische Kenntnisse ohne höhere Mathematik. Einige physikalische Grundkenntnisse sind nützlich, wobei wesentliche physikalische Grundlagen im ersten Kapitel zusammengestellt sind.

Furtwangen, im Herbst 1998 *D. Kühlke*

Inhaltsverzeichnis

1. **Physikalische Grundlagen**   **1**
   1.1 Einführung   1
   1.2 Elektromagnetisches Spektrum   2
   1.3 Ausbreitung und Energietransport von elektromagnetischen Wellen   3
   1.4 Reflexion und Brechung   13
      1.4.1 Reflexions- und Brechungsgesetze   13
      1.4.2 Die Fresnelschen Formeln   14
      1.4.3 Folgerungen aus den Fresnelschen Formeln   18
   1.5 Interferenz   24
      1.5.1 Überlagerung von Wellen   24
      1.5.2 Interferenz an planparallelen Schichten   26
   1.6 Kohärenz   31
   1.7 Beugung   38
      1.7.1 Huygens-Fresnel-Prinzip   38
      1.7.2 Beugung am Spalt und Lochblende   42
   1.8 Eigenschaften optischer Medien   47
      1.8.1 Dispersion   47
      1.8.2 Absorption   48
   1.9 Aufgaben   51

2. **Optische Abbildung**   **55**
   2.1 Beschreibung von Strahlen   55
   2.2 Strahltransformation durch optische Elemente   57
      2.2.1 Translation und Brechung an einer sphärischen Fläche   57
      2.2.2 Strahldurchgang durch Linsen   60
   2.3 Abbildungsgleichungen   64
      2.3.1 Charakterisierung der optischen Abbildung   64
      2.3.2 Abbildung durch eine dünne Linse   66
      2.3.3 Abbildung durch optische Systeme, Hauptebenen   75
   2.4 Strahlbegrenzung   85
      Aperturblende und Pupillen   85
      2.4.1 Gesichtsfeldblenden, Feldlinsen und Kondensoren   89
   2.5 Abbildungsfehler   92
      2.5.1 Öffnungsfehler (sphärische Aberration)   94
      2.5.2 Koma   98
      2.5.3 Astigmatismus und Bildfeldwölbung   100
      2.5.4 Verzeichnung   102
      2.5.5 Chromatische Aberration   102
      2.5.6 Beugungsbegrenztes Auflösungsvermögen bei der optischen Abbildung   103

        2.5.7 Bewertung abbildender Systeme - die Modulationsübertragungsfunktion 106
2.6 Aufgaben 109

3. Optische Elemente auf der Grundlage von Reflexion und Brechung 113
3.1 Abbildende Elemente 113
        3.1.1 Sphärische Linsen 113
        3.1.2 Abbildende Elemente für die optische Fasertechnik 114
        3.1.3 Asphärische abbildende Elemente 119
3.2 Prismen 123
        3.2.1 Dispersionsprismen 123
        3.2.2 Reflexionsprismen 126
3.3 Aufgaben 130

4. Optische Instrumente 133
4.1 Das menschliche Auge 133
4.2 Augenbezogene Instrumente 135
        4.2.1 Vergrößerung augenbezogener Instrumente 135
        4.2.2 Lupen und Okulare 136
        4.2.3 Mikroskop 140
        4.2.4 Fernrohr 146
        4.2.5 Projektoren 154
4.3 Spektralgeräte 156
        4.3.1 Optischer Grundaufbau 157
        4.3.2 Prismenspektralgeräte, Auflösungsvermögen 158
        4.3.3 Gitterspektralgeräte 160
4.4 Aufgaben 168

5. Strahlungsbewertung (Fotometrie) und Strahlungsgesetze 171
5.1 Strahlungsphysikalische Größen 172
5.2 Anwendungen 177
        5.2.1 Einfache Modelle für Strahlungsquellen 178
        5.2.2 Bestrahlung einer Empfängerfläche 180
        5.2.3 Fotometrische Größen bei einer Abbildung 183
5.3 Bewertung durch Empfänger, spektrale Größen 187
        5.3.1 Spektrale strahlungsphysikalische Größen 187
        5.3.2 Strahlungsbewertung durch Empfänger 188
5.4 Lichttechnische Größen 190
5.5 Aufgaben 194

6. Lichtquellen 197
6.1 Allgemeine Eigenschaften 197
6.2 Glühlampen 199

	6.2.1	Strahlungsphysikalische Größen des Temperaturstrahlers	199
	6.2.2	Aufbau und konstruktive Merkmale	202
6.3		Gasentladungslampen	205
6.4		Der Laser	208
	6.4.1	Spontane und induzierte Emission	208
	6.4.2	Der Laser als rückgekoppelter optischer Verstärker	210
	6.4.3	Lasersysteme	214
6.5		Aufgaben	217

7. Optik Gaußscher Strahlen — 219

7.1		Ausbreitung Gaußscher Strahlen	219
7.2		Fokussierung Gaußscher Strahlen	226
	7.2.1	Durchgang Gaußscher Strahlen durch eine dünne Linse	226
	7.2.2	Durchgang durch ein Teleskop, Strahlaufweitung	233
7.3		Strahlung von Vielmoden-Lasern	234
7.4		Aufgaben	238

8. Filternde Elemente — 241

8.1		Allgemeine Eigenschaften	241
8.2		Absorptionsfilter	244
8.3		Filter auf der Basis von Interferenzen	246
	8.3.1	Vielstrahlinterferenzen an Mehrschichtfilmen	247
	8.3.2	Interferenzfilter, Fabry-Perot-Etalon	258
	8.3.3	Dielektrische Spiegel, Farbteiler	267
	8.3.4	Antireflexbeschichtung	269
8.4		Aufgaben	271

9. Optische Wellenleiter — 275

9.1		Schichtwellenleiter	276
	9.1.1	Lichtführung durch Totalreflexion	276
	9.1.2	Moden eines Lichtwellenleiters	277
9.2		Lichtleitfasern	287
	9.2.1	Stufenindexfasern	287
	9.2.2	Gradientenfasern	292
9.3		Dämpfung und Bandbreite von optischen Fasern	295
	9.3.1	Dämpfung	295
	9.3.2	Dispersion und Bandbreite von optischen Fasern	297
9.4		Optische Verzweigungen	302
	9.4.1	Allgemeine Betrachtungen	302
	9.4.2	Prinzip der Richtkopplung	303
9.5		Aufgaben	305

10. Polarisationsoptik — 309
10.1 Polarisation des Lichts — 309
10.2 Polarisationselemente — 315
10.3 Polarisationsabhängige Effekte — 321
    10.3.1 Reflexion und Brechung — 321
    10.3.2 Polarisationselemente auf der Grundlage von Doppelbrechung — 324
    10.3.3 Dichroismus — 336
10.4 Aufgaben — 337

11. Lösungen der Aufgaben — 339
11.1 Physikalische Grundlagen — 339
11.2 Optische Abbildung — 344
11.3 Optische Elemente — 348
11.4 Optische Instrumente — 350
11.5 Strahlungsbewertung und Strahlungsgesetze — 355
11.6 Lichtquellen — 359
11.7 Optik Gaußscher Strahlen — 361
11.8 Filternde Elemente — 363
11.9 Optische Wellenleiter — 366
11.10 Polarisationsoptik — 369

Literatur — 371

Stichwortverzeichnis — 373

1. Physikalische Grundlagen

In diesem Kapitel sollen in knappen Zügen wichtige physikalische Eigenschaften des Lichtes und der Lichtausbreitung zusammengestellt werden, soweit sie für das Verständnis der in diesem Buch dargestellten Zusammenhänge wichtig sind. Für eine ausführliche Darstellung der physikalischen Grundlagen sei auf einschlägige Lehrbücher der Physik verwiesen. Als Beispiele sind [1] und [2] angeführt.

1.1 Einführung

Optik im historischen Sinn ist die Lehre vom Licht und befaßte sich zunächst mit den Erscheinungen, die durch unser Sinnesorgan Auge wahrgenommen werden können, wobei eine wesentliche Fragestellung die Natur des Lichtes selbst betraf. Die Vorstellungen über die Natur des Lichts waren im Laufe der Geschichte bestimmt durch zwei gegensätzliche Auffassungen. Nach der Korpuskulartheorie besteht Licht aus einem Strom kleiner Teilchen, die sich mit großer Geschwindigkeit geradlinig fortbewegen. Der prominenteste Vertreter der Korpuskulartheorie war Isaak Newton (1642 - 1727). Er nahm an, daß bei Brechung und Reflexion auf die Lichtteilchen Kräfte wirken, die senkrecht zur Übergangsfläche stehen. Auch die Beugung des Lichts an Öffnungen führte er auf anziehende Kräfte zurück, die von den Kanten der beugenden Öffnungen ausgingen.

Obwohl man bereits zu dieser Zeit darüber diskutierte, inwieweit das Wellenbild dazu geeignet sei, die Natur des Lichts zu beschreiben, war der Einfluß Newtons so dominierend, daß der Durchbruch des Wellenmodells fast ein Jahrhundert auf sich warten ließ. Christian Huygens (1629 - 1695) entwickelte das erste semiquantitative Wellenmodell des Lichts, mit dem die Ausbreitung und speziell die Beugung des Lichts an Öffnungen und Kanten erklärt werden konnte. Thomas Young (1773 - 1829) erweiterte das Huygenssche Wellenmodell durch das sogenannte Interferenzprinzip. Damit konnte er schon lange vorher beobachtete Interferenzerscheinungen wie die Newtonschen Ringe als Überlagerung von Lichtwellen erklären. Augustin Jean Fresnel (1788 - 1827) stellte die Wellentheorie auf eine mathematische Grundlage, was den endgültigen Durchbruch des Wellenmodells bedeutete.

Die Natur der Lichtwellen als elektromagnetische Transversalwellen wurde von James Clerk Maxwell (1831 - 1879) erkannt. Seine von ihm aufgestellten Gleichungen zur Beschreibung von elektrischen und magnetischen Feldern, die sogenannten Maxwellschen Gleichungen, haben u.a. als Lösungen elektromagnetische Wellen, die sich mit Lichtgeschwindigkeit ausbreiten. Die Gesetze der Optik konnten aus diesen Gleichungen hergeleitet werden, so daß die Optik zu einem Teilgebiet der Elektrodynamik wurde.

All den frühen Wellenmodellen lag die Annahme zugrunde, daß die Ausbreitung der Lichtwellen an ein Medium gebunden ist. Daher postulierte man eine, den ganzen Raum durchdringende Substanz, den Lichtäther. Interferometrische Messungen der Lichtgeschwindigkeit, die von Albert Abraham Michelson (1852 - 1931) zusammen mit Edward Williams Morley (1838 - 1923) mit einem eigens dafür konstruierten Gerät, dem sogenannten Michelson-Interferometer, durchgeführt wurden, führten schließlich zur Aufgabe dieser Ätherhypothese.

Wie sieht nun die moderne Vorstellung über die Natur des Lichts aus? Aus heutiger Sicht muß man sagen, daß beide Richtungen eine gewisse Berechtigung hatten. Nachdem die Wellennatur des Lichts allgemein anerkannt war, wurden um die Wende zum 20. Jahrhundert Experimente bekannt, die mit der Wellentheorie des Lichts nicht interpretiert werden konnten. Diese Widersprüche zur Wellennatur traten bei Experimenten auf, in denen die Wechselwirkung zwischen Licht und Materie untersucht wurde. Als Ausweg schlug Albert Einstein (1879 -1955) im Jahre 1905 eine neue Form der Korpuskulartheorie vor. Danach besteht Licht aus einem Strom von einzelnen Energie- bzw. Lichtquanten, die sich mit Lichtgeschwindigkeit bewegen und deren Energie proportional zur Lichtfrequenz ist. Die Folge davon war die unbefriedigende Situation, daß je nach Experiment Licht entweder als Teilchenstrom oder als Welle interpretiert werden mußte (Welle-Teilchen-Dualismus). Erst der modernen Quantentheorie gelang es, mit ihrer Wahrscheinlichkeitsinterpretation beide Aspekte zu vereinigen.

1.2 Elektromagnetisches Spektrum

Das elektromagnetische Spektrum erstreckt sich von den Funkwellen bis zur Gammastrahlung. Es ist wichtig, sich zu verdeutlichen, daß die aus den unterschiedlichen Gebieten bekannten Strahlungsformen die gleiche physikalische Natur haben, nämlich Wellenerscheinungen des elektrischen und magnetischen Feldes sind, und daher den gleichen physikalischen Gesetzmäßigkeiten unterliegen. Der Unterschied liegt ausschließlich in der jeweiligen Wellenlänge bzw. Frequenz. Die Einteilung erfolgt nach den praktischen Anwendungsgebieten. Bild 1.1 zeigt die Einordnung des sichtbaren Lichts in das Gesamtspektrum der elektromagnetischen Strahlung. Das menschliche Auge ist nur für den Bereich von 380 nm bis 780 nm

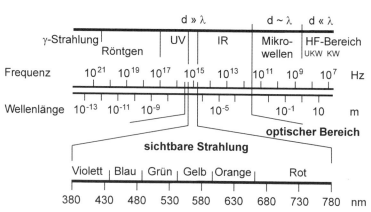

Bild 1.1 Frequenz- und Wellenlängenbereiche der elektromagnetischen Strahlung

empfindlich. Die meisten modernen Anwendungen der Optik sind nicht mehr an die sichtbare Strahlung gebunden sind, sondern umfassen sowohl den benachbarten ultravioletten Bereich (UV, 100 nm bis 380 nm) als auch den infraroten Bereich (IR, 780 nm bis 1 mm). Daher hat man den optischen Bereich des elektromagnetischen Spektrums auf den Wellenbereich von 100 nm bis 1 mm festgelegt.

Ein wichtiger Aspekt sind die Größenverhältnisse von Wellenlänge λ der jeweiligen Strahlung und typischen Geometrieabmessungen d von Elementen und Hindernissen im Übertragungsweg, die im Bild 1.1 ebenfalls dargestellt sind. Haben beispielsweise die Geometrieabmessungen die gleiche Größenordnung wie die Wellenlänge, wird die Ausbreitung der Strahlung wesentlich durch Beugung der Wellen an den Elementen bzw. Hindernissen bestimmt (vgl. Abschnitt 1.6).

Jedem ist sicher bekannt, daß ein UKW- bzw. Fernsehsender im Schattenbereich eines Berges kaum zu empfangen ist. Der Empfang eines Langwellensenders hingegen ist problemlos, obwohl elektromagnetische Wellen sich im freien Raum immer geradlinig ausbreiten. Ein Blick auf die zugehörigen Wellenlängen erklärt dies. Die Wellenlänge der Langwellen liegt im km-Bereich und damit in der Größenordnung der Ausmaße des Berges. Durch Beugung der Wellen an dem Berg gelangen diese in seinen Schattenbereich und können empfangen werden. Die Wellenlänge der UKW- bzw. Fernsehwellen liegt im Bereich von cm bis zu wenigen m und ist klein im Vergleich zu den Bergabmessungen, so daß die Beugung der Wellen hier keine wesentliche Rolle spielt.

Im optischen Bereich ist die Abmessung der meisten Übertragungselemente (Linsen, Prismen u.a.) groß im Vergleich zur Wellenlänge, so daß die Beugung der Lichtwellen vernachlässigt werden kann. In diesem Fall nähert man die Lichtwellen durch sich geradlinig ausbreitende Strahlen und gelangt damit in das Gebiet der geometrischen Optik. Liegen dagegen die Ausmaße der optischen Elemente in der Größenordnung der Wellenlänge, wie dies beispielsweise bei Lichtwellenleitern der Fall ist, die in der optischen Nachrichtentechnik eingesetzt werden, beeinflußt der Wellencharakter ganz wesentlich die Ausbreitung des Lichts.

1.3 Ausbreitung und Energietransport von elektromagnetischen Wellen

Wie wir gesehen haben, besteht Licht aus elektromagnetischen Wellen in einem bestimmten Wellenlängenbereich. Allgemein kann man Wellen charakterisieren als sich räumlich ausbreitende Schwingungen. Bei Schallwellen sind dies periodische Schwankungen des Drucks bzw. der Dichte, die sich in einem Medium, beispielsweise in der Luft, fortpflanzen. Entsprechend ist eine elektromagnetische Welle eine sich ausbreitende Schwingung des elektrischen und magnetischen Felds. Im Unterschied zu Schallwellen breiten sich elektromagnetische Wellen nicht nur in Medien, sondern auch im Vakuum aus. (Nur deshalb gelangt z. B. die Strahlung der Sonne auf die Erde.)

1.3 Ausbreitung und Energietransport

(1) Eigenschaften elektromagnetischer Wellen

Man veranschaulicht sich Wellen gern durch die sogenannten **Phasenflächen**, auch als **Wellenflächen** oder **Wellenfronten** bezeichnet. Diese entstehen, wenn man zu einem Zeitpunkt alle Raumpunkte verbindet, in denen die Welle die gleiche Phase hat. Bei einer Schallwelle bilden z. B. die Punkte maximalen Drucks die Phasen- oder Wellenflächen. Entsprechend der Gestalt solcher Phasenflächen unterscheidet man verschiedene Wellenformen. Die Wellenflächen **ebener Wellen** sind Ebenen im Raum, während sie bei **Kugelwellen** die Form einer Kugeloberfläche haben. Beide Beispiele sind idealisierte Grenzfälle, die aber gern für die Beschreibung von Wellenerscheinungen benutzt werden.

Eine Welle als zeitlich und räumlich periodischer Vorgang wird durch die Größen **Schwingungsdauer** T (Periodendauer) und **Wellenlänge** λ (Periodenlänge der Welle) charakterisiert. Der Kehrwert der Schwingungsdauer $f = 1/T$, der die Zahl der Schwingungen pro Zeiteinheit angibt, ist die **Frequenz**. Häufig wird die **Kreisfrequenz** $\omega = 2\pi f = 2\pi/T$ und die **Wellenzahl** $k = 2\pi/\lambda$ verwendet. Die Geschwindigkeit, mit der sich die Wellenflächen im Raum fortbewegen, ist die **Phasengeschwindigkeit** einer Welle. Sie wird bei elektromagnetischen Wellen als **Lichtgeschwindigkeit** bezeichnet. Speziell die **Vakuumlichtgeschwindigkeit** $c_o = 2{,}998 \cdot 10^8$ m/s ist eine Naturkonstante, und es gilt:

$$c_o = \frac{1}{\sqrt{\mu_o \varepsilon_o}} \tag{1.1}$$

$\varepsilon_o = 8{,}854 \cdot 10^{-12}$ C²/(Nm²) ist die elektrische Feldkonstante und $\mu_o = 4\pi \cdot 10^{-7}$ Vs/(Am) die magnetische Feldkonstante. Die Lichtgeschwindigkeit c in einem Medium hängt von dessen Eigenschaften ab. In Medien, die im optischen Bereich nur schwach absorbieren, ist die Lichtgeschwindigkeit durch die relative Dielektrizitätszahl ε_r (auch Permittivitätszahl oder relative Permittivität genannt) und die relative Permeabilität μ_r des Mediums bestimmt:

$$c = \frac{1}{\sqrt{\varepsilon_o \varepsilon_r \mu_o \mu_r}} = \frac{c_o}{n} \tag{1.2}$$

Die meisten optischen Medien sind unmagnetisch, so daß näherungsweise $\mu_r \approx 1$ gilt. $n = \sqrt{\varepsilon_r \mu_r} \approx \sqrt{\varepsilon_r}$ ist die **Brechzahl** des Mediums.

- Die Brechzahl eines Mediums gibt das Verhältnis der Ausbreitungsgeschwindigkeiten des Lichts im Vakuum und im Medium an.

In diesem Zusammenhang wird häufig der Begriff der **optischen Weglänge** nd benutzt. Dabei wird der vom Licht in einem Medium zurückgelegte geometrische Weg d auf die Vakuumlichtgeschwindigkeit bezogen: Legt Licht in einer bestimmten Zeit in einem Medium mit der Brechzahl n die Strecke d zurück, so ist nd der in der gleichen Zeit im Vakuum zurückgelegte Weg.

Eine grundlegende Beziehung, die für alle Wellenformen gilt, ist der Zusammenhang zwischen Frequenz, Wellenlänge und Phasengeschwindigkeit:

$$f = \frac{c}{\lambda} \quad \text{bzw.} \quad c = \frac{\omega}{k} \qquad (1.3)$$

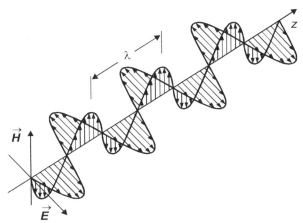

Eine weitere wichtige Eigenschaft der elektromagnetischen Wellen ist, daß sie **transversal** sind. Die Schwingungsrichtungen des elektrischen und magnetischen Felds stehen senkrecht auf der Ausbreitungsrichtung. Zudem stehen elektrisches und magnetisches Feld senkrecht aufeinander. Bild 1.2 illustriert die Verhältnisse. Die Richtung, in welche die elektrische Feldstärke der Welle zeigt, bezeichnet man als **Schwingungsebene**, die Richtung der magnetischen Feldstärke als **Polarisationsebene** der Welle.

Bild 1.2 Elektrische und magnetische Feldvektoren stehen senkrecht aufeinander und auf der Ausbreitungsrichtung

(2) Harmonische Wellen

Für die quantitative Beschreibung beschränken wir uns auf ebene Wellen und Kugelwellen. Das elektrische und magnetische Feld einer ebenen, harmonischen Welle, die sich in z-Richtung ausbreitet, hat folgendes Aussehen:

$$\vec{E}(z,t) = \vec{E}_m \cos(\omega t - kz + \varphi_o)$$
$$\vec{H}(z,t) = \vec{H}_m \cos(\omega t - kz + \varphi_o) \qquad (1.4)$$

E_m, H_m sind die Amplituden des elektrischen und magnetischen Felds (stehen senkrecht auf der z-Achse), $\omega = 2\pi f$, $k = 2\pi/\lambda$ und φ_o die Anfangsphase der Welle. Die Größe

$$\varphi(z,t) = \omega t - kz + \varphi_o \qquad (1.5)$$

ist die **Phase** der Welle. Daran wird der Begriff der Phasen- bzw. Wellenfläche deutlich. Die Lage aller Punkte, die zu einem Zeitpunkt t_o die gleiche Phase $\varphi(t_o, z)$ = konst. haben, ist durch die Bedingung kz = konst. bestimmt. Das ist gerade die Gleichung für eine Schar von Ebenen, die senkrecht auf der z-Achse stehen.

Um die Wellenausbreitung in eine beliebige Richtung zu beschreiben, ordnet man der Wellenzahl einen Vektor $\vec{k}$ zu, dessen Richtung die Ausbreitungsrichtung und dessen Betrag $k = 2\pi/\lambda$ ist. Gibt man den Raumpunkt, in dem die Phase betrachtet wird, durch seinen Ortsvektor $\vec{r}$ an, ergibt sich als Verallgemeinerung die Phase einer ebenen Welle

$$\varphi(\vec{r},t) = \omega t - \vec{k}\vec{r} + \varphi_o \qquad (1.6)$$

Die Wellenflächen, die durch $\vec{k}\vec{r}$ = konst. festgelegt sind, sind Ebenen, die senkrecht auf dem Wellenzahlvektor $\vec{k}$ stehen.

1.3 Ausbreitung und Energietransport

Für das elektrische Feld einer harmonischen Kugelwelle im Abstand r von ihrer Quelle gilt:

$$\vec{E}(r,t) = \frac{\vec{A}_K}{r} \cos(\omega t - kr + \varphi_o) \qquad (1.7)$$

Hier sind die Wellenflächen durch kr = konst. bestimmt und bilden Kugelflächen mit dem Radius r. Der Betrag der Amplitude der Kugelwelle, $E_{Km}(r) = A_K/r$, nimmt mit wachsendem Abstand r vom Wellenzentrum ab. Die Ursache ist, daß die von der Welle transportierte Energie, die proportional zum Amplitudenquadrat ist (vgl. unten), sich auf eine Kugelfläche verteilt, die mit r^2 wächst.

Die Zeitabhängigkeit der durch Gln.1.4 und 1.7 beschriebenen Wellen ist durch eine einzige Frequenz ω bestimmt. Sie beschreiben daher **monochromatisches** ("einfarbiges") Licht.

Zur Vereinfachung der Rechnungen mit Wellenausdrücken wie Gln 1.4 und 1.7 speziell bei Überlagerung von Wellen wählt man häufig statt der trigonometrischen Funktionen Sinus bzw. Kosinus die komplexe Exponentialdarstellung. Das elektrische Feld einer ebenen Welle (Gl. 1.4) und einer Kugelwelle (Gl. 1.7) haben in dieser Schreibweise die Form

$$\vec{E}_c(z,t) = \vec{E}_{cm} e^{j(\omega t - kz)} \qquad \vec{E}_c(r,t) = \frac{\vec{A}_c}{r} e^{j(\omega t - kr)} \qquad (1.8)$$

Die komplexen Amplituden enthalten die Anfangsphase φ_o

$$\vec{E}_{cm} = \vec{E}_m e^{j\varphi_o} \qquad \vec{A}_c = \vec{A}_K e^{j\varphi_o} \qquad (1.9)$$

Komplexe Größen sind natürlich keine physikalischen (meßbaren) Größen. Das Rechnen mit der komplexen Exponentialschreibweise beinhaltet die Vereinbarung, daß für die physikalische Größe der Realteil der komplexen Ausdrücke zu nehmen ist, wobei man benutzt, daß $\mathrm{Re}(e^{jx}) = \cos x$. So ergibt der Realteil von Gl. 1.8 mit 1.9 gerade Gl. 1.4 bzw. 1.7.

Eine weitere Eigenschaft der elektromagnetischen Felder ist, daß zeitlich veränderliche elektrische und magnetische Felder sich gegenseitig bedingen. Auf elektromagnetische Wellen bezogen heißt das, daß es keine isolierte elektrische bzw. magnetische Welle gibt, sondern beide immer zusammen auftreten. Für harmonische Wellen entsprechend Gln. 1.4 und 1.7 gilt für das Verhältnis der Beträge beider Feldstärken

$$\frac{E}{H} = \sqrt{\frac{\mu}{\varepsilon}} = Z \qquad (1.10)$$

$\mu = \mu_o \mu_r$, $\varepsilon = \varepsilon_o \varepsilon_r$. Die Größe Z bezeichnet man auch als **Wellenwiderstand**. Der Wellenwiderstand des Vakuums beträgt $Z_o = \sqrt{\frac{\mu_o}{\varepsilon_o}} = 376,730\ \Omega$.

(3) Energietransport

Normalerweise spüren wir die Welleneigenschaft des Lichts nicht. Was wir bemerken, ist der Helligkeitseindruck, den Licht im Auge verursacht. Wir stellen fest, daß Sonnenstrahlen wärmen oder auch einen Sonnenbrand verursachen, daß Licht einen Negativfilm schwärzt usw. Diese Wirkungen rühren von einer wichtigen Eigenschaft her, die grundsätzlich mit der Ausbreitung von Wellen verbunden ist, nämlich dem Transport von Energie. Die Sonnenenergie, die in Form von Licht und Wärme auf die Erde gelangt, ist Voraussetzung für alles Leben. Zudem können wir dies ausnutzen bei der Gewinnung von elektrischer Energie oder Wärmeenergie aus der Sonnenstrahlung. Die Energie, die in Sonnenkollektoren oder fotovoltaischen Anlagen gewonnen wird, entsteht bei der Kernfusion auf der Sonne und wird durch die elektromagnetischen Wellen der Sonnenstrahlung auf die Erde transportiert. Die Größe, die den Energietransport beschreibt, ist die **Intensität** bzw. **Bestrahlungsstärke**. Sie ist definiert als die Energie, die pro Zeit- und Flächeneinheit im zeitlichen Mittel von der Welle tranportiert wird (Maßeinheit W/m²). Sie läßt sich berechnen aus dem zeitlichen Mittelwert des Betrags des sogenannten **Poyntingvektors** S

$$E_e = \overline{S} \tag{1.11}$$

Der Querstrich über der Größe bedeutet die Bildung des zeitlichen Mittelwerts. Aus der Theorie der elektromagnetischen Felder ist bekannt, daß der Poyntingvektor die Energiestromdichte, d.h., die pro Zeit- und Flächeneinheit transportierte Energie beschreibt. Der Poyntingvektor ist das Vektorprodukt aus elektrischer und magnetischer Feldstärke

$$\vec{S} = \vec{E} \times \vec{H} \tag{1.12}$$

und zeigt in Richtung des Energietransports. Für die durch Gln. 1.4 und 1.7 beschriebenen harmonischen Wellen ergibt sich mit Gln. 1.2 und 1.10 der Betrag der Energiestromdichte

$$S = \varepsilon c E_m^2 \cos^2(\omega t - kz + \varphi) \tag{1.13}$$

d.h., die Energiestromdichte schwankt periodisch mit der Lichtfrequenz. Warum bemerken wir diese Schwankungen nicht? Vergegenwärtigen wir uns die Periodendauer einer elektromagnetischen Welle im sichtbaren Spektralgebiet. Aus Bild 1.1 entnehmen wir eine Lichtfrequenz $f \approx 10^{15}$ Hz, was der Dauer einer einzelnen Schwingung von $T \approx 10^{-15}$ s = 1 fs entspricht. Diesen extrem schnellen Änderungen können weder das Auge noch fotoelektrische Empfänger folgen (die Zeitkonstante der schnellsten heute bekannten Fotodioden liegt bei 10^{-12} s = 1 ps). Praktisch bilden Lichtempfänger den zeitlichen Mittelwert von der einfallenden Energiestromdichte. Die Eigenschaft der Empfänger, zeitlich mittelnd zu wirken, ist daher in der Definition der Intensität, Gl.1.11, enthalten. Das zeitliche Mittel von Gl.1.13 ergibt:

$$\boxed{E_e = \varepsilon c \overline{E(z,t)^2} = \frac{1}{2} \varepsilon c E_m^2} \tag{1.14}$$

(Man achte darauf, daß die beiden Größen E_e als energetische Größe Intensität bzw. Bestrahlungsstärke und E_m als Amplitude des elektrischen Felds nicht miteinander verwechselt werden!) Dabei wurde benutzt, daß $\overline{\cos^2(\omega t - kz + \varphi)} = 1/2$ ist. Gl.1.13 zeigt:

- Die Bestrahlungsstärke ist zum Amplitudenquadrat der elektrischen Feldstärke proportional.

Zur Bestrahlungsstärke einer Kugelwelle im Abstand r vom Wellenzentrum gelangt man, wenn man ihre Amplitude $E_{Km} = A_K/r$ (Gl. 1.7) in Gl. 1.14 einsetzt:

$$E_e(r) = \frac{\varepsilon c}{2} \frac{A_K^2}{r^2} \qquad (1.15)$$

Die Bestrahlungsstärke nimmt mit dem Quadrat des Abstands r ab (vgl. Erklärung zu Gl. 1.7).

Um zur Energie pro Zeiteinheit zu kommen, die von einer Lichtwelle durch eine Fläche A transportiert wird, muß die Bestrahlungsstärke mit der Fläche multipliziert werden. Die Größe

$$\Phi_e = E_e A \qquad (1.16)$$

wird als **Strahlungsleistung** bzw. **Strahlungsfluß** bezeichnet (vgl. Kap. 5).

Aus Gln. 1.8 und 1.9 sieht man, daß in der komplexen Schreibweise die Bestrahlungsstärke proportional zum Betragsquadrat der komplexen elektrischen Feldstärke ist:

$$\boxed{E_e = \frac{1}{2}\varepsilon c |E_{cm}|^2 = \frac{1}{2}\varepsilon c E_m^2} \qquad (1.17)$$

Wellengleichung

Die besprochenen Eigenschaften der elektromagnetischen Wellen sind Folgerungen aus den Maxwellschen Gleichungen, den Grundgleichungen zur Beschreibung der elektrischen und magnetischen Felder. Wir wollen diese hier aufschreiben für den in der Optik interessierenden Fall ladungs- und stromfreier Materialien:

$$\vec{\nabla} \times \vec{E} = -\mu \frac{\partial \vec{H}}{\partial t} \qquad (1.18)$$

$$\vec{\nabla} \times \vec{H} = \frac{\partial \vec{D}}{\partial t} \qquad (1.19)$$

$$\vec{\nabla} \vec{D} = 0 \qquad \vec{\nabla}(\mu\vec{H}) = 0 \qquad (1.20)$$

mit $\mu = \mu_o \mu_r$ und $\vec{E}$, $\vec{H}$ dem elektrischen und magnetischen Feld. $\vec{\nabla}$ steht für den vektoriellen Differentialoperator "Nabla", der in kartesischen Koordinaten die Form

$$\vec{\nabla} = \vec{e}_x \frac{\partial}{\partial x} + \vec{e}_y \frac{\partial}{\partial y} + \vec{e}_z \frac{\partial}{\partial z} \qquad (1.21)$$

hat. $\vec{e}_x, \vec{e}_y, \vec{e}_z$ sind die Einheitsvektoren in Richtung der Koordinatenachsen. Das Feld $\vec{D}$ wird als dielektrische Verschiebung bezeichnet und ist eine Funktion des elektrischen Felds $\vec{E}$. Es beschreibt den Einfluß des Mediums auf das einfallende elektrische Feld. Anschaulich kann man sich das sich so vorstellen, daß durch die Kraftwirkung des elektrischen Felds im neutralen Medium positive und negative elektrische Ladungen gegeneinander verschoben werden. Diese Ladungsverschiebung beeinflußt wiederum das elektrische Feld, was sich in der Abhängigkeit $\vec{D}(\vec{E})$ ausdrückt. Im einfachsten Fall sind beide Felder zueinander proportional

$$\vec{D} = \varepsilon_o \varepsilon_r \vec{E} \qquad (1.22)$$

ε_o ist die elektrische Feldkonstante, ε_r die relative Dielektrizitätszahl ($\varepsilon_r = 1$ für das Vakuum). In der Optik zeigt sich die Materialeigenschaft in der Brechzahl $n = \sqrt{\varepsilon_r \mu_r}$. Die meisten optischen Materialien sind nicht magnetisch, $\mu_r \approx 1$, so daß mit guter Näherung $n \approx \sqrt{\varepsilon_r}$ ist. In Medien mit anisotroper Struktur wie in Kristallen stimmen die Richtungen beider Felder nicht mehr überein, was zur Erscheinung der Doppelbrechung führt (vgl. Kapitel 10). Bei starken elektrischen Feldern kann die dielektrische Verschiebung nichtlinear von E abhängen. In diesem Fall kommen wir in das Gebiet der nichtlinearen Optik, das in den vergangenen Jahren durch die intensiven Laserlichtquellen wesentlichen Auftrieb erfahren hat.

Gln.1.18 und 1.19 zeigen, daß sich die zeitabhängigen Felder gegenseitig bedingen: Ein zeitabhängiges magnetisches Feld erzeugt Wirbel des elektrischen Felds (Gl. 1.18) und eine zeitabhängige dielektrische Verschiebung und folglich ein zeitabhängiges elektrisches Feld erzeugt Wirbel des magnetischen Felds (Gl.1.19). Gl. 1.20 sagt aus, daß unter den hier gemachten Voraussetzungen die Felder quellenfrei sind.

Aus Gln. 1.18 - 1.22 können wir die Grundgleichung der Wellenoptik, die **Wellengleichung** herleiten. Multipliziert man Gl. 1.18 und Gl. 1.19 von links vektoriell mit $\vec{\nabla}$ und benutzt die Identität $\vec{\nabla} \times \vec{\nabla} \times \vec{E} = \vec{\nabla}(\vec{\nabla}\vec{E}) - \vec{\nabla}^2 \vec{E}$ sowie $\vec{\nabla}\vec{E} = 0$ (Gl. 1.20 mit 1.22), ergibt sich die Wellengleichung für das elektrische und magnetische Feld

$$\Delta \vec{E} = \frac{1}{c^2} \frac{\partial^2 \vec{E}}{\partial t^2}$$
$$\Delta \vec{H} = \frac{1}{c^2} \frac{\partial^2 \vec{H}}{\partial t^2} \qquad (1.23)$$

mit

$$\Delta = \vec{\nabla}\vec{\nabla} = \frac{\partial^2}{\partial x^2} + \frac{\partial^2}{\partial y^2} + \frac{\partial^2}{\partial z^2} \qquad (1.24)$$

und $c^2 = (\varepsilon \mu)^{-1}$. Die durch Gln. 1.4 und 1.7 beschriebenen harmonischen Wellen sind spezielle Lösungen der Wellengleichungen. Welche Wellenform man als Lösung der Wellengleichung 1.6 erhält, hängt von den konkreten Bedingungen ab (Form der Strahlungsquelle, Blenden im Strahlen usw.).

Die Maxwellschen Gleichungen und die Wellengleichung vermitteln einen linearen Zusammenhang zwischen den Feldern. Daraus folgt das Superpositionsprinzip für die Lösungen der Wellengleichung: Die Summe von zwei Lösungen ist wieder eine Lösung. Elektromagnetische Wellen überlagern sich. Diese Eigenschaft bildet z. B. den theoretischen Hintergrund für die Erklärung von Interferenzerscheinungen als Überlagerung von Lichtwellen und dem Huygensschen Prinzip, die wir in den folgenden Abschnitten besprechen werden.

In der Optik hat man oft den Fall, daß Licht von einem Medium in ein anderes eintritt (z. B. Übergang von Luft in Glas). Wichtig ist daher die Frage, wie sich elektrisches und magnetisches Feld beim Übergang an den Grenzflächen zwischen zwei aneinandergrenzenden Medien mit unterschiedlichen relativen Dielektrizitätszahlen $\varepsilon_r^{(1)}$, $\varepsilon_r^{(2)}$ bzw. Brechzahlen n_1, n_2 verhalten. Ebenfalls aus den Maxwellschen Gleichungen kann man folgern, daß die zur Grenzfläche tangentialen Komponenten des elektrischen und magnetischen Felds stetig sein müssen:

$$E_t^{(1)} = E_t^{(2)} \quad H_t^{(1)} = H_t^{(2)} \quad (1.25)$$

Die Normalkomponenten beider Felder sind an der Grenzfläche unstetig, stetig müssen dagegen die Normalkomponenten von $\varepsilon \vec{E}$ (dielektrische Verschiebung) und $\mu \vec{H}$ sein:

$$\varepsilon_o \varepsilon_r^{(1)} E_n^{(1)} = \varepsilon_o \varepsilon_r^{(2)} E_t^{(2)} \quad \mu_o \mu_r^{(1)} H_t^{(1)} = \mu_o \mu_r^{(2)} H_t^{(2)} \quad (1.26)$$

(4) Gruppengeschwindigkeit

Durch Gl. 1.4 und 1.7 wurden ideal monochromatische, unendliche lange Wellenzüge beschrieben. In der Realität gibt es solche Wellen nicht. Es treten Wellenzüge mit endlicher Länge auf, oder Wellen, deren Amplitude nicht gleich bleibt, die also moduliert sind. In der Nachrichtentechnik nutzt man die Modulation einer Trägerwelle, um Informationen zu übertragen. Die Grundform einer Information in der digitalen Nachrichtentechnik stellt ein Wellenpaket bzw. ein Impuls dar. Für solche Anwendungen ist man weniger an der Phasengeschwindigkeit der Trägerwelle als an der Ausbreitungsgeschwindigkeit des ganzen Wellenpakets oder der Modulationseinhüllenden interessiert. Diese Geschwindigkeit

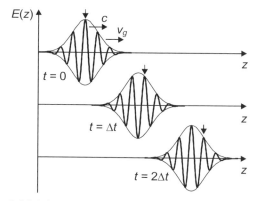

Bild 1.3 Bei unterschiedlicher Phasen- und Gruppengeschwindigkeit ($c \neq v_g$) bewegen sich Einhüllende des elektrischen Felds und Phasenflächen (z. B. markiertes Maximum) verschieden schnell

bezeichnet man als **Gruppen-** oder **Signalgeschwindigkeit**. Ein auf den ersten Blick überraschendes Ergebnis ist, daß in dispersiven Medien, also in Medien, deren Brechzahl von der Frequenz bzw. Wellenlänge abhängt (vgl. Abschn. 1.8), sich Phasen- und Gruppengeschwindigkeit unterscheiden. Bild 1.3 zeigt schematisch, wie sich in diesem Fall die Einhüllende eines Wellenpakets gegenüber den Wellenmaxima der Trägerwelle verschiebt. Die Trägerwelle wandert unter der Einhüllenden.

Wir wollen uns das anhand des einfachsten Falls klar machen, daß die Modulation durch die Überlagerung von zwei monochromatischen Wellen gleicher Amplitude mit leicht differierenden Frequenzen und Wellenlängen entsteht. Die aus den beiden Wellen

$$E_1 = E_m \cos(\omega_1 t - k_1 z)$$
$$E_2 = E_m \cos(\omega_2 t - k_2 z) \quad (1.27)$$

resultierende Welle $E = E_1 + E_2$ kann unter Verwendung der Identität

$$\cos\alpha + \cos\beta = 2\cos\left(\frac{1}{2}(\alpha+\beta)\right)\cos\left(\frac{1}{2}(\alpha-\beta)\right)$$

in

$$E_{res} = 2E_m \cos(\Delta\omega\, t - \Delta k\, z)\cos(\omega t - kz) \qquad (1.28)$$

umgeformt werden. $\omega = (\omega_2 + \omega_1)/2$ und $k = (k_2 + k_1)/2$ stellen die mittlere Frequenz bzw. Wellenzahl der resultierenden Welle dar. $\Delta\omega = (\omega_2 - \omega_1)/2$ und $\Delta k = (k_2 - k_1)/2$ können wir als Modulationsfrequenz bzw. Modulationswellenzahl bezeichnen. Bild 1.4 veranschaulicht das Ergebnis. Es ist eine Welle (Trägerwelle) entstanden, die eine zeitveränderliche oder modulierte Amplitude hat. Bild 1.4 macht auch die Ursache dieser Modulation deutlich. Die unterschiedlichen Frequenzen bzw. Wellenlängen führen zu Phasen-

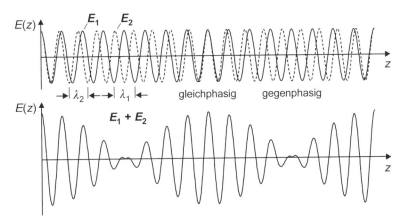

Bild 1.4 Wegen der verschiedenen Wellenlängen ändert sich entlang der Ausbreitungsrichtung die Phasendifferenz zwischen den beiden Ausgangswellen. Das führt zu Bereichen, wo beide Wellen phasengleich schwingen, die resultierende Welle also eine maximale Amplitude hat, und zu Stellen, wo beide gegenphasig schwingen

verschiebungen zwischen den beiden Ausgangswellen, die vom Ort z abhängen. Dadurch entstehen Bereiche, wo beide Wellen phasengleich schwingen, die resultierende Welle also maximale Amplitude hat, und Bereiche, wo beide gegenphasig schwingen. An diesen Stellen verschwindet die resultierende Welle. Die Phasengeschwindigkeit der Trägerwelle ist $c = \omega/k$. Die Geschwindigkeit, mit der sich die Modulationseinhüllende bewegt, ist analog

$$v_g = \frac{\Delta\omega}{\Delta k} \qquad (1.29)$$

Ist der Frequenzbereich $\Delta\omega$ um die mittlere Frequenz ω klein, können wir den Differenzenquotienten durch die Ableitung ersetzen:

$$v_g = \frac{d\omega}{dk} \qquad (1.30)$$

Gl. 1.30 stellt allgemein die die Gruppen- bzw. die Signalgeschwindigkeit einer Wellengruppe dar. Für optische Medien mit der wellenlängenabhängigen Brechzahl $n(\lambda)$ ergibt sich mit $\omega = kc = kc_o/n$ und der Kettenregel $\dfrac{d}{dk} = \dfrac{d\lambda}{dk}\dfrac{d}{d\lambda} = -\dfrac{\lambda^2}{2\pi}\dfrac{d}{d\lambda}$ die Relation

$$v_g = c + k\frac{dc}{dk} = c\left(1 + \frac{\lambda}{n}\frac{dn}{d\lambda}\right) \quad (1.31)$$

Ist die Phasengeschwindigkeit c bzw. die Brechzahl n nicht von der Wellenlänge λ abhängig, sind Phasen- und Gruppengeschwindigkeit gleich. Sonst gilt:

- In einem dispersiven Medium (die Phasengeschwindigkeit c bzw. Brechzahl n ist wellenlängenabhängig) unterscheidet sich die Signalgeschwindigkeit von der Phasengeschwindigkeit der Trägerwelle.

Bild 1.4 veranschaulicht die Ursache für dieses Verhalten. Pflanzen sich beide Ausgangswellen mit der gleichen Phasengeschwindigkeit fort, bewegen sich auch die gleich- und gegenphasig schwingenden Bereiche und somit die Modulationseinhüllende mit dieser Geschwindigkeit. Läuft jedoch eine Welle schneller als die andere, verschieben sich die gleich- und gegenphasig schwingenden Stellen relativ zu den Ausgangswellen. Die Modulationseinhüllende bewegt sich folglich mit einer anderen Geschwindigkeit wie die resultierende Trägerwelle.

Das anhand der Überlagerung von zwei monochromatischen Wellen diskutierte Verhalten von Phasen- und Gruppengeschwindigkeit gilt allgemein für jede Form der Modulation und für Lichtimpulse. Die Ursache ist, daß jede Wellenform als eine Summe von monochromatischen Wellen unterschiedlicher Frequenz und Wellenzahl dargestellt werden kann. Die theoretische Grundlage dazu bildet die Fourier-Analyse.

Beispiel

Ein He-Ne-Laser emittiert im roten Spektralbereich bei einer Wellenlänge von 633 nm. Im Laserstrahl (Querschnittsfläche 0,6 mm²) wird eine Bestrahlungsstärke von 0,5 W/cm² gemessen.
a) Welche Frequenz hat das Laserlicht? Wie groß ist die Schwingungsdauer?
b) Wie groß ist der Strahlungsfluß des Laserstrahls?
c) Wie groß sind die elektrische und magnetische Feldstärkeamplitude der Laserlichtwelle?

Lösung:
a) Die Frequenz und Schwingungsdauer sind nach Gl. 1.3

$$f = \frac{c_o}{\lambda} = \frac{3\cdot 10^8}{633\cdot 10^{-9}}\frac{1}{s} = 4{,}74\cdot 10^{14}\text{ Hz}$$

$$T = \frac{1}{f} = 2{,}11\cdot 10^{-15}\text{ s} = 2{,}11\text{ fs}$$

b) Den Strahlungsfluß erhält man aus Gl. 1.16 zu $\Phi_e = E_e A = 0{,}5\cdot 0{,}6\cdot 10^{-2}\text{ W} = 3\text{ mW}$.

c) Die elektrische Feldstärkeamplitude kann aus Gl. 1.14 bestimmt werden:

$$E_m = \sqrt{\frac{2E_e}{\varepsilon_o c_o}} = 1{,}94\ \frac{\text{kV}}{\text{m}}$$

Da elektrische und magnetische Feldstärke über den Wellenwiderstand (Gl. 1.10) zusammenhängen, ergibt sich:

$$H_m = E_m \sqrt{\frac{\varepsilon_o}{\mu_o}} = 5{,}15 \; \frac{\text{A}}{\text{m}}$$

1.4 Reflexion und Brechung

Der Abschnitt befaßt sich mit Lichtwellen, welche die Grenzfläche zwischen zwei transparenten Medien passieren. Ist die Ausbreitungsgeschwindigkeit des Lichts in den Medien unterschiedlich, haben diese also unterschiedliche Brechzahlen, wird das Licht an der Grenzfläche gebrochen und teilweise reflektiert.

1.4.1 Reflexions- und Brechungsgesetze

In Bild 1.5 ist schematisch dargestellt, wie eine ebene Welle auf die Grenzfläche zwischen zwei Medien mit den Brechzahlen n_1 und n_2 trifft und dort teilweise reflektiert und gebrochen wird. Der Einfallswinkel α, Reflexionswinkel α_r und Brechungswinkel β beziehen sich auf die Ausbreitungsrichtung der Wellen (Strahlrichtung) und die Normale der Grenzfläche.

Für den reflektierten und gebrochenen Strahl gelten drei grundlegende Gesetze:

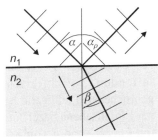

Bild 1.5 *Reflexion und Brechung an einer Grenzfläche*

- (a) Einfallender, reflektierter und gebrochener Strahl liegen in einer Ebene, der **Einfallsebene**, die senkrecht auf der Grenzfläche steht und die Normale der Grenzfläche enthält.
- (b) Einfalls- und Reflexionswinkel sind gleich, $\alpha = \alpha_r$.
- (c) Für den Einfalls- und Brechungswinkel gilt das Snelliussche Brechungsgesetz:

$$\frac{\sin\alpha}{\sin\beta} = \frac{n_2}{n_1} \qquad (1.32)$$

Strahlen, die in ein Medium eintreten, dessen Brechzahl größer als die des Eintrittsmediums ist ($n_2 > n_1$, **optisch dichteres Medium**), werden zur Normalen hin gebrochen ($\beta < \alpha$). Umgekehrt werden Strahlen, die vom optisch dichteren Medium in ein optisch dünneres eintreten ($n_2 < n_1$) von der Normalen weggebrochen ($\beta > \alpha$). Das Brechungsgesetz Gl. 1.32 bildet die Grundlage für die geometrische Optik.

1.4.2 Die Fresnelschen Formeln

Das Snelliussche Brechungsgesetz sagt etwas über die Richtungen der einfallenden und gebrochenen Strahlen aus, liefert aber keine Information über den Anteil des Lichts, der reflektiert bzw. gebrochen wird. Aussagen darüber für verlustfreie Medien machen die **Fresnelschen Gleichungen**, die hier besprochen werden sollen. Der Bruchteil des Lichts, der reflektiert bzw. die Grenzfläche passiert, hängt vom Einfallswinkel und von der Lage der Schwingungs- bzw. Polarisationsebene ab. Das elektrische Feld der Lichtwelle wird daher in eine Komponente zerlegt, die parallel zur Einfallsebene liegt, und eine Komponente, die senkrecht auf der Einfallsebene steht. Bild 1.6 verdeutlicht dies. Mit $E_{o\|}$, $E_{r\|}$ und $E_{t\|}$ werden die Komponenten des elektrischen Felds der einfallenden, reflektierten und gebrochenen Lichtwelle parallel zur Einfallsebene bezeichnet und mit $E_{o\perp}$, $E_{r\perp}$ und $E_{t\perp}$ die entsprechenden Komponenten senkrecht zur Einfallsebene.

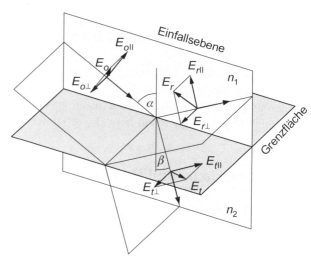

Bild 1.6 Zerlegung des elektrischen Felds der einfallenden, reflektierten und gebrochenen Welle in Komponenten parallel und senkrecht zur Einfallsebene

Der Bruchteil des elektrischen Felds, der an der Grenzfläche reflektiert wird, wird durch die Amplitudenreflexionskoeffizienten beschrieben:

$$r_\| = \left(\frac{E_r}{E_o}\right)_\| = \frac{n_2\cos\alpha - n_1\cos\beta}{n_1\cos\beta + n_2\cos\alpha}$$

$$r_\perp = \left(\frac{E_r}{E_o}\right)_\perp = \frac{n_1\cos\alpha - n_2\cos\beta}{n_1\cos\alpha + n_2\cos\beta}$$

(1.33)

Den Bruchteil des elektrischen Felds, der die Grenzfläche passiert, beschreiben die Amplitudentransmissionskoeffizienten:

$$t_\| = \left(\frac{E_t}{E_o}\right)_\| = \frac{2n_1\cos\alpha}{n_1\cos\beta + n_2\cos\alpha}$$

$$t_\perp = \left(\frac{E_t}{E_o}\right)_\perp = \frac{2n_1\cos\alpha}{n_1\cos\alpha + n_2\cos\beta}$$

(1.34)

Die meßbare und daher für den praktischen Gebrauch interessante Größe ist die Bestrahlungsstärke E_e (in W/m²), die proportional zum Amplitudenquadrat der elektrischen Feldstärke ist (vgl. Gl. 1.14) oder der Strahlungsfluß Φ_e (in W, Gl. 1.16). Der **Reflexionsgrad** ist daher definiert als der Quotient aus reflektiertem $\Phi_{e\rho}$ und einfallendem Strahlungsfluß Φ_{eo}

$$\rho = \frac{\Phi_{e\rho}}{\Phi_{eo}} \tag{1.35}$$

Ähnlich ist der **Transmissionsgrad** der Quotient aus durchgelassenem $\Phi_{e\tau}$ und einfallendem Strahlungsfluß

$$\tau = \frac{\Phi_{e\tau}}{\Phi_{eo}} \tag{1.36}$$

(vgl. auch Kap. 5). Um den Zusammenhang mit den in Gln. 1.33 und 1.34 angegebenen Amplitudenkoeffizienten zu finden, muß man berücksichtigen, daß sich die Querschnittsfläche und damit die Bestrahlungsstärke eines Lichtbündels beim Übergang zwischen den Medien ändert. Wird auf der Grenzfläche die Fläche A durch ein Lichtbündel beleuchtet, ist die Querschnittsfläche des einfallenden und reflektierten Bündels $A \cos\alpha$ und die des durchgelassenen Bündels $A \cos\beta$. Dementsprechend ist der Strahlungsfluß des einfallenden und reflektierten Lichtbündels $\Phi_{eo} = E_{eo} A \cos\alpha \sim E_o^2 n_1 \cos\alpha$, $\Phi_{e\rho} = E_{e\rho} A \cos\alpha \sim E_r^2 n_1 \cos\alpha$, sowie der des durchgelassenen Bündels $\Phi_{e\tau} = E_{e\tau} A \cos\beta \sim E_t^2 n_2 \cos\beta$. Setzt man diese Relationen in Gln. 1.35 und 1.36 ein, findet man, daß

$$\rho = r^2 \tag{1.37}$$

und

$$\tau = \frac{n_2 \cos\beta}{n_1 \cos\alpha} t^2 \tag{1.38}$$

r und t stehen für die Amplitudenreflexionskoeffizienten (Gl. 1.33) und -transmissionskoeffizienten (Gl. 1.34). Um beispielsweise den Reflexionsgrad bei vorgegebenem Einfallswinkel α bestimmen zu können, muß in Gl. 1.33 der Brechungswinkel β mit Hilfe des Brechungsgesetzes (Gl. 1.32) durch den Einfallswinkel α ersetzt werden. Damit ergibt sich aus Gl. 1.37 der Reflexionsgrad für die Schwingungsrichtung parallel zur Einfallsebene

$$\rho_\parallel = \left(\frac{n_{21}^2 \cos\alpha - \sqrt{n_{21}^2 - \sin^2\alpha}}{n_{21}^2 \cos\alpha + \sqrt{n_{21}^2 - \sin^2\alpha}} \right)^2 \tag{1.39}$$

und für die Schwingungsrichtung senkrecht zur Einfallsebene

$$\rho_\perp = \left(\frac{\cos\alpha - \sqrt{n_{21}^2 - \sin^2\alpha}}{\cos\alpha + \sqrt{n_{21}^2 - \sin^2\alpha}} \right)^2 \tag{1.40}$$

dabei ist $n_{21} = n_2/n_1$.

Berechnet man in gleicher Weise den Transmissionsgrad, stellt man fest, daß

$$\rho_\parallel + \tau_\parallel = 1, \quad \rho_\perp + \tau_\perp = 1 \tag{1.41}$$

Gl. 1.41 stellt die Erhaltung der Energie für diese Konfiguration dar: Im verlustfreien Medium teilt sich der Strahlungsfluß des einfallenden Lichtbündels auf in den Strahlungsfluß des reflektierten Bündels und den des durchgehenden Bündels.

Fresnelsche Formeln als Folgerungen aus den Randbedingungen

Als Ergänzung zu dem Abschnitt soll gezeigt werden, daß die Fresnelschen Formeln sich als Folgerung aus der Forderung ergeben, daß die Tangentialkomponenten des elektrischen und magnetischen Felds an einer Grenzfläche stetig sein müssen (vgl. Gl. 1.25). Wir beginnen mit der senkrecht zur Einfallsebene liegenden Komponente des elektrischen Felds. Koordinatensystem, Winkel und Feldrichtungen zeigt Bild 1.7. Da das senkrecht zur Einfallsebene schwingende elektrische Feld

$$\vec{E} = (0, 0, -E_\perp) \tag{1.42}$$

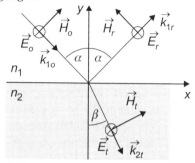

Bild 1.7 Orientierung der Felder und Wellenzahlvektoren für ein E-Feld, das senkrecht auf der Einfallsebene steht und in die Bildebene zeigt

tangential zur Grenzfläche liegt, folgt nach Gl. 1.25 für die Stetigkeit dieser Komponente:

$$E_\perp^{(1)}(x, y=0) = E_\perp^{(2)}(x, y=0) \tag{1.43}$$

Für das Magnetfeld

$$\vec{H} = (H_x, H_y, 0) \tag{1.44}$$

ist die x-Komponente tangential zur Grenzfläche, so daß

$$H_x^{(1)}(x, y=0) = H_x^{(2)}(x, y=0) \tag{1.45}$$

sein muß. Die Indizes 1, 2 kennzeichnen die beiden Medien. Wir nehmen an, daß das Lichtfeld in beiden Medien aus ebenen monochromatischen Wellen besteht.

Das elektrische Feld im Medium 1 setzt sich aus dem einfallenden (Index o) und dem reflektierten Anteil (Index r) zusammen

$$E_\perp^{(1)}(x, y) = E_{o\perp} \cos(\omega t - \vec{k}_{1o}\vec{r}) + E_{r\perp} \cos(\omega t - \vec{k}_{1r}\vec{r}) \tag{1.46}$$

das im Medium 2 aus dem transmittierten Anteil (Index t)

$$E_\perp^{(2)}(x, y) = E_{t\perp} \cos(\omega t - \vec{k}_{2t}\vec{r}) \tag{1.47}$$

Aus Bild 1.7 können wir die Komponenten der Wellenzahlvektoren der verschiedenen Feldanteile ablesen. Der Wellenzahlvektor der einfallenden Welle ist

$$\vec{k}_{1o} = k_1 (\sin\alpha, -\cos\alpha, 0) \tag{1.48}$$

der der reflektierten Welle

$$\vec{k}_{1r} = k_1 (\sin\alpha, \cos\alpha, 0) \tag{1.49}$$

sowie der der transmittierten Welle

$$\vec{k}_{2t} = k_2 (\sin\beta, -\cos\beta, 0) \tag{1.50}$$

$k_1 = 2\pi n_1/\lambda$ und $k_2 = 2\pi n_2/\lambda$. Sowohl über die Feldamplituden $E_{o\perp}$, $E_{r\perp}$ und $E_{t\perp}$ als auch über den Einfalls- und Brechungswinkel α und β wurden keine Annahmen gemacht. Diese Größen müssen aus den Stetigkeitsforderungen bestimmt werden.

Setzt man Gln. 1.46 und 1.47 mit Gln. 1.48 - 1.50 in die Stetigkeitsbedingung für das elektrische Feld Gl.1.43 ein, ergibt sich eine erste Bedingungsgleichung:

$$(E_{o\perp} + E_{r\perp})\cos(\omega t - k_1 x \sin\alpha) = E_{t\perp}\cos(\omega t - k_2 x \sin\beta) \tag{1.51}$$

Die Identität muß zu jeder Zeit t und an jedem Ort x auf der Grenzfläche erfüllt sein. Daher müssen die Vorfaktoren und die Argumente der Kosinus-Funktionen gesondert gleichgesetzt werden:

$$E_{o\perp} + E_{r\perp} = E_{t\perp} \tag{1.52}$$

$$k_1 \sin\alpha = k_2 \sin\beta \tag{1.53}$$

Mit $k_1 = 2\pi n_1/\lambda$ und $k_2 = 2\pi n_2/\lambda$ stellt Gl. 1.53 aber gerade das Snelliussche Brechungsgesetz dar:

$$\frac{\sin\alpha}{\sin\beta} = \frac{n_2}{n_1} \tag{1.54}$$

Um Aussagen über die Amplitudenverhältnisse machen zu können, müssen wir noch die Stetigkeitsbedingung für das magnetische Feld auswerten. Dieses können wir aus Gl. 1.42 mit Gl.1.46 bzw. 1.47 mit Hilfe von Gl. 1.18 bestimmen. Benutzen wir, daß für ebene Wellen der Form $\vec{E} = \vec{E}_m \cos(\omega t - \vec{k}\vec{r})$ und $\vec{H} = \vec{H}_m \cos(\omega t - \vec{k}\vec{r})$ die Relationen

$$\frac{\partial \vec{H}}{\partial t} = -\omega \vec{H}_m \sin(\omega t - \vec{k}\vec{r}) = -\omega \vec{H} \quad \text{und} \quad \vec{\nabla}\times\vec{E} = \vec{k}\times\vec{E}_m \sin(\omega t - \vec{k}\vec{r}) = \vec{k}\times\vec{E} \tag{1.55}$$

und somit nach Gl. 1.18

$$\mu\omega\vec{H} = \vec{k}\times\vec{E} \tag{1.56}$$

gelten, können wir das H-Feld der einfallenden, reflektierten und transmittierten Welle berechnen. Die x-Komponente des magnetischen Felds auf der Grenzfläche ($y = 0$) im Medium 1 erhält man damit

$$H_x^{(1)}(x, y=0) = \frac{k_1}{\mu_1 \omega}(E_{o\perp} - E_{r\perp})\cos\alpha \, \sin(\omega t - k_1 x \sin\alpha) \tag{1.57}$$

sowie die x-Komponente im Medium 2

$$H_x^{(2)}(x, y=0) = \frac{k_2}{\mu_2 \omega} E_{t\perp} \cos\beta \, \sin(\omega t - k_2 x \sin\beta) \tag{1.58}$$

Für optische Medien ist mit guter Näherung $\mu_1 = \mu_2$. Gleichsetzen der beiden Gleichungen entsprechend Gl.1.45 führt zu

$$n_1(E_{o\perp} - E_{r\perp})\cos\alpha = n_2 E_{t\perp} \cos\beta \tag{1.59}$$

Eliminiert man $E_{t\perp}$ in Gl.1.59 mit Hilfe von Gl. 1.52 ergibt sich der Amplitudenreflexionskoeffizient

$$r_\perp = \frac{E_{r\perp}}{E_{o\perp}} = \frac{n_1 \cos\alpha - n_2 \cos\beta}{n_1 \cos\alpha + n_2 \cos\beta} \tag{1.60}$$

Entsprechend findet man durch Eliminieren von $E_{r\perp}$ mit Gl. 1.52 den Amplitudentransmissionskoeffizienten

$$t_\perp = \frac{E_{t\perp}}{E_{o\perp}} = \frac{2 n_1 \cos\alpha}{n_1 \cos\alpha + n_2 \cos\beta} \tag{1.61}$$

Das Vorgehen für die Parallelkomponente ist analog. Zweckmäßigerweise beginnt man mit dem

H-Feld, das in diesem Fall senkrecht auf der Einfallsebene steht und bestimmt mit Hilfe von Gln.1.19 und 1.20 daraus das *E*-Feld.

Wir können an diesem Beispiel das prinzipielle Vorgehen bei der Behandlung von wellenoptischen Problemen sehen. Zunächst muß man eine Lösung der Wellengleichung (Gl. 1. 23) finden. In unserem Fall haben wir das durch den Ansatz ebener Wellen in beiden Medien erreicht. Die unbekannten Amplituden und Phasen wurden im nächsten Schritt mit Hilfe der Randbedingung für die Felder (Gl. 1.25) bestimmt. Auf diese Weise haben wir zwei wichtige Gesetze der Optik, das Snelliussche Brechungsgesetz und die Fresnelschen Formeln erhalten.

1.4.3 Folgerungen aus den Fresnelschen Formeln

Aus den Fresnelschen Gleichungen ergeben sich Schlußfolgerungen, die wichtig für praktische optische Anwendungen sind. Bilder 1.8 und 1.9 zeigen die Winkelabhängigkeit des Reflexionsgrads für eine Grenzfläche zwischen zwei Medien mit den Brechzahlen 1,0 (Luft) und 1,5 (Glas). In Bild 1.8 ist der Reflexionsgrad für den Fall dargestellt, daß das Licht aus dem optisch dünneren Medium kommt ($n_1 = 1$, $n_2 = 1,5$), im Bild 1.9 für den Fall, daß das Licht vom optisch dichteren Medium in das optisch dünnere eintritt ($n_1 = 1,5$, $n_2 = 1$). Aus den Kurven kann man einige interessante Aspekte erkennen, die im folgenden diskutiert werden sollen.

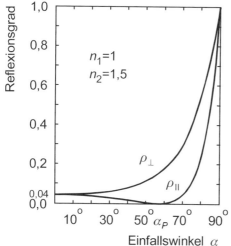
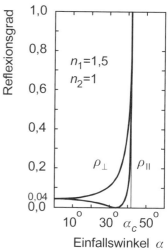

Bild 1.8 Winkelabhängigkeit des Reflexionsgrads für eine Luft-Glas-Grenzfläche

Bild 1.9 Winkelabhängigkeit des Reflexionsgrads einer Glas-Luft-Grenzfläche

Insbesondere für einige Folgerungen bez. der Winkelabhängigkeit des Reflexionsgrads ist eine andere Form der Fresnelschen Formeln hilfreich. Ersetzt man in Gl. 1.33 die Brechzahl n_2 durch das Brechungsgesetz Gl. 1.32, und verwendet die Additionstheoreme für trigonometrische Funktionen, erhält man

$$r_\perp = -\frac{\sin(\alpha-\beta)}{\sin(\alpha+\beta)} \qquad (1.62)$$

und

$$r_\parallel = \frac{\tan(\alpha-\beta)}{\tan(\alpha+\beta)} \qquad (1.63)$$

(1) Reflexionsgrad bei senkrechtem Einfall

Fällt das Licht senkrecht auf die Grenzfläche ($\alpha = 0$), ist eine Einfallsebene nicht definiert. In diesem Fall führen Gln. 1.39 und 1.40 zu

$$\rho = \rho_\parallel = \rho_\perp = \left(\frac{n_1-n_2}{n_1+n_2}\right)^2 \qquad (1.64)$$

An einer Luft-Glas-Grenzfläche werden ca. 4% des einfallenden Lichts reflektiert unabhängig davon, ob es vom optisch dichteren Medium (Glas) oder vom optisch dünneren Medium (Luft) kommt.

Aus dem Amplitudenreflexionskoeffizienten $r_\perp$ für die Komponente senkrecht zur Einfallsrichtung (Gl. 133) erkennen wir noch einen interessanten Aspekt. Fällt Licht auf ein optisch dichteres Medium ($n_1 < n_2$) wird $r_\perp < 0$, so daß $E_{r\perp} = -|r_\perp| E_o$ ist. An der Grenzfläche ist das elektrische Feld des reflektierten Lichts antiparallel zu dem des einfallenden Lichts, es hat also eine Phasendifferenz zur einfallenden Welle von π. Das entspricht gerade der Phasenverschiebung, die eine Welle nach einem Weg von einer halben Wellenlänge erfährt.

- Bei der Reflexion von Licht am optisch dichteren Medium erfährt das elektrische Feld eine Phasenverschiebung von π, was einem Gangunterschied zwischen einfallender und reflektierter Welle von einer halben Wellenlänge ($\lambda/2$) entspricht.

Phasenverschiebung bei Reflexion am optisch dichteren Medium

Aus Gl. 1.62 ist ersichtlich, daß der Phasensprung von π bei der Reflexion an einem optisch dichteren Medium für die senkrecht auf der Einfallsebene stehende Komponente bei allen Einfallswinkeln auftritt (für $n_1 < n_2$ ist $\alpha > \beta$ und somit $r_\perp < 0$ für alle Einfallswinkel α).

Schwieriger sind die Dinge bei der Parallelkomponente des elektrischen Felds. So scheint schon der Grenzfall des senkrechten Einfalls ($\alpha = 0°$) zu einem Widerspruch zu führen, da einerseits auf den ersten Blick der Unterschied zwischen paralleler und senkrechter Komponente wegfallen müßte, aber andererseits nach Gl. 1.33 $r_\parallel = -r_\perp$ für $\alpha = 0°$ ist.

Hilfreich ist es hier, die kartesischen Komponenten des in der Einfallsebene liegenden elektrischen Felds zu betrachten. Das Vektorprodukt in Gl. 1.56 zeigt, daß die Vektoren $\vec{k}$, $\vec{E}$, und $\vec{H}$ in dieser Reihenfolge ein Rechtssystem bilden müssen (vgl. Bild 1.10). Das magnetische Feld steht senkrecht auf der Einfallsebene. Da $H_{r\perp} = r_\parallel H_{o\perp}$ ist, zeigt das Vorzeichen von $r_\parallel$, ob das magnetische Feld einen Phasensprung bei der Reflexion erfährt oder nicht. Damit können wir die Komponenten

1.4 Reflexion und Brechung

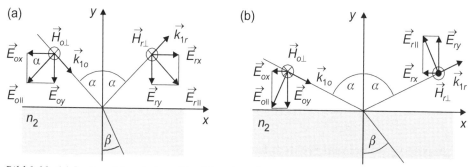

Bild 1.10 (a) Im Bereich $\alpha + \beta < \pi/2$ erfährt die x-Komponente des elektrischen Felds bei der Reflexion am optisch dichteren Medium einen Phasensprung um π, (b) im Bereich $\alpha + \beta > \pi/2$ die y-Komponente

des einfallenden und reflektierten elektrischen Feldvektors bestimmen. Wir müssen dazu zwei Bereiche für den Einfallswinkel unterscheiden. Gl 1.63 macht deutlich, daß bei Reflexion am optisch dichteren Medium $r_\parallel > 0$ für $\alpha + \beta < \pi/2$ ist, da $\tan(\alpha + \beta) > 0$ und $r_\parallel < 0$ ist für $\alpha + \beta > \pi/2$. (Der Einfallswinkel α_P, für den $\alpha_P + \beta = \pi/2$ und, wie wir unten ausführlich besprechen werden, folglich $r_\parallel = 0$ ist, bezeichnet man als Polarisations- oder Brewster-Winkel.)

Im Bereich $\alpha + \beta < \pi/2$, wo $r_\parallel > 0$ ist, ändert der auf der Einfallsebene senkrecht stehende magnetische Feldvektor bei der Reflexion seine Richtung nicht. Aus Bild 1.9a können wir ablesen, daß

$$E_{ox} = -E_{o\parallel} \cos\alpha \quad \text{und} \quad E_{rx} = E_{r\parallel} \cos\alpha \tag{1.65}$$

sowie

$$E_{oy} = -E_{o\parallel} \sin\alpha \quad \text{und} \quad E_{ry} = -E_{r\parallel} \sin\alpha \tag{1.66}$$

ist. Die x-Komponente des in der Einfallsebene liegenden elektrischen Felds ändert bei der Reflexion das Vorzeichen und wird um π phasenverschoben, während die y-Komponente ihre Richtung nicht ändert. Für den Grenzfall des senkrechten Einfalls, $\alpha \to 0$, fällt der Unterschied zwischen $\vec{E}_{ox}$ und $\vec{E}_\perp$ weg, und beide erfahren, wie es sein muß, bei der Reflexion einen Phasensprung um π.

Im Bereich $\alpha + \beta > \pi/2$ ist $r_\parallel < 0$, weshalb der auf der Einfallsebene senkrecht stehende magnetische Feldvektor bei der Reflexion eine Phasenverschiebung um π erfährt und seine Richtung um $180°$ ändert. Aus Bild 1.9b können wir ablesen, daß

$$E_{ox} = -E_{o\parallel} \cos\alpha \quad \text{und} \quad E_{rx} = -E_{r\parallel} \cos\alpha \tag{1.67}$$

sowie

$$E_{oy} = -E_{o\parallel} \sin\alpha \quad \text{und} \quad E_{ry} = E_{r\parallel} \sin\alpha \tag{1.68}$$

Hier wird die y-Komponente des in der Einfallsebene liegenden elektrischen Felds bei der Reflexion um π phasenverschoben, während die x-Komponente ihre Richtung beibehält. In diesem Fall fällt im Grenzfall des streifenden Einfalls, $\alpha \to 90°$, der Unterschied zwischen der y-Komponente von $\vec{E}_\parallel$ und $\vec{E}_\perp$ weg.

(2) Totalreflexion

Trifft Licht vom optisch dichteren Medium auf die Grenzfläche, so wird es, wie wir im Abschn.1.4.1 gesehen haben, von der Normalen der Grenzfläche weggebrochen. Vergrößern wir schrittweise den Einfallswinkel, tritt der Fall ein, daß für einen Einfallswinkel α_g (<

90°) der Brechungswinkel 90° wird. In diesem Fall wird das gesamte einfallende Licht an der Grenzfläche reflektiert. Im Bild 1.9 sehen wir, daß für eine Glas-Luft-Grenzfläche der Reflexionsgrad eins wird bei einem Winkel von α_g = 41,8°. Für alle Einfallswinkel α, die größer als dieser Grenzwinkel α_g sind, ist der Reflexionsgrad der Grenzfläche 100%. Diese Erscheinung bezeichnet man als **Totalreflexion**. Den Grenzwinkel α_g erhält man aus dem Brechungsgesetz (Gl. 1.32) mit der Forderung, daß der Brechungswinkel β = 90° wird:

$$\sin\alpha_g = \frac{n_2}{n_1} \tag{1.69}$$

Wir sehen hier noch einmal, daß Totalreflexion nur möglich ist, wenn $n_2 \leq n_1$ ist.

Totalreflexion am optisch dünneren Medium bildet die Grundlage für eine Reihe von optischen Elementen wie z. B. Reflexionsprismen in den verschiedensten Ausführungen. Eine wichtige Anwendung sind optische Fasern, die aufgrund der Totalreflexion Lichtleitung über lange Strecken mit vergleichsweise geringen Verlusten ermöglichen.

Analysiert man das Lichtfeld im dünneren Medium genauer, stellt man fest, daß es dort nicht verschwindet, sondern daß sich eine Welle parallel zur Grenzfläche ausbreitet. Die Amplitude dieser sogenannten **Grenzflächenwelle** nimmt senkrecht zur Grenzfläche exponentiell ab und wird in einer Entfernung von nur wenigen Wellenlängen vernachlässigbar. Legt man das Koordinatensystem so, daß die x,y-Ebene die Einfallsebene bildet und die y-Achse senkrecht auf der Grenzfläche zwischen beiden Medien steht, kann die Grenzflächenwelle durch

$$E_t = E_{ot}\, e^{-\gamma y} \cos\left(\omega t - \frac{2\pi n_1}{\lambda} x \sin\alpha\right) \tag{1.70}$$

beschrieben werden. $\alpha > \alpha_g$ ist der Einfallswinkel auf die Grenzfläche zum optisch dünneren Medium, E_{ot} ist die Amplitude an der Grenzfläche im zweiten Medium. Der Koeffizient

$$\gamma = \frac{2\pi}{\lambda}\sqrt{n_1^2 \sin^2\alpha - n_2^2} \tag{1.71}$$

ist ein Maß für die Eindringtiefe der Grenzflächenwelle in das zweite Medium: Im Abstand $y = \gamma^{-1}$ von der Grenzfläche hat sich ihre Amplitude auf den e-ten Teil von E_{ot} verringert.

Für eine Glas-Luft-Grenzfläche (n_1 = 1,5, n_2 = 1) beträgt beispielsweise der Grenzwinkel der Totalreflexion α_g = 41,8°. Fällt Licht unter einem Winkel von 45° auf die Grenzfläche, ist die Eindringtiefe der Grenzflächenwelle in die Luft $\gamma^{-1} \approx 0,5\, \lambda$.

Das Zustandekommen einer solchen Grenzflächenwelle kann man sich etwas vereinfacht so vorstellen, daß Energie durch die Grenzfläche in das optisch dünnere Medium eindringt, in Form einer Grenzflächenwelle parallel zur Grenzfläche wandert und wieder ins dichtere Medium zurückkehrt. Die Totalreflexion ist also von einem Hin- und Herpendeln der Energie zwischen beiden Medien begleitet, wobei im Mittel der Fluß durch die Grenzfläche verschwindet.

Man kann die Grenzflächenwelle im optisch dünneren Medium nachweisen, indem man ein weiteres Medium mit höherer Brechzahl in die Nähe der Grenzfläche bringt. Bild 1.11 zeigt eine mögliche Anordnung mit zwei Prismen, die durch eine Luftschicht getrennt sind.

22   1.4 Reflexion und Brechung

An der Hypotenuse des ersten Prismas wird Licht total reflektiert. Kommt der Abstand zwischen beiden Prismen in den Bereich der Eindringtiefe, wird die Totalreflexion "gestört", und es tritt Licht in das zweite Prisma ein. Der Strahlungsfluß im zweiten Prisma wächst entsprechend Gl. 1.70 exponentiell mit abnehmendem Abstand. Die Erscheinung wird auch als **frustrierte** oder **gestörte Totalreflexion** bezeichnet. Sie bildet die Grundlage für Elemente zur Strahlverzweigung in der Lichtwellenleitertechnik und integrierten Optik.

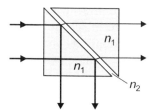

Bild 1.11 Anordnung zum Nachweis der frustrierten Totalreflexion

Phasenverschiebung bei Totalreflexion

Durch das Eindringen der totalreflektierten Welle in das zweite Medium kommt es zu einer Laufzeitdifferenz zwischen einfallender und totalreflektierter Welle, die sich in einer Phasenverschiebung zwischen beiden Wellen bemerkbar macht. Für die elektrische Feldkomponente senkrecht zur Einfallsebene ist diese durch

$$\tan\frac{\varphi_\perp}{2} = \frac{1}{\cos\alpha}\sqrt{\sin^2\alpha - \frac{n_2^2}{n_1^2}} \tag{1.72}$$

bestimmt, sowie die für die Parallelkomponente durch

$$\tan\frac{\varphi_\parallel}{2} = \frac{n_1^2}{n_2^2}\tan\frac{\varphi_\perp}{2} \tag{1.73}$$

Die Phasenverschiebung liegt zwischen $\varphi_{\parallel,\perp} = 0$ rad bei dem Grenzwinkel $\alpha = \alpha_g$ und $\varphi_{\parallel,\perp} = \pi$ bei $\alpha = \pi/2$.

Sowohl die Form der Grenzflächenwelle (Gln. 1.70 und 1.71) als auch die Phasenverschiebung bei der Totalreflexion (Gln. 1.72 und 1.73) können wir mit Hilfe der komplexen Schreibweise (Gl. 1.8) relativ einfach erhalten. Benutzt man im Bereich der Totalreflexion formal das Brechungsgesetz weiter, dann wird $\sin\beta > 1$, so daß

$$\cos\beta = \sqrt{1 - \sin^2\beta} = j\sqrt{\frac{n_1^2}{n_2^2}\sin^2\alpha - 1} \tag{1.74}$$

eine rein imaginäre Größe ist. Das transmittierte Feld ist in komplexer Schreibweise

$$E_{ct}(x,y,t) = E_{ot}e^{j(\omega t - \vec{k}_2\vec{r})} \tag{1.75}$$

mit

$$\vec{k}_2\vec{r} = \frac{2\pi n_2}{\lambda}(x\sin\beta - y\cos\beta) \tag{1.76}$$

(vgl. Bild 1.7). Ersetzt man darin $\cos\beta$ durch Gl. 1.74, ergibt Gl. 1.75 mit 1.74 die Grenzflächenwelle, Gl. 1.70 mit 1.71.

Analog kommt man zur Phasenverschiebung, die durch Gln. 1.72 und 1.73 beschrieben wird. Ersetzt man in den Fresnelschen Formeln (Gl. 1.33) $\cos\beta$ durch Gl. 1.74 werden die Reflexionskoeffizienten komplex und können als

$$r_{\parallel,\perp} = |r_{\parallel,\perp}| \, e^{-j\varphi_{\parallel,\perp}} \qquad (1.77)$$

geschrieben werden. Für den Betrag findet man $|r_{\parallel,\perp}| = 1$, so daß der Reflexionsgrad der Grenzfläche $\rho = |r_{\parallel,\perp}|^2$ bei Totalreflexion gleich eins ist. Der Phasenwinkel ergibt sich aus $\varphi_{\parallel,\perp} = \arctan\left(\dfrac{\mathrm{Im}\, r_{\parallel,\perp}}{\mathrm{Re}\, r_{\parallel,\perp}}\right)$.

(3) Brewstersches Gesetz

Die Winkelabhängigkeit des Reflexionsgrads (Bild 1.8 und 1.9) zeigt, daß diese für die Schwingungskomponente parallel zur Einfallsebene eine Nullstelle hat. Das bedeutet, daß von der Lichtwelle, die unter diesem Winkel auf die Grenzfläche fällt, nur die Komponente reflektiert wird, deren Schwingungsrichtung senkrecht auf der Einfallsebene steht. Das reflektierte Licht hat folglich nur eine Komponente der Schwingungsrichtung, es ist **linear polarisiert**. Der zugehörige Einfallswinkel α_P wird als **Polarisationswinkel** oder **Brewsterscher Winkel** bezeichnet. Aus Gl 1.63 entnehmen wir, daß $\rho_{\parallel} = r_{\parallel}^2 = 0$ wird, wenn die Bedingung $\alpha_P + \beta = 90°$ erfüllt ist ($\tan(\alpha_P + \beta) = \infty$):

- Das reflektierte Licht ist vollständig linear polarisiert, wenn reflektierter und gebrochener Strahl aufeinander senkrecht stehen.

Damit ergibt sich aus dem Brechungsgesetz (Gl. 1.32) die Bedingung für den Polarisationswinkel

$$\boxed{\tan\alpha_P = \frac{n_2}{n_1}} \qquad (1.78)$$

die als **Brewstersches Gesetz** bekannt ist.

Der Verlauf des Reflexionsgrads (Bild 1.7 und 1.8) macht überdies deutlich, daß in einem größeren Winkelbereich um den Polarisationswinkel α_P der Reflexionsgrad für die Parallelkomponente deutlich niedriger ist, als der für die Senkrechtkomponente. Reflexe, die von Glas- oder Wasseroberflächen durch schrägen Lichteinfall herrühren, sind daher teilweise polarisiert. In der Fotografie beispielsweise macht man sich diese Eigenschaften zunutze, um störende Lichtreflexe weitgehend zu unterdrücken. Man setzt ein sogenanntes Polarisationsfilter auf das Objektiv und stellt dieses so ein, das es gerade die Schwingungskomponente sperrt, die im reflektierten Licht dominiert.

Beispiele

1. Unter welchem Winkel sieht ein im Wasser untergetauchter Schwimmer die untergehende Sonne? (Brechungsindex des Wassers $n = 1{,}33$)

Lösung:
Streifend auf die Wasseroberfläche einfallendes Licht tritt unter dem Grenzwinkel β_g in das Wasser ein. Dieser ergibt sich aus dem Brechungsgesetz (Gl.1.32) mit $\alpha = 0°$:

$$\sin\beta_g = \frac{1}{n}$$

Der Schwimmer sieht das Licht der untergehenden Sonne also unter dem Winkel $\beta_g = \arcsin(1/n) = 48{,}8°$. β_g ist gerade der Grenzwinkel der Totalreflexion für den Übergang vom Wasser in die Luft.

2. Unter welchem Einfallswinkel muß Licht, dessen Schwingungsebene parallel zur Einfallsebene liegt, auf eine planparallele Glasplatte mit der Brechzahl 1,5 fallen, damit keine Reflexionsverluste beim Durchgang durch die Platte auftreten?

Lösung:
Der Reflexionsgrad einer Grenzfläche verschwindet, wenn für die parallel zur Einfallsebene liegende Schwingungskomponente der Einfallswinkel gleich dem Brewster-Winkel (Gl.1.78) wird, $\tan\alpha_P = n_2/n_1 = 1{,}5$ (Übergang Luft Glas), so daß $\alpha_P = 56{,}3°$ ist. Da das Licht aus der Planplatte parallel zur Einfallsrichtung austritt, ist auch für die Rückseite der Platte (Übergang Glas Luft) die Brewster-Bedingung, daß Einfalls- und Brechungswinkel senkrecht aufeinander stehen, erfüllt.

1.5 Interferenz

Interferenz oder Überlagerung von Wellen ist eine grundlegende Erscheinung in der Optik. Sie bildet zum einen die Grundlage für das Verständnis verschiedener Teilgebiete und Phänomene in der Optik. Zum anderen beruhen Geräte der optischen Meßtechnik sowie optische Funktionselemente auf der Interferenz von Lichtwellen. In diesem Abschnitt sollen die Grundlagen der Interferenz von zwei Wellen (**Zweistrahlinterferenz**) anhand von zwei typischen Anordnungen besprochen werden.

1.5.1 Überlagerung von Wellen

Laufen mehrere elektromagnetische Wellen durch den Raum, so breitet sich jede Welle unabhängig von den anderen aus. In jedem Raumpunkt ergibt sich die resultierende Feldstärke als Summe der Einzelfeldstärken. Stellt man an eine Stelle einen Empfänger (beispielsweise einen Schirm oder einen fotoelektrischen Detektor), so zeigt dieser die Bestrahlungsstärke an, die sich nach Gl. 1.14 durch Quadrieren der Summe der Einzelfeldstärken und anschließender zeitlicher Mittelung ergibt. Für zwei Wellen mit den elektrischen Feldstärken E_1 und E_2 bedeutet das

$$E_e = \varepsilon c \overline{(\vec{E}_1 + \vec{E}_2)^2} \qquad (1.79)$$

Die Erscheinungen, die durch Überlagerung von Wellen in bestimmten Raumpunkten hervorgerufen werden, bezeichnet man als **Interferenz**. Wir wollen die Interferenzerscheinungen für den einfachsten Fall genauer untersuchen, daß zwei ebene Wellen überlagert werden, die in die gleiche Richtung laufen, die gleiche Schwingungsrichtung und Frequenz haben. Solche Interferenzen kann man praktisch in einem **Michelson-Interferometer** erzeugen, wie es schematisch im Bild 1.12 dargestellt ist. Durch einen halbdurchlässigen Spiegel (Strahlteiler) wird eine Welle in zwei Teilwellen aufgeteilt. Die beiden Teilwellen legen in den Interferometerarmen unterschiedliche Wege zurück, werden an den Endspiegeln reflektiert und am Teilerspiegel wieder überlagert. Die Interferenzerscheinungen werden auf einem Empfänger hinter dem Teilerspiegel (im Bild 1.12 als Schirm dargestellt) beobachtet. Die Phase der Teilwellen wird durch die Wege z_1 und z_2 bestimmt, die sie nach der Strahlteilung bis zum Empfänger zurückgelegt haben.

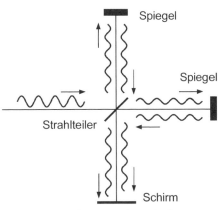

Bild 1.12 Schematischer Aufbau eines Michelson-Interferometers

Die resultierende Feldstärke ist gleich der Summe der Einzelfeldstärken aus jedem Interferometerarm:

$$E_{res} = E_{1m}\cos(\omega t - kz_1) + E_{2m}\cos(\omega t - kz_2) \qquad (1.80)$$

E_{1m} und E_{2m} sind die Amplituden der beiden Teilwellen. Die Intensität auf dem Empfänger ergibt sich entsprechend Gl. 1.79 durch Quadrieren und zeitliches Mitteln:

$$E_{e,res} = E_{e1} + E_{e2} + 2\sqrt{E_{e1}E_{e2}}\cos\left(\frac{2\pi}{\lambda}(z_2 - z_1)\right) \qquad (1.81)$$

Dabei wurde benutzt, daß $\overline{\cos^2(\omega t - kz)} = 1/2$ ist. E_{e1}, E_{e2} sind die Intensitäten der beiden Teilwellen. Die resultierende Intensität beider Wellen hängt empfindlich von dem **Gangunterschied** $\Delta = z_2 - z_1$ bzw. der **Phasendifferenz**

$$\Delta\varphi = \frac{2\pi}{\lambda}(z_2 - z_1) \qquad (1.82)$$

der beiden Wellen ab. Ist der Gangunterschied ein ganzzahliges Vielfaches der Wellenlänge,

$$\Delta = m\lambda \quad \text{bzw.} \quad \Delta\varphi = 2m\pi, \quad m = 0, 1, 2, \ldots \qquad (1.83)$$

wird die resultierende Intensität maximal, $E_{e,res} = E_{e1} + E_{e2} + 2\sqrt{E_{e1}E_{e2}}$ bzw. $E_{e,res} = 4E_e$, wenn die Bestrahlungsstärken beider Teilwellen gleich sind ($E_{e1} = E_{e2} = E_e$). Beide Wellen schwingen auf dem Empfänger gleichphasig und verstärken sich. Man spricht daher von **konstruktiver Interferenz**.

Beträgt dagegen der Gangunterschied ein ungeradzahliges Vielfaches der halben Wellenlänge,

$$\Delta = (2m+1)\frac{\lambda}{2} \quad \text{bzw.} \quad \Delta\varphi = (2m+1)\pi, \quad m = 0, 1, 2, 3, \ldots \quad (1.84)$$

wird die resultierende Intensität ein Minimum, $E_{e,res} = E_{e1} + E_{e2} - 2\sqrt{E_{e1}E_{e2}}$, bzw. verschwindet, wenn die Bestrahlungsstärken beider Teilwellen gleich sind. Die Teilwellen schwingen gegenphasig und schwächen sich bzw. löschen sich aus. Man bezeichnet dies als **destruktive Interferenz**.

Die hier gewonnenen Aussagen über die Abhängigkeit der resultierenden Intensität in einem Raumpunkt von der Phasendifferenz zwischen den sich überlagernden Wellen sind nicht nur auf Wellen beschränkt, die die gleiche Richtung haben, sondern gelten für monochromatische Wellen mit beliebiger Ausbreitungsrichtung:

- Beträgt in einem Raumpunkt der Gangunterschied zwischen zwei Wellen ein ganzzahliges Vielfaches ihrer Wellenlänge, tritt konstruktive Interferenz auf und die Intensität der resultierenden Welle wird maximal. Ist der Gangunterschied ein ungeradzahliges Vielfaches der halben Wellenlänge, interferieren sie destruktiv und schwächen bzw. löschen sich aus.

Voraussetzung für die Beobachtung von Interferenzerscheinungen ist allerdings, daß die sich überlagernden Wellen eine gemeinsame Komponente ihrer Schwingungs- bzw. Polarisationsrichtung besitzen. Stehen die Schwingungsebenen senkrecht aufeinander, treten keine Interferenzen auf. Bei der Überlagerung nichtmonochromatischer Wellenfelder bzw. von Licht ausgedehnter Lichtquellen kommt die Eigenschaft der Kohärenz des Lichts zum Tragen, die wir im Abschn. 1.6 besprechen wollen.

1.5.2 Interferenz an planparallelen Schichten

Eine weitere Anordnung zur Erzeugung von Interferenzen ist die Überlagerung der an der Vorder- und Rückseite einer Planplatte reflektierten Teilwellen. Diese Anordnung bildet die Grundlage für eine Reihe praktischer Anwendungen. Die Entspiegelung optischer Gläser ebenso wie die Herstellung hochreflektierender Laserspiegel beruht auf der Interferenz an dünnen, dielektrischen Schichten. Die Farben, die wir auf dünnen Ölfilmen oder Seifenschichten beobachten können, sind ebenfalls durch Interferenz der an den Grenzflächen reflektierten Lichtwellen zu erklären.

Zum Verständnis betrachten wir den einfachsten

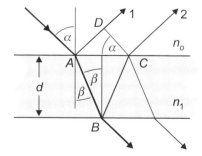

Bild 1.13 Gangunterschied zwischen den an der Vorder- und Rückseite einer Planplatte reflektierten Strahlen

Fall, daß ein an der Vorder- und ein an der Rückseite einer transparenten planparallelen Platte reflektierter monochromatischer Strahl miteinander interferieren. Die Beiträge von mehrfachreflektierten Strahlen können im allgemeinen vernachlässigt werden, da z. B. der Reflexionsgrad einer Glasoberfläche nur wenige Prozent beträgt und mit jeder weiteren Reflexion die Amplitude der reflektierten Welle sehr schnell abnimmt. Mit dieser Näherung bildet die Planplatte ebenfalls ein Beispiel zur Zweistrahlinterferenz.

Die Anordnung ist schematisch in Bild 1.13 dargestellt. Die Planplatte hat die Brechzahl n_1, das umgebende Medium n_o (für Luft ist n_o = 1). Ein Strahl trifft im Punkt A unter dem Winkel α auf die Platte und wird teilweise reflektiert und gebrochen. Der gebrochene Strahl wird auf der Rückseite in B wieder teilweise reflektiert und gebrochen. Betrachtet wird die Überlagerung der beiden parallelen Strahlen 1 und 2. Da sich Parallelstrahlen im Unendlichen schneiden, können die durch die Überlagerung hervorgerufenen Interferenzerscheinungen in großen Abständen von der Platte beobachteten werden. Eine Möglichkeit, den Schnittpunkt ins Endliche zur verlegen, ist die Verwendung einer Linse. Da, wie wir später ausführlich besprechen werden, sich parallele Strahlen im Brennpunkt einer Linse vereinigen, können die Interferenzen in der Brennebene der Linse beobachtet werden. (Bei der Betrachtung mit dem Auge ist dies die Augenlinse.) Ob beide Teilstrahlen konstruktiv oder destruktiv interferieren, hängt vom Gangunterschied zwischen ihnen ab. Dieser ist gleich der Differenz zwischen den optischen Wege, die Strahl 1 von A nach D und Strahl 2 von A nach C über B zurückgelegt haben.

Die geometrische Wegdifferenz der Strahlen 1 und 2 ist nach Bild 1.13 $AB + BC - AD$. Aufgrund der im Vergleich zum Vakuum geringeren Lichtgeschwindigkeit in den Medien ist die optische Wegdifferenz $n_1(AB + BC) - n_o AD$ für den Gangunterschied maßgeblich. Allerdings müssen wir noch berücksichtigen, daß der am optisch dichteren Medium reflektierte Strahl 1 einen Phasensprung um π erfährt (vgl. Abschn. 1.4.3), was einem zusätzlichen Gangunterschied von einer halben Wellenlänge $\lambda/2$ entspricht. Der Strahl 2 erleidet bei der Reflexion in B keinen Phasensprung, da hier die Reflexion am optisch dünneren Medium erfolgt. Der resultierende Gangunterschied ist also

$$\Delta = n_1(AB+BC) - \left(n_o AD + \frac{\lambda}{2}\right) \qquad (1.85)$$

Für die einzelnen Strecken können wir aus Bild 1.13

$$AB + BC = \frac{2d}{\cos\beta} \quad \text{und} \quad AD = AC\sin\alpha = 2d\tan\beta \sin\alpha \qquad (1.86)$$

ablesen. Mit Hilfe des Brechungsgesetzes (Gl. 1.32) kann der Winkel β durch den Einfallswinkel α ersetzt werden, $\sin\beta = \frac{n_o}{n_1}\sin\alpha$, so daß sich schließlich der Gangunterschied

$$\boxed{\Delta = 2d\sqrt{n_1^2 - n_o^2 \sin^2\alpha} - \frac{\lambda}{2}} \qquad (1.87)$$

ergibt. Entsprechend Gl. 1.83 tritt konstruktive Interferenz auf, wenn der Gangunterschied ein ganzzahliges Vielfaches der Wellenlänge ist, $\Delta = m\lambda$. Helligkeit wird also beobachtet für Strahlen, deren Einfallswinkel α_m der Bedingung

$$2d\sqrt{n_1^2 - n_o^2 \sin^2\alpha_m} = (2m+1)\frac{\lambda}{2}, \quad m = 0, 1, 2, \ldots \qquad (1.88)$$

genügt. Destruktive Interferenz (Auslöschung) finden wir für $\Delta = (2m+1)\frac{\lambda}{2}$, was der Bedingung

$$2d\sqrt{n_1^2 - n_o^2 \sin^2\alpha_{om}} = (m+1)\lambda, \quad m = 0, 1, 2, \ldots$$

entspricht.

Wie sieht nun das Interferenzmuster aus, das wir beobachten können? Gln. 1.88 und 1.89 zeigen, daß es bei gegebener Plattendicke d und Wellenlänge λ nur vom Einfallswinkel α, d.h., von der "Neigung" der einfallenden Strahlen abhängt, ob Interferenzmaxima oder Minima auftreten. Man spricht daher auch von **Interferenzen gleicher Neigung**. Beleuchten wir die Platte und beobachten das Interferenzmuster auf einem Empfänger (Schirm) in der Brennebene einer Linse, wie im Bild 1.14 dargestellt, bilden die Maxima und Minima Kreise, die symmetrisch um die Linsenachse angeordnet sind und die als **Haidingersche Ringe** bezeichnet werden.

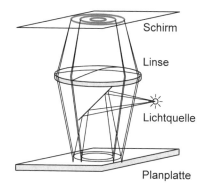

Bild 1.14 Haidingersche Ringe in der Brennebene einer Linse als Ergebnis von Interferenzen gleicher Neigung an einer Planplatte

Interferenzen treten natürlich auch für das transmittierte Licht auf. Allerdings sind diese unter der hier gemachten Voraussetzung kleiner Reflexionsgrade der Oberflächen nur schwer zu beobachten, da der direkt transmittierte Strahl im Vergleich zu dem nach zwei Reflexionen transmittierten eine wesentlich größere Bestrahlungsstärke hat. Da bei den durchgehenden Strahlen kein Phasensprung von π auftritt, sind die Bedingungen für Helligkeit und Dunkelheit genau vertauscht. Die Interferenzen im Durchlicht und in Reflexion verhalten sich komplementär. Aus energetischen Gründen muß das auch so sein: Da bei der Interferenz keine Strahlungsenergie verlorengehen kann, muß bei einem Minimum der reflektierten Energie ein Maximum der transmittierten Energie auftreten und umgekehrt.

Es soll noch einmal betont werden, daß die Bedingung für Maxima und Minima, Gln. 1.88 und 1.89, wesentlich durch den Phasensprung von $\lambda/2$ bei der Reflexion an der ersten Grenzfläche bestimmt wird. Tritt Interferenz an einer dielektrischen Schicht auf, die auf einem Träger mit einer höheren Brechzahl als die der Schicht aufgebracht ist, tritt der Phasensprung von π sowohl an der ersten als auch an der zweiten Grenzfläche auf. Da sich die durch die Phasensprünge bedingten Gangunterschiede beider Strahlen aufheben, kehren sich die Bedingungen, Gln. 1.88 und 1.89 gerade um. Maxima treten auf, wenn

$$2d\sqrt{n_1^2 - n_o^2 \sin^2\alpha_m} = (m+1)\lambda, \quad m = 0, 1, 2, \ldots \qquad (1.90)$$

ist, und Minima für

$$2d\sqrt{n_1^2 - n_o^2 \sin^2\alpha_{om}} = (2m+1)\frac{\lambda}{2}, \quad m = 0, 1, 2, \ldots \quad (1.91)$$

Die hier beschriebenen Interferenzerscheinungen sind auch die Ursache für die oft ausgeprägten Farberscheinungen, die man auf dünnen Ölfilmen oder Seifenblasen im Tageslicht beobachten kann. Wir müssen allerdings einige Unterschiede zu den bisher gemachten Voraussetzungen beachten. Die Schichten werden mit weißem Licht beleuchtet, das ein breites Spektrum von Wellenlängen enthält. Dabei stellt man fest, daß Farberscheinungen nur bei Schichten beobachtet werden können, deren Dicke im µm-Bereich liegt.

Durch die Reflexion an solchen Schichten treten daher Interferenzen der Wellen mit den verschiedenen Wellängen λ auf. Bei einer gegebenen Schichtdicke d finden wir entsprechend Gl. 1.88 Maxima für die Wellenlänge λ_m auf, die der Bedingung

$$\lambda_m = \frac{4d\sqrt{n_1^2 - \sin^2\alpha}}{2m+1} \quad (1.92)$$

bzw. bei senkrechtem Einfall ($\alpha = 0°$)

$$\lambda_m = \frac{4dn_1}{2m+1} \quad (1.93)$$

genügen. (Die Umgebungsbrechzahl wurde $n_o = 1$ gesetzt.) Die Farbe der Schicht wird nun durch die Wellenlänge bestimmt, für die nach Gl. 1.92 bzw. 1.93 ein Interferenzmaximum auftritt, wobei die anderen Farben ausgelöscht werden. Das trifft allerdings nur zu, wenn etwa ein Interferenzmaximum im sichtbaren Spektralbereich liegt. Gln. 1.92 und 1.93 zeigen, daß, je größer die Dicke d und damit die Interferenzordnung m wird, desto geringer wird der Wellenlängenabstand zwischen den Maxima und um so mehr Maxima fallen in den sichtbaren Spektralbereich. Die Überlagerung vieler Maxima mit unterschiedlichen Wellenlängen ergibt aber wieder weißes Licht. Bei weißem Licht können daher Interferenzen nur an Schichtdicken von wenigen µm beobachtet werden.

Der Zusammenhang zwischen dem Spektrum des Lichts und den beobachtbaren Interferenzerscheinungen kommt in einer wichtigen Eigenschaft des Lichts, nämlich der Kohärenz, zum Tragen, die wir im folgenden Abschnitt besprechen wollen.

Beispiele

1. Zur genauen Brechzahlbestimmung von Gasen ist das Michelson-Interferometer sehr gut geeignet. Um die Brechzahl von Ammoniak zu bestimmen, bringt man in einen Arm eines Michelson-Interferometers eine leergepumpte Röhre mit einer Länge von 14 cm. Das Interferometer wird mit Licht der Wellenlänge von 0,59 µm beleuchtet. Beim Füllen der Röhre mit Ammoniak verschiebt sich das Interferenzbild um 180 Maxima. Man berechne die Brechzahl der Ammoniakfüllung in der Röhre!

Lösung:
Der Verschiebung von $m = 180$ Streifen entspricht ein Gangunterschied von $\Delta = m\lambda$ ($\lambda = 590$ nm), der durch den optischen Wegunterschied in der Röhre vor (optische Länge $L = 14$ cm) und nach dem Füllen (optische Länge nL, wobei n die gesuchte Brechzahl des Ammoniaks ist) verursacht wird:

$$\Delta = 2L(n-1) = m\lambda$$

(Der Faktor 2 rührt daher, daß der Interferometerarm zweimal durchlaufen wird.) Die Brechzahl von Ammoniak errechnet sich folglich zu

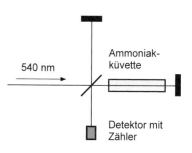

$$n = 1 + \frac{m\lambda}{2L} = 1{,}000379$$

2. Blickt man etwa senkrecht auf die Seifenhaut einer Seifenblase, erscheint sie gelb (580 nm). Wie dick ist die Seifenhaut (Brechzahl 1,33), wenn die Farbe durch Interferenzen in niedrigster Ordnung verursacht wird? Bei welcher Wellenlänge würde das nächste Maximum auftreten?

Lösung:
In niedrigster Ordnung ($m = 0$) gilt nach Gl. 1.93 $\lambda_o = 4dn_1$, so daß $d = \dfrac{\lambda_o}{4n_1} = 0{,}11$ μm ist. Die Wellenlänge für die nächste Ordnung ($m = 1$) ist $\lambda_1 = 4dn_1/3 = \lambda_o/3 = 193{,}3$ nm und liegt im UV.

3. An einer Seifenlamelle (Brechzahl 1,33) tritt bei senkrechtem Lichteinfall ein Interferenzmaximum bei 580 nm mit der Ordnung $m = 20$ auf. Wie dick ist diese Schicht, und wie viele weitere Maxima liegen im sichtbaren Spektralbereich? Können Interferenzen beobachtet werden, wenn diese Lamelle mit weißem Licht beleuchtet wird?

Lösung:
Nach Gl. 1.93 ist $d = \dfrac{\lambda_{20}(2m+1)}{4n_1} = \dfrac{41\lambda_{20}}{4n_1} = 4{,}5$ μm ($\lambda_{20} = 580$ nm).

Weitere Maxima sind durch $\lambda_m = \dfrac{4dn_1}{2m+1} = \dfrac{41}{2m+1}\lambda_{20}$ bestimmt. Der sichtbare Spektralbereich reicht von 380 nm bis 780 nm. Das erste Interferenzmaximum im langwelligen Teil finden wir für $m = 15$ mit $\lambda_{15} = 767{,}1$ nm, das nächste für $m = 16$ mit $\lambda_{16} = 720{,}6$ nm usw. bis $m = 30$ mit $\lambda_{30} = 389{,}8$ nm. Im sichtbaren Spektralbereich sind also insgesamt 16 Maxima! Beleuchtet man eine solche Schicht mit weißem Licht, treten diese Maxima gleichzeitig auf und können nicht mehr unterschieden werden, das reflektierte Licht erscheint wieder weiß.

3. Bei in der Luft fliegenden Seifenblasen treten nach einiger Zeit schwarze Bereiche auf, die von oben nach unten wandern. Dies ist ein sicheres Zeichen, daß die Blasen bald platzen werden. Können Sie diese Erscheinung erklären?

Lösung:
Durch ihr Eigengewicht fließt die Seifenflüssigkeit entlang der Haut in den unteren Bereich der Sei-

fenblase, so daß die Dicke der Haut nach oben abnimmt. Entsprechend Gl. 1.93 wandert damit die Wellenlänge des Interferenzmaximums zu kürzeren Wellenlängen, $\lambda_o = 4dn_1$ (in niedrigster Ordnung). Bereiche der Seifenhaut erscheinen schwarz, wenn diese so dünn sind, daß das Interferenzmaximum im UV liegt, also wenn $\lambda_o < 380$ nm ist. Dies ist bei $n_1 = 1,33$ der Fall für Schichtdicken $d < 71$ nm.

1.6 Kohärenz

Beleuchtet man den Eingang des im Bild 1.12 dargestellten Michelson-Interferometers mit einer einfachen Glühbirne, beobachtet man scheinbar im Widerspruch zu den Ergebnissen des letzten Abschnitts keine Interferenzerscheinungen. Der Schirm bleibt gleichmäßig hell, auch wenn der Gangunterschied durch Änderung der Länge eines Interferometerarms variiert wird. Interferenzen werden erst sichtbar, wenn man zwei Dinge beachtet. Eine möglichst kleine Blende wird mit dem Licht der Glühlampe beleuchtet und eine Linse so angeordnet, daß das von der Blende ausgehende Licht so parallel wie möglich in das Interferometer eintritt. Zudem darf der Gangunterschied zwischen den beiden Teilstrahlen die Größe von wenigen µm nicht überschreiten (was einen sehr genauen Abgleich der Spiegelabstände erfordert!). Die Hell-Dunkel-Unterschiede der dann beobachtbaren Interferenzmaxima und -minima nehmen sehr schnell mit wachsendem Gangunterschied ab. Charakteristisch ist zudem, daß das Licht in den Maxima und Minima nicht mehr weiß, sondern farbig ist. Das wird um so ausgeprägter, je größer der Gangunterschied ist. Benutzen wir dagegen einen He-Ne-Laser als Lichtquelle, gibt es keine Schwierigkeiten, Interferenzen auch bei sehr großen Längenunterschieden der Interferometerarme zu beobachten. Offensichtlich hat das Licht beider Strahlungsquellen eine unterschiedliche "Fähigkeit", Interferenzen zu erzeugen. Diese Interferenzfähigkeit des Lichtes bezeichnet man als **Kohärenz**.

Formal kann man dieses Verhalten beschreiben, indem man den Interferenzterm in Gl. 1.81 mit einem Faktor γ erweitert

$$E_{e,res} = E_{e1} + E_{e2} + 2\gamma\sqrt{E_{e1}E_{e2}}\cos\left(\frac{2\pi}{\lambda}(z_2 - z_1)\right) \qquad (1.94)$$

der im Bereich $0 \leq \gamma \leq 1$ liegt und den man als **Kohärenzfunktion** bezeichnet. Ist $\gamma = 0$, bezeichnet man die Überlagerung der beiden Lichtfelder als **inkohärent**. In diesem Fall addieren sich nach Gl. 1.94 ihre Intensitäten: $E_e = E_{e1} + E_{e2}$. Ist $\gamma = 1$, nennt man das Licht **kohärent** und die resultierende Intensität wird wesentlich durch den Interferenzterm in Gl. 1.81 bzw. 1.94 bestimmt. Liegt γ zwischen diesen Grenzfällen, $0 < \gamma < 1$, ist das Licht **partiell kohärent**.

- Bei der inkohärenten Überlagerung von Lichtfeldern addieren sich die Intensitäten der Teilstrahlen. Ist die Überlagerung kohärent, müssen zuerst die Feldstärken addiert und aus der resultierenden Feldstärke die Gesamtintensität bestimmt werden.

Die Kohärenzfunktion γ charakterisiert das von einer Strahlungsquelle emittierte Licht bez. seiner Interferenzfähigkeit. Sie hängt vom Gangunterschied der interferierenden Teilstrahlen ab bzw. allgemeiner von der Lage der Punkte im Lichtfeld, von denen die interferierenden Teilstrahlen ausgehen. Gemessen werden kann die Kohärenzfunktion mit Hilfe des **Kontrasts** K der Interferenzmaxima und -minima

$$K = \frac{E_{e,\max} - E_{e,\min}}{E_{e,\max} + E_{e,\min}} \qquad (1.95)$$

Falls die Intensitäten der interferierenden Lichtfelder gleich sind ($E_{e1} = E_{e2} = E_e$), erhält man entsprechend Gl. 1.94 für die Intensitäten der Interferenzmaxima $E_{e,max}$ und Interferenzminima $E_{e,min}$

$$E_{e,\max} = 2E_e(1+\gamma) \qquad E_{e,\min} = 2E_e(1-\gamma) \qquad (1.96)$$

Setzt man Gln. 1.96 in Gl. 1.95 ein, sieht man, daß $\gamma = K$, also der **Kontrast gleich der Kohärenzfunktion** γ ist.

Um die inhaltliche Bedeutung der Kohärenzfunktion γ zu erklären, kehren wir noch einmal zu dem Interferenzexperiment im Abschnitt 1.5.1 zurück. Dort wurden zwei unendlich lange ebene Wellen überlagert (s. Gl. 1.80). Je nach Gangunterschied bzw. Phasendifferenz konnten Maxima, Minima oder dazwischen liegende Intensitäten beobachtet werden. Wichtig für die Beobachtung der Interferenzerscheinungen ist dabei, daß der Gangunterschied bzw. die Phasendifferenz der Wellen während der Beobachtungszeit bzw. Meßzeit konstant bleibt. Man sagt, die **Phasen der Wellen müssen korreliert** sein. Ist die Phasendifferenz nicht konstant, sondern schwankt statistisch, vollführt die Intensität auf dem Empfänger entsprechende statistische Schwankungen. Sind diese Schwankungen so schnell, daß der Empfänger darüber zeitlich mittelt, "verschmieren" die Interferenzen. Es verringert sich also je nach Größe der Phasenfluktuationen der Kontrast der Interferenzen. Es tritt das auf, was wir als partiell kohärente oder inkohärente Überlagerung bezeichnet haben.

- Die Kohärenzfunktion ist ein Maß für die Phasenkonstanz bzw. die Korrelation der sich überlagernden Lichtwellen.

Wie das Eingangsbeispiel auch zeigt, hängt die Interferenzfähigkeit, d. h. die Kohärenz des Lichts, von den spektralen Eigenschaften (schmales oder breites Spektrum) und der räumlichen Ausdehnung der Lichtquelle ab. Die spektralen Eigenschaften kann man der sogenannten **zeitlichen Kohärenz**, die Ausdehnung der Lichtquelle der **räumlichen Kohärenz** zuordnen. Beide Teilaspekte der Kohärenz sollen im folgenden etwas näher beschrieben werden.

(1) Zeitliche Kohärenz

Um den Inhalt des Begriffs der zeitlichen Kohärenz zu verstehen, denken wir uns das Michelson-Interferometer (Bild 1.12) mit dem Licht einer punktförmigen Lichtquelle beleuchtet, das mit einer Linse parallel gemacht wurde. Das Auftreten von Interferenzen hängt dann nur vom Gangunterschied bzw. der Laufzeitdifferenz der beiden Teilstrahlen ab, die aus dem von der Punktquelle herrührenden Parallelstrahl durch den Strahlteiler erzeugt wurden. Der Bereich, in dem der Gangunterschied variiert werden kann, ohne daß die Interferenzerscheinungen verschwinden, ist ein Maß für die **zeitliche Kohärenz** des Lichts. Der Gangunterschied, bei dem der Kontrast der Interferenzen gerade verschwindet, bezeichnet man daher als **Kohärenzlänge** l_c, die zugehörige Laufzeitdifferenz

$$\tau_c = \frac{l_c}{c} \qquad (1.97)$$

als **Kohärenzzeit**. Interferenzerscheinungen können demnach nur beobachtet werden, wenn der durch das Interferometer erzeugte Gangunterschied kleiner als die Kohärenzlänge ist.

• Die Kohärenzlänge ist der maximale Abstand längs der Ausbreitungsrichtung eines Lichtstrahls, bei dem die Phasen der Wellen des Lichtbündels noch korreliert sind.

Was verursacht nun die endliche Kohärenzlänge einer Lichtquelle? Die Atome bzw. Moleküle einer Lichtquelle werden durch Energiezufuhr angeregt (Erhitzen der Glühwendel einer Glühbirne, Gasentladung in einer Leuchtstoffröhre). Diese haben nun die Eigenschaft, Licht nicht in Form von unendlich langen Wellenzügen zu emittieren, sondern sie geben in statistischer Folge sehr kurze Wellenzüge ab. Die mittlere Dauer der Wellenzüge, die z. B. ein isoliertes Atom abgibt, liegt bei 10^{-8} s. In einem Medium erfahren die Atome durch ihre thermische Bewegung Zusammenstöße, die die Wellenzüge unterbrechen und dadurch zusätzlich verkürzen. Als Folge davon besteht das Licht aus einer großen Anzahl kurzer Wellenzüge mit unkorrelierten Phasen. Da Interferenzen nur zwischen Wellen mit fester Phasendifferenz beobachtbar sind, dürfen sich am Interferometerausgang nur Teilwellen überlagern, die aus dem gleichen Wellenzug hervorgegangen sind. Der durch die Interferometerarme hervorgerufene Gangunterschied darf folglich nicht größer als die mittlere Länge der Wellenzüge sein. Um das zu verdeutlichen, sind im Bild 1.15 zwei Wellenzüge herausgegriffen. Im Bild

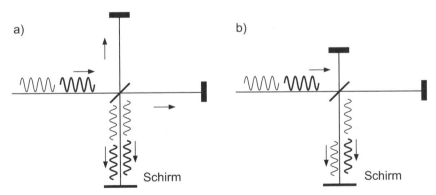

Bild 1.15 a) Überlagerung von unkorrelierten Wellenzügen mit einem Gangunterschied, der kleiner als ihre mittlere Länge ist, b) Überlagerung mit einem Gangunterschied, der größer als die mittlere Länge ist

1.15a ist die Länge der Interferometerarme so eingestellt, daß der Gangunterschied kleiner als die Länge der Wellenzüge ist. Es überlagern sich auf dem Empfänger immer zwei Teilwellen, die aus dem gleichen Wellenzug hervorgegangen sind. Diese beiden Teilwellen sind korreliert, haben also eine feste Phasendifferenz, so daß wir Interferenzen beobachten können. Im Bild 1.15b ist der Gangunterschied größer als die Länge der Wellenzüge, so daß sich Teilwellen überlagern, die aus unterschiedlichen Wellen hervorgegangen sind. Wenn es möglich wäre, während ihrer Durchlaufzeit die Überlagerung dieser beiden Teilwellen am Interferometerausgang zu registrieren, würde man die Interferenzen zwischen ihnen sehen. Tatsächlich treffen aber während der Beobachtungszeit eine sehr große Anzahl von Wellenzügen mit statistisch variierenden Phasen ein, die eine entsprechend große Anzahl von zeitlich schwankenden Interferenzerscheinungen verursachen. Diese verwaschen, so daß Interferenzen nicht mehr zu beobachten sind, die Überlagerung ist inkohärent. Damit können wir die oben eingeführte Kohärenzlänge anschaulich interpretieren:

- Die Kohärenzlänge entspricht der mittleren Länge der von der Lichtquelle emittierten Wellenzüge.

Die Kohärenzlänge bzw. die Kohärenzzeit hängt mit einer wichtigen Eigenschaft des Lichtes nämlich seiner spektralen Bandbreite zusammen. Analysiert man das Spektrum von Licht realer Lichtquellen mit einem Spektrometer, stellt man fest, daß es sich aus einem Gemisch von Wellenlängen bzw. Frequenzen zusammensetzt, also ein Spektrum mit einer bestimmten Frequenz- bzw. Wellenlängenbreite besitzt. Dabei gibt es einen grundlegenden Zusammenhang zur oben besprochenen Kohärenzzeit:

- Je größer die Frequenz- bzw. die Wellenlängenbreite (Bandbreite) des Spektrums einer Lichtquelle ist, desto kleiner ist die Kohärenzzeit (mittlere Dauer der emittierten Wellenzüge).

Ist Δf die Frequenzbreite des Spektrums, gilt also

$$\Delta f \sim \frac{1}{\tau_c} = \frac{c}{l_c} \qquad (1.98)$$

Im Bild 1.16a ist schematisch ein Lichtfeld dargestellt, das aus kurzen, exponentiell abklingenden Wellenzügen mit einer mittleren Dauer τ_c besteht, wie sie beispielsweise von Gasatomen emittiert werden. Die Schwingungsfrequenz ist f_o. Bild 1.16b zeigt die zugehörige spektrale Intensität $E_{e,f}$ (Intensität pro Frequenzintervall, vgl. auch Kap. 5) in Abhängigkeit von der Frequenz f. f_o erscheint als Mittenfrequenz des Spektrums, die spektrale Bandbreite ist umkehrt proportional zur mittleren Dauer der Wellenzüge.

Damit wird die im Abschn. 1.5.2 angesprochene Beobachtung verständlich, daß Interferenzfarben von dünnen Schichten nur bei Schichtdicken im μm-Bereich beobachtet werden können. Tageslicht erstreckt sich über einen Wellenlängenbereich von 380 nm bis 780 nm. Aufgrund dieser großen spektralen Bandbreite liegt seine Kohärenzlänge bei ca. 1,5 µm (vgl. Tabelle 1.1). Bei Schichtdicken, die einen größeren Gangunterschied bewirken, wird die Überlagerung inkohärent und die Farben verschwinden.

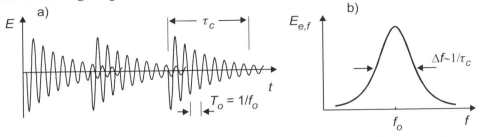

Bild 1.16 a) Wellenfeld, bestehend aus exponentiell abklingenden Wellenzügen, b) zugehöriges Spektrum (spektrale Intensität in Abhängigkeit von der Frequenz)

Andererseits zeigt Gl. 1.98 noch einmal, daß ideal monochromatisches Licht ($\Delta f = 0$) aus unendlich langen Wellenzügen bestehen muß. Diese Zusammenhänge sind Ergebnisse der Fourier-Analyse. Wir können uns das aber auch anschaulich klar machen. Je kürzer ein Wellenzug ist, desto ungenauer kann seine Schwingungsfrequenz f_o bestimmt werden, desto mehr Frequenzen muß sein Spektrum enthalten. Ist im Grenzfall der Wellenzug kürzer als eine Periodenlänge, ist seine Schwingungsfrequenz nahezu unbestimmt, das Spektrum erstreckt sich über ein sehr großes Frequenzband.

Der Zusammenhang von spektraler Bandbreite und Kohärenzlänge ist in Tabelle 1.1 für einige Lichtquellen angeben.

Tabelle 1.1 Kohärenzlängen verschiedener Lichtquellen

	Bandbreite Δf	Kohärenzlänge l_c
weißes Licht	ca. $2 \cdot 10^{14}$ Hz	ca. 1,5 µm
Spektrallampe (Raumtemperatur)	1,5 GHz	20 cm
Krypton-Spektrallampe (77 K)	375 MHz	80 cm
Halbleiterlaser (GaAlAs einmodig)	2 MHz	150 m
He-Ne-Laser (frequenzstabilisiert)	100 kHz	3 km

(2) Räumliche Kohärenz

Wir haben gesehen, daß bei einer ideal monochromatischen ebenen Welle die Phasen längs der Ausbreitungsrichtung korreliert sind, die Welle also ideal zeitlich kohärent ist. Eine solche Welle hat unendlich ausgedehnte Phasenflächen, so daß die Phasen auch zwischen allen Punkten auf einer Fläche senkrecht zur Ausbreitungsrichtung konstant sind. Man bezeichnet eine solche Welle daher auch als ideal **transversal** oder **räumlich kohärent**.

Bei realen Lichtfeldern ist die räumliche Kohärenz nicht mehr ideal. Analog zur Kohärenzzeit als Maß für die zeitliche Kohärenz führt man zur Beschreibung der räumlichen Kohärenz die **transversale Kohärenzlänge** l_t ein.

- Die transversale Kohärenzlänge gibt den maximalen Abstand von Punkten senkrecht zur Ausbreitungsrichtung an, innerhalb dessen die Phasen des Lichtfelds korreliert sind.

Ist der Abstand von zwei Punkten in einem Lichtbündel kleiner als l_t, ist ihre Phase korreliert und das von ihnen ausgehende Licht interferenzfähig. Messen kann man die transversale Kohärenzlänge am einfachsten mit zwei schmalen, nebeneinanderliegenden Spalten (Doppelspaltexperiment). Nach dem Huygensschen Prinzip (vgl. Abschn. 1.7.1) erzeugen die Wellenfronten des Lichts, das auf die Spalte trifft, kugelförmige Elementarwellen, die von den Spalten ausgehen und sich überlagern. Sind die Phasen der auftreffenden Wellenfronten im Abstand der beiden Spalte korreliert, so sind auch die davon ausgehenden Elementarwellen korreliert, und man beobachtet auf einem Schirm hinter dem Doppelspalt Interferenzen mit Maxima und Minima in Abhängigkeit vom Gangunterschied der Elementarwellen. Vergrößert man den Spaltabstand bis zur transversalen Kohärenzlänge des einfallenden Lichts, nimmt der Kontrast der Interferenzen ab und geht für Spaltabstände in der Größenordnung der transversalen Kohärenzlänge gegen Null.

Ausgedehnte Lichtquellen erzeugen i. allg. Licht mit geringer räumlicher Kohärenz. Die Ursache liegt darin, daß eine ausgedehnte Lichtquelle aus einer Vielzahl von punktförmigen Lichtquellen besteht, die unabhängig voneinander Licht aussenden. Diese punktförmigen Lichtquellen sind z. B. die Atome bzw. Moleküle der Lichtquelle.

Den Einfluß der Größe einer Lichtquelle auf die räumliche Kohärenz kann man beobachten, wenn ein Doppelspalt mit einer ausgedehnten Lichtquelle beleuchtet wird. Dabei stellt man fest, daß der Interferenzkontrast von der Abmessung der Quelle abhängt. Ist der Durchmesser der Lichtquelle zu groß, verschwinden die Interferenzerscheinungen, die Überlagerung ist inkohärent. Aufgrund ihrer unterschiedlichen Lage erreichen die Wellenzüge der einzelnen Punktquellen die beiden Spalte auf verschiedenen Wegen, die von ihnen erzeugten Elementarwellen haben unterschiedliche Gangunterschiede. Das führt dazu, daß jede Punktquelle ein etwas anderes Interferenzbild erzeugt. Nur wenn die Maxima bzw. Minima der Interferenzen aller Punktquellen näherungsweise zusammenfallen, die Differenz der Gangunterschiede der von den verschiedenen Punktquellen herrührenden Teilwellen also deutlich kleiner als die Wellenlänge ist, ist das Licht räumlich kohärent. Ist die Differenz der Gangunterschiede größer als die Wellenlänge, erzeugen die verschiedenen Punktquellen unterschiedliche Interferenzerscheinungen, die sich überlagern und ineinander verschwimmen. Das Licht ist räumlich inkohärent.

Entsprechend dieser Überlegung kann man den maximalen Spaltabstand, für den Interferenzen mit einer ausgedehnten Lichtquelle beobachtbar sind, also die transversale Kohärenzlänge l_t abschätzen. Dazu greift man zwei Punktquellen heraus, deren Abstand durch die Ausdehnung der Lichtquelle bestimmt ist. Die transversale Kohärenzlänge l_t erhält man aus der Forderung, daß die Interferenzen gerade verschwinden, die Maxima des Interferenzbilds der einen Punktquelle also mit den Minima des Interferenzbilds der anderen zusammenfallen. Der Bereich l der transversalen Kohärenz ist dann bestimmt durch:

$$l < l_t \approx \sigma \frac{\lambda}{\theta} \approx \sigma \frac{L}{D} \lambda \qquad (1.99a)$$

θ ist der Öffnungswinkel unter dem die Lichtquelle vom Spalt aus erscheint (Winkeldurchmesser), L ihr Abstand vom Doppelspalt und D die Ausdehnung der Lichtquelle. Der Proportionalitätsfaktor σ hängt von der Form der Lichtquelle ab. Für eine kreisförmige Lichtquelle mit dem Durchmesser D ist $\sigma = 1{,}22$.

Die transversale Kohärenzlänge einer Lichtquelle mit dem Durchmesser 1 mm, die sichtbares Licht emittiert ($\lambda = 560$ nm), beträgt im Abstand von 1 m ($\alpha \approx 1$ mrad) etwa 0,6 mm. Mit einem Doppelspalt können bei diesem Abstand also nur Interferenzen beobachtet werden, wenn der Spaltabstand kleiner als 0,6 mm ist.

Da andererseits $\alpha_t \approx \dfrac{l_t}{L}$ der Öffnungswinkel des Strahlkegels der Lichtquelle ist, in dem die Strahlung räumlich kohärent ist, folgt aus Gl. 1.99a für eine kreisförmige Lichtquelle

$$\alpha < \alpha_t \approx 1{,}22 \frac{\lambda}{D} \qquad (1.99b)$$

Die Größe $\sin\alpha \approx \alpha$ ist eine für die Optik typische Größe. Sie beschreibt den Öffnungswinkel des in ein Instrument eintretenden Strahlenbündels und wird als **Apertur** bezeichnet.

- Das Licht einer ausgedehnten Strahlungsquelle ist räumlich kohärent, wenn das Produkt aus der Beleuchtungsapertur und der Abmessung der Quelle kleiner als die Wellenlänge des emittierten Lichts ist.

Van Cittert-Zernike-Theorem

Gl. 1.99b zeigt eine überraschende Analogie mit Ergebnissen für die Beugung von Licht an einer Lochblende (vgl. Abschn. 1.7.2, Gl. 1.111). Dort beschreibt der Winkel $\alpha_o \approx 1{,}22 \dfrac{\lambda}{D}$ die Lage der ersten Nullstelle um das Hauptmaximum für die Beugung von Licht an einer Lochblende mit dem Durchmesser D. Der Hintergrund ist das van Cittert-Zernike-Theorem:

- Die Kohärenzfunktion (vgl. Gl. 1.94) des Lichtes einer ausgedehnten, monochromatischen Lichtquelle für zwei Punkten in Abhängigkeit von deren Lage zeigt den gleichen Verlauf wie die Beugungsamplitude einer Öffnung mit der Größe und Form der Lichtquelle.

1.7 Beugung

Obwohl Wellen sich geradlinig im Raum fortpflanzen, kann man beobachten, daß sie sich auch in den geometrischen Schatten hinter Hindernissen ausbreiten. Diese Erscheinung wird als **Beugung** bezeichnet und ist wie die Interferenz ein typisches Wellenphänomen. Wir wollen die Wellenausbreitung und damit Beugungserscheinungen mit Hilfe des Huygens-Fresnelschen Prinzips veranschaulichen. Das ermöglicht uns, typische Hell-Dunkel-Verteilungen zu verstehen, die auftreten, wenn Licht eine Öffnung wie z. B. einen Spalt oder eine Lochblende passiert.

1.7.1 Huygens-Fresnel-Prinzip

Die Ausbreitung von Schallwellen in einem Medium kann man sich gut veranschaulichen. Ein Teilchen des Mediums wird beispielsweise durch die auftreffende Wellenfront in Schwingungen versetzt. Aufgrund der Kopplung mit den Nachbarteilchen regt das schwingende Teilchen diese ebenfalls zum Schwingen an, es wirkt als Quelle einer sich ausbreitenden Kugelwelle. In diesem Sinn ist jeder Punkt der primären Wellenfront Ausgangspunkt einer kugelförmigen, sekundären Elementarwelle. Die Einhüllende aller dieser Elementarwellen bildet zu einem späteren Zeitpunkt die neue primäre Wellenfront. Bild 1.17 veranschaulicht dies. Die in der Wellenfront W eingezeichneten Punkte sind die Zentren der Kugelwellen, die zum späteren Zeitpunkt die Wellenfront W' bilden.

Dieses Prinzip, das erstmalig von dem holländischen Physiker Christian Huygens formuliert wurde und daher nach ihm als das **Huygenssche Prinzip** benannt wurde, kann auch auf die Ausbreitung elektromagnetischer Wellen in Medien übertragen werden. Jedes Atom, auf das die Wellenfront einer elektromagnetischen Welle trifft, wirkt als nahezu punktförmiges Streuzentrum und ist Quelle einer gestreuten Elementarwelle. Nach diesem Prinzip kann auch die Ausbreitung von elektromagnetischen Wellen im Vakuum beschrieben werden, obwohl dort die Dinge anschaulich nicht so klar sind.

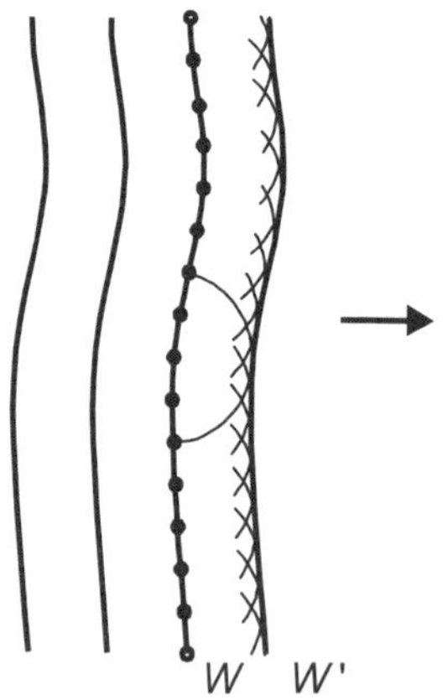

Damit wird auch die Ausbreitung von Wellen in den Schattenbereich von Hindernissen verständlich. Die sekundären Elementarwellen, die von der Wellenfront am Hindernis ausgehen und sich in alle Richtungen ausbreiten, wandern auch hinter das Hindernis. Hinzu kommt, daß Interferenz der Elementarwellen dort zu einer typischen Hell-Dunkel-Verteilung der Intensität führt, die als Beugungsmuster bezeichnet wird.

Bild 1.17 Die Fortpflanzung einer Wellenfront über das Huygenssche Prinzip

Mit einer genaueren Formulierung des Huygensschen Prinzips als Interferenz der Elementarwellen ist es möglich, die Beugungserscheinungen auch quantitativ zu beschreiben.

Das Fortschreiten einer Primärwelle über Hindernisse und Öffnungen hinaus ergibt sich aus der Überlagerung aller Elementarwellenbeiträge. Dabei müssen Amplituden und Phasen der Elementarwellen berücksichtigt werden. Dieses Überlagerungskonzept wurde von Fresnel formuliert. Demnach besagt das **Huygens-Fresnelsche-Prinzip** folgendes:

- Zu jedem Zeitpunkt sind alle Punkte einer Wellenfront Quellen kugelförmiger Elementarwellen. An jedem nachfolgenden Punkt ist die Amplitude des optischen Feldes durch die Überlagerung aller dieser Elementarwellen gegeben.

Snelliussches Brechungsgesetz als Folgerung aus dem Huygensschen Prinzip

Wir haben in der Ergänzung zum Abschn. 1.4 das Snelliussche Brechungsgesetz als Ergebnis der wellentheoretischen Beschreibung des Durchgangs einer ebenen Welle durch die Grenzfläche zwischen zwei Medien mit unterschiedlichen Brechzahlen erhalten. Wir wollen hier als Anwendung zeigen, wie das Snelliussche Brechungsgesetz sich als Folgerung aus dem Huygens-Fresnelschen Prinzip ergibt. Die Herleitung wird noch einmal deutlich machen, daß die Ursache der Brechung die in beiden Medien unterschiedliche Phasengeschwindigkeit der Wellen ist.

In Bild 1.18 ist die Front einer Welle dargestellt, die unter dem Winkel α auf die Grenzfläche zweier Medien trifft.

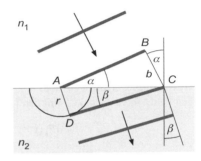

Bild 1.18 Brechung an einer Grenzfläche über das Huygenssche Prinzip

Die Ausbreitungsgeschwindigkeiten der Wellen in den Medien sind $c_1 = c_o/n_1$ und $c_2 = c_o/n_2$. c_o ist die Vakuumlichtgeschwindigkeit. Nach dem Huygensschen Prinzip sind alle Punkte der Wellenfront Ausgangspunkte für Elementarwellen. Wir greifen zunächst den Punkt A heraus, in dem die Wellenfront auf die Grenzfläche trifft. Dort entsteht eine Elementarwelle, die sich im zweiten Medium mit der Geschwindigkeit c_2 ausbreitet. Der Punkt B dieser Wellenfront muß noch die Strecke b zurücklegen, um in C die Grenzfläche zu erreichen und benötigt dazu die Zeit $\Delta t = b/c_1$. In dieser Zeit hat die von A ausgehende Elementarwelle im zweiten Medium den Radius $r = c_2 \Delta t$ bekommen. Entsprechend erhält man die Elementarwellen im Medium n_2 für alle Punkte der Grenzfläche, auf die die Wellenfront trifft. Die im zweiten Medium entstehende Wellenfront ist dann die Tangente auf die Elementarwelle im Punkt D durch den Punkt C. Für die Dreiecke ABC und ACD finden wir

$$\sin\alpha = \frac{b}{d} = \frac{c_1 \Delta t}{d} \quad \text{und} \quad \sin\beta = \frac{r}{d} = \frac{c_2 \Delta t}{d}$$

wobei d der Abstand zwischen den Punkten A und C auf der Grenzfläche ist. Beide Gleichungen durcheinander dividiert ergeben das Brechungsgesetz

$$\frac{\sin\alpha}{\sin\beta} = \frac{c_1}{c_2} = \frac{n_2}{n_1} \qquad (1.100)$$

(vgl.Gl. 1.32). Die Brechung einer Welle an der Grenzfläche wird durch die unterschiedliche Phasengeschwindigkeit der Elementarwellen in den beiden aneinander grenzenden Medien verursacht.

Beugungstheorie auf der Grundlage des Huygens-Fresnelschen Prinzips

Mit Hilfe des Huygens-Fresnelschen Prinzips kann auch die Ausbreitung von Wellen an Hindernissen quantitativ beschrieben werden. Wir wollen das prinzipielle Vorgehen aufzeigen für den einfachen Fall, daß eine Öffnung durch ebene Wellen beleuchtet wird.

In Bild 1.19 ist die Anordnung schematisch dargestellt. Auf die Öffnung trifft eine ebene Welle, deren elektrische Feldstärke im Punkt (x', y') der Öffnung die komplexe Amplitude $E'_{cm}(x', y')$ hat (s. Gl. 1.8). Nach dem Huygens-Fresnelschen Prinzip gehen von allen Punkten (x', y') der Öffnung Elementarwellen aus und breiten sich zum Schirm aus. Die Feldverteilung auf dem Schirm ergibt sich aus der Überlagerung aller dieser Elementarwellen. So liefert die von dem Flächenelement da' am Punkt $\vec{r}' = (x', y', 0)$ der Öffnung ausgehende Kugelwelle zur elektrischen Feldstärke im Punkt P mit den Koordinaten $\vec{r} = (x, y, z)$ auf dem Schirm den Beitrag

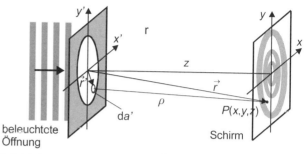

Bild 1.19 Beugung an einer Öffnung

$$dE_c(P, t) = \frac{A_c(x', y')}{\rho} e^{j(\omega t - k\rho)} da' \quad (1.101)$$

ρ ist der Abstand vom Punkt (x', y') der Öffnung zum Punkt P auf dem Schirm. Die Größe $A_c(x', y')$, die man als Quellenstärke der Kugelwelle bezeichnet, wird durch die komplexe Amplitude $E'_{cm}(x', y')$ der auf die Öffnung treffenden ebenen Welle bestimmt, $A_c(x', y') = C E'_{cm}(x', y')$. Man kann zeigen, daß der Faktor C den Wert $C = j/\lambda$ haben muß. Wir haben dabei angenommen, daß die einfallende Welle linear polarisiert ist, so daß wir uns auf die skalare Feldstärke beschränken konnten. Die Summation über die Beiträge aller Flächenelemente der Öffnung führt zur Integration über die Fläche Σ der Öffnung:

$$E_{cm}(P) = \frac{j}{\lambda} \iint_\Sigma E'_{cm}(x', y') \frac{e^{-jk\rho}}{\rho} da' \quad (1.102)$$

Hierbei wurde noch von dem resultierenden Feld der Faktor $e^{j\omega t}$ abgespalten, $E_c(P,t) = E_{cm}(P) e^{j\omega t}$. Das **Beugungsintegral** Gl. 1.102 beschreibt die resultierende Feldstärkeamplitude in einem Punkt $P(x, y, z)$ auf dem Schirm als Überlagerung der Elementarwellen von der beugenden Öffnung und ist die Grundlage für die quantitative Beschreibung von Beugungserscheinungen. Es entspricht mit guter Näherung einer Lösung der Wellengleichung (Gl. 1.23), die man aus der Kirchhoffschen Beugungstheorie erhält (vgl. z. B. [3]).

Für praktische Fälle müssen zur Berechnung des Beugungsintegrals Gl. 1.102 Näherungen gemacht werden. Ist der Beobachtungsschirm weit von der beugenden Öffnung entfernt, können die sphärischen Elementarwellen auf dem Schirm durch ebene Wellen angenähert werden. Man spricht in diesem Fall von **Beugung im Fernfeld** bzw. von **Fraunhoferscher Beugung**. Ist der Beobachtungsschirm so nahe an der beugenden Öffnung, daß die Krümmung der Wellenfronten der Elementarwellen auf dem Schirm wenigstens näherungsweise berücksichtigt werden muß, kommt man in den Bereich der sogenannten **Fresnel-Beugung**.

Im folgenden wird als Ergänzung das Beugungsintegral Gl. 1.102 in der Fraunhoferschen Näherung dargestellt. Im Kapitel 7 wird als Ergänzung gezeigt, wie die Ausbreitung von Laserstrahlen (Gaußsche Strahlen) durch das Beugungsintegral in der Fresnel-Näherung beschrieben werden kann.

Fraunhofersche Beugung

In vielen praktischen Anordnungen sind die Ausmaße der Öffnung klein im Vergleich zum Abstand des Beobachtungsschirms (Beobachtung im Fernfeld). Für die Koordinaten in der Öffnung muß daher $x'^2, y'^2 \ll r^2$ gelten. Diese Näherung wird benutzt, um die im Beugungsintegral Gl. 1.102 auftretenden Ausdrücke zu vereinfachen.

Mit den im Bild 1.19 verwendeten Bezeichnungen ergibt sich der Abstand ρ zwischen dem Ort des Flächenelements da' und dem Punkt P:

$$\rho = |\vec{r} - \vec{r}'| = \sqrt{(x-x')^2 + (y-y')^2 + z^2} = r\sqrt{1 + \frac{x'^2 + y'^2 - 2xx' - 2yy'}{r^2}} \quad (1.103)$$

mit $r^2 = x^2 + y^2 + z^2$. Die Wurzel wird in eine Reihe entsprechend $\sqrt{1+x} \approx 1 + \frac{1}{2}x$ (für $x \ll 1$) entwickelt, wobei nur Terme berücksichtigt werden, die linear in x' und y' sind:

$$\rho \approx r\sqrt{1 - 2\frac{xx' + yy'}{r^2}} \approx r\left(1 - \frac{xx' + yy'}{r^2}\right) \quad (1.104)$$

Im Vergleich zur schnell veränderlichen komplexen Exponentialfunktion ändert sich der Nenner des Integranden wenig, wenn x' und y' variieren, so daß dort $\rho \approx r$ gesetzt werden kann. Einsetzen in Gl. 1.102 mit dem Flächenelement in kartesischen Koordinaten $da' = dx'dy'$ ergibt das Beugungsintegral in der Fernfeldnäherung:

$$\boxed{E_{cm}(x,y,z) = \frac{j}{\lambda r} e^{-jkr} \iint_\Sigma E'_{cm}(x',y') e^{-j\frac{k}{r}(xx'+yy')} dx'dy'} \quad (1.105)$$

Gl. 1.105 stellt das Beugungsintegral in der Fernfeld- bzw. Fraunhofer-Näherung dar. Die Integration erfolgt über die Öffnung Σ. Es hat eine in der Mathematik gut bekannte Struktur, nämlich es ist bis auf den konstanten Faktor gerade ein zweidimensionales Fourier-Integral. Wir können daher feststellen:

- Die Beugungsamplitude im Fernfeld $E_{cm}(x, y, z)$ ergibt sich aus der zweidimensionalen Fourier-Transformation der Verteilung der Feldamplitude $E'_{cm}(x',y')$ in der beugenden Öffnung.

In diesem Zusammenhang bezeichnet man auch die Größen $\kappa_x = \frac{k}{r}x$ und $\kappa_y = \frac{k}{r}y$ als die Ortskreisfrequenzen in der Fourier-Ebene. Die Beugungsamplitude im Fernfeld liefert also gerade das Ortsfrequenzspektrum der Feldverteilung in der Öffnung. Diese grundlegende Eigenschaft der Fraunhofer-Beugung bildet die Grundlage für die optische Signalverarbeitung. Praktisch benutzt man eine Linse als "Fourier-Transformator". Sie hat die Eigenschaft, daß parallele Strahlen, die sich im Unendlichen (Fernfeld) treffen, so abgelenkt werden, daß sie sich in der bildseitigen Brennebene schneiden (vgl. Abschn. 2.3). In der bildseitigen Brennebene kann daher Beugung an einem Objekt, das sich vor der Linse befindet, im Fernfeld beobachtet werden, sie bildet die Fourier-Ebene. Das Beugungsmuster, das in der bildseitigen Brennebene entsteht, stellt folglich die zweidimensionale Fourier-Transformation bzw. das Ortsfrequenzspektrum dieses Objekts dar. Dieses Ortsfrequenzspektrum kann z. B. durch

Masken oder Filter modifiziert werden, wodurch sich auch das Bild verändert, das nach der Rücktransformation durch eine zweite Linse entsteht. Typische Anwendungen sind die **Bildverarbeitung**, **Kontrastverstärkung** und **Mustererkennung**. Der Vorteil dieser optischen Verfahren ist, daß sie keine zeitraubende serielle Abtastung des Objekts erfordern, sondern in Parallelverarbeitung in Echtzeit erfolgen.

1.7.2 Beugung am Spalt und Lochblende

Beleuchtet man einen schmalen Spalt mit Licht, so beobachtet man auf einem Schirm, der hinter dem Spalt steht, einen zentralen hellen Streifen, der symmetrisch von dunklen und hellen Streifen umgeben ist. Die Anordnung und die Intensitätsverteilung sind im Bild 1.20a skizziert. Das Beugungsbild ist das Resultat der Interferenz der von der Spaltöffnung ausgehenden Elementarwellen. So kann man sich die Lage der Minima mit Hilfe des Huygens-Fresnelschen Prinzips klar machen. Wir wollen das tun unter der Annahme, daß der Abstand d des Schirms vom Spalt sehr groß im Vergleich zur Spaltbreite b ist ($b \ll d$, **Fraunhofersche Beugung**).

Die Strahlen, die von verschiedenen Orten des Spalts zu einem Punkt P auf dem Schirm gehen, sind dann näherungsweise parallel, ihre Richtung wird durch den Winkel α zur Spaltnormalen angeben. Zudem nehmen wir an, daß der Spalt durch ebene Wellen gleichmäßig beleuchtet wird.

Eine Nullstelle in der Bestrahlungsstärke auf dem Schirm tritt auf, wenn für diese Richtung der Gangunterschied zwischen den Elementarwellen so ist, daß sie sich paarweise auslöschen. Eine Möglichkeit, eine solche paarweise Auslöschung der Elementarwellen zu konstruieren, ist im Bild 1.20b dargestellt. Der Spalt ist in zwei Hälften geteilt, und die

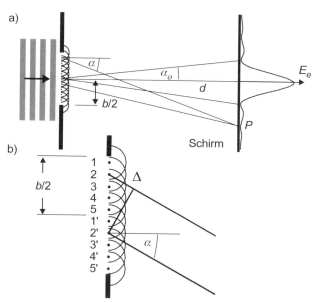

Bild 1.20 Beugung am Spalt, Überlagerung von Elementarwellen nach dem Huygensschen Prinzip

Elementarwellen aus beiden Hälften werden paarweise überlagert, also die Welle vom Punkt 1 mit der vom Punkt 1', die von 2 mit der von 2' usw. Der Gangunterschied zwischen zwei Elementarwellenpaaren ist die im Bild 1.20b für das Wellenpaar vom Punkt 2 und 2' eingezeichnete Strecke Δ:

$$\Delta = \frac{b}{2}\sin\alpha \qquad (1.106)$$

Führt der Gangunterschied zur Auslöschung, d.h., ist $\Delta = \pm\lambda/2$, löschen sich für die zugehörige Richtung α_o alle Elementarwellen, die von der Spaltöffnung ausgehen, paarweise aus. Die Bedingung für die erste Nullstelle neben dem Hauptmaximum ist folglich:

$$b\sin\alpha_o = \pm\lambda \qquad (1.107)$$

wobei λ die Wellenlänge des Lichts ist.

Die zweite Nullstelle findet man, indem man den Spalt in vier gleiche Teile unterteilt, die Elementarwellen der ersten beiden Viertel miteinander überlagert sowie die der beiden zweiten Viertel. Mit diesem Vorgehen erhält man allgemein die Winkel α_{om}, unter denen Nullstellen auftreten:

$$b\sin\alpha_{om} = \pm m\lambda, \qquad m = 1, 2, 3, \ldots \qquad (1.108)$$

($\alpha_{o1} = \alpha_o$).

Mit Hilfe des Huygens-Fresnelschen Prinzips kann auch die Bestrahlungsstärke auf dem Schirm berechnet werden. Es gilt:

$$E_e(\alpha) = E_{eo}\frac{\sin^2\left(\frac{\pi b}{\lambda}\sin\alpha\right)}{\left(\frac{\pi b}{\lambda}\sin\alpha\right)^2} \qquad (1.109)$$

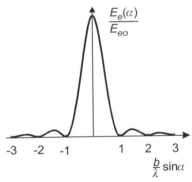

Bild 1.21 Relative Intensitätsverteilung für die Beugung am Spalt

E_{eo} ist die Bestrahlungsstärke des Hauptmaximums bei $\alpha = 0$. Bild 1.21 zeigt die Abhängigkeit der relativen Bestrahlungsstärke $E_e(\alpha)/E_{eo}$, aufgetragen über $b\sin\alpha/\lambda$.

Die Minima der Beugungsverteilung sind durch die Nullstellen des Zählers in Gl. 1.109 bestimmt, was zu den in Gl. 1.108 angegebenen Winkeln α_{om} führt. Außer dem zentralen Hauptmaximum gibt es Nebenmaxima, die näherungsweise durch die Maxima des Zählers von Gl. 1.109 gegeben sind:

$$b\sin\alpha_m \approx \pm(2m+1)\frac{\lambda}{2}, \qquad m = 1, 2, 3, \ldots \qquad (1.110)$$

Gln. 1.107, 1.108 und 1.110 zeigen eine wesentliche Eigenschaft der Beugung. Verringert man die Spaltbreite b, vergrößern sich die Winkel α_{om}, unter denen die Nullstellen erscheinen, sowie die Winkel α_m der Nebenmaxima. Das Beugungsbild wird gespreizt und das Hauptmaximum breiter.

Bild 1.22 zeigt das Beugungsbild, das man erhält, wenn ein Spalt mit dem Licht eines Helium-Neon-Lasers beleuchtet wird. Dargestellt sind die Beugungsverteilungen von drei

Spaltgrößen. Wir finden die eben gemachten Folgerungen bestätigt:

- Mit abnehmender Spaltbreite rücken die Nullstellen auseinander und das Hauptmaximum wird breiter.

Bild 1.22 Beugungsbilder eines mit einem He-Ne-Laser beleuchteten Spalts für drei Spaltbreiten (von oben): 0,45 mm, 0,27 mm und 0,14 mm

Ein praktisch wichtiger Fall ist die Beugung an einer **Lochblende** (vgl. Bild 1.23). Das Beugungsbild ist rotationssymmetrisch. Das zentrale Maximum, das als kreisrunde Fläche hoher Intensität erscheint (**Airy-Scheibchen**), ist von dunklen und hellen Ringen umgeben (**Airy-Verteilung**).

Die mathematische Berechnung der Intensitätsverteilung führt auf eine Bessel-Funktion 1. Ordnung. Der dunkle Ring, der das Hauptmaximum umgibt, tritt unter dem Winkel α_o auf, der durch

$$\sin\alpha_o = 1{,}22 \frac{\lambda}{D} \qquad (1.111)$$

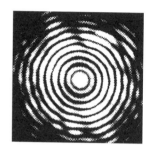

gegeben ist. D ist der Durchmesser der Lochblende. Wie bei der Beugung am Spalt vergrößert sich α_o und damit der Durchmesser des Airy-Scheibchens, wenn der Durchmesser D der Lochblende verkleinert wird. Weitere Minima treten auf für $\sin\alpha_{o2} = 2{,}232\,\lambda/D$, $\sin\alpha_{o3} = 3{,}238\,\lambda/D$.

Bild 1.23 Beugungsbild einer mit einem He-Ne-Laser beleuchteten Lochblende

Aus den Ergebnissen dieses Abschnitts können wir einige allgemeinere Schlußfolgerungen ziehen:
(a) Gln. 1.107 und 1.111 zeigen, daß die Beugungserscheinungen merklich werden, wenn die Ausdehnung der Öffnung (Spaltbreite b, Blendendurchmesser D) in der Größenordnung der Wellenlänge λ des Lichts liegt. Ist die Öffnung wesentlich größer als die Wellenlänge ($b, D \gg \lambda$), werden die Winkel, unter denen die Minima und Nebenmaxima erscheinen, so klein, daß auf dem Schirm im wesentlichen der Schattenwurf der Öffnung zu sehen ist. Da in diesem Bereich die Beugung des Lichts vernachlässigbar ist, ersetzt man die Wellen durch Strahlen in Ausbreitungsrichtung und kommt in das Gebiet der **geometrischen Optik**.

- Beugungserscheinungen werden merklich, wenn die Abmessungen der beugenden Hindernisse in der Größenordnung der Wellenlänge des auftreffenden Lichts liegen. Bei wesentlich größeren Hindernissen können die Wellen durch Strahlen in ihre Ausbreitungsrichtung ersetzt werden.

Die Frage, ob Beugungserscheinungen wesentlich für die Ausbreitung von Wellen sind, d.h., ob die Wellenlängen in der Größenordnung der Ausmaße der Elemente liegen, die die Wellenausbreitung beeinflussen, war ein Aspekt der Einteilung des elektromagnetischen Spektrums im Abschnitt 1.2 (vgl. Bild 1.1).

(b) Andererseits wird die Größe von Strukturen, die bei einer **optischen Abbildung** aufgelöst werden kann, prinzipiell durch die Beugung des Lichts begrenzt. Die Beugung an den strahlbegrenzenden Öffnungen eines Linsensystems führt dazu, daß aus einem Objektpunkt auch bei idealer Abbildung nicht ein Bildpunkt sondern ein Airy-Scheibchen mit einem endlichen Durchmesser entsteht. Das Bild entsteht also durch die Überlagerung der Airy-Scheibchen, die durch die Abbildung der Gegenstandspunkte entstehen, was zu einer "Verschmierung" der Strukturen führt, deren Größe im Bereich des Durchmessers der Airy-Scheibchen liegt.

- Beugung des Lichts an strahlbegrenzenden Öffnungen im Strahlengang bildet die prinzipielle Grenze bei der Auflösung kleiner Strukturen bei einer optischen Abbildung.

Ausführlicher besprochen wird dieser Punkt im Abschnitt 2.5.6.

(c) Die in diesem Abschnitt betrachteten Beugungsanordnungen können wir auch aus einem etwas anderen Blickwinkel interpretieren. Beleuchten wir eine Öffnung, d.h., begrenzen wir den Durchmesser eines Lichtbündels, führt die Beugung dazu, daß das Lichtbündel nach der Begrenzung divergiert. Um das deutlich zu machen, betrachten wir die Nullstelle neben dem Hauptmaximum als Maß für den Durchmesser des Lichtbündels nach der begrenzenden Öffnung. Der Winkel α_o, unter dem die Nullstelle erscheint, ist dann gerade der halbe Divergenzwinkel des Bündels (vgl. Bild 1.20a). Aus Gln. 1.107 und 1.111 ist ersichtlich, daß die Strahldivergenz durch das Verhältnis von Wellenlänge und minimalem Bündeldurchmesser (λ/D) bestimmt wird, d.h., um so größer wird, je kleiner die Öffnung ist. Dabei ist es gleich, ob das Bündel durch eine Öffnung begrenzt wurde, oder ob das Lichtbündel von sich aus begrenzt ist, wie es beispielsweise bei Laserstrahlen der Fall ist. Wir sehen aber auch, daß es ideal parallele Lichtbündel nicht geben kann, sondern bestenfalls **beugungsbegrenzte Divergenz** erreicht werden kann.

- Die beugungsbedingte Divergenz eines Lichtbündels wird durch das Verhältnis von Wellenlänge zum minimalen Bündeldurchmesser bestimmt.

Beispiel

Ein Spalt wird mit monochromatischem Licht eines He-Ne-Lasers (λ = 633 nm) beleuchtet. Das Beugungsbild wird auf einem 8 m entfernten Schirm ausgewertet. Der Abstand der beiden zum Hauptmaximum benachbarten Minima beträgt 3 cm.
a) Wie groß ist die Spaltbreite?
b) Wie groß ist das Intensitätsverhältnis der Nebenmaxima zum Hauptmaximum?

Lösung:
a) Die Minima auf dem Schirm treten unter einem Winkel α_o auf, der durch

$$\tan\alpha_o = \frac{x_o}{d} = \frac{0{,}015}{8} = 1{,}875 \cdot 10^{-3}, \quad \alpha_o = 0{,}11°$$

gegeben ist (vgl. Bild 1.20). $x_o = 1{,}5$ cm ist der Abstand zwischen Hauptmaximum und benachbartem Minimum auf dem Schirm, $d = 8$ m der Abstand zwischen Spalt und Schirm. Nach Gl. 1.107 sind die Nullstellen neben dem Hauptmaximum durch $b\sin\alpha_o = \pm\lambda$ bestimmt. Mit $\lambda = 633$ nm erhält man folglich die Spaltbreite $b = \dfrac{\lambda}{\sin\alpha_o} = 0{,}34$ mm.

b) Nach Gl. 1.109 ist die Intensitätsverteilung auf dem Schirm durch $E_e = E_{eo} \dfrac{\sin^2\left(\dfrac{\pi}{\lambda}b\sin\alpha\right)}{\left(\dfrac{\pi}{\lambda}b\sin\alpha\right)^2}$ gegeben. Nebenmaxima treten auf, wenn entsprechend Gl. 1.110 $b\sin\alpha_m = \pm(2m+1)\dfrac{\lambda}{2}$, $m = 1, 2, \ldots$ ist. Die Intensität des m-ten Nebenmaximums ist demnach

$$E_e(\alpha_m) = \frac{4E_{eo}}{((2m+1)\pi)^2}$$

sowie die Intensitätsverhältnisse der ersten beiden Nebenmaxima zum Hauptmaximum

$$\frac{E_e(\alpha_1)}{E_{eo}} = \frac{4}{(3\pi)^2} = 0{,}045 \quad \text{und} \quad \frac{E_e(\alpha_2)}{E_{eo}} = \frac{4}{(5\pi)^2} = 0{,}016.$$

Auswertung des Beugungsintegrals für die Beugung am Spalt

Die Beugungsverteilung (Gl. 1.109) erhält man, wenn man die Integration in der Fernfeldnäherung des Beugungsintegrals (Gl. 1.105) ausführt für einen langen Spalt, der homogen beleuchtet wird. Bild 1.24 zeigt die Geometrie. Als Flächenelement in der Spaltöffnung wählen wir $da' = L\,dx'$, L ist die Länge des Spalts. Zudem wird benutzt, daß $\dfrac{x}{r} = \sin\alpha$ ist. Mit $y = 0$ wird Gl. 1.105 zu

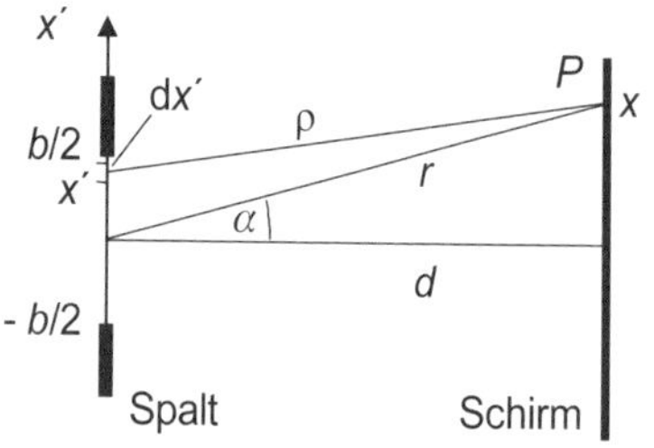

$$E_{cm} = \frac{jL}{\lambda r}E'_{cm}e^{-jkr}\int_{-\frac{b}{2}}^{\frac{b}{2}} e^{jkx'\sin\alpha}\,dx'$$

Bild 1.24 Geometrie zur Beugung am Spalt

Führt man die Integration aus und benutzt, daß $e^{j\beta} - e^{-j\beta} = 2j\sin\beta$ ist, erhält man schließlich die Feldstärkeamplitude am Punkt P des Schirms:

$$E_{cm} = \frac{jLbE'_{cm}}{\lambda r}e^{-jkr}\frac{\sin\left(\dfrac{\pi}{\lambda}b\sin\alpha\right)}{\dfrac{\pi}{\lambda}b\sin\alpha} \tag{1.112}$$

Entsprechend Gl. 1.17 ist die Bestrahlungsstärke E_e proportional zum Betragsquadrat der Feldstärke. Das Betragsquadrat von Gl. 1.112 ergibt die Beugungsverteilung Gl. 1.109.

1.8 Eigenschaften optischer Medien

Sämtliche Stoffe beeinflussen hindurchgehendes Licht. Einerseits absorbieren sie teilweise Licht, wobei die Strahlungsenergie i. allg. in Wärme umgewandelt wird. Andererseits modifizieren sie die Phasengeschwindigkeit. Phasengeschwindigkeit und damit die Brechzahl hängen von der Wellenlänge des Lichts ab. Diese als Dispersion bezeichnete Eigenschaft bildet die Grundlage für optische Funktionselemente wie Dispersionsprismen, beeinflußt aber auch die Funktion von anderen wie z. B. abbildenden optischen Elementen.

1.8.1 Dispersion

Die Lichtgeschwindigkeit in einem Medium und damit die Brechzahl hängt von der Wellenlänge des Lichts ab. Die Wellenlängenabhängigkeit der Brechzahl eines Mediums bezeichnet man als **Dispersion**. Im optischen Bereich nimmt die Brechzahl von Gläsern mit zunehmender Wellenlänge ab (**normale Dispersion**). Im Bild 1.25 ist als Beispiel die Dispersionskurve für die Glassorte BK 7 angegeben.

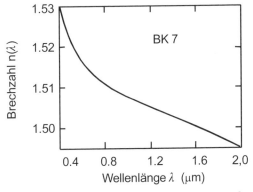

Bild 1.25 Wellenlängenabhängigkeit der Brechzahl des Kronglases BK 7

In der Praxis werden die Brechzahlen für bestimmte Wellenlängen genau gemessen (bis auf 6 Dezimalstellen), und die Interpolation für beliebige Wellenlängen ist dann mit sogenannten **Dispersionsformeln** möglich. Eine häufig verwendete Dispersionsformel ist die Potenzreihe

$$n(\lambda)^2 = A_o + A_1 \lambda^2 + A_2 \lambda^{-2} + A_3 \lambda^{-4} + A_4 \lambda^{-6} + A_5 \lambda^{-8} \quad (1.113)$$

welche die Wellenlängenabhängigkeit der Brechzahl vom nahen IR bis zum nahen UV beschreibt. Die empirischen Konstanten A_o bis A_5 kann man den Katalogen der Glasherstellerfirmen entnehmen. In Tab. 1.2 sind sie beispielsweise für das Kronglas BK 7 angegeben (entnommen aus dem Glaskatalog der Fa. Schott, Mainz). Die Interpolation ist mit einer Genauigkeit bis zur sechsten Dezimalstelle möglich.

Zur Kurzkennzeichnung der Brechung und Dispersion wird die **Hauptbrechzahl** n_e für die Wellenlänge $\lambda = 546{,}07$ nm und die **Abbesche Zahl** angegeben. Die Abbesche Zahl ist definiert als

1.8 Eigenschaften optischer Medien

$$v_e = \frac{n_e - 1}{n_{F'} - n_{C'}} \qquad (1.114)$$

$n_{F'}$ und $n_{C'}$ sind die Brechzahlen bei den Wellenlängen 479,99 nm und 643,85 nm. Die Abbesche Zahl von optischen Gläsern liegt im Bereich $10 < v_e < 120$. Dabei ist zu beachten, daß eine große Abbesche Zahl eines Glases niedrige Dispersion bedeutet. Diese Festlegung erfolgte, weil die drei Wellenlängen im Spektrum der Quecksilber-Cadmium-Lampe enthalten sind und daher meßtechnisch einfach zugänglich sind.

Die Brechzahldifferenz $n_{F'} - n_{C'}$ bezeichnet man als **Hauptdispersion**. Da die beiden Spektrallinien ungefähr an den Grenzen des sichtbaren Spektralbereichs liegen, ist die Hauptdispersion ein Maß für die Änderung der Brechzahl im sichtbaren Gebiet. Hauptbrechzahl, Abbesche Zahl und Hauptdispersion sind ebenfalls in Tabelle 1.2 für BK 7 angegeben.

Tabelle 1.2 Optische Konstanten des Kronglases BK 7

Hauptbrechzahl n_e	1,51872
Abbesche Zahl v_e	63,96
Hauptdispersion $n_{F'} - n_{C'}$	0,008110
A_0	2,2718929
A_1	$-1,0108077 \cdot 10^{-2}$
A_2	$1,0592509 \cdot 10^{-2}$
A_3	$2,0816965 \cdot 10^{-4}$
A_4	$-7,6472538 \cdot 10^{-6}$
A_5	$4,9240991 \cdot 10^{-7}$

1.8.2 Absorption

Bisher haben wir angenommen, daß die optischen Medien praktisch verlustfrei sind. In Wirklichkeit schwächen alle optischen Medien das hindurchgehende Licht mehr oder weniger stark. Die Absorption eines Mediums hängt i. allg. ebenfalls von der Wellenlänge des Lichts ab. Im sichtbaren Bereich gehören optische Gläser zu den **schwach absorbierenden Medien**. Im UV und IR steigt die Absorption der Gläser stark an.

Beim Durchlaufen eines Mediums ist die relative Änderung des Strahlungsflusses $d\Phi_e/\Phi_e$ von monochromatischem Licht mit guter Näherung proportional zum zurückgelegten Weg dx:

$$\frac{d\Phi_e}{\Phi_e} = -K(\lambda)\, dx \qquad (1.115)$$

Die wellenlängenabhängige Materialkonstante $K(\lambda)$ wird als **Absorptionskoeffizient** bezeichnet. Die Integration über den im Material zurückgelegten Weg d

$$\int_{\Phi_{e0}}^{\Phi_e(d)} \frac{d\Phi_e}{\Phi_e} = -K(\lambda) \int_0^d dx \qquad (1.116)$$

führt zu

$$\ln \frac{\Phi_e(d)}{\Phi_{eo}} = -K(\lambda)\, d \qquad (1.117)$$

Der Strahlungsfluß nach der Strecke d ist

$$\Phi_e(d) = \Phi_{eo}\, e^{-K(\lambda)d} \qquad (1.118)$$

Diese als **Beersches Gesetz** bekannte Gleichung zeigt, daß die Schwächung von Licht mit dem Strahlungsfluß Φ_{eo} durch ein Medium exponentiell mit der Länge d geschieht. $K(\lambda)$ ist ein Maß für die Absorptionseigenschaften des Mediums. Aus Gl. 1.118 ist ersichtlich, daß sich der Strahlungsfluß nach der Strecke $d = K^{-1}$ auf den e-ten Teil verringert hat. K^{-1} wird daher auch als **Absorptionslänge** bezeichnet. Diese beträgt bei schwach absorbierenden Materialien wie den optischen Gläsern im Sichtbaren einige Meter, während sie bei **stark absorbierenden Materialien** wie Metallen im Bereich von zehntel µm liegt. Bild 1.26 zeigt die Wellenlängenabhängigkeit des Absorptionskoeffizienten für das optische Glas BK 7. Für optische Gläser gilt im sichtbaren Bereich die Faustregel, daß ein Glasweg von 100 cm zu einer Schwächung des Lichts um etwa 15% führt.

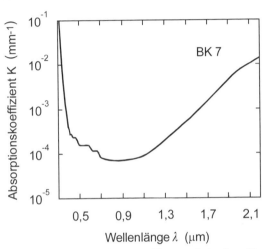

Bild 1.26 Wellenlängenabhängigkeit des Absorptionskoeffizienten von BK 7

Reflexion an Metalloberflächen

Metalle gehören zu den stark absorbierenden Materialien. Gleichzeitig haben sie einen hohen Reflexionsgrad, so daß sie bevorzugt für Spiegelschichten verwendet werden. Aluminium und Silber sind dabei die wichtigsten Spiegelmetalle. Die Reflexion an Metalloberflächen weist einige Besonderheiten auf. Insbesondere entsteht eine Phasenverschiebung zwischen reflektierter und einfallender Welle, die vom Einfallswinkel und von der Lage der Schwingungsebene abhängt.

Formal kann die Absorption eines Mediums durch die Einführung einer komplexen Brechzahl

$$n_c = n(1 - j\kappa) \qquad (1.119)$$

anstelle der reellen Brechzahl n beschrieben werden. κ ist wie n eine materialabhängige Konstante. Das wird deutlich, wenn man in der Wellenzahl $k = 2\pi n/\lambda$ des komplexen elektrischen Feldvektors (Gl. 1.8) n durch n_c ersetzt:

$$\vec{E}_c(z,t) = \vec{E}_{cm}\, e^{-\frac{2\pi n\kappa}{\lambda} z}\, e^{j(\omega t - kz)} \qquad (1.120)$$

1.8 Eigenschaften optischer Medien

Die reelle Exponentialfunktion zeigt, daß die Wellenamplitude längs der Ausbreitungsrichtung z gedämpft wird. Bildet man daraus entsprechend Gl. 1.17 die Bestrahlungsstärke, ergibt sich der durch Gl. 1.118 definierte Absorptionskoeffizient zu

$$K = \frac{4\pi\kappa n}{\lambda} \qquad (1.121)$$

Die komplexe Brechzahl kann auch zur Beschreibung der Reflexion und Brechung an Grenzflächen zu absorbierenden Medien benutzt werden. Ist das zweite Medium absorbierend, wird in den Fresnelschen Formeln (Gln. 1.33 und 1.34) n_2 durch n_c (Gl. 1.119) ersetzt. Die Amplitudenreflexions- und Transmissionskoeffizienten werden dadurch komplex. Die Bedeutung dieser komplexen Größen ist aus der komplexen Exponentialdarstellung ersichtlich. Beispielsweise gilt für die Reflexionskoeffizienten

$$r_{\|,\perp} = |r_{\|,\perp}|\, e^{-j\psi_{\|,\perp}} \qquad (1.122)$$

Der Betrag $|r_{\|,\perp}|$ ist der Amplitudenreflexionskoeffizient der Grenzfläche des absorbierenden Mediums, während die Phasenwinkel $\psi_{\|,\perp}$ die Phasenverschiebung zwischen einfallender und reflektierter Welle beschreiben.

Genauer soll das für die Reflexion an einer Metalloberfläche ausgeführt werden. Wir nehmen das erste Medium als Luft ($n_1 = 1$) an, so daß in den Ausdrücken für die Amplitudenreflexionskoeffizienten (Gl. 1.33) $n_1 = 1$ und $n_2 = n(1 - j\kappa)$ gesetzt wird. Der Brechungswinkel β wird mit Hilfe des Brechungsgesetzes (Gl. 1.32) durch den Einfallswinkel α ausgedrückt. Auf diese Weise kann $\cos\beta$ durch $\cos\beta = \sqrt{1-\sin^2\beta} = \dfrac{1}{n(1-j\kappa)}\sqrt{n^2(1-j\kappa)^2 - \sin^2\alpha}$ ersetzt werden. Metalle gehören zu den stark absorbierenden Medien mit einem großen Absorptionskoeffizienten K. Das bedeutet, daß $(\kappa n)^2 \gg 1$ ist, folglich $\sin^2\alpha$ gegenüber $n^2(1 - \kappa^2)$ vernachlässigt werden kann und $\cos\beta \approx 1$ ist. Damit erhält man schließlich den komplexen Amplitudenreflexionskoeffizienten für die elektrische Feldstärke parallel zur Einfallsebene

$$r_\| = \frac{n^2(1+\kappa^2)\cos^2\alpha - 1 - j2n\kappa\cos\alpha}{(n\cos\alpha + 1)^2 + n^2\kappa^2\cos^2\alpha} \qquad (1.123)$$

sowie für die elektrische Feldstärke senkrecht zur Einfallsebene

$$r_\perp = \frac{\cos^2\alpha - n^2(1+\kappa^2) + j2n\kappa\cos\alpha}{(\cos\alpha + n)^2 + n^2\kappa^2} \qquad (1.124)$$

Die Phasenverschiebung zwischen einfallender und reflektierter Welle ist gleich dem Phasenwinkel $\tan\psi_{\|,\perp} = -\mathrm{Im}(r_{\|,\perp})/\mathrm{Re}(r_{\|,\perp})$:

$$\tan\psi_\| = \frac{2n\kappa\cos\alpha}{n^2(1+\kappa^2)\cos^2\alpha - 1} \qquad (1.125)$$

und

$$\tan\psi_\perp = \frac{2n\kappa\cos\alpha}{n^2(1+\kappa^2) - \cos^2\alpha} \qquad (1.126)$$

Die Phasendifferenz hängt von den optischen Konstanten n und κ des Metalls ab. Sie ist neben dem Einfallswinkel α durch die Lage der Schwingungsebene des einfallenden Lichts bestimmt. Das bedeutet, daß linear polarisiertes Licht mit beliebiger Einfallsebene durch die Reflexion an einer Metalloberfläche i. allg. elliptisch polarisiert wird (vgl. Kapitel 10). Die Messung der Polarisationsänderung, die linear polarisiertes Licht bei der Reflexion an Metalloberflächen erfährt, ermöglicht es folglich, die optischen Konstanten von Metallen mit großer Genauigkeit zu bestimmen. Das Meßverfahren wird als **Ellipsometrie** bezeichnet.

Der Reflexionsgrad ist gleich dem Betragsquadrat der Amplitudenreflexionskoeffizienten (Gln.

1.123 und 1.124):

$$\rho_\parallel = \frac{(1 - n\cos\alpha)^2 + n^2\kappa^2\cos^2\alpha}{(1 + n\cos\alpha)^2 + n^2\kappa^2\cos^2\alpha} \qquad (1.127)$$

$$\rho_\perp = \frac{(\cos\alpha - n)^2 + n^2\kappa^2}{(\cos\alpha + n)^2 + n^2\kappa^2} \qquad (1.128)$$

Bei senkrechtem Einfall, $\alpha = 0$, ist der Reflexionsgrad unabhängig von der Lage der Einfallsebene

$$\rho_\parallel = \rho_\perp = \rho = \frac{(1 - n)^2 + n^2\kappa^2}{(1 + n)^2 + n^2\kappa^2} \qquad (1.129)$$

Bei stark absorbierenden Medien, wie es Metalle sind, ist der Wert für $(n\kappa)^2$ groß. Wie Gln. 1.127 bis 1.129 zeigen, führt ein großer Wert von $(n\kappa)^2$ zu einem großen Reflexionsvermögen, wodurch das gute Reflexionsvermögen der meisten Metalle erklärt wird. Tabelle 1.3 zeigt die optischen Konstanten und den Reflexionsgrad einiger Metalle bei senkrechtem Einfall für die Wellenlänge von 589 nm.

Der Reflexionsgrad hängt sehr empfindlich von der Güte der Metalloberflächen ab. Bei metallischen Schichten, wie sie häufig für optische Spiegel verwendet werden, kommt noch der Einfluß der Bedingungen hinzu, unter denen die Schichten auf den Spiegelträger aufgebracht werden. Alterung der Schichten u.a. durch atmosphärische Einflüsse vermindert den Reflexionsgrad.

Tabelle 1.3 Optische Konstanten einiger Metalle für Licht mit der Wellenlänge von 589 nm

Metall	$n\kappa$	n	$\rho(\alpha = 0)$
Aluminium	5,23	1,44	0,83
Silber	3,64	0,18	0,95
Stahl	3,37	2,27	0,59
Kupfer	2,63	0,62	0,74

1.9 Aufgaben

1.1 Die Bestrahlungsstärke des Sonnenlichts beträgt auf der Erdoberfläche etwa 1 kW/m² (Solarkonstante). Wie groß sind die Amplituden des elektrischen und magnetischen Feldes der Sonnenstrahlung auf der Erdoberfläche?

1.2 Die Amplitude des elektrischen Feldes einer Lichtwelle in BK7-Glas mit der Brechzahl 1,5 beträgt 200 V/m. Wie groß sind die Amplitude des magnetischen Feldes und die Bestrahlungsstärke in dem Glas?

1.3 Das Licht einer nahezu punktförmigen Lampe mit einem Strahlungsfluß von 20 W breitet sich gleichmäßig in alle Raumrichtungen aus. Ermitteln Sie Bestrahlungsstärke und Amplitude der elektrischen Feldstärke in 5 m Entfernung.

1.4 Die Flächen konstanter Phase von Zylinderwellen sind Zylinderflächen. Warum muß die Amplitude einer Zylinderwelle mit $1/\sqrt{r}$ abnehmen (r Abstand von der Zylinderachse)?

1.5 Im Wellenlängenbereich von $\lambda = 1,3$ μm – 5 μm kann die Wellenlängenabhängigkeit der Brechzahl von Silizium mit guter Näherung durch die Cauchy-Formel $n(\lambda) = A_0 + \dfrac{A_1}{\lambda^2}$ (mit den Konstanten $A_0 = 3{,}4164$ und $A_1 = 0{,}14941$ µm², λ in µm) beschrieben werden. Durch Silizium läuft ein optischer Puls mit der Wellenlänge von 1,5 µm. Wie groß sind Phasen- und Gruppengeschwindigkeit des Pulses in Silizium?

1.6 In einem Diamanten (Brechzahl 2,41) breitet sich eine linear polarisierte Lichtwelle aus und trifft auf die Luft-Diamant-Grenzfläche. Die Schwingungsebene der Lichtwelle ist parallel zur Einfallsebene orientiert.
   a) In welchem Winkelbereich darf das Licht auf die Grenzfläche treffen, damit Licht aus dem Diamanten austreten kann?
   b) Wie groß ist der Reflexionsgrad der Grenzfläche bei senkrechtem Einfall des Lichts?
   c) Gibt es einen Einfallswinkel, unter dem die Grenzfläche nicht reflektierend wirkt?

1.7 Die physikalische Grundlage für die Führung von Licht in optischen Wellenleitern wie z. B. in optischen Fasern bildet die Totalreflexion. Ein symmetrischer planarer Lichtwellenleiter besteht aus drei Schichten mit den Brechzahlen $n_1 = 1{,}5$ und $n_2 = 1{,}49$.
   a) Wie groß ist der Grenzwinkel der Totalreflexion in der mittleren Schicht?
   b) Wie groß darf der Winkel α, unter dem ein Lichtstrahl auf die mittlere Schicht trifft, maximal sein, damit das Licht in dieser Schicht geführt wird?

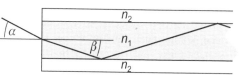

1.8 In einem Refraktometer, das die Bestimmung der Brechzahl von Flüssigkeiten ermöglicht, befindet sich am Boden ein um eine horizontale Achse drehbar gelagerter Spiegel. Der Neigungswinkel α des Spiegels wird so eingestellt, daß senkrecht auf die Flüssigkeitsoberfläche einfallendes Licht nach der Reflexion am Spiegel gerade nicht wieder aus der Flüssigkeit austreten kann. Für eine Zuckerlösung findet man dafür einen Neigungswinkel von $\alpha = 23{,}5°$. Wie groß ist die Brechzahl der Zuckerlösung?

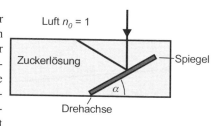

1.9 Bei einem sogenannten Mach-Zehnder-Interferometer (vgl. Bild) wird der Eingangsstrahl durch einen halbdurchlässigen Strahlteilerspiegel (Strahlteiler 1) in zwei Teilstrahlen zerlegt. Nach der Umlenkung durch die beiden Spiegel werden beide Teilstrahlen durch den halbdurchlässigen Spiegel (Strahlteiler 2) überlagert und interferieren. Die Intensität wird mit einem Detektor nachgewiesen. In einem Strahlweg befindet sich eine Küvette (Länge 10 cm) mit entspiegelten Fenstern. Das Interferometer wird mit dem Licht eines He-Ne-Lasers beleuchtet (633 nm).
   a) Bei leerer Küvette zeigt der Detektor ein Helligkeitsmaximum an. Was wird am anderen Ausgang des Interferometers beobachtet? (Es kann angenommen werden, daß die Reflexion jeweils an der linken Grenzfläche beider Strahlteiler

erfolgt.)

b) Wenn die Küvette mit Schwefelwasserstoffgas gefüllt wird, verschiebt sich das Interferenzbild um 95 Maxima. Wie groß ist die Brechzahl des Schwefelwasserstoffs in der Küvette? (Die Brechzahl muss bis zur 5-ten Nachkommastelle berechnet werden, die Brechzahl der Luft soll mit n_L = 1 angenommen werden.)

1.10 Die Entspiegelung optischer Flächen durch eine Antireflexschicht beruht darauf, daß die Schichtdicke so gewählt wird, daß die an der Vorder- und Rückfläche der Schicht reflektierten Strahlen in niedrigster Ordnung destruktiv interferieren. Eine Glasfläche (Brechzahl n_G = 1,5) wird mit einer Entspiegelungsschicht aus Magnesiumfluorid (n = 1,38) für die Wellenlänge 555 nm (Empfindlichkeitsmaximum des Auges) bedampft.
a) Wie muß die Schichtdicke für minimale Reflexion bei senkrechtem Lichteinfall gewählt werden?
b) Bei welchen Wellenlängen treten bei dieser Schichtdicke Reflexionsmaxima auf?
c) Wie verschiebt sich die Wellenlänge des Interferenzminimums bei Lichteinfall unter 50°?
d) Nehmen Sie an, es wurde eine Schichtdicke gewählt, die zu einem Interferenzminimum 5. Ordnung bei 555 nm für senkrechten Lichteinfall führt. Bei welchen Wellenlängen treten nun Reflexionsmaxima auf? Warum werden in optischen Anwendungen Entspiegelungsschichten für destruktive Interferenz in niedrigster Ordnung gewählt?

1.11 Die Oberfläche einer Linse (n_G = 1,5) wird mit einer Magnesiumfluoridschicht (n = 1,38) der Dicke d = 0,09 µm für senkrecht einfallendes Licht entspiegelt.
a) Wie hängt der Reflexionsgrad $\rho = \dfrac{E_{e\rho}}{E_{e0}}$ (E_{e0}, $E_{e\rho}$ Bestrahlungsstärken der einfallenden bzw. reflektierten Wellen) der beschichteten Oberfläche von der Wellenlänge ab? Nehmen Sie an, daß der Reflexionsgrad durch Zweistrahlinterferenz der an der Vorder- und Rückseite der Antireflexschicht reflektierten Wellen bestimmt wird. Skizzieren Sie die Wellenlängenabhängigkeit des Reflexionsgrads für den Wellenlängenbereich von 200 nm – 800 nm.
b) Wie groß ist der minimale Reflexionsgrad? Bei welcher Wellenlänge tritt das Reflexionsminimum in niedrigster Interferenzordnung auf?
c) Warum erkennt man Optiken, die für den sichtbaren Spektralbereich entspiegelt sind, an ihrem blauen bzw. violetten Schimmer?

1.12 Weißes Licht fällt auf einen Interferenzfilter mit der Durchlaßwellenlänge von 580 nm und der spektralen Bandbreite von 2 nm. Schätzen Sie die Kohärenzlänge des transmittierten Lichts ab.

1.13 Zeigen Sie mit Hilfe des Huygens-Fresnelschen Prinzips, daß bei der Reflexion einer ebenen Welle an einer ebenen Fläche der Reflexionswinkel gleich dem Einfallswinkel ist.

1.14 Zwei schmale parallele Spalte, die einen Abstand von 10 µm voneinander haben, werden mit parallelem Licht der Wellenlänge 500 nm beleuchtet. Der Beobachtungsschirm sei weit von den Spalten entfernt.
a) Zeigen Sie allgemein mit Hilfe des Huygens-Fresnelschen Prinzips, unter welchen Winkeln Interferenzmaxima und -minima auftreten. Unter welchen Winkeln erscheinen für die angegebenen Größen die beiden zum Hauptmaximum benachbarten Minima?
b) Nun wird ein Spalt mit einem entspiegelten Glasplättchen bedeckt, das einen zusätzlichen optischen Weg von einer halben Wellenlänge verursacht. Wie verändern sich die Winkel für die Interferenzmaxima und -minima?

1.15 Zur Veranschaulichung der transversalen Kohärenzlänge: Ein Doppelspalt wird mit zwei Punktlichtquellen mit einer Wellenlänge von 600 nm beleuchtet. Der Abstand der Lichtquellen voneinander ist a = 3 mm, der Abstand zwischen den Quellen und dem Schirm L = 1,5 m. Auf einem weit entfernten Schirm hinter dem Doppelspalt werden Interferenzen beobachtet. Der Abstand b zwischen den beiden Spalten wird nun schrittweise vergrößert. Bei welchem Abstand verschwinden die Interferenzen das erste Mal? (Der Abstand L ist so groß im Vergleich zum Spaltabstand b, daß die Strahlen von den Quellen zu den Spalten als parallel angenommen werden können.)

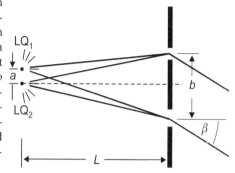

1.16 Objekte, bei denen durchlässige und undurchlässige Bereiche vertauscht sind, nennt man komplementär. Nach dem Babinetschen Prinzip führen komplementäre Objekte bei der Fraunhofer-Beugung zu dem gleichen Beugungsbild. Danach verursacht ein Draht das gleiche Beugungsbild wie ein Spalt gleicher Breite. Das ermöglicht die berührungslose Messung von Drahtdicken z. B. direkt beim Herstellungsprozeß. Der Draht wird mit Licht bekannter Wellenlänge beleuchtet und das Beugungsbild z. B. mit einer CCD-Kamera aufgenommen und ausgewertet.
Ein Draht wird mit ebenen Wellen eines He-Ne-Lasers (633 nm) beleuchtet. Die Auswertung des Beugungsbilds in einer Entfernung von 2 m ergibt einen Abstand der Nullstellen zwischen den Nebenmaxima von 1,5 mm. Wie groß ist der Durchmesser des Drahts?

1.17 Prinzipiell kann man einen Spalt bekannter Breite auch zur Wellenlängenmessung benutzen. Ein 0,1 mm breiter Spalt wird mit Laserlicht unbekannter Wellenlänge beleuchtet. Auf einem 2 m entfernten Schirm haben die beiden zum Hauptmaximum benachbarten Minima voneinander einen Abstand von 2,06 cm. Bestimmen sie die Laserwellenlänge.

1.18 Manche Glasfirmen benutzen zur Interpolation der Brechzahlen für beliebige Wellenlängen anstelle von Gl. 1.113 die Sellmeier-Gleichung

$$n^2(\lambda) = 1 + B_1 \frac{\lambda^2}{\lambda^2 - C_1} + B_2 \frac{\lambda^2}{\lambda^2 - C_2} + B_3 \frac{\lambda^2}{\lambda^2 - C_3}$$

(Wellenlänge in µm). Für das Schwerflintglas SF 8 werden von der Fa. Schott folgende Angaben im Datenblatt gemacht:
Koeffizienten der Sellmeier-Gleichung:

B_1 $1.49514446 \cdot 10^0$ C_1 $1.14990201 \cdot 10^{-2}$

B_2 $2.62529687 \cdot 10^{-1}$ C_2 $5.17170156 \cdot 10^{-2}$

B_3 $9.69567597 \cdot 10^{-1}$ C_3 $1.13458641 \cdot 10^2$

Hauptbrechzahl n_e = 1.69416, Hauptdispersion $n_{F'} - n_{C'}$ = 0.022433.
Berechnen Sie die Hauptbrechzahl und die Hauptdispersion aus der obigen Dispersionsformel und vergleichen Sie Ihre Ergebnisse mit den Datenblattangaben!

2. Optische Abbildung

Jeder Gegenstand ist sichtbar durch das Licht, das er aussendet. Entweder er reflektiert mehr oder weniger diffus das auffallende Licht oder er emittiert unmittelbar Strahlung, wie z. B. eine Glühwendel. Beim Durchgang der Lichtstrahlen durch optische Elemente wird i.allg. ihre Richtung geändert. Ein optisches System, das aus verschiedenen Elementen bestehen kann, erzeugt dann ein Bild des Gegenstands, wenn alle von einem Punkt des Gegenstands ausgehenden Strahlen sich nach dem Durchgang durch das System wieder in einem Punkt, dem Bildpunkt, schneiden, und dieses für alle Gegenstandspunkte zutrifft. Die Zielstellung des Kapitels ist es, die Bedingungen, unter denen ein Bild entsteht, darzustellen und den Einfluß des abbildenden Systems auf die Bildeigenschaften zu beschreiben.

Zunächst wird ein einzelner Strahl beim Durchgang durch ein optisches System verfolgt. Um die grundlegenden Zusammenhänge in übersichtlicher Form darstellen zu können, geschieht dies in paraxialer Näherung. Grundelemente zur Bestimmung des Strahlweges sind dabei die Translation eines Strahls über eine Strecke und der Durchgang durch eine brechende Kugelfläche. Durch eine entsprechende Kombination dieser Grundelemente kann der Strahlverlauf durch eine Linse bzw. durch ein Linsensystem beschrieben werden.

Die Forderung, daß alle von einem Gegenstandspunkt ausgehenden Strahlen sich in dem Bildpunkt schneiden, ermöglicht es uns, Bedingungen für die Bildentstehung anzugeben. Dieses geschieht zunächst für den einfachen Fall der Abbildung durch eine dünne Linse und wird dann übertragen auf beliebige optische Systeme.

In jedem Strahlengang befinden sich strahlbegrenzende Öffnungen (Linsenfassungen, Blenden). Wir werden den Einfluß solcher Öffnungen auf das Bild besprechen, insbesondere, wann solche Öffnungen den Bildausschnitt oder die Bildhelligkeit begrenzen.

Abgeschlossen wird das Kapitel mit einer Einordnung und qualitativen Beschreibung der wichtigsten Fehler, die bei der Abbildung entstehen können.

2.1 Beschreibung von Strahlen

(1) Definition der wichtigsten Größen

Die wichtigsten Größen zur Beschreibung von Strahlen sollen anhand des Strahlverlaufs an einer Kugelfläche, die zwei Medien mit den Brechzahlen n_1 und n_2 voneinander trennt (Bild 2.1), beschrieben werden.

Durch den Kugelmittelpunkt M zeigt die **optische Achse**, die zugleich die z-Achse des Koordinatensystems bildet. Die positive z-Richtung wird durch die Ausbreitungsrichtung des Lichts (von links nach rechts) vorgegeben. Der Durchstoßpunkt der optischen Achse durch die Kugelfläche, der **Scheitelpunkt** S, ist der Koordinatenursprung. Der senkrechte Abstand eines Strahlpunktes von der optischen Achse wird durch die x-Koordinate angegeben, die Richtung des Strahls durch den Winkel α, den er mit der z-Achse bildet. Ein Strahl kann damit formal durch die Angabe des Spaltenvektors $\begin{pmatrix} x \\ \alpha \end{pmatrix}$ beschrieben werden.

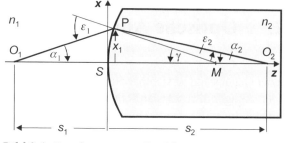

Bild 2.1 Brechung eines Strahls an einer Kugelfläche

Um die Größenbezeichnungen übersichtlich zu halten, werden die links (Gegenstands- bzw. Objektraum) und rechts (Bildraum) vom Ursprung paarweise vorkommenden Größen gleich bezeichnet, wobei die im Gegenstandsraum gemessenen Größen mit dem Index 1 und die im Bildraum gemessenen Größen mit dem Index 2 gekennzeichnet werden.

(2) Vorzeichenkonvention

Die Festlegung der Vorzeichen der Winkel und Strecken nach der **Vorzeichenkonvention** der technischen Optik wird nach den üblichen Regeln der Mathematik bestimmt: Vom Bezugspunkt nach rechts (Richtung der Lichtausbreitung) und nach oben gemessene Strecken sind positiv, in der Gegenrichtung negativ. Liegt der Krümmungsmittelpunkt der Kugelfläche rechts vom Bezugspunkt, ist ihr Krümmungsradius positiv, andernfalls negativ. Winkel werden von dem Bezugsschenkel entgegen dem Uhrzeigersinn positiv, im Uhrzeigersinn negativ gerechnet (im Bild 2.1 sind danach α_1 und s_1 negativ, α_2, s_2 und der Krümmungsradius R positiv; $\varepsilon_1, \varepsilon_2$ und γ werden positiv gezählt, da als Bezugsschenkel die Normale der Kugelfläche gewählt wird).

(3) Paraxiale Näherung

Um die wesentlichen Zusammenhänge in einer übersichtlichen Form darstellen zu können, werden zur Beschreibung der optischen Abbildung achsennahe Strahlen benutzt, deren Neigungswinkel zur optischen Achse klein sind. Dementsprechend nehmen Einfalls-, Brechungs- und Reflexionswinkel an Grenzflächen ebenfalls kleine Werte an. Für diesen Fall können die Winkelfunktionen $\sin\alpha$ und $\tan\alpha$ durch den im Bogenmaß angegebenen Winkel α genähert werden. Die Gültigkeit dieser Näherung definiert das **Paraxialgebiet**, die Optik des Paraxialgebiets wird auch als **Gaußsche Optik** bezeichnet. Beispielsweise lautet das Brechungsgesetz (Gl. 1.32) in paraxialer Näherung

$$n_1 \varepsilon_1 = n_2 \varepsilon_2 \qquad (2.1)$$

Die Gesetze der paraxialen Optik haben grundlegende Bedeutung für das Verständnis der

Funktion und die Konstruktion optischer Systeme. Im paraxialen Gebiet wird durch das abbildende System jedem Gegenstandspunkt ein Bildpunkt zugeordnet, welcher der exakte Schnittpunkt aller von dem Gegenstandspunkt ausgehenden paraxialen Strahlen ist. Die Einbeziehung nichtparaxialer Strahlen zeigt dann die Abbildungsfehler des Systems auf: Die achsenfernen Strahlen schneiden sich nur näherungsweise in dem Bildpunkt. Für Hochleistungsoptiken müssen solche Abbildungsfehler korrigiert werden, z. B. durch Kombination geeigneter Linsen. Der Entwurf optischer Systeme, die entsprechend den unterschiedlichen Anforderungen korrigiert sind (z. B. Fotoobjektive, Mikroskopobjektive), ist dann die Aufgabe der numerischen Optikrechnung.

2.2 Strahltransformation durch optische Elemente

Zunächst wird ein einzelner Strahl durch ein optisches System verfolgt. Grundelemente des Strahlwegs sind die Translation über eine Strecke sowie Brechung und Reflexion an einer sphärischen Fläche. Entsprechende Kombinationen dieser Grundelemente ermöglichen es, den Strahlweg durch beliebige Anordnungen optischer Elemente zu verfolgen. Gezeigt wird dies am Beispiel der dünnen und dicken Linse.

2.2.1 Translation und Brechung an einer sphärischen Fläche

(1) Translation eines Strahls

In einem homogenen Medium verläuft ein Lichtstrahl zwischen zwei Punkten P_1 und P_2 mit dem Abstand d geradlinig, d. h., es ändert sich die Strahlhöhe x während die Strahlrichtung α ungeändert bleibt (Bild 2.2):

$$x_2 = x_1 - d\alpha_1$$
$$\alpha_2 = \alpha_1 \quad (2.2)$$

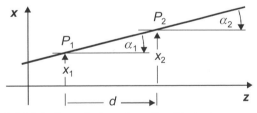

Bild 2.2 *Translation eines Strahls im homogenen Medium über die Strecke d*

Das negative Vorzeichen in der ersten Relation von Gl. 2.2 rührt daher, daß nach der oben beschriebenen Vorzeichenkonvention $\alpha_1 < 0$ ist. Gl. 2.2 läßt sich in Matrix-Schreibweise zusammenfassen:

$$\begin{pmatrix} x_2 \\ \alpha_2 \end{pmatrix} = \begin{pmatrix} 1 & -d \\ 0 & 1 \end{pmatrix} \begin{pmatrix} x_1 \\ \alpha_1 \end{pmatrix} \quad (2.3)$$

Die **Translationsmatrix**

$$M_T = \begin{pmatrix} 1 & -d \\ 0 & 1 \end{pmatrix} \qquad (2.4)$$

beschreibt die Verschiebung des Strahls auf der Strecke d.

(2) Brechung an einer Kugelfläche

Das Medium mit der Brechzahl n_1 ist durch eine Kugelfläche vom Medium mit der Brechzahl n_2 getrennt (Bild 2.1). Der vom Achsenpunkt O_1 kommende Strahl mit der Richtung α_1 trifft die Oberfläche im Punkt P mit der Höhe x_1. Er verläßt die Oberfläche in diesem Punkt mit der gleichen Höhe ($x_2 = x_1$), durch die Brechung hat sich aber seine Richtung geändert. Um die neue Strahlrichtung α_2 zu bestimmen, werden die Eigenschaften der Dreiecke O_1MP und O_2PM im Bild 2.1 benutzt.

Für das Dreieck O_1MP gilt $\varepsilon_1 = \gamma - \alpha_1$ und entsprechend für O_2PM $\varepsilon_2 = \gamma - \alpha_2$. Der Zentriwinkel γ ist in paraxialer Näherung $\gamma = x_1/R$. Ersetzt man im paraxialen Brechungsgesetz Gl. 2.1 die Winkel ε_1 und ε_2 durch diese Relationen, erhält man die Beziehung:

$$\alpha_2 = \frac{n_1}{n_2} \alpha_1 + \left(1 - \frac{n_1}{n_2}\right) \frac{x_1}{R}$$
$$x_2 = x_1 \qquad (2.5)$$

Gl. 2.5 gibt einen linearen Zusammenhang zwischen den Parametern des einfallenden und austretenden Strahls, der ebenfalls in Matrixschreibweise zusammengefaßt werden kann:

$$\begin{pmatrix} x_2 \\ \alpha_2 \end{pmatrix} = \begin{pmatrix} 1 & 0 \\ \frac{1}{R}\left(1 - \frac{n_1}{n_2}\right) & \frac{n_1}{n_2} \end{pmatrix} \begin{pmatrix} x_1 \\ \alpha_1 \end{pmatrix} \qquad (2.6)$$

Die **Brechungsmatrix**

$$M_B = \begin{pmatrix} 1 & 0 \\ \frac{1}{R}\left(1 - \frac{n_1}{n_2}\right) & \frac{n_1}{n_2} \end{pmatrix} \qquad (2.7)$$

beschreibt die Richtungsänderung eines Strahls durch eine sphärische Fläche mit dem Krümmungsradius R.

(3) Reflexion am sphärischen Spiegel

Die Reflexion an der Spiegeloberfläche bewirkt eine Umkehr der Strahlrichtung, d.h., der Bildraum fällt in den Gegenstandsraum. Dadurch wird der Richtungssinn der Längen und Winkel umgekehrt.

Für die Vorzeichenwahl ist die Strahlrichtung die Bezugsgröße. Das bedeutet für die reflektierten Strahlen, daß Strecken in Strahlrichtung (d.h., von rechts nach links) sowie Winkel im Uhrzeigersinn positiv gerechnet werden. Der Krümmungsradius für

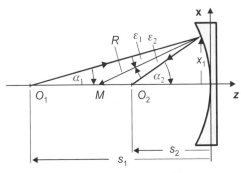

Bild 2.3 Reflexion eines Strahls an einem sphärischen Spiegel

einen Hohlspiegel (Konkavspiegel) ist positiv, der für einen Konvexspiegel negativ. Im Bild 2.3 sind z. B. s_1 und α_1 wie üblich negativ, s_2, α_2 und R positiv. Eine zur Brechung an der Kugelfläche analoge Überlegung führt zu

$$\begin{pmatrix} x_2 \\ \alpha_2 \end{pmatrix} = \begin{pmatrix} 1 & 0 \\ \dfrac{2}{R} & 1 \end{pmatrix} \begin{pmatrix} x_1 \\ \alpha_1 \end{pmatrix} \tag{2.8}$$

mit der **Reflexionsmatrix**

$$M_R = \begin{pmatrix} 1 & 0 \\ \dfrac{2}{R} & 1 \end{pmatrix} \tag{2.9}$$

(4) Strahldurchgang durch mehrere Elemente

Der Strahldurchgang durch abbildende Systeme (wie Linsen und Linsenkombinationen) setzt sich aus Translationen und Brechung oder Reflexion an sphärischen Flächen zusammen. Der Vorteil der Matrixschreibweise ist, daß sich der Strahlverlauf in einem abbildenden System einfach durch Multiplikation der in den Gln. 2.4 und 2.7 (bzw. 2.9 bei sphärischen Spiegeln) gegebenen Matrizen darstellen läßt. Auf diese Weise können wir die Systemmatrizen gewinnen, die beispielsweise den Strahldurchgang durch eine dünne Linse, eine dicke Linse oder durch Linsenkombinationen beschreiben. Die Vorgehensweise bei der Ausführung der Matrizenmultiplikation ist dabei so, daß zunächst die Matrix M_n des letzten Elements aufgeschrieben wird, dann die des vorletzten Elements M_{n-1} usw. bis zur Matrix des ersten Elements M_1, auf das der Eingangsstrahl trifft:

$$M_S = \begin{pmatrix} A & B \\ C & D \end{pmatrix} = M_n \cdot M_{n-1} \cdot \ldots \cdot M_2 \cdot M_1 \tag{2.10}$$

M_S ist die resultierende Matrix, die das optische System beschreibt, das aus n Elementen besteht. Sie wird auch **Strahlmatrix** oder **ABCD-Matrix** genannt. Aus

$$\begin{pmatrix} x_2 \\ \alpha_2 \end{pmatrix} = M_S \begin{pmatrix} x_1 \\ \alpha_1 \end{pmatrix} \qquad (2.11)$$

erhält man folglich die Strahlhöhe x_2 und -richtung α_2 nach dem Durchgang durch das optische System, das durch die Strahlmatrix M_S beschrieben wird.

Deutlich wird das in dem folgenden Abschnitt, wo wir den Strahldurchgang durch Linsen nach diesem Verfahren berechnen werden.

2.2.2 Strahldurchgang durch Linsen

(1) Dünne Linse

Die Linse besteht aus zwei sphärischen Flächen mit den Krümmungsradien R_1 und R_2 (Bild 2.4).

Als "dünn" bezeichnet man eine Linse, wenn der Scheitelabstand t zwischen den Kugelflächen ("Dicke" der Linse) gegenüber den Krümmungsradien R_1 und R_2 vernachlässigt werden kann. Die Brechung an den beiden Kugelflächen kann dann näherungsweise so behandelt werden, als ob sie in der Mitte der Linse stattfinden würde. Strahl-

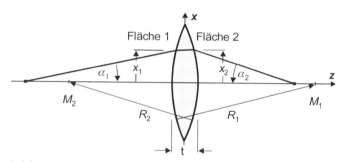

Bild 2.4 Strahlverlauf durch eine Linse mit sphärischen Flächen

richtung α_1 und Strahlhöhe x_1 des einfallenden Strahls werden zunächst durch die Brechung an der ersten Kugelfläche mit dem Krümmungsradius R_1 beeinflußt und danach, da der Strahlweg durch die Linse vernachlässigt wird, durch die Brechung an der zweiten Kugelfläche mit dem Radius R_2. Die Brechzahl des Linsenmaterials ist n_L, die des umgebenden Mediums n_o.

Aus Gl. 2.11 mit 2.10 und den Brechungsmatrizen für die beiden Kugelflächen (Gl. 2.7) erhält man die Parameter des aus der Linse austretenden Strahls aus

$$\begin{pmatrix} x_2 \\ \alpha_2 \end{pmatrix} = \begin{pmatrix} 1 & 0 \\ \frac{1}{R_2}\left(1 - \frac{n_L}{n_o}\right) & \frac{n_L}{n_o} \end{pmatrix} \begin{pmatrix} 1 & 0 \\ \frac{1}{R_1}\left(1 - \frac{n_o}{n_L}\right) & \frac{n_o}{n_L} \end{pmatrix} \begin{pmatrix} x_1 \\ \alpha_1 \end{pmatrix} \qquad (2.12)$$

2. Kugelfläche   1. Kugelfläche

Das Produkt beider Matrizen führt zur Strahlmatrix für die dünne Linse

$$M_L = \begin{pmatrix} 1 & 0 \\ \frac{1}{f'} & 1 \end{pmatrix} \qquad (2.13)$$

Die Abkürzung

$$\frac{1}{f'} = \left(\frac{1}{R_1} - \frac{1}{R_2}\right)\left(\frac{n_L}{n_o} - 1\right) \qquad (2.14)$$

beschreibt, wie unten und im nächsten Abschnitt deutlich wird, gerade die **bildseitige Brennweite** f'. Gl. 2.14 wird häufig als **Linsenmacherformel** bezeichnet, da sie den Zusammenhang zwischen den geometrischen Eigenschaften und der optischen Eigenschaft der Linse, nämlich der Brennweite, herstellt. Den Kehrwert der Brennweite bezeichnet man als **Brechkraft**. Für die Maßeinheit der Brechkraft m^{-1} wird der spezielle Name **Dioptrie** verwendet: 1 dpt = 1 m^{-1}. Die Linsen einer Lesebrille mit der Brechkraft von 2 dpt haben folglich die Brennweite $f' = 0{,}5$ m.

Gl. 2.11 mit der Strahlmatrix der dünnen Linse Gl. 2.13 beschreibt den Zusammenhang zwischen den Strahlparametern des ein- und austretenden Strahls. Sehen wir uns diesen etwas genauer an, so können wir den Verlauf spezieller Strahlen durch die Linse erkennen:

a) Für einen Strahl, der durch das Linsenzentrum geht (**Mittelpunktsstrahl**, $x_1 = 0$), erhält man $\alpha_2 = \alpha_1$, d.h., der Strahl ändert seine Richtung nicht.

- Mittelpunktsstrahlen gehen ohne Richtungsänderung durch die dünne Linse.

b) Die Bedeutung der bildseitigen Brennweite f' wird deutlich, wenn man Strahlen betrachtet, die parallel zur optischen Achse verlaufen ($\alpha_1 = 0$). Gl. 2.11 mit 2.13 zeigt, daß diese die Linse unter einem Winkel $\alpha_2 = x_1/f'$ verlassen. Ist f' positiv, bedeutet das, daß die Strahlen unabhängig von ihrer Strahlhöhe x_1 die optische Achse im Abstand f' von der Linse im sogenannten **bildseitigen Brennpunkt** F' schneiden (vgl. Bild 2.6).

- Strahlen, die parallel zur optischen Achse auf die Linse treffen, schneiden sich im bildseitigen Brennpunkt.

Eine Linse mit einer positiven bildseitigen Brennweite f' bezeichnet man daher auch als

Sammellinse.

c) Gehen Strahlen von einem Punkt aus, der sich auf der optischen Achse im Abstand $f = -f'$ vor der Linse befindet (**gegenstandsseitiger Brennpunkt** F), treffen sie auf die Linse unter einem Winkel $\alpha_1 = x_1/f$. Damit ergibt sich aus Gl. 2.11 mit 2.13, daß die Strahlen die Linse unter dem Winkel $\alpha_2 = 0$, d.h. parallel zur optischen Achse, verlassen (vgl. Bild 2.7). f nennt man daher die **gegenstandsseitige Brennweite**.

- Strahlen, die vom objektseitigen Brennpunkt ausgehen (**Brennpunktsstrahlen**), verlassen die Linse parallel zur optischen Achse.

(2) Dicke Linse

Kann man den Strahlweg durch die Linse nicht vernachlässigen, setzt sich die resultierende Matrix aus den Brechungsmatrizen der Kugelflächen, M_{B2} und M_{B1} (Gl. 2.7), sowie der Matrix M_T für die Strahltranslation über die Linsendicke t (Gl. 2.4, $d = t$) zusammen (vgl. Bild 2.4): $M_{DL} = M_{B2} \, M_T \, M_{B1}$.

Die resultierende Matrix, die Strahlmatrix für die dicke Linse, hat danach die Gestalt

$$M_{DL} = \begin{pmatrix} 1 - \dfrac{t}{R_1}\left(1 - \dfrac{n_o}{n_L}\right) & -t\dfrac{n_o}{n_L} \\ \left(\dfrac{n_L}{n_o} - 1\right)\left(\dfrac{1}{R_1} - \dfrac{1}{R_2} + \dfrac{t}{R_1 R_2}\left(1 - \dfrac{n_o}{n_L}\right)\right) & 1 + \dfrac{t}{R_2}\left(1 - \dfrac{n_o}{n_L}\right) \end{pmatrix} \quad (2.15)$$

Eine Konsequenz aus der Berücksichtigung des Strahlwegs durch die Linse ist, daß im Unterschied zur dünnen Linse die Differenz zwischen Eintritts- und Austrittsstrahlhöhe nicht mehr vernachlässigt werden kann ((1,1)-Element $A \neq 1$, (1,2)-Element $B \neq 0$). Wie wir im Abschn. 2.3.3 sehen werden, bestimmt das (2,1)-Element analog zur dünnen Linse die Brennweite der dicken Linse: $C = 1/f'$.

Zum Schluß dieses Abschnitts wollen wir die gefundenen Strahlmatrizen der verschiedenen optischen Systeme in einer Übersicht zusammenstellen. Um die Übersicht zu vervollständigen, haben wir die Strahlmatrix der Gradientenindexlinse hinzugenommen, die im Abschn. 3.1.2 behandelt wird.

Tabelle 2.1 Strahlmatrizen optischer Elemente

Operation	Matrix	
Translation über die Strecke d	$M_T = \begin{pmatrix} 1 & -d \\ 0 & 1 \end{pmatrix}$	
Brechung an einer Kugelfläche	$M_B = \begin{pmatrix} 1 & 0 \\ \frac{1}{R}\left(1-\frac{n_1}{n_2}\right) & \frac{n_1}{n_2} \end{pmatrix}$	R Krümmungsradius, n_1, n_2 Brechzahlen beider Medien
Dünne Linse	$M_L = \begin{pmatrix} 1 & 0 \\ \frac{1}{f'} & 1 \end{pmatrix}$	f' bildseitige Brennweite: $\frac{1}{f'} = \left(\frac{1}{R_1}-\frac{1}{R_2}\right)\left(\frac{n_L}{n_o}-1\right)$ n_L, n_o Brechzahlen des Linsenmaterials bzw. der Umgebung
Sphärischer Spiegel	$M_R = \begin{pmatrix} 1 & 0 \\ \frac{2}{R} & 1 \end{pmatrix}$	Brennweite: $f' = \frac{R}{2}$
Dicke Linse	$M_{DL} = \begin{pmatrix} 1-\frac{t}{R_1}\left(1-\frac{n_o}{n_L}\right) & -t\frac{n_o}{n_L} \\ \frac{1}{f'} & 1+\frac{t}{R_2}\left(1-\frac{n_o}{n_L}\right) \end{pmatrix}$	bildseitige Brennweite: $\frac{1}{f'} = \left(\frac{n_L}{n_o}-1\right)\cdot$ $\cdot\left(\frac{1}{R_1}-\frac{1}{R_2}+\frac{t}{R_1 R_2}\left(1-\frac{n_o}{n_L}\right)\right)$ t Linsendicke
Gradientenindexlinse (vgl. Abschn. 3.1.2)	$M_{GRIN} = \begin{pmatrix} \cos(\sqrt{A}L) & -\frac{n_o}{n_1\sqrt{A}}\sin(\sqrt{A}L) \\ \frac{n_1\sqrt{A}}{n_o}\sin(\sqrt{A}L) & \cos(\sqrt{A}L) \end{pmatrix}$	L Länge der GRIN-Linse, Brechzahlverteilung: $n(r) = n_1\left(1-\frac{A}{2}r^2\right)$ r Abstand von der Symmetrieachse, n_1 maximale Brechzahl, A Konstante, n_o Brechzahl der Umgebung

2.3 Abbildungsgleichungen

Mit Hilfe der Ergebnisse des vorangegangenen Abschnitts sind wir nun in der Lage, allgemein die Bedingungen für die Abbildung eines Gegenstands durch ein optisches System anzugeben. Konkretisiert werden diese zunächst für eine dünne Linse. Im nächsten Schritt wird gezeigt, wie mit Hilfe der sogenannten Hauptebenen die einfachen Abbildungsbedingungen für die dünne Linse auf beliebige abbildende Systeme übertragen werden können.

2.3.1 Charakterisierung der optischen Abbildung

Durch die optische Abbildung wird von einem Gegenstand durch ein abbildendes System ein Bild erzeugt. Die bekannteste Anwendung ist sicher die Fotografie, wo das Fotoobjektiv ein Bild auf der Filmebene erzeugt, das nach dem Entwickeln als Negativ vorliegt.

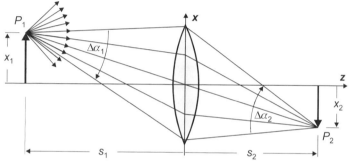

Bild 2.5 Bildentstehung: Alle Strahlen, die von einem Objektpunkt P_1 ausgehen, werden von der Linse so abgelenkt, daß sie sich im Bildpunkt P_2 schneiden

Strahlenoptisch kann man die Bildentstehung so charakterisieren, daß alle Strahlen, die von einem Gegenstandspunkt ausgehen und auf die abbildende Linse treffen, so abgelenkt werden, daß sie sich wieder in einem Punkt, dem Bildpunkt schneiden. Bild 2.5 verdeutlicht das: Das homozentrische Strahlenbündel von dem Objektpunkt P_1 wird durch die Abbildung in ein neues homozentrisches Strahlenbündel mit dem neuen Zentrum P_2 transformiert. Auf diese Weise wird jedem Punkt der Gegenstandsebene ein Punkt in der Bildebene zugeordnet. Die durch eine Abbildung einander zugeordnete Gegenstands- und Bildebene nennt man auch **konjugierte Ebenen**.

Diese Charakterisierung der Abbildung gibt auch das Vorgehen zur Bestimmung der Bedingungen für die Bildentstehung vor. Zunächst wird ein Strahl vom Gegenstandspunkt P_1 zum Bildpunkt P_2 verfolgt. Der Strahlweg setzt sich zusammen aus einer Strahltranslation vom Objekt zum abbildenden System über die Strecke s_1 (beschrieben durch die Translationsmatrix M_{T1}, Gl. 2.4 mit $d = -s_1$), dem Durchgang durch das abbildende System (beschrieben durch die Strahlmatrix M_S des Systems mit den Elementen A, B, C und D) und der Translation vom System zum Bild über die Strecke s_2 (Matrix M_{T2}, Gl. 2.4 mit $d = s_2$). Das abbildende System, für das die Matrix M_S steht, kann z. B. eine dünne Linse mit der Matrix M_L (Gl. 2.13), eine dicke Linse M_{DL} (Gl. 2.15) oder eine Linsenkombination sein. Aus der resultierenden Matrix

$$M = \begin{pmatrix} \underline{A} & \underline{B} \\ \underline{C} & \underline{D} \end{pmatrix} = \begin{pmatrix} 1 & -s_2 \\ 0 & 1 \end{pmatrix} \begin{pmatrix} A & B \\ C & D \end{pmatrix} \begin{pmatrix} 1 & s_1 \\ 0 & 1 \end{pmatrix} =$$
$$= \begin{pmatrix} A - Cs_2 & B + As_1 - Ds_2 - Cs_1 s_2 \\ C & D + Cs_1 \end{pmatrix} \quad (2.16)$$

erhält man entsprechend Gl. 2.11 die Strahlhöhe x_2 und -richtung α_2:

$$\begin{pmatrix} x_2 \\ \alpha_2 \end{pmatrix} = \begin{pmatrix} \underline{A} & \underline{B} \\ \underline{C} & \underline{D} \end{pmatrix} \begin{pmatrix} x_1 \\ \alpha_1 \end{pmatrix} \quad \text{bzw.} \quad \begin{matrix} x_2 = \underline{A}\, x_1 + \underline{B}\, \alpha_1 \\ \alpha_2 = \underline{C}\, x_1 + \underline{D}\, \alpha_1 \end{matrix} \quad (2.17)$$

Nach dem oben Gesagten ist der Punkt P_2 dann ein Bildpunkt, wenn alle Strahlen, die vom Punkt P_1 ausgehen, sich unabhängig von ihrer Richtung α_1 im Punkt P_2 schneiden oder mit anderen Worten, die Strahlhöhe x_2 unabhängig von α_1 ist (vgl. Bild 2.5). Aus Gl. 2.17 ist ersichtlich, daß x_2 dann nicht von α_1 abhängt, wenn das Matrixelement $\underline{B}$ verschwindet. Damit ergibt sich die Abbildungsbedingung

$$\underline{B} = B + As_1 - Ds_2 - Cs_1 s_2 = 0 \quad (2.18)$$

Aus der resultierenden Matrix, Gl. 2.16, mit Gl. 2.17 lassen sich noch weitere Informationen über die Abbildung gewinnen. So wird aus Gl. 2.17 deutlich, daß für $\underline{B} = 0$ das Matrixelement $\underline{A}$ das Verhältnis der Bildgröße x_2 und Gegenstandsgröße x_1, d.h., den **Abbildungsmaßstab** β_x, angibt:

$$\beta_x = \frac{x_2}{x_1} = \underline{A} = A - Cs_2 \quad (2.19)$$

- Der Abbildungsmaßstab gibt das Verhältnis zwischen Bild- und Objektgröße an.

Ebenfalls kann aus Gl. 2.17 gefolgert werden, wie sich der Winkel zwischen zwei Strahlen bei der Abbildung ändert. Greift man zwei von einem Objektpunkt ausgehende Strahlen mit den Richtungen α_1 und α_1' heraus, so haben diese im Bildraum die Richtungen $\alpha_2 = \underline{C}\, x_1 + \underline{D}\, \alpha_1$ und $\alpha_2' = \underline{C}\, x_1 + \underline{D}\, \alpha_1'$. Der Öffnungswinkel $\Delta\alpha_1 = \alpha_1 - \alpha_1'$ der Strahlen vom Objektpunkt wird durch die Abbildung in den Öffnungswinkel $\Delta\alpha_2 = \alpha_2 - \alpha_2' = \underline{D}\, \Delta\alpha_1$ transformiert. $\Delta\alpha_1$ und $\Delta\alpha_2$ können z. B. die im Bild 2.5 eingezeichneten gegenstands- und bildseitigen Öffnungswinkel der Linse sein. Das Verhältnis zwischen bild- und gegenstandsseitigem Öffnungswinkel bezeichnet man als **Winkelmaßstab** β_α, der folglich durch das Matrixelement $\underline{D}$ gegeben ist:

$$\beta_\alpha = \frac{\Delta\alpha_2}{\Delta\alpha_1} = \underline{D} = D + Cs_1 \quad (2.20)$$

- Der Winkelmaßstab gibt das Verhältnis zwischen bild- und gegenstandsseitigem

Öffnungswinkel zwischen zwei Strahlen an.

Strahlen, die vom Gegenstandspunkt x_1 parallel zur optischen Achse ($\alpha_1 = 0$) verlaufen, verlassen entsprechend Gl. 2.17 die Linse unter dem Winkel $\alpha_2 = \underline{C}\, x_1$ und schneiden die optische Achse im **bildseitigen Brennpunkt** F' im Abstand der **bildseitigen Brennweite** f':

$$f' = \frac{x_1}{\alpha_2} = \frac{1}{\underline{C}} = \frac{1}{C} \qquad (2.21)$$

Das (2,1)-Element $\underline{C}$ in Gl. 2.16 ist gleich dem Matrixelement C der Strahlmatrix M_S des optischen Systems und bestimmt die bildseitige Brennweite f' des abbildenden Systems.

Gln. 2.18 bis 2.21 beschreiben die Eigenschaften der optischen Abbildung durch ein beliebiges optisches System. Ist die Strahlmatrix des abbildenden Systems bekannt, können wir mit Hilfe dieser Gleichungen den Brennpunkt des Systems, die Lage des Bilds, den Abbildungsmaßstab und den Winkelmaßstab berechnen. Die hier gezogenen Schlußfolgerungen wollen wir im nächsten Abschnitt zunächst für den einfachsten Fall der Abbildung durch eine dünne Linse konkretisieren. Dadurch wird die Bedeutung der zunächst allgemein angegebenen Größen veranschaulicht.

2.3.2 Abbildung durch eine dünne Linse

(1) Abbildungsgleichung für eine dünne Linse

Die im letzten Abschnitt aufgeschriebenen Bedingungen für die Abbildung eines Objekts werden besonders einfach, wenn für die Abbildung eine dünne Linse benutzt wird. Setzen wir in Gl. 2.16 für die Matrix M_S des abbildenden Systems die Strahlmatrix der dünnen Linse, Gl. 2.13, ein, erhalten wir die Matrix, welche die Strahltransformation vom Objektpunkt P_1 zum Bildpunkt P_2 vermittelt (Bild 2.5):

$$M = \begin{pmatrix} \underline{A} & \underline{B} \\ \underline{C} & \underline{D} \end{pmatrix} = \begin{pmatrix} 1 - \dfrac{s_2}{f'} & s_1 - s_2 - \dfrac{s_1 s_2}{f'} \\ \dfrac{1}{f'} & 1 + \dfrac{s_1}{f'} \end{pmatrix} \qquad (2.22)$$

Die Abbildungsbedingung Gl. 2.18 fordert das Verschwinden des (1,2) Elements, $\underline{B} = 0$:

$$\frac{1}{s_2} - \frac{1}{s_1} = \frac{1}{f'} \qquad (2.23)$$

Gl 2.23 ist die Abbildungsgleichung der dünnen Linse. Sie gibt den Abstand s_2 (**Bildweite**) an, wo sich bei vorgegebener **Gegenstandsweite** s_1 der Bildpunkt und damit das Bild befindet.

Entsprechend Gl. 2.21 ist $1/\underline{C} = 1/C = f'$ die bildseitige Brennweite der dünnen Linse, die schon in Gl. 2.13 formal als Abkürzung eingeführt wurde. Für eine Linse mit positiver bildseitiger Brennweite, $f' > 0$ (**Konvexlinse, Sammellinse**), läßt sich anhand Gl. 2.23 die Bedeutung von f' veranschaulichen. Rücken wir den Gegenstand sehr weit von der Linse

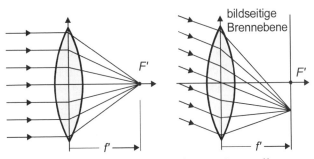

Bild 2.6 Brennpunktseigenschaft einer Sammellinse

weg ($s_1 \to -\infty$), wird das einfallende Strahlenbündel parallel. Aus Gl. 2.23 können wir ablesen, daß dann $s_2 = f'$ ist, d.h., die Strahlen sammeln sich in einem Punkt auf der optischen Achse, dem Brennpunkt F', der sich im Abstand der bildseitigen Brennweite f' hinter der Linse befindet. Fällt das parallele Strahlenbündel schräg auf die Linse, schneiden sich alle Strahlen in einem Punkt, der sich in der **bildseitigen Brennebene** im Abstand f' befindet. Bild 2.6 veranschaulicht beide Fälle.

Befindet sich andererseits der Gegenstandspunkt im Abstand $f = -f'$ auf der optischen Achse vor der Linse (gegenstandsseitiger Brennpunkt F), so rückt entsprechend Gl. 2.23 der Bildpunkt ins Unendliche ($s_2 \to \infty$), d. h., die Strahlen verlassen als paralleles Bündel die Linse (vgl. Bild 2.7). Die Größe f mit

$$\frac{1}{f} = -\frac{1}{f'} = -\left(\frac{1}{R_1} - \frac{1}{R_2}\right)\left(\frac{n_L}{n_o} - 1\right) \tag{2.24}$$

ist die **objektseitige Brennweite** der Linse. Befindet sich der Objektpunkt allgemeiner in der **objektseitigen Brennebene**, so tritt das parallele Bündel schräg aus der Linse aus (vgl. Bild 2.7). Aus Gl. 2.14 bzw. Gl. 2.24 sehen wir, daß eine Linse als Sammellinse wirkt, $f' > 0$, wenn die für die Krümmungsradien gilt: $R_1 > 0$

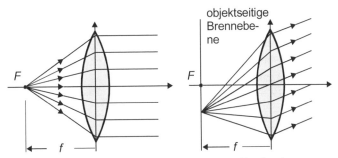

Bild 2.7 Strahlenbündel, die von einem Punkt der gegenstandsseitigen Brennebene ausgehen

und $R_2 < 0$ (nach außen gekrümmte Kugelflächen, **Bikonvexlinse**), $R_1 = \infty$, $R_2 < 0$ bzw. $R_1 > 0$, $R_2 = -\infty$ (**Plankonvexlinse**) und $R_1 < R_2 < 0$ bzw. $R_2 > R_1 > 0$ (**positiver Meniskus**, vgl. auch Tabelle 3.1).

Andererseits ist aus Gl. 2.24 ersichtlich, daß die bildseitige Brennweite auch negativ werden kann, $f' < 0$. Das ist beispielsweise der Fall bei einer **Konkavlinse**, die nach innen gekrümmte Flächen hat ($R_1 < 0$, $R_2 > 0$). Der bildseitige Brennpunkt F' liegt folglich auf der Gegenstandsseite. Wie Bild 2.8 zeigt, wird ein einfallendes paralleles Strahlenbündel so abgelenkt, als ob die aus der Linse austretenden Strahlen aus dem Brennpunkt F' kommen würden. Daher rührt auch der Name **Zerstreuungslinse**.

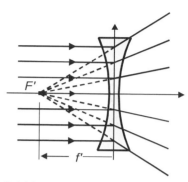

Die Bildweite s_2 und Gegenstandsweite s_1 werden vom Mittelpunkt der dünnen Linse aus gemessen. Dieses ist, wie wir später sehen werden, der sogenannte **Hauptpunkt** der dünnen Linse. Daher bezeichnet man Gl. 2.23 auch als **hauptpunktsbezogene Abbildungsgleichung**.

Bild 2.8 Verlauf eines achsenparallelen Strahlenbündels in einer Zerstreuungslinse

In manchen Fällen ist es vorteilhaft, den Gegenstands- und Bildort als Abstände von den Brennebenen anzugeben: $\zeta_1 = s_1 - f$, $\zeta_2 = s_2 - f'$. Ersetzt man damit s_1 und s_2 in Gl. 2.23, erhält man die **brennpunktsbezogene Abbildungsgleichung**:

$$\zeta_1 \zeta_2 = -f'^2 \qquad (2.25)$$

Diese einfache Beziehung zwischen Gegenstands- und Bildort wird auch **Newtonsche Abbildungsgleichung** genannt.

(2) Abbildungsmaßstab

Der Abbildungsmaßstab β_x stellt den Faktor dar, um den sich die Bildgröße x_2 im Verhältnis zur Gegenstandsgröße x_1 geändert hat. Nach Gl. 2.19 wird dieser durch das (1,1)-Element $\underline{A}$ der Strahlmatrix Gl. 2.22 bestimmt:

$$\beta_x = 1 - \frac{s_2}{f'} \qquad (2.26)$$

Mit Gl. 2.23 kann f' oder s_2 ersetzt werden, wodurch man die äquivalenten Relationen

$$\beta_x = \frac{s_2}{s_1} = \frac{f'}{f' + s_1} \qquad (2.27)$$

erhält. Das Vorzeichen von β_x gibt den Richtungssinn des Bildes im Vergleich zum Gegenstand an: Haben Gegenstand und Bild den gleichen Richtungssinn, steht also bei aufrecht stehendem Gegenstand das Bild ebenfalls aufrecht, ist der Abbildungsmaßstab positiv

($\beta_x > 0$). Liefert die Abbildung ein umgekehrtes Bild, ist $\beta_x < 0$.

(3) Winkelmaßstab, Helmholtz-Lagrange-Gleichung

Der Winkelmaßstab gibt Auskunft darüber, wie sich der Winkel zwischen zwei von einem Gegenstandspunkt ausgehenden Strahlen bei der Abbildung ändert. Von praktischer Bedeutung ist dabei insbesondere das Verhältnis von bild- und gegenstandsseitigem Öffnungswinkel der Linse, $\Delta\alpha_1$ und $\Delta\alpha_2$ (s. Bild 2.5). Nach Gl. 2.20 ist der Winkelmaßstab β_α durch das (2,2)-Element $\underline{D}$ der Matrix Gl. 2.22 gegeben:

$$\beta_\alpha = 1 + \frac{s_1}{f'} \qquad (2.28)$$

Mit Gl. 2.27 erhält man

$$\beta_x \beta_\alpha = 1 \quad \text{bzw.} \quad \Delta\alpha_1 x_1 = \Delta\alpha_2 x_2 \qquad (2.29)$$

die sogenannte **Helmholtz-Lagrange-Gleichung**. Unterscheiden sich die Brechzahlen des Gegenstands- und des Bildraums, erhält man die allgemeinere Form

$$\beta_x \beta_\alpha = \frac{n_1}{n_2} \quad \text{bzw.} \quad n_1 \Delta\alpha_1 x_1 = n_2 \Delta\alpha_2 x_2 \qquad (2.30)$$

(n_1, n_2 Brechzahlen des Gegenstands- bzw. Bildraumes). Entsprechend den Gln. 2.29 bzw. 2.30 ist eine Vergrößerung des Abbildungsmaßstabs β_x verbunden mit einer Verringerung des Winkelmaßstabs β_α und damit mit einer Verkleinerung des bildseitigen Öffnungswinkels der Linse.

Die Verallgemeinerung der Helmholtz-Lagrange-Gleichung für das nichtparaxiale Gebiet ist die **Abbesche Sinusbedingung**. Die Sinusbedingung muß erfüllt sein, damit ein kleines achsensenkrechtes Flächenelement auf der optischen Achse auch mit weit geöffneten (nichtparaxialen) Bündeln fehlerfrei in ein kleines achsensenkrechtes Flächenelement abgebildet wird (vgl. Abschn. 2.5.1). Sie lautet:

$$n_1 x_1 \sin\alpha_1 = n_2 x_2 \sin\alpha_2 \qquad (2.31)$$

x_1, x_2 sind die Höhen des gegenstands- und bildseitigen Flächenelements; α_1 der halbe Öffnungswinkel des vom objektseitigen Flächenelement zur Linse gehenden Strahlenbündels, α_2 der entsprechende Winkel des zum Bildelement gehenden Strahlenbündels, n_1, n_2 die Brechzahlen des Gegenstands- bzw. Bildraumes.

(4) Bildkonstruktion, reelles und virtuelles Bild

Häufig ist es hilfreich, zeichnerisch Bildort und -größe zu ermitteln. Die Abbildung eines Gegenstands konnten wir dadurch charakterisieren, daß das abbildende System, in diesem Fall die dünne Linse, alle von einem Gegenstandspunkt ausgehenden Strahlen so ablenkt, daß sie sich im Bildpunkt wieder schneiden. Die Konstruktion des zu einem Gegenstandspunkt gehörigen Bildpunktes als Schnittpunkt der Strahlen im Bildraum wird sehr einfach, wenn wir aus dem Bündel Strahlen herausgreifen, deren Verlauf wir kennen. Diese **Konstruktions- oder Hilfsstrahlen** brauchen dabei gar nicht einmal die Linse passieren. Aus den Schlußfolgerungen zu Gl. 2.13 kennen wir den Verlauf der folgenden Strahlen:

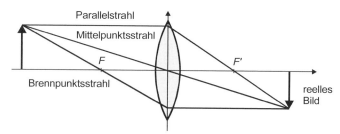

Bild 2.9 Bildkonstruktion mit Hilfe des Parallel-, Mittelpunkt- und Brennpunktstrahls

- 1. Achsenparallele Strahlen gehen durch den bildseitigen Brennpunkt F'.
- 2. Strahlen, die durch den gegenstandsseitigen Brennpunkt F verlaufen (Brennpunktsstrahlen), verlassen die Linse parallel zur optischen Achse.
- 3. Strahlen durch das Linsenzentrum (Mittelpunktsstrahlen) erfahren keine Richtungsänderung.

Bilder 2.9, 2.10 und 2.11 zeigen einige Beispiele für solche Bildkonstruktionen, anhand derer wir wichtige Eigenschaften der Abbildung verdeutlichen wollen.

Befindet sich der Gegenstand vor der gegenstandsseitigen Brennweite ($s_1 < f$) einer Sammellinse, wie im Bild 2.9 dargestellt, entsteht ein umgekehrtes Bild rechts von der Linse ($\beta_x < 0$, vgl. Gl. 2.27). Da das Bild in Strahlrichtung entsteht und sichtbar ist, wenn man z. B. einen Schirm an den Bildort stellt, bezeichnet man es als **reelles Bild**. Diese Eigenschaft macht man sich bei der Projektion beispielsweise von Dias zunutze. Aus Gl. 2.27 können wir zudem noch etwas über die Größenverhältnisse von Objekt und Bild aussagen:

- Befindet sich der Gegenstand außerhalb der doppelten Brennweite ($s_1 < 2f$), entsteht ein verkleinertes reelles Bild ($|\beta_x| < 1$). Ist dagegen der Gegenstand zwischen der einfachen und doppelten Brennweite ($2f < s_1 < f$), tritt ein vergrößertes reelles Bild auf ($|\beta_x| > 1$).

Anders stellt sich die Situation dar, wenn sich der Gegenstand innerhalb der einfachen Brennweite befindet ($f < s_1 < 0$), wie es im Bild 2.10 dargestellt ist. Die Bildkonstruktion zeigt, daß die Strahlen, die von einem Gegenstandspunkt ausgehen, divergent aus der Linse austreten, aber so als ob sie von einem Bildpunkt ausgehen, der sich links von der Linse befindet. Die vom Gegenstand ausgehenden Strahlen werden folglich so von der Linse abgelenkt, als ob sie von einem aufrecht stehenden, vergrößerten Bild ausgehen würden, das sich links von der Linse befindet ($\beta_x > 1$). Ein solches Bild, das entgegengesetzt zur Strahlrichtung entsteht, und das man folglich nicht auf einem Projektionsschirm sichtbar machen kann, bezeichnet man als **virtuelles Bild**.

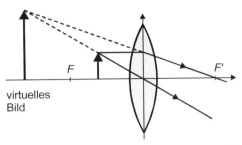

Bild 2.10 Entstehung eines virtuellen Bilds bei der Abbildung mit einer Sammellinse

- Befindet sich der Gegenstand zwischen der einfachen Brennweite und der Linse, entsteht auf der Objektseite ein aufrechtstehendes, virtuelles Bild.

Wichtig ist aber, daß man durch eine weitere Abbildung aus einem virtuellen Bild wieder ein reelles Bild erzeugen kann. So kann man mit dem Auge, wo die Augenlinse auf dem Augenhintergrund ein reelles Bild entwirft, ein virtuelles Bild sehen, wie es z. B. durch eine Lupe entsteht.

Die Konstruktion des Bildes, das eine Konkavlinse entwirft, ist im Bild 2.11 dargestellt. In diesem Fall entsteht prinzipiell ein aufrechtstehendes virtuelles Bild ($\beta_x > 0$).

- Die Abbildung eines Objekts mit einer Konkavlinse führt zu einem aufrechtstehenden, virtuellen Bild.

Bei der Konstruktion muß bedacht werden, daß der objektseitige Brennpunkt F sich rechts von der Linse befindet. Entsprechend wird ein Gegenstandsstrahl in Richtung F so gebrochen, daß er als Parallelstrahl austritt. Da der bildseitige Brennpunkt F' bei der Konkavlinse sich im Gegenstandsraum befindet, wird ein Parallelstrahl so durch die Linse abgelenkt, daß die rückwärtige Verlängerung des austretenden Strahls durch F' geht (vgl. auch Bild 2.8).

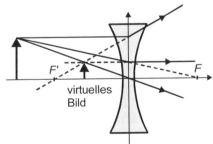

Bild 2.11 Bildkonstruktion für die Abbildung eines Gegenstands mit einer Zerstreuungslinse

Abbildung durch eine sphärische Fläche, Abbesche Invariante

Auch mit einer sphärischen Fläche, die ein Medium mit der Brechzahl n_1 von einem Medium mit der Brechzahl n_2 trennt (vgl. Bild 2.1), kann man eine Abbildung erzeugen. Setzt man in Gl. 2.16 die Brechungsmatrix der sphärischen Fläche (Gl. 2.7) ein, erhält man die resultierende Matrix:

$$\begin{pmatrix} \underline{A} & \underline{B} \\ \underline{C} & \underline{D} \end{pmatrix} = \begin{pmatrix} 1 - \dfrac{s_2}{R}\left(1 - \dfrac{n_1}{n_2}\right) & s_1 - s_2 \dfrac{n_1}{n_2} - \dfrac{s_1 s_2}{R}\left(1 - \dfrac{n_1}{n_2}\right) \\ \dfrac{1}{R}\left(1 - \dfrac{n_1}{n_2}\right) & \dfrac{s_1}{R}\left(1 - \dfrac{n_1}{n_2}\right) + \dfrac{n_1}{n_2} \end{pmatrix} \qquad (2.32)$$

Entsprechend Gl. 2.18 führt die Bedingung $\underline{B} = 0$ zur Abbildungsgleichung für eine sphärische Fläche:

$$n_2 \left(\frac{1}{s_2} - \frac{1}{R}\right) = n_1 \left(\frac{1}{s_1} - \frac{1}{R}\right) = J \qquad (2.33)$$

Die Größe J bezeichnet man auch als **Abbesche Invariante**. Sie kann mit den objektseitigen Größen n_1, s_1 oder den bildseitigen Größen n_2, s_2 berechnet werden und bleibt an der brechenden Fläche konstant.

Setzt man die bildseitige Brennweite der Kugelfläche ((2,1)-Element $\underline{C} = 1/f'$ in Gl. 2.32)

$$\frac{1}{f'} = \frac{1}{R}\left(1 - \frac{n_1}{n_2}\right) \qquad (2.34)$$

in die Abbildungsbedingung Gl. 2.33 ein, erhält man

$$\frac{n_2}{s_2} - \frac{n_1}{s_1} = \frac{n_2}{f'} \qquad (2.35)$$

Die gegenstandsseitige Brennweite findet man aus der Bedingung $s_2 \to \infty$, $s_1 = f$:

$$f = -\frac{n_1}{n_2} f' \qquad (2.36)$$

Das (1,1)-Element $\underline{A}$ in Gl. 2.32 stellt den Abbildungsmaßstab dar:

$$\beta_x = 1 - \frac{s_2}{f'} = \frac{n_1 s_2}{n_2 s_1} \qquad (2.37)$$

Gln. 2.33 bis 2.37 beschreiben die Abbildung eines Objekts durch eine sphärische Fläche in paraxialer Näherung. Wir können auch der sphärischen Fläche eine Brennweite zuordnen, wobei aber, wie Gl. 2.36 zeigt, objekt- und bildseitige Brennweite betragsmäßig nicht gleich sind.

Die Abbildung eines Objektpunktes auf der optischen Achse durch eine sphärische Fläche läßt sich relativ einfach ohne paraxiale Näherung beschreiben. Der Sinus-Satz liefert für das Dreieck $O_1 MP$ in Bild 2.1 $(R - s_1)/\sin\gamma = -L_1/\sin\varepsilon_1$ sowie für das Dreieck $O_2 MP$ $(s_2 - R)/\sin\gamma = L_2/\sin\varepsilon_2$. L_1 ist die Strahllänge vom Objektpunkt O_1 zum Punkt P und L_2 die Strahllänge von P zum Bildpunkt O_2. Ersetzt man den Einfallswinkel ε_1 und den Brechungswinkel ε_2 durch das Brechungsgesetz Gl. 1.32, ergibt sich

$$n_1 \frac{s_1 - R}{L_1} = n_2 \frac{s_2 - R}{L_2} \qquad (2.38)$$

Gl. 2.38 zeigt, daß der Abstand s_2 des Bildpunktes auch von den Längen der Strahlwege L_1 und L_2 abhängt. Ein Objektpunkt wird demnach nicht wieder als Punkt abgebildet, sondern genau genommen als Linie auf der optischen Achse. Dies macht die Ursache der **Abbildungsfehler** im nichtparaxialen Bereich deutlich, hier speziell des sogenannten Öffnungsfehlers.

Falls bei einer Abbildung mit einer dünnen Linse die Medien auf der Gegenstandsseite und der Bildseite unterschiedliche Brechzahlen n_1 und n_2 haben, bekommt die Abbildungsgleichung Gl. 2.33 die gleiche Form, wie bei der Abbildung an einer sphärischen Fläche (Gl. 2.35).

Wir haben in diesem Abschnitt die Relationen kennengelernt, die die Abbildung eines Gegenstands durch eine dünne Linse beschreiben. In vielen Fällen ist das Modell der dünnen Linse ausreichend, um zu mindestens die wesentlichen Eigenschaften einer Abbildungsanordnung zu diskutieren. Hinzu kommt, daß, wie im nächsten Abschnitt gezeigt wird, damit auch die Abbildung durch komplexe optische Systeme beschrieben werden kann. Aus diesen Gründen haben diese Relationen grundlegende Bedeutung für die geometrische Optik im Paraxialgebiet und sollen abschließend in einer tabellarischen Übersicht zusammengefaßt werden.

Tabelle 2.2 Abbildungsrelationen der paraxialen Optik

Hauptpunktsbezogene Abbildungsgleichung	$\dfrac{1}{s_2} - \dfrac{1}{s_1} = \dfrac{1}{f'}$	s_1, s_2 Objekt- und Bildweite, f' bildseitige Brennweite
Brennpunktsbezogene Abbildungsgleichung	$\zeta_1 \zeta_2 = -f'^2$	ζ_1, ζ_2 Objekt- und Bildabstand von der objekt- bzw. bildseitigen Brennebene
Brennweite der dünnen Linse (Linsenmacherformel)	$\dfrac{1}{f'} = \left(\dfrac{1}{R_1} - \dfrac{1}{R_2}\right)\left(\dfrac{n_L}{n_o} - 1\right)$	n_L, n_o Brechzahlen der Linse und Umgebung, R_1, R_2 Krümmungsradien der Linsenflächen
Abbildungsmaßstab	$\beta_x = \dfrac{x_2}{x_1} = \dfrac{s_2}{s_1} = \dfrac{f'}{f' + s_1}$	x_1, x_2 Objekt- und Bildgröße
Winkelmaßstab	$\beta_\alpha = \dfrac{\Delta\alpha_2}{\Delta\alpha_1} = 1 + \dfrac{s_1}{f'}$	$\Delta\alpha_1, \Delta\alpha_2$ objekt- und bildseitiger Öffnungswinkel der Linse
Helmholtz-Lagrange-Gleichung	$n_1 x_1 \Delta\alpha_1 = n_2 x_2 \Delta\alpha_2$	n_1, n_2 Brechzahlen des Objekt- und Bildraums

2.3 Abbildungsgleichungen

Beispiele

1. Eine bikonvexe Glaslinse (Brechzahl 1,5) mit den Krümmungsradien 30 cm und 60 cm erzeugt von der Deckenbeleuchtung auf einem Bildschirm ein Bild, das halb so groß ist wie das Original. Wie weit ist die Linse von der Lampe und vom Bildschirm entfernt?

Lösung:
Die Abbildung der Deckenbeleuchtung wird durch die hauptpunktsbezogene Abbildungsgleichung $\frac{1}{s_2} - \frac{1}{s_1} = \frac{1}{f'}$ beschrieben (vgl. Tabelle 2.2). s_1, s_2 sind die unbekannten Abstände der Deckenbeleuchtung und des Schirms von der Linse. Die Brennweite der Linse berechnen wir mit Hilfe von
$\frac{1}{f'} = \left(\frac{1}{R_1} - \frac{1}{R_2}\right)\left(\frac{n_L}{n_o} - 1\right)$. Mit $n_o = 1$ (Luft als umgebendes Medium) finden wir $f' = 40$ cm. Eine der unbekannten Entfernungen können wir durch den Abbildungsmaßstab eliminieren, der betragsmäßig gleich 0,5 ist. Da auf dem Schirm ein reelles Bild entsteht, muß dieses auf dem Kopf stehen, d.h.,
$\beta_x = \frac{s_2}{s_1} = -0,5$ bzw. $s_2 = -0,5\, s_1$. Einsetzen von s_2 in die Abbildungsgleichung führt zu $-\frac{3}{s_1} = \frac{1}{f'}$,
bzw. $s_1 = -120$ cm und $s_2 = 60$ cm.

2. Man verallgemeinere das Ergebnis von Aufgabe 1: Mit einer Konvexlinse der Brennweite f' soll ein Gegenstand k-fach vergrößert auf einem Bildschirm abgebildet werden. Wie groß muß der Abstand des Bildschirms von der Linse sein?

Lösung:
In die Abbildungsgleichung $\frac{1}{s_2} - \frac{1}{s_1} = \frac{1}{f'}$ wird der geforderte Abbildungsmaßstab $\beta_x = \frac{s_2}{s_1} = -k$ eingesetzt. Das ergibt $-\frac{1}{s_1}\left(1 + \frac{1}{k}\right) = \frac{1}{f'}$, bzw. $s_1 = -\frac{k+1}{k} f'$.

3. Wie lautet die hauptpunktsbezogene Abbildungsgleichung für eine dünne Linse, wenn die Brechzahlen des Objekt- und Bildraums unterschiedlich sind. Wie groß sind die objekt- und bildseitige Brennweite der Linse?

Lösung:
Die Lösung der Aufgabe bietet die Möglichkeit, die Überlegungen, die zur Abbildungsgleichung für eine dünne Linse geführt haben, noch einmal nachzuvollziehen.
Die Matrix der dünnen Linse setzt sich aus den Brechungsmatrizen der beiden sphärischen Flächen (Gl. 2.7) zusammen, wobei diese das Linsenmaterial (Brechzahl n_L) von den Medien des Objekt- und Bildraums (Brechzahlen n_O und n_B) abgrenzen:

$$M_L = \begin{pmatrix} 1 & 0 \\ \frac{1}{R_2}\left(1 - \frac{n_L}{n_B}\right) & \frac{n_L}{n_B} \end{pmatrix} \begin{pmatrix} 1 & 0 \\ \frac{1}{R_1}\left(1 - \frac{n_O}{n_L}\right) & \frac{n_O}{n_L} \end{pmatrix} = \begin{pmatrix} 1 & 0 \\ \frac{1}{R_2}\left(1 - \frac{n_L}{n_B}\right) - \frac{1}{R_1}\left(\frac{n_O}{n_B} - \frac{n_L}{n_B}\right) & \frac{n_O}{n_B} \end{pmatrix}$$

Für die Abbildung wird die resultierende Matrix gebraucht, die den Strahlengang vom Objekt zum Bild beschreibt (vgl. Gl. 2.16):

$$M = \begin{pmatrix} 1 & -s_2 \\ 0 & 1 \end{pmatrix} M_L \begin{pmatrix} 1 & s_1 \\ 0 & 1 \end{pmatrix} =$$

$$= \begin{pmatrix} 1 - \dfrac{s_2}{R_2}\left(1 - \dfrac{n_L}{n_B}\right) - \dfrac{s_2}{R_1}\left(\dfrac{n_L}{n_B} - \dfrac{n_O}{n_B}\right) & s_1 - s_2\dfrac{n_O}{n_B} - s_1 s_2\left(\dfrac{1}{R_2}\left(1 - \dfrac{n_L}{n_B}\right) - \dfrac{1}{R_1}\left(\dfrac{n_O}{n_B} - \dfrac{n_L}{n_B}\right)\right) \\ \dfrac{1}{R_2}\left(1 - \dfrac{n_L}{n_B}\right) - \dfrac{1}{R_1}\left(\dfrac{n_O}{n_B} - \dfrac{n_L}{n_B}\right) & \dfrac{s_1}{R_2}\left(1 - \dfrac{n_L}{n_B}\right) - \dfrac{s_1}{R_1}\left(\dfrac{n_O}{n_B} - \dfrac{n_L}{n_B}\right) + \dfrac{n_O}{n_B} \end{pmatrix}$$

Die Forderung, daß das (1,2)-Element verschwindet ($B = 0$, vgl. Gl. 2.18), führt zur Abbildungsgleichung

$$\frac{n_B}{s_2} - \frac{n_O}{s_1} = \frac{1}{R_2}(n_B - n_L) - \frac{1}{R_1}(n_O - n_L)$$

Die bild- und objektseitigen Brennweiten erhält man aus den Grenzfällen $s_2 \to \infty$ und $s_1 \to -\infty$:

$$\frac{1}{f'} = \frac{1}{R_2}\left(1 - \frac{n_L}{n_B}\right) - \frac{1}{R_1}\left(1 - \frac{n_L}{n_O}\right)$$

und

$$\frac{1}{f} = -\frac{n_B}{n_O}\frac{1}{f'}$$

Durch die unterschiedlichen Brechzahlen auf den beiden Seiten der Linse unterscheiden sich objekt- und bildseitige Brennweite auch betragsmäßig!

2.3.3 Abbildung durch optische Systeme, Hauptebenen

(1) Grundlagen

Im vorangegangenen Abschnitt haben wir gesehen, daß die Abbildung mit einer dünnen Linse durch einfache Relationen beschrieben werden kann, wenn die Brechzahlen beiderseits der Linse gleich sind. Die Ursache dafür ist, daß der Strahlweg durch die Linse vernachlässigt werden kann. Dadurch bleiben die Strahlhöhen des Eintritts- und Austrittsstrahls beim Linsendurchgang gleich ((1,1)-Element = 1, (1,2)-Element = 0 in der Strahlmatrix für die dünne Linse, Gl. 2.13). Die Wirkung der dünnen Linse kann also so beschrieben werden, als ob die Brechung an einer einzigen durch das Linsenzentrum gehenden Ebene stattfindet und die Strahlen bis zu dieser Ebene und danach geradlinig verlaufen.

Bei einer dicken Linse oder einem optischen System, das aus mehreren Linsen besteht, kann der Strahlweg durch das System nicht vernachlässigt werden. Das führt dazu, daß die Strahlhöhen des Eintritts- und Austrittsstrahls differieren. Am Beispiel der Strahlmatrix der dicken Linse (Gl. 2.15, (1,1)-Element ≠ 1, (1,2)-Element ≠0) erkennt man, daß die Differenz der Strahlhöhen an der Eingangsebene (Scheitelebene der linken Kugelfläche) und der Austrittsebene (Scheitelebene der rechten Kugelfläche) von der Linsendicke t abhängt. Dadurch wird die Beschreibung der Abbildung mit einem solchen System wesentlich komplizierter als bei der dünnen Linse.

Da wir aber andererseits wissen, daß ein abbildendes System Brennpunkteigenschaften wie die dünne Linse aufweist, wäre es natürlich wünschenswert, die Abbildung ebenfalls durch die einfachen Gleichungen zu beschreiben, wie wir sie für die dünne Linse gefunden haben. Nach dem bisher Gesagten wäre das dann der Fall, wenn wir für das optische System eine Eintritts- und Austrittsebene finden könnten, die die Eigenschaft haben, daß die Eintrittsstrahlhöhe gleich der Austrittsstrahlhöhe ist. In diesem Fall würde die resultierende Strahlmatrix, die sich aus der Strahlmatrix des optischen Systems und den Translationsmatrizen zu den neuen Bezugsebenen zusammensetzt, die einfache Form der Strahlmatrix für die dünne Linse (Gl. 2.13) erhalten. Bezugsebenen, die diese Bedingung erfüllen, nennt man die **Hauptebenen** des optischen Systems, die Schnittpunkte der Hauptebenen mit der optischen Achse **Hauptpunkte**.

Bild 2.12 soll das verdeutlichen. Strahlen, die auf die Scheitelebene durch den Scheitelpunkt S_1 des Eingangselements des optischen Systems treffen, treten aus der Scheitelebene

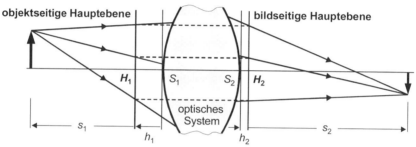

Bild 2.12 Die Lage der Hauptebenen durch die Hauptpunkte H_1 und H_2 ist durch gleiche Höhen der Eintritts- und Austrittsstrahlen gekennzeichnet

durch S_2 des letzten Elements mit geänderter Richtung und Strahlhöhe aus. Wählt man jedoch die Hauptebene durch den Hauptpunkt H_1 als Eintrittsebene und die Hauptebene durch H_2 als Austrittsebene des optischen Systems, so bleibt die Strahlhöhe gleich, es hat sich nur die Strahlrichtung geändert. Der Strahlverlauf durch das optische System kann also so behandelt werden, als ob die Strahlen an den Hauptebenen gebrochen werden und dazwischen parallel zur optischen Achse laufen (gestrichelte Linien im Bild 2.12). Mißt man die Brennweiten f, f', die Gegenstands- und Bildweite s_1, s_2 von den zugehörigen Hauptebenen, wird die Abbildung mit einem beliebigen optischen System durch die Abbildungsgleichung der dünnen Linse Gl. 2.23 beschrieben. Damit wird ein optisches System charakterisiert durch die Lage seiner Hauptebenen h_1 und h_2 (s. Bild 2.12), die sowohl außerhalb als auch innerhalb des Systems liegen können.

- Die Lage der Hauptebenen eines optischen Systems ist dadurch bestimmt, daß dort die Eintritts- und zugehörigen Austrittsstrahlen gleiche Höhen haben.
  Sind die Hauptebenen bekannt, kann der Strahlverlauf so behandelt werden, als ob die Strahlen an den Hauptebenen gebrochen werden und dazwischen parallel zur optischen Achse laufen. Die hauptpunktsbezogenen Größen Brennweite, Objekt-

und Bildweite hängen über die Abbildungsgleichung der dünnen Linse zusammen.

Es soll noch einmal betont werden, daß diese Hauptebenen nur eine mathematische Hilfskonstruktion sind, um die einfachen Abbildungsgleichungen der dünnen Linse für ein beliebiges optisches System verwenden zu können, die tatsächliche Brechung der Strahlen geschieht natürlich an den brechenden Flächen des optischen Systems.

Aus dem bisher Gesagten folgt, daß man die Lage der Hauptebenen aus der Forderung bestimmen kann, daß der Strahldurchgang von der ersten Hauptebene H_1 zur zweiten Hauptebene H_2 durch eine Strahlmatrix beschrieben werden kann, die der Strahlmatrix der dünnen Linse entspricht. Entsprechend Bild 2.12 setzt sich der Strahlverlauf aus einer Strahltranslation über die Strecke h_1, dem Durchgang durch das optische System mit der $ABCD$-Matrix und der Translation über die Strecke h_2 zusammen, so daß gelten muß:

$$\begin{pmatrix} 1 & -h_2 \\ 0 & 1 \end{pmatrix} \begin{pmatrix} A & B \\ C & D \end{pmatrix} \begin{pmatrix} 1 & h_1 \\ 0 & 1 \end{pmatrix} = \begin{pmatrix} 1 & 0 \\ \dfrac{1}{f'} & 1 \end{pmatrix} \qquad (2.39)$$

Multipliziert man die Matrizen auf der linken Seite von Gl. 2.39 und berücksichtigt, daß die entsprechenden Matrixelemente auf beiden Seiten gleich sein müssen, ergeben sich 4 Bedingungen. Die Bestimmungsgleichungen für die Abstände h_1 und h_2 der Hauptebenen von den Scheitelebenen S_1 bzw. S_2 haben die Form:

$$h_1 = \frac{1}{C}(1-D) \qquad h_2 = -\frac{1}{C}(1-A) \qquad (2.40)$$

Die bildseitige Brennweite f' wird wiederum durch das Matrixelement C des optischen Systems bestimmt:

$$\frac{1}{f'} = C \qquad (2.41)$$

Als weitere Bedingung ergibt sich:

$$B + A h_1 - D h_2 - C h_1 h_2 = 0 \qquad (2.42)$$

Gl. 2.42 zeigt, daß die Hauptebenenabstände h_1 und h_2 durch die Abbildungsbedingung verbunden sind (vgl. Gl. 2.18).

- Die Hauptebene H_2 ist das Bild der Hauptebene H_1, beide Ebenen sind zueinander konjugiert.

Faßt man die Ergebnisse zusammen, ergibt sich für die Berechnung der Abbildung durch ein beliebiges optisches System folgendes Vorgehen:

- 1. Zunächst wird die Strahlmatrix des abbildenden optischen Systems berechnet, indem man die Strahlmatrizen der Einzelelemente des Systems nach Gl. 2.10 multipliziert. Die Brennweite des optischen Systems ist nach Gl. 2.41 durch das (2,1)-Element C der resultierenden Strahlmatrix bestimmt.

2. Aus den Matrixelementen A, C, D der Strahlmatrix des optischen Systems wird mit Hilfe von Gln. 2.40 der Abstand der Hauptebenen h_1 und h_2 von den Scheitelebenen bestimmt. Die Hauptebenen sind die Bezugsebenen, von denen aus die Gegenstands- und Bildweite sowie die Brennweiten gemessen werden. Entsprechend der benutzten Vorzeichenkonvention gilt (s. Bild 2.12): Ist $h_1 < 0$, liegt H_1 links von S_1 und ist $h_2 > 0$, liegt H_2 rechts von S_1.

3. Die das Bild charakterisierenden Größen (Lage, Abbildungsmaßstab und Winkelmaßstab) können dann berechnet werden mit der hauptpunktsbezogenen Abbildungsgleichung und den Gleichungen für den Abbildungs- und Winkelmaßstab, wie wir sie für die dünne Linse kennengelernt haben (vgl. Tabelle 2.2.).

Ist die Lage der Hauptebenen eines optischen Systems bekannt, lassen sich für die Konstruktion des Bildes wie bei der dünnen Linse der bekannte Verlauf des Brennpunktstrahls, des Parallelstrahls und des Mittelpunktstrahls benutzen. Zu berücksichtigen ist dabei allerdings, daß zwischen den Hauptebenen die genannten Strahlen parallel zur optischen Achse verlau-

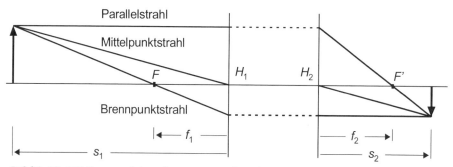

Bild 2.13 Bildkonstruktion für ein optisches System mit Hauptebenen

fen. Bild 2.13 zeigt ein Beispiel für die Bildkonstruktion bei bekannter Lage der Hauptebenen.

(2) Hauptebenen der dicken Linse

Die allgemeine Vorgehensweise zur Bestimmung der Hauptebenen eines optischen Systems soll für das wichtige Beispiel einer dicken Linse konkretisiert werden. Die Konstruktionsgrößen der dicken Linse sind die Krümmungsradien R_1 und R_2 der beiden sphärischen Flächen, der Scheitelabstand t (Linsendicke) und die Brechzahl n_L des Linsenmaterials. Charakterisiert wird die dicke Linse durch die Strahlmatrix M_{DL} (Gl. 2.15). n_o ist die Brechzahl des die Linse umgebenden Mediums ($n_o = 1$ für Luft). Aus dem Matrixelement C der Strahlmatrix können wir sofort die bildseitige Brennweite der dicken Linse ablesen:

$$\frac{1}{f'} = \left(\frac{n_L}{n_o} - 1\right)\left(\left(\frac{1}{R_1} - \frac{1}{R_2}\right) + \frac{t}{R_1 R_2}\left(1 - \frac{n_o}{n_L}\right)\right) \qquad (2.43)$$

Ob die dicke Linse als Sammel- ($f' > 0$) oder Zerstreuungslinse ($f' < 0$) wirkt, hängt neben dem Vorzeichen der Krümmungsradien auch von der Linsendicke t ab.

Die Abstände der Hauptebenen von den Scheitelebenen ergeben sich aus Gln. 2.40:

$$h_1 = -\frac{t}{n_L R_2}(n_L - n_o)f'$$
$$h_2 = -\frac{t}{n_L R_1}(n_L - n_o)f' \qquad (2.44)$$

Für eine bikonvexe Linse ($R_1 > 0$, $R_2 < 0$) mit positiver bildseitiger Brennweite ($f' > 0$) ist $h_1 > 0$ und $h_2 < 0$, d. h., die Hauptebenen liegen innerhalb der dicken Linse (vgl. Bild 2.14).

Kann der Strahlweg durch die Linse vernachlässigt werden, $t = 0$, was gerade die Näherung für die dünne Linse ist, wird $h_1 = h_2 = 0$. Die Hauptebenen fallen zu einer Ebene im Linsenzentrum zusammen, die Strahlablenkung durch die Linse kann so beschrieben werden, als ob der Strahl an dieser Ebene gebrochen wird.

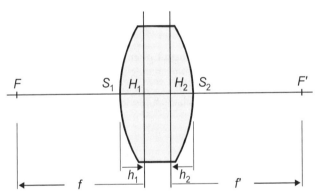

Bild 2.14 Lage der Hauptebenen einer dicken Bikonvexlinse

(3) Zwei zusammenstehende dünne Linsen

Zwei dünne Linsen mit den bildseitigen Brennweiten f_1' und f_2' werden so dicht hintereinander aufgestellt, daß der Strahlweg zwischen ihnen vernachlässigt werden kann. Die Strahlmatrix M_S, die den Strahldurchgang durch diese Linsenkombination beschreibt, erhält man aus dem Produkt der Strahlmatrizen der Einzellinsen (Gl. 2.13):

$$M_S = \begin{pmatrix} 1 & 0 \\ \frac{1}{f_2'} & 1 \end{pmatrix} \begin{pmatrix} 1 & 0 \\ \frac{1}{f_1'} & 1 \end{pmatrix} = \begin{pmatrix} 1 & 0 \\ \frac{1}{f_1'} + \frac{1}{f_2'} & 1 \end{pmatrix} \qquad (2.45)$$

Die resultierende Strahlmatrix hat wieder die Form der Strahlmatrix einer dünnen Linse. Die neue Brennweite können wir aus dem Matrixelement C ablesen:

$$\frac{1}{f'_{res}} = \frac{1}{f'_1} + \frac{1}{f'_2} \qquad (2.46)$$

- Zwei hintereinandergestellte dünne Linsen verhalten sich näherungsweise wie eine dünne Linse, wobei die resultierende Brechkraft die Summe der Brechkräfte der Einzellinsen ist.

Anwendungsbeispiele: Spezielle Linsenformen und -kombinationen

Anhand spezieller Linsenformen und Linsenkombinationen wollen wir die Ergebnisse dieses Abschnitts anwenden und vertiefen.

(1) Hoeghscher Meniskus

Als **Menisken** bezeichnet man Linsen, deren sphärische Flächen den gleichen Krümmungssinn aufweisen, d.h., deren Krümmungsradien das gleiche Vorzeichen haben. Sind auch noch die Beträge der Radien gleich, ist also $R_1 = R_2 = R$, so ergibt sich als spezielle Linsenform der **Hoeghsche Meniskus**. Aus Gl. 2.43 sehen wir, daß die bildseitige Brennweite

$$f' = \frac{n_L n_o}{(n_L - n_o)^2} \frac{R^2}{t} \qquad (2.47)$$

immer positiv ist. n_o ist wieder die Brechzahl des umgebenden Mediums. Die Brechkraft $1/f'$ ist proportional zur Scheiteldicke t der Linse. Die Lage der Hauptebenen, die wir aus Gl. 2.44 mit 2.47 berechnen können, ist

$$h_1 = h_2 = -\frac{n_o R}{n_L - n_o} \qquad (2.48)$$

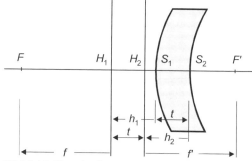

Bild 2.15 Hoeghscher Meniskus

Beide Hauptebenen liegen auf der Gegenstandsseite und haben den gleichen Abstand von den entsprechenden Scheitelebenen. Bild 2.15 verdeutlicht die Verhältnisse. Der Hoeghsche Meniskus zeichnet sich dadurch aus, daß ein spezieller Abbildungsfehler, die sogenannte Bildfeldkrümmung, in erster Ordnung verschwindet (vgl. Abschn. 2.5.1). Dadurch werden derartige Menisken in fotografischen Objektiven angewendet.

(2) Neutrale Linse

Neutrale Linsen sind Linsen mit verschwindender Brechkraft, $1/f' = 0$. Gl. 2.43 zeigt, daß dies nicht nur auf Planplatten zutrifft, sondern auch bei sphärischen Flächen mit endlicher Krümmung der Fall ist, wenn die Scheiteldicke t die Bedingung

$$t = -\frac{n_L}{n_L - n_o}(R_2 - R_1) \qquad (2.49)$$

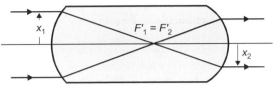

erfüllt. In diesem Fall fallen die bildseitigen Brennpunkte der beiden sphärischen Flächen zusammen.

Die Wirkung erkennt man am besten anhand einfallender Parallelstrahlen. Im Bild 2.16 ist F_1' der bildseitige Brennpunkt der ersten sphärischen Fläche,

Bild 2.16 Strahlverlauf eines achsenparallelen Bündels in einer bikonvexen neutralen Linse

F_2' der der zweiten sphärischen Fläche. Die Ablenkung eines achsenparallelen Strahlenbündels ($\alpha_1 = 0$) mit dem Bündelradius x_1 finden wir aus Gl. 2.11 mit der Strahlmatrix Gl. 2.15 und $C = 1/f' = 0$:

$$\begin{pmatrix} x_2 \\ \alpha_2 \end{pmatrix} = \begin{pmatrix} 1 - \frac{t}{R_1}\left(1 - \frac{n_o}{n_L}\right) & -t\frac{n_o}{n_L} \\ 0 & 1 + \frac{t}{R_2}\left(1 - \frac{n_o}{n_L}\right) \end{pmatrix} \begin{pmatrix} x_1 \\ 0 \end{pmatrix}$$

Das austretende Bündel bleibt parallel ($\alpha_2 = 0$), sein neuer Radius ist $x_2 = (1 - \frac{t}{n_L R_1}(n_L - n_o))x_1$. Ersetzt man die Linsendicke t durch Gl. 2.49, sieht man, daß die Vergrößerung des Strahlradius

$$\frac{x_2}{x_1} = \frac{R_2}{R_1} \qquad (2.50)$$

durch das Verhältnis der Krümmungsradien der Linsenflächen bestimmt wird. Die neutrale Linse wirkt wie ein auf unendlich eingestelltes Fernrohr (vgl. Abschn. 4.2.4). Bei einer neutralen bikonvexen Linse entsteht ein Fokus innerhalb der Linse, wie es beim Kepler-Fernrohr der Fall ist. Die neutrale Meniskuslinse entspricht dagegen dem Galilei-Fernrohr. Bilder 2.16 und 2.17 zeigen beide Fälle.

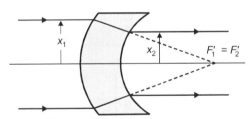

Bild 2.17 Strahlverlauf eines achsenparallelen Bündels in einer neutralen Meniskuslinse

(3) Linse mit konzentrischen Flächen

Die Krümmungsmittelpunkte beider Flächen fallen zusammen, so daß die Linsendicke $t = R_1 - R_2$ wird. Aus Gl. 2.43 erhält man mit dieser Bedingung die Brennweite der konzentrischen Linse:

$$f' = -\frac{n_L}{n_L - n_o}\frac{R_1 R_2}{t} \qquad (2.51)$$

Besonders interessant ist die Lage der Hauptebenen. Aus Gl. 2.44 mit 2.51 sehen wir, daß

$$h_1 = R_1, \qquad h_2 = R_2 \qquad (2.52)$$

ist. Die Hauptpunkte fallen mit dem gemeinsamen Krümmungsmittelpunkt beider Flächen zusammen, d.h., die konzentrische Linse wirkt exakt wie eine Linse mit der Dicke Null und stellt also eine ideale "dünne" Linse dar!

(4) Linsenkombination - Teleobjektiv

Als Beispiel für ein zusammengesetztes optisches System soll ein einfaches Teleobjektiv behandelt werden. Aufgabe eines Fotoobjektivs ist es, ein reelles Bild auf der Filmebene zu erzeugen. Da der Abstand der abzubildenden Gegenstände in den meisten Fällen groß im Vergleich zur Brennweite des Objektivs ist (die Brennweite eines Normalobjektivs einer Kleinbildkamera ist z. B. 50 mm), ist die Bildweite etwa gleich der bildseitigen Brennweite, $s_2 \approx f'$, d.h., die Filmebene einer Kamera liegt im Bereich der Brennebene

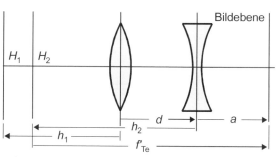

Bild 2.18 Lage der Hauptebenen eines einfachen Teleobjektivs

des Objektivs. Will man weit entfernte Gegenstände möglichst groß abbilden, also einen großen Abbildungsmaßstab erzielen, muß man entsprechend Gl. 2.27 Objektive mit großer Brennweite verwenden (Teleobjektive). Benutzt man für die Abbildung eine Einzellinse, so muß diese einen entsprechend großen, in manchen Fällen nicht mehr praktikablen Abstand von der Filmebene haben (die Brennweite von Teleobjektiven liegt im Bereich von 200 bis 600 mm). Umgehen kann man dieses Problem durch ein zusammengesetztes Linsensystem, dessen Hauptebenen auf der Gegenstandsseite liegen und möglichst weit von der Scheitelebene der hinteren Linse entfernt sind. Die meisten Teleobjektive sind auf minimale Abbildungsfehler korrigiert und bestehen daher aus mehreren Linsen. Das Prinzip läßt sich aber an einem Aufbau mit zwei dünnen Linsen, einer Konvex- (Brennweite $f_1' > 0$) und einer Konkavlinse ($f_2' < 0$) wie im Bild 2.18 dargestellt, erläutern. Die Strahlmatrix des Systems, die sich aus dem Strahldurchgang durch die Konvexlinse, der Strahltranslation über den Linsenabstand d und dem Strahldurchgang durch die Konkavlinse ergibt, ist dann

$$M_{Te} = \begin{pmatrix} 1 & 0 \\ \frac{1}{f_2'} & 1 \end{pmatrix} \begin{pmatrix} 1 & -d \\ 0 & 1 \end{pmatrix} \begin{pmatrix} 1 & 0 \\ \frac{1}{f_1'} & 1 \end{pmatrix} = \begin{pmatrix} 1 - \frac{d}{f_1'} & 0 \\ \frac{1}{f_1'} + \frac{1}{f_2'} - \frac{d}{f_1' f_2'} & 1 - \frac{d}{f_2'} \end{pmatrix} \quad (2.53)$$

Die resultierende Brennweite f'_{Te} des Teleobjektivs können wir wieder aus dem (2,1)-Element C ablesen:

$$f'_{Te} = \frac{f_1' f_2'}{f_1' + f_2' - d} \quad (2.54)$$

Aus den Matrixelementen A, C und D erhalten wir nach Gln. 2.40 die Hauptebenen des Linsensystems:

$$h_1 = \frac{f'_{Te}}{f_2'} d = \frac{f_1'}{f_1' + f_2' - d} d \quad (2.55)$$

$$h_2 = -\frac{f'_{Te}}{f_1'} d = -\frac{f_2'}{f_1' + f_2' - d} d \quad (2.56)$$

Aus Gl. 2.54 ist ersichtlich, daß bei negativer Brennweite $f_2' < 0$ die resultierende Brennweite f'_{Te} positiv ist, wenn $|f_2' - d| > f_1'$. In diesem Fall sind $h_1, h_2 < 0$, d.h., beide Hauptebenen liegen auf der Gegenstandsseite der Linsenkombination (vgl. Bild 2.18). Der Abstand a der bildseitigen Brennebene, die etwa der Bildebene entspricht, von der Zerstreuungslinse ist $a = h_2 + f'_{Te} = f'_{Te}(1 - d/f_1')$.

Ein Zahlenbeispiel soll das verdeutlichen: Der Abstand zwischen der Konvex- und der Konkavlinse sei $d = 80$ mm, ihre Brennweiten $f_1' = 100$ mm und $f_2' = -30$ mm. Die resultierende Brennweite dieser Linsenkombination ist $f'_{Te} = 300$ mm. Die bildseitige Hauptebene H_2 hat dann von der Zerstreuungslinse einen Abstand von $h_2 = -240$ mm. Der Abstand der Brenn- bzw Bildebene von der Zerstreuungslinse $a = 60$ mm ist damit wesentlich geringer als die Brennweite der Linsenkombination.

Beispiele

1. Wo liegen die Hauptebenen einer dicken Plankonvexlinse, deren umgebendes Medium Luft ist?

Lösung:
Bei einer Plankonvexlinse ist nur eine Fläche gekrümmt, die andere ist eben. Wählen wir z. B. die zweite Fläche als Ebene, so sind die Krümmungsradien $R_1 > 0$ und $R_2 = -\infty$. Damit ergibt sich nach Gl. 2.43 die bildseitige Brennweite $f' = \dfrac{R_1}{n_L - 1}$, die unabhängig von der Linsendicke t ist. n_L ist die Brechzahl

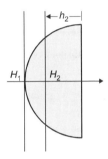

des Linsenmaterials. Die Lage der Hauptebenen erhalten wir aus Gl. 2.44. Die objektseitige Hauptebene hat den Abstand $h_1 = 0$, d. h., sie bildet die Tangentialebene der gekrümmten Fläche der Plankonvexlinse. Die bildseitige Hauptebene hat den Abstand $h_2 = -\dfrac{t}{n_L R_1}(n_L - 1)f' = -\dfrac{t}{n_L}$ und liegt innerhalb der Linse.

2. Durch eine Linsenkombination, die aus einer dünnen Konkavlinse mit der Brennweite $f_1' = -80$ mm und einer dünnen Konvexlinse ($f_2' = 40$ mm) im Abstand von 40 mm besteht, wird ein Gegenstand, der sich 40 mm vor der Konkavlinse befindet, abgebildet.
   a) Wie groß ist die Brennweite der Linsenkombination, und wo befinden sich die Hauptebenen?
   b) Wo entsteht das Bild, und mit welchem Abbildungsmaßstab wird der Gegenstand abgebildet?
   c) Man konstruiere maßstabsgetreu den Strahlengang einmal, indem die Abbildungen durch beide Linsen nacheinander ausgeführt werden, und zum anderen mit Hilfe der unter a) berechneten Hauptebenen!

Lösung:
Die Strahlmatrix der Linsenkombination ergibt sich aus dem Produkt der Strahlmatrizen der Konvexlinse ($f_2' = 40$ mm), der Strahltranslation über den Abstand $d = 40$ mm zwischen den Linsen und der Konkavlinse ($f_1' = -80$ mm):

$$M_S = \begin{pmatrix} 1 & 0 \\ \dfrac{1}{f_2'} & 1 \end{pmatrix} \begin{pmatrix} 1 & -d \\ 0 & 1 \end{pmatrix} \begin{pmatrix} 1 & 0 \\ \dfrac{1}{f_1'} & 1 \end{pmatrix} = \begin{pmatrix} 1 - \dfrac{d}{f_1'} & 0 \\ \dfrac{1}{f_1'} + \dfrac{1}{f_2'} - \dfrac{d}{f_1' f_2'} & 1 - \dfrac{d}{f_2'} \end{pmatrix}$$

(vgl. auch Gl. 2.53). Die resultierende Brennweite f' kann aus dem (2,1)-Element abgelesen werden: $f' = \dfrac{f_1' f_2'}{f_1' + f_2' - d} = 40$ mm. Nach Gl. 2.40 befindet sich die objektseitige Hauptebene hinter der Konkavlinse im Abstand $h_1 = \dfrac{f_1'}{f_1' + f_2' - d} d = 40$ mm, sie liegt also in der Konvexlinse. Die bildseitige Hauptebene finden wir in einer Entfernung $h_2 = \dfrac{f_2'}{f_1' + f_2' - d} d = 20$ mm hinter der Konvexlinse. Der Abstand des Gegenstands von der objektseitigen Hauptebene beträgt $s_1 = a_1 - h_1 = -120$ mm ($a_1 = -80$ mm ist der Abstand von der Konkavlinse). Mit der hauptpunktsbezogenen Abbildungsgleichung $\dfrac{1}{s_2} - \dfrac{1}{s_1} = \dfrac{1}{f'}$ (Gl. 2.23) ergibt sich der Abstand von der bildseitigen Hauptebene von $s_2 = \dfrac{s_1 f'}{f' + s_1} = 60$ mm. Das Bild ist also von der Konvexlinse $a_2 = h_2 + s_2 = 80$ mm entfernt.

Nach Gl. 2.27 können wir noch den Abbildungsmaßstab berechnen: $\beta_x = \dfrac{s_2}{s_1} = -0{,}5$ mm. Es entsteht ein verkleinertes, umgekehrtes Bild.

b) Die Strahlenkonstruktion (im Bild für die Konkavlinse mit dem Parallel- und Mittelpunktstrahl) zeigt, daß die Konkavlinse zunächst ein virtuelles Bild im Abstand der halben Brennweite entwirft. Konstruiert man daraus den Strahlengang für die Abbildung durch die Konvexlinse mit dem Parallel- und Brennpunktstrahl (gleich dem Mittelpunktstrahl der Konkavlinse), entsteht ein umgekehrtes, reelles Bild im Abstand der doppelten Brennweite.

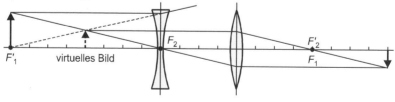

Die Strahlenkonstruktion mit den Hauptebenen durch die Hauptpunkte H_1 und H_2 der Linsenkombination ist im nachstehenden Bild mit dem Parallel- und Brennpunktstrahl gezeigt.

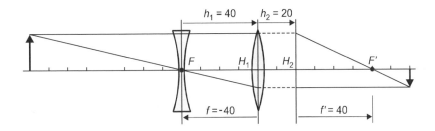

2.4 Strahlbegrenzung

Bei einer Abbildung genügt es häufig nicht, die abbildungsrelevanten Größen wie die Lage des Bildes, den Abbildungsmaßstab usw. zu kennen. Andere wichtige Eigenschaften sind die Helligkeit des Bildes und der Ausschnitt des Gegenstands, der als Bild erscheint (**Gesichtsfeld**). Diese Größen werden durch Öffnungen bzw. Blenden beeinflußt, die sich im Strahlengang befinden. In jedem optischen System sind Blenden vorhanden, die den Querschnitt der zur Abbildung verwendeten Lichtstrahlen begrenzen. Als Blenden wirken z. B. Linsenfassungen.

Je nach ihrer Wirkung unterscheiden wir zwei Arten von Blenden:

- 1. Die **Aperturblende** begrenzt die Lichtmenge, die durch das abbildende System tritt und bestimmt damit die Bildhelligkeit.
  2. Blenden, welche die Größe des Bildes einschränken, nennt man **Gesichtsfeldblenden** oder kurz **Feldblenden**.

So schränkt z. B. der Diarahmen die Größe des auf die Leinwand projizierten Bildes oder das Bildfenster beim Fotoapparat den Bildausschnitt einer Fotografie ein.

Die Wirkung einer Blende hängt von ihrer Position im abbildenden System ab. In Bild 2.19 wirkt die Blende mit den Randpunkten A_1 und B_1 als Aperturblende und der Formatrahmen in der Bildebene als Feldblende. Aperturblende und Pupillen

Ein abbildendes System enthält im allgemeinen mehrere Öffnungen, die strahlbegrenzend wirken können.

- Als Aperturblende bezeichnen wir diejenige Öffnung in einem abbildenden System, die den Öffnungswinkel der Strahlen begrenzt, die von einem Objektpunkt auf der optischen Achse ausgehen.

In Bild 2.19 ist das der Öffnungswinkel $2\sigma_1$ des Strahlenbündels, das vom Objektpunkt O_1 ausgeht. Für Objektpunkte, die sich nicht auf der optischen Achse befinden, können auch

86   2.4 *Strahlbegrenzung*

andere Öffnungen bündelbegrenzend wirken. Häufig wird dadurch eine Abschattung bzw. Vignettierung der Bildränder verursacht.

Da Öffnungen durch das optische System genauso abgebildet werden wie jeder andere Gegenstand, kann auch das Bild einer Öffnung den Öffnungswinkel der von einem Objektpunkt ausgehenden Strahlen begrenzen. Blickt man z. B. in das Objektiv eines Fotoapparats, so sieht

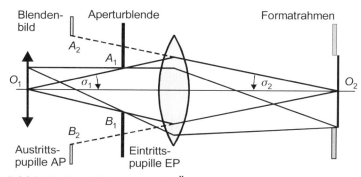

Bild 2.19 Bündelbegrenzende Öffnungen bei einer Abbildung

man die Irisblende, genauer das Bild der Irisblende, das durch die Linsen des Objektivs erzeugt wird. Hier wirkt das Bild der Blende für die Objektstrahlen aperturbegrenzend. Wir wollen die verschiedenen Möglichkeiten zunächst am einfachen Beispiel der Abbildung durch eine einzelne dünne Linse genauer besprechen.

(1) Abbildung durch eine einzelne dünne Linse

Bild 2.19 zeigt den Fall, daß sich die Aperturblende auf der Eintrittsseite der Linse befindet. Der Rand der Blende (Punkte A_1 und B_1) begrenzt den Öffnungswinkel der Strahlen, die vom Objektpunkt O_1 ausgehen und das optische System passieren. Die Aperturblende ist in dieser Anordnung die **Eintrittspupille** für das vom Objektpunkt ausgehende Strahlenbündel.

- Die Eintrittspupille ist diejenige Öffnung, die den Öffnungswinkel der Strahlen begrenzt, die vom Achsenpunkt der Objektebene ausgehen.

Es ist offensichtlich, daß die Lichtmenge, die vom Gegenstandspunkt zum Bildpunkt gelangt, von der Größe der Eintrittspupille abhängt.

Die Randpunkte der Blende werden von der Linse in die Randpunkte A_2 und B_2 des Blendenbildes

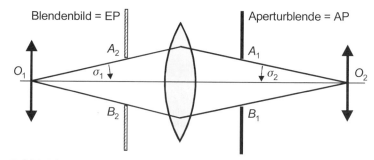

Bild 2.20 Randstrahlen, die durch die Aperturblende im Bildraum begrenzt werden. Die Aperturblende bildet hier die Austrittspupille AP, ihr Bild die Eintrittspupille EP

abgebildet. In dem im Bild 2.19 dargestellten Beispiel ist das Bild der Blende virtuell. Die Strahlen, die sich im Punkt O_2, dem Bild des Punktes O_1, schneiden, scheinen aus dem Blendenbild auszutreten, d.h., die Randpunkte A_2 und B_2 des Blendenbildes begrenzen den Öffnungswinkel des Strahlkegels zum Bildpunkt O_2. Das Bild der Blende wirkt in diesem Fall als **Austrittspupille**.

- Die Austrittspupille ist diejenige Öffnung, die den Öffnungswinkel der Strahlen begrenzt, die zu dem auf der optischen Achse liegenden Bildpunkt konvergieren.

Die andere Möglichkeit, daß sich die Aperturblende hinter der Linse befindet, ist im Bild 2.20 dargestellt. In diesem Beispiel bildet das von der Linse erzeugte reelle Bild der Blende die Eintrittspupille. Die Aperturblende ist hier die Austrittspupille.

Allgemein gilt:

- Die Pupillen eines Strahlengangs sind zueinander konjugiert, d. h., die Austrittspupille ist das Bild der Eintrittspupille bzw. umgekehrt. Die wirksame Öffnung nennt man Aperturblende, sie kann selbst Eintritts- bzw. Austrittspupille sein. Aperturblenden befinden sich stets abseits vom Objekt, Bild oder Zwischenbild. Wenn man die Größe der Aperturblende ändert, wird die Bildhelligkeit modifiziert, der Bildausschnitt bleibt aber erhalten.

(2) Abbildende Systeme mit mehreren Öffnungen

In einem abbildenden System, das aus mehreren Linsen besteht, hat man naturgemäß eine größere Anzahl von Öffnungen. Von diesen kann nur eine als Aperturblende entsprechend der oben gegebenen Definition wirken. Die Eintrittspupille ist dann die Öffnung, die den Öffnungswinkel der Eintrittsstrahlen und damit die Bildhelligkeit begrenzt. Die Austrittspupille ist die Öffnung, die den Öffnungswinkel der Austrittsstrahlen bestimmt.

Im Bild 2.21 stellen die Punkte A und B die Randpunkte der Aperturblende mit dem Radius r dar. Das virtuelle Bild mit den Randpunkten A_1 und B_1, das die ersten beiden Linsen von der Aperturblende erzeugen, ist die Eintrittspupille EP, und das virtuelle Bild mit den Randpunkten A_2 und B_2, das die dritte Linse entwirft, die

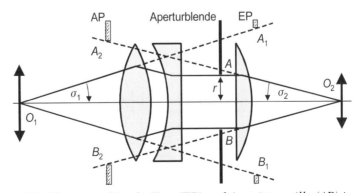

Bild 2.21 Aperturblende, Ein- (EP) und Austrittspupille (AP) im Strahlengang eines mehrlinsigen Systems

Austrittspupille *AP*.

Zum Auffinden der Öffnung, die als Aperturblende wirkt, bildet man alle Öffnungen bzw. Linsenberandungen über die dazwischenliegenden Linsen zum Objektraum ab. Dasjenige Blendenbild, das das vom Achsenpunkt *O* des Objekts ausgehende Strahlenbündel am stärksten einschränkt, ist dann die Eintrittspupille und die dazugehörige Öffnung die Aperturblende. Zur Bestimmung der Aperturblende kann man die Matrixmethode verwenden. Zunächst bestimmt man die Transformationsmatrix M_{OBl}, die zwischen der Objektebene und der Blendenebene vermittelt. Der zu der Blende gehörige Randstrahl verläßt den Achsenpunkt des Objekts ($x_1 = 0$) unter dem Winkel σ_1 und erreicht in der Blendenebene eine Strahlhöhe, die gleich dem Blendenradius *r* ist ($x_2 = r$, s. Bild 2.21):

$$\begin{pmatrix} r \\ \sigma_2 \end{pmatrix} = M_{OBl} \begin{pmatrix} 0 \\ \sigma_1 \end{pmatrix} = \begin{pmatrix} \underline{A} & \underline{B} \\ \underline{C} & \underline{D} \end{pmatrix} \begin{pmatrix} 0 \\ \sigma_1 \end{pmatrix} \quad \text{bzw.} \quad \begin{matrix} r = \underline{B}\,\sigma_1 \\ \sigma_2 = \underline{D}\,\sigma_1 \end{matrix} \qquad (2.57)$$

Von allen Öffnungen ist diejenige die Aperturblende, für die der Öffnungswinkel der Randstrahlen

$$\sigma_1 = \frac{r}{\underline{B}} \qquad (2.58)$$

am kleinsten ist.

Beispiel

Ein Gegenstand wird durch eine Linsenkombination abgebildet, die aus zwei Sammellinsen besteht. Die Brennweite und der Radius der ersten Linse L_1 sind $f_1' = 15$ cm, $r_1 = 1{,}5$ cm. Die zweite Linse L_2 befindet sich in einem Abstand von $d = 5$ cm hinter der ersten Linse und hat einen Radius $r_2 = 1$ cm. Der Gegenstand befindet sich in einer Entfernung von 15 cm vor der ersten Linse. Die Frage ist, welche der beiden Linsenöffnungen die Aperturblende des Systems bildet.

Lösung:
Der halbe Öffnungswinkel der vom Achsenpunkt des Objekts ($s_1 = -15$ cm) ausgehenden Randstrahlen zur Linse L_1 beträgt $\sigma_1^{(1)} = \left|\dfrac{r_1}{s_1}\right| = 0{,}1$ rad. Nach Gl. 2.58 benötigen wir zur Bestimmung des halben Öffnungswinkels der Randstrahlen von der Linse L_2 das (1,2)-Element der Matrix

$$M = \begin{pmatrix} 1 & -d \\ 0 & 1 \end{pmatrix} \begin{pmatrix} 1 & 0 \\ \dfrac{1}{f_1'} & 1 \end{pmatrix} \begin{pmatrix} 1 & s_1 \\ 0 & 1 \end{pmatrix} = \begin{pmatrix} 1 - \dfrac{d}{f_1'} & s_1 - d - \dfrac{s_1 d}{f_1'} \\ \dfrac{1}{f_1'} & 1 + \dfrac{s_1}{f_1'} \end{pmatrix}$$

woraus wir $\sigma_2^{(2)} = \left|\dfrac{r_2}{s_1 - d - \dfrac{d\,s_1}{f_1'}}\right| = 0{,}067$ rad erhalten. Die Öffnung der zweiten Linse ($\sigma_2^{(2)}$) begrenzt das Strahlenbündel stärker als die der ersten Linse ($\sigma_1^{(I)}$), sie bildet folglich die Aperturblende des abbildenden Systems.

(3) Kenngrößen der Aperturblende

Wie wir gesehen haben, wird der Öffnungswinkel des Strahlenbündels, das vom Achsenpunkt des Objekts ausgeht, durch die Lage und Größe der Eintrittspupille bestimmt. Zur Beschreibung der Bündelöffnung haben sich bestimmte Kenngrößen eingebürgert.

Die **Blendenzahl** k ist durch

$$k = \frac{f'}{d_{EP}} \qquad (2.59)$$

definiert. Darin ist d_{EP} der Durchmesser der Eintrittspupille und f' die Brennweite.

Die Blendenzahl wird insbesondere bei Fotoobjektiven und Fernrohren verwendet. Die Blendenzahl nimmt mit abnehmendem Öffnungswinkel des Bündels zu. Hat ein Objektiv z. B. eine Eintrittspupille mit einem Durchmesser von 40 mm und eine Brennweite 320 mm, so ist $k = 8$. Der Kehrwert $1/k$ wird als **Öffnungsverhältnis** bezeichnet. Häufig wird bei Fernrohren einfach der Durchmesser der Eintrittspupille angegeben. Die Angabe 10 × 50 auf einem Feldstecher bedeutet, daß er eine 10fache Vergrößerung und einen Durchmesser der Eintrittspupille von 50 mm hat.

Die **numerische Apertur** ist durch

$$A_N = n_o \sin\sigma \qquad (2.60)$$

gegeben. n_o ist die Brechzahl des Mediums zwischen Objekt und Linse, σ der halbe Öffnungswinkel des Bündels, das vom auf der optischen Achse liegenden Objektpunkt ausgeht. Die numerische Apertur wird insbesondere zur Charakterisierung der Öffnung von Mikroskopobjektiven verwendet.

2.4.1 Gesichtsfeldblenden, Feldlinsen und Kondensoren

(1) Wirkung der Gesichtsfeldblende

Offensichtlich bestimmt die Aperturblende die Lichtmenge, die zu einem Bildpunkt auf der optischen Achse gelangen kann. Dagegen wird die Lichtmenge, die zu den achsenfernen Bildpunkten kommt, durch eine andere Blende, **Gesichtsfeldblende** oder kurz **Feldblende**, geregelt. In Bild 2.19 ist der Idealfall dargestellt, daß die Feldblende das Bildfeld sauber begrenzt. Als Feldblende wirkt der in der Bildebene angeordnete Formatrahmen, der hier die **Austrittsluke** bildet. Beim Fotoapparat ist das z. B. das rechteckige Bildfenster in der Filmebene. Auch die Feldblende wird durch das optische System abgebildet. Im Beispiel von Bild 2.19 liegt das Bild der Feldblende in der Gegenstandsebene (nicht eingezeichnet) und begrenzt damit das Gegenstandsfeld der Abbildung. Das Bild der Feldblende stellt in diesem Fall die **Eintrittsluke** dar. Im allgemeinen wird das Gegenstands- bzw. Bildfeld durch die

Feldblende nicht scharf begrenzt, sondern die Lichtintensität nimmt einfach zum Rand hin stetig ab (**Vignettierung**).

Um zu einer allgemeinen Charakterisierung der Feldblende zu kommen, sind die Hauptstrahlen der achsenfernen Objektpunkte hilfreich. Als **Hauptstrahl** bezeichnet man den Strahl eines achsenfernen Objektpunkts, der durch den Mittelpunkt der Eintrittspupille läuft. Entsprechend tritt der Hauptstrahl zum zugehörigen Bildpunkt aus dem Mittelpunkt der Austrittspupille aus.

- Als Gesichtsfeldblende bzw. Feldblende wird diejenige Öffnung bezeichnet, die den Öffnungswinkel der Hauptstrahlen begrenzt. Die Blende (Feldblende oder ihr Bild), die auf der Eintrittsseite das Gegenstandsfeld begrenzt, ist die Eintrittsluke, die das Bildfeld begrenzende Blende ist die Austrittsluke.

Im Bild 2.22 stellt die Linsenfassung die Aperturblende dar. Die Hauptstrahlen HS, welche die Feldblende vor der Gegenstandsebene noch durchläßt, gehen von den Objektpunkten Q_1 und P_1 aus und haben den Öffnungswinkel $2\varphi_1$. Die Feldblende wirkt als Eintrittsluke, ihr Bild als Austrittsluke. Eine scharfe Gesichtsfeldbegrenzung entsteht, wenn sich die Eintrittsluke in der Gegenstandsebene bzw. die Austrittsluke in der Bildebene befindet.

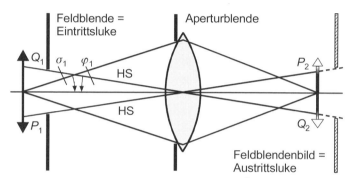

Bild 2.22 Die Aperturblende begrenzt den Öffnungswinkel $2\sigma_1$ der Strahlen vom Achsenpunkt des Objekts, die Feldblende den Öffnungswinkel $2\varphi_1$ der Hauptstrahlen HS von den Punkten Q_1 und P_1

(2) Feldlinsen

Die Aufgabe von Feldlinsen soll anhand der im Bild 2.23 dargestellten zweistufigen Abbildung erläutert werden.

Die Linse L_1 erzeugt vom Objekt ein Zwischenbild, welches von der Linse L_2 auf die Bildebene abgebildet wird. Die Öffnung der Linse L_1 bildet die Aperturblende (Eintrittspupille). Aus Bild 2.23a wird deutlich, daß die von den Randpunkten des Objekts ausgehenden Bündel von der Öffnung der Linse L_2 größtenteils abgeschnitten werden. Die Öffnung der Linse L_2 wirkt daher als Feldblende, die den Öffnungswinkel der Hauptstrahlen auf die von den Objektpunkten P_1 und Q_1 ausgehenden Hauptstrahlen begrenzt. Da sich die Feldblende bzw. ihre Bilder weder in der Objektebene, in der Ebene des Zwischenbildes oder in der Bildebene befinden, bewirkt sie eine unscharfe Bildbegrenzung, d. h., es tritt ein Helligkeitsabfall zum Bildrand hin bzw. eine Vignettierung auf. Diese Vignettierung kann man nun durch die im Bild 2.23b gezeigte Feldlinse am Ort des Zwischenbildes vollständig ausschalten, wenn sie die Öffnung der Linse L_1 auf die Öffnung der Linse L_2 abbildet. Aufgrund ihrer Position am Ort des Zwischenbildes ändert die Feldlinse nichts an der Abbildung des Objekts. Dadurch, daß sie die Öffnung von L_1 auf

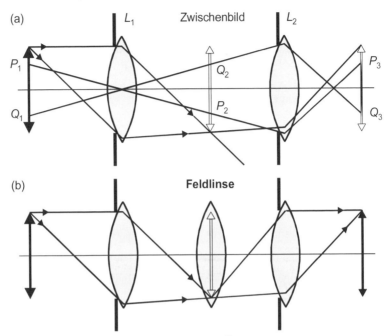

Bild 2.23 a) Vignettierung durch die Öffnung der Linse L_2, b) die Feldlinse am Ort des Zwischenbildes bildet die Öffnung der Linse L_1 auf die Öffnung von L_2 ab, wodurch die Vignettierung vermieden wird

die Öffnung von L_2 abbildet, gelangt das gesamte Licht, das die Linse L_1 passiert, auch durch die Linse L_2, so daß die Vignettierung des Bildes durch die Öffnung von L_2 beseitigt wird. Bei optischen Systemen, deren Komponenten entsprechend weit voneinander entfernt liegen, können Feldlinsen somit wesentlich die Lichtübertragungskapazität verbessern. Da die einzelnen Stufen eines abbildenden Systems wiederum aus mehreren Komponenten bestehen können, ergibt sich als Verallgemeinerung des besprochenen Beispiels:

- Eine Feldlinse steht am Ort des Zwischenbildes und bildet die Austrittspupille der vorhergehenden Stufe auf die Eintrittspupille der nachfolgenden Stufe ab.

Mehrstufige Systeme sind beispielsweise Fernrohre und Mikroskope (vgl. Abschn. 4.2). Feldlinsen stehen am Ort des Zwischenbildes zwischen Objektiv und Okularlinse. In den meisten Fällen werden die Feld- und Okularlinse zu einem Bauteil, dem Okular, zusammengefaßt.

Bei kompakten Linsenkombinationen, wie es z. B. Fotoobjektive sind, spielen Feldlinsen keine Rolle. Um hier eine Vignettierung zu vermeiden, muß die Austrittsluke in der Bildebene liegen, sowie ihre Größe so gewählt werden, daß keine weiteren Öffnungen abschattend wirken können.

92 2.5 Abbildungsfehler

(3) Kondensoren

Kondensoren sind spezielle Feldlinsen in Projektionseinrichtungen (z. B. Diaprojektoren), die einen möglichst großen Teil des Lichts der Projektionslampe in den abbildenden Strahlengang einbringen sollen.

Um die Wirkung eines Kondensors zu verstehen, betrachten wir zunächst die Abbildung eines Objekts, das durch die Leuchtfläche (Glühwendel) einer Lampe ohne zusätzliche Linse beleuchtet wird, wie es im Bild 2.24a dargestellt ist. Aus dem Bild ist ersichtlich, daß der Öffnungswinkel $2\sigma_1$ des Strahlenbündels, das vom Achsenpunkt des Objektes ausgeht, durch die Größe der Leuchtfläche der Glühwendel begrenzt wird. Entsprechend der Definition der Eintrittspupille

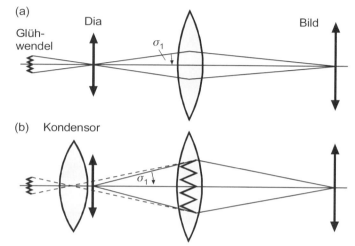

Bild 2.24 a) Die Glühwendel wirkt als Eintrittspupille, wodurch der Aperturwinkel $2\sigma_1$ sehr klein ist. b) Der Aperturwinkels wird vergrößert durch die Abbildung der Glühwendel auf die Linse mit dem Kondensor

(Abschn. 2.4.1) heißt das aber, daß die Leuchtfläche gerade die Eintrittspupille bildet! Da die Glühwendeln der Projektionslampen i. allg. sehr klein sind, ist demzufolge auch die wirksame Eintrittspupille sehr klein und die Projektion entsprechend lichtschwach.

Abhilfe schafft eine dicht am Objekt stehende Feldlinse (Bild 2.24b), welche die Leuchtfläche der Wendel auf die Linsenöffnung abbildet. Das Wendelbild stellt jetzt die vergrößerte Eintrittspupille dar. Diese Feldlinse mit der Aufgabe, die Bildhelligkeit zu verbessern, wird als **Kondensor** bezeichnet.

2.5 Abbildungsfehler

Die Bildentstehung bei einer Abbildung hatten wir dadurch charakterisiert, daß alle von einem Gegenstandspunkt ausgehenden Strahlen sich wieder in einem Punkt, dem Bildpunkt, schneiden. Wir hatten gesehen, daß dies bei Linsen mit sphärischen Flächen für achsennahe Strahlen möglich ist und konnten die Bedingungen für die Bildentstehung im Paraxialgebiet durch relativ einfache Gleichungen beschreiben. Einen Hinweis, daß das Verlassen des paraxialen Gebiets zu Abweichungen von der idealisierten Abbildung führt, hat uns die exakte Behandlung der Abbildung eines Achsenpunktes durch eine Kugelfläche gegeben. Das Ergebnis, Gl. 2.38, machte deutlich, daß die Lage des Schnittpunkts der bildseitigen Strahlen mit der optischen Achse von der Länge des Strahlwegs und damit von der Einfallshöhe der Strahlen auf der Kugelfläche abhängt. Ein Objektpunkt wird nicht wieder als Punkt abgebildet, sondern genaugenommen als Linie auf der optischen Achse. Da die Abbildung durch Linsen bzw. durch Linsenkombinationen aufgrund der Brechung an sphärischen Flächen erfolgt, gilt dies allgemein:

- Sobald Strahlen in großem Abstand von der optischen Achse bzw. unter großem Winkel gegen diese verlaufen, ist eine Abbildung mit Fehlern behaftet.

Die Charakterisierung der Abbildungsfehler erfolgt aufgrund der Korrekturterme, die man erhält, wenn man die paraxiale Näherung $\sin\alpha \approx \alpha$ der Abbildung eines Objektpunkts verbessert, indem man für die Berechnung des Bildpunkts das nächste Glied der Reihenentwicklung

$$\sin\alpha \approx \alpha - \frac{\alpha^3}{3!} + \frac{\alpha^5}{5!} + ... \qquad (2.61)$$

berücksichtigt (**Seidelsche Fehlertheorie 3. Ordnung**). Diese Korrekturterme führen zu den fünf Abbildungsfehlern dritter Ordnung: **Öffnungsfehler (sphärische Aberration)**, **Koma**, **Astigmatismus**, **Bildfeldkrümmung** und **Verzerrung**.

Ein weiterer Abbildungsfehler, der **Farbfehler (chromatische Aberration)** wird durch die Dispersion verursacht, d. h. durch die Wellenlängenabhängigkeit der Brechzahl von Glas. Dadurch hängen die Brennweite und damit Bildeigenschaften wie Bildlage und Abbildungsmaßstab von der Wellenlänge des verwendeten Lichts ab. Wird z. B. ein auf der Achse liegendes Gegenstandselement durch polychromes (weißes) Licht abgebildet, sind die verschiedenfarbigen Bildelemente entlang der Achse verteilt (**Farblängsfehler**). Zudem können die Bildelemente unterschiedlich groß sein, was der Beobachter durch Farbsäume an den Bildkanten bemerkt (**Farbvergrößerungsfehler**). Ihrer Natur nach treten Farbfehler auch im Paraxialgebiet auf. Sie sind völlig vermeidbar, wenn zur Abbildung Oberflächenspiegel verwendet werden.

Können wir von den bisher beschriebenen geometrischen Abbildungsfehlern absehen, treffen wir auf eine weitere Abbildungsungenauigkeit, die grundsätzlicher Natur ist und durch die Welleneigenschaft des Lichts bedingt ist. Wie wir im Abschn. 1.6 gesehen haben, wird Licht beim Durchgang durch Öffnungen (Spalt, Lochblende) gebeugt, was zu einer charakteristischen Intensitätsverteilung hinter der Öffnung führt. Für die Abbildung hat das zur Folge, daß durch die Beugung des Lichts an den Blenden des abbildenden Systems aus einem Gegenstandspunkt nicht ein Bildpunkt, sondern ein "Beugungsscheibchen" mit einem endlichen Durchmesser entsteht. Dadurch wird die Wiedergabe feiner Strukturen begrenzt, die Wellennatur des Lichts führt zu einem endlichen **Auflösungsvermögen** optischer Systeme.

Da der praktische Anwender kaum in die Verlegenheit kommt, Abbildungsfehler eines optischen Systems quantitativ berechnen zu müssen, werden wir uns auf eine qualitative Beschreibung der Bildfehler beschränken, die beim Verlassen des Paraxialgebiets auftreten.

2.5 Abbildungsfehler

Zudem gibt es heute leistungsfähige Optikprogramme für den Personalcomputer, die eine Strahldurchrechnung für ein vorgegebenes Linsensystem ermöglichen ("ray tracing") und die die dabei entstehenden Aberrationen quantitativ angeben bzw. in Diagrammen darstellen. Für den Anwender solcher Programme ist es wichtig, die Größen zu kennen, durch die die Bildfehler charakterisiert werden.

2.5.1 Öffnungsfehler (sphärische Aberration)

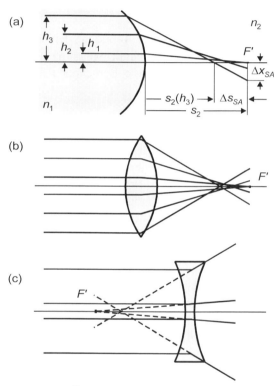

Der Öffnungsfehler entsteht bei der Abbildung eines Objektpunkts auf der Achse durch weitgeöffnete Lichtbündel. Bei der Abbildung eines Achsenpunktes durch eine Kugelfläche hatten wir gesehen, daß die Lage des Schnittpunkts der bildseitigen Strahlen mit der optischen Achse von der Länge des Strahlwegs und damit von der Einfallshöhe der Strahlen abhängt (Gl. 2.38). Mit zunehmender Einfallshöhe h der Strahlen wandern die Schnittpunkte mit der optischen Achse im Bildraum zur Kugelfläche, so daß durch die Abbildung aus dem Objektpunkt eine Linie auf der optischen Achse entsteht. Jede **Linsenzone** mit dem Radius h (Einfallshöhe des Strahls) liefert einen anderen Bildpunkt. Dieses Verhalten finden wir allgemein bei unkorrigierten Systemen. So werden die Randstrahlen von einer Sammellinse stärker abgelenkt als die paraxialen Strahlen. Bild 2.25 zeigt den Öffnungsfehler für parallel einfallende Strahlen bei einer Sphäre (a), einer Konvex- (b) und einer Konkavlinse (c).

Bild 2.25 Öffnungsfehler (a) einer Sphäre, (b) einer Konvexlinse und (c) einer Konkavlinse

Zur Kennzeichnung des Öffnungsfehlers benutzt man die Differenz der Schnittweiten $\Delta s_{SA}(h) = s_2(h) - s_2$ (h ist die Einfallshöhe der Strahlen auf der Linse, $s_2(h)$ die dazugehörige bildseitige Schnittweite, s_2 die Schnittweite der paraxialen Strahlen, vgl. Bild 2.25a). Diese wird auch als **Längsaberration** bezeichnet. Im Bild 2.26a ist das für eine einfache Konvexlinse veranschaulicht. Die Schnittpunkte der Strahlen mit unterschiedlicher Höhe werden in ein Diagramm übertragen, das die Abhängigkeit der Längsaberration von der Einfallshöhe h zeigt. Die Längsaberration einer Einzellinse ist in erster Näherung proportional zum Quadrat der Einfallshöhe h.

Häufig geschieht die Kennzeichnung des Öffnungsfehlers auch als **Queraberration** Δx_{SA}, die die Höhe der Strahlen über dem paraxialen Bildpunkt angibt (vgl. Bild 2.25a).

Grundsätzlich hängt der Öffnungsfehler einer Einzellinse vom Verhältnis der Krümmungsradien der beiden Linsenflächen und vom Abbildungsmaßstab ab. Bei einem gegebenen Abbildungsmaßstab kann der Öffnungsfehler durch die Wahl eines bestimmten Radienverhältnisses minimiert werden. Derartige Linsen nennt man **Linsen bester Form**. Für eine Linse mit einem Brechungsindex von $n = 1,5$ erhält man z. B. für ein achsenparallel einfallendes Strahlenbündel (Objektpunkt liegt im Unendlichen) $R_2 = -6R_1$. In der Praxis genügt es, eine

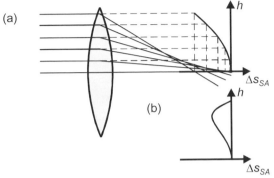

Bild 2.26 (a) Längsaberration Δs_{SA} in Abhängigkeit von der Einfallshöhe h für eine Sammellinse, (b) Längsaberration für ein korrigiertes System

Plankonvexlinse zu verwenden, deren gekrümmte Fläche auf der Seite des einfallenden Parallelbündels liegt. Liegt der Objektpunkt im Brennpunkt der Linse, gilt $R_1 = -6R_2$, d.h., die Linse wird umgekehrt. Um bei einer Abbildung mit einer Einzellinse den Öffnungsfehler minimal zu halten, sollte man sich daher an die folgende Faustregel halten:

● Um bei einer Abbildung durch eine Linse den Öffnungsfehler zu minimieren, ist die Linse so anzuordnen, daß die Fläche mit dem größeren Krümmungsradius zur Seite mit der kleineren Schnittweite weist (Bild 2.27).

Bei einem Abbildungsmaßstab $\beta = -1$, d.h., $s_1 = -s_2 = -2f'$, muß infolgedessen die Bikonvexlinse symmetrisch sein ($R_1 = -R_2$, Bild 2.27c). Wesentlich geringer wird der Öffnungsfehler jedoch für diesen Fall, wenn man anstelle der Einzellinse zwei gleiche Plankonvexlinsen verwendet, deren Planflächen nach außen weisen (Bild 2.27d). Diese Linsenanordnung wird häufig für Kondensoren in Projektionseinrichtungen benutzt.

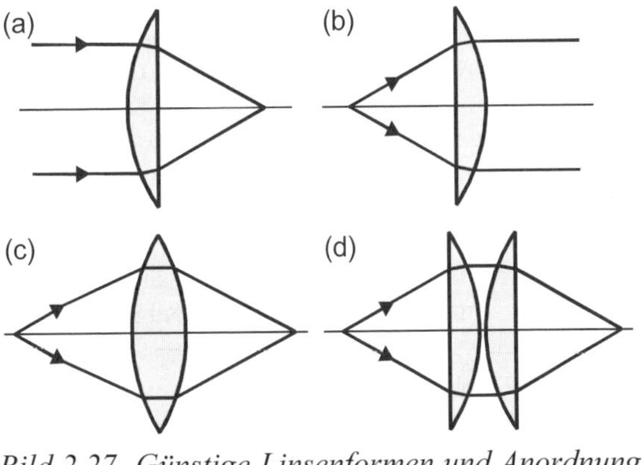

Für die **Korrektur des Öffnungsfehlers** kombiniert man im einfachsten Fall eine Sammel- und eine Zerstreuungslinse. Man nutzt dabei aus, daß der Öffnungsfehler für die beiden Lin-

Bild 2.27 Günstige Linsenformen und Anordnung zur Verminderung des Öffnungsfehlers bei unterschiedlichen Schnittweiten

senarten unterschiedliche Vorzeichen hat (vgl. Bild 2.25b und c). Häufig geht man dabei so vor, daß der Öffnungsfehler des äußersten Randstrahls der nutzbaren Apertur korrigiert wird, d. h., die Linsenkombination so gewählt wird, daß der Randstrahl zum paraxialen Bildpunkt gebrochen wird. Für die dazwischen liegenden Strahlhöhen bleiben Restfehler, die man auch **Zonenfehler** nennt. Bild 2.26b zeigt schematisch den Verlauf der Längsaberration für ein auf diese Weise korrigiertes Linsensystem.

Aplanatische Abbildung

Bei einer Einzellinse kann der Öffnungsfehler nicht vermieden werden, wenn das Bild des Achsenpunkts reell ist. Ist das Bild jedoch virtuell, kann man konjugierte Punkte finden, die frei vom Öffnungsfehler aufeinander abgebildet werden. Solche Punkte nennt man **aplanatische Punkte**.

Die aplanatischen Punkte einer Kugelfläche, welche die Medien mit den Brechzahlen n_1 und n_2 trennt, findet man aus der Forderung, daß in Gl. 2.38 die Schnittweiten s_1 und s_2 des Gegenstands- und Bildpunkts nicht von den Strahlwegen L_1 und L_2 abhängen. Man kann zeigen, daß das der Fall ist, wenn

$$s_1 = R\frac{n_1+n_2}{n_1} \qquad s_2 = R\frac{n_1+n_2}{n_2} \qquad (2.62)$$

bzw. $n_1 s_1 = n_2 s_2$ erfüllt ist. Die Schnittweiten haben gleiches Vorzeichen, aus einem reellen Objektpunkt entsteht also ein virtueller Bildpunkt.

Die **aplanatische Linse** ist eine Meniskuslinse, deren Krümmungsradien R_1, R_2 und Brechzahl n durch die Beziehung

$$R_2 = \frac{n}{n+1} R_1 \qquad (2.63)$$

bestimmt sind. (Das umgebende Medium ist Luft mit der Brechzahl $n_o = 1$.) Die Brennweite der aplanatischen Linse ist nach Gl. 2.24

$$f' = \frac{n}{1-n} R_1 = \frac{1+n}{1-n} R_2 \qquad (2.64)$$

Für die aplanatische Linse können die Ergebnisse, die wir für die Kugelfläche gefunden haben, direkt übertragen werden. Hat der Objektpunkt O_1 die Schnittweite $s_1 = R_1$, d.h., liegt er also im Krümmungsmittelpunkt der ersten Linsenfläche (vgl. Bild 2.28), werden die Strahlen an der ersten Linsenfläche nicht gebrochen, da sie dort senkrecht auftreffen. Brechung erfolgt nur an der zweiten Kugelfläche, so daß die aplanatische Linse für diese Strahlen wie eine einfache Kugelfläche wirkt. Die Schnittweite des öffnungsfehlerfreien Bildpunkts O_2 ist nach Gl. 2.62 $s_2 = n s_1 = n R_1$.

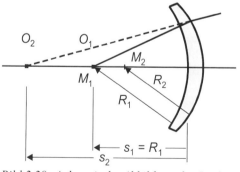

Bild 2.28 Aplanatische Abbildung des Punktes O_1 in den Punkt O_2 durch eine aplanatische Linse

Abbesche Sinusbedingung

Bei korrigiertem Öffnungsfehler werden Achsenpunkte auch durch weitgeöffnete Strahlenbündel fehlerfrei abgebildet. In der Praxis soll das aber zumindest für eine kleine achsennahe Objektfläche zutreffen. Ein typisches Beispiel dafür ist das Mikroskop, das ein kleines, im Bereich der optischen Achse angeordnetes Objekt stark vergrößern soll. Da das Bild möglichst hell sein soll, muß die Apertur des Mikroskopobjektivs maximal ausgenutzt werden, d. h., die Abbildung erfolgt mit weitgeöffneten Bündeln. Die fehlerfreie Abbildung eines solchen Objekts bedeutet, daß die Bildpunkte, die von einem Objektpunkt durch Strahlen unterschiedlicher Einfallshöhe erzeugt werden, am gleichen Ort liegen müssen, bzw. mit anderen Worten, daß alle Linsenzonen von einem achsennahen Objektpunkt den gleichen Bildpunkt erzeugen müssen.

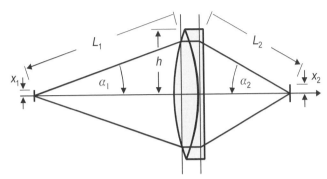

Bild 2.29 Zur Sinusbedingung: Abbildung eines achsennahen Objekts

Darin sind aber zwei Bedingungen enthalten: Zum einen müssen die durch die verschiedenen Linsenzonen erzeugten Bildpunkte eines achsennahen Objektpunktes möglichst gleiche Schnittweiten haben, d.h., der Öffnungsfehler muß korrigiert sein. Zum anderen müssen diese Bildpunkte den gleichen Abstand von der optischen Achse haben, so daß durch die Abbildung ein scharfer Bildpunkt entsteht. Die zweite Forderung, die mit dem Bildfehler **Koma** zusammenhängt (vgl. folgenden Abschnitt), führt zur Abbeschen Sinusbedingung.

Mit Hilfe der im Bild 2.29 dargestellten Größen können wir die zweite Bedingung so formulieren, daß der Abbildungsmaßstab $\beta_x = x_2/x_1$ eines Objektpunktes im Abstand x_1 von der Achse unabhängig vom Strahlweg $L_1 + L_2$ sein muß. Mit der Verallgemeinerung von Gl. 2.27 für den nichtparaxialen Fall, $\beta_x = L_2/L_1$, und $L_1 = h/\sin\alpha_1$, $L_2 = h/\sin\alpha_2$ erhält man

$$x_1 \sin\alpha_1 = x_2 \sin\alpha_2 \tag{2.65}$$

Sind die Brechzahlen auf beiden Seiten des Objektivs verschieden (n_1 auf der Gegenstandsseite, n_2 auf der Bildseite), wird Gl. 2.65 zu

$$\boxed{x_1 n_1 \sin\alpha_1 = x_2 n_2 \sin\alpha_2} \tag{2.66}$$

Gl. 2.66 stellt die Abbesche Sinusbedingung dar und ist die Verallgemeinerung der Helmholtz-Lagrange-Gleichung, Gl. 2.30, die wir für das Paraxialgebiet erhalten hatten. Ein achsennahes Objekt mit dem Radius x_1 wird danach durch ein öffnungsfehlerfreies Objektiv fehlerfrei abgebildet, wenn der Öffnungswinkel des durch das Objektiv gehenden Lichtbündels die Sinusbedingung erfüllt. Man kann zeigen, daß bei aplanatischen Meniskuslinsen für aplanatische Punkte neben dem Verschwinden des Öffnungsfehlers auch die Sinusbedingung erfüllt ist. Allgemein nennt man Objektive, die bez. des Öffnungsfehlers und der Sinusbedingung korrigiert sind, **Aplanate**.

2.5.2 Koma

Bei Objektpunkten, die nicht auf der optischen Achse liegen, entsteht ein neuer, nicht mehr rotationssymmetrisch zur optischen Achse liegender Fehler, der als **Koma** bzw. **Asymmetriefehler** bezeichnet wird. Die Ursache dieses Abbildungsfehlers ist, daß die von einem nichtaxialen Objektpunkt ausgehenden Strahlen durch die verschiedenen Linsenzonen zu unterschiedlichen Bildern abgebildet werden. Zudem erzeugt jede Linsenzone von dem Objektpunkt genaugenommen nicht wieder einen Bildpunkt, sondern einen Kreis, dessen Lage und Durchmesser vom Radius der Linsenzone abhängt. Als Ergebnis entsteht ein tropfen- bzw. kometenartiges Bild mit ungleichmäßiger Intensitätsverteilung, dem dieser Bildfehler auch seinen Namen verdankt. Man kann die Koma leicht selbst beobachten. Fokussiert man Sonnenlicht mit einer Linse und neigt diese, dann entsteht in der Brennebene ein Brennfleck mit der typischen Tropfen- bzw. Kometenform.

Für eine genauere Erklärung ist es sinnvoll, den Objekt- und Bildraum in zwei Ebenen aufzuteilen. Die **Meridionalebene** oder **Tangentialebene** wird aus der optischen Achse und dem Hauptstrahl des Strahlenbündels gebildet. Sie enthält also Objektpunkt, Bildpunkt und die Krümmungsmittelpunkte der brechenden Flächen. Die **Sagittalebene** oder **Äquatorialebene** steht senkrecht auf der Meridionalebene und enthält den Hauptstrahl des schiefen Bündels.

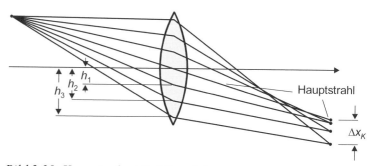

Bild 2.30 Koma in der Meridionalebene

Bild 2.30 zeigt die Koma in der Meridionalebene. Die Lage des fehlerfreien Bildpunkts ist durch den Durchstoßpunkt des Hauptstrahls in der Bildebene bestimmt. Mit wachsender Einfallshöhe auf der Linse (Radius der Linsenzonen)

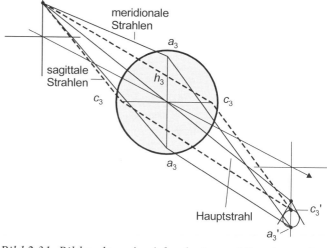

Bild 2.31 Bildpunkte a_3', c_3' durch ein meridionales und sagittales Strahlenpaar. a_3, c_3 sind die Durchstoßpunkte der Strahlen in der Linse

verschiebt sich der Schnittpunkt der Strahlenpaare. Als Maß dienen die Queraberrationen Δx_K (auch als **tangentiale** oder **transversale** Koma bezeichnet), die dem Abstand zwischen den Durchstoßpunkten der verschiedenen Strahlen und dem Durchstoßpunkt des Hauptstrahls in der Bildebene entsprechen.

Die Schnittpunkte der im Objektraum sagittal verlaufenden Strahlen liegen ebenfalls auf der Geraden, die durch die Schnittpunkte der Meridionalstrahlen

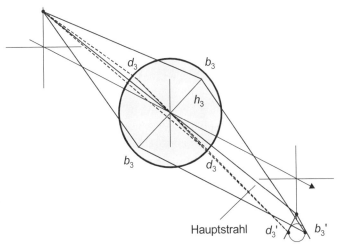

Bild 2.32 Bildpunkte b_3', d_3' durch Strahlenpaare, deren Einfallsebene um 45° gegenüber der Meridionalebene geneigt ist.

gebildet wird, sind aber gegenüber diesen verschoben. Bild 2.31 zeigt die Schnittpunkte eines meridionalen und sagittalen Strahlenpaars einer Linsenzone in der Bildebene.

Die Schnittpunkte der Strahlen, die in einer zur Meridionalebene geneigten Ebene verlaufen, sind demgegenüber seitlich verschoben. Im Bild 2.32 sind die Schnittpunkte von zwei Strahlenpaaren dargestellt, deren Ebenen um 45° gegenüber der Meridionalebene geneigt ist.

Im Ergebnis liegen die Schnittpunkte aller Strahlenpaare gleicher Einfallshöhe auf der Linse auf einem Kreis, bzw. mit anderen Worten, das Bild, das eine Linsenzone von einem achsenfernen Objektpunkt entwirft, ist ein Kreis. Durchmesser und Lage des Bildkreises sind vom Zonenradius abhängig.

Das Bild, das die gesamte Linse von dem Objektpunkt entwirft, ist folglich eine Überlagerung der gegeneinander verschobenen Kreise mit unterschiedlichen Radien. Im Bild 2.33 ist das schematisch für drei Linsenzonen mit den Radien h_1, h_2, h_3 gezeigt. Strahlenpaare mit den Durchstoßpunkten a, b, c und d in der Linsenebene (Aperturebene) schneiden sich in der Bildebene in den Punkten a', b', c' und d' (vgl. Bilder 2.31 und 2.32).

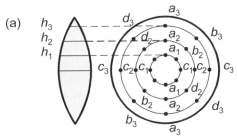

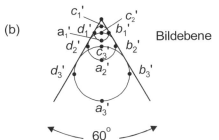

Bild 2.33 Zur Komaentstehung: (a) Linsenzonen mit Durchstoßpunkten der Strahlenpaare, (b) Schnittpunkte der Strahlenpaare in der Bildebene

Charakteristisch für die entstehende Komafigur ist der Öffnungswinkel der Einhüllenden von 60°. Liegen die Schnittpunkte der Randstrahlen in der Bildebene weiter entfernt von der optischen Achse als der Schnittpunkt des Hauptstrahls, zeigt also die Komafigur mit der Spitze zur optischen Achse, spricht man von positiver Koma (die Beispiele in den Bildern 2.30 bis 2.33 zeigen positive Koma). Bündeln sich die Randstrahlen dagegen näher an der Achse, nennt man die Koma negativ.

Für die Minimierung der Koma bei optischen Aufbauten ist es hilfreich zu wissen, daß Linsen mit minimaler sphärischer Aberration ebenfalls geringe Koma aufweisen. Damit treffen die im letzten Abschnitt angegebenen Regeln zur Verringerung der sphärischen Aberration (vgl. Bild 2.27) auch auf die Koma zu.

Weiterhin kann die Koma durch die Stellung der Aperturblende stark beeinflußt werden. Aus Bild 2.33 wird deutlich, daß eine Aperturblende in der Linsenebene bestimmt, welche Strahlenpaare zur Abbildung eines Objektpunktes beitragen und wie folglich die Verteilung der Schnittpunkte in der Bildebene aussieht. Im günstigsten Fall kann die Blendenlage so gewählt werden, daß gerade die Strahlen die Linse passieren können, die eine symmetrische Strahlvereinigung ergeben. Dadurch kann die Koma vollständig aufgehoben werden.

2.5.3 Astigmatismus und Bildfeldwölbung

Öffnungsfehler und Koma sind Bildfehler, die bei der Abbildung von Achsenpunkten bzw. achsennahen Punkten mit weitgeöffneten Lichtbündeln entstehen. Das Paraxialgebiet wird jedoch auch verlassen, wenn achsenferne Punkte mit engen Bündeln abgebildet werden. Können dabei Öffnungsfehler und Koma vernachlässigt werden, trifft man auf einen weiteren Bildfehler, dem **Astigmatismus**. Aufgrund des schiefen Einfalls der Strahlen sind die Brechungseigenschaften der Linse unterschiedlich für die Strahlen der Meridional- und Sagittalebene. Das führt dazu, daß Meridional- und Sagittalstrahlen in verschiedenen Brennpunkten gebündelt werden. **Meridionaler Brennpunkt** und **sagittaler Brennpunkt** haben unterschiedliche Abstände von der Linse.

Das wird schon dadurch verständlich, daß die Krümmungsmittelpunkte der Linsenflächen in der Meridionalebene liegen, so daß für Ablenkung der Meridionalstrahlen die tatsächliche Krümmung der Linsenfläche wirksam ist. Im Unterschied dazu wird für die Sagittalstrahlen die Krümmung der Kugelkreise wirksam, die durch den Schnitt der Sagittalebene mit der Linsenfläche entstehen und die folglich einen anderen Krümmungsradius haben.

Die Auswirkungen des Astigmatismus sind im Bild 2.34 dargestellt. Ein objektseitig einfallendes kreisförmiges Strahlenbündel wird auf der Bildseite in ein elliptisches Bündel verformt. An der Stelle des meridionalen Brennpunkts $F_M{'}$ entartet die Ellipse in eine Brennlinie in der Sagittalebene. An der Stelle des sagittalen Brennpunkts $F_S{'}$ entsteht wieder eine Brennlinie, die in der Meridionalebene liegt. Die Brennlinie in der Sagittalebene liegt näher an der Linse als die Brennlinie in der Meridionalebene. Es gibt eine Stelle Q zwischen den beiden Brennlinien, für die das bildseitige elliptische Strahlenbündel exakt kreisförmig wird. An dieser Stelle ist das Bild ein kreisförmiger unscharfer Fleck, den man den **Unschärfekreis** nennt. Neben diesem Unschärfekreis charakterisiert man den Astigmatismus auch durch die **astigmatische Differenz**, die gleich dem Abstand zwischen dem sagittalen und meridionalen Brennpunkt ist. Astigmatische Differenz und Durchmesser des Unschärfekreises wachsen, wenn die Neigung des Bündels zur optischen Achse zunimmt.

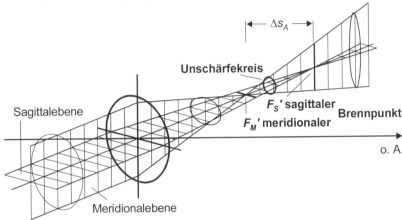

Bild 2.34 Astigmatismus: Astigmatische Differenz Δs_A zwischen meridionalem und sagittalem Brennpunkt (o. A. optische Achse)

Verbindet man alle astigmatischen Brennpunkte für Strahlenbündel unterschiedlicher Neigung, erhält man Kurven, die als **astigmatische Bildschalen** bezeichnet werden. Da diese Schalen gewölbt sind, nennt man sie auch häufig **meridionale** und **sagittale Bildfeldwölbung**. Bild 2.35 zeigt eine schematische Darstellung der astigmatischen Bildschalen.

Hat man ein optisches System, das von allen bisher betrachteten Aberrationen frei ist, würde jedem Objektpunkt durch die Abbildung eindeutig ein Bildpunkt zugeordnet werden. Die Fläche, auf der die Bildpunkte liegen, ist jedoch nicht wie in der paraxialen Näherung eben, sondern i. allg. gekrümmt. Diese gekrümmte Bildfläche nennt man auch **anastigmatische** oder **Petzval-Bildfeldwölbung**. Dieser, dem Astigmatismus verwandte Bildfehler, kann durch geeignete Kombination von Konvex- und Konkavlinsen beeinflußt werden.

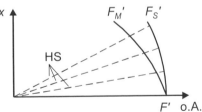

Bild 2.35 Astigmatische Bildschalen: Lage des meridionalen und sagittalen Brennpunkts F_M', F_S' bei unterschiedlichen Neigungen des Hauptstrahls HS (o. A. optische Achse)

2.5.4 Verzeichnung

Gelingt es, die vorher beschriebenen Abbildungsfehler zu eliminieren, also jeden Objektpunkt scharf abzubilden, kann es trotzdem passieren, daß das Bild als Ganzes deformiert ist. Die Ursache dieses Fehlers, **Verzeichnung** genannt, liegt darin, daß im Unterschied zum Paraxialgebiet der Abbildungsmaßstab β_x vom Abstand der Bildpunkte von der Achse abhängig sein kann.

Nimmt der Abbildungsmaßstab mit wachsendem axialen Abstand der Bildpunkte ab, spricht man von einer **negativen** oder **tonnenförmigen Verzeichnung**. Eine quadratische Anordnung, wie sie im Bild 2.36a dargestellt ist, wird tonnenförmig verformt (Bild 2.36c). Entsprechend liegt eine **positive** oder **kissenförmige Verzeichnung** vor, wenn der Abbildungsmaßstab mit wachsendem Axialabstand zunimmt (Bild 2.36b).

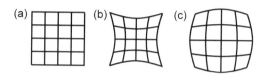

Bild 2.36 Verzeichnung einer quadratischen Anordnung (a): Kissenförmig (b), tonnenförmig (c)

Zahlenmäßig gibt man die Verzeichnung an als relative Abweichung der realen Lage eines Bildpunktes von der Lage, die durch den paraxialen Abbildungsmaßstab bestimmt ist:

$$V = \frac{\Delta x_2}{x_2} \cdot 100 \quad \text{in \%} \tag{2.67}$$

Δx_2 ist die Differenz zwischen dem Abstand x_2 entsprechend dem paraxialen Abbildungsmaßstab und der tatsächlichen Lage.

Je dünner eine Linse ist, desto geringer ist die Verzeichnung, die sie verursacht. Einfache dicke Konvexlinsen zeigen positive, Konkavlinsen negative Verzeichnung.

Die Verzeichnung wird stark durch die Stellung der Aperturblende beeinflußt: Blenden im Objtraum führen zu tonnenförmiger Verzeichnung, die mit zunehmendem Abstand der Blende vom abbildenden System größer wird. Blenden im Bildraum erzeugen kissenförmige Verzeichnung. Die Ursache für den Einfluß der Blendenlage liegt darin, daß der durch die Aperturblende bestimmte Hauptstrahl nicht mehr durch den Hauptpunkt des Systems geht, im Fall einer dünnen Linse also nicht durch den Linsenmittelpunkt. Aperturblenden sollten daher möglichst in den Hauptebenen eines optischen Systems stehen.

2.5.5 Chromatische Aberration

Im Abschn. 1.8.1 haben wir gesehen, daß die Brechzahl der optischen Gläser von der Wellenlänge des Lichts abhängt. Da die Brennweite einer Linse u.a. durch die Brechzahl bestimmt ist, hängt diese ebenfalls von der Wellenlänge des verwendeten Lichts ab. Benutzt man für die Abbildung polychromatisches Licht, wie es beispielsweise in der Fotografie der Fall ist, erzeugt genau genommen jede Lichtwellenlänge ein etwas anderes Bild. Diese Bilder unterscheiden sich sowohl in ihrer Lage (**Farblängsfehler**) als auch in ihrer Größe (**Farbvergrößerungsfehler**). Für die Charakterisierung des Farbfehlers im sichtbaren Spektralbereich verwendet man häufig die Wellenlängen C' (643,8 nm) im roten und F' (480,0 nm) im blauen Spektralbereich. Den Farblängsfehler kennzeichnet man dann durch die Differenz der Bildweiten $s_{2F'} - s_{2C'}$ für die beiden Wellenlängen. Der Farbvergrößerungsfehler wird durch die Differenz der Brennweiten $f'_{C'} - f'_{F'}$ beschrieben, welche die Linse für die beiden Wellenlängen aufweist.

Als **Achromate** bezeichnet man Linsensysteme, die für die beiden Wellenlängen korrigiert sind. Sie bestehen aus einer Konvex- und einer Konkavlinse, die häufig verkittet sind. Die Korrektur für die beiden Wellenlängen bedeutet aber nicht, daß das System im gesamten sichtbaren Spektrum fehlerfrei ist. Es bleibt ein Restfarbfehler übrig. Der Restfarbfehler wird stark verringert, wenn das Linsensystem für drei Wellenlängen korrigiert wird (neben den beiden Wellenlängen C' und F' auch für die mittlere, nahe dem Empfindlichkeitsmaximum des Auges liegende Wellenlänge e mit λ = 546,1 nm). Linsensysteme, für die der Bildort für drei Wellenlängen zusammenfällt, bezeichnet man als **Apochromate**.

2.5.6 Beugungsbegrenztes Auflösungsvermögen bei der optischen Abbildung

In der geometrischen Optik wird das Licht durch Strahlen beschrieben, die Welleneigenschaften, die zur Beugung und Interferenz führen, bleiben unberücksichtigt. Die daraus resultierende geometrische Beschreibung führt dazu, daß eine ideale (fehlerfreie) Abbildung eines Gegenstandspunkts einen unendlich kleinen Bildpunkt ergibt, d.h., jede noch so kleine Struktur des Gegenstands würde sich im Bild wiederfinden bzw. aufgelöst werden. Damit wären beispielsweise Elektronenmikroskope überflüssig, deren wesentliche Bedeutung gerade darin liegt, Strukturen auflösen zu können, die dem Lichtmikroskop nicht mehr zugänglich sind.

Tatsächlich können auch mit einem ideal korrigierten Objektiv Objektstrukturen nicht mehr wiedergegeben bzw. aufgelöst werden, deren Größe wesentlich unter der Wellenlänge des zur Abbildung verwendeten Lichts liegt. Die Ursache dafür ist die Beugung der Lichtwellen an den strahlbegrenzenden Öffnungen im Lichtweg. Entsprechend den Ergebnissen des Abschnitts 1.7.2 führt die Beugung von Lichtwellen an einer kreisförmigen Blende zu einer rotationssymmetrischen Hell-Dunkel-Verteilung mit einem zentralen Maximum, dem Airy-Scheibchen. Der Durchmesser des Airy-Scheibchens wird um so größer, je kleiner der Blendendurchmesser ist. Für eine Abbildung bedeutet das, daß die Beugung der von einem Objektpunkt ausgehenden Wellen an der Aperturblende dazu führt, daß anstelle eines idealen Bildpunkts in der Bildebene eine Airy-Verteilung entsteht. Da das zentrale Maximum der Beugungsverteilung etwa 84 % des gesamten Lichts enthält, stellt es im wesentlichen das Bild des Objektpunkts dar. Aus dem Objektpunkt wird also ein Beugungsscheibchen mit einem Durchmesser, der um so größer wird, je kleiner der Durchmesser der Eintrittspupille ist. Das Bild eines Gegenstands besteht folglich aus der Überlagerung solcher Beugungsscheibchen. Dadurch wird die Unterscheidbarkeit von Objektstrukturen begrenzt: Ist die zugehörige Bildstruktur kleiner als die entsprechenden Beugungsscheibchen, "verschmiert" das Bild, die Objektstruktur wird bei der Abbildung nicht mehr aufgelöst. Unter dem **Auflösungsvermögen** eines abbildenden Systems versteht man daher ganz allgemein die Trennbarkeit von Objektpunkten in der Bildebene.

Befindet sich der Gegenstand weit von dem abbildenden System (Gegenstandsweite groß im Vergleich zum Durchmesser der Eintrittspupille), können wir die Ergebnisse vom Abschnitt 1.7.2 direkt übertragen. Die Abbildung eines Objektpunktes O durch ein abbildendes System mit einem Durchmesser der Eintrittspupille d_{EP} führt in der Bildebene zu einer Airy-Verteilung, deren zentrales Maximum entsprechend Gl. 1.111 unter einem Öffnungswinkel $2\alpha_o$ erscheint, der durch

$$\sin\alpha_o \approx \alpha_o \approx 1{,}22 \frac{\lambda}{d_{EP}} \qquad (2.68)$$

bestimmt ist (vgl. Bild 2.37). Liegt der Objektpunkt im Unendlichen und damit das Bild in

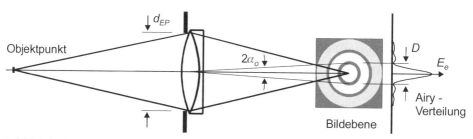

Bild 2.37 Airy-Verteilung als Bild eines Objektpunktes (E_e ist die Bestrahlungsstärke in der Bildebene)

der Brennebene, errechnet sich der Durchmesser D des Beugungsscheibchens zu:

$$\approx 2\alpha_o f = 2{,}44 \lambda \frac{f}{d_{EP}} = 2{,}44 \lambda k \qquad (2.69)$$

f ist die Brennweite und k ist die Blendenzahl des abbildenden Systems. Beispielsweise würde ein ideal korrigiertes Fotoobjektiv mit einer Brennweite von 50 mm und einem Durchmesser der Eintrittspupille von 6 mm (Blendenzahl 8) von einem Objektpunkt mit einer Lichtwellenlänge von 560 nm ein Bild erzeugen, das immerhin noch einen Durchmesser von 11 µm hat. Liegen zwei Objektpunkte nahe beieinander, können sich ihre Beugungsscheibchen

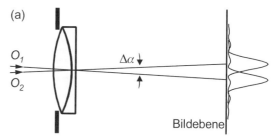

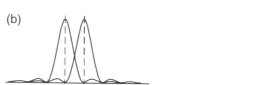

*Bild 2.38 Zur beugungsbegrenzten Auflösung:
(a) Überlagerung der Airy-Verteilungen zweier nahe beieinanderliegender Objektpunkte,
(b) Rayleighsches Kriterium zur Auflösungsgrenze*

teilweise überdecken (Bild 2.38a). Geht die Überdeckung zu weit, können die Objektpunkte im Bild nicht mehr aufgelöst werden. Als Kriterium, wann zwei Objektpunkte, deren Beugungsscheibchen sich teilweise überlappen, noch als getrennt betrachtet werden können, benutzt man das **Rayleighsche Kriterium** (Bild 2.38b):

- Zwei Objektpunkte werden durch das abbildende System gerade noch aufgelöst, wenn das Maximum des Beugungsscheibchens des einen Objektpunkts in das erste Minimum der Beugungsverteilung des anderen Objektpunkts fällt.

Der kleinste Winkel, unter dem Objekte noch getrennt gesehen werden, bzw. der **kleinste auflösbare Winkelabstand** $\Delta\alpha_{min}$ ist nach Gl. 2.68

$$\Delta\alpha_{min} = \alpha_o = 1{,}22 \frac{\lambda}{d_{EP}} \qquad (2.70)$$

(vgl. Bild 2.38). Zwei Objektpunkte sind als getrennte Punkte erkennbar, wenn ihr Winkelabstand $\Delta\alpha \geq \Delta\alpha_{min}$ ist.

Befindet sich das Bild in der Brennebene, ist der Mindestabstand d_{min} der Zentren der Beugungsscheibchen folglich

$$d_{min} = f' \Delta\alpha_{min} = 1{,}22 \lambda \frac{f'}{d_{EP}} \qquad (2.71)$$

Zusammenfassend können wir feststellen:

- Die Auflösungsgrenze eines abbildenden Systems ist durch die Welleneigenschaft des Lichts bedingt und ist grundsätzlicher Natur. Sie ist proportional zur Wellenlänge des Lichts und umgekehrt proportional zur Größe der Eintrittspupille des abbildenden Systems.

Das **Auflösungsvermögen** eines optischen Systems wird häufig entweder als $1/d_{min}$ oder $1/\Delta\alpha_{min}$ definiert.

Um das Auflösungsvermögen von Abbildungsanwendungen zu vergrößern, geht man daher zu kürzeren Wellenlängen über. Das Elektronenmikroskop verwendet z. B. effektive Wellenlängen, die um den Faktor 10^4 bis 10^5 kürzer sind als die des sichtbaren Lichtes. Damit können Strukturen dargestellt werden, die vom Lichtmikroskop nicht mehr aufgelöst werden können.

In der Mikroelektronik bzw. Mikromechanik wird eine Maske auf ein Halbleitersubstrat abgebildet, die die Strukturen enthält, die in das Substrat geätzt werden sollen (Lithographie). Bei der Fotolithographie verwendet man dazu UV-Licht (200 nm bis 450 nm). Die Anwendung der Fotolithographie ist daher auf Strukturen bis etwa 0,5 µm begrenzt. Für die Erstellung von feineren Strukturen benutzt man Röntgenstrahlung (Röntgenlithographie) bzw. Elektronenstrahlen (Elektronenstrahllithographie), die eine wesentlich kürzere Wellenlänge haben und dadurch die Abbildung entsprechend kleinerer Strukturen ermöglichen.

In der Astronomie verwendet man Teleskope mit möglichst großer Eintrittspupille. Abgesehen davon, daß dies die Bildhelligkeit verbessert, führt entsprechend Gl. 2.71 eine größere Eintrittspupille zu einem höheren Auflösungsvermögen. Ein Spiegelteleskop, dessen Eingangsspiegel beispielsweise einen Durchmesser von 5 m hat, hat bei einer Wellenlänge von 550 nm eine Winkelauflösungsgrenze von 0,13 μrad (0,028 Bogensekunden).

Die beugungsbegrenzte Auflösungsgrenze optischer Instrumente ist in der Praxis schwer erreichbar, da die geometrisch-optischen Abbildungsfehler, wie wir sie in den vorhergehenden Abschnitten besprochen haben, in den meisten Fällen überwiegen. Zur Bewertung der Leistungsfähigkeit abbildender optischer Komponenten ist die beugungsbedingte Auflösungsgrenze jedoch ein wichtiges Kriterium.

Beispiel

Ab welcher Größe können Objekte auf dem Mond mit einem Fernrohr unterschieden werden, dessen Objektiv einen Durchmesser von 20 cm hat. Die Entfernung Erde Mond beträgt 384 400 km. Für die Lichtwellenlänge kann 550 nm angenommen werden.

Lösung:
Mit Hilfe der Winkelauflösung, Gl. 2.70, findet man

$$\Delta L = L \Delta \alpha_{min} = 1{,}22 \frac{\lambda}{d_{EP}} L = \frac{1{,}22 \cdot 550 \text{ nm} \cdot 384400 \text{ km}}{20 \text{ cm}} = 1{,}3 \text{ km}$$

Die Mindestgröße von Objekten, die mit dem Fernrohr auf dem Mond aufgelöst werden können, beträgt 1,3 km.

2.5.7 Bewertung abbildender Systeme - die Modulationsübertragungsfunktion

In den vorangegangenen Abschnitten haben wir Abbildungsfehler einzeln charakterisiert und das beugungsbegrenzte Auflösungsvermögen als prinzipielle Begrenzung der Abbildungsleistung kennengelernt. Das Auflösungsvermögen ist jedoch nicht das einzige Kriterium für die Qualität von optischen Elementen oder Systemen. Eine Photographie, die zwar scharf aber kontrastarm ist, befriedigt den Betrachter genauso wenig, wie ein unscharfes Bild. Eine Analogie in der Elektronik ist der Audio-Verstärker, bei dem nicht die obere Frequenzgrenze das einzige Qualitätskriterium ist, sondern der gesamte Frequenzgang, also die Verstärkung in Abhängigkeit von der Frequenz des Eingangsignals. Voraussetzung dafür ist zunächst, daß der Verstärker linear arbeitet, also das Ausgangssignal die gleiche Frequenz hat wie das Eingangssignal. Die Analogie für abbildende Systeme zum Frequenzgang eines linear arbeitenden Verstärkers ist die **optische Übertragungsfunktion** bzw. ihr Betrag, die **Modula-**

tionsübertragungsfunktion, häufig als **OTF** bzw. **MTF** abgekürzt (aus dem Englischen "optical transfer function" bzw. "modulation transfer function"). Häufig wird nur der Betrag der optischen Übertragungsfunktion zur Charakterisierung eines abbildenden Systems verwendet.

Voraussetzung für dieses Konzept ist, daß das abbildende System linear ist und das Objekt inkohärent beleuchtet wird (jeder Objektpunkt wirkt als unabhängige Lichtquelle). Für die Messung der MTF einer Optik wird als Objekt ein Gitter benutzt, das aus hellen und dunklen Linien mit einer sinusförmigen Helligkeitsverteilung besteht. Die Feinheit des Gitters wird dabei in Linienpaaren pro mm (L/mm) angegeben und **Ortsfrequenz R** genannt. Ein Linienpaar umfaßt eine helle und eine dunkle Linie, $R = g^{-1}$ (g Periodenlänge des Gitters). Der Grund für die Verwendung einer sinusförmigen Helligkeitsverteilung ist, daß alle anderen Verteilungen entsprechend der Fourier-Analyse weitere Ortsfrequenzen enthalten. Der **Kontrast K** oder **Modulation** des Gitters wird definiert als

$$K = \frac{E_{e\max} - E_{e\min}}{E_{e\max} + E_{e\min}} \qquad (2.72)$$

wobei $E_{e\min}$ bzw. $E_{e\max}$ die minimale bzw. maximale Intensität der hellen und dunklen Gitterlinien ist. Bei der Abbildung eines solchen Gitters werden aufgrund der Abbildungsfehler und des beugungsbegrenzten Auflösungsvermögens die Linien um so schlechter wiedergegeben, je enger sie zusammen liegen, d. h., je größer die Ortsfrequenz ist. Das Bild wird i. allg. einen geringeren Kontrast K' haben, $K' < K$. Den Quotienten

$$T = \frac{K'}{K} \qquad (2.73)$$

nennt man **Modulationsübertragungsfaktor**.

Die **Modulationsübertragungsfunktion** $T(R)$ beschreibt dann die Abhängigkeit des Modulationsübertragungsfaktors von der Ortsfrequenz R des Gitters. Für $R = 0$ (Objekt mit gleichmäßiger Helligkeit) ist $T = 1$. Mit zunehmender Detailfeinheit (zunehmender Ortsfrequenz R) nimmt der Modulationsübertragungsfaktor schon wegen der beugungsbegrenzten Auflösung ab. Im Bild 2.39 sind Beispiele für unterschiedliche Modulationsübertragungsfunktionen in Abhängigkeit

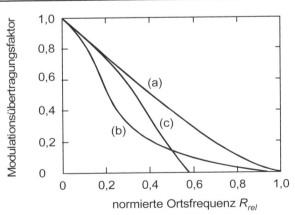

Bild 2.39 Modulationsübertragungsfunktion für ein optisches System mit (a) beugungsbegrenzter Auflösung, (b) guter Auflösung bei niedrigem Kontrast für höhere Ortsfrequenzen, (c) geringerer Auflösung bei gutem Kontrast

von der normierten Ortsfrequenz $R_{rel} = \dfrac{R}{R_{max}}$ für eine sphärische Linse dargestellt. Die Größe

$$R_{max} = \frac{D}{f'\lambda} \qquad (2.74)$$

ist die maximale Ortsfrequenz, die von der Linse mit dem Aperturdurchmesser D und der Brennweite f' bei einer beugungsbegrenzten Abbildung übertragen werden kann. Kurve (a) zeigt die Modulationsübertragungsfunktion für eine beugungsbegrenzte Abbildung. Kurve (b) stellt ein System dar, daß ein hohes Auflösungsvermögen hat, höhere Ortsfrequenzen (feinere Strukturen) aber mit niedrigem Kontrast überträgt, Kurve (c) ein System mit niedrigerem Auflösungsvermögen bei guter Modulationsübertragung.

Hintergrund des Konzepts der Modulationsübertragungsfunktion

Ein inkohärent leuchtendes Objekt besteht aus einer Verteilung unabhängiger Punktlichtquellen. Bei einer idealen Abbildung erzeugt die Linse von jeder Punktlichtquelle einen Bildpunkt. Bei einer realen Abbildung führen Bildfehler und Beugung dazu, daß der Bildpunkt zu einem Bildfleck verschmiert. Wenn keine Abbildungsfehler vorliegen, ist dieser Bildfleck die durch Beugung an der Apertur verursachte Airy-Verteilung (vgl. Abschn. 2.5.6). Den Zusammenhang zwischen Objektpunkt und dem durch die Abbildung entstandenen Bildfleck bezeichet man auch als **Punktbildfunktion** (häufig abgekürzt mit PSF, aus dem Englischen "point spread function"). Sie charakterisiert das abbildende System. Ist das abbildende System ohne Bildfehler, ist die Punktbildfunktion folglich die durch Beugung verursachte Airy-Verteilung. Bei der Abbildung eines Objekts überlagern sich alle Punktbildfunktionen der Objektpunkte und bilden die Bildintensität. In der Sprache der Theorie linearer Systeme ist die Punktbildfunktion die Impulsantwort des linearen abbildenden Systems. Die Bildintensität (Ausgangssignal des linearen System) erhält man dann durch die Faltung der Objektintensität (Eingangssignal) mit der Punktbildfunktion.

Das Übertragungsverhalten eines linearen Systems im Frequenzbereich wird durch den Frequenzgang beschrieben, den man durch Fourier-Transformation der Impulsantwort erhält. Das Spektrum des Ausgangssignals ergibt sich dann aus dem Spektrum des Eingangssignals multipliziert mit dem Frequenzgang des linearen Systems. In Analogie dazu beschreibt die sogenannte optische Übertragungsfunktion OTF das Übertragungsverhalten des linearen abbildenden Systems für die Ortsfrequenzen des Objekts. Die OTF ist demnach die Fourier-Transformierte der Punktbildfunktion und i. allg. komplex. Den Betrag der optischen Übertragungsfunktion bezeichnet man als **Modulationsübertragungsfunktion** (MTF), die Phase als **Phasenübertragungsfunktion** (PTF). Das Ortsfrequenzspektrum des Bilds erhält man aus dem Ortsfrequenzspektrum des Objekts multipliziert mit der optischen Übertragungsfunktion (für eine quantitative Beschreibung vgl. z. B. [3]).

Aus diesen Zusammenhängen leiten sich mögliche Methoden der Messung der optischen Übertragungsfunktion bzw. der Modulationsübertragungsfunktion ab. Direkt aus der Definition der optischen Übertragungsfunktion ergibt sich ein Verfahren: Man mißt die Punktbildfunktion, d. h., das Bild einer kleinen Lochblende, und bestimmt daraus numerisch durch Fourier-Transformation die optische Übertragungsfunktion. Da hier der Rechenaufwand sehr hoch sein kann, wird alternativ häufig die eindimensionale **Linienbildfunktion** (LSF, line spread function) bestimmt, d. h., das Bild eines langen, schmalen Spalts in sagittaler (radialer) und tangentialer (meridionaler) Richtung gemessen und hieraus durch eine schnelle Fourier-Transformation (FFT) die eindimensionale optische Übertragungsfunktion in den dazu senkrechten Richtungen der Ortsfrequenzebene berechnet. Ein weiteres Verfahren ist die direkte Messung der optischen Übertragungsfunktion. Analog zur Messung des Frequenzgangs eines linearen Systems, z. B. eines Verstärkers, wo das Ausgangssignal in Abhängigkeit von der Frequenz eines harmonischen Eingangssignals gemessen wird, wertet man bei dem abbildenden System das Bild eines Gitters mit sinusförmiger Intensitätsmodulation aus. Wie oben dargestellt, ergibt sich die Modulationsübertragungsfunktion als Verhältnis der Kontraste von Bild und Objekt in Abhängigkeit von der Ortsfrequenz des Sinusgitters. Die Phasenübertragungsfunktion gibt die relative Phasenverschiebung an. Oft ist die Phasenübertragungsfunktion von geringerem Interesse als die Modulationsübertragungsfunktion. Trotzdem muß man mit der Anwendung der Übertragungsfunktion vorsichtig sein, es gibt durchaus Fälle, wo die Phasenübertragungsfunktion eine wesentliche Rolle spielt.

Wie erwähnt, ist die Voraussetzung für die Anwendung dieser Techniken, daß das Objekt inkohärent beleuchtet wird, und daß das abbildende System sich linear verhält, d. h., das Bild eines Sinusgitters ebenfalls eine sinusförmige Modulation mit der gleichen Ortsfrequenz aufweist. Insbesondere bei dem Auftreten von Bildfehlern höherer Ordnung ist letztere Voraussetzung nicht mehr unbedingt erfüllt. Die Berücksichtigung von höheren Potenzen in der Reihenentwicklung, Gl. 2.61, führt bei der Abbildung zu Harmonischen der Ortsfrequenz und damit zu einer Verzerrung der ursprünglich sinusförmigen Modulation.

Tatsächlich ist die MTF zu einer weitverbreiteten Methode geworden, die Leistungsfähigkeit aller möglichen optischen Elemente, Systeme oder den Einfluß bestimmter Bedingungen zu charakterisieren. Bei einer Übertragungskette (z. B. abbildendes System, übertragendes Medium und Empfänger) hat diese Methode in vielen Fällen den Vorteil, daß, wenn die Modulationsübertragungsfunktionen für die einzelnen, voneinander unabhängigen Komponenten eines Systems bekannt sind, die Gesamtmodulationsübertragungsfunktion einfach deren Produkt ist. Auf hintereinander angeordnete Linsen ist dies z. B. nicht anwendbar, da sich die Abbildungsfehler von zwei Linsen kompensieren können, diese also keine voneinander unabhängigen Elemente sind.

2.6 Aufgaben

2.1 Bei einer "dicken" Linse kann der Strahlweg durch die Linse nicht vernachlässigt werden. Die Krümmungsradien der Linsenflächen seien R_1 und R_2, die Brechzahl des Linsenmaterials n_L sowie die Dicke der Linse t. Bestimmen Sie die Strahlmatrix für eine solche Linse!

2.2 Die Brennweite des Objektivs (anzunehmen als dünne Linse) eines Fotoapparats beträgt 50 mm, das Format eines Kleinbildnegativs 24 mm x 36 mm.
  a) In welcher Entfernung vom Objektiv einer Kleinbildkamera muß sich eine Person mit einer Körpergröße von 1,75 m mindestens aufstellen, damit sie vollständig abgebildet wird?
  b) Wie groß sind Abbildungs- und Winkelmaßstab für diese Abbildung?

2.3 a) Verschiebt man eine dünne Linse mit der Brennweite von 16 cm zwischen einem Gegenstand und einem Bildschirm entlang der optischen Achse, so stellt man fest, daß es zwei Linsenpositionen im Abstand von 60 cm gibt, wo auf dem Schirm ein scharfes Bild des Gegenstands entsteht. Gesucht ist der Abstand zwischen Gegenstands- und Bildebene.
  (Mit dieser Methode, die von F. W. Bessel stammt, kann z. B. die Brennweite unbekannter Linsen bestimmt werden!)
  b) Bei welchem Abstand zwischen Gegenstands- und Bildebene gibt es nur eine Linsenposition, die zu einem scharfem Bild des Gegenstands führt?

2.4 a) Bestimmen Sie die Systemmatrix für ein einfaches System, das aus einer Eingangsebene, einer dünnen Linse der Bildbrennweite 20 cm und einer Ausgangsebene besteht. Der Abstand zwischen Eingangsebene und Linse beträgt 60 cm und der zwischen Linse und Ausgangsebene 30 cm.

b) Interpretieren Sie den Wert des Matrixelements B der Systemmatrix, den Sie berechnet haben. Was ist die besondere Bedeutung der Elemente A und D für diesen Fall?

2.5 Berechnen Sie allgemein die Brennweite und die Lage der Hauptebenen für eine Kugellinse!

2.6 Stablinsen werden speziell in der Fasertechnik verwendet. Die Stablinse stellt einen Spezialfall der plankonvexen dicken Linse dar, wobei die Linsendicke so gewählt wurde, daß die objektseitige Brennebene auf der ebenen Linsenfläche liegt.
Bestimmen Sie allgemein Brennweite und Lage der Hauptebenen einer solchen Stablinse!

2.7 Ein achromatisches Dublett besteht aus einer bikonvexen Linse aus dem Kronglas BK7 mit der Brechzahl 1,5187 und der Scheiteldicke 1 cm und einer damit verkitteten Plankonkavlinse aus dem Schwerflintglas SF4 der Brechzahl 1,7617 und der Scheiteldicke 0,5 cm. Alle gekrümmten Flächen haben einen Krümmungsradius mit dem Betrag von 15 cm. Das Dublett soll in Luft benutzt werden. Bestimmen Sie:
a) die Matrizen der Einzellinsen und die Systemmatrix der Linsenkombination,
b) die Lage der Hauptebenen sowie die bildseitige Brennweite der Linsenkombination.
c) Vergleichen Sie das Ergebnis für die Brennweite mit der resultierenden Brennweite für zwei zusammenstehende dünne Linsen mit den entsprechenden Parametern.

2.8 Ein Objekt mit der Höhe von 2 cm (gemessen von der optischen Achse) wird mit einer dünnen Linse (bildseitige Brennweite 5 cm, Durchmesser 5 cm) abgebildet. Das Objekt ist 10 cm von der Linse entfernt. Eine Blende (Durchmesser 2 cm) befindet sich 2 cm vor der Linse.
a) Konstruieren Sie das Bild des Objekts.
b) Konstruieren Sie die Eintritts- bzw. die Austrittspupille.
c) Bestimmen Sie rechnerisch Lage und Größe des Bilds.
d) Bestimmen Sie rechnerisch Lage und Größe der Eintritts- und Austrittspupille.

2.9 Eine zweistufige Abbildung einer Gegenstandsebene erfolgt mit zwei dünnen Linsen, die einen Abstand von 10 cm voneinander haben. Die Gegenstandsebene befindet sich 12 cm vor der ersten Linse. Die erste Linse (*L1*) hat eine bildseitige Brennweite von 4 cm und einen Durchmesser von 2 cm, die zweite Linse (*L2*) eine Brennweite von 3 cm und einen Durchmesser von 1 cm. 6 cm hinter der Linse *L1* befindet sich eine Blende mit einer Öffnung von 0,5 cm Durchmesser. Alle Komponenten sind auf der optischen Achse zentriert.
Machen Sie eine maßstäbliche Skizze des Systems und bestimmen Sie mit Hilfe von geeignet gewählten Strahlen
a) den Ort der Bildebene,
b) die Feldblende, die Eintrittsluke und die Austrittsluke,
c) die Aperturblende, die Eintrittspupille und Austrittspupille.
d) Welcher Bereich der Gegenstandsebene wird auf der Bildebene abgebildet?

2.10 Ein Wanderer betrachtet eine 10 km weit entfernte Burg. An der Burgwand befindet sich eine Fensterfront mit Fenstern im Abstand von 1 m. Kann er die Fensterreihe mit bloßem Auge (Pupillendurchmesser 2 mm, Brechzahl der Augenflüssigkeit 1,34) auflösen? Für die Lichtwellenlänge soll 555 nm (Empfindlichkeitsmaximum des Auges) angenommen werden.

2.11 Ein Teleobjektiv für eine Kleinbildkamera hat eine Brennweite von 300 mm. Zur Charakterisierung der Abbildungsleistung des Objektivs wird ein sinusförmiges Gitter mit den Blendenzahlen 2,8 und 16 aufgenommen. Wie groß ist in beiden Fällen der minimale Abstand von zwei Linienpaaren, den das Objektiv unter der Voraussetzung, daß keine Abbildungsfehler auftreten, bei einer Wellenlänge von 550 nm übertragen kann?

2.6 Aufgaben

3. Optische Elemente auf der Grundlage von Reflexion und Brechung

Nachdem im vorangegangenen Kapitel die Grundgesetze der Abbildung besprochen wurden, wird zunächst eine Übersicht über abbildende optische Elemente gegeben. Diese umfaßt neben den sphärischen Linsen und Spiegeln auch abbildende Elemente für die integrierte Optik und optische Fasertechnik sowie Linsenformen für spezielle Anwendungen. Die Abschnitte zu diesem Bereich sind im wesentlichen Anwendungen der im Kapitel 2 dargestellten Abbildungsgesetze.

Neben der Abbildung erfordern optische Aufbauten häufig eine definierte Richtungsänderung von Lichtbündeln. Dazu werden Elemente eingesetzt, die eine Strahlumlenkung aufgrund von Reflexion, Brechung oder einer Kombination von beiden bewirken. Solche Elemente sind neben Spiegeln Umlenk- und Reflexionsprismen. Die verschiedenen Bauformen dieser Elemente, ihre Eigenschaften und Anwendungsgebiete werden in den darauffolgenden Abschnitten dargestellt.

Die Wellenlängenabhängigkeit der Brechung (Dispersion) in Gläsern kann zur spektralen Zerlegung des Lichtes benutzt werden. Dispersionsprismen sind optische Elemente mit der Aufgabe, Licht in seine spektralen Anteile zu zerlegen. Eigenschaften und Formen der Dispersionsprismen werden ebenfalls in diesem Kapitel besprochen.

3.1 Abbildende Elemente

Anhand von Linsen mit sphärischen Oberflächen haben wir im letzten Kapitel die Abbildungsgesetze besprochen. Diese bilden auch die Grundlage für Mikrolinsen, die in der optischen Fasertechnik verwendet werden. Daneben werden in der Fasertechnik und in der integrierten Optik Linsenformen eingesetzt, deren fokussierende Wirkung auf einem inhomogenen Brechzahlverlauf beruht.

3.1.1 Sphärische Linsen

Die Eigenschaft sphärischer Linsen, sammelnd oder zerstreuend zu wirken, hängt von der Größe und dem Vorzeichen der Krümmungsradien ihrer sphärischen Flächen ab (vgl. Gln. 2.24 und 2.43). In der Tabelle 3.1 sind die wichtigsten Linsenformen mit ihren Eigenschaften zusammengestellt.

Tabelle 3.1 Linsenformen und ihre Eigenschaften

Linsenform						
Bezeichnung	bikonvex	plankon-vex	positiver Meniskus	bikonkav	plankon-kav	negativer Meniskus
Radien	$R_1 > 0$ $R_2 < 0$	$R_1 = \infty$ $R_2 < 0$	$R_1 < R_2$	$R_1 < 0$ $R_2 > 0$	$R_1 = \infty$ $R_2 > 0$	$R_2 < R_1$
bildseitige Brennweite	$f' > 0$	$f' > 0$	$f' > 0$	$f' < 0$	$f' < 0$	$f' < 0$

3.1.2 Abbildende Elemente für die optische Fasertechnik

Für die Übertragung von Licht durch Lichtwellenleiter bzw. optische Fasern (vgl. Kap. 9) sind ebenfalls fokussierende Optiken erforderlich. Diese haben z. B. die Aufgabe, Licht in optische Fasern einzukoppeln, die Divergenz des aus der Faser austretenden Lichts den geforderten optischen Anwendungen anzupassen oder eine optische Kopplung zwischen verschiedenen Fasern zu bewerkstelligen. Wichtige Merkmale solcher Optiken sind daher ihre geringe Größe, kurze Brennweite und Aperturen, die den faseroptischen Anwendungen angepaßt sind. Typische Linsengrößen reichen von einigen hundert Mikrometern bis zu wenigen Millimetern. Für faseroptische Anwendungen werden hauptsächlich homogene und inhomogene Linsen verwendet. Homogene Linsen haben einen konstanten Brechungsindex, es sind dicke Linsen in miniaturisierter Form. Bei inhomogenen Linsen wird die fokussierende Wirkung durch einen verlaufenden Brechungsindex erzielt (Gradientenindexlinsen).

(1) Homogene sphärische Linsen

Eine Gruppe von Linsen für faseroptische Anwendungen sind dicke Linsen in miniaturisierter Bauform (Mikrolinsen). Die Aussagen, die in den vorangegangenen Abschnitten zu dicken Linsen gemacht wurden, gelten damit selbstverständlich für diese Gruppe. In der Tabelle 3.2 sind typische Linsenformen zusammengestellt, die in der Faseroptik verwendet werden. Angegeben sind die Lage der Hauptebenen h_1 und h_2 sowie die Brennweite f' (vgl. Gln. 2.43 und 2.44). n ist die Brechzahl des Linsenmaterials, R_1, R_2 die Krümmungsradien der Kugelflächen und t die Linsendicke (die Brechzahl des umgebenden Mediums ist $n_o = 1$).

Tabelle 3.2 Homogene Linsen für die Faseroptik

Bezeichnung	Linsenform	Lage der Hauptebenen	Brennweite
Kugellinse $R_1 = -R_2 = R$ $t = 2R$ (Linse mit konzentrischen Flächen)		$h_1 = -h_2 = R$ (im Krümmungsmittelpunkt)	$f' = \dfrac{nR}{2(n-1)}$
Halbkugellinse $R_1 = \infty$, $R_2 = -R$ $t = R$		$h_1 = \dfrac{R}{n}$ $h_2 = 0$	$f' = \dfrac{R}{n-1}$
Stablinse objektseitiger Brennpunkt auf der ebenen Linsenfläche, $t = \dfrac{nR}{n-1}$ $(R = -R_2)$		$h_1 = \dfrac{R}{n-1}$ $h_2 = 0$	$f' = \dfrac{R}{n-1}$

(2) Gradientenindexlinsen

Die am meisten verwendeten Linsen mit einer inhomogenen Brechungsindexverteilung sind sogenannte Gradientenindexlinsen (häufig abgekürzt als GRIN-Linsen). Sie bestehen aus einem dünnen Glas- oder Kunststoffzylinder, dessen fokussierende Wirkung daher rührt, daß der Brechungsindex mit zunehmendem Abstand von der Zylinderachse abnimmt (Bild 3.1). Am häufigsten verwendet wird eine quadratische Indexverteilung

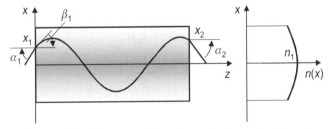

Bild 3.1 Strahlweg und Brechungsindexverlauf in einer Gradientenindexlinse

$$n(r) = n_1\left(1 - \dfrac{A}{2}r^2\right) \tag{3.1}$$

n_1 ist die Brechzahl in der Zylinderachse, r der senkrechte Abstand von der Zylinderachse und A eine Konstante, welche die Brechzahldifferenz zwischen Achse und Mantel des Zylinders bestimmt. Diese Brechzahldifferenz ist i. allg. so gering, daß $Ar^2/2 \ll 1$ gilt.

Ein Strahl mit dem Abstand x_1 von der Zylinderachse (z-Achse) und dem Steigungswinkel β_1 (Bild 3.1), hat nach dem Durchlaufen der Strecke z den Abstand

$$x_2 = x(z) = x_1 \cos(\sqrt{A}\,z) - \frac{\beta_1}{\sqrt{A}} \sin(\sqrt{A}\,z) \qquad (3.2)$$

und den Steigungswinkel

$$\beta_2 = \beta(z) = -x'(z) = \beta_1 \cos(\sqrt{A}\,z) + x_1 \sqrt{A} \sin(\sqrt{A}\,z) \qquad (3.3)$$

(Das negative Vorzeichen rührt von der Orientierung des Winkels entsprechend der Vorzeichenkonvention her, vgl Abschn. 2.1.)

Diese Relationen gelten in paraxialer Näherung (vgl. z. B. die nachfolgende Ergänzung). Tritt ein Strahl in die Eintrittsfläche einer GRIN-Linse mit der Länge L im Abstand x_1 von der Achse ein, müssen für die Ein- und Austrittswinkel α_1 und α_2 noch die Brechung an den Grenzflächen berücksichtigt werden. Ist n_o die Brechzahl des umgebenden Mediums ($n_o = 1$ für Luft), ergibt sich entsprechend dem Brechungsgesetz in paraxialer Form, Gl. 2.1, der Zusammenhang $n_o \alpha = n(r) \beta \approx n_1 \beta$. Setzt man diese Relationen in Gln. 3.2 und 3.3 ein, findet man die Strahltransformation durch ein GRIN-Linse

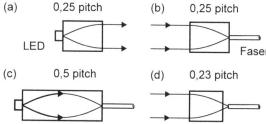

Bild 3.2 Wirkung von GRIN-Linsen verschiedener Länge

$$\begin{pmatrix} x_2 \\ \alpha_2 \end{pmatrix} = M_{GRIN} \begin{pmatrix} x_1 \\ \alpha_1 \end{pmatrix} \qquad (3.4)$$

mit der Strahlmatrix für eine GRIN-Linse

$$M_{GRIN} = \begin{pmatrix} \cos(\sqrt{A}\,L) & -\dfrac{n_o}{n_1 \sqrt{A}} \sin(\sqrt{A}\,L) \\ \dfrac{n_1 \sqrt{A}}{n_o} \sin(\sqrt{A}\,L) & \cos(\sqrt{A}\,L) \end{pmatrix} \qquad (3.5)$$

Gln. 3.2 und 3.3 bzw. 3.4 mit 3.5 zeigen, daß die Strahlen durch den Stab mit quadratischem Brechzahlprofil sinusförmig gekrümmt verlaufen (Bild 3.1). Von einem Punkt ausgehende Strahlen schneiden sich wieder in einem Punkt im Abstand der halben Periodenlänge. Die Periodenlänge des sinusförmigen Strahlverlaufs, auch als **pitch** bezeichnet, ist nach Gl. 3.2

$$z_o = \frac{2\pi}{\sqrt{A}} \qquad (3.6)$$

Das Verhältnis der Länge L der GRIN-Linse zu der Periodenlänge z_o bestimmt daher ihre Eigenschaften. Bild 3.2 zeigt einige Beispiele. Wählt man eine Linsenlänge von einem Viertel der Periodenlänge ($L = 0{,}25\ z_o = 0{,}25$ pitch), können divergente Strahlen, die von einer kleinen Lichtquelle (Leuchtdiode, Laserdiode, optische Faser) kollimiert werden (Bild 3.2a), bzw. parallele Strahlen fokussiert werden (Lichteinkopplung in eine Faser, Bild 3.2b). Eine Kopplung von einer Punktlichtquelle in eine Faser ermöglicht eine 0,5-pitch-GRIN-Linse (Bild 3.2c). In diesem Fall entsteht auf der Austrittsfläche ein Bild von der Lichtquelle auf der Eintrittsfläche. Bei einer 0,25-pitch GRIN-Linse liegen die Brennpunkte genau auf den Endflächen. Soll der Brennpunkt außerhalb liegen, muß die Linsenlänge etwas kürzer gewählt werden (z. B. 0,23 pitch, Bild 3.2d).

Analog wie bei normalen abbildenden Systemen können wir die Brennweite f' und die Lage der Hauptebenen h_1, h_2 aus der Strahlmatrix Gl. 3.5 bestimmen (vgl. Gln. 2.40 und 2.41):

$$h_1 = -h_2 = \frac{n_o(1 - \cos(\sqrt{A}L))}{n_1\sqrt{A}\sin(\sqrt{A}L)} \qquad (3.7)$$

sowie

$$f' = \frac{n_o}{n_1\sqrt{A}\sin(\sqrt{A}L)} \qquad (3.8)$$

Die GRIN-Linse wirkt als Sammellinse ($f' > 0$), wenn $L < \pi/\sqrt{A}$ ist, d.h. für $L < 0{,}5$ pitch. Sie erhält eine negative Brennweite, d.h., sie wirkt als Zerstreuungslinse, wenn $\pi/\sqrt{A} < L < 2\pi/\sqrt{A}$ ist. Für $L = 0{,}5$ wird f' unendlich, d.h., die GRIN-Linse stellt in diesem Fall eine neutrale Linse dar (vgl. Abschn. 2.3.3).

Beispielsweise finden wir für $n_1 = 1{,}602$ und $\sqrt{A} = 0{,}328$ mm^{-1} eine Periodenlänge $z_o = 19{,}16$ mm. Eine 0,25-pitch-GRIN-Linse in Luft ($n_o = 1$) hat folglich eine Länge von $L = 4{,}79$ mm, eine Brennweite von 1,90 mm, wobei ihre Hauptebenen bei $h_1 = -h_2 = 1{,}90$ mm liegen.

Für praktische Anwendungen ist es häufig günstiger, die Lage des Brennpunktes als Abstand von der Endfläche der GRIN-Linse anzugeben (Arbeitsabstand). Aus Gln. 3.7 und 3.8 ergibt sich dieser Abstand zu

$$S' = f' + h_2 = \frac{n_o \cot(\sqrt{A}L)}{n_1\sqrt{A}} \qquad (3.9)$$

Bei einer 0,23-pitch-GRIN-Linse beträgt der Arbeitsabstand beispielsweise 0,24 mm. Um z. B. entsprechend der Anordnung von Bild 3.2d paralleles Licht mit einer 0,23-pitch-

GRIN-Linse in eine optische Faser einzukoppeln, muß der Abstand zwischen GRIN-Linse und Faser 0,24 mm betragen.

Strahlverlauf in Medien mit inhomogener Brechzahlverteilung

Die Ausbreitung von Licht in Medien mit verlaufendem Brechungsindex findet man in vielen Bereichen. Bekannt sind sicher Luftspiegelungen über Asphaltstraßen an heißen Sommertagen, die durch die Temperaturabhängigkeit der Brechzahl der Luft verursacht werden. Ergänzend zu diesem Abschnitt wollen wir mit Hilfe des Snelliusschen Brechungsgesetzes eine Gleichung herleiten, welche die Ausbreitung von Licht in solchen Medien beschreibt.

Zur Vereinfachung nehmen wir an, daß die Brechzahl nur senkrecht zu einer vorgegebenen Richtung veränderlich ist. Bild 3.3 zeigt die Verhältnisse. Ein

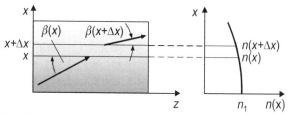

Bild 3.3 Brechung an einer dünnen Schicht in einem Medium mit verlaufender Brechzahl

Strahl mit dem Winkel $\beta(x)$ zur z-Richtung am Punkt (x, z) hat nach dem Durchlaufen einer Schicht mit der Dicke Δx den Winkel $\beta(x + \Delta x)$. Beide Winkel hängen über das Brechungsgesetz, Gl. 1.32, zusammen

$$n(x)\cos(\beta(x)) = n(x+\Delta x)\cos(\beta(x+\Delta x)) \approx \left(n(x) + \frac{dn}{dx}\Delta x\right)\left(\cos(\beta(x)) - \frac{d\beta}{dx}\sin(\beta(x))\Delta x\right)$$

wobei wir die Reihenentwicklung $f(x + \Delta x) \approx f(x) + (df/dx)\Delta x$ für die Funktionen $n(x + \Delta x)$ und $\cos\beta(x + \Delta x)$ benutzt haben. Für den Grenzfall $\Delta x \to 0$ wird daraus die Differentialgleichung

$$\frac{dn}{dx} = n\tan\beta \frac{d\beta}{dx} \tag{3.9}$$

Mit $\tan\beta = -dx/dz$ (minus wegen der Vorzeichenkonvention, vgl. Abschn. 2.1) und der Kettenregel $d\beta/dz = dx/dz \cdot d\beta/dx$ finden wir schließlich die Gleichung für die Strahlenausbreitung in Medien mit inhomogener Brechzahlverteilung

$$n\frac{d\beta}{dz} = -\frac{dn}{dx} \tag{3.10}$$

Für paraxiale Strahlen gilt näherungsweise $\tan\beta \approx \beta = -dx/dz$, woraus die paraxiale Strahlengleichung

$$\boxed{\frac{d^2x}{dz^2} = \frac{1}{n}\frac{dn}{dx}} \tag{3.11}$$

folgt.

Um die Strahlausbreitung in einer GRIN-Linse zu beschreiben, müssen wir die quadratische Brechzahlverteilung Gl. 3.1 in Gl. 3.11 einsetzen. Benutzen wir dabei noch, daß $Ar^2/2 = Ax^2/2 \ll 1$ bzw. $n(x) - n_1 \ll n_1$ ist, erhalten wir

$$\frac{d^2x}{dz^2} = -Ax \tag{3.12}$$

Gl. 3.12 ist aus der Schwingungslehre bekannt. Sie hat als Lösung harmonische Funktionen mit der Periode $2\pi/\sqrt{A}$. Mit der Anfangsposition $x(z=0) = x_1$ und Anfangswinkel $\beta(z=0) = -dz/dx = \beta_1$ ergibt sich als Lösung von Gl. 3.12 der Strahlverlauf, der durch Gln. 3.2 und 3.3 beschrieben wird.

3.1.3 Asphärische abbildende Elemente

Asphärische Flächen sind alle von der Kugelform bzw. ihrem Grenzfall, der Ebene, abweichende Flächen. Rotationssymmetrische asphärische Flächen können durch eine vom Kreis abweichende Meridiankurve (Schnittkurve zwischen Rotationsfläche und Meridionalebene, d.h., einer Ebene, welche die optische Achse enthält) beschrieben werden. Häufig finden wir die Kegelschnitte Parabel, Hyperbel und Ellipse als Meridiankurven. Sie werden hauptsächlich zur Korrektur von Abbildungsfehlern, insbesondere des Öffnungsfehlers, eingesetzt.

Im weiteren Sinne gehören zu den asphärischen Linsen auch solche mit einem stufenförmigen Oberflächenprofil (Fresnel-Linsen).

Nicht rotationssymmetrische Flächen haben für zu einander senkrecht stehende Meridionalebenen unterschiedliche Meridiankurven (torische Fläche). Zu den Linsen mit torischen Flächen gehört als einfachste Form die Zylinderlinse, deren Meridiankurve in der einen Ebene ein Kreisbogen und in der dazu senkrechten Ebene eine Gerade ist.

(1) asphärische Linsen

Asphärische Flächen schaffen zusätzliche Freiheitsgrade für die Korrektur von Abbildungsfehlern. Veranschaulichen kann man sich dies beispielsweise anhand des Öffnungsfehlers. Die Strahlen eines achsenparallelen Bündels werden von einer sphärischen Linse so abgelenkt, daß im Bildraum die Schnittpunkte der Strahlen mit der optischen Achse bei zunehmender Einfallshöhe zur Linse wandern. Randstrahlen werden stärker gebrochen als achsennahe Strahlen (vgl. Abschn. 2.51 mit Bild 2.25). Zur Korrektur dieses Fehlers würde man also eine asphärische Fläche auswählen, deren Krümmung nicht konstant bleibt, sondern vom Linsenzentrum zum Rand hin abnimmt. Die Abnahme der Krümmung muß dann so eingestellt werden, daß Strahlen aller Linsenzonen sich im Bildraum in einem einzigen Achsenpunkt schneiden.

Wie bei der Korrektur von Bildfehlern durch die Kombination von unterschiedlichen sphärischen Linsen können auch hier nur die Bildfehler für eine konkrete Abbildungsgeometrie minimiert werden. Eine Asphäre, die für jede Abbildungsanordnung alle Bildfehler korrigiert ist, gibt es also nicht. Das Vorgehen ist im allgemeinen so, daß für eine vorgegebene Abbildungsgeometrie die asphärische Rotationsfläche berechnet wird, die bestimmte Abbildungsfehler minimiert. Dies führt normalerweise zu einer Bedingungsgleichung für die Meridiankurve in Form einer Differentialgleichung. Das Ergebnis können aber auch diskrete Punkte sein, woraus die Meridiankurve durch ein Ausgleichspolynom gewonnen werden kann. Im ergänzenden Beispiel wird gezeigt, wie die Forderung, einen unendlich fernen Achsenpunkt durch eine asphärische Plankonvexlinse frei von Abbildungsfehlern abzubilden, auf eine hyperbolische Fläche führt.

Ein wichtiges Anwendungsgebiet für Asphären mit korrigiertem Öffnungsfehler sind Beleuchtungssysteme. Asphärische Kondensorlinsen zeichnen sich durch ein besonders großes Öffnungsverhältnis aus (Verhältnis Brennweite zu Linsendurchmesser bis zu 0,8).

Zur Herstellung asphärischer Flächen gibt es inzwischen eine Reihe von Verfahren. Blankpressen von Glaslinsen und Spritzgießen von Kunststofflinsen ermöglicht die Fabrikation von Linsen mit asphärischen Flächen, deren Genauigkeit für Beleuchtungszwecke und für einfache Abbildungssysteme ausreicht. Schleifen und Polieren von hochwertigen Linsen mit asphärischen Flächen ist schwierig, aber inzwischen auch für den Serienbau von Objektiven möglich. Eine preiswertere Herstellung von asphärischen Flächen guter Qualität ermöglicht eine Hybridtechnik, bei der die asphärische Form durch Aufpressen einer hauchdünnen Schicht aus Epoxidharz auf eine sphärische Glaslinse entsteht.

Abbildung eines Achsenpunkts durch eine asphärische Plankonvexlinse

Ein einfaches Beispiel soll verdeutlichen, wie die Forderung, die Bildfehler für eine gegebene Abbildungsgeometrie zu eliminieren, zu einer bestimmten asphärischen Rotationsfläche führt. Wir wollen die Rotationsfläche einer Plankonvexlinse berechnen, die einen unendlich fernen Achsenpunkt fehlerfrei abbildet.

Zunächst beginnen wir mit einer Rotationsfläche, die zwei Medien mit den Brechzahlen n_1 und n_2 trennt. Bild 3.4a zeigt die Anordnung. Um umfangreichere Rechnungen zu vermeiden, greifen wir auf die Welleneigenschaft des Lichts zurück. Die Abbildung eines unendlich fernen Punktes bedeutet, daß die parallelen Strahlen durch die brechende Fläche so abgelenkt werden, daß sie sich in einem Punkt schneiden. Für die zugehörigen Wellenfronten heißt das, daß die brechende Fläche die auftreffenden ebenen Wellenfronten derart deformiert, daß daraus Kugelwellen entstehen, die in den Bildpunkt (O im Bild 3.4a) konvergieren. Damit das funktioniert, muß für alle Punkte einer Wellenfront die Laufzeit zum Erreichen des Bildpunktes identisch sein. Im Bild 3.4a muß beispielsweise die Laufzeit von P_1 nach O gleich der von P_1'

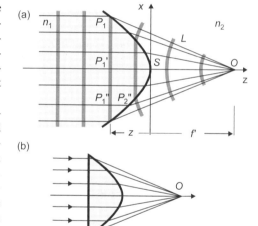

Bild 3.4 (a) Bei der Abbildung eines unendlich fernen Punktes durch eine asphärische Fläche werden die ebenen Phasenflächen durch die Brechung in Kugelflächen deformiert. (b) Öffnungsfehlerfreie Abbildung durch eine asphärische Plankonvexlinse

über S nach O oder von P_1'' über P_2'' nach O sein. Mit anderen Worten, die optischen Längen der zugehörigen Strahlwege müssen gleich sein. Für die optische Länge der Strahlen, die von P_1 und P_1' ausgehen, heißt das

$$n_2 L = -n_1 z + n_2 f' \qquad (3.13)$$

(L ist die Länge der Strecke von P_1 nach O). Für das Dreieck $O P_1 P_1'$ gilt

$$L = \sqrt{(f'-z)^2 + x^2} \qquad (3.14)$$

Setzt man Gl. 3.13 in Gl. 3.14 ein, erhält man

$$\frac{\left(z - \dfrac{f'}{n_{12}+1}\right)^2}{\left(\dfrac{f'}{n_{12}+1}\right)^2} - \frac{x^2}{\left(\dfrac{n_{12}-1}{n_{12}+1}\right) \cdot f'^2} = 1 \qquad (3.15)$$

mit der Abkürzung $n_{12} = n_1/n_2$. Für $n_1 > n_2$ ($n_{12} > 1$) stellt Gl. 3.15 die Gleichung einer Hyperbel dar, für $n_1 < n_2$ die Gleichung einer Ellipse. Eine brechende Rotationsfläche bildet einen unendlich fernen Achsenpunkt fehlerfrei ab, wenn sie die Form eines Hyperboloids bzw. Ellipsoids hat.

Ergänzen wir für $n_1 > n_2$ diese Fläche auf der Objektseite durch eine ebene Fläche, die senkrecht auf den parallelen Strahlen steht und damit keinen Einfluß auf diese hat, erhalten wir eine Plankonvexlinse mit einer hyperbolischen Fläche, die einen unendlichen fernen Achsenpunkt fehlerfrei abbildet (Bild 3.4b). Es ist jedoch zu beachten, daß dies nur für einen Achsenpunkt zutrifft. Ein kleines achsensenkrechtes Flächenelement wird schon nicht mehr fehlerfrei abgebildet, die hyperbolische Plankonvexlinse erfüllt nicht die Abbesche Sinusbedingung (vgl. Ergänzung zu Abschn. 2.5.1).

(2) Asphärische Spiegel

Bei asphärischen Spiegeln werden hauptsächlich Kegelschnitte als Meridiankurven verwendet. Aufgrund ihrer Brennpunktseigenschaften ist für solche Flächen gut zu übersehen, bei welchen Abbildungsbedingungen der Öffnungsfehler auch für große Öffnungen verschwindet. Bild 3.5a bis c gibt eine Übersicht.

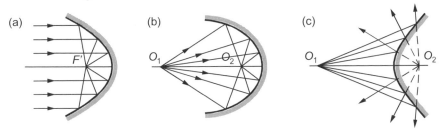

Bild 3.5 Fehlerfreie Abbildung eines Objektpunktes mit einem (a) Parabolspiegel, (b) Ellipsoidspiegel und (c) Hyperboloidspiegel

Beim **Parabolspiegel** (Bild 3.5a) ist die Meridiankurve eine Parabel, deren Normalform $x^2 = 2pz$ ist (Koordinatenursprung im Scheitel der Parabel, p Parabelparameter). Achsenparallel einfallende Strahlen werden frei von sphärischer Aberration durch den Brennpunkt im Abstand $f' = p/2$ vom Scheitelpunkt gespiegelt. Parabolspiegel mit größeren Brennweiten werden beispielsweise als Hauptspiegel für Spiegelteleskope eingesetzt.

Die Ellipse als Meridiankurve des **Ellipsoidspiegels** (Bild 3.5b) besitzt zwei Brennpunkte. Für Anwendungen wird die Eigenschaft ausgenutzt, daß Strahlen, die von einem Brennpunkt ausgehen, an der Ellipsenfläche so gespiegelt werden, daß sie exakt durch den anderen Brennpunkt gehen. Der Abstand eines Brennpunkts vom Scheitel ist $b_1 = a - c$, der Abstand zwischen den Brennpunkten $2c = \sqrt{a^2 - b^2}$, wobei a und b die Längen der großen und kleinen Halbachse der Ellipse sind. Ellipsoidspiegel werden z. B. in Lampen zur Ausleuchtung kleiner Felder verwendet. Viele Hersteller bieten Lampen an, in denen der Ellipsoidspiegel mit integriert ist.

Der **Hyperboloidspiegel** bildet ebenfalls von einem Hyperbelbrennpunkt zum anderen frei von Öffnungsfehlern ab. Hier ist bei reellem Objektpunkt der Bildpunkt virtuell (Bild 3.5c). Hyperbolische Spiegel werden bei bestimmten Typen astronomischer Fernrohre eingesetzt.

Alle drei Typen asphärischer Spiegel bilden einen Punkt in den beschriebenen Anordnungen ohne sphärische Aberration ab. Allerdings sind bei allen drei Spiegelarten die Verstöße gegen die Sinus-Bedingung erheblich (vgl. Ergänzung zum Abschn. 2.5.1), auch ist die Koma merklich. Ausgedehntere Objekte werden daher bei größeren Öffnungsverhältnissen nur undeutlich wiedergegeben.

(3) Fresnel-Linse

Fresnel-Linsen stellen Stufenlinsen dar. Sie bestehen aus einer zentralen, dünnen sphärischen oder asphärischen Linse, die von prismenförmigen Ringzonen umgeben ist, die jeweils ein Lichtbündel in die gewünschte Richtung ablenken. Die Fresnel-Linse kann man sich vorstellen als eine in Ringzonen aufgeteilte Linse, deren innere Bereiche ausgeschnitten wurden. Bild 3.6 verdeutlicht dies. Auf diese Weise können großflächige und trotzdem sehr dünne Linsen hergestellt werden. Bei den in groben Stufen gepreßten Glaslinsen wird die Krümmung der für die Brechung wirksamen Zonenflächen beibehalten. Fresnel-Linsen aus gepreßtem Glas werden wegen ihrer Temperaturbeständigkeit hauptsächlich in der Scheinwerferoptik verwendet.

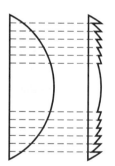

Bild 3.6 Fresnel-Linse als in Ringzonen aufgeteilte Linse

Die Stufenbreiten der im modernen Gerätebau eingesetzten Fresnel-Linsen liegen bei 0,5 mm bis unter 0,1 mm. Sie bestehen aus Kunststoff und sind durch Spritzen oder Pressen hergestellt. Hier sind die Zonenflächen Kegelflächen, d.h., im Querschnitt stellen die Zonen Ablenkprismen mit ebenen Flächen dar. Die Flächenneigungen werden so bestimmt, daß eine möglichst gute Vereinigung der Strahlbündel erfolgt, der Öffnungsfehler also weitgehend korrigiert wird. Aufgrund der verbleibenden Restfehler und der Streuung des Lichts an den Zonenkanten ("Störflanken") sind sie für hochwertige Abbildungsoptiken nicht geeignet. Sie werden vorzugsweise in der Beleuchtungsoptik und als Feldlinsen verwendet (vgl. Abschn. 2.4.2). Ihre typischen Vorteile werden am Beispiel des Schreibprojektors (Overhead-Projektor) deutlich. Dort ist direkt unterhalb der Auflagefläche der Schreibfolien eine großflächige (ca. 30 cm × 30 cm), relativ kurzbrennweitige Fresnel-Linse angeordnet. Diese bildet als Feldlinse die Lichtquelle in das Projektionsobjektiv ab und sorgt damit für die erforderliche Bildhelligkeit. Eine normale Glaslinse würde aufgrund ihrer Dicke und des Gewichts das Gerät völlig unhandlich machen.

(3) Nichtrotationssymmetrische Linsen

Nichtrotationssymmetrische Linsen besitzen meistens eine torische Fläche. Diese haben für zu einander senkrecht stehende Meridionalebenen unterschiedliche kreisförmige Meridiankurven. Eine torische Fläche entsteht dadurch, daß man einen Kreisbogen mit dem Radius R_1 um eine Gerade rotieren läßt, die sich im Abstand R_2 vom Scheitelpunkt des Kreises befindet. Die mit den unterschiedlichen Krümmungsradien R_1 und R_2 in den beiden Meridionalebenen verbundenen unterschiedlichen Brennweiten führen zu einer astigmatischen Abbildung auch für Objektpunkte auf der optischen Achse. Die **Zylinderlinse** ist ein Spezialfall der Linse mit einer torischen Fläche. Sie hat in der einen Ebene als Meridiankurve einen Kreisbogen und in der dazu senkrechten Ebene eine Gerade. Bez. der letzteren Ebene hat sie die Brechkraft Null.

3.2 Prismen

3.2.1 Dispersionsprismen

Prismen sind keilförmige Elemente, die eine Richtungsänderung eines Lichtbündels durch Brechung an den beiden wirksamen Prismenflächen bewirken (**Ablenkprismen**, s. Bild 3.7). Die beiden Prismenflächen sind um den **brechenden Winkel** α gegeneinander geneigt, ihre Schnittgerade wird **brechende Kante** genannt, die Ebene senkrecht dazu ist der **Hauptschnitt** (Zeichenebene im Bild 3.7).

Da die Brechzahl der Gläser wellenlängenabhängig ist (Dispersion), ist die Ablenkung des Lichts für unterschiedliche Wellenlängen verschieden. Polychromatisches Licht wird folglich in seine Spektralkomponenten zerlegt, wobei jeder Lichtwellenlänge ein bestimmter Ablenkungswinkel zugeordnet ist. Die Änderung des Ablenkungswinkels δ pro Wellenlängenänderung, $d\delta/d\lambda$, bezeichnet man als **Winkeldispersion**. Speziell für die spektrale Zerlegung des Lichts vorgesehene Ablenkprismen nennt man **Dispersionsprismen**.

Nachfolgend wollen wir einige Gesetzmäßigkeiten für die Bündelablenkung und für die Winkeldispersion von Dispersionsprismen in Luft darstellen. Dabei wird vorausgesetzt, daß die Lichtstrahlen im Hauptschnitt verlaufen.

(1) Bündelablenkung

Im Bild 3.7 fällt ein Lichtstrahl unter dem Einfallswinkel ε_1 auf die linke Prismenfläche, durchsetzt das Prisma (Brechzahl n) und verläßt die rechte Fläche unter dem Austrittswinkel ε_2. Der Ablenkungswinkel zwischen dem einfallenden und ausfallenden Strahl beträgt:

$$\delta = \varepsilon_1 - \varepsilon_2 - \alpha \qquad (3.16)$$

(Vorzeichen der Winkel entsprechend der im Bild 3.7 angegebenen Orientierung beachten!)

Mit Hilfe des Brechungsgesetzes, Gl. 1.32, und der Beziehung $\varepsilon_1' - \varepsilon_2' = \alpha$ läßt sich der Ablenkwinkel δ in Abhängigkeit vom Einfallswinkel ausdrücken:

$$\delta = \varepsilon_1 - \arcsin\left(\sin\alpha \sqrt{n^2 - \sin^2\varepsilon_1} - \cos\alpha \sin\varepsilon_1\right) - \alpha \qquad (3.17)$$

In Bild 3.8 ist der Ablenkwinkel δ als Funktion des Einfallswinkels ε_1 dargestellt für ein Ablenkprisma mit der Brechzahl $n = 1,5$ und einem brechenden Winkel $\alpha = 60°$. Der Ablenkwinkel zeigt ein Minimum $\delta_{min} = 37,2°$ bei einem Einfallswinkel $\varepsilon_{1min} = 48,6°$, der betragsmäßig gleich dem Austrittswinkel ε_{2min} ist. Der Strahl durchläuft bei minimaler Ablenkung das Prisma symmetrisch. Bestimmt man aus Gl. 3.17 allgemein den minimalen Ablenkwinkel

$$\delta_{min} = 2\arcsin\left(n\sin\frac{\alpha}{2}\right) - \alpha \qquad (3.18)$$

kann man zeigen, daß prinzipiell gilt:

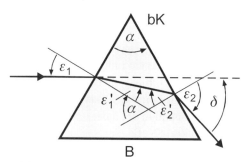

Bild 3.8 Ablenkung eines Lichtbündels durch ein Prisma, bK ist die brechende Kante, α der brechende Winkel und B die Basis des Prismas

- Bei einem Prisma ist die Strahlablenkung minimal, wenn es von den Strahlen symmetrisch durchsetzt wird, Eintritts- und Austrittswinkel also betragsmäßig gleich sind.

In Spektrographen werden Dispersionsprismen so eingesetzt, daß der Strahlverlauf symmetrisch ist, d.h., die Strahlablenkung minimal ist.

Da sich der minimale Ablenkwinkel leicht bestimmen läßt, kann mit Hilfe von Gl. 3.18 die Brechzahl n eines Prismas auf einfache Weise gemessen werden.

Bild 3.7 zeigt darüber hinaus, daß bei symmetrischem Strahlverlauf $\varepsilon_2' = -\varepsilon_1' = \alpha/2$ ist.

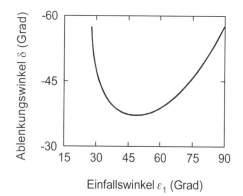

Bild 3.7 Ablenkwinkel δ in Abhängigkeit vom Einfallswinkel ε_1

(2) Winkeldispersion

Wie eingangs erwähnt, führt die Wellenlängenabhängigkeit der Brechzahl zu einer Wellenlängenabhängigkeit des Ablenkungswinkels. Polychromatisches Licht wird beim Durchgang durch ein Dispersionsprisma in einen vom Wellenlängenbereich abhängigen Winkelbereich aufgefächert. Eine Änderung der Wellenlänge um einen kleinen Betrag $d\lambda$ führt zu einer kleinen Änderung $d\delta$ des Ablenkungswinkels. Das Verhältnis $d\delta/d\lambda$ bezeichnet man als

Winkeldispersion.

Für den Bereich der minimalen Ablenkung erhält man aus Gl. 3.18 mit Hilfe der Beziehung $\frac{d\delta}{d\lambda} = \frac{d\delta}{dn}\frac{dn}{d\lambda}$ die Winkeldispersion zu

$$\frac{d\delta}{d\lambda} = \frac{2\sin\frac{\alpha}{2}}{\sqrt{1-n^2\sin^2\frac{\alpha}{2}}}\frac{dn}{d\lambda} \quad (3.19)$$

Die Materialdispersion $dn/d\lambda$ kann man mit Hilfe der Dispersionsformel Gl. 1.56 bestimmen, wenn die optischen Konstanten bekannt sind, oder man ersetzt sie näherungsweise durch den Mittelwert $\Delta n/\Delta\lambda$ aus den Brechzahlen, die in Glaskatalogen angegebenen sind.

Beispiel

Für ein Schwerflintprisma (SF 8), das einen brechenden Winkel von 60° hat, sind die Brechzahlen $n_{C'} = 1,64297$ ($\lambda = 643,8$ nm) und $n_D = 1,64752$ ($\lambda = 589,3$ nm) bekannt. Mit der mittleren Brechzahl $n \approx (n_{C'} + n_D)/2 = 1,64525$ und der mittleren Materialdispersion $\Delta n/\Delta\lambda = -8,35 \cdot 10^{-5}$ nm^{-1} ergibt sich aus Gl. 3.19 als Winkeldispersion für diesen Spektralbereich $d\delta/d\lambda \approx -0,147$ mrad/nm $= -0,0084°$/nm. Die Änderung des Ablenkungswinkels im gesamten Bereich von 589,3 nm bis 643,8 nm beträgt somit $\Delta\delta \approx -0,46°$.

(3) Ausführungen von Dispersionsprismen

In den meisten Fällen wird für Prismenspektrographen das gleichseitige Dispersionsprisma mit einem brechenden Winkel von 60° verwendet.

In der Lasertechnik besteht häufig die Forderung, daß Reflexionsverluste an den Prismenflächen möglichst klein sein sollen. Wählt man den brechenden Winkel so, daß bei symmetrischem Strahldurchgang das Licht unter dem Brewster-Winkel einfällt und austritt, passiert die Komponente ohne Reflexionsverluste beide Flächen, deren Schwingungsebene parallel zur Einfallsebene liegt (vgl. Abschn. 1.4.3).

Aus der Bedingung, daß $\varepsilon_1 = \varepsilon_p = \arctan n$ (Brewster-Winkel, Gl. 1.78) sein soll, findet man den brechenden Winkel eines **Brewster-Prismas** zu

$$\alpha = 2\arcsin\left(\frac{1}{\sqrt{1+n^2}}\right) \quad (3.20)$$

Beispiel

Ein Brewster-Prisma aus Quarzglas mit $n = 1,45840$ für die Farbstofflaser-Wellenlänge $\lambda = 590$ nm hat nach Gl. 3.20 einen brechenden Winkel von $\alpha = 68,88°$. Der Einfallswinkel ist $\varepsilon_1 = \varepsilon_p = 55,56°$, der Ablenkungswinkel beträgt $\delta_{min} = -42,25°$.

126 3.2 Prismen

Ein **Littrow-Prism**a ist ein halbes symmetrisches Dispersionsprisma, dessen Rückseite verspiegelt ist (Bild 3.9). Dadurch wird je nach Einfallswinkel gerade eine Wellenlängenkomponente in sich zurückreflektiert. Littrow-Prismen mit Brewster-Winkel werden u.a. bei Mehrwellenlängenlasern zur Wellenlängendurchstimmung bzw. -selektion eingesetzt.

Ein **Geradsichtprisma** (**Amici-Prisma**) ist ein spezielles Dispersionsprisma mit der Eigenschaft, für eine Wellenlängenkomponente keine Ablenkung zu erzeugen. Es besteht aus drei verkitteten Prismen, wobei die Brechzahlen der beiden äußeren Prismen sich von der Brechzahl des mittleren Prismas unterscheiden. Die brechenden Winkel werden so bestimmt, daß für die gewünschte Wellenlänge das Licht geradlinig durch das Prisma geht. Eine typische Kombination besteht aus zwei Kronglasprismen als äußere Prismen verkittet mit einem Flintglasprisma als inneres Prisma.

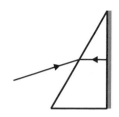

Bild 3.9   Littrow-Prisma

3.2.2   Reflexionsprismen

Reflexionsprismen sind Prismen, die für die Umlenkung von Lichtbündeln eingesetzt werden. Je nach Anwendung kann das eine einfache **Richtungsänderung**, eine **Änderung der Bildlage** oder **Parallelversetzung** von Lichtbündeln bedeuten. Zusätzlich zur Brechung wird dabei noch die Reflexion an einer oder mehreren Prismenflächen zur Strahlumlenkung eingesetzt. Die reflektierenden Flächen können dabei verspiegelt sein, oder es wird die Totalreflexion ausgenutzt. Grundsätzlich können solche Aufgaben auch von Oberflächenspiegeln übernommen werden, die unter den entsprechenden Winkeln zueinander aufgebaut werden. Prismen haben jedoch den Vorteil der unveränderlichen Winkelzuordnung der Flächen und des geringeren Platzbedarfs.

Der Nachteil der Reflexionsprismen ist, daß sie zusätzliche Abbildungsfehler in ein optisches System einbringen. Die Dispersion der Gläser führt zu Farbfehlern. Dazu kommen noch Astigmatismus und axiale Versetzung von Strahl und Fokus. Bei einem abbildenden System, in dem Reflexionsprismen eingesetzt werden, muß die Korrektur der Bildfehler die Glaswege mit einschließen, die durch die Prismen eingeführt worden sind.

Grundsätzlich kann man bei dem praktischen Einsatz von Reflexionsprismen die folgenden Aufgabenstellungen unterscheiden:
(a) Ablenkung des Lichts ohne Änderung der Bildlage. (Objekt- und Bildlage vergleicht man einfachsten, indem man Objekt und Bild entgegen der Strahlrichtung betrachtet.) Die häufigste Aufgabe ist dabei die Ablenkung eines Lichtbündels um 90°. Daneben kommen Ablenkwinkel von 30°, 45°, 60° und 120° vor.
(b) Weiterleitung des Lichts bei verschiedenen Ablenkwinkeln mit Seitentausch der Bildlage in der Ebene, die durch das ein- und ausfallende Lichtbündel gebildet wird (Umlenkebene).
(c) Weiterleitung des Lichts bei verschiedenen Ablenkwinkeln mit Seitentausch der Bildlage senkrecht zur Umlenkebene.

(d) Weiterleitung des Lichts bei vollständiger Umkehr der Bildlage. Der gleichzeitige Seitentausch der Bildlage parallel und senkrecht zur Umlenkebene entspricht einer Drehung der Bildlage um 180°. Eingesetzt werden solche Umkehrsysteme im wesentlichen dort, wo ein durch eine reelle Abbildung mit einem Linsensystem vollständig umgekehrtes Bild aufgerichtet werden soll.

Tabelle 3.3 Beispiele für Umlenkprismen

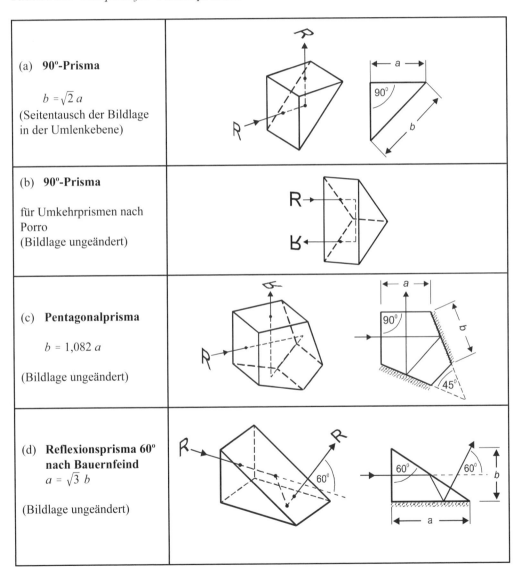

(a) **90°-Prisma** $b = \sqrt{2}\, a$ (Seitentausch der Bildlage in der Umlenkebene)	
(b) **90°-Prisma** für Umkehrprismen nach Porro (Bildlage ungeändert)	
(c) **Pentagonalprisma** $b = 1{,}082\, a$ (Bildlage ungeändert)	
(d) **Reflexionsprisma 60°** **nach Bauernfeind** $a = \sqrt{3}\, b$ (Bildlage ungeändert)	

(e) **Reflexionsprisma nach Dove** $b = a\left(\dfrac{2\sqrt{n^2-\sin^2\alpha}}{\sqrt{n^2-\sin^2\alpha}-\sin\alpha}\right)$ (Seitentausch der Bildlage in der Umlenkebene)		
(f) **Bauernfeind-Prisma mit Dachkante** (Seitentausch der Bildlage senkrecht zur Umlenkebene)		
(g) **Umkehrprismensystem nach Porro I** (Drehung der Bildlage um 180°)		

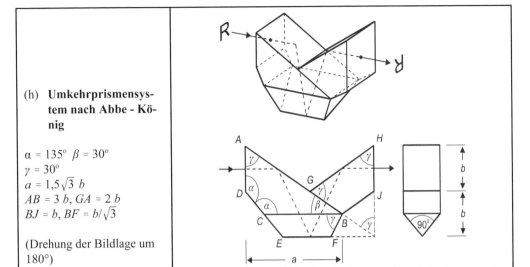

(h) **Umkehrprismensystem nach Abbe - König**

$\alpha = 135°$ $\beta = 30°$
$\gamma = 30°$
$a = 1{,}5\sqrt{3}\,b$
$AB = 3\,b$, $GA = 2\,b$
$BJ = b$, $BF = b/\sqrt{3}$

(Drehung der Bildlage um 180°)

Aus der Vielfalt der Prismenformen zeigt Tabelle 3.3 dazu einige Beispiele mit ihren geometrischen Merkmalen. Um den Einfluß der Strahlumlenkung auf die Bildlage zu veranschaulichen, ist ein Buchstabe als Objekt eingezeichnet. Die grau hinterlegten Kanten in den Schnittzeichnungen zeigen, daß diese reflektierenden Flächen zusätzlich verspiegelt sind.

Die einfachste Prismenform ist das **90°-Prisma** (**Halbwürfelprisma**, Tab.3.3a, b). Mit ihm kann eine Strahlumlenkung um 90° mit einseitiger Bildumkehr oder um 180° ohne Änderung der Bildlage erzielt werden. Ein Beispiel für eine Strahlumlenkung um 90° ohne Änderung der Bildlage ist das **Pentagonalprisma** (Tab. 3.3c). Eine 60°-Umlenkung ebenfalls ohne Änderung der Bildlage bewirkt das Prisma nach **Bauernfeind** (Tab. 3.3d). Eine einseitige Bildumkehr ohne Richtungsänderung des Strahls ist mit dem **Dove-Prisma** (Tab. 3.3e) möglich. Seine Anwendung ist auf parallele Strahlenbündel begrenzt, da durch die Brechung an den schiefen Seitenflächen Astigmatismus auftritt.

Für einen Seitentausch der Bildlage senkrecht zur Umlenkebene wird eine Spiegelfläche durch ein Dachflächenpaar (zwei senkrecht aufeinander stehende Flächen, deren Schnittgerade parallel zum Hauptschnitt des Prismas liegt) ersetzt. Als Beispiel ist in Tab. 3.3f ein 60°-Bauernfeindprisma mit Dachkante dargestellt. Anstelle der verspiegelten Fläche ist eine Dachkante aufgesetzt, die die Seitenumkehr senkrecht zur Umlenkebene bewirkt.

Für eine vollständige Bildumkehr verwendet man meistens Kombinationen aus diesen Prismen. Das Prisma nach **Abbe bzw. König** (Tab. 3.3h) besteht aus einem 60°-Bauernfeindprisma mit Dachkante und einem 60°-Prisma. Das Prisma wird zur Bildaufrichtung in Fernrohren benutzt. Eine vollständige Bildumkehr mit seitlicher Versetzung bewirkt ein **Porro-Prisma erster Art** (Tab. 3.3g). Die beiden Halbwürfelprismen brauchen nicht verkittet zu sein, sondern sie können beliebig weit auseinander gezogen sein. Porro-Prismen werden ebenfalls in Fernrohren eingesetzt.

Aus den dargestellten Beispielen sind einige wichtige Eigenschaften ersichtlich, deren Kenntnis für die Auswahl von Prismen für gewünschte Anwendungen hilfreich sein können. Dreht man das Halbwürfelprisma, das für eine 180°-Umlenkung eingesetzt wird, um eine Achse senkrecht zur Umlenkebene, ändert sich an der Umlenkung von 180° nichts. Die gleiche Eigenschaft finden wir beim Pentagon-Prisma. Beiden Prismen ist gemeinsam, daß die Reflexion an zwei Flächen erfolgt, die senkrecht auf der gleichen Einfallsebene stehen. (Ebenen, die senkrecht auf der gleichen Ebene stehen, nennt man **komplanar**.) Allgemein gilt:

- Der Ablenkwinkel ist unabhängig von der Drehung des Prismensystems um eine Achse senkrecht zur Einfallsebene, wenn eine gerade Anzahl komplanarer Spiegelungen für die Umlenkung benutzt wurde. Bei einer ungeraden Anzahl komplanarer Spiegelungen ändert sich der Ablenkwinkel bei Drehung des Systems.

Wird eine Spiegelfläche durch eine Dachkante ersetzt, ändert sich an dieser Eigenschaft nichts. Hinsichtlich der Einfallsebene wirkt das Dachflächenpaar als komplanare Spiegelfläche.

Eine einseitige Umkehr der Bildlage verursacht das 90°-Prisma bei einer Reflexion (Tab.3.3a) und das Dove-Prisma, bei dem das Lichtbündel ebenfalls einmal reflektiert wird. Erhalten bleibt die Bildlage beim Bauernfeindprisma, dem Pentagonalprisma und dem 90°-Prisma, wenn es für eine 180°-Umlenkung eingesetzt wird. Alle Beispiele haben gemeinsam, daß die Reflexion an zwei komplanaren Flächen erfolgt. In Erweiterung auf mehr als zwei Spiegelflächen gilt allgemein:

- Eine ungerade Anzahl von komplanaren Spiegelungen führt zu einer einseitigen Bildumkehr, wohingegen eine gerade Anzahl komplanarer Spiegelungen die Bildlage unverändert läßt. Der Ersatz einer Spiegelfläche durch ein Dachflächenpaar führt zusätzlich eine einseitige Bildumkehr senkrecht zur Umlenkebene.

3.3 Aufgaben

3.1 Um ein paralleles Lichtbündel in eine Glasfaser einzukoppeln, wird das Bündel mit einer Kugellinse (Durchmesser 3 mm, Brechungsindex 1,5) auf das Faserende fokussiert. Welchen Abstand muß das Faserende vom Scheitelpunkt der Kugeloberfläche haben (Arbeitsabstand)?

3.2 Um das parallele Lichtbündel in eine Glasfaser einzukoppeln, wird nun das Bündel mit einer Stablinse (Brechungsindex 1,5) auf das Faserende fokussiert. Der Krümmungsradius der sphärischen Fläche der Stablinse beträgt 1,5 mm.
a) Wie lang ist die Stablinse?
b) Die ebene Endfläche der Stablinse befindet sich auf der Seite der Faser. Welchen Abstand muß das Faserende von dieser Fläche haben (Arbeitsabstand)?
c) Nun wird die Stablinse umgedreht und die gekrümmte Endfläche befindet sich auf der Seite der Faser. Wie groß ist jetzt der Arbeitsabstand?

3.3 Im Datenblatt eines Herstellers für GRIN-Linsen kann man für eine Standard GRIN-Linse mit einem Durchmesser von 2 mm für eine Wellenlänge von 630 nm folgende Angaben finden: Brechzahl im Zentrum $n_1 = 1{,}5637$; $\sqrt{A} = 0{,}247$ mm^{-1}. Die Wellenlängenabhängigkeit der Parameter wird durch folgende Relationen beschrieben:

$$n_1(\lambda) = 1{,}5477 + 6{,}37 \cdot 10^{-3} \frac{1}{\lambda^2}, \quad \sqrt{A(\lambda)} = 0{,}2339 + 7{,}643 \cdot 10^{-3} \frac{1}{\lambda^2} - 9{,}757 \cdot 10^{-4} \frac{1}{\lambda^4}$$

(Wellenlänge λ in µm).
a) Wie lang ist eine 0,5 pitch GRIN-Linse für 630 nm und 1,56 µm?
b) Wie groß ist die Brechzahldifferenz zwischen Rand und Zentrum der Linse bei 630 nm und 1,56 µm?
c) Berechnen Sie für 630 nm die Brennweite, die Lage der Hauptebenen und den Arbeitsabstand für eine 0,2 pitch GRIN-Linse.

3.4 Um die sphärische Aberration bei der GRIN-Linse zu minimieren, verwendet man häufig eine plankonvexe GRIN-Linse. Der Hersteller macht für eine solche Plankonvex-GRIN-Linse folgende Angaben (Wellenlänge 1,3 µm): Durchmesser 1,8 mm, $n_1 = 1{,}5916$, $\sqrt{A} = 0{,}327$ mm^{-1}, Krümmungsradius der sphärischen Fläche $R = 2$ mm, Länge der Linse 4,80 mm.
d) Geben sie allgemein die Strahlmatrix für eine plankonvexe GRIN-Linse an.
b) Geben Sie die Brennweite und die Lage der Hauptebenen an.
c) Wie groß sind die Abstände des objekt- und bildseitigen Brennpunkts von den jeweiligen Scheitelpunkten der Linse (Arbeitsabstände)?

3.5 Bei einem gleichseitigen Prisma aus Schwerflint SF9 mit einem brechenden Winkel von 60° werden die minimalen Ablenkwinkel für verschiedene Wellenlängen gemessen: 643,85 nm: 51,144°; 546,07 nm: 52,102°; 479,99 nm: 53.169°.
a) Bestimmen Sie die Hauptdispersion und die Abbesche Zahl des Prismenmaterials.
b) Wie groß ist näherungsweise die Winkeldispersion für die Wellenlänge 546,07 nm? Wie groß ist etwa die Änderung des Ablenkwinkels im Bereich von 479,99 nm bis 643,85 nm?

3.6 Ein Littrow-Prisma aus dem Flintglas F5 soll so konstruiert werden, daß der einfallende Strahl mit der Wellenlänge von 480 nm unter dem Brewster-Winkel auftrifft und in sich reflektiert wird. Die Brechzahl von F5 beträgt 1,61556 bei 480 nm. Wie groß muß der brechende Winkel des Prismas gewählt werden?

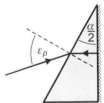

3.3 Aufgaben

4. Optische Instrumente

Als Anwendungen der vorangegangenen Kapitel werden in diesem Kapitel Aufbau und Wirkungsweise wichtiger optischer Instrumente besprochen. Eine Gruppe der optischen Instrumente dient der Verbesserung der Wahrnehmung von Gegenständen durch das Auge. Dazu gehören die Lupe, das Fernrohr und das Mikroskop. Ein Großteil der Eigenschaften, beispielsweise die Vergrößerung dieser Geräte, bezieht sich auf das menschliche Auge. Daher wollen wir zunächst das Auge näher betrachten.

Häufig besteht die Aufgabe, Licht in seine spektralen Anteile zu zerlegen bzw. diese zu analysieren. Die dazu verwendeten Spektralgeräte werden ebenfalls in diesem Kapitel behandelt.

4.1 Das menschliche Auge

Der vereinfachte Aufbau des Auges ist in Bild 4.1 dargestellt. Es ist von annähernd kugelförmiger Gestalt mit einem Durchmesser von etwa 24 mm. Man kann das Auge ansehen als eine Kombination von einem Linsensystem mit einem ortsauflösenden Empfänger.

Das abbildende System des Auges besteht aus der gekrümmten **Hornhaut** und der Augenlinse. Beide begrenzen die **vordere Augenkammer**, die mit **Kammerwasser** gefüllt ist und die **Iris (Regenbogenhaut)** enthält. Die Iris regelt als Eintrittspupille die Lichtmenge, die ins Auge fällt. Der Durchmesser der Eintrittspupille ist in einem Bereich von etwa 2 mm bis 8 mm veränderlich.

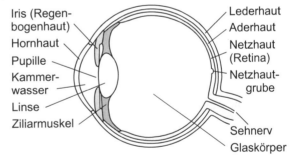

Bild 4.1 Querschnitt durch den Augapfel

Die Brechzahldifferenz zwischen Hornhaut (Brechzahl 1,376), Kammerwasser bzw. Glaskörper (1,336) und Linse (etwa 1,413) ist relativ gering. Daher findet die Brechung des eintretenden Lichts vorwiegend an der gekrümmten Grenzfläche zwischen Luft und Hornhaut statt, d.h., durch diese Fläche erfolgt im wesentlichen die Abbildung. Die Linse liefert hierzu einen Korrekturbeitrag und sorgt durch ihre veränderbare Krümmung, daß Gegenstände in verschiedenen Entfernungen scharf gesehen werden können (**Akkommodation**). Die Krümmung der Linse wird durch den **Ziliarmuskel** verändert, der die Linse umgibt.

Das Innere des Auges wird vom sogenannten Glaskörper gebildet. Nach hinten schließt sich die **Netzhaut** an, die den ortsauflösenden Empfänger bildet. Sie enthält zwei Sorten von Sehzellen, Zäpfchen und Stäbchen. Die Zäpfchen sind farbempfindlich und für das Tagessehen (**fotopisches Sehen**) verantwortlich. Die wesentlich empfindlicheren Stäbchen sind für das Nachtsehen (**skotopisches Sehen**) verantwortlich und geben nur Grauwerte wieder. Das Gebiet des schärfsten Sehens ist ein Netzhautbereich von ca. 1,5 mm Durchmesser, der als **Netzhautgrube** oder auch **gelber Fleck** bezeichnet wird. In der Netzhautgrube liegen die Sehzellen am dichtesten zusammen (ca. 5 µm). Dort ist der Bereich der schärfsten Abbildung. Durch die Bereiche außerhalb der Netzhautgrube, wo die Sehzellendichte wesentlich geringer ist, kann zusätzlich noch ein großes Umfeld unscharf wahrgenommen werden. In ungefähr 4,5 mm Abstand von der Netzhautgrube tritt das Ende des Sehnervs mit einem Durchmesser von ca. 1,6 mm durch die den Augapfel umhüllende Haut (Bindehaut). Da hier die Dichte der Sehzellen sehr gering ist, ist die Netzhaut an dieser Stelle unempfindlich (**blinder Fleck**).

Die kleinste Entfernung, in der man noch scharf sehen kann (**Nahpunktweite**), liegt bei Jugendlichen bei etwa 10 cm und nimmt mit zunehmenden Alter zu. Der **Fernpunkt** liegt beim normalsichtigen Auge im Unendlichen. Die **Bezugssehweite**, die auf $s_B = -25$ cm festgelegt wurde, dient als Bezugswert für das Nahsehen bei Angaben zu optischen Instrumente (vgl. z. B. Lupenvergrößerung im folgenden Abschnitt).

Kurz- und Weitsichtigkeit sind auf eine vor bzw. hinter der Netzhaut gelagerte Bildebene zurückzuführen. Eine torusförmig verkrümmte Hornhaut bewirkt Astigmatismus.

Das Auflösungsvermögen des Auges ist mit dem Abstand der Sehzellen verknüpft. Zwei Objektpunkte können nicht getrennt wahrgenommen werden, wenn ihre Bildpunkte so eng liegen, daß nur eine einzige Sehzelle angeregt wird. Für Bilder in der Netzhautgrube liegt der Grenzwinkel, unter dem zwei Objektpunkte noch aufgelöst werden können, bei etwa einer Winkelminute.

Beugungsbegrenztes Auflösungsvermögen des Auges

Das beugungsbegrenzte Auflösungsvermögen des Auges ist entsprechend Gl. 2.70 durch den Durchmesser d_{EP} der Eintrittspupille bestimmt. Für einen Pupillendurchmesser $d_{EP} = 3$ mm (bei größeren Durchmessern überwiegen die Abbildungsfehler des Auges) und einer Wellenlänge von 550 nm finden wir den kleinsten auflösbaren Winkelabstand

$$\Delta\alpha = 1{,}22 \frac{\lambda}{n d_{EP}} \approx 0{,}17 \text{ mrad} \tag{4.1}$$

(λ/n ist die Lichtwellenlänge im Glaskörper des Auges mit der Brechzahl n). Der dazugehörige Abstand der Bildpunkte von 4 µm auf der Netzhaut entspricht ziemlich genau dem Abstand der Sehzellen in der Netzhautgrube. Wir sehen, wie hier die Natur die Struktur der einzelnen Teile des Auges (Abbildungsoptik und Empfänger) optimal aufeinander abgestimmt hat!

4.2 Augenbezogene Instrumente

Eine Reihe von optischen Instrumenten hat die Aufgabe, die Beobachtung von Gegenständen durch das Auge zu unterstützen. Lupen und Mikroskope werden zur Vergrößerung sehr kleiner Objekte benutzt, Fernrohre dagegen zur Beobachtung weit entfernter Dinge. Projektoren bilden meist ebene Bilder (Auflicht oder Durchlicht) ab, wobei das Bild meist mit dem Auge betrachtet wird. In der modernen Gerätetechnik treten häufig an die Stelle des Auges Bildaufnehmer wie CCD-Kameras mit elektronischer Bildverarbeitung, die eine gezielte Auswertung der Bildinformationen ermöglichen. An den optischen Grundlagen, auf denen diese Geräte basieren, hat sich dagegen nichts Wesentliches geändert. Ziel dieses Abschnitts ist es daher, die optischen Funktionsprinzipien dieser Instrumente verständlich zu machen.

4.2.1 Vergrößerung augenbezogener Instrumente

Im Kapitel 2 haben wir den Abbildungsmaßstab als Maß für das Verhältnis von Bild- und Objektgröße kennengelernt. Für Instrumente, die mit dem Auge zusammenwirken, ist diese Größe jedoch wenig hilfreich, um die vergrößernde Wirkung des Instruments zu charakterisieren. Das Bild, das beispielsweise ein Fernrohr von einem Gegenstand entwirft, ist in den meisten Fällen wesentlich kleiner als der Gegenstand selbst. Trotzdem "vergrößert" das Fernrohr für den Betrachter diesen Gegenstand. Die Vergrößerung, die wir mit Γ bezeichnen wollen, ist daher eine Kenngröße für optische Instrumente, die mit dem Auge zusammenwirken. Für den Größeneindruck, den ein Gegenstand bei direkter Betrachtung erzeugt, ist offensichtlich der Sehwinkel verantwortlich, unter dem der Gegenstand erscheint (Bild 4.2a). Da der Sehwinkel auch von der Entfernung des Gegenstands abhängt, ist er ein Maß für die scheinbare Größe, wie sie der Betrachter empfindet. Bei einem optischen Instrument, beispielsweise einem Fernrohr, betrachtet das Auge das von diesem erzeugten Bild, wodurch der Sehwinkel geändert wird (Bild 4.2b). Ist der Sehwinkel mit dem Instrument

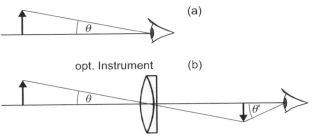

Bild 4.2 Sehwinkel (a) ohne, (b) mit Instrument

größer als der ohne Instrument, erscheint der Gegenstand dem Betrachter durch das Instrument "vergrößert".

Bezeichnen wir mit Θ den Sehwinkel ohne und mit Θ' den Sehwinkel mit Instrument, ist die **Vergrößerung** des Instruments durch

$$\Gamma = \frac{\tan\Theta'}{\tan\Theta} \qquad (4.2)$$

definiert. Wie die beiden Sehwinkel bestimmt werden, wird in den folgenden Abschnitten bei der Behandlung der verschiedenen Instrumente deutlich.

4.2.2 Lupen und Okulare

Lupen werden zur Unterstützung der direkten Augenbeobachtung benutzt. Möchte man kleine Objekte, beispielsweise Teile einer Landkarte, unter möglichst großem Sehwinkel beobachten, muß das Auge entsprechend nahe dem Objekt sein. Reicht die Akkommodationsfähigkeit der Augenlinse nicht mehr aus, das Bild auf dem Augenhintergrund scharf abzubilden, kann man sich mit einer **Lupe** behelfen. Die Lupe ist eine Sammellinse kurzer Brennweite. Sie wird so eingesetzt, daß sie ein vergrößertes virtuelles Bild erzeugt, das vom Auge beobachtet wird. Wie wir sehen werden, ist ihre Vergrößerung proportional zur Brechkraft der Linse. Im engeren Sinne versteht man unter Lupen solche, die mindestens eine dreifache Vergrößerung haben. Bei geringeren Vergrößerungen spricht man von **Lesegläsern**.

Lupen, die verwendet werden, um das reelle Zwischenbild in optischen Instrumenten (Fernglas, Mikroskop) zu betrachten, heißen **Okulare**. Sie sind in das entsprechende Instrument integriert und bestehen meistens aus zwei oder mehreren Linsen.

(1) Lupen

Um einen großen Sehwinkel für eine Objektstruktur zu erzielen, wird die Lupe so dicht an das Objekt gebracht, daß sie ein vergrößertes virtuelles Bild erzeugt. Dieses wird dann vom Auge unter einem größeren Sehwinkel wahrgenommen als es ohne Lupe der Fall ist. Bild 4.3a zeigt die Anordnung. Aus Bild 4.3a ist schon ersichtlich, daß die Größe des Sehwinkels mit Lupe nicht nur von der Lupe selbst abhängt, sondern auch ganz wesentlich von den Abständen zwischen dem Objekt bzw. dem Auge und der Lupe. Um unterschiedliche Lupentypen vergleichen zu können, gibt man daher in der

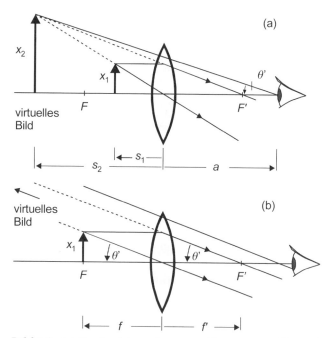

Bild 4.3 (a) Beobachtung des vergrößerten virtuellen Bildes einer Lupe. (b) Zur Normalvergrößerung: Das Objekt befindet sich in der Brennebene der Lupe, das virtuelle Bild im Unendlichen

Regel die **Normalvergrößerung** der Lupe an. Dazu wird festgelegt, daß das Objekt sich in der Brennebene der Linse befindet und das Auge auf unendlich akkommodiert ist. Bild 4.3b zeigt dafür den Strahlengang. In diesem Fall ist es für den Sehwinkel gleichgültig, wo das Auge ist, da alle Strahlen, die von einem Punkt des Objekts ausgehen, parallel aus der Lupe austreten. Der Augenabstand zur Lupe bestimmt nur das Gesichtsfeld. Da die Augenpupille regelt, welche Strahlenbündel zur Abbildung auf dem Augenhintergrund beitragen, ist das Gesichtsfeld um so größer, je näher sich das Auge an der Lupe befindet.

Für die Normalvergrößerung gehen wir von der im vorhergehenden Abschnitt gegebenen Definition aus (Gl. 4.2). Aus Bild 4.3b können wir den Sehwinkel mit Lupe ablesen:

$$\tan\Theta' = \frac{x_1}{f'} \qquad (4.3)$$

Für die Betrachtung ohne Instrument wird festgelegt, daß sich der Gegenstand in der Bezugssehweite $s_B = -25$ cm befindet. Der Sehwinkel ohne Instrument ist daher:

$$\tan\Theta = -\frac{x_1}{s_B} \qquad (4.4)$$

(vgl. Bild 4.2a). Setzt man Gln. 4.3 und 4.4 in Gl. 4.2 ein, erhält man die **Normalvergrößerung der Lupe**:

$$\Gamma_L = -\frac{s_B}{f'} \qquad (4.5)$$

Diese Lupenvergrößerung wird als optische Kenngröße für Lupen und Okulare angegeben. (Man beachte, daß die Vergrößerung positiv ist, da $s_B = -25$ cm < 0 ist.)

Beispiele:

1. Wie groß ist die Normalvergrößerung, wenn eine Linse mit der Brennweite 50 mm als Lupe benutzt wird?

Lösung:
Mit $f' = 50$ mm und $s_B = -250$ mm ergibt sich aus Gl. 4.5 die Normalvergrößerung $\Gamma_L = 5$.

2. Man berechne die Vergrößerung einer Lupe bei beliebigen Abständen zwischen Objekt, Lupe und Auge.
   a) Mit welcher Vergrößerung wird das Objekt gesehen, wenn es sich 4 cm vor der Lupe (Brennweite 50 mm) und die Lupe sich 1 cm vor dem Auge befindet?
   b) Wie groß ist die Vergrößerung, wenn der Abstand der Lupe von dem Objekt so gewählt wird, daß das Auge beim Betrachten des Lupenbilds auf die Bezugssehweite akkommodiert ist (Nahakkommodation), und die Lupe sich direkt vor dem Auge befindet?

Lösung:
a) Aus Bild 4.3a können wir den Sehwinkel mit Lupe ablesen:

$$\tan\Theta' = \frac{x_2}{a - s_2}$$

Mit Hilfe des Abbildungsmaßstabs (Gl. 2.26) $\beta_x = \frac{x_2}{x_1} = 1 - \frac{s_2}{f'}$ wird die Bildgröße x_2 eliminiert:

$$\tan\Theta' = \frac{x_1(f' - s_2)}{f'(a - s_2)}$$

Der Sehwinkel ohne Lupe wird wieder auf die Bezugssehweite bezogen, so daß wir die Lupenvergrößerung für den allgemeinen Fall erhalten:

$$\Gamma_L = -\frac{s_B(f' - s_2)}{f'(a - s_2)}$$

Befindet sich das Objekt in einem Abstand $s_1 = -2$ cm vor der Lupe, muß entsprechend der Abbildungsgleichung, Gl. 2.23, der Abstand des virtuellen Bildes $s_2 = \frac{s_1 f'}{f' + s_1} = -200$ mm betragen. Mit dem Lupenabstand $a = 10$ mm vom Auge wird das Objekt folglich mit einer Vergrößerung von $\Gamma_L = 5{,}9$ gesehen.

b) Befindet sich die Lupe direkt vor dem Auge ($a = 0$ mm) und erscheint das Bild in der deutlichen Sehweite ($s_2 = s_B = -250$ mm), wird das Objekt um $\Gamma_L = 1 - \frac{s_B}{f'}$ vergrößert, was man auch als Vergrößerung bei Nahakkommodation bezeichnet. In diesem Fall erhalten wir den Wert $\Gamma_L = 6$.

(2) Okulare

Lupensysteme, die zur vergrößerten Betrachtung des reellen Zwischenbildes in optischen Geräten eingesetzt werden, bezeichnet man als Okulare. Sie werden durch ihre Lupenvergrößerung gekennzeichnet (z. B. $\Gamma_L = 10$ mit 10x).

Das Okular vergrößert das reelle Zwischenbild, das vom Objektiv (z. B. im Mikroskop oder Fernrohr) entworfen wurde. Wie wir im Abschnitt 2.4.2 gesehen haben, ist zur Vermeidung von Vignettierung eine Feldlinse erforderlich, welche die Austrittspupille des Objektivs in die Eintrittspupille des Okulars abbildet. Lupe und Feldlinse werden daher integriert und bilden zusammen das Okular. Da häufig das Zwischenbild durch eine Blende begrenzt oder in der Bildebene eine Meßteilung eingesetzt werden soll, muß die Feldlinse etwas vor oder hinter der Zwischenbildebene stehen. Das führt zu zwei Typen von Okularen: Bei dem **Huygens-Okular** ist das Zwischenbild von Feld- und Augenlinse eingeschlossen. Bei dem **Ramsden-Okular** befindet sich das Zwischenbild vor der Feldlinse. Dadurch sind eventuelle Blenden und Meßplatten leicht zugänglich und können auswechselbar angeordnet sein.

Das Okular hat daneben auch die Aufgabe, das optische Gerät an die nächste Abbildungsstufe, das Auge anzupassen. Um eine Beschneidung des Sehfeldes zu vermeiden, muß

4. Optische Instrumente

das Okular als Ganzes (Lupe und Feldlinse) die Austrittspupille des Objektivs in die Augenpupille abbilden. Es stellt im Grunde die Feldlinse zwischen Objektiv und Auge dar.

Beispiel:

Eine Verringerung der chromatischen Aberration in Okularen wird häufig durch zwei, in geeignetem Abstand angeordnete Linsen erreicht.
a) Bestimmen Sie allgemein den Abstand d zwischen zwei dünnen Linsen aus der gleichen Glassorte (Brechzahl n), so daß die resultierende Brennweite möglichst unabhängig von der Wellenlänge (also von der Brechzahl des Linsenmaterials) wird. Wie groß ist die resultierende Brennweite bei diesem Abstand? Wo liegen die Hauptebenen?
b) Wie groß sind Abstand, resultierende Brennweite und Abstände der Hauptebenen für zwei gleiche Linsen? Nehmen Sie als Zahlenwert eine Brennweite der Einzellinsen von 30 mm an.

Lösung:
a) Die Brennweite von zwei dünnen Linsen im Abstand d ist $\dfrac{1}{f'_{res}} = \dfrac{1}{f'_1} + \dfrac{1}{f'_2} - \dfrac{d}{f'_1 f'_2}$ (vgl. Gl. 2.54).

Wir wissen, daß sich eine Funktion wenig in der Umgebung eines Punktes x_0 ändert, wenn ihre Ableitung in diesem Punkt verschwindet. Die Forderung, daß sich die resultierende Brennweite möglichst wenig mit der Wellenlänge und damit mit der Brechzahl n des Linsenmaterials ändert, entspricht daher der Bedingung $\dfrac{df'_{res}}{dn} = 0$, bzw. $\dfrac{d}{dn}\left(\dfrac{1}{f'_{res}}\right) = 0$. Mit den Brennweiten für die beiden dünnen Linsen,

Gl. 2.24, $\dfrac{1}{f_{1,2}} = (n-1)\left(\dfrac{1}{R_1^{(1,2)}} - \dfrac{1}{R_2^{(1,2)}}\right)$ und den Abkürzungen $b_{1,2} = \dfrac{1}{R_1^{(1,2)}} - \dfrac{1}{R_2^{(1,2)}}$, kann die Ableitung ausgeführt werden: $\dfrac{d}{dn}\left(\dfrac{1}{f'_{res}}\right) = \dfrac{d}{dn}\left((n-1)b_1 + (n-1)b_2 - (n-1)^2 b_1 b_2 d\right) = b_1 + b_2 - 2(n-1)d\, b_1 b_2 = 0$,

d. h., $d = \dfrac{b_1 + b_2}{2(n-1)b_1 b_2} = \dfrac{1}{2(n-1)b_1} + \dfrac{1}{2(n-1)b_2}$. Der erforderliche Abstand ist folglich

$$d = \frac{1}{2}(f'_1 + f'_2)$$

Setzt man diesen Abstand in die resultierende Brennweite ein, findet man

$$\frac{1}{f'_{res}} = \frac{1}{2}\left(\frac{1}{f'_1} + \frac{1}{f'_2}\right)$$

Die Lage der Hauptebenen des Linsensystems ist entsprechend Gln. 2.55 und 2.56 durch $h_1 = \dfrac{f'_{res}}{f'_2} d$, $h_2 = -\dfrac{f'_{res}}{f'_1} d$

gegeben. Damit wird
$$h_1 = f'_1,\ h_2 = -f'_2.$$

b) Mit $f'_1 = f'_2 = f'$ ergibt sich $d = f'$, $f'_{res} = f'$ und $h_1 = -h_2 = f'$. Beide Linsen sind jeweils in der

Brennebene der anderen positioniert. Die objektseitige Hauptebene liegt in Linse 2, so daß die resultierende objektseitige Brennebene in Linse 1 liegt! Entsprechend liegt die bildseitige Hauptebene in Linse 1 und die bildseitige Brennebene in Linse 2. Soll ein solches Okular ein virtuelles Bild im Unendlichen entwerfen, muß das reelle Zwischenbild des Objektivs des entsprechenden Geräts (z. B. Mikroskop oder Fernrohr) in der 1. Linse positioniert sein. Diese wirkt damit zugleich als Feldlinse.

Für $f' = 30$ mm erhält man $f'_{res} = d = 30$ mm und $h_1 = -h_2 = 30$ mm.

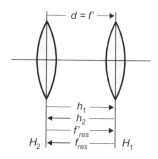

4.2.3 Mikroskop

(1) Funktionsweise und Vergrößerung

Um kleine Objekte sehr stark zu vergrößern, wäre nach Gl. 4.5 eine Lupe mit extrem kleiner Brennweite erforderlich. Beispielsweise würde eine Normalvergrößerung von 250 eine Lupe mit einer Brennweite von 1 mm erforderlich machen, was praktisch unmöglich ist. Aus diesem Grund geht man zu einer zweistufigen Abbildung über. In der ersten Stufe entwirft das **Objektiv** ein vergrößertes reelles Zwischenbild, das in der zweiten Stufe durch das als Lupe wirkende **Okular** nachvergrößert wird.

Der Strahlengang im Mikroskop ist in Bild 4.4 dargestellt. Das Objektiv bildet die nahe der Brennebene angeordnete kleine Objektstruktur in ein vergrößertes reelles Zwischenbild ab. Das Okular ist so angeordnet, daß sich das Zwischenbild in seiner Brennebene befindet. Es hat die Funktion einer Lupe und entwirft ein virtuelles Bild im Unendli-

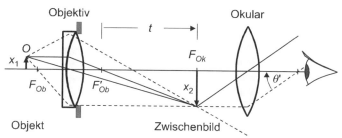

Bild 4.4 Strahlengang in einem Mikroskop. Die Konstruktionsstrahlen für das Bild sind durchgehend, ein durch die Objektivapertur begrenztes Bündel vom Objektpunkt O ist gestrichelt gezeichnet

chen, das vom Auge betrachtet wird. Den Abstand zwischen dem bildseitigen Brennpunkt des Objektivs, F'_{Ob}, und dem objektseitigen Brennpunkt des Okulars, F_{Ok}, bezeichnet man als **optische Tubuslänge** t des Mikroskops. Da diese schlecht zugänglich ist, legt man zusätzlich eine **mechanische Tubuslänge** als Abstand von Okular- und Objektivanlagefläche fest. Sie liegt bei modernen Mikroskopen bei etwa 160 mm.

Im Bild 4.4 ist die Feldlinse des Okulars der Übersichtlichkeit halber weggelassen worden. Das ermöglicht uns aber noch einmal, die Wirkung einer Feldlinse zu verdeutlichen. Verfolgen wir das neben den Konstruktionsstrahlen gestrichelt eingezeichnete Strahlenbündel vom Objektpunkt O, wird der vignettierende Einfluß der Okularumrandung ersichtlich:

Das Bündel passiert nur teilweise das Okular, wodurch die Helligkeit des virtuellen Bildes, das die Augenlinse entwirft, stark zum Rand hin abnimmt (vgl. Abschn. 2.4.2). Diese Vignettierung wird durch eine im Okular integrierte Feldlinse vermieden, welche die Austrittspupille des Objektivs auf die Eintrittspupille des Okulars abbildet, wie wir es im vorhergehenden Abschnitt besprochen hatten.

Mit Hilfe des Strahlenverlaufs im Bild 4.4 läßt sich die Mikroskopvergrößerung aus dem Abbildungsmaßstab des Objektivs, $\beta_{Ob} = x_2/x_1$, und der Lupenvergrößerung des Okulars, $\Gamma_{Ok} = -s_B/f'_{Ok}$, mit der Brennweite f'_{Ok} bestimmen. Der Winkel Θ', unter dem das Auge das Bild sieht, ist demnach

$$\tan\Theta' = \frac{x_2}{f'_{Ok}} = x_1 \frac{\beta_{Ob}}{f'_{Ok}} \qquad (4.6)$$

x_1, x_2 sind die Objekt- bzw. Bildgröße. Der Sehwinkel ohne Instrument ist wieder auf die Bezugssehweite bezogen, $\tan\Theta = -x_1/s_B$, so daß wir aus Gl. 4.6 die Vergrößerung des Mikroskops

$$\boxed{\Gamma_M = \Gamma_{Ok} \beta_{Ob}} \qquad (4.7)$$

erhalten.

Der Abbildungsmaßstab β_{Ob} ist von der Gegenstandsweite s_1 abhängig, so daß die Mikroskopvergrößerung Gl. 4.7 genaugenommen ebenfalls von s_1 abhängt. Da aber das Objekt nahe der Brennebene des Objektivs liegt und überdies die Brennweite des Objektivs klein im Vergleich zur Tubuslänge t ist, ist $s_1 \approx -f'_{Ob}$ und $s_2 \approx t$. Den Abbildungsmaßstab des Objektivs können wir damit durch

$$\beta_{Ob} = \frac{s_2}{s_1} \approx -\frac{t}{f'_{Ob}} \qquad (4.8)$$

ersetzen und erhalten für die Mikroskopvergrößerung folgende Form:

$$\boxed{\Gamma_M = \frac{t\, s_B}{f'_{Ob} f'_{Ok}}} \qquad (4.9)$$

Das Mikroskop liefert ein umgekehrtes, vergrößertes Bild. Die Vergrößerung, Gl. 4.9, ist daher negativ. Je kürzer die Brennweiten von Objektiv und Okular sind, desto höher ist die mit dem Mikroskop erzielbare Vergrößerung.

Entsprechend Gl. 4.7 kann die Vergrößerung eines Mikroskops aus den Angaben bestimmt werden, die auf Objektiv und Okular eingraviert sind. Findet man beispielsweise auf einem Objektiv die Angabe 35/0,6, so ist der Abbildungsmaßstab $\beta_{Ob} = 35$ und die **numerische Apertur** $A_N = 0,6$ (vgl. Abschn. 2.4.1, Gl. 2.60). Kommt noch die Angabe 15×, d.h., $\Gamma_{Ok} = 15$, auf dem Okular hinzu, dann ergibt sich die Mikroskopvergrößerung $\Gamma_M = 525$.

Mikroskopobjektive mit großen Abbildungsmaßstäben erfordern einen hohen Korrekturaufwand. Sie müssen eine große Öffnung haben, ein möglichst großes Feld mit geringer Bildfeldwölbung abbilden und gegen sphärische und chromatische Aberration korrigiert sein. Sie werden i. allg. nach ihrem Korrekturgrad eingeteilt. Die einfachsten Systeme sind **Achromate** (Korrektur bez. zwei Wellenlängen, vgl. Abschn. 2.5.5). Eine verbesserte Farbkorrektur haben **Halbapochromate**, wo z. T. Linsen mit extrem niedriger Dispersion verwendet werden. Die beste Farbkorrektur weisen **Apochromate** auf, die für drei Wellenlängen korrigiert sind (s. Abschn 2.5.5). **Planobjektive** liefern ein großes geebnetes Bildfeld, wie es speziell für die Mikrofotografie erforderlich ist.

(2) Auflösungsvermögen des Mikroskops

Aus der durch Gl. 4.9 bestimmten Mikroskopvergrößerung könnte man den Schluß ziehen, daß es nur einer geeigneten Wahl der Brennweiten von Objektiv und Okular bedarf, um beliebig kleine Strukturen sichtbar zu machen. Praktisch stellt sich aber heraus, daß es oberhalb einer bestimmten Vergrößerung, der sogenannten **förderlichen Vergrößerung**, nicht mehr sinnvoll ist, die Vergrößerung weiter zu erhöhen. Oberhalb der förderlichen Vergrößerung ergibt sich zwar ein größeres Bild, das aber keine feineren Strukturen zeigt. Den Grund dafür kennen wir schon. Die Wellennatur des Lichts begrenzt die Auflösbarkeit von Objektstrukturen bei der optischen Abbildung (vgl. Abschn. 2.5.6).

Beim Mikroskop ist es das Objektiv, welche das Auflösungsvermögen begrenzt. Der kleinste, beugungsbegrenzt auflösbare Abstand durch das Mikroskopobjektiv findet man zu

$$\Delta x_{min} = 0{,}61 \frac{\lambda}{n_o \sin\sigma} = 0{,}61 \frac{\lambda}{A_N} \quad (4.10)$$

λ ist die Wellenlänge des Lichts, mit dem das Objekt beleuchtet wird, σ der halbe Öffnungswinkel, unter dem die Objektivöffnung von der objektseitigen Brennebene aus erscheint und n_o die Brechzahl des Mediums zwischen Objekt und Objektiv. Die nachfolgende Ergänzung zeigt, wie Gl. 4.10 zustande kommt.

In Gl. 4.10 finden wir die grundsätzliche Gesetzmäßigkeit wieder, die wir im Abschn. 2.5.6 besprochen hatten. Der kleinste auflösbare Abstand ist proportional der Wellenlänge des verwendeten Lichts und umgekehrt proportional der Objektivöffnung. Als Maß für die Objektivöffnung erscheint hier die **numerische Apertur** des Objektivs $A_N = n_o \sin\sigma$ (vgl. Gl. 2.60). Eine zusätzliche Verbesserung des Auflösungsvermögens kann erreicht werden, wenn sich zwischen Objekt und Objektiv anstelle von Luft ($n_o = 1$) eine hochbrechende Flüssigkeit (Immersionsöl) befindet.

Auflösungsvermögen eines Mikroskopobjektivs

Um das Auflösungsvermögen eines Mikroskopobjektivs zu bestimmen, muß man genaugenommen zwei Fälle unterscheiden.

In den meisten Anordnungen wird das Objekt von hinten durchstrahlt. Hier bewirkt die Objektstruktur Beugung des Lichtes, welches das Objekt durchstrahlt. Für die Auflösung der beugenden Strukturen bei der Abbildung ist es nun erforderlich, daß neben der nullten mindestens die erste Beugungsordnung durch die Öffnung des Objektivs fällt. Das ist die Grundlage der sogenannten **Abbe-**

schen Beugungstheorie

Im anderen Fall wird das Objekt von vorn beleuchtet, die Objektpunkte sind "selbstleuchtend" und die Auflösungsgrenze wird durch die Beugung des vom Objekt ausgehenden Lichts an der Objektivöffnung verursacht. Auf der Grundlage selbstleuchtender Objekte basierten die Überlegungen zum beugungsbegrenzten Auflösungsvermögen im Abschn. 2.5.6.

Da beide Betrachtungsweisen zu ganz ähnlichen Ergebnissen führen, wollen wir hier das Auflösungsvermögen für selbstleuchtende Objekte näher untersuchen. Wir können allerdings die Ergebnisse vom Abschn. 2.5.6 nicht direkt übertragen, da diese auf der sogenannten Fraunhoferschen Beugung beruhen, d. h., auf dem Fall, daß das Objekt von der beugenden Öffnung sehr weit entfernt ist, das einfallende Licht also nahezu parallel ist (vgl. Abschn. 1.7.2). Da jedoch Strahlengänge in der Optik umkehrbar sind, wer-

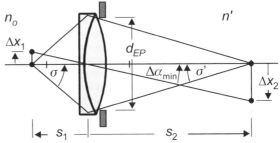

Bild 4.5 *Zum Auflösungsvermögen eines Mikroskopobjektivs*

den wir das Bild, das vom Objektiv entworfen wird, als Objekt ansehen und dafür den kleinsten auflösbaren Abstand Δx_2 berechnen. Das ist mit den Ergebnissen des Abschn. 2.5.6 möglich, da hierfür die Fraunhofersche Näherung erfüllt ist. Dem dazugehörigen kleinsten Bildabstand entspricht dann im Umkehrschluß der kleinste Abstand Δx_1, den das Mikroskopobjektiv auflösen kann. Im Bild 4.5 sind der Strahlengang und die verwendeten Größen dargestellt.

Für den kleinsten auflösbaren Abstand Δx_2 gilt entsprechend Gl. 2.70

$$\Delta x_2 = -s_2 \Delta \alpha_{min} = -1{,}22\, s_2 \frac{\lambda}{n'd_{EP}} \tag{4.11}$$

(s. Bild 4.5). λ/n' ist die Wellenlänge im Medium mit der Brechzahl n' im Bildraum. Den Durchmesser der Aperturöffnung können wir durch den bildseitigen halben Öffnungswinkel σ' des Objektivs ausdrücken, wobei wir benutzen, daß dieser sehr klein ist:

$$d_{EP} = -2 s_2 \tan\sigma' \approx -2 s_2 \sigma' \approx -2 s_2 \sin\sigma' \tag{4.12}$$

Ein Mikroskopobjektiv muß ein achsennahes Objekt fehlerfrei abbilden. Die Bedingung dafür ist, daß die Abbesche Sinusbedingung (Gl. 2.66)

$$\Delta x_2 n' \sin\sigma' = \Delta x_1 n_o \sin\sigma \tag{4.13}$$

erfüllt ist. Einsetzen von Gln. 4.12 und 4.13 in Gl. 4.11 führt zu dem Abstand

$$\Delta x_1 = \Delta x_{min} = 0{,}61\, \frac{\lambda}{n_o \sin\sigma} \tag{4.14}$$

der gerade der gesuchte kleinste auflösbare Abstand ist.

(3) Förderliche Vergrößerung

Der kleinste auflösbare Abstand Δx_{min} muß nun durch das Mikroskop so vergrößert werden, daß ihn auch das Auge auflösen kann. Wir wollen die dazu benötigte Vergrößerung abschätzen. Die Winkelauflösung des Auges beträgt etwa $\Delta \alpha \approx 1'$, d.h., das Mikroskop muß den Winkel Θ, unter dem Δx_{min} in der deutlichen Sehweite s_B erscheint, auf diesen Sehwinkel vergrößern:

$$\Gamma = \frac{\tan\Delta\alpha}{\tan\Theta} \approx -\frac{\Delta\alpha s_B}{\Delta x_{min}} \qquad (4.15)$$

Mit Gl. 4.10 und der Wellenlänge $\lambda = 550$ nm ergibt sich

$$\Gamma = -\frac{\Delta\alpha s_B}{0{,}61\lambda} A_N \approx 217 A_N \qquad (4.16)$$

Um eine bequeme Beobachtung zu ermöglichen, definiert man als sogenannte **förderliche Vergrößerung**

$$|\Gamma_{f\ddot{o}rd}| = 500 A_N \quad \text{bis} \quad 1000 A_N \qquad (4.17)$$

Bleibt die Mikroskopvergrößerung unter diesem Wert, so wird die aufgrund der numerischen Apertur A_N mögliche Auflösung des Mikroskopobjektivs nicht ausgenutzt, eine stärkere Vergrößerung kann weitere Objektstrukturen sichtbar machen. Erhöht man andererseits die Vergrößerung deutlich über die förderliche Vergrößerung, erhält man zwar ein größeres Bild ohne jedoch zusätzliche Strukturen sichtbar zu machen, die Vergrößerung über diesen Grenzwert bleibt leer. Eine solche **leere Vergrößerung** kann sogar unbrauchbar sein, wenn die einzelnen Bildstrukturen nicht mehr in einem sinnvollen Zusammenhang gebracht werden können. Das zeigt schon ein vergrößertes Bild eines Zeitungsdrucks, das man aus zu geringer Entfernung betrachtet. Man sieht nur noch die Rasterpunkte, ohne sie einzelnen Buchstaben zuordnen zu können.

(4) Objektbeleuchtung

Für eine gute Darstellung des vergrößerten Objekts durch das Mikroskop spielt die Beleuchtung eine wichtige Rolle. Sie kann im Auflicht oder im Durchlicht erfolgen. In den meisten Fällen wird das Objekt von hinten im Durchlicht beleuchtet. Dies wollen wir exemplarisch besprechen. Bedingt durch den Mikroskopaufbau muß die Beleuchtung des Objekts bestimmte Anforderungen erfüllen. Die Divergenz des Beleuchtungsbündels muß zum einen der numerischen Apertur des Objektivs angepaßt sein, damit das Auflösungsvermögen ausgenutzt wird. Zum anderen soll die Größe der beleuchteten Fläche in der Objektebene auf die Größe des Objekts einstellbar sein. Diese Bedingungen erfordern einen speziellen **Beleuchtungsstrahlengang**, die auch als **Köhlersche Beleuchtungsanordnung** bezeichnet wird.

Bild 4.6 zeigt den Strahlengang. Eine Linse, auch **Kollektor** genannt, mit einer veränderlichen Aperturblende, der **Leuchtfeldblende**, bildet die i. allg. kleine Leuchtfläche der Lampe vergrößert in die objektseitige Brennebene des eigentlichen Kondensors ab. Dort befindet sich ebenfalls eine variable Blende, die **Aperturblende**. Der Abstand des Kondensors wird so eingestellt, daß er die Leuchtfeldblende in die Objektebene abbildet. Durch die veränderliche Leuchtfeldblende kann folglich die Größe der ausgeleuchteten Fläche in der Objektebene geregelt werden.

Da sich das Leuchtflächenbild in seiner Brennebene befindet, erzeugt der Kondensor

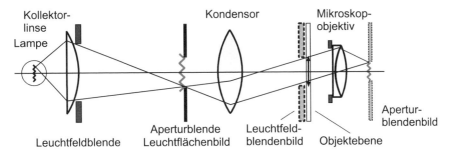

Bild 4.6 Strahlengang der Köhlerschen Beleuchtungsanordnung

von jedem Punkt des Leuchtflächenbildes ein paralleles Strahlenbündel, dessen Neigung vom Abstand des Punktes von der Achse abhängt. Der maximale Neigungswinkel wird durch den Abstand der Randpunkte des Leuchtflächenbildes bestimmt. Ändert man die Größe der in der Brennebene liegenden Aperturblende, ändert sich folglich die Divergenz des aus dem Kondensor austretenden Lichtbündels. Durch die Aperturblende kann also der Divergenzwinkel des Beleuchtungsbündels an den Öffnungswinkel des Objektivs angepaßt werden. Das Objektiv des Mikroskops bildet die vom Kondensor ins Unendliche projizierte Leuchtfläche in seine bildseitige Brennebene ab.

Beleuchtungs- und Abbildungsstrahlengang des Mikroskops sind Anwendungen der im Abschnitt 2.4 besprochenen Begriffe der Apertur- und Feldblende. Die sogenannte Leuchtfeldblende stellt für den Beleuchtungsstrahlengang die Aperturblende bzw. die Eintrittspupille dar. Ihr Bild, das die Austrittspupille des Beleuchtungsstrahlengangs ist, bildet für den Abbildungsstrahlengang des Mikroskops gerade die Feldblende bzw. die Eintrittsluke. Die Aperturblende wiederum ist genau genommen die Aperturblende des abbildenden Strahlengangs, bez. des Beleuchtungsstrahlengangs ist sie die Feldblende. Solche Strahlengänge bezeichnet man häufig auch als verflochten. Wir haben damit eine wichtige Eigenschaft von Beleuchtungs- und Abbildungsstrahlengängen gefunden, die in optischen Instrumenten eingesetzt werden, wo eine Beleuchtung des Objekts erforderlich ist:

- In einem verflochtenen Strahlengang fallen die Luken (Pupillen) des Beleuchtungsstrahlengangs mit den Pupillen (Luken) des Abbildungsstrahlengangs zusammen.

Ein weiteres Beispiel dazu ist der Projektor, der im Abschn 4.2.5 besprochen wird.

Beispiel

Um mehr Einzelheiten zu erkennen, will ein Beobachter die 300-fache Vergrößerung seines Mikroskops erhöhen. Dazu ersetzt er das vorhandene Okular durch ein kurzbrennweitigeres. Trotzdem ist es ihm nicht möglich, zusätzliche Einzelheiten zu erkennen.
   a) Wie groß ist der kleinste Abstand, den das Objektiv noch auflösen kann, wenn die Winkelauflösung des Auges des Beobachters 2' beträgt.
   b) Wie groß ist die numerische Apertur des Objektivs? (Die Beleuchtungswellenlänge sei 550 nm.)

Lösung:
a) Aus der Aufgabe ist ersichtlich, daß die Vergrößerung des Mikroskops Γ_M = 300 so gewählt war, daß der kleinste durch das Objektiv auflösbare Abstand Δx_{min} gerade dem Auflösungsvermögen des Auges angepaßt ist, d. h., der Sehwinkel Θ, unter dem Δx_{min} in der deutlichen Sehweite s_B erscheint, auf den vom Auge auflösbaren Winkel $\Delta\alpha$ = 2' = 0,58 mrad vergrößert wurde:

$$\Gamma_M = 300 = \frac{\tan\Delta\alpha}{\tan\Theta} \approx \frac{\Delta\alpha}{\Theta}$$

Mit $\Theta \approx -\Delta x_{min}/s_B$ und s_B = -25 cm ergibt sich Δx_{min} = 0,48 µm (2' = 0,58 mrad).

b) Aus Gl. 4.10 erhält man $A_N = \frac{0{,}61\lambda}{\Delta x_{min}} = 0{,}692$.

4.2.4 Fernrohr

Mit dem Fernrohr soll der Sehwinkel, unter dem weit entfernte Objekte erscheinen, vergrößert werden. Im Unterschied zum Mikroskop entwirft das Objektiv von dem beobachteten Gegenstand ein stark verkleinertes Zwischenbild. Aufgrund der Entfernung des Gegenstands sieht man dieses jedoch durch das Okular unter einem größeren Sehwinkel als bei der Beobachtung ohne Fernrohr. Fernrohre finden ein breites Anwendungsfeld. Ihre Einteilung erfolgt im wesentlichen nach dem Verwendungszweck in Fernrohre zum Beobachten von Gegenständen auf der Erde (Erdfernrohre bzw. terrestrische Fernrohre, z. B. Feldstecher), Fernrohre zum Beobachten von astronomischen Objekten (astronomische Fernrohre) und Fernrohre für Sonderzwecke. Hierzu gehören Fernrohre für das Vermessungswesen, für Meß- und Prüfaufgaben, aber auch Ziel- und Richtfernrohre.

(1) Funktionsweise und Kenngrößen

Wie beim Mikroskop wird ein Gegenstand in zwei Stufen abgebildet. Da im Unterschied zum Mikroskop der beobachtete Gegenstand sehr weit entfernt ist, entwirft das Objektiv ein verkleinertes Zwischenbild in der Nähe seiner bildseitigen Brennebene. Durch das Okular, das wiederum als Lupe wirkt, wird dieses vergrößert. Das von einem Gegenstandspunkt einfallende Lichtbündel, das nahezu parallel ist, tritt aus dem Okular wiederum als paralleles Bündel unter einem anderen Winkel aus. Bild 4.7 zeigt den Strahlenverlauf in einem genau auf unendlich eingestellten Fernrohr. Im sogenannten **Kepler-Fernrohr** hat das Okular eine positive bildseitige Brennweite (Bild 4.7a). Bei dem **Galilei-Fernrohr** wird ein Okular mit negativer Brennweite verwendet (Bild 4.7b).

Ist das Fernrohr exakt auf unendlich eingestellt, fällt in beiden Fällen der bildseitige Brennpunkt des Objektivs mit dem objektseitigen des Okulars zusammen, das Fernrohr verhält sich als ganzes wie eine **neutrale Linse** (vgl. Anwendungsbeispiel (2) zum Abschn. 2.3.3). In einem solchen **afokalen** System tritt ein einfallendes paralleles Strahlenbündel wieder parallel aus, unterschiedlich sind Einfalls- und Ausfallswinkel. Die **Vergrößerung** des Fernrohrs wird meistens für diese Einstellung angegeben. Sie wird durch die Größe der beiden Winkel bestimmt. Für den Sehwinkel ohne Instrument, der gleich dem Winkel Θ ist, unter dem das Strahlenbündel einfällt, gilt (s. Bild 4.7)

$$\tan\Theta = -\frac{x_2}{f'_{Ob}} \quad (4.18)$$

(x_2 ist die Größe des Zwischenbildes). Der Sehwinkel mit Instrument Θ' ist gleich dem Austrittswinkel des Strahlenbündels:

$$\tan\Theta' = \frac{x_2}{f'_{Ok}} \quad (4.19)$$

Damit ist die Vergrößerung bei afokaler Einstellung:

$$\Gamma_F = -\frac{f'_{Ob}}{f'_{Ok}} \quad (4.20)$$

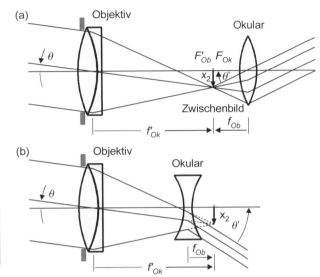

Sie hängt von dem Verhältnis der Brennweiten ab. Das Kepler-Fernrohr liefert ein umgekehrtes Bild, die Vergrößerung ist also negativ. Das kopfstehende Bild stört in der Astronomie nicht, für Beobachtungen auf der Erde muß das Bild jedoch aufgerichtet werden. Beim Galilei-Fernrohr ist die Vergrößerung wegen $f_{Ok}' < 0$ positiv, es liefert ein aufrechtstehendes Bild.

Für das Kepler-Fernrohr kann die Vergrößerung mit Hilfe der Größen von Ein- und Austrittspupille bestimmt werden. Die Eintrittspupille mit dem Durchmesser D_{EP}, die meistens durch die Objektivfassung gebildet wird, wird durch das Okular in die reelle Austrittspupille mit dem Durchmesser D_{AP} hinter dem Okular abgebildet. Bild 4.8a zeigt die Lage der Ein- und Austrittspupille im Kepler-Fernrohr. Aus dem Strahlengang können wir die Beziehung

Bild 4.7 Strahlengang und Sehwinkel in einem auf unendlich eingestellten (a) Kepler-Fernrohr und (b) Galilei-Fernrohr

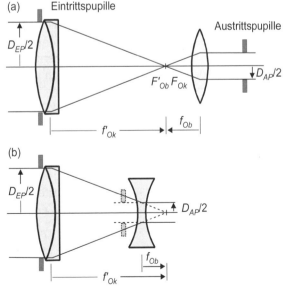

Bild 4.8 Lage der Pupillen beim (a) Kepler-Fernrohr, (b) Galilei-Fernrohr

$$\frac{D_{EP}}{2f'_{Ob}} = \frac{D_{AP}}{2f_{Ok}} \qquad (4.21)$$

ablesen. Setzt man Gl. 4.21 in Gl. 4.20 ein, sehen wir, daß die Vergrößerung durch das Größenverhältnis beider Pupillen gegeben ist:

$$\Gamma_F = -\frac{D_{EP}}{D_{AP}} \qquad (4.22)$$

(Für die richtige Vorzeichenwahl ist zu berücksichtigen, daß bei reeller Abbildung D_{AP} negativ wird.)

Zur Einstellung auf kleinere Objektabstände wird entweder der Abstand zwischen Objektiv und Okular durch einen Tubusauszug vergrößert, oder es erfolgt Innenfokussierung durch eine zusätzliche, verschiebbare Zwischenlinse.

Für Beobachtungsfernrohre werden als Kenngrößen die Vergrößerung $|\Gamma_F|$ und der Durchmesser der Eintrittspupille D_{EP} angegeben. Die Angabe "10 × 50" auf einem Feldstecher bedeutet $|\Gamma_F|$ = 10, D_{EP} = 50 mm. Als Maß für die Leistungsfähigkeit bei geringer Helligkeit (Dämmerungssehen) des Fernrohrs wird in manchen Fällen eine **Dämmerungszahl** Z angegeben:

$$Z = \sqrt{|\Gamma_F| D_{EP}} \qquad (4.23)$$

mit D_{EP} in mm. Für das oben genannte Beispiel "10 × 50" ist Z = 22,4.

Das **Sehfeld** eines Fernrohrs wird entweder durch den Winkel 2Θ oder durch den Felddurchmesser x_1 bei angegebenem Abstand $|s_1|$ (z. B. Objektfeld x_1 = 90 m bei 1000 m Abstand, entsprechend 2Θ = 5,2°).

Das beugungsbegrenzte **Auflösungsvermögen** des Fernrohrs wird wie beim Mikroskop durch das Objektiv bestimmt. Da weit entfernte Gegenstände abgebildet werden, können wir die Ergebnisse des Abschn. 2.5.6 direkt übernehmen. Entsprechend Gl. 2.70 ist der kleinste Winkel, unter dem zwei Objektpunkte noch aufgelöst werden können, durch

$$\Delta\alpha_{min} = 1{,}22\frac{\lambda}{D_{EP}} \qquad (4.24)$$

gegeben. Das Auge kann die Objektpunkte aber erst auflösen, wenn $\Delta\alpha_{min}$ auf einen Sehwinkel von mindestens Θ' = 1' vergrößert wird (Winkelauflösung des Auges, vgl. Abschn. 4.1). Bei einer Wellenlänge von λ = 550 nm erfordert das eine Vergrößerung von mindestens $\Theta'/\Delta\alpha_{min} \approx 430$ m^{-1}·D_{EP}. Die **förderliche Vergrößerung** des Fernrohrs ist daher auf

$$\Gamma_{förd} = D_{EP}(\text{mm}) \qquad (4.25)$$

(= Zahlenwert von D_{EP} in mm) festgelegt. Unterhalb der förderlichen Vergrößerung wird das beugungsbegrenzte Auflösungsvermögen, das durch die Größe der Eintrittspupille des Fernrohrobjektivs möglich ist, nicht ausgenutzt. Oberhalb der durch Gl. 4.25 gegebenen Grenze bleibt die Vergrößerung leer, d. h., das Bild erscheint zwar größer, läßt aber keine feineren Strukturen erkennen.

An dieser Stelle wird deutlich, daß neben der Vergrößerung Γ_F der Durchmesser der Eintrittspupille D_{EP} eine wichtige Kenngröße des Fernrohrs ist. Er bestimmt zum einen die Helligkeit des Bildes, welches das Fernrohr entwirft, und zum anderen das Auflösungsvermögen des Fernrohrs.

(2) Terrestrische Fernrohre

Ein Erdfernrohr muß aufrechte Bilder liefern. Für geringe Vergrößerungen (Γ_F = 2 bis 3, beispielsweise für Operngläser) genügt ein Galilei-Fernrohr (Bild 4.7b), das ja ein aufrechtes Bild liefert. Der Nachteil des Galilei-Fernrohrs ist, daß die vom Negativokular entworfene virtuelle Austrittspupille vor dem Okular (s. Bild 4.8b) und dadurch von der Eintrittspupille des Auges entfernt liegt. Dadurch ist das Sehfeld unscharf begrenzt und relativ klein, vergleichbar mit einem Blick durch ein Schlüsselloch. Größter Vorteil des Galilei-Fernrohrs ist seine geringe Baulänge bei einfachem Aufbau.

Bei als **Feldstecher** bekannten Doppel-Handfernrohren wird das Bild durch Umkehrprismensysteme aufgerichtet, beispielsweise mit einem Porroschen Umkehrsystem (vgl. Abschn. 3.2.2). Solche Umkehrsysteme haben zusätzlich noch den Vorteil, daß der Strahlweg gefaltet ist und dadurch die Baulänge verkürzt wird.

Eine andere Möglichkeit, das Bild aufzurichten, ist eine zusätzliche reelle Zwischenabbildung mit einer Umkehrlinse. Das durch das Objektiv entworfene Bild wird durch die Umkehrlinse meistens mit dem Abbildungsmaßstab $\beta_x = -1$ noch einmal abgebildet, damit aufgerichtet und dann durch das Okular betrachtet. Damit wird jedoch die Baulänge erheblich vergrößert. Ein Beispiel für solche Systeme sind Zielfernrohre.

(3) Astronomische Teleskope

Astronomische Fernrohre benötigen keine Bildaufrichtung. Bei astronomischen Fernrohren ist jedoch ein hohes Auflösungsvermögen und eine große Bildhelligkeit gefordert, was nach Gl. 4.24 einen möglichst großen Durchmesser der Eintrittspupille wünschenswert macht. Die Grundanordnung ist das Kepler-Fernrohr nach Bild 4.7a. Objektive mit Glaslinsen werden dabei bis zu einem maximalen Durchmesser von 1 m eingesetzt. (Das größte Linsenfernrohr, das Yerkes-Teleskop, hat einen Durchmesser von 1,02 m.) Bei größeren Durchmessern überwiegen die Probleme wegen des Eigengewichts solcher Glaslinsen, so daß anstelle des Objektivs mit Glaslinsen Oberflächenspiegel verwendet werden. Außerdem gibt es keine chromatische Aberration. Spiegel erfordern allerdings eine wesentlich höhere Formgenauigkeit der Oberfläche als Linsenflächen, um die Auflösung, die aufgrund des Durchmessers der Eintrittspupille möglich ist, auch tatsächlich zu realisieren. Die Genauigkeitsanforderungen liegen in der Größenordnung von einem Zehntel der verwendeten Wellenlänge. In Bild 4.9 sind einige Reflektoranordnungen dargestellt, wobei jede einen konkaven parabolischen Primärspiegel zur Verringerung der sphärischen Aberration besitzt (vgl. Abschn. 3.1.3). In der Newtonschen Anordnung (Bild 4.9a) lenkt ein ebener Spiegel oder ein Prisma das Strahlenbündel rechtwinklig zur Teleskopachse um. Außerhalb des eigentlichen Teleskops wird das Licht weiterverarbeitet, z. B. beobachtet, fotografiert oder spektral zerlegt. In der Gregoryschen Anordnung (Bild 4.9b) invertiert ein konkaver Ellipsoidspiegel das Bild des Primärspiegels und lenkt das Strahlenbündel durch ein Loch im Primärspiegel in die ursprüngliche Richtung. Im Cassegrainschen Teleskop (Bild 4.9c) wird ein hyperbolischer Konvexspiegel als Sekundärspiegel verwendet. Vorteilhaft ist hierbei, daß diese Kombination zu einer größeren resultierenden Brennweite führt.

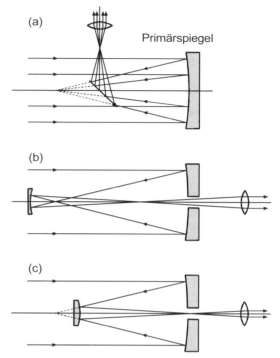

Bild 4.9 Anordnungen astronomischer Spiegelteleskope: (a) Newtonsches, (b) Gregorysches und (c) Cassegrainsches Spiegelteleskop

(4) Autokollimationsfernrohre

Häufig hat man die Aufgabe, Flächen senkrecht bzw. unter einem definierten Winkel zu einer vorgegebenen Achse anzuordnen, mehrere Flächen parallel einzurichten oder den Keilfehler von Planplatten auszumessen. Solche **Richtungsmessungen** können mit dem Autokollimationsfernrohr durchgeführt werden. Bild 4.10 zeigt den schematischen Aufbau. Es besteht im Grunde aus zwei Teilen, dem **Kollimator** und dem eigentlichen **Fernrohr**. Der **Kollimator** ist ein Projektor, der eine beleuchtete Strichplatte S_K mit einer Marke, im einfachsten Fall ein Fadenkreuz, ins Unendliche abbildet. Die Strichplatte S_K ist daher in der Brennebene des Kollimatorobjektivs angeordnet. Sie wird durch eine Lampe mit Kondensor beleuchtet. Das Licht wird entweder durch einen Strahlteiler (Bild 4.10a) oder durch einen Umlenkspiegel (Bild 4.10b) zum Objektiv umgelenkt. Dieser Strahlengang bildet den Kollimator. Wird nun das Licht an einem Planspiegel in das Objektiv zurückgeworfen, kann die Marke der Strichplatte mit dem auf unendlich eingestellten Fernrohr beobachtet werden. Das Fernrohr wird durch das Objektiv, das Fernrohr und Kollimator gemeinsam haben, und das Okular gebildet.

Um die Lage des Markenbildes quantitativ auswerten zu können, ist an der Stelle des Zwischenbildes (Brennebene des Objektivs bez. des Fernrohrstrahlengangs) ebenfalls eine Strichplatte S_F mit einer Marke angebracht. Diese Fernrohrmarke kann im einfachsten Fall wieder ein Fadenkreuz sein. Übereinstimmung zwischen Bild der Kollimatormarke und Fernrohrmarke zeigt dann an, daß die Planplatte das Licht genau in sich zurückwirft, also senkrecht zur Fernrohrachse steht. Voraussetzung ist natürlich, daß die Strichplatten des

Kollimators und des Fernrohrs genau aufeinander abgestimmt sind.

Um Winkeldifferenzen zwischen der Flächennormalen der Planplatte und der Fernrohrachse quantitativ ausmessen zu können, kann eine Fernrohrmarke mit einer Winkeleinteilung verwendet werden. Eine Drehung des Planspiegels um einen Winkel $\Delta\alpha$ führt zu einer Verschiebung des Bildes der Kollimatormarke gegenüber der Fernrohrmarke um

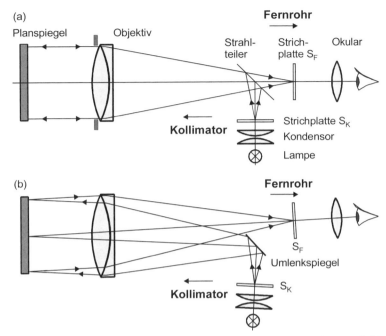

Bild 4.10 Autokollimationsfernrohr mit (a) physikalischer und (b) geometrischer Teilung

$$\Delta x = 2 f'_{Ob} \Delta \alpha \qquad (4.26)$$

f'_{Ob} ist die Brennweite des Fernrohrobjektivs. Gl. 4.26 bildet die Grundlage zur Eichung der Winkeleinteilung der Fernrohrmarke.

Die im Bild 4.10a gezeigte Anordnung bezeichnet man auch als Autokollimationsfernrohr mit **physikalischer Teilung**. Da das vom Kollimator ausgehende Licht zweimal den Strahlteiler passiert, bevor es ausgewertet wird, geht ein Teil des Lichtes für die Meßaufgabe verloren, was für manche Anwendungen nachteilig sein kann. Läßt man zwischen Kollimator- und Fernrohrachse einen kleinen Winkel zu und lenkt den Kollimatorstrahlengang durch einen Spiegel um, benutzt für beide aber das gleiche Objektiv, kommt man zum Autokollimationsfernrohr mit **geometrischer Teilung** (Bild 4.10b). Dieses hat eine höhere Helligkeit. Für die meisten Meßaufgaben wird jedoch das Autokollimationsfernrohr mit physikalischer Strahlteilung verwendet.

Für manche Anwendungen kann es zweckmäßig sein, Kollimator und Fernrohr ganz zu trennen. Die vom Kollimator ins Unendliche abgebildete Marke kann dann von einem Fernrohr, das an einer anderen Stelle steht, beobachtet bzw. vermessen werden. Eine wesentliche Eigenschaft dieser Meßanordnung ist, daß sie unempfindlich gegenüber einer Parallelverschiebung des Kollimators ist. Sie zeigt nur die Änderung der Projektionsrichtung an, was wichtig für den praktischen Einsatz ist. Die Ursache dafür ist die Projektion der Kollimatormarke ins Unendliche und die Beobachtung mit einem auf unendlich eingestellten Fernrohrs.

(5) Fluchtfernrohre

Mit dem Autokollimationsfernrohr ist es möglich, Richtungen zu prüfen (z. B. die Drehung der Flächennormale gegenüber einer vorgegebenen Achse). Die Grundidee dabei ist, eine ins Unendliche projizierte Marke mit einem auf unendlich eingestellten Fernrohr zu vermessen.

Eine andere Aufgabe kann nun sein, kleine Verschiebungen gegenüber einer vorgegebenen Achse (**Fluchtgeraden**) zu ermitteln. Neben der Richtungsprüfung ist die Fluchtungsprüfung eine meßtechnische Grundaufgabe. Hierfür muß im Unterschied zur Richtungsmessung das Fluchtfernrohr unmittelbar auf eine in endlicher Entfernung liegende, beleuchtete Meßmarke (beispielsweise ein Fadenkreuz) eingestellt werden (Bild 4.11a). Durch das Fernrohrobjektiv wird ein Bild der Meßmarke in der Zwischenbildebene entworfen, in der sich auch eine Strichplatte mit der Fernrohrmarke befindet. Das Zwischenbild der Meßmarke und die Fernrohrmarke werden durch das Okular beobachtet. Ist nun die Meßmarke seitlich um die Strecke Δx_1 verschoben, ändert sich die Lage des Zwischenbilds der Meßmarke um Δx_2 gegenüber der Fernrohrmarke (vgl. Bild 4.11b). Die Verschiebung Δx_2 hängt über den Abbildungsmaßstab, Gl. 2.27, von Δx_1 ab und

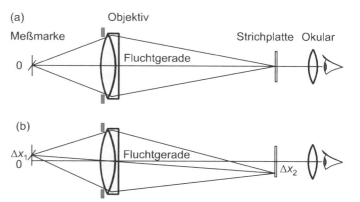

Bild 4.11 Messung von Verschiebungen mit dem Fluchtfernrohr: (a) Meßmarke in der Fernrohrachse, die die Fluchtgerade bildet, (b) Meßmarke um Δx_1 verschoben

ist damit auch vom Abstand der Meßmarke abhängig. Die Fluchtgerade wird durch einen Bezugspunkt der Fernrohrmarke auf der Strichplatte festgelegt (beispielsweise durch den Schnittpunkt der Fadenkreuzlinien). Das Fluchtfernrohr wirkt also als "optisches Lineal".

Für Fluchtungsmessungen ist es wichtig zu wissen, daß die Meßanordnung gegenüber kleinen Drehungen der Meßmarke um ihren Mittelpunkt unempfindlich ist, da sich dadurch die Lage des Zwischenbilds nicht ändert. Auf diese Weise ergänzen sich beide Meßmethoden: Mit dem gegen Richtungsdifferenzen unempfindlichen Fluchtfernrohr werden Verschiebungen gemessen und mit dem gegen Fluchtungsdifferenzen unempfindlichen, auf unendlich eingestellten Fernrohr Richtungsdifferenzen.

Beispielaufgaben

1. Bei einem Feldstecher 8 × 30 beträgt der Abstand zwischen Objektiv und Okular 200 mm bei Einstellung auf unendlich. Zur Einstellung auf nahe Objekte läßt sich das Okular um 5 mm herausdrehen.
   a) Wie groß ist die Brennweite von Objektiv und Okular?
   b) Welches ist der kürzeste Abstand vom Objektiv, in dem Gegenstände noch scharf gesehen werden, wenn das Auge auf unendlich akkommodiert ist?

Lösung:
Zur Lösung benutzen wir die Eigenschaften des Fernrohrs:
Vergrößerung (Gl. 4.20): $\Gamma_F = f'_{Ob}/f'_{Ok} = 8$
Abstand Objektiv - Okular bei Einstellung auf unendlich: $L = f'_{Ob} + f'_{Ok} = 200$ mm.

a) Aus $f'_{Ob} = f'_{Ok} \Gamma_F = \Gamma_F (L - f'_{Ob})$ folgt $f'_{Ob} = \dfrac{L \Gamma_F}{1 + \Gamma_F} = 17{,}78$ cm und $f'_{Ok} = L - f'_{Ob} = 2{,}22$ cm.

b) Das Bild durch das Objektiv entsteht bei einer Bildweite $s_2 = f'_{Ob} + \Delta L = 182{,}78$ mm ($\Delta L = 5$ mm ist die Strecke, um die das Okular herausgedreht werden kann). Aus $\dfrac{1}{s_2} - \dfrac{1}{s_1} = \dfrac{1}{f'_{Ob}}$ erhält man eine Gegenstandsweite (kürzester Abstand vom Objektiv) von $s_1 = \dfrac{s_2 f'_{Ob}}{f'_{Ob} - s_2} = -6{,}50$ m.

2. Welche Einzelheiten können mit einem Teleskop, das einen Aperturdurchmesser von 0,8 m hat, auf dem Mond im sichtbaren Spektralbereich (550 nm) aufgelöst werden? Welche Vergrößerung sollte das Teleskop bei Beobachtung mit dem Auge haben? Der Abstand Erde - Mond beträgt 384400 km.

Lösung:
Die Winkelauflösung eines 0,8-m-Teleskops ist $\Delta \alpha_{min} = 1{,}22 \dfrac{\lambda}{D_{EP}} = 0{,}84$ μrad, was bei einer Entfernung von $s = 384400$ km einem kleinsten auflösbaren Abstand von $\Delta x_{min} = s \, \Delta \alpha_{min} = 422{,}4$ m entspricht. Die förderliche Vergrößerung (Gl. 4.25) dafür beträgt $\Gamma_{Förd} = D_{EP}(\text{mm}) = 800$.

4.2.5 Projektoren

Projektoren sind optische Geräte, die eine ebene Vorlage auf einem Bildschirm abbilden, meistens zur Betrachtung mit dem Auge. Die Vorlage kann transparent (**Dia-Projektion**) oder diffus reflektierend (**Epi-Projektion**) sein. Die Anwendungen von Projektionsgeräten sind vielfältig. Sie reichen von der Dia- und Filmprojektion über Schreibprojektoren, Mikrofilm-Lesegeräte bis hin zu technischen Projektoren, wie Skalen- und Meßprojektoren. Epi-Projektion wird sowohl zur Wiedergabe von Vorlagen zur Betrachtung als auch in Kopiergeräten eingesetzt. Der Bildschirm ist je nach Anwendung diffus reflektierend (**Auflichtbetrachtung**) oder transparent (**Durchlichtbetrachtung**).

Trotz der durch die unterschiedlichen Vorlagenformate bedingten vielfältigen Bauweisen liegt allen Projektionsgeräten das gleiche Prinzip zugrunde. Auf den ersten Blick haben wir es mit einer einfachen Abbildung einer Vorlage zu tun. Die Besonderheiten der Projektionsgeräte kommen jedoch durch die Anforderungen an die Helligkeit und gleichmäßige Ausleuchtung des projizierten Bildes zustande. Diesen Anforderungen wird in den meisten Fällen ein verflochtener Strahlengang ähnlich der Objektbeleuchtung im Mikroskop gerecht.

Bild 4.12 zeigt den prinzipiellen Aufbau am Beispiel eines Durchlichtprojektors. Er enthält das **Beleuchtungssystem** (Lichtquelle mit Konkavspiegel und Kondensor) und das **Abbildungssystem** (Vorlagenhalter und Objektiv). Der **Beleuchtungsstrahlengang** ist im

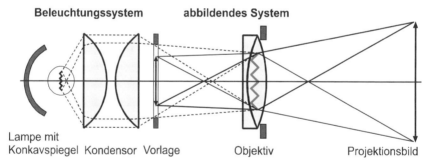

Bild 4.12 Schema einer Durchlichtprojektion. Der Beleuchtungsstrahlengang ist mit gestrichelten, der Abbildungsstrahlengang mit durchgehenden Linien gekennzeichnet

Bild 4.12 durch gestrichelte Linien gekennzeichnet und der **abbildende Strahlengang** durch durchgehende Linien.

Wie wir im Abschn. 2.4.2 gesehen hatten, bildet die Leuchtfläche der Lampe die Eintrittspupille für die Abbildung der Vorlage. Da meistens die Leuchtfläche der Projektionslampen sehr klein sind, würde die direkte Beleuchtung der Vorlage durch die Lampe zu einer sehr lichtschwachen Projektion führen. Im Beleuchtungssystem hat der Kondensor als Feldlinse daher die Aufgabe, die Leuchtfläche der Lampe (Glühwendel) in die Öffnung des Objektivs abzubilden. Das Leuchtflächenbild im Objektiv wirkt dann als neue vergrößerte Eintrittspupille des Abbildungsstrahlengangs, wodurch die Bildhelligkeit entsprechend verbessert wird. Um die Apertur des Objektivs für die Abbildung ausnutzen zu können, sollte der Kondensor so dimensioniert sein, daß das Leuchtflächenbild die Objektivöffnung möglichst ausfüllt.

Analog zur Köhlerschen Beleuchtungsanordung gilt auch für den Projektionsstrahlengang:

- Die Luken des Beleuchtungsstrahlengangs fallen mit den Pupillen des Abbildungsstrahlengangs zusammen.

Diese Anordnung des Beleuchtungs- und Abbildungsstrahlengangs ist ebenfalls ein verflochtener Strahlengang. Verflochtene Strahlengänge werden insbesondere dann eingesetzt, wenn die Leuchtfläche der Lampe wesentlich kleiner als die Vorlage ist. Sie haben überdies den Vorteil, daß ungleichmäßige Leuchtflächen nicht die Ausleuchtung des Bildes stören.

Ist die Leuchtfläche vergleichbar mit der Größe der Vorlage und möglichst gleichmäßig, kann sie auch in die Vorlage oder in die unmittelbare Nähe abgebildet werden. Das bedeutet aber, das die Leuchtfläche durch das Projektionsobjektiv ebenfalls auf den Schirm abgebildet wird, weswegen eine möglichst gleichmäßige Leuchtfläche unabdingbar ist. In diesem Fall fallen die Luken des Beleuchtungsstrahlengangs mit den Luken des Abbildungsstrahlengangs zusammen.

Wegen der großen Apertur ist zur Verringerung des Öffnungsfehlers der Kondensor häufig aus einer asphärischen und einer sphärischen Linse aufgebaut.

Um auch den nach rückwärts austretenden Strahlungsfluß der Glühwendel für die Beleuchtung auszunutzen, wird diese durch einen sphärischen Konkavspiegel in sich selbst abgebildet. Der Konkavspiegel ist daher so angeordnet, daß die Wendel sich im Abstand der doppelten Brennweite befindet. Damit die ursprüngliche Wendel ihr Bild nicht abschattet, muß der Spiegel so eingestellt sein, daß das Wendelbild in die Zwischenräume der Wendeln (bei auseinander liegenden Wendeln von Netzspannungslampen) oder neben die Wendelfläche (bei dichtliegenden Wendeln von Niederspannungslampen) fällt. Bild 4.13 zeigt beide Möglichkeiten.

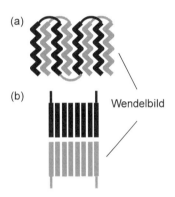

Bild 4.13 Richtige Lage des Wendelbildes bei der Abbildung durch den Konkavspiegel, Wendelbild (grau) (a) in den Zwischenräumen der Wendel, (b) unterhalb der Wendel

In den meisten Fällen ist ein großer Projektionsabstand erwünscht, so daß die Vorlage in der Nähe der Objektivbrennebene angeordnet wird. Aus dem Abbildungsmaßstab, Gl. 2.27,

$\beta_x = \dfrac{x_2}{x_1} = \dfrac{s_2}{s_1} \approx \dfrac{s_2}{f'_{Ob}}$ finden wir die Bildgröße bei gegebener Vorlagengröße x_1 in Abhängigkeit vom Abstand des Projektionsschirms s_2 und der Objektivbrennweite f_{Ob}':

$$x_2 \approx \frac{s_2}{f'_{Ob}} x_1 \qquad (4.27)$$

Die Objektivbrennweite wird entsprechend der gewünschten Bildgröße und dem Projektionsabstand gewählt.

Als Beispiel für eine Projektionseinrichtung ist im Bild 4.14 ein Schreibprojektor dargestellt. Da hier Vorlagenformate bis zu 300 mm ×300 mm projiziert werden müssen, wird als Kondensor meist eine Fresnel-Linse (s. Abschn. 3.1.3) verwendet, die direkt unterhalb der Schreibfläche angeordnet ist. Eine normale Glaslinse würde aufgrund ihres Gewichts das Gerät völlig unhandlich machen. Die Projektion soll in unverdunkelten Räumen möglich sein, so daß als Lampen leistungsfähige Halogenlampen verwendet werden. Um die Wärmebelastung der Vorlagen möglichst gering zu halten, ist im Kondensor noch ein Wärmeschutzfilter (vgl. Kap. 8) eingesetzt.

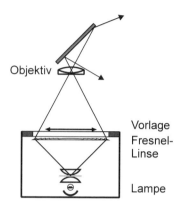

Bild 4.14 Aufbau eines Schreibprojektors

4.3 Spektralgeräte

Häufig besteht die Aufgabe, Licht, das aus einem Gemisch von Wellenlängen (**Spektrum**) besteht, in die einzelnen Wellenlängenkomponenten zu zerlegen bzw. diese zu analysieren, bestimmte Wellenlängen herauszufiltern oder Wellenlängen zu messen. Das ist die Aufgabe der Spektroskopie mit den dazugehörigen Spektralgeräten. Sie wird in vielen Bereichen der optischen Meßtechnik eingesetzt, z. B. zur Stoffanalyse, Konzentrationsbestimmungen usw.

Die Einteilung der Spektralgeräte erfolgt danach, wie die Spektren ausgewertet werden. Mit **Spektroskopen** werden Spektren unmittelbar beobachtet und eventuell qualitativ ausgewertet. Eine genaue Wellenlängenvermessung der Spektren ist mit dem **Spektrometer** möglich. Die Registrierung eines Spektrums erfolgt mit dem **Spektrographen**. Mit dem **Monochromator** schließlich ist es möglich, aus polychromatischem Licht einen schmalen Wellenlängenbereich auszublenden, also monochromatische Strahlung zu erzeugen.

4.3.1 Optischer Grundaufbau

Bild 4.15 zeigt den Aufbau eines Spektralgeräts am Beispiel eines Spektroskops. Es besteht aus drei Komponenten. Der **Kollimator** bildet den **Eintrittsspalt**, der mit dem zu analysierenden Licht beleuchtet wird, ins Unendliche ab. Das Objektiv des **Fernrohrs** erzeugt ein Zwischenbild des Spalts in seiner bildseitigen Brennebene, das mit dem Okular beobachtet

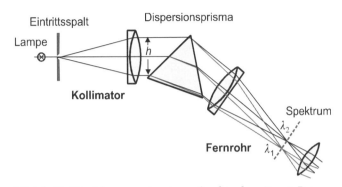

Bild 4.15 Strahlengang in einem Spektralgerät mit Prisma

werden kann. Im Strahlengang zwischen Kollimator und Fernrohr befindet sich ein **dispersives Element** (Dispersionsprisma oder Beugungsgitter) das eine wellenlängenabhängige Richtungsänderung (**Winkeldispersion**) des Lichtes bewirkt. Im Bild 4.15 wurde ein Dispersionsprisma eingesetzt. Wird der Eintrittsspalt mit polychromatischem Licht beleuchtet, erzeugt jede Wellenlänge in der Zwischenbildebene ein etwas anders positioniertes Spaltbild. Es entsteht nicht ein einzelnes Spaltbild, sondern eine Aneinanderreihung bzw. Überlagerung von Spaltbildern aufgrund der verschiedenen Wellenlängen, das Spektrum. Bild 4.15 zeigt dies schematisch für zwei Wellenlängen. Ist die Winkeldispersion des dispergierenden Elements bekannt, kann jedem Ort in der Zwischenbildebene eine Wellenlänge zugeordnet werden, was die Vermessung der Wellenlängen eines Spektrums ermöglicht.

Je nachdem, wie dieses in der Zwischenbildebene vorliegende Spektrum weiter verarbeitet wird, kommt man zu den verschiedenen oben angeführten Spektralgeräten. Bild 4.15 stellt ein **Spektroskop** dar, das Spektrum wird durch ein Okular mit dem Auge betrachtet. Wird noch eine Wellenlängenskala in die Zwischenbildebene abgebildet, wie es Bild 4.16a schematisch zeigt, können damit auch die Wellenlängen der verschiedenen Spektralkomponenten bestimmt werden.

Andererseits kann durch einen Spalt in der Zwischenbildebene, dem **Austrittsspalt**,

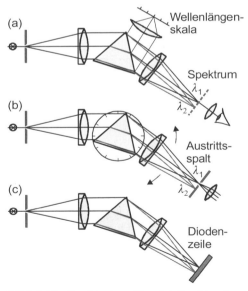

Bild 4.16 Spektralgeräte: (a) Spektroskop, (b) Monochromator oder Spektrometer, (c) Spektrograph

ein bestimmter Spektralbereich $\Delta\lambda$ ausgeblendet werden. Der Wellenlängenschwerpunkt des ausgeblendeten Spektralbereichs (λ_1 im Bild 4.16b) hängt von der Lage des Austrittsspalts ab und kann beispielsweise durch Drehen des Fernrohrarms in der Bildebene eingestellt werden. Wir haben den Grundaufbau eines **Monochromators** (Bild 4.16b). Eine genaue Messung des Drehwinkels und eine Wellenlängeneichung gestattet die Vermessung von Wellenlängen mit dieser Anordnung, die damit ein **Spektrometer** darstellt.

Registriert man das Spektrum, indem man beispielsweise in der Ebene des Zwischenbildes eine Fotoplatte anordnet, bezeichnet man die zugehörige Anordnung als **Spektrograph** (Bild 4.16c). Bei modernen Spektrographen treten an die Stelle der Fotoplatte sogenannte Diodenzeilen, also fotoelektrische Empfänger mit 1000 bis 2000 dicht aneinander liegenden Fotodioden. Diese ermöglichen eine besonders schnelle Erfassung der Spektren, da jede Diode die entsprechende Wellenlängenkomponente mit der dazugehörigen Intensität aufnimmt. Solche Geräte bezeichnet man häufig auch als **Vielkanal-Spektrometer** oder **Spektralanalysatoren**.

4.3.2 Prismenspektralgeräte, Auflösungsvermögen

In Prismenspektralgeräten werden, wie der Name schon sagt, Dispersionsprismen als dispergierende Elemente eingesetzt. In den Bildern 4.15 und 4.16 sind Beispiele für solche Prismenspektralgeräte dargestellt. Dabei wird ausgenutzt, daß die Wellenlängenabhängigkeit der Prismenbrechzahl (Materialdispersion) zu einer Ablenkung des Lichtes durch das Prisma führt, die von der Wellenlänge abhängt (Winkeldispersion, vgl. Abschn. 3.2.1).

Eine wichtige Kenngröße des Dispersionsprismas, welche die wellenlängenabhängige Ablenkung quantitativ beschreibt, ist die im Zusammenhang mit Gl. 3.19 besprochene **Winkeldispersion** $d\delta/d\lambda$.

Eine weitere Frage ist, welche Wellenlängendifferenzen $\Delta\lambda$ in einem Spektrum (beispielsweise zwischen zwei Spektrallinien) durch ein Prismenspektrometer noch getrennt werden können. Als Kenngröße verwendet man das **Auflösungsvermögen**, das durch

$$A = \left|\frac{\lambda}{\Delta\lambda}\right| \tag{4.28}$$

definiert ist.

Um das Auflösungsvermögen des Prismenspektrometers zu bestimmen, hilft uns eine zum beugungsbegrenzten Auflösungsvermögen in der Abbildung (vgl. Abschn. 2.5.6) analoge Überlegung weiter. Die Begrenzung des auffallenden parallelen Bündels durch das Prisma (Höhe h, Bild 4.17) wirkt wie ein Spalt, an dem das Licht mit der Wellenlänge λ_1 gebeugt wird. In der bildseitigen Brennebene des Fernrohrobjektivs entsteht dadurch die Beugungsverteilung eines Spalts mit der Breite h (vgl. Abschn. 1.7, Bild 1.21), dessen erstes Beugungsminimum unter

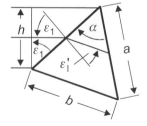

Bild 4.17 Zum Auflösungsvermögen des Prismas

dem Winkel $h \sin\alpha_{o1} \approx h\,\alpha_{o1} \approx \lambda_1$ erscheint (s. Gl. 1.107). Nach dem Rayleighschen Auflösungskriterium (Abschn. 2.5.6) kann eine weitere Spektralkomponente mit der Wellenlänge λ_2 dann noch getrennt registriert werden, wenn das Maximum ihrer Beugungsverteilung in das Minimum der Beugungsverteilung der Spektralkomponente mit der Wellenlänge λ_1 fällt. Der Winkel α_{o1}, unter dem das erste Minimum auftritt, ist $\alpha_{o1} = \Delta\delta = \dfrac{\lambda_1}{h}$ und stellt also gerade den kleinsten auflösbaren Winkel $\Delta\delta$ dar. Division durch $\Delta\lambda$ und Einsetzen in Gl. 4.28 führt zu

$$A = h\left|\dfrac{\Delta\delta}{\Delta\lambda}\right| \approx h\left|\dfrac{d\delta}{d\lambda}\right| \qquad (4.29)$$

Für die Winkeldispersion $d\delta/d\lambda$ wird Gl. 3.19 eingesetzt. Um darin den brechenden Winkel α des Prismas zu eleminieren, wird benutzt, daß bei symmetrischem Strahldurchgang $\sin\dfrac{\alpha}{2} = \dfrac{b}{2a}$ ist, sowie für den Brechungswinkel $\varepsilon_1' = -\alpha/2$ gilt (s. Abschn. 3.2.1). Der Nenner in Gl. 3.19 kann daher durch

$$\sqrt{1 - n^2\sin^2\dfrac{\alpha}{2}} = \sqrt{1 - n^2\sin^2\varepsilon_1'} = \cos\varepsilon_1 = \dfrac{h}{a}$$

ersetzt werden (vgl. Bild 4.17). Damit ergibt sich das Auflösungsvermögen

$$A = \left|\dfrac{\lambda}{\Delta\lambda}\right| = b\left|\dfrac{dn}{d\lambda}\right| \qquad (4.30)$$

b ist die Basislänge des Prismas und $dn/d\lambda$ die Materialdispersion des Prismenmaterials. Gl. 4.30 stellt die Auflösungsgrenze eines Prismenspektrometers bei unendlich schmalem Eintrittsspalt und vollständig ausgeleuchtetem Prisma dar. Wenn das Prisma nicht vollständig ausgeleuchtet wird, ist nach den vorangegangenen Überlegungen das effektiv wirksame Prisma mit den Größe h und a kleiner. In diesem Fall muß für b die Basislänge des durch die Ausleuchtung wirksamen Prismas eingesetzt werden.

Beispiel

In einem Prismenmonochromator ist ein Prisma aus Schwerflint SF 12 mit dem brechenden Winkel $\alpha = 60°$ und einer Basislänge $b = 50$ mm eingesetzt. Brechzahl und Materialdispersion bei der Wellenlänge von 589,3 nm sind $n_D = 1,648$ und $dn/d\lambda = -1\cdot 10^{-4}$ nm^{-1}.
Wie groß sind Winkeldispersion und das beugungsbegrenzte Auflösungsvermögen des Monochromators? Können die beiden Natrium-D-Linien mit den Wellenlängen $\lambda_1 = 588,996$ und $\lambda_2 = 589,593$ damit getrennt werden?

Lösung:
Aus Gln. 3.19 und 4.30 erhalten wir die Winkeldispersion $d\delta/d\lambda = 1,8\cdot 10^{-4}$ nm^{-1} und das Auflösungsvermögen $A = 5000$.
Die kleinste auflösbare Wellenlängendifferenz bei $\lambda = 589,3$ nm beträgt dann $\Delta\lambda = \lambda/A = 0,12$ nm.

160 *4.3 Spektralgeräte*

Die beiden Natrium-D-Linien können also getrennt werden.

4.3.3 Gitterspektralgeräte

Eine wellenlängenabhängige Richtungsänderung des Lichts wird ebenfalls durch Beugung hervorgerufen. Beispielsweise hängt bei der Beugung an einem Spalt die Lage der Nebenmaxima und Minima von der Wellenlänge des Lichts ab, das den Spalt beleuchtet (s. Abschn. 1.7.2). Prinzipiell könnten wir damit die Lichtwellenlänge messen. Für den praktischen Einsatz in einem Spektralgerät wäre die Beugung am Spalt jedoch ungeeignet, da die Nebenmaxima relativ breit sind, dicht zusammenliegen und im Vergleich zum Hauptmaximum eine geringe Intensität haben. Für dispergierende Elemente nutzt man aber die Beugung an vielen, in regelmäßigen Abständen angeordneten Spalten, einem sogenannten **Beugungsgitter** aus.

(1) Beugung am Gitter

Mehrere Spalte, die parallel in regelmäßigen Abständen angeordnet sind, bezeichnet man als Beugungsgitter. Der Abstand zweier Spalte ist die **Gitterkonstante** g. Wird ein solches Gitter beleuchtet, können wir uns die Intensitätsverteilung auf einem dahinter liegenden Beobachtungsschirm mit Hilfe des Huygens-Fresnelschen Prinzips (s. Abschn. 1.7.1) klar machen. Bei hinreichend geringer Breite können wir jeden Spalt als Quelle von Elementarwellen ansehen. Das Beugungsbild auf dem Schirm ist das Resultat der Überlagerung aller Elementarwellen (s. Bild 4.18a). Die Bestrahlungsstärke in einem Punkt P des Beobachtungsschirms wird daher durch den Gangunterschied zwischen den auf diesen Punkt treffenden Elementarwellen bestimmt. Wird

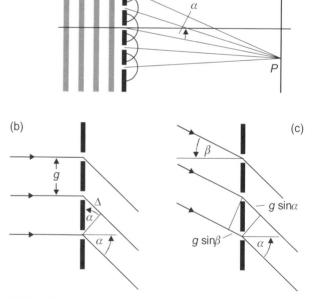

Bild 4.18 (a) Huygenssches Prinzip zur Beugung am Gitter, (a) Gangunterschied bei senkrechtem Einfall, (b) bei schrägem Einfall

das Gitter durch ebene Wellen beleuchtet und ist der Schirm sehr weit entfernt (Fraunhofer-

Beugung), sind die zu einem Punkt auf dem Beobachtungsschirm gehenden Wellen nahezu eben, und ihre Richtung kann, wie im Bild 4.18b dargestellt, durch parallele Strahlen mit dem Neigungswinkel α beschrieben werden.

Für eine Beobachtungsrichtung α haben jeweils zwei benachbarte Wellen den Gangunterschied (Bild 4.18b)

$$\Delta = g\sin\alpha \qquad (4.31)$$

Intensitätsmaxima können wir in Richtungen α_m beobachten, für die alle Elementarwellen konstruktiv interferieren. Das ist der Fall, wenn der Gangunterschied zwischen den Nachbarwellen gerade

$$g\sin\alpha_m = m\lambda \qquad (4.32)$$

mit $m = 0, \pm 1, \pm 2, \ldots$ beträgt.

Fällt das parallele Licht schräg (unter dem Winkel β) auf das Gitter, müssen wir auch den Gangunterschied der Wellenfront vor dem Gitter berücksichtigen (vgl. Bild 4.18c). Der resultierende Gangunterschied ist folglich

$$\Delta = g(\sin\alpha - \sin\beta) \qquad (4.33)$$

Die Bedingung für das Auftreten von Beugungsmaxima ist dann

$$g(\sin\alpha_m - \sin\beta) = m\lambda \qquad (4.34)$$

Werden Beugungsgitter in **Reflexionsanordnung** verwendet, ist die Orientierung des Beugungswinkels α_m entgegengesetzt, es muß in Gl. 4.34 $\sin\alpha_m$ durch $-\sin\alpha_m$ ersetzt werden.

Die Richtungen α_m, unter denen Beugungsmaxima bei gegebener **Beugungsordnung** m auftreten, hängen von der Wellenlänge λ des Lichts ab. Damit ist es mit Hilfe von Beugungsgittern möglich, Wellenlängen genau zu vermessen. Gl. 4.32 bzw. 4.34, die als **Gittergleichung** bezeichnet wird, bildet die Grundlage für die Verwendung von Beugungsgittern in Spektralgeräten.

Die Genauigkeit, mit der Wellenlängen gemessen werden können, hängt von der Intensitätsverteilung des Beugungsbildes, insbesondere von der Breite der Maxima ab. Die Bestrahlungsstärke E_e auf dem Beobachtungsschirm kann ebenfalls mit Hilfe des Huygens-Fresnelschen Prinzips bestimmt werden. Werden p Spalte beleuchtet, müssen für einen Beobachtungspunkt die Feldstärken der p interferierenden Wellen addiert und anschließend die Bestrahlungsstärke gebildet werden. Für den Fall senkrecht einfallender ebener Wellen erhält man als Ergebnis

$$E_e = E_{eo}\frac{\sin^2\left(p\frac{\pi g}{\lambda}\sin\alpha\right)}{\sin^2\left(\frac{\pi g}{\lambda}\sin\alpha\right)} \qquad (4.35)$$

E_{eo} ist eine Konstante, die von der Bestrahlungsstärke bestimmt wird, mit der das Gitter beleuchtet wird, p die Zahl der beleuchteten Spalte, g die Gitterkonstante und α der Winkel, unter dem beobachtet wird.

Genaugenommen muß noch berücksichtigt werden, daß die Spalte eine endliche Breite haben. In diesem Fall muß die Bestrahlungsstärke E_{eo} durch die Bestrahlungsstärke ersetzt werden, die der Einzelspalt in die Richtung α abstrahlt (vgl. Gl. 3.106). Die resultierende Beugungsfunktion ist folglich eine Überlagerung aus der Beugungsfunktion des Gitters, Gl. 4.35, und der des Einzelspaltes, Gl. 3.106. Die wesentlichen Eigenschaften der Beugung am Gitter können wir jedoch aus Gl. 4.35 entnehmen.

Bild 4.19 zeigt die relative Bestrahlungsstärke für unterschiedliche Anzahlen p beleuchteter Spalte entsprechend Gl. 4.35.

Hauptmaxima treten bei Winkeln auf, für die Nenner und Zähler in Gl. 4.35 gleichzeitig verschwinden. Die Bedingung, daß die Sinus-Funktion im Nenner und damit auch der Zähler Null wird, führt gerade zur Gittergleichung, Gl. 4.32, für senkrechte Beleuchtung des Gitters.

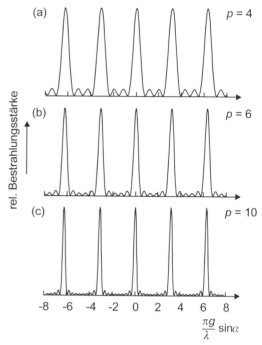

Bild 4.19 Bestrahlungsstärke für Beugung an einem Gitter mit (a) 4, (b) 6 und (c) 10 Spalte

Die Bestrahlungsstärke in den Maxima erhält man, indem man in Gl. 4.35 den Grenzübergang $\frac{\pi g}{\lambda} \sin\alpha \rightarrow m\pi$ ausführt:

$$E_{omax} = E_{eo} p^2 \qquad (4.36)$$

Zwischen den Hauptmaxima liegen $p - 2$ Nebenmaxima, deren Lage durch die Maxima des Zählers in Gl. 4.35 bestimmt ist. Die Positionen der $p - 1$ Nullstellen zwischen den Maxima ergeben sich aus den Nullstellen des Zählers von Gl. 4.35 bei nichtverschwindendem Nenner.

Wir sehen damit die wesentlichen Eigenschaften der durch die Beugung an einem Gitter hervorgerufenen Intensitätsverteilung. Die Hauptmaxima werden mit steigender Spaltenzahl p schmäler. Ihre maximale Bestrahlungsstärke E_{omax} wächst, wie Gl. 4.36 zeigt, mit dem Quadrat der Zahl der beleuchteten Spalte. (Im Bild 4.19 wurden alle Kurven auf gleiche Höhe normiert.) Für die im Bild 4.19 dargestellten Spaltenzahlen verhalten sich die Maxima wie 4 : 9 : 25.

Die hier besprochenen Eigenschaften finden wir in allen Anordnungen wieder, die zur Interferenz vieler Teilwellen führt (**Vielstrahlinterferenz**):

- Je mehr Teilwellen an der Interferenz beteiligt sind, desto schmäler und intensiver werden die Interferenzmaxima.

Die Ursache liegt darin, daß zur Entstehung eines Hauptmaximums nicht nur die Teilwellen aus benachbarten Spalten konstruktiv interferieren müssen, sondern die aus allen Spalten. Kleine Abweichungen zum Gangunterschied für konstruktive Interferenz, die sich bei benachbarten Spalten kaum bemerkbar machen würden, vervielfachen sich mit wachsender Anzahl der Spalte. Das hat zur Folge, daß mit wachsender Anzahl der interferierenden Teilwellen der Gangunterschied für konstruktive Interferenz wesentlich genauer eingehalten werden muß.

Ein Maß für die Breite der Hauptmaxima ist die Lage der benachbarten Nullstellen. Für die Winkel $\alpha_{om1,2}$, unter denen die zum m-ten Hauptmaximum benachbarten Nullstellen auftreten, finden wir aus Gl. 4.35 die Bedingung:

$$g \sin\alpha_{om1,2} = m\lambda \pm \frac{\lambda}{p} \tag{4.37}$$

bzw.

$$\sin\alpha_{om1} - \sin\alpha_{om2} = \frac{2\lambda}{gp} \tag{4.38}$$

Gl. 4.38 verdeutlicht, daß mit zunehmender Anzahl p der beleuchteten Spalte die zum Hauptmaximum benachbarten Nullstellen enger zusammen rücken, das Hauptmaximum also entsprechend schmaler wird. Diese Eigenschaft, die wir im unten zu besprechenden Auflösungsvermögen des Beugungsgitters wiederfinden werden, bildet die Grundlage für die Verwendung des Gitters als Dispersionselement in hochauflösenden Spektralgeräten.

Aus Bild 4.19 ist ebenfalls ersichtlich, daß die Höhe der Nebenmaxima mit wachsender Spaltzahl p abnimmt. Bei den üblicherweise verwendeten großen Linienzahlen (einige zehntausend) der optischen Gitter ist ihre Intensität praktisch vernachlässigbar.

Neben den hier besprochenen Beugungsgittern in **Transmissionsanordnung** werden auch Gitter in **Reflexionsanordnung** verwendet. Die Gitterstruktur wird in diesem Fall durch eine periodische Änderung des Reflexionsgrads, im einfachsten Fall durch abwechselnd reflektierende und nicht reflektierende Linien, gebildet.

Hergestellt werden Beugungsgitter entweder auf mechanischem oder fotografischem Weg. Bei mechanisch geteilten Gittern werden die Striche auf einem ebenen Glasträger mit Diamanten gezogen, die entsprechend dem gewünschten Furchenprofil geschliffen sind. Von den geritzten Orginalgittern können durch Kunststoff-Abdrücke hochwertige Gitterkopien gewonnen werden. Bei auf fotografischem Weg hergestellten Gittern (**holographische Gitter**) wird eine Fotolackschicht mit dem Interferenzstreifensystem belichtet, das durch die Überlagerung von zwei möglichst parallelen Lichtbündeln unter geringem Winkel entsteht. Der Abstand der Interferenzstreifen wird durch den Winkel zwischen den Bündeln und der Wellenlänge (meist UV) bestimmt. Das Entwickeln der Fotolackschicht führt zu Schichtdicken- und Transmissionsunterschieden entsprechend den Interferenzstreifen, also zu dem gewünschten Furchensystem. Werden solche Gitter mit Metallen wie Aluminium oder Gold bedampft, kann die transparente Schicht in ein Reflexionsgitter umgewandelt werden. Die im optischen Bereich eingesetzten Gitter haben je nach Anwendungsbereich etwa 300 Linien/mm bis 2400 Linien/mm.

(2) Aufbau und Kenngrößen von Spektralgeräten

Sehr häufig werden in Gitterspektralgeräten anstelle von Glaslinsen Konkavspiegel zur Abbildung verwendet. Diese haben den Vorteil, daß sie keine chromatische Aberration aufweisen. Bild 4.20 zeigt den schematischen Aufbau eines Gitterspektrometers bzw. -monochromators mit einem Strahlengang nach **Czerny-Turner**. Das Licht vom Eintrittsspalt wird durch den ersten Hohlspiegel als paralleles Lichtbündel auf das Reflexionsgitter geworfen und anschließend durch den zweiten Hohlspiegel auf den Austrittsspalt (bzw. auf einen Empfänger bei einem Spektrographen) fokussiert.

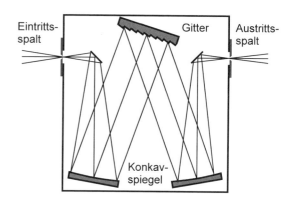

Bild 4.20 Gittermonochromator in Czerny-Turner-Anordnung

Welche Wellenlänge den Austrittsspalt passieren kann, hängt von der Winkelstellung des Gitters ab, das daher drehbar gelagert ist.

Einen sehr einfachen Aufbau zeigt das Beispiel im Bild 4.21. Hier sind Abbildungs- und Dispersionselement in einem **Konkavgitter** zusammengefaßt. Eingangs- und Ausgangsspalt liegen auf einem Kreis (**Rowland-Kreis**), dessen Radius gleich dem halben Krümmungsradius des Konkavgitters ist. Die Wellenlängeneinstellung geschieht durch Drehung des Konkavgitters um den Scheitelpunkt.

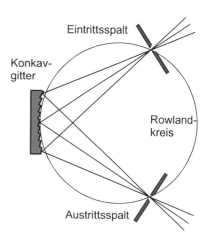

Ausgewertet wird das Spektrum, das in einer bestimmten Beugungsordnung auftritt (meist für $m = 1$, oder $m = 2$). Das Licht, das in die anderen Beugungsordnungen gebeugt wird, geht für die Anwendung verloren. Um diese Verluste zu vermeiden wird ein spezielles Furchenprofil bei Reflexionsgittern verwendet, das dafür sorgt, daß die Richtung des an den Gitterstrichen reflektierten Lichts mit der Richtung der gewünschten Beugungsordnung (entsprechend Gl. 4.34) übereinstimmt.

Bild 4.21 Monochromator mit Konkavgitter

Echelette-Gitter haben ein sägezahnähnliches Furchen

profil (Bild 4.22). Der Steigungswinkel γ der Sägezahnfurchen (**Blaze-Winkel**) wird dabei so gewählt, daß das an den Furchen reflektierte Licht die Richtung der gewünschten Beugungsordnung bekommt. Aus Bild 4.22 entnehmen wir

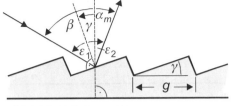

$$\gamma = \frac{1}{2}(\beta + \alpha_m) \qquad (4.39)$$

Bild 4.22 Echelette-Gitter

β ist der Einfallswinkel und α_m der sich aus Gl. 4.34 für ein Gitter in Reflexionsanordnung ergebende Beugungswinkel für die gewünschte Ordnung m (die Vorzeichen der Winkel sind durch ihren Richtungssinn bestimmt, vgl. Bild 4.22). Die dazugehörige Wellenlänge bezeichnet man als **Blaze-Wellenlänge**.

Häufig wird das Echelette-Gitter in einer Autokollimationsanordnung verwendet ($\beta = \alpha_m$, Littrow-Anordnung), das Licht trifft senkrecht auf die Furchenflächen ($\varepsilon_1 = \varepsilon_2 = 0°$ in Bild 4.22). In diesem Fall sind der Blaze-Winkel $\gamma = \beta$ und die Blaze-Wellenlänge für die erste Beugungsordnung

$$\lambda_B = 2g |\sin\gamma| \qquad (4.40)$$

Echelette-Gitter werden i. allg. jedoch in einem Wellenlängenbereich um die Blaze-Wellenlänge von etwa $0{,}7\lambda_B$ bis $2\lambda_B$ verwendet.

Die **Winkeldispersion** können wir aus der Gittergleichung, Gl. 4.34, durch Ableiten nach der Wellenlänge λ bei konstantem Einfallswinkel β bestimmen:

$$\frac{d\alpha_m}{d\lambda} = \frac{m}{g\cos\alpha_m} = \frac{m}{\sqrt{g^2 - (m\lambda + g\sin\beta)^2}} \qquad (4.41)$$

Die Winkeldispersion nimmt zu mit wachsender Beugungsordnung m und mit wachsendem Einfallswinkel β.

Das **Auflösungsvermögen** für den Grenzfall eines unendlich schmalen Eintrittsspalts können wir wieder mit Hilfe des Rayleighschen Kriteriums (Abschn. 2.5.6) bestimmen. Dazu greifen wir aus dem Spektrum zwei Komponenten mit den Wellenlängen λ und $\Delta\lambda$ heraus. Die Spektralkomponente mit der Wellenlänge $\lambda + \Delta\lambda$ kann von der mit λ noch getrennt werden, wenn ihr Beugungsmaximum in das Minimum von λ fällt (s. Bild 4.23). Bei senkrechtem Einfall liegt das Beugungsmaximum m-ter Ordnung für die Wellenlänge $\lambda + \Delta\lambda$ bei $g\sin\alpha_m = m(\lambda + \Delta\lambda)$ (vgl. Gl. 4.32), während für λ das zum Hauptmaximum benachbarte

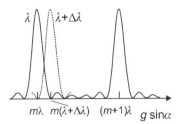

Bild 4.23 Zum Auflösungsvermögens des Gitters

Minimum nach Gl. 4.37 bei $g\sin\alpha_{om} = m\lambda + \dfrac{\lambda}{p}$ zu finden ist. Beide sollen zusammenfallen,

d. h., $g\sin\alpha_m = g\sin\alpha_{om}$, also $m(\lambda + \Delta\lambda) = m\lambda + \dfrac{\lambda}{p}$, so daß sich das Auflösungsvermögen zu

$$A = \left|\dfrac{\lambda}{\Delta\lambda}\right| = mp \qquad (4.42)$$

ergibt. Gl. 4.42 wurde der Einfachheit halber für senkrechten Einfall abgeleitet, gilt aber allgemein für beliebige Einfallswinkel. Das Auflösungsvermögen wird neben der Beugungsordnung m ganz wesentlich von der Anzahl p der beleuchteten Gitterstriche bestimmt. Wir finden die oben besprochenen Eigenschaften wieder: Mit wachsender Anzahl der beleuchteten Gitterstriche bzw. interferierenden Teilwellen nimmt die Breite der Interferenzmaxima ab und entsprechend das Auflösungsvermögen zu.

Um eine obere Grenze des Auflösungsvermögens angeben zu können, wird Gl. 4.42 nochmals umgeschrieben. Wir ersetzen die Beugungsordnung m mit Hilfe der Gittergleichung Gl. 4.34:

$$\left|\dfrac{\lambda}{\Delta\lambda}\right| = \dfrac{pg}{\lambda}(\sin\alpha_m - \sin\beta) \qquad (4.43)$$

Die Summe der Sinuswerte kann maximal den Wert 2 annehmen. $b = pg$ ist der beleuchtete Bereich des Beugungsgitters. Die sich daraus ergebende obere Grenze des Auflösungsvermögens

$$\left|\dfrac{\lambda}{\Delta\lambda}\right| \leq \dfrac{2b}{\lambda} \qquad (4.44)$$

wird wesentlich durch den beleuchteten Bereich b des Gitters bestimmt.

Bild 4.23 zeigt darüber hinaus, daß der **nutzbare Wellenlängenbereich** beschränkt ist. Wird der Wellenlängenabstand $\Delta\lambda$ beider Spektralkomponenten zu groß, fällt die Spektralkomponente $\lambda+\Delta\lambda$ der m-ten Beugungsordnung in die $m+1$-ste Beugungsordnung der Spektralkomponente λ. Beide Komponenten können nicht mehr eindeutig zugeordnet werden. Mit der analogen Überlegung wie oben finden wir den nutzbaren Wellenbereich, also den Bereich, in dem das Gitterspektrometer eine eindeutige Wellenlängenzuordnung gestattet, zu

$$\Delta\lambda_{FSB} = \dfrac{\lambda}{m} \qquad (4.45)$$

(freier Spektralbereich).

Aus Gl. 4.34 sehen wir zudem noch, daß, um ein Beugungsbild zu erhalten, die Wellenlänge λ nicht die Größenordnung der Gitterkonstanten g überschreiten darf. Für senkrechten Einfall $(\beta = 0)$ gilt

$$|\sin\alpha_m| = \dfrac{m\lambda}{g} \leq 1 \quad \text{bzw.} \quad \lambda \leq \dfrac{g}{m} \qquad (4.46)$$

4. Optische Instrumente

Beispielaufgaben

1. Die beiden Natrium-D-Linien haben die Wellenlängen 589,593 nm und 588,996 nm. Mit einem Gitter mit 1200 Strichen/mm, das senkrecht beleuchtet wird, sollen diese beiden Linien aufgelöst werden.
   a) Wie viele Beugungsordnungen können mit diesem Gitter beobachtet werden?
   b) Bis zu welcher Wellenlänge kann das Gitter für spektroskopische Untersuchungen in der 1. Beugungsordnung höchstens genutzt werden?
   c) Wie viele Striche muß das Gitter mindestens haben, bzw. müssen mindestens ausgeleuchtet sein, damit die beiden Natrium-D-Linien aufgelöst werden können? Welcher Breite des Gitters entspricht das?
   d) Welche Wellenlängendifferenz könnte aufgelöst werden, wenn 1 cm der Gitterbreite ausgeleuchtet wird?

Lösung:
a) Bei senkrechtem Einfall ($\beta = 0°$) gilt nach Gl. 4.32: $g \sin\alpha = m\lambda$, $m = 0, \pm 1, ...$, bzw. mit der Gitterkonstanten $g = 1/1200$ mm = 0,83 µm und der mittleren Wellenlänge $\lambda \approx 589,3$ nm:

$$\sin\alpha = m\frac{\lambda}{g} = 0{,}707\, m$$

d. h., es muß $m \leq 1$ sein, da sonst $\sin\alpha > 1$ wird. Es ist nur die nullte und erste Beugungsordnung beobachtbar.
b) Der Beugungswinkel kann nicht größer werden als $\alpha = \pi/2$. Für die 1. Beugungsordnung, $m = 1$, ergibt sich aus Gl. 4.32 $\lambda_{max} = g = 833{,}3$ nm (vgl. Gl. 4.46).
c) Das Auflösungsvermögen ist nach Gl. 4.42 $\lambda/\Delta\lambda = p\, m$, ($p$ Zahl der ausgeleuchteten Gitterstriche), woraus $p = \lambda/(m\, \Delta\lambda)$ folgt. Mit $m = 1$, $\Delta\lambda = 589{,}593$ nm − 588,996 nm = 0,597 nm, $\lambda \approx 589{,}3$ nm, erhält man $p \approx 987$ Linien und einen beleuchteten Bereich von $p\, g \approx 0{,}8$ mm.
d) In der ausgeleuchteten Gitterbreite von $pg = 1$ cm befinden sich $p = 1$ cm $/g = 12000$ Linien. Nach Gl. 4.42 kann damit eine Wellenlängendifferenz von $\Delta\lambda = \lambda/(p\, m) \approx 0{,}05$ nm aufgelöst werden.

2. Ein Gitterspektrometer, dessen Gitter unter senkrechtem Lichteinfall beleuchtet wird, wird zunächst mit dem Licht einer Natrium-Lampe geeicht. Die Natrium-D-Linie (Wellenlänge 589,3 nm) erscheint in der ersten Beugungsordnung unter einem Winkel von 17,13°. Anschließend wird das Licht einer Spektrallampe mit unbekannter Gasfüllung untersucht. Dabei wird in zweiter Beugungsordnung eine Linie unter einem Beugungswinkel von 24,2° beobachtet.
   a) Wie groß ist die Gitterkonstante des Gitters?
   b) Welche Wellenlänge hat die beobachtete Spektrallinie der unbekannten Spektrallampe?

Lösung:
a) Eichung des Gitters: Die Wellenlänge $\lambda = 589{,}3$ nm erscheint in der 1. Beugungsordnung unter einem Winkel $\alpha_1 = 17{,}13°$. Aus Gl. 4.32 kann damit die Gitterkonstante bestimmt werden:

$$g = \frac{\lambda}{\sin\alpha_1} = 2\ \mu m,\ g^{-1} = 500\ mm^{-1}.$$

b) Die unbekannte Wellenlänge λ' tritt in der 2. Beugungsordnung unter einem Winkel $\alpha_2 = 24{,}2$ auf. Mit Gl. 4.32 erhält man $\lambda' = \frac{1}{2} g \sin\alpha_2 = 410$ nm.

4.4 Aufgaben

4.1 Das Objektiv eines Feldstechers hat einen Durchmesser von 50 mm und eine Brennweite von 300 mm. Das Fernrohr ist auf Unendlich eingestellt, d. h., die bildseitige Brennebene des Objektivs fällt mit der objektseitigen Brennebene des Okulars zusammen. Für eine optimale Bildhelligkeit muß der vom Objektiv eingesammelte Strahlungsfluß durch die Augenpupille gelangen. Wie groß darf die Brennweite des Okulars maximal sein, damit es als Feldlinse die Eintrittsapertur des Objektivs auf die Augenpupille (Durchmesser 3 mm) abbildet? Was für eine Vergrößerung hat der Feldstecher mit dieser Okularbrennweite?

4.2 Die Normalvergrößerung der Lupe ist so festgelegt, daß sich das Objekt in der Brennebene der Lupe befindet und das virtuelle Bild im Unendlichen erscheint. Wie groß ist die Lupenvergrößerung, wenn das virtuelle Bild in der Bezugssehweite s_B betrachtet wird? Vergleichen Sie beide Vergrößerungen für eine Lupe mit der Brennweite von 30 mm.

4.3 Ein Okular besteht aus zwei gleichen, dünnen Linsen, deren Abstand gleich ihrer Brennweite (30 mm) ist. Das Zwischenbild, das durch das Okular betrachtet werden soll, befindet sich in der Ebene der ersten Linse. Wie groß ist die Vergrößerung dieses Okulars. Wo erscheint das virtuelle Bild?

4.4 Ein einfaches Mikroskop hat als Objektiv eine Linse mit der Brennweite von 10 mm und ein Okular mit der Brennweite von 4 cm. Beide Linsen haben einen Abstand von 15 cm und können als "dünn" angesehen werden. Die Eintrittsapertur der Objektivlinse hat einen Durchmesser von 8 mm.
a) Welche Vergrößerung hat das Mikroskop?
b) Wie groß ist der kleinste auflösbare Abstand eines Objekts in Luft, wenn dieses mit Licht der Wellenlänge von 550 nm beleuchtet wird?
b) In welchem Bereich liegt die förderliche Vergrößerung dieses Mikroskops?

4.5 Das Objektiv eines Mikroskops (Brennweite 4 mm) entwirft ein Zwischenbild im Abstand 16,6 cm nach seiner bildseitigen Brennebene. Für das Mikroskop wird ein Okular mit der Vergrößerung von 20 eingesetzt.
a) Welche Gesamtvergrößerung hat das Mikroskop?
b) In welcher Entfernung vom Objektiv befindet sich das beobachtete Objekt?

4.6 Bei einem Meßmikroskop ist eine durchsichtige Strichplatte mit einer Zehntel-Millimetereinteilung in der Brennebene des Okulars angeordnet. Die Strichplatte wird damit ebenso scharf gesehen wie das durch das Mikroskop abgebildete Objekt. Das Mikroskop mit einer optischen Tubuslänge von 10,6 cm hat ein Objektiv mit 4 mm Brennweite. Eine auszumessende Struktur eines Objekts hat auf der Strichplatte eine Größe von 1,45 mm. Wie groß ist diese Struktur?

4.7 Eine Kamera mit einem CCD-Sensor soll von einem Wettersatelliten Aufnahmen von der Erdoberfläche im nahen Infrarot (Wellenlänge 2 µm) machen. Der Abstand der lichtempfindlichen Pixel des CCD-Sensors beträgt 10 µm.
a) Wie groß muß die Apertur des Objektivs (500 mm Brennweite) gewählt werden, damit das durch den CCD-Sensor vorgegebene Auflösungsvermögen (Pixelabstand) auch ausgenutzt wird?
b) Welche Strukturen können auf der Erdoberfläche aufgelöst werden, wenn der Satellit sich in

einer Höhe von 30 km über der Erdoberfläche befindet?

4.8 Das Ramsden-Okular eines Teleskops besteht aus zwei gleichen Linsen (Brennweite 15 mm) im Abstand von 15 mm. Das Objektiv des Teleskops hat eine bildseitige Brennweite von 35 cm und einen Durchmesser von 5 cm. Das Zwischenbild, das das Objektiv von einem unendlich weit entfernten Objekt entwirft, befindet sich in der Ebene der ersten Linse (Durchmesser 15 mm) des Okulars.
a) Wie groß ist die Normalvergrößerung des Okulars?
b) Wie groß ist die Gesamtvergrößerung des Fernrohrs?
c) Geben Sie Lage und Durchmesser der Austrittspupille an.
d) Wie groß ist der Sehfeldwinkel des Fernrohrs?

4.9 Ein Beugungsgitter in Reflexionsanordnung mit einem Strichabstand g wird mit parallelem, kohärentem Licht der Wellenlänge λ beleuchtet, das unter einem Winkel β auf das Gitter fällt.
a) Überlegen Sie mit Hilfe des Huygens-Fresnelschen-Prinzips, bei welchen Winkeln α auf einem Beobachtungsschirm Maxima auftreten.
b) Unter welchem Winkel tritt das Beugungsmaximum erster Ordnung auf, wenn das Gitter unter einem Einfallswinkel von $\beta = 20°$ beleuchtet wird, die Gitterkonstante $g = 2$ μm und die Wellenlänge des Lichts 600 nm sind?
(Der Abstand zwischen dem Gitter und dem Schirm sei so groß, daß die Strahlen von den Spalten des Gitters zu einem Punkt auf dem Schirm als parallel angesehen werden können.)

4.10 Ein gleichseitiges Prisma aus Barium-Kronglas mit einer Basislänge von 4 cm und einem brechenden Winkel von 60° wird in einem Prismenspektrographen eingesetzt. Die Brechzahlen des Kronglases sind 1,63461 für 656,3 nm und 1,64611 für 486,1 nm.
a) Wie groß ist der Winkelabstand zwischen der roten und der blauen Wellenlänge?
b) Wie groß ist das Auflösungsvermögen des Dispersionsprismas? Wie groß ist die kleinste auflösbare Wellenlängendifferenz bei 580 nm?

4.11 Das in Gl. 4.30 angegebene Auflösungsvermögen eines Dispersionsprismas wird im Spektrometer überlagert von dem Einfluß der endlichen Breiten von Eintritts- und Austrittsspalt. In einem Prismenspektrometer wird ein Fernrohrobjektiv mit einer Brennweite von 40 cm verwendet. Der Austrittsspalt wird einmal auf eine Breite von 1 mm und einmal auf eine Breite von 100 μm eingestellt. Das verwendete Dispersionsprisma entspricht dem der vorhergehenden Aufgabe. Wie groß ist die kleinste, aufgrund der Breite des Austrittsspalts bedingte auflösbare Wellenlängendifferenz bei sonst idealen Komponenten des Spektrometers?

4.12 Ein Entwicklungsingenieur möchte das Wellenlängen-Auflösungsvermögen eines Gitterspektrometers verbessern. Er überlegt, ob er das durch Änderung des Durchmessers des parallelen Lichtbündels, das das Beugungsgitter teilweise ausleuchtet, erreichen kann. Können Sie ihm dabei helfen? Ist das auf diese Weise möglich? Wenn ja, muss der Bündeldurchmesser vergrößert oder verkleinert werden?

4.13 Licht, das die beiden Wellenlängen 450 nm und 550 nm enthält, wird mit einem Beugungsgitter, das 6000 Linien pro cm hat, bei senkrechtem Einfall spektral untersucht. Wie groß ist die Winkeldifferenz zwischen beiden Wellenlängen in der zweiten Beugungsordnung?

4.14 Ein Gitterspektrometer enthält ein Transmissionsgitter mit 5 cm Breite und 4000 Linien pro cm.

Das Spektrum des senkrecht auf das Gitter auftreffenden Lichts im roten Wellenlängenbereich um 650 nm wird mit einem Objektiv (Brennweite 150 cm) auf den Empfänger abgebildet.
a) Ermitteln Sie die Winkeldispersion, wenn die 3. Beugungsordnung genutzt wird. Wie groß ist die Abstandsdispersion auf dem Empfänger?
b) Bestimmen Sie das Auflösungsvermögen dieses Gitters.
c) Bis zu welcher Beugungsordnung kann das Gitter höchstens verwendet werden?

4.15 Eine genaue Untersuchung des Spektrums von Wasserstoff zeigt, daß die Spektrallinien eine Feinstruktur aufweisen. So besteht z. B. die H_α-Linie der Balmer-Serie (656,47 nm) aus zwei Linien mit der Wellenlängendifferenz von 0,0016 nm. Um diese Feinstruktur aufzulösen, steht ein Gitter mit 4000 Linien zur Verfügung.
a) Welches ist die niedrigste Beugungsordnung, mit der bei senkrechtem Lichteinfall die H_α-Linien aufgelöst werden können?
b) Wie breit muß das Gitter sein?

4.16 Für ein Gitterspektrometer, das für senkrechten Lichteinfall konzipiert ist, wird ein Reflexionsgitter benötigt, das in der zweiten Beugungsordnung im Spektralbereich um 340 nm Wellenlängendifferenzen von 3 pm auflöst. Die Gitterbreite soll 10 cm betragen. Bestimmen Sie
a) die maximale Gitterkonstante, die das Gitter haben darf,
b) den Beugungswinkel für die zweite Beugungsordnung,
c) den Blaze-Winkel, für den die Bestrahlungsstärke in der zweiten Beugungsordnung maximal ist (skizzieren Sie den Blaze-Winkel und den Beugungswinkel in einer Zeichnung) und
d) die Winkeldispersion.

4.17 Ein Gitterspektrograph soll über den gesamten sichtbaren Spektralbereich (ca. 380 bis 780 nm) eine Auflösung von mindestens 0,05 nm ermöglichen. Dazu wird ein Transmissionsgitter mit einer Breite von 3 cm eingesetzt, das in erster Beugungsordnung arbeitet. Als Empfänger soll eine CCD-Zeile benutzt werden, deren lichtempfindliche Pixel einen Abstand von 11 µm haben. Das vom Gitter erzeugte Spektrum wird mit einem Objektiv der Brennweite von 60 cm auf die CCD-Zeile abgebildet.
a) Bestimmen Sie die minimale Anzahl von Linien, die das Gitter haben muß.
b) Wie groß ist in der Bildebene der Linse die Breite eines 0,05 nm Wellenlängenintervalls in der Umgebung von 500 nm? Reicht die durch den Pixelabstand vorgegebene Auflösung der CCD-Zeile aus?

4.18 Ein Reflexionsgitter soll für 300 nm einen maximalen Reflexionsgrad für die dritte Beugungsordnung haben und eine Wellenlängendifferenz von 0,001 nm auflösen können. Die Breite des Gitters beträgt 10 cm.
a) Bestimmen Sie den Blaze-Winkel für die Littrow-Anordnung. Unter welchem Winkel zur Gitternormalen muß das Licht einfallen?
b) Wie groß muß der Blaze-Winkel sein, wenn das Licht senkrecht auf das Gitter einfallen soll?
c) Wie groß ist für beide Fälle die Winkeldispersion des Gitters?

5. Strahlungsbewertung (Fotometrie) und Strahlungsgesetze

Im Abschnitt 1.3 haben wir als eine wichtige Eigenschaft der elektromagnetischen Wellen die Fähigkeit kennengelernt, Energie zu transportieren. Eine Strahlungsquelle emittiert elektromagnetische Strahlung und gibt dabei Energie ab, die von der Strahlung mitgeführt wird. Diese transportierte Energie ist verantwortlich für die Wirkung der Strahlung, die wir spüren (Helligkeitseindruck im Auge, Schwärzung eines Negativfilms usw.) In vielen Bereichen ist es wichtig, die Strahlungsenergie quantitativ bewerten bzw. messen zu können. In der Fotografie beispielsweise messen wir mit einem Belichtungsmesser die Helligkeit eines Gegenstands und können entsprechend der Filmempfindlichkeit Blendenzahl und Belichtungsdauer für ein richtig belichtetes Negativ einstellen. Das Anliegen der Fotometrie ist es, die Grundlagen und Größen für die Strahlungsbewertung zur Verfügung zu stellen.

Die konkreten Aufgaben der Strahlungsbewertung gehen einher mit dem prinzipiellen Aufbau eines optischen Gerätes (Strahlungsquelle, Abbildungsoptik als Übertragungsweg und Empfänger). Für den Einsatz einer **Strahlungsquelle** interessiert nicht nur der gesamte Strahlungsfluß, den sie emittiert, sondern auch die **Richtungsabhängigkeit der Ausstrahlung** und evtl. die **Abhängigkeit der Ausstrahlung vom Ort auf der Strahlerfläche**. Die über den Übertragungsweg transportierte Energie trifft auf einen **Empfänger** (Fotozelle, Auge, Negativfilm), der mit einem bestimmten Ausgangssignal darauf reagiert. Das Auge liefert einen Helligkeits- bzw Farbeindruck, eine Fotozelle einen Ausgangsstrom und eine Fotoschicht reagiert mit chemischen Veränderungen, die zu einem sichtbaren Bild führen. Es muß sowohl die auf den Empfänger auftreffende Strahlung charakterisiert werden als auch ihre Bewertung durch den Empfänger.

Je nach Bewertung der Strahlung unterscheidet man zwei Gebiete der Fotometrie: Sind energetische Größen des Strahlungsfeldes wie die Strahlungsleistung oder daraus abgeleitete Größen für die Bewertung relevant, so ist das der Gegenstand der **objektiven Fotometrie**. Zur Kennzeichnung solcher **strahlungsphysikalischen Größen** wird der Index "e" (für energetisch) verwendet. Strahlungsfluß bzw. Strahlungsleistung Φ_e und Intensität bzw. Bestrahlungsstärke E_e, die wir im Abschnitt 1.3 kennengelernt haben, sind strahlungsphysikalische Größen. Ist zudem noch die Verteilung der Energie auf die einzelnen Wellenlängen bei polychromatischem Licht von Interesse, wird das durch die **spektralen strahlungsphysikalischen Größen** beschrieben. Geht es aber um die Bewertung durch einen Betrachter, beispielsweise, ob ein Display gut sichtbar ist, geschieht also die Bewertung entsprechend dem **Helligkeitsempfinden des Auges**, spricht man von der **subjektiven Fotometrie** bzw. von der **Lichttechnik**. Die entsprechenden **lichttechnischen Größen** werden mit dem Index "v" (für visuell) gekennzeichnet.

5.1 Strahlungsphysikalische Größen

(1) Grundgrößen für den Energietransport durch Wellen

Die Grundgrößen für den Energietransport durch Wellen, nämlich den **Strahlungsfluß** bzw. **Strahlungsleistung** Φ_e und die **Intensität** E_e, haben wir schon im Abschn. 1.3 kennengelernt:

- Die Strahlungsleistung bzw. der Strahlungsfluß (in W) ist die Energie, die pro Zeiteinheit emittiert, übertragen bzw. eingesammelt wird.

Die Charakterisierung schließt also die Strahlungsquelle, den Übertragungsweg und den Empfänger mit ein. Ähnlich können wir die Intensität charakterisieren:

- Die Intensität (in W/m^2) ist die pro Zeit- und Flächeneinheit emittierte, transportierte bzw. eingesammelte Energie.

Gl. 1.14 gibt den Zusammenhang zwischen der energetischen Größe Intensität und der elektrischen Feldstärke einer monochromatischen Welle an. Im nächsten Schritt wollen wir aus diesen Größen die strahlungsphysikalischen Größen gewinnen, welche die Ausstrahlung einer Strahlungsquelle und die Bestrahlung eines Empfängers charakterisieren.

(2) Ausstrahlung einer Strahlungsquelle

Neben dem gesamten Strahlungsfluß, den eine Strahlungsquelle emittiert, ist es für den Anwender wichtig, die Richtungsabhängigkeit der Ausstrahlung zu kennen. Die Größe, die diese beschreibt, ist die **Strahlstärke**.

Um die Ausstrahlung in eine bestimmte Richtung beschreiben zu können, muß man genaugenommen den Strahlungsfluß in einem kleinen Kegel um die betrachtete Richtung nehmen, da der Strahlungsfluß in exakt einer Richtung unmeßbar wird. Bild 5.1 verdeutlicht die Verhältnisse. Ein solcher Kegel wird mathematisch durch den **Raumwinkel** beschrieben. Er ist die Verallgemeinerung des ebenen Winkels im Bogenmaß (Verhältnis des durch einen Zentriwinkel ausgeschnittenen Kreisbogens zum Radius des Kreises) für den Raum. Bildet ein Raumpunkt den Mittelpunkt einer Kugel mit dem Radius r und ist auf der Kugeloberfläche eine beliebig geformte Fläche A abgegrenzt, so bilden Kugelmittelpunkt und Rand der abgegrenzten Fläche einen Kegel. Der von diesem Kegel abgegrenzte Raumbereich wird durch den Raum-

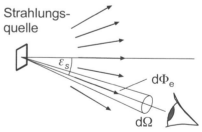

Bild 5.1 Zur Definition der Strahlstärke

winkel

$$\Omega = \frac{A}{r^2} \qquad (5.1)$$

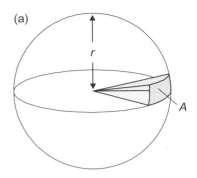

angegeben. Im Bild 5.2a wird beispielsweise der Ausschnitt der Kugeloberfläche durch ein Rechteck begrenzt. Die SI-Maßeinheit des Raumwinkels wird als **Steradiant** bezeichnet: 1 sr = 1 m²/m². Häufig schreibt man Gl. 5.1 noch mit dem Einheitsraumwinkel Ω_o = 1 sr.

Wird die auf der Kugeloberfläche abgegrenzte Fläche durch einen Kreis umrandet, hat der Raumbereich die Form eines Kreiskegels. Zwischen dem Aperturwinkel α (halber Öffnungswinkel, Bild 5.2b), und dem durch den Kreiskegel definierten Raumwinkel $\Omega(\alpha)$ besteht der Zusammenhang

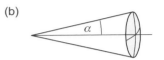

$$\Omega(\alpha) = 2\pi(1 - \cos\alpha) \qquad (5.2)$$

Entsprechend der Definition Gl. 5.1 hat der gesamte Raum den Raumwinkel 4π sr, da eine Kugel die Oberfläche $A = 4\pi r^2$ hat, der Halbraum den Raumwinkel 2π sr.

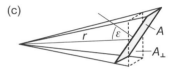

Bei Anwendungen in der Fotometrie hat man es häufig mit ebenen bestrahlten Flächen zu tun. Ist die Fläche nicht zu groß, kann die Kugelfläche A in der Definition Gl. 5.1 näherungsweise durch die ebene Fläche ersetzt werden. Steht die bestrahlte Fläche nicht senk-

Bild 5.2 (a) Zur Definiton des Raumwinkels, (b) Raumwinkel eines Kreiskegels, (c) Raumwinkel durch eine schräg stehende Fläche

recht auf der Beobachtungsrichtung, so bestimmt die effektive Fläche senkrecht zur Beobachtungsrichtung den Raumwinkel (im Bild 5.2c die Fläche mit dem punktierten Rand):

$$\Omega = \frac{A_\perp}{r^2} = \frac{A\cos\varepsilon}{r^2} \qquad (5.3)$$

ε ist der Winkel zwischen der Flächennormalen und der Beobachtungsrichtung (s. Bild 5.2c).

Mit Hilfe des Raumwinkels kann nun die Strahlstärke definiert werden. Ist $d\Phi_e$ der Strahlungsfluß, der von der Strahlungsquelle in das Raumwinkelelement $d\Omega$ in Beobachtungsrichtung (beschrieben durch den Winkel ε_s in Bild 5.1) emittiert wird, so ist die Strahlstärke als

$$I_e(\varepsilon_s) = \frac{d\Phi_e}{d\Omega} \qquad (5.4)$$

definiert.

- Die Strahlstärke ist der Strahlungsfluß in Beobachtungsrichtung pro Raumwinkeleinheit (Maßeinheit W/sr).

Aus Bild 5.1 ist jedoch auch ersichtlich, daß diese Definition der Strahlstärke nicht für beliebige Strahlungsquellen anwendbar ist. Um eine eindeutige Richtung zwischen Beobachter und Quelle festlegen zu können, müssen die Ausmaße der Strahlungsquelle klein im Vergleich zum Beobachterabstand sein. Gl. 5.4 ist daher nur für in diesem Sinne kleine Strahlungsquellen sinnvoll. Für ausgedehnte Strahlungsquellen kann durch Gl. 5.4 jedem Flächenelement der Strahlerfläche eine Strahlstärke zugeordnet werden.

Ist die Ausstrahlung in alle Richtungen eines Raumwinkels Ω gleich (isotroper Strahler), vereinfacht sich Gl. 5.4 zu

$$I_e = \frac{\Phi_e}{\Omega} \tag{5.5}$$

Φ_e ist hier die in den Raumwinkel Ω emittierte Strahlungsleistung. Für den allgemeinen Fall einer ungleichmäßigen Abstrahlung stellt Gl. 5.5 die mittlere Strahlstärke im Raumwinkel Ω dar.

Die Strahlstärke ist die am häufigsten verwendete Größe, mit der die Ausstrahlungseigenschaften von Lichtquellen charakterisiert werden. Da die Richtungscharakteristik von Lichtquellen meistens sehr komplex ist und daher in den wenigsten Fällen analytisch beschrieben werden kann, geschieht dies in den Datenblättern für technische Lichtquellen häufig in Form von Ausstrahlungsdiagrammen. Sehr anschaulich zeigt das **Polardiagramm** die Richtungsabhängigkeit der Ausstrahlung. Dort wird für jede Richtung eine Länge abgetragen, die proportional zur Strahlstärke ist. Bild 5.3 zeigt als Beispiel die Strahlstärke einer Leuchtdiode, aufgetragen in einem Polardiagramm.

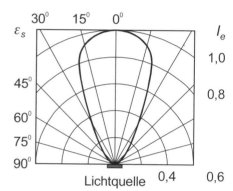

Bild 5.3 Darstellung der relativen Strahlstärke einer Leuchtdiode in einem Polardiagramm

Bei vielen Strahlungsquellen ist die Ausstrahlung nicht homogen, sondern abhängig vom Ort auf der Strahlerfläche. Eine Leuchtstoffröhre zeigt beispielsweise eine deutlich geringere Abstrahlung am Rand. Die Größe, mit der die Abhängigkeit der Ausstrahlung vom Ort auf der Strahlerfläche beschrieben wird, ist die **spezifische Ausstrahlung**. Greifen wir uns aus der Strahlerfläche ein Flächenelement dA_S heraus und ist $d\Phi_e$ der gesamte Strahlungsfluß, der von diesem Flächenelement ausgeht (s. Bild 5.4a), so ist die spezifische Ausstrahlung an dieser Stelle

$$M_e = \frac{d\Phi_e}{dA_s} \tag{5.6}$$

- Die spezifische Ausstrahlung einer Strahlungsquelle ist die abgestrahlte Leistung pro Flächeneinheit (in W/m^2).

Im Zusammenhang mit Gl. 5.4 haben wir gesehen, daß bei einer ausgedehnten Strahlungsquelle jedem Flächenelement dA_s der Strahlerfläche eine Richtungscharakteristik in Form der Strahlstärke zugeordnet werden kann. Die Abhängigkeit der Strahlstärke vom Ort auf der Strahlerfläche wird durch die **Strahldichte** beschrieben:

$$L_e = \frac{dI_e}{dA_{s\perp}} = \frac{d^2\Phi_e}{d\Omega\, dA_{s\perp}} \qquad (5.7)$$

Anschaulich gesprochen stellt $d^2\Phi_e$ den Strahlungsfluß vom Flächenelement $dA_{s\perp}$ in das Raumwinkelelement $d\Omega$ in Beobachtungsrichtung dar (s. Bild 5.4b). $dA_{s\perp} = dA_s \cos\varepsilon_s$ ist die effektiv wirksame Strahlerfläche in Beobachtungsrichtung mit dem Winkel ε_s zur Normalen des Flächenelements.

- Die Strahldichte L_e ist die abgestrahlte Leistung pro Raumwinkel- und Flächeneinheit (in $W/(sr\cdot m^2)$).

Ist die Strahldichte für eine Strahlungsquelle bekannt, können im Prinzip alle anderen Größen damit berechnet werden. Die Strahlstärke erhält man beispielsweise, indem man über die Strahlerfläche integriert:

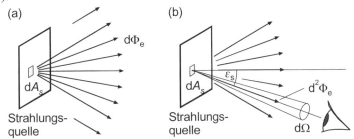

Bild 5.4 Zur Definition (a) der spezifischen Ausstrahlung und (b) der Strahldichte

$$I_e = \int_{\text{Strahlerfläche}} L_e\, dA_{s\perp} = \int_{\text{Strahlerfläche}} L_e \cos\varepsilon_s\, dA_s \qquad (5.8)$$

Daraus wiederum erhält man den Strahlungsfluß in einen Raumwinkel durch die Integration über den Raumwinkel:

$$\Phi_e = \int_{\text{Raumwinkel}} I_e\, d\Omega = \iint_{\substack{\text{Raumwinkel}\\ \text{Strahlerfläche}}} L_e \cos\varepsilon_s\, dA_s\, d\Omega \qquad (5.9)$$

Im folgenden Abschnitt sollen diese Überlegungen anhand einfacher Modelle für Strahlungsquellen vertieft werden.

(3) Auf den Empfänger bezogene strahlungsphysikalische Größen

Eine der wichtigsten radiometrischen Größen ist die Intensität, also der Strahlungsfluß pro Flächeneinheit. Es entspricht der Konvention der Fotometrie, zwischen Strahlerfläche und Empfängerfläche zu unterscheiden. Auf die Strahlerfläche bezogen, führte der Strahlungsfluß pro Flächeneinheit zur spezifischen Ausstrahlung (Gl. 5.6). Auf der Empfängerseite ist das die **Bestrahlungsstärke** E_e. Trifft der Strahlungsfluß $d\Phi_e$ auf ein Flächenelement dA_E der Empfängerfläche (Bild 5.5), so ist die Bestrahlungsstärke:

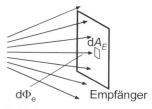

Bild 5.5   Zur Definition der Bestrahlungsstärke

$$E_e = \frac{d\Phi_e}{dA_E} \qquad (5.10)$$

- Die Bestrahlungsstärke ist die pro Flächeneinheit des Empfängers einfallende Strahlungsleistung (Maßeinheit W/m²).

(Um nicht zu viele Formelzeichen einzuführen, haben wir für die Grundgröße Intensität und die auf den Empfänger bezogene Bestrahlungsstärke das gleiche Formelzeichen E_e benutzt.) Ist der auf die gesamte Empfängerfläche A_E auftreffende Strahlungsfluß Φ_e gleichförmig, vereinfacht sich Gl. 5.9 zu

$$E_e = \frac{\Phi_e}{A_E} \qquad (5.11)$$

Variiert der Strahlungsfluß auf der Empfängerfläche, stellt Gl. 5.11 die mittlere Bestrahlungsstärke dar.

Manche Empfänger akkumulieren die auftreffende Strahlungsenergie. Bei der Belichtung eines fotografischen Films müssen sowohl die Bestrahlungsstärke auf der Filmebene (die durch die Blendenöffnung bestimmt wird) als auch die Dauer der Belichtung eingestellt werden.

- Die **Bestrahlung** ist die Strahlungsenergie pro Flächeneinheit, die während der Bestrahlungsdauer auf den Empfänger trifft (Maßeinheit Ws/m²).

Ist T die Bestrahlungsdauer, gilt also:

$$H_e = E_e T \qquad (5.12)$$

In Tabelle 5.1 sind zur Übersicht die strahlungsphysikalischen Größen noch einmal zusammengestellt.

Tabelle 5.1 Zusammenstellung der strahlungsphysikalischen Größen für Sender und Empfänger

Größe	Formelzeichen/Definition	Maßeinheit
Grundgrößen:		
Strahlungsfluß	Φ_e	W
Intensität	E_e	W/m²
Sender:		
spezifische Ausstrahlung	$M_e = \dfrac{d\Phi_e}{dA_s}$	W/m²
Strahlstärke	$I_e = \dfrac{d\Phi_e}{d\Omega}$	W/sr
Strahldichte	$L_e = \dfrac{dI_e}{dA_{s\perp}} = \dfrac{d^2\Phi_e}{d\Omega\, dA_{s\perp}}$	W/(sr·m²)
Empfänger:		
Bestrahlungsstärke	$E_e = \dfrac{d\Phi_e}{dA_E}$	W/m²
Bestrahlung	$H_e = E_e T$	W s/m², J/m²

5.2 Anwendungen

Anliegen dieses Abschnitts ist es, den "Umgang" mit den zunächst ganz allgemein eingeführten strahlungsphysikalischen Größen anhand konkreter Aufgabenstellungen kennenzulernen. Es werden zunächst einfache Modelle für Strahlungsquellen eingeführt, die es gestatten, die Ausstrahlungseigenschaften analytisch anzugeben. Damit können dann typische Anordnungen behandelt werden, beispielsweise die direkte Beleuchtung einer Empfängerfläche oder die Bildhelligkeit bei der optischen Abbildung.

Es soll noch bemerkt werden, daß Vorgehensweise und Ergebnisse, die hier für die strahlungsphysikalischen Größen dargestellt werden, direkt auf die lichttechnischen Größen (auf die Augenempfindlichkeit bezogene Größen) übertragbar sind, die im nächsten Abschnitt besprochen werden.

5.2.1 Einfache Modelle für Strahlungsquellen

Die Ausstrahlungseigenschaften realer Lichtquellen sind häufig so komplex, daß sie in den wenigsten Fällen analytisch beschrieben werden können. Die Hersteller technischer Lichtquellen geben daher die Richtungsabhängigkeit der Strahlstärke häufig in Form von Diagrammen an, wie es im vorhergehenden Abschnitt gezeigt wurde. In vielen Fällen kann es jedoch hilfreich sein, für Strahlungsquellen einfache Modelle zu benutzen, um den Strahlungsfluß bzw. die Bestrahlungsstärke in einem optischen Strahlengang abschätzen zu können.

(1) Kleine, kugelförmige Strahlungsquelle

Als einfachstes Modell betrachten wir eine kugelförmige Strahlungsquelle mit dem Radius R_s, deren Ausstrahlung richtungsunabhängig (isotrop) und räumlich konstant auf der Kugeloberfläche (homogen) ist. Die Strahlstärke I_e, die gegeben sein soll, hängt also nicht von der Beobachtungsrichtung ab und die spezifische Ausstrahlung M_e nicht vom Ort auf der Strahlerfläche. Zudem nehmen wir den Radius R_s so klein an, so daß der Strahler als nahezu punktförmig betrachtet werden kann.

Die gesamte emittierte Strahlungsleistung erhalten wir, wenn entsprechend Gl. 5.5 die Strahlstärke mit dem vollen Raumwinkel 4π multipliziert wird:

$$\Phi_{e,tot} = 4\pi I_e \tag{5.13}$$

Da die Oberfläche einer Kugel $4\pi R_s^2$ ist, muß nach Gl. 5.6 auch

$$\Phi_{e,tot} = M_e 4\pi R_s^2 \tag{5.14}$$

gelten. Aus beiden Gleichungen bekommen wir eine Relation zwischen der Strahlstärke und der spezifischen Ausstrahlung:

$$I_e = M_e R_s^2 \tag{5.15}$$

In typischen Problemstellungen der Fotometrie wird nach dem Strahlungsfluß gefragt, der in einen bestimmten Raumwinkel emittiert wird (Bild 5.6). Dieser kann durch die Fläche eines Empfängers oder durch die Apertur eines Abbildungssystems bestimmt sein. Für den Strahlungsfluß in einen Raumwinkel in Form eines Kreiskegels mit dem Öffnungswinkel 2α erhält man aus Gl. 5.5 mit Gl. 5.2:

$$\Phi_e = I_e \Omega(\alpha) = 2\pi I_e (1 - \cos\alpha) \tag{5.16}$$

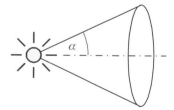

Bild 5.6 Ausstrahlung eines sphärischen Strahlers in einen Kreiskegel

(2) Lambert-Strahler

Als Modell für eine ausgedehnte ebene Strahlungsquelle wird häufig der Lambert-Strahler verwendet.

- Die Strahldichte des Lambert-Strahlers ist nicht von der Beobachtungsrichtung und vom Ort auf der Strahlerfläche abhängig, d. h., $L_e = L_{eo}$ = konst.

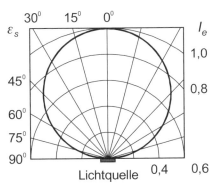

Das Modell des Lambert-Strahlers ist gut geeignet zur Beschreibung der Strahlung diffus reflektierender Flächen (weißes Papier), des Hohlraumstrahlers (vgl. Abschn. 6.2) und von Leuchtdioden, die als Flächenstrahler ohne zusätzliche Strahlformungselemente aufgebaut sind. Gl. 5.7 zeigt, daß die Strahlstärke jedes Flächenelements dA_s auf dem Lambert-Strahler durch

Bild 5.7 Relative Strahlstärke eines Lambert-Strahlers

$$dI_e = L_{eo} \cos\varepsilon_s \, dA_s \qquad (5.17)$$

beschrieben wird. ε_s ist der Winkel zwischen der Normalen des Flächenelements und der Beobachtungsrichtung (vgl. Bild 5.1). Ist der Abstand vom Beobachtungspunkt so groß bzw. die Strahlerfläche entsprechend klein, so daß die unterschiedlichen Punkte auf der Strahlerfläche etwa unter dem gleichen Winkel ε_s erscheinen, wird daraus:

$$I_e(\varepsilon_s) = L_{eo} A_s \cos\varepsilon_s = I_{eo} \cos\varepsilon_s \qquad (5.18)$$

A_s ist die Strahlerfläche und $I_{eo} = L_{eo}A_s$ die Strahlstärke senkrecht zur Strahlerfläche. Gl. 5.17 bzw. 5.18 ist unter dem Namen **Lambertsches Kosinusgesetz** bekannt. Die Strahlcharakteristik des Lambert-Strahlers zeigt eine interessante Eigenschaft. Aufgetragen im Polardiagramm stellt die Strahlstärke gerade einen Kreis dar, der die Strahlerfläche tangiert (Bild 5.7).

Für einen kleinen Lambert-Strahler, dessen Strahlstärke mit Gl. 5.18 beschrieben werden kann, soll der Strahlungsfluß in einen Kreiskegel mit dem Aperturwinkel α berechnet werden. Da in diesem Fall die Strahlstärke winkelabhängig ist, muß die Raumwinkelintegration für einen Kreiskegel entsprechend Gl. 5.9 ausgeführt werden. Für die Integration wählen wir ein Raumwinkelelement, das der Symmetrie des Kreiskegels angepaßt ist. Es wird gebildet durch einen Kreisring,

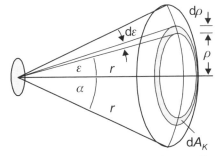

Bild 5.8 Ringförmiges differentielles Raumwinkelelement zur Berechnung des Strahlungsflusses

der konzentrisch zur Symmetrieachse des Kreiskegels liegt. Entsprechend Bild 5.8 ist

$$d\Omega = \frac{dA_K}{r^2} \tag{5.19}$$

$dA_K \approx 2\pi \rho \, d\rho$ ist die Fläche des Kreisrings. Mit $\rho = r \sin\varepsilon$ und $d\rho = r \, d\varepsilon$ ergibt sich als Raumwinkelement:

$$d\Omega = 2\pi \sin\varepsilon \, d\varepsilon \tag{5.20}$$

Mit diesem Raumwinkelelement kann die Raumwinkelintegration in Gl. 5.9 über die Strahlstärke des Lambert-Strahlers (Gl. 5.18) ausgeführt werden

$$\Phi_e(\alpha) = \int_{\text{Raumwinkel}} I_e \, d\Omega = 2\pi I_{eo} \int_0^\alpha \sin\varepsilon \cos\varepsilon \, d\varepsilon$$

mit dem Ergebnis:

$$\boxed{\Phi_e(\alpha) = \pi I_{eo} \sin^2\alpha = \pi A_s L_{eo} \sin^2\alpha} \tag{5.21}$$

Gl. 5.21 beschreibt den Strahlungsfluß eines kleinen Lambert-Strahlers in einen Kreiskegel mit dem halben Öffnungswinkel α. Für $\alpha = \pi/2$ (Öffnungswinkel des Halbraums) findet man den gesamten Strahlungsfluß eines Lambert-Strahlers $\Phi_{e,tot} = \pi I_{eo}$.

Mit diesem Ergebnis kann die spezifische Ausstrahlung eines Lambert-Strahlers bestimmt werden. Mit $M_e = \dfrac{d\Phi_e}{dA_s} = \dfrac{\Phi_{e,tot}}{A_s}$ (die Ausstrahlung ist homogen) ergibt sich

$$M_e = \pi L_e \tag{5.22}$$

5.2.2 Bestrahlung einer Empfängerfläche

Die in den vorangegangen Abschnitten eingeführten strahlungsphysikalischen Größen werden angewendet, um die Bestrahlungsstärke bzw. den Strahlungsfluß auf einem Empfänger zu berechnen, der durch eine Lichtquelle mit bekannter Strahlstärke bzw. Strahldichte beleuchtet wird. Da man bei solchen Problemen schnell zu komplizierten Flächen- bzw. Raumwinkelintegrationen kommt, sollen hier nur einfache Anordnungen von Lichtquelle und Empfänger besprochen werden.

(1) Bestrahlung durch eine kleine Strahlungsquelle

Als erstes Beispiel wollen wir die Bestrahlungsstärke bestimmen, die von einer kleinen Strahlungsquelle auf einer beleuchteten Fläche hervorgerufen wird. Dazu soll zunächst der Strahlungsfluß bestimmt werden, der auf einer kleine Empfängerfläche trifft (Bild 5.9a). Das entspricht beispielsweise dem Aufbau einer einfachen Lichtschranke, die aus einer Lichtquelle und einer Fotodiode besteht. Für den praktischen Einsatz muß der Anwender z. B.

wissen, ob die Bestrahlungsstärke ausreicht, damit die Fotodiode einen genügend großen Fotostrom für das Auslösen eines Schaltungsvorgangs erzeugen kann.

"Kleiner Strahler" bzw. "kleiner Empfänger" bedeutet, daß die Abmessungen von Strahler- und Empfängerfläche klein im Vergleich zu ihrem Abstand sind. Um zu sichern, daß die damit verbundenen Näherungen gut erfüllt sind, ist festgelegt, daß der Abstand von Strahler zu dem Empfänger mindestens 10-mal so groß wie die größte Querdimension des Strahlers bzw. Empfängers sein muß (fotometrische Grenzentfernung).

Bild 5.9 zeigt die Anordnung. ε_s und ε_E sind die Winkel zwischen den Normalen der Strahler- bzw. Empfängerfläche und der Verbindungslinie, r ist der Abstand zwischen Strahler und Empfänger. Der Strahler wird charakterisiert durch die Strahlstärke $I_e(\varepsilon_s)$ mit bekannter Winkelabhängigkeit.

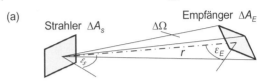

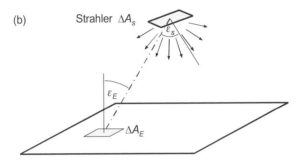

Die Annahme der fotometrischen Grenzentfernung gestattet es, die differentiellen Flächenelemente durch die Strahler- und Empfängerflächen ΔA_s, ΔA_E zu ersetzen. Auf diese Weise erhalten wir aus Gl. 5.4 den Strahlungsfluß $\Delta \Phi_e$ auf dem Empfänger:

$$\Delta \Phi_e = I_e(\varepsilon_s) \Delta \Omega \qquad (5.23)$$

Bild 5.9 Beleuchtung einer (a) kleinen und (b) einer ausgedehnten Fläche durch einen kleinen Strahler

$\Delta \Omega$ ist der Raumwinkel, unter dem der Empfänger vom Sender aus erscheint (s. Bild 5.9a). Entsprechend Gl. 5.3 ist

$$\Delta \Omega = \frac{\Delta A_{E\perp}}{r^2} = \frac{\Delta A_E \cos \varepsilon_E}{r^2} \qquad (5.24)$$

Gl. 5.23 mit 5.24 ergibt schließlich den Strahlungsfluß $\Delta \Phi_e$, der auf den Empfänger trifft

$$\boxed{\Delta \Phi_e = I_e(\varepsilon_s) \frac{\Delta A_E \cos \varepsilon_E}{r^2}} \qquad (5.25)$$

Dividiert man durch die Empfängerfläche ΔA_E, erhält man die Bestrahlungsstärke ΔE_e

$$\boxed{\Delta E_e = \frac{\Delta \Phi_e}{\Delta A_E} = I_e(\varepsilon_s) \frac{\cos \varepsilon_E}{r^2}} \qquad (5.26)$$

Gl. 5.26 ist nicht nur auf einen kleinen Empfänger beschränkt. Bild 5.9b macht deutlich, daß mit Gl. 5.26 die Bestrahlungsstärke auf einer beliebigen Stelle einer Fläche bestimmt werden kann, die durch eine kleine Strahlungsquelle beleuchtet wird. Gl. 5.26 stellt damit eine

182 5.2 Anwendungen

grundlegende Relation zwischen der Strahlstärke $I_e(\varepsilon_s)$ der Strahlungsquelle und der durch sie hervorgerufenen Bestrahlungsstärke E_e dar. Die Winkelabhängigkeit der Strahlstärke kann entweder analytisch (z. B. als Lambert-Strahler) gegeben sein oder aus dem Ausstrahlungsdiagramm des Datenblatts der Lichtquelle entnommen werden.

Charakteristisch ist, daß Strahlungsfluß und Bestrahlungsstärke auf dem Empfänger mit dem Quadrat des Abstands r abnehmen. Gl. 5.25 bzw. 5.26 wird auch als **fotometrisches Grundgesetz** bezeichnet.

Falls die Strahlungsquelle durch einen **Lambert-Strahler** mit der Strahldichte L_{eo} (Gl. 5.18) beschrieben werden kann, erhält man aus Gl. 5.25 bzw. 5.26

$$\Delta\Phi_e = L_{eo} \frac{\Delta A_s \Delta A_E \cos\varepsilon_s \cos\varepsilon_E}{r^2}$$

$$\Delta E_e = \frac{\Delta\Phi_e}{\Delta A_E} = L_{eo} \frac{\Delta A_s \cos\varepsilon_s \cos\varepsilon_E}{r^2} \tag{5.27}$$

(2) Bestrahlungsstärke durch einen Flächenstrahler

Es soll die Bestrahlungsstärke berechnet werden, die durch einen kreisförmigen, ebenen Flächenstrahler im Abstand d vom Mittelpunkt der Quelle hervorgerufen wird. Bild 5.10 verdeutlicht die Anordnung. Die Quelle sei ein Lambert-Strahler mit der Strahldichte L_{eo} und dem Radius R_s. Das Beispiel zeigt das prinzipielle Vorgehen für die Ausführung der Integration in Gl. 5.9 über eine ausgedehnte Strahlerfläche.

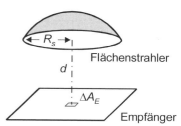

Bild 5.10 Bestrahlung durch einen Flächenstrahler

Der Beitrag eines Flächenelements dA_s der Strahlerfläche zum Strahlungsfluß auf der dem Empfängerflächenelement ΔA_E ist nach Gl. 5.9

$$d^2\Phi_e = L_{eo} \cos\theta \, d\Omega \, dA_s \tag{5.28}$$

Entsprechend der Symmetrie der Anordnung wählen wir einen Kreisring mit der Fläche $dA_s = 2\pi r \, dr$ als Flächenelement auf dem Strahler. Bild 5.11 zeigt die Anordnung und die verwendeten Größen.

Die Größe $d\Omega$ ist der Raumwinkel, unter dem man das Flächenelement ΔA_E unterhalb des Strahlers von jedem Punkt des Kreisrings sieht:

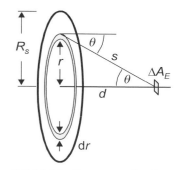

Bild 5.11 Geometrische Verhältnisse bei einem kreisförmigen Flächenstrahler

$$d\Omega \approx \Delta\Omega = \frac{\Delta A_{E\perp}}{s^2} = \Delta A_E \frac{\cos\theta}{s^2}$$

Mit $\cos\theta = \dfrac{d}{s}$ und $s^2 = r^2 + d^2$ ergibt sich der Beitrag des Kreisrings zum Strahlungsfluß auf dem Flächenelement ΔA_E zu $d^2\Phi_e \approx d(\Delta\Phi_e) = 2\pi d^2 \Delta A_E L_{eo} \dfrac{r}{(d^2+r^2)^2} dr$. Der gesamte Strahlungsfluß auf ΔA_E ist folglich:

$$\Delta\Phi_e = 2\pi d^2 \Delta A_E L_{eo} \int_0^{R_s} \frac{r}{(d^2+r^2)^2} dr = \pi d^2 \Delta A_E L_{eo}\left(\frac{1}{d^2} - \frac{1}{d^2+R_s^2}\right) \quad (5.29)$$

Dividiert man Gl. 5.29 durch die Empfängerfläche ΔA_E, erhält man die Bestrahlungsstärke:

$$E_e = \frac{\Delta\Phi_e}{\Delta A_E} = \frac{\pi R_s^2}{d^2+R_s^2} L_{eo} = \frac{A_s}{d^2+R_s^2} L_{eo} \quad (5.30)$$

$A_s = \pi R_s^2$ ist die Strahlerfläche.

Ist der Abstand d des Strahlers groß gegenüber seinem Radius ($R_s \ll d$), erhält man daraus wieder das fotometrische Grundgesetz für den Fall, daß Strahler- und Empfängerflächen senkrecht auf der Verbindungsachse stehen (vgl. Gl. 5.27):

$$E_e = \frac{A_s L_{eo}}{d^2} \quad (5.31)$$

Ist der Empfänger hingegen nahe der Strahlerfläche ($R_s \gg d$), ergibt sich

$$E_e = \pi L_{eo} = M_e \quad (5.32)$$

Gl. 5.32 zeigt eine Möglichkeit der Bestimmung der fotometrischen Größen einer Lichtquelle auf: Die Messung der Bestrahlungsstärke nahe der Strahlerfläche ermöglicht eine direkte Bestimmung der Strahldichte L_{eo} bzw. der spezifischen Ausstrahlung M_e des Lambert-Strahlers.

5.2.3 Fotometrische Größen bei einer Abbildung

Mit den Ergebnissen der vorangegangenen Abschnitte sind wir nun in der Lage, den Strahlungsfluß anzugeben, der bei einer optischen Abbildung übertragen wird, sowie die Strahldichte und die Bestrahlungsstärke am Ort des Bildes.

Wir betrachten die Abbildung eines kleinen, auf der Achse liegenden Objekts durch eine Linse (Bild 5.12). Die Fläche A_1 des Gegenstands, den wir als Lambert-

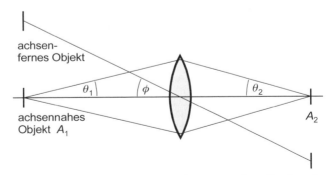

Bild 5.12 Zur Bestimmung der fotometrischen Größen des Bildes bei einer Abbildung

Strahler mit der konstanten Strahldichte L_{el} annehmen, bildet die Eintrittsluke des Abbildungsstrahlengangs, die Bildfläche A_2 die Austrittsluke (vgl. Abschnitt 2.4). Die Begrenzung der Linse stellt die Eintrittspupille dar, die vom Objekt unter dem halben Öffnungswinkel θ_1 bzw. vom Bild unter θ_2 erscheint.

(1) Erhaltung der Strahldichte bei der Abbildung

Zunächst soll die Strahldichte am Bildort bestimmt werden. Der Strahlungsfluß, den die Linse einsammelt ist, gerade der Strahlungsfluß in einen Kreiskegel mit dem halben Öffnungswinkel θ_1 (vgl. Gl. 5.21)

$$\Phi_{e1} = \pi A_1 L_{e1} \sin^2\theta_1 \tag{5.33}$$

Da die Abbildung umkehrbar ist, muß der Strahlungsfluß im Bildraum die gleiche Struktur haben

$$\Phi_{e2} = \pi A_2 L_{e2} \sin^2\theta_2 \tag{5.34}$$

L_{e2} ist die Strahldichte des Bildes. Hat die Linse den Transmissionsgrad τ, ist $\Phi_{e2} = \tau \Phi_{e1}$, d. h.,

$$A_2 L_{e2} \sin^2\theta_2 = \tau A_1 L_{e1} \sin^2\theta_1 \tag{5.35}$$

Für die fehlerfreie Abbildung eines achsennahen Objekts muß die Abbesche Sinusbedingung, $x_1 \sin\theta_1 = x_2 \sin\theta_2$ (x_1, x_2 Gegenstands- bzw. Bildgröße, Brechzahlen im Objekt- und Bildraum gleich eins, vgl. Gl. 2.31), erfüllt sein. Auf die Objekt- bzw. Bildfläche bezogen bedeutet das

$$A_1 \sin^2\theta_1 = A_2 \sin^2\theta_2 \tag{5.36}$$

Setzt man Gl. 5.36 in Gl. 5.35 ein, ergibt sich die grundlegende Beziehung

$$\boxed{L_{e2} = \tau L_{e1}} \tag{5.37}$$

bzw. bei verlustfreier Abbildung, $\tau = 1$

$$\boxed{L_{e2} = L_{e1}} \tag{5.38}$$

- Bei einer verlustfreien Abbildung bleibt die Strahldichte in jeder Bildebene gleich.

Gl. 5.37 und 5.38 sagen aus, daß man auch durch Fokussieren die Strahldichte eines Strahlenbündels nicht erhöhen kann. Die Ursache liegt in einer grundlegenden Eigenschaft der optischen Abbildung, die wir im Zusammenhang mit der Helmholtz-Lagrange-Gleichung (Gl. 2.29) kennengelernt haben. Danach ist eine Verkleinerung des Abbildungsmaßstabs mit einer entsprechenden Vergrößerung des Winkelmaßstabs verbunden bzw. umgekehrt. Ein verkleinertes Bild weist zwar eine größere Bestrahlungsstärke auf, gleichzeitig nehmen aber die Strahlen im Bildraum einen größeren Raumwinkel ein, so daß als Konsequenz die Strahldichte ungeändert bleibt. Gl. 5.37 bzw. 5.38, die für einen Lambert-Strahler als Objekt hergeleitet wurden, gelten allgemein für beliebige Strahlungsquellen.

(2) Bestrahlungsstärke in der Bildebene

Die Bestrahlungsstärke in der Bildebene kann direkt aus Gl. 5.34 mit 5.37 abgelesen werden:

$$E_{e2} = \frac{\Phi_{e2}}{A_2} = \pi \tau L_{e1} \sin^2 \theta_2 \qquad (5.39)$$

Die Größe $\sin\theta_2$ stellt gerade die bildseitige Apertur der Linse dar (vgl. Gl. 2.60). Gl. 5.39 bedeutet also:

- Die Bestrahlungsstärke in der Bildebene ist proportional zum Quadrat der bildseitigen bzw. objektseitigen Apertur.

(3) Abfall der Bestrahlungsstärke für achsenferne Punkte

Befindet sich die kleine Objektfläche A_1 in einem größeren Abstand von der optischen Achse, stellt man eine Abnahme der Bestrahlungsstärke des Bildes fest. Diese ist proportional zur vierten Potenz des Kosinus vom Feldwinkel φ, unter dem das Objekt von der Eintrittspupille aus erscheint (s. Bild 5.12):

$$E_{e2}(\varphi) = \pi \tau L_{e1} \sin^2 \theta_2 \cos^4 \varphi = E_{e2} \cos^4 \varphi \qquad (5.40)$$

$E_{e2}(\varphi)$ ist die Bestrahlungsstärke der achsenfernen Bildelemente unter dem Feldwinkel φ, E_{e2} die der achsennahen Bildpunkte.

Dieser Helligkeitsabfall zum Bildrand hat nichts mit der im Abschn. 2.4.1 erwähnten Vignettierung des Bildes zu tun. Die Ursache liegt zum einen darin, daß die Objektfläche A_1 und die Fläche der Eintrittspupille als Projektionen bez. des Winkels φ wirksam werden, was zum Faktor $\cos^2\varphi$ führt. Zum anderen hat sich der Abstand des Bildes um $(\cos\varphi)^{-1}$ im Vergleich zum Bildabstand auf der optischen Achse vergrößert. Da die Bestrahlungsstärke umgekehrt proportional zum Quadrat des Bildabstands ist, kommt noch einmal der Faktor $\cos^2\varphi$ hinzu.

Im Unterschied dazu wird die Vignettierung bei abbildenden Systemen dadurch hervorgerufen, daß für Objektpunkte, die nicht auf der optischen Achse liegen, andere Öffnungen bündelbegrenzend wirken können wie für Achsenpunkte (vgl. Abschn. 2.4.1). Die dadurch bedingte Abnahme der Bestrahlungsstärke kann man durch das Verhältnis der Flächen $A_{EP}(\varphi)/A_{EP}$ beschreiben. Dabei ist $A_{EP}(\varphi)$ die für Objektpunkte unter dem Feldwinkel φ wirksame Pupillenfläche, A_{EP} die für achsennahe Punkte. Die durch den Helligkeitsabfall zum Bildrand und durch Vignettierung verminderte Bestrahlungsstärke für achsenferne Bildpunkte ist

$$E_{e2}(\varphi) = E_{e2} \frac{A_{EP}(\varphi)}{A_{EP}} \cos^4\varphi \qquad (5.41)$$

Beispiel

Die Strahlerfläche einer Leuchtdiode von 0,1 mm² wird durch eine asphärische Linse mit einem Abbildungsmaßstab von 5 auf einen Empfänger abgebildet. Die Leuchtdiode hat eine winkelabhängige Strahlstärke von $I_e(\varepsilon_s) = I_{eo}\cos^2\varepsilon_s$, wobei I_{eo} = 1 mW/sr die Strahlstärke senkrecht zur Strahlerfläche ist. Der Linsenabstand von der Leuchtfläche beträgt 10 mm, der Linsenradius 5 mm.
a) Wie groß ist der gesamte Strahlungsfluß, den die Leuchtdiode emittiert?
b) Wie groß sind Strahlungsfluß und Bestrahlungsstärke bei verlustfreier Abbildung auf dem Empfänger?

Lösung:
Um den Strahlungsfluß in einen Kegel mit dem Öffnungswinkel α zu berechnen, muß die Raumwinkelintegration über die Strahlstärke der Leuchtdiode in Gl. 5.9 analog zum oben behandelten Lambert-Strahler durchgeführt werden. Mit dem Raumwinkelelement für einen Kreiskegel $d\Omega = 2\pi\sin\varepsilon\,d\varepsilon$ (Gl. 5.20) ergibt sich aus Gl. 5.9

$$\Phi_e(\alpha) = \int_0^\alpha I_e(\varepsilon)2\pi\sin\varepsilon\,d\varepsilon = 2\pi I_{eo}\int_0^\alpha \cos^2\varepsilon \sin\varepsilon\,d\varepsilon =$$

$$= -\frac{2\pi}{3} I_{eo}[\cos^3\varepsilon]_0^\alpha = \frac{2\pi}{3} I_{eo}(1 - \cos^3\alpha)$$

a) Der gesamte Strahlungsfluß der Leuchtdiode (in den Halbraum, $\alpha = \pi/2$) ist: $\Phi(\pi/2) = 2{,}1$ mW.
b) Der Strahlungsfluß in der Bildebene ist gleich dem auf der Linsenfläche. Der halbe Öffnungswinkel der Linse bez. der Leuchtdiode ist bestimmt durch $\tan\alpha = r_L/s$, d. h., $\alpha = 26{,}56°$ (r_L = 5 mm ist der Linsenradius und s = 10 mm der Abstand zur Linse). Der Strahlungsfluß in den Kegel mit dieser Apertur und damit auf dem Empfänger ist $\Phi_e(26{,}6°) = 5{,}96\cdot 10^{-4}$ W.
Da die Strahlerfläche A_L = 0,1 mm² durch die Abbildung um den Faktor 25 vergrößert wurde, ist die Bestrahlungsstärke auf dem Empfänger

$$E_e = \frac{\Phi_e}{A_B} = \frac{\Phi_e}{25\,A_L} = 23{,}8\,\frac{\text{mW}}{\text{cm}^2}$$

5.3 Bewertung durch Empfänger, spektrale Größen

5.3.1 Spektrale strahlungsphysikalische Größen

Die bisher besprochenen strahlungsphysikalischen Größen sagen nichts über die Wellenlänge bzw. das Spektrum der Strahlung aus. Um den Energieinhalt zu charakterisieren, den die Strahlung in den verschiedenen Wellenlängenbereichen enthält, führt man die **spektralen strahlungsphysikalischen Größen** ein. Wir wollen das anhand der spektralen Zerlegung der Strahlung in einem Spektrometer verdeutlichen, dessen Aufbau im Abschn. 4.3 besprochen wurde.

In Bild 5.13 wird die Strahlung mit dem Strahlungsfluß Φ_e durch ein Dispersionsprisma spektral zerlegt. Sehen wir von dem endlichen Auflösungsvermögen des Prismas bzw. der Linse ab, wird in der Brennebene der Linse jedem Punkt eine Wellenlänge zugeordnet (eingezeichnet sind die Wellenlängen λ_1 und λ_2). Mit einem schmalen Spalt

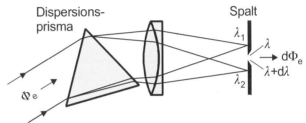

Bild 5.13 Spektrale Zerlegung durch ein Dispersionsprisma

können wir den Strahlungsfluß $d\Phi_e$ des Wellenlängenbereichs λ, $\lambda + d\lambda$ (der durch die Spaltbreite bestimmt ist) durchlassen und vermessen. Verschieben wir den Spalt systematisch innerhalb der Brennebene der Linse, wird mit der so gemessenen Wellenlängenabhängigkeit $d\Phi_e = d\Phi_e(\lambda)$ das Spektrum der Strahlung charakterisiert. Um unabhängig von der Spaltbreite und damit von dem Wellenlängenintervall $d\lambda$ zu sein, bezieht man den Strahlungsfluß $d\Phi_e$ auf das Wellenlängenintervall $d\lambda$ und definiert so die **spektrale Dichte des Strahlungsflusses** oder kurz den **spektralen Strahlungsfluß** $\Phi_{e\lambda}$:

$$\Phi_{e\lambda}(\lambda) = \frac{d\Phi_e}{d\lambda} \tag{5.42}$$

Normalerweise gibt man die Wellenlänge in nm an, so daß die Einheit des spektralen Strahlungsflusses W/nm ist.

Der Strahlungsfluß, der in einem Wellenlängenbereich λ_1, λ_2 enthalten ist, ergibt sich durch Integration über diesen Bereich:

$$\Phi_e = \int_{\lambda_1}^{\lambda_2} \Phi_{e\lambda}(\lambda)\, d\lambda \tag{5.43}$$

Um den gesamten Strahlungsfluß zu erhalten, muß die Integration über den vollständigen Wellenlängenbereich ausgeführt werden, in dem die Strahlung auftritt.

In analoger Weise kann auch die spektrale Dichte der übrigen strahlungsphysikalischen Größen wie der Bestrahlungsstärke E_e, der spezifischen Ausstrahlung M_e, der Strahlstärke I_e und der Strahldichte L_e angeben werden.

5.3.2 Strahlungsbewertung durch Empfänger

Mit Hilfe von Empfängern bzw. Detektoren sollen die Strahlungsgrößen (z. B. Strahlungsfluß oder Bestrahlungsstärke) bestimmt werden. Das Prinzip ist dabei so, daß der Empfänger die entsprechende Strahlungsgröße in eine andere physikalische Größe umwandelt, die gut gemessen werden kann. In den meisten Fällen ist das eine elektrische Größe wie Strom, Spannung oder Ladung. So erzeugt auffallende Strahlung in einer Fotodiode elektrische Ladungen, die als Fotostrom nachgewiesen werden können. Am Beispiel der Fotodiode sollen die wichtigsten Aspekte der Strahlungsbewertung besprochenen werden. Der Einfachheit halber nehmen wir an, daß Strahlungsgröße und Empfängersignal zueinander proportional sind.

Beginnen wir zunächst mit der Bewertung monochromatischer Strahlung. Wird ein Empfänger von einem Strahlungsfluß Φ_e mit der Wellenlänge λ getroffen, antwortet er mit einem Strom I

$$I = s(\lambda)\,\Phi_e \tag{5.44}$$

Die Größe $s(\lambda)$ bezeichnet man als **spektrale Empfindlichkeit** des Detektors (Maßeinheit A/W). Diese ist i. allg. abhängig von der Wellenlänge der einfallenden Strahlung. Der Strom, mit dem der Empfänger antwortet, hängt also von der Wellenlänge der Strahlung ab.

Besteht die Strahlung aus einem Spektrum von Wellenlängen, liefert der Wellenlängenbereich $\lambda, \lambda + d\lambda$ mit dem Strahlungsfluß $d\Phi_e = \Phi_{e\lambda}(\lambda)\,d\lambda$ den Beitrag zum Strom

$$dI = s(\lambda)\,d\Phi_e = s(\lambda)\,\Phi_{e\lambda}(\lambda)\,d\lambda \tag{5.45}$$

Die spektrale Empfindlichkeit des Empfängers ist in diesem Fall

$$s(\lambda) = \frac{dI}{d\Phi_e} = \frac{1}{\Phi_{e\lambda}(\lambda)}\frac{dI}{d\lambda} \tag{5.46}$$

Bild 5.14 zeigt als Beispiel die spektrale Stromempfindlichkeit einer Siliziumfotodiode.

Der Gesamtstrom, den der Empfänger liefert, ergibt sich, indem man die spektralen Beiträge Gl. 5.45 über das Spektrum der Strahlung summiert:

$$I = \int_{\lambda_1}^{\lambda_2} s(\lambda)\,\Phi_{e\lambda}(\lambda)\,d\lambda \tag{5.47}$$

In Datenblättern für Empfänger wird häufig die Empfindlichkeit s_o im Empfindlichkeitsmaximum des Empfängers angegeben und die relative spektrale Empfindlichkeit

$$s(\lambda)_{rel} = \frac{s(\lambda)}{s_o} \qquad (5.48)$$

mit $0 \leq s(\lambda)_{rel} \leq 1$ als Diagramm dargestellt.

Natürlich können auch andere Strahlungsgrößen wie z. B. die Bestrahlungsstärke oder lichttechnische Größen (vgl. nachfolgenden Abschnitt) durch den Empfänger bewertet werden. Ebenso kann der Empfänger eine andere Meßgröße wie z. B. eine Spannung liefern. In Verallgemeinerung der Gln. 5.45 bis 5.47 gilt: Ist X_e die Strahlungsgröße mit der spektralen Dichte $X_{e\lambda}(\lambda)$ und Y die Größe, die der Empfänger als Antwort liefert, dann ergibt sich seine **spektrale Empfindlichkeit** als

$$s(\lambda) = \frac{dY}{dX_e} = \frac{1}{X_{e\lambda}(\lambda)} \frac{dY}{d\lambda} \qquad (5.49)$$

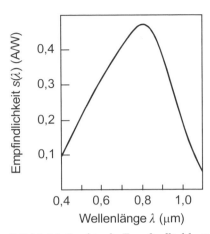

Bild 5.14 Spektrale Empfindlichkeit einer Silizium-Fotodiode

Bei bekannter spektraler Empfindlichkeit kann die Ausgangsgröße des Empfängers berechnet werden:

$$Y = \int_{\lambda_1}^{\lambda_2} s(\lambda) X_{e\lambda}(\lambda) \, d\lambda \qquad (5.50)$$

Ist die spektrale Bandbreite der Strahlung mit der Zentrumswellenlänge λ klein im Vergleich zur spektralen Breite der Empfindlichkeitskurve des Empfängers (nahezu monochromatische Strahlung), gilt analog zu Gl. 5.44 näherungsweise

$$Y \approx s(\lambda) X_e \qquad (5.51)$$

Speziell für die unten zu besprechenden lichttechnischen Größen wird häufig eine **absolute Empfindlichkeit** bez. eines genormten Spektrums angegeben (z. B. Normlicht A: Spektrum einer gasgefüllten Wolframglühlampe mit einer Farbtemperatur von 2856 K). Ist X eine Strahlungsgröße mit dem genormten Spektrum $X_{e\lambda}(\lambda)$ und Y entsprechend Gl. 5.50 die Ausgangsgröße des Detektors, dann wird die absolute Empfindlichkeit des Empfängers bez. des genormten Spektrums definiert als

$$s = \frac{Y}{X} \qquad (5.52)$$

5.4 Lichttechnische Größen

Ein in seiner Bedeutung herausragender Empfänger ist das menschliche Auge. Viele optische Anwendungen sind auf das Auge als Empfänger ausgerichtet. Das reicht von einfacher Raumbeleuchtung bis zur Anzeige von Schalt- und Betriebszuständen durch Signallampen, Displays usw. Im Unterschied zu fotoelektrischen Empfängern liefert das Auge keine Meßgröße wie Strom oder Spannung sondern einen subjektiven Helligkeitseindruck. Die Erfassung des von Lichtquellen hervorgerufenen Helligkeitseindrucks erfordert deshalb die Definition spezieller Größen. Um diese **lichttechnischen Größen** reproduzierbar messen zu können, bedient man sich genormter Lichtquellen. In Deutschland war dies beispielsweise eine offene Flamme unter vorgeschriebenen Betriebsbedingungen, was zu der Maßeinheit "Hefner-Kerze" für die lichttechnische Grundgröße **Lichtstärke** I_v führte. Die u. a. in den USA benutzte "Internationale Kerze" hatte als Grundlage eine Kohlefadenlampe. Da diese Lichtquellen für die Lichtmeßtechnik nicht reproduzierbar genug waren, wurde die Lichtstärkeeinheit an eine substanzunabhängige Lichtquelle angeschlossen. Die daraus resultierende Maßeinheit **Candela** ist eine Basisgröße im SI-System. Bis 1979 war das der sogenannte schwarze Körper (vgl. Abschn. 6.2.1):

- Die Candela (cd) ist die Lichtstärke, die 1/600 000 m² Fläche eines schwarzen Körpers bei der Erstarrungstemperatur des Platins (2042 K) beim Druck von 101324 Pa senkrecht zur Oberfläche ausstrahlt.

Heute wird die Candela mit Hilfe einer monochromatischen Strahlungsquelle festgelegt:

- Die Candela ist die Lichtstärke einer Strahlungsquelle, die in einer bestimmten Richtung monochromatisches Licht der Frequenz 540 THz (d. h., mit der Vakuumwellenlänge 555 nm) mit der Strahlstärke 1/683 W/sr aussendet.

Die Größe K_m = 683 cd/(W/sr) bezeichnet man als **fotometrisches Strahlungsäquivalent**. Bewertet also das Auge eine Strahlungsquelle, die Strahlung mit einer Wellenlänge 555 nm emittiert und eine Strahlstärke I_e hat, führt das zu der lichttechnischen Größe **Lichtstärke**

$$I_v = K_m I_e \tag{5.53}$$

Der Index v steht für "visuell".

Entsprechendes gilt beispielsweise für den Strahlungsfluß. Der Helligkeitseindruck, den Strahlung mit der Wellenlänge 555 nm und dem Strahlungsfluß Φ_e hervorruft, wird durch die lichttechnische Größe **Lichtstrom** Φ_v beschrieben und ist

$$\Phi_v = K_m \Phi_e$$

Die Maßeinheit des Lichtstroms ist Lumen (lm = cd·sr).

Die Augenempfindlichkeit hängt stark von der Wellenlänge des Lichts ab. So erscheint beispielsweise eine Leuchtdiode mit der Wellenlänge 590 nm im gelben Spektralbereich etwa 20 mal heller als eine Leuchtdiode mit 670 nm im dunkelroten Bereich bei gleichem

Strahlungsfluß. Die spektrale Empfindlichkeit des Auges schwankt individuell von einem zum anderen Beobachter. Daher wird die relative spektrale Empfindlichkeit für den "Normalbeobachter" festgelegt. Sie wird auch als **spektraler Hellempfindlichkeitsgrad** bezeichnet. Bild 5.15 zeigt die Wellenlängenabhängigkeit des Hellempfindlichkeitsgrads. Bei den Wellenlängen 380 nm und 780 nm ist die Augenempfindlichkeit praktisch auf Null abgefallen, wodurch die Grenzen des sichtbaren Bereichs bestimmt sind.

Die unterschiedlichen Sehzellen, die für Tages- (fotopische Anpassung) und Nachtsehen (skotopische Anpassung, vgl. auch Abschn. 4.1) verantwortlich sind, führen auch zu einem unterschiedlichen spektralen Verlauf des Hellempfindlichkeitsgrads für beide Fälle. Die Kurve $V(\lambda)$ für das Tagessehen ist im Vergleich zu der Kurve $V'(\lambda)$ für das Nachtsehen etwas zum langwelligen Bereich verschoben. Das Auge

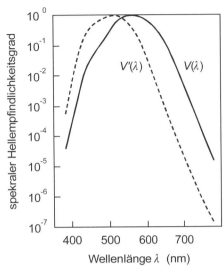

Bild 5.15 Spektraler Hellempfindlichkeitsgrad für Tagessehen (fotopische Anpassung) $V(\lambda)$ bzw. Nachtsehen (skotopische Anpassung) $V'(\lambda)$

spricht also bei skotopischer Anpassung auf Blautöne empfindlicher an als bei fotopischer Anpassung. Das Maximum des Helligkeitsempfindens bei fotopischer Anpassung liegt bei der Wellenlänge 555 nm ($V(555\ \text{nm}) = 1$). Dies ist gerade die Wellenlänge, bei der die Basiseinheit Candela festgelegt wurde. Bei skotopischer Anpassung liegt das Empfindlichkeitsmaximum bei 507 nm.

Monochromatische Strahlung der Wellenlänge λ führt bei fotopischer Anpassung demnach zu einem Helligkeitseindruck, der entsprechend Gl. 5.51 durch den Lichtstrom

$$\Phi_v = K_m V(\lambda)\, \Phi_e \qquad (5.55)$$

beschrieben wird.

Für den Helligkeitseindruck bei skotopischer Anpassung ergibt sich analog

$$\Phi'_v = K'_m V'(\lambda)\, \Phi_e \qquad (5.56)$$

Die größere Empfindlichkeit des Auges beim Nachtsehen zeigt sich in dem Wert des fotometrischen Strahlungsäquivalents für skotopische Anpassung von $K'_m = 1699$ lm/W.

Ist die Strahlung nicht monochromatisch, sondern spektral breitbandig mit dem spektralen Strahlungsfluß $\Phi_{e\lambda}(\lambda)$, ist der Lichtstrom als Maß für den Helligkeitseindruck entsprechend Gl. 5.50 für Tagessehen

$$\Phi_v = K_m \int_{380\ \text{nm}}^{780\ \text{nm}} V(\lambda)\, \Phi_{e\lambda}(\lambda)\, \mathrm{d}\lambda \qquad (5.57)$$

sowie für Nachtsehen

$$\Phi'_v = K'_m \int_{380\,\text{nm}}^{780\,\text{nm}} V'(\lambda)\, \Phi_{e\lambda}(\lambda)\, d\lambda \qquad (5.58)$$

So wie die Bewertung des Strahlungsflusses durch das Auge zur lichttechnischen Größe Lichtstrom führt, kann jeder strahlungsphysikalischen Größe X_e mit der spektralen Dichte $X_{e\lambda}(\lambda)$ eine entsprechende lichttechnische Größe X_v durch

$$X_v = K_m \int_{380\,\text{nm}}^{780\,\text{nm}} V(\lambda)\, X_{e\lambda}(\lambda)\, d\lambda \qquad (5.59)$$

zugeordnet werden. In Tabelle 5.2 sind die lichttechnischen Größen nebst Maßeinheiten mit den entsprechenden strahlungsphysikalischen Größen zusammengestellt.

Tabelle 5.2 Gegenüberstellung strahlungsphysikalischer und lichttechnischer Größen

Strahlungsphysikalische Größen	Einheit	Lichttechnische Größen	Einheit
Strahlungsfluß Φ_e	Watt, W	Lichtstrom Φ_v	Lumen, lm
spezifische Ausstrahlung M_e	W/m^2	spezifische Lichtausstrahlung M_v	lm/m^2
Strahlstärke I_e	W/sr	Lichtstärke I_v	Candela, cd = lm/sr
Strahldichte L_e	W/(m$^2\cdot$sr)	Leuchtdichte L_e	cd/m^2
Bestrahlungsstärke E_e	W/m^2	Beleuchtungsstärke E_v	Lux, lx = lm/m^2

Um ein Gefühl für die Größen zu bekommen, sind in Tabelle 5.3 Werte für den Lichtstrom einiger Lichtquellen sowie in Tabelle 5.4 typische Beleuchtungsstärken zusammengestellt.

Gln. 5.55 bis 5.59 zeigen, daß zwischen den strahlungsphysikalischen und lichttechnischen Größen ein linearer Zusammenhang besteht. Das bedeutet, daß die Relationen für die strahlungsphysikalischen Größen, die wir in den Ab-

Tabelle 5.3 Lichtstrom einiger Lichtquellen

Lichtquelle	Lichtstrom
Leuchtdiode	1 bis 100 mlm
Glühlampe, 220 V/100W	1 400 lm
Halogenglühlampe, 12 V/100 W	3 000 lm
Leuchtstofflampe, 220V/40 W	2 400 lm
Quecksilberdampflampe, 100 W	2 200 lm

schnitten 5.1 und 5.2 besprochen hatten, in gleicher Weise für die lichttechnischen Größen gelten. Insbesondere lassen sich die im Abschn. 5.2 angegebenen Beispiele und Anwendungen direkt auf die Lichttechnik übertragen.

Tabelle 5.4 Typische Beleuchtungsstärken

Beleuchtungssituation	Beleuchtungsstärke
Mittagssonne im Sommer	70 000 lx
Tageslicht bei bedecktem Himmel	5 500 lx
Vollmond	0,25 lx
Arbeitsbeleuchtung	1 000 bis 2000 lx
Wohnzimmerbeleuchtung	120 lx
Straßenbeleuchtung	1 bis 16 lx
Grenze der Farbwahrnehmung	3 lx

Beispiel

In der Mitte eines quadratischen Zimmers mit einer Grundfläche von 25 m² hängt eine Lampe.
a) Die Lampe soll als kleine, kugelförmige Lichtquelle mit einer richtungsunabhängigen Lichtstärke von 1000 cd betrachtet werden. In welcher Höhe über dem Boden muß sich die Lampe befinden, damit die Beleuchtungsstärke auf dem Boden in den Zimmerecken am größten wird? Wie groß ist dann die Beleuchtungsstärke auf dem Boden direkt unterhalb der Lampe und in den Zimmerecken?
b) Wie ändern sich die Ergebnisse, wenn anstelle der kugelförmigen Lichtquelle ein kleiner ebener Lambert-Strahler verwendet wird, dessen Leuchtfläche parallel zum Boden ist und dessen Lichtstärke senkrecht zur Leuchtfläche 1000 cd beträgt?

Lösung:
Die Beleuchtungsstärke auf dem Boden des Zimmers wird durch das fotometrische Grundgesetz Gl. 5.26 beschrieben. Aufgeschrieben für die lichttechnische Größe Beleuchtungsstärke bedeutet das

$$E_v = \frac{I_v(\varepsilon)\cos\varepsilon}{r^2} \qquad (5.60)$$

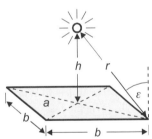

Bild 5.16 Anordnung zur Beleuchtung einer Fläche

a) Die Lichtstärke ist richtungsunabhängig, d. h., $I_v(\varepsilon) = I_{vo} = 1000$ cd. Mit $r = \dfrac{a}{\sin\varepsilon}$, wobei $a = \dfrac{b}{\sqrt{2}}$ die Länge der halben Zimmerdiagonale ist (vgl Bild 5.16), wird aus Gl. 5.60

$$E_v = \frac{2 I_{vo} \cos\varepsilon \sin^2\varepsilon}{b^2}$$

Damit E_v maximal wird, muß $\dfrac{dE_v}{d\varepsilon} = 0$ sein, d. h., $-\sin^2\varepsilon + 2\cos^2\varepsilon = 0$ bzw. $\tan\varepsilon = \dfrac{a}{h} = \sqrt{2}$ ($\varepsilon = 54{,}7°$)

mit dem Ergebnis $h = \dfrac{a}{\sqrt{2}} = \dfrac{b}{2} = 2{,}5$ m. Damit ergibt sich nach Gl. 5.60 die Beleuchtungsstärke unterhalb der Lampe von $E_v = 160$ lx sowie in den Zimmerecken $E_v = 30{,}8$ lx.

b) Mit der Lichtstärke eines Lambert-Strahlers entsprechend Gl. 5.18 $I_v = I_{vo} \cos\varepsilon$, wobei $I_{vo} = 1000$ cd die Lichtstärke senkrecht zur Leuchtfläche ist, ergibt sich aus Gl. 5.60

$$E_v = \frac{2 I_{vo} \cos^2\varepsilon \sin^2\varepsilon}{b^2}$$

Die Forderung $\frac{dE_v}{d\varepsilon} = 0$ führt zu $-\sin^2\varepsilon + \cos^2\varepsilon = 0$ bzw. $\tan\varepsilon = \frac{a}{h} = 1$ ($\varepsilon = 45°$) mit dem Ergebnis $h = a = \frac{b}{\sqrt{2}} = 3{,}54$ m. Nach Gl. 5.60 ist die Beleuchtungsstärke unterhalb der Lampe $E_v = 80$ lx sowie in den Zimmerecken $E_v = 20$ lx.

5.5 Aufgaben

5.1 Der Lichtbogen einer Quecksilberhöchstdruckdampflampe kann als ein kugelförmiger, isotroper Strahler (Radius $r = 0{,}4$ mm) mit einer Strahlstärke von 100 W/sr angesehen werden. Im Abstand von 5 cm befindet sich eine Linse (Linsenradius $R = 15$ mm), die den Lichtbogen abbildet.
b) Wie groß ist der gesamte Strahlungsfluß, den die Quecksilberdampflampe emittiert?
c) Wie groß ist der Strahlungsfluß, der auf die Linse fällt?

5.2 Eine kreisförmige Lichtquelle mit einem Radius von 2 mm emittiert eine Strahlungsleistung von 100 W.
a) Ermitteln Sie die Strahldichte der Lichtquelle unter der Annahme, daß es sich um einen Lambert-Strahler handelt.
b) Welcher Strahlungsfluß wird von einer Linse eingesammelt, die einen Durchmesser von 20 mm hat und 80 mm von der Quelle entfernt ist?

5.3 Die Abhängigkeit der Strahlstärke einer ebenen Lichtquelle von der Beobachtungsrichtung kann durch $I_e(\varepsilon_s) = I_{eo}\cos^2\varepsilon_s$ beschrieben werden. Dabei ist ε_s der Winkel zwischen der Normalen der Strahlerfläche und der Beobachtungsrichtung. Die Strahlstärke senkrecht zur Strahlerfläche beträgt 100 mW/sr.
a) Bei welchem Winkel ist die Strahlstärke auf die Hälfte des Maximalwerts abgefallen?
b) Wie groß ist der gesamte Strahlungsfluß, den die Lichtquelle emittiert (in den Halbraum)?
c) Wie groß ist der Strahlungsfluß, der in einen Kegel mit dem halben Öffnungswinkel von 30° emittiert wird?

5.4 Nebenstehendes Diagramm zeigt die Winkelabhängigkeit der relativen Strahlstärke einer Leuchtdiode. Berechnen Sie den Strahlungsfluß, der von der Leuchtdiode auf eine Fotodiode im Abstand von 20 cm trifft. Die Fotodiode hat eine Empfängerfläche von 2 mm². Die Normale der Senderfläche ist um 20° gegenüber der Verbindungslinie zur Fotodiode geneigt. Die maximale Strahlstärke der Leuchtdiode beträgt 8 mW/sr.

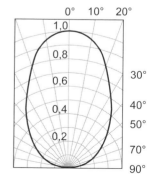

5.5 Beim Fotografieren wird ein Gegenstand mit einer kleinen Lampe beleuchtet, die in einem Abstand von 2 m steht. Wie muß man die Belichtungszeit verlängern, wenn man die gleiche Lampe auf einen Abstand von 3 m verschiebt?

5.6 Die kreisförmige, leuchtende Fläche einer Leuchtdiode von 0,5 mm² wird mit einer dünnen Linse (Linsendurchmesser 5 cm, Brennweite 8 cm) vollständig auf die Empfängerfläche einer Fotodiode (Empfindlichkeit 10 A/W) abgebildet. Der Abstand zwischen Leuchtdiode und Linse beträgt 16 cm. Die Winkelabhängigkeit der Strahlstärke der Leuchtdiode kann durch $I_e(\varepsilon) = I_{eo} \cos^4 \varepsilon$ beschrieben werden, senkrecht zur Strahlerfläche beträgt die Strahlstärke 4 mW/sr.
a) Skizzieren Sie die Winkelabhängigkeit der Strahlstärke in einem Polardiagramm.
b) Bei welchem Winkel ist die Strahlstärke auf die Hälfte des Maximalwerts abgefallen?
c) Wie groß ist der gesamte Strahlungsfluß, den die Leuchtdiode emittiert?
d) Welchen Fotostrom liefert die Fotodiode? (Verluste bei der Abbildung können vernachlässigt werden.)
e) Wie groß muß die Empfängerfläche mindestens sein, damit die Strahlerfläche vollständig darauf abgebildet wird?

5.7 Ein monochromatischer Lambert-Strahler mit einer Strahldichte von 10^6 W/(sr·m²) hat einen Durchmesser von 1 cm und befindet sich in einer Entfernung von 45 cm vor einer dünnen Linse, die einen Radius von 5 cm und eine Brennweite von 30 cm hat. Eine Fotozelle, deren Empfängerfläche einen Durchmesser von 2 mm hat, steht auf der rechten Seite der Linse am Ort des Bildes der Strahlungsquelle. Bestimmen Sie den Fotostrom des Empfängers, wenn seine Empfindlichkeit 10 A/W beträgt

5.8 Wie groß ist die Leistung, die von einem unendlich ausgedehnten Lambertschen Strahler mit einer Strahldichte von 10 W/(cm²·sr) durch das im Bild dargestellte Linsen-Blenden-System transmittiert wird? Der Durchmesser der Linse beträgt 2 cm, der Durchmesser der Blendenöffnung 0,5 cm sowie $g_s = -40$ cm und $b_s = 20$ cm.

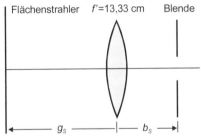

5.9 Die Wendel einer elektrischen Glühlampe mit einer Lichtstärke von 100 cd ist in einem matten Kugelkolben mit einem Durchmesser von a) 5 cm und b) 10 cm eingeschlossen. Die Wendel kann als isotrop strahlende Punktlichtquelle angenommen werden, die sich zentrisch im Kolben befindet. Gesucht ist die spezifische Lichtausstrahlung in beiden Fällen. (Die Lichtverluste an der Kolbenwand können vernachlässigt werden.)

5.10 Eine rote Leuchtdiode (LED) emittiert Licht bei 680 nm und hat eine Emissionsfläche von 0,5 mm². Die Abstrahlungscharakteristik gehorcht dem Lambertschen Gesetz. Im Abstand von 1 m unter einem Winkel 30° zur Normalen der Emissionsfläche befindet sich ein Empfänger mit der Fläche 20 mm². Die auf den Empfänger fallende Strahlungsleistung beträgt $8{,}7 \cdot 10^{-10}$ W.
a) Wie groß ist der Lichtstrom, der auf den Empfänger trifft? (Der spektrale Hellempfindlichkeitsgrad des Auges bei 680 nm ist $1{,}7 \cdot 10^{-2}$.)
b) Berechnen Sie die Beleuchtungsstärke am Ort des Empfängers.
c) Wie groß ist die Lichtstärke $I_v(0)$ der LED senkrecht zur strahlenden Fläche? Wie groß ist ihre Leuchtdichte?

5.11 Das Licht einer Quecksilberhöchstdrucklampe soll in eine Lichtleitfaser zu Beleuchtungs

eingekoppelt werden. Der Lichtbogen der Quecksilberdampflampe kann als ein kugelförmiger, isotroper Strahler (Radius 0,4 mm) mit einer Leuchtstärke von 800 cd angesehen werden. Die Einkopplung geschieht mit einer Linse (Brennweite 30 mm, Linsenradius 10 mm), die den Lichtbogen auf das Faserende abbildet. Das Bild des Lichtbogens soll dabei den Kern der Lichtleitfaser (Radius 0,2 mm) vollständig ausfüllen.
a) Wie groß ist der gesamte Lichtstrom, den die Quecksilberdampflampe emittiert?
b) Wie groß ist der Lichtstrom, der bei verlustfreier Abbildung auf das Faserende fällt?

5.12 Eine Lampe hängt in einer Höhe von 1 m über einem runden Tisch. Die Beleuchtungsstärke auf dem Tisch (Radius R = 1 m) ist im Abstand r vom Tischmittelpunkt durch $E_v = I_{vo} \dfrac{h}{d^3}$ (I_{vo} = 200 cd) gegeben.

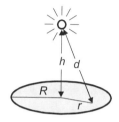

a) Wie groß ist die Beleuchtungsstärke im Tischmittelpunkt und am Tischrand?
b) Wie groß ist der gesamte Lichtstrom, der auf den Tisch trifft?

6. Lichtquellen

In diesem Kapitel werden Grundlagen und Eigenschaften verschiedener Arten von Lichtquellen dargestellt. Das betrifft klassische Lichtquellen wie Glühlampen und Gasentladungslampen sowie Laserlichtquellen. Zu den letzteren wollen wir das Grundprinzip der Entstehung von Laserlicht besprechen und eine Übersicht der wichtigsten Lasertypen nebst ihren Eigenschaften geben.

6.1 Allgemeine Eigenschaften

Allgemein gesagt wandeln Lichtquellen die ihnen zugeführte Energie teilweise in Strahlungsenergie um. Das kann Energie sein, die bei chemischen Reaktionen (beispielsweise bei der Verbrennung) entsteht, oder elektrische Energie. Für die Optik sind nur Lichtquellen wichtig, bei denen elektrische Energie in Strahlungsenergie umgeformt wird. Entsprechend dem zugrunde liegenden Mechanismus kann man zwei Gruppen von Lichtquellen unterscheiden. In **Temperaturstrahlern**, zu denen die Glühlampen gehören, wird die zugeführte elektrische Energie zunächst in Wärmeenergie umgewandelt. Die durch die Wärmebewegung schwingenden Atome emittieren elektromagnetische Strahlung mit einem kontinuierlichen Spektrum, das im wesentlichen von der Temperatur abhängt. Bei **Lumineszenzstrahlern** wird die elektrische Energie durch die Atome bzw. Moleküle direkt aufgenommen und durch Lumineszenz bzw. spontane Emission als Strahlungsenergie wieder abgegeben. Die Strahlungsemission erfolgt im Unterschied zum Temperaturstrahler bei niedriger Temperatur, das Spektrum wird durch die Atom- bzw Molekülsorte bestimmt. Zu den Lumineszenzstrahlern gehören Gasentladungslampen, Leuchtdioden und Laser.

Zur Charakterisierung von Lichtquellen werden folgende Kenngrößen verwendet. Emittiert die Strahlungsquelle im Wellenlängenbereich von λ_1 bis λ_2 den Strahlungsfluß Φ_e und wird dazu die elektrische Leistung P aufgewendet, so gibt

$$\eta_e = \frac{\Phi_e}{P} \qquad (6.1)$$

die **Strahlungsausbeute** für diesen Wellenlängenbereich an.

Die auf das Auge bezogene **Lichtausbeute**

$$\eta = \frac{\Phi_v}{P} \qquad (6.2)$$

(in lm/W) gibt an, wieviel der zugeführten elektrische Leistung P als Lichtstrom Φ_v abgegeben wird.

Um den Bereich zu kennen, in dem die Lichtausbeute liegen kann, soll der theoretische Maximalwert bestimmt werden. Dazu nehmen wir eine Lichtquelle an, die monochromatische Strahlung im Empfindlichkeitsmaximum des Auges emittiert und welche die gesamte zugeführte elektrische Leistung P in Strahlungsleistung Φ_e umwandelt ($\eta_e = 1$). Mit Gl. 5.55 ist $\eta_{max} = K_m V(\lambda) \Phi_e / P = K_m = 683$ lm/W. In der Praxis ist die Lichtausbeute wesentlich geringer. In Tabelle 6.1 sind Beispiele für die Lichtausbeute verschiedener Strahlungsquellen zusammengestellt.

Tabelle 6.1 Lichtausbeute einiger Strahlungsquellen

Lampe	Leistung	Spannung	Lichtausbeute
Allgebrauchslampe	60 W	220 V	12,2 lm/W
Leuchtstoffröhre	40 W	220 V	36 lm/W
Halogen-Projektorlampe	100 W	12 V	30 lm/W
Halogen-Flutlichtlampe	1 kW	220 V	22 lm/W
Schwarzer Strahler (bei 6000 K, vgl. Abschn. 6.2.1)			95 lm/W

Die Ausstrahlungscharakteristik von Lichtquellen wird mit der Strahlstärke I_e oder der Strahldichte L_e bzw. den lichttechnischen Größen Lichtstärke I_v oder Leuchtdichte L_v beschrieben. Ein wesentliches Kennzeichen der Strahlung ist ihr Spektrum, das durch die spektralen strahlungsphysikalischen Größen, z. B. durch die spektrale Strahldichte $L_{e\lambda}(\lambda)$ oder den spektralen Strahlungsfluß $\Phi_{e\lambda}(\lambda)$ beschrieben wird. Erstreckt sich das Spektrum lückenlos über einen größeren Wellenlängenbereich, spricht man vom **Kontinuumsstrahler**. Im Gegensatz dazu besteht das Spektrum von **Linienstrahlern** aus eng begrenzten Wellenlängenbereichen (Linienspektrum).

Die Kennzeichnung des **Farbeindrucks** der Strahlung auf das Auge geschieht durch die **Farbtemperatur** T_f des Strahlers bzw. durch die **ähnlichste Farbtemperatur**, die im folgenden Abschnitt besprochen wird. Eine genauere Charakterisierung ist mit Hilfe sogenannter **Normfarbwerte** möglich. Da dieses unseren Rahmen übersteigen würde, sei der interessierte Leser z. B. auf [4] verwiesen.

6.2 Glühlampen

Glühlampen als Temperaturstrahler sind in optischen Geräten immer noch weit verbreitet, da sie relativ preisgünstig und einfach zu betreiben sind. Vor allem wegen der großen Typenvielfalt (Geometrie des Glühdrahts, Kolbenform, Sockeltyp und Verspiegelung oder Reflektoreinbau) können Glühlampen leicht an unterschiedliche Aufgabenstellungen und Betriebsbedingungen angepaßt werden.

6.2.1 Strahlungsphysikalische Größen des Temperaturstrahlers

Jeder Körper absorbiert und emittiert ständig elektromagnetische Strahlung in Abhängigkeit von seiner Temperatur. Ist seine Temperatur gleich der Umgebungstemperatur, absorbiert er gleichviel Strahlungsenergie aus der Umgebung, wie er an diese abgibt (thermisches Gleichgewicht). Liegt seine Temperatur über der der Umgebung, überwiegt die abgegebene Strahlungsenergie. Die emittierte Strahlung wird sichtbar, wenn die Temperatur etwa 600 °C erreicht. Die Farbe der emittierten Strahlung kann man sehr schön an einem glühenden Stück Kohle beobachten. Mit steigender Temperatur verschiebt sich die Glühfarbe von dunkelrot (600 °C) über hellrot (850 °C), gelb (1000 °C) nach weiß (1300 °C).

(1) Schwarzer Strahler

Wir wollen zunächst als idealisiertes Modell für einen Temperaturstrahler den **schwarzen Strahler** besprechen. Unter einem schwarzen Strahler versteht man einen Körper mit einem Absorptionsgrad von eins, $a(\lambda) = 1$, d. h., die gesamte auftreffende Strahlung wird unabhängig von ihrer Wellenlänge λ absorbiert. Da der Körper keine Strahlung reflektiert, erscheint er dem Beobachter schwarz.

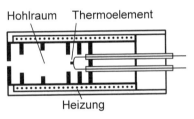

Bild 6.1 Aufbau eines Hohlraumstrahlers

Praktisch wird ein schwarzer Körper sehr gut durch einen sogenannten **Hohlraumstrahler** realisiert, der aus einem beheizbaren Hohlraum mit stark absorbierenden Wänden und einer kleinen Öffnung besteht (Bild 6.1). Die durch die Öffnung einfallende Strahlung wird an den Wänden vielfach diffus reflektiert und dabei nahezu vollständig absorbiert. Bei Temperaturen, die deutlich unter 600 °C liegen, erscheint die Öffnung absolut schwarz. Das Spektrum der durch die Öffnung austretenden Strahlung (dem Auge sichtbar ab etwa 600 °C) ist identisch mit dem Spektrum des schwarzen Strahlers. Die Strahlung des schwarzen Körpers wird daher auch als **Hohlraumstrahlung** bezeichnet. Die Ausstrahlungscharakteristik der Öffnung ist die eines Lambert-Strahlers, die Strahldichte ist also richtungsunabhängig.

Die spektrale Strahldichte des schwarzen Körpers (Index s) wird durch das **Plancksches Strahlungsgesetz** beschrieben:

$$L_{e\lambda}^{(s)}(\lambda,T) = \frac{2hc^2}{\lambda^5} \frac{1}{e^{\frac{hc_o}{\lambda kT}} - 1} \frac{1}{\Omega_o} \quad (6.3)$$

Darin bedeuten: c_o = 2,998·10^8 m/s Vakuumlichtgeschwindigkeit, k = 1,381·10^{-23} J/K Boltzmann-Konstante, λ Wellenlänge, T Temperatur des schwarzen Körpers und h = 6,626·10^{-34} J·s Plancksches Wirkungsquantum. Um die Maßeinheit der Strahldichte zu verdeutlichen, wurde hier der Einheitsraumwinkel Ω_o = 1 sr dazugeschrieben.

Die Strahldichte als Funktion der Wellenlänge hängt nur von einem Parameter, nämlich der Temperatur T ab. Die anderen Größen sind Naturkonstanten. Wir erkennen eine wesentliche Eigenschaft des schwarzen Strahlers:

- Die Wellenlängenabhängigkeit der spektralen Strahldichte, also das Spektrum des schwarzen Strahlers, wird vollständig durch seine Temperatur bestimmt.

Die Abhängigkeit der spektralen Strahldichte von der Wellenlänge ist in Bild 6.2 für unterschiedliche Temperaturen dargestellt.

Wir wollen im folgenden die Temperaturabhängigkeit der spektralen Eigenschaften der Strahlung des schwarzen Körpers etwas näher untersuchen. Betrachten wir die Wellenlängen, bei denen die spektrale Strahldichte maximal wird, erkennen wir die oben beschriebene Temperaturabhängigkeit der Glühfarbe eines Temperaturstrahlers wieder: Bei Zimmertemperatur (etwa 300 K) liegt die Strahlung im fernen Infrarot. Das Strahlungsmaximum liegt bei der Wellenlänge 10 μm. Bei 1000 K (etwa 700 °C) reicht die spektrale Strahldichte nur in den langwelligen Teil des

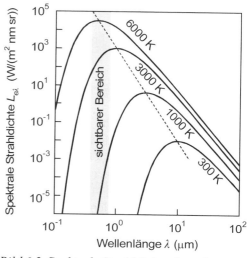

Bild 6.2 Spektrale Strahldichte des schwarzen Strahlers

sichtbaren Bereichs, die Farbe der emittierten Strahlung wird durch rote Anteile bestimmt. Mit zunehmender Temperatur wird das Licht "weißer". Bei einer Temperatur von 6000 K, was etwa der Temperatur der Sonnenoberfläche entspricht, fällt die Wellenlänge des Strahlungsmaximums in den sichtbaren Spektralbereich.

Bestimmt man in Gl. 6.3 die Wellenlängen λ_{max}, für welche die Strahldichte maximal wird, findet man das **Wiensche Verschiebungsgesetz**:

$$\lambda_{max} T = \text{konst.} = 2898 \, \mu\text{m·K} \tag{6.4}$$

das die Temperaturabhängigkeit der Wellenlänge des Strahlungsmaximums beschreibt. In der logarithmischen Darstellung in Bild 6.2 wird das Wiensche Verschiebungsgesetz durch die gestrichelt eingezeichnete Gerade dargestellt.

- Die Wellenlänge des Strahlungsmaximums des schwarzen Strahlers verschiebt sich mit wachsender Temperatur zu kürzeren Wellenlängen.

Die gesamte Strahldichte (Fläche unter den Kurven in Bild 6.2) steigt stark an mit zunehmender Temperatur. Integriert man Gl. 6.4 über die Wellenlänge, erhält man die gesam-

$$L_e^{(s)}(T) = \frac{\sigma}{\pi} T^4 \tag{6.5}$$

ten Strahldichte $L_e^{(s)}$
bzw. mit Gl. 5.22 zur spezifischen Ausstrahlung

$$M_e^{(s)}(T) = \sigma T^4 \tag{6.6}$$

mit der Strahlungskonstanten $\sigma = 5{,}670 \cdot 10^{-8}$ W/(m²K⁴). Gl. 6.5 bzw. 6.6 sind unter dem Namen **Stefan-Boltzmannsches Gesetz** bekannt. Die spezifische Ausstrahlung und damit auch die von einem schwarzen Körper emittierte Strahlungsleistung zeigt eine signifikante Temperaturabhängigkeit:

- Die Ausstrahlung eines schwarzen Körpers wächst mit der vierten Potenz seiner Temperatur.

(2) Grauer Strahler

Ein realer Körper absorbiert nur einen Teil der auftreffenden Strahlung, der andere Teil wird reflektiert. Außerdem hängt der Absorptionsgrad von der Wellenlänge der Strahlung und der Temperatur des Körpers ab. Die Wellenlängenabhängigkeit nehmen wir durch die Farbe des Gegenstands wahr, da der Farbeindruck eines Gegenstands durch die spektralen Anteile des Lichts bestimmt wird, die von ihm am stärksten reflektiert werden.

Die spektrale Strahldichte $L_{e\lambda}$ eines beliebigen Temperaturstrahlers ist über seinen spektralen Absorptionsgrad $\alpha(\lambda,T)$ mit der Strahldichte des schwarzen Körpers $L_{e\lambda}^{(s)}$ verbunden:

$$L_{e\lambda}(\lambda,T) = \alpha(\lambda,T) \, L_{e\lambda}^{(s)}(\lambda,T) \tag{6.7}$$

Ist der spektrale Absorptionsgrad eines Körpers kleiner als eins, aber unabhängig von der Wellenlänge der auftreffenden Strahlung, erscheint er grau. Man bezeichnet ihn daher als **grauen Strahler**. Viele Metalle, wie beispielsweise das für die Glühfäden der meisten

Glühlampen verwendete Wolfram, lassen sich in guter Näherung als graue Strahler beschreiben.

Die relative spektrale Strahldichte eines grauen Strahlers stimmt mit der des schwarzen Körpers überein. Die Wellenlängenabhängigkeit des Strahlungsmaximums wird durch das Wiensche Verschiebungsgesetz Gl. 6.6 beschrieben, seine spezifische Ausstrahlung liegt um den Faktor $\alpha(T)$ niedriger:

$$M_e(T) = \alpha(T)\,\sigma\,T^4 \tag{6.8}$$

(3) Farbtemperatur

Wir hatten festgestellt, daß das Spektrum eines schwarzen Strahlers und damit der Farbeindruck, den seine Strahlung hervorruft, eindeutig durch seine Temperatur festgelegt wird. Ist nun der Farbeindruck eines beliebigen Strahlers vergleichbar mit dem eines schwarzen Strahlers bei einer bestimmten Temperatur, liegt es nahe, den Farbeindruck mit Hilfe dieser Temperatur zu charakterisieren:

- Als **Farbtemperatur** einer Lichtquelle bezeichnet man die Temperatur des schwarzen Strahlers, die ihm den gleichen Farbeindruck gibt, wie sie die Lichtquelle hat.

Wird z. B. für eine Leuchtstofflampe eine Farbtemperatur von 5500 K angegeben, heißt das natürlich nicht, daß die Leuchtstofflampe diese Temperatur hat, sondern daß der Farbeindruck ihrer Strahlung dem Farbeindruck des schwarzen Körpers mit der Temperatur 5500 K, also dem Tageslicht entspricht. Die Farbtemperatur eines grauen Strahlers ist nach dem oben Gesagten gleich seiner wahren Temperatur.

Viele Lichtquellen rufen jedoch einen Farbeindruck hervor, der sich von dem eines schwarzen Strahlers unterscheidet, egal, welche Temperatur er hat. Ist für eine Temperatur des schwarzen Strahlers der Farbeindruck seiner Strahlung ähnlich dem der Lichtquelle, kann man diese durch die **ähnlichste Farbtemperatur** beschreiben.

6.2.2 Aufbau und konstruktive Merkmale von Glühlampen

Für den Glühdraht von Glühlampen wird heute nur noch Wolfram verwendet. Aufgrund der fotometrischen Eigenschaften des thermischen Strahlers (spezifische Ausstrahlung ~ T^4, Wellenlänge des Strahlungsmaximums ~ T^{-1}) ist der Betrieb bei möglichst hohen Temperaturen erforderlich, also bei Temperaturen, die nahe an den Schmelzpunkt des Wolframs (etwa 3653 K) kommen. Als wesentliches Problem erweist sich dabei die mit wachsender Temperatur steigende Verdampfungsgeschwindigkeit des Wolframs. Die Verdampfung des Wolframs begrenzt die Gebrauchsdauer der Lampen zum einen durch die Abnahme der Glühdrahtdicke. Zum anderen kondensiert der Wolframdampf am kälteren Lampenkolben, schwärzt diesen und verringert den Lichtstrom. Diese Probleme werden verstärkt, wenn die

Dicke des Glühdrahtsdrahts nicht gleichmäßig ist. An den dünneren Stellen ist wegen der höheren Temperatur die Verdampfungsgeschwindigkeit größer, wodurch dort die Dicke am stärksten abnimmt. An solchen Stellen brennt der Glühdraht bevorzugt beim Einschalten durch, da der niedrige Kaltwiderstand einen hohen Einschaltstromstoß bewirkt.

Um die Wärmeverluste zu verringern, d. h., bei gegebener elektrischer Leistung eine möglichst hohe Glühtemperatur zu erzielen, wird der Glühdraht zu einer engen Wendel aufgewickelt. Die damit verbundene Verringerung der Leuchtfläche vergrößert zudem die Leuchtdichte der Wendel. Sehr kleine Leuchtflächen mit entsprechend hohen Leuchtdichten werden mit **Niedervoltlampen** erreicht, die kleine Wendeln aus dickem Draht besitzen und im Vergleich zu **Hochvoltlampen** eine höhere Lichtausbeute haben.

Tabelle 6.2 Typenklassen der Glühlampen

Typ	Gasfüllung	Glühfadentemperatur
Vakuumlampe	keine	2300 - 2700 K
Gasgefüllte Lampe	Edelgase (Ar, Kr, Xe), Stickstoff	2600 - 3000 K
Halogenlampe	Edelgas + Brom- oder Jodzusatz	3000 - 3400 K

Dem Problem der Wolframabdampfung begegnet man mit verschiedenen Arten von Gasfüllungen (vgl. Tabelle 6.2). Je größer der Druck einer Gasfüllung ist, desto geringer ist die Verdampfungsgeschwindigkeit. Zu diesem Zweck werden Edelgase wie Krypton, Argon und Xenon bzw. Gemische mit Stickstoff verwendet. Der mögliche Druck ist aber wegen der dünnen Glaskolben normaler Lampen auf Atmosphärendruck begrenzt. Niedervoltlampen mit kleinen und dickwandigen Glaskolben ermöglichen höhere Fülldrücke.

Der Zusatz von Halogenverbindungen wie Jod oder Brom verhindert Wolframablagerungen auf dem Lampenkolben durch einen Wolframkreislauf. Bei einer Temperatur von etwa 250 °C (in der Nähe des kälteren Kolbens) verbindet sich Wolfram mit dem Halogen, wodurch der Niederschlag auf dem Kolben vermieden wird. Diese Verbindung zerfällt im Bereich der heißen Wendel wieder, so daß das Wolfram sich auf der Wendel niederschlagen kann. Dieser Kreislauf funktioniert nur, wenn der Glaskolben durch die Glühwendel auf einer Temperatur über etwa 250 C gehalten wird. Halogenlampen haben daher kleine und dickwandige Kolben aus hochschmelzendem Glas (in den meisten Fällen Quarzglas). Da dadurch gleichzeitig ein höherer Fülldruck möglich ist, sind bei **Halogenlampen** zwei günstige Mechanismen miteinander verbunden. Der höhere Fülldruck verringert die Verdampfungsgeschwindigkeit, während der Wolframkreislauf die Schwärzung der Kolbenwandung verhindert. Diese Eigenschaften werden genutzt, um entweder bei gleicher Temperatur die Lebensdauer oder bei gleicher Lebensdauer die Lichtausbeute gegenüber normalen Glüh-

Tabelle 6.3 Betriebsgesetze für Glühlampen

	Vakuumlampe	gasgefüllte Lampe	Halogenlampe
Stromstärke	$I \sim U^{0,6}$	$I \sim U^{0,5}$	$I \sim U^{0,6}$
Leistung	$P \sim U^{1,6}$	$P \sim U^{1,5}$	$P \sim U^{1,6}$
Lichtstrom	$\Phi_v \sim U^{3,6}$	$\Phi_v \sim U^{3,8}$	$\Phi_v \sim U^{3,0}$
Lichtausbeute	$\eta \sim U^{2,0}$	$\eta \sim U^{2,3}$	$\eta \sim U^{1,4}$
Temperatur	$T \sim U^{0,34}$	$T \sim U^{0,4}$	$T \sim U^{0,34}$
Lebensdauer	$\Delta t \sim U^{-14}$	$\Delta t \sim U^{-14}$	$\Delta t \sim U^{-14}, U < U_N$ $\Delta t \sim U^{-10}, U > U_N$

lampen zu vergrößern. Hinzu kommt, daß sich während der Lebensdauer der Lichtstrom relativ wenig verringert. Durch diese ausgezeichneten Eigenschaften werden Halogenlampen bevorzugt bei technischen Anwendungen eingesetzt.

Im praktischen Einsatz einer Glühlampe muß häufig eine Priorität bez. Zuverlässigkeit (hohe Lebensdauer) oder großem Lichtstrom gesetzt werden. Die Parameter einer Glühlampe wie Lichtausbeute, Lichtstrom und Lebensdauer lassen sich durch Änderung der Glühwendeltemperatur innerhalb gewisser Grenzen verschieben. Da die Temperatur von der Lampenspannung U abhängt, kann man auch die übrigen Lampenparameter als Funktion der Spannung darstellen. Tabelle 6.3 gibt einer Übersicht über die **Betriebsgesetze** für die drei Typenklassen. Sind die vom Hersteller angegebenen Betriebsdaten (Nennwerte, bezeichnet mit dem Index N) bekannt, kann mit Hilfe der in Tabelle 6.3 gegebenen Betriebsgesetze berechnet werden, wie sich die Betriebsparameter verschieben, wenn die Spannung gegenüber der Nennspannung U_N geändert wird. Beispielsweise ergibt sich für eine gasgefüllte Lampe ein gegenüber dem Nennlichtstrom Φ_{vN} veränderter Lichtstrom Φ_v, wenn sie statt mit der Nennspannung U_N mit der Spannung U betrieben wird:

$$\Phi_v = \Phi_{vN} \left(\frac{U}{U_N} \right)^{3,8} \qquad (6.9)$$

Entsprechend verändert sich die Lebensdauer zu

$$\Delta t = \Delta t_N \left(\frac{U}{U_N}\right)^{-14} \qquad (6.10)$$

In Tabelle 6.4 sind die Glühlampenarten mit ihren Eigenschaften und typischen Anwendungsbereichen zusammengestellt. In Speziallampen für technische Anwendungen sind häufig Bauelemente zur Strahlformung integriert. Das können sphärische Kondensorspiegel sein, aber auch Ellipsoidspiegel (vgl. Abschn. 3.1), durch die eine Ausleuchtung kleiner Flächen ermöglicht wird.

Tabelle 6.4 Übersicht über Glühlampen und ihre Anwendungsbereiche

	Vakuum	Normaldruck (Argon bzw. Krypton / Stickstoff)	Überdruck (Krypton / Stickstoff, Xenon)	Überdruck (Krypton bzw. Xenon / Halogen)
Spannung in V	2 bis 12	230	3 bis 12	5 bis 230
Leistung in W	< 25	5 bis 2000	10 bis 60	2,4 bis 10000
Lichtausbeute in lm/W	< 10	< 25	< 20	< 40
Glühfadentemperatur in K	2300 bis 2700	2600 bis 3000	2600 bis 3000	3000 bis 3400
Anwendungsbereiche	Anzeigelampen	Allgemeinbeleuchtung	Verkehrssignallampen, Projektorlampen, Kfz-Lampen	Allgemeinbeleuchtung, Scheinwerfer, Kfz, Projektorlampen

6.3 Gasentladungslampen

In Gasentladungslampen wird den Gasatomen bzw. - molekülen direkt Energie zugeführt, die sie teilweise in Form von Strahlungsenergie wieder abgeben. Sie gehören daher zu den Lumineszenzstrahlern. Im Prinzip besteht eine Entladungslampe aus einem abgeschlossenen Glasrohr, das mit einem Gas bzw. Metalldampf gefüllt ist und mit Elektroden an den Enden versehen ist. In einer Gasentladung werden durch die an den Elektroden angelegte Spannung freie Ladungsträger zur Anode beschleunigt, geben durch Stöße Energie an die Gasatome ab bzw., wenn die Beschleunigungsenergie genügend groß ist, ionisieren diese. Die in den Atomen gespeicherte Energie wird als Strahlung wieder abgegeben, wobei die emittierten Wellenlängen im Unterschied zum thermischen Strahler durch die Gassorte bestimmt sind. Typisch dafür ist, daß die Strahlung in mehr oder weniger engen Wellenlängenbereichen (**Linienspektren**) emittiert wird. Die Rekombination von Ionen führt zur Strahlung mit einem kontinuierlichen Spektrum, das sich dem Linienspektrum überlagert. Gassorte, Druck und die davon abhängigen Entladungsbedingungen bestimmen also bei Entladungslampen das emittierte Spektrum.

In **Niederdrucklampen** mit einem Fülldruck bis zu einigen mbar ist die gegenseitige Beeinflussung der Gasatome sehr gering. Sie emittieren daher Linienspektren mit schmalen Spektrallinien. Die wichtigsten Füllgase sind Natriumdampf und Quecksilberdampf.

Quecksilber-Niederdrucklampen (ca. 0,1 mbar) emittieren im ultravioletten Bereich bei den Wellenlängen 184,9 nm und 253,7 nm. In **Leuchtstofflampen** wird diese kurzwellige Strahlung durch Fluoreszenzanregung in längerwellige Strahlung umgesetzt. Die verschiedenen Leuchtstoffgemische ermöglichen eine nahezu beliebige Verteilung des spektralen Strahlungsflusses, so daß Lampen mit Farbtemperaturen von 3000 K, 4000, 5400 K und 6500 K zur Verfügung stehen. Leuchtstoffe mit speziellen Fluoreszenzspektren werden in Spezialstrahlern in verschiedenen Anwendungsbereichen eingesetzt. Beispielsweise werden Leuchtstofflampen, die im langwelligen UV strahlen (320 nm bis 480 nm), für die UV-Lackhärtung (z. B. Herstellung gedruckter Schaltungen) und für Kopierzwecke genutzt. Lampen mit dem Spektralbereich 450 nm bis 650 nm sind u. a. in Bürokopiergeräten zu finden.

Spektrallampen sind spezielle Niederdrucklampen mit Füllgasen wie z. B. Natrium, Quecksilber, Neon, Cadmium, deren Linienspektren zu Eich- und Meßzwecken in der Spektroskopie und Optik verwendet werden.

Mit wachsendem Fülldruck verbreitern sich die Spektrallinien und werden zunehmend mit einem kontinuierlichen Spektrum überlagert. Von **Hochdrucklampen** spricht man bei einem Fülldruck von etwa 1 bis 20 bar, von **Höchstdrucklampen** bei über 20 bar, wobei die Übergänge fließend sind. Bei diesen Drücken ist eine Gasentladung nur über kurze Strecken stabil möglich (Bogenentladung), so daß der Elektrodenabstand relativ klein ist (bei Hochdrucklampen wenige mm, bei Höchstdrucklampen einige zehntel mm). Durch die kleinen Lichtbogenabmessungen werden hohe Leuchtdichten erzielt, zudem hat man dadurch nahezu "punktförmi-

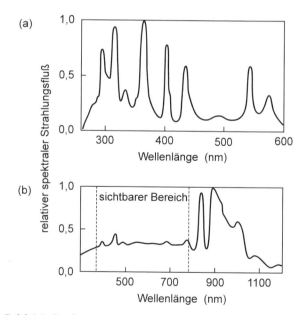

Bild 6.3 Spektrum (a) einer Quecksilber-Höchstdrucklampe, (b) Xenon-Hochdrucklampe

ge" Lichtquellen zur Verfügung. Beispielsweise hat eine 100-W-**Quecksilber-Höchstdrucklampe** eine Leuchtfläche von etwa 0,1 mm² mit einer Leuchtdichte von über 200000 cd/cm².

Häufig werden Quecksilberdampf oder Xenon als Gasfüllungen verwendet. Bild 6.3a zeigt das Spektrum einer Quecksilber-Höchstdrucklampe. Wir sehen, daß zu den UV-Linien ein erheblicher Strahlungsanteil im sichtbaren Bereich hinzukommt. Die Spektrallinien sind von einem kontinuierlichen Spektrum überlagert. Das Spektrum und damit die Farbwiedergabe kann durch die Zugabe weiterer Metalle (insbesondere aus der Gruppe der seltenen Erden) in Form von Halogeniden gezielt verändert werden (**Halogen-Metalldampflampen**). Im Unterschied zur Quecksilber-Dampflampe zeigt eine **Xenon-Hochdrucklampe** ein nahezu kontinuierliches Spektrum (Bild 6.3b). Der spektrale Strahlungsfluß zeigt eine nahezu

Tabelle 6.5 Übersicht über Gasentladungslampen

Lampentyp	Niederdrucklampen	Spektrallampen	Hochdrucklampen	Höchstdrucklampen
Leuchtmaterialien	Natrium Quecksilber / Leuchtstoff	Quecksilber, Cadmium, Cäsium, Kalium, Natrium, Neon	Quecksilber (HQL) Quecks./ Halog.-Metalldampf (HQI) Xenon (XBF) Xe / Metalldampf Krypton (KBF) Natrium (NAV)	Quecksilber (HBO) Quecks./ Halog.-Metalldampf (HMI) Xenon (XBO)
Leistung in W	Na-L.: 18 - 100 L.-L.: 4 - 140		HQL: 50 - 1000 HQI: 70 - 3500 XBF: 2500 - 6500 Xe / Metalldampf ca. 35 KBF: 2500 - 5000 NAV: 50 - 1000	HBO: 75 - 6500 HMI: 200 - 12000 XBO: 75 - 6500
Lichtausbeute in lm/W	Na-L.:100 - 183 L.-L.: 39 - 96		HQL: 32 - 60 HQI: 55 - 95 XBF: ca. 35 Xe / Metalldampf ca. 85 NAV: 70 - 130	HBO: 20 - 60 HMI: 80 - 125 XBO: 15 - 50
Anwendungsbereiche	Na-L.: Außenbeleuchtung L.-L.: Innen- und Außenbeleuchtung, Speziallampen	Optik, Spektroskopie, Meßtechnik	Außenbeleuchtung, Kraftfahrzeugbeleuchtung, Anregung von Festkörperlasern (KBF)	Projektion, optische Geräte, Beleuchtung

gleichmäßige Verteilung im sichtbaren Bereich, hat aber auch einen hohen Anteil im nahen Infrarot. Mit einer Farbtemperatur von 5000 K bis 6000 K ist das Licht einer Xenonhochdrucklampe sehr ähnlich dem Sonnenlicht. Durch Zusätze von Metalldämpfen können die spektralen Ausstrahlungseigenschaften ebenfalls modifiziert werden. Tabelle 6.5 zeigt eine Übersicht über gebräuchliche Gasentladungslampen mit ihren Anwendungsgebieten.

6.4 Der Laser

Seit seiner Entwicklung (1960) ist der Laser zu einer Strahlungsquelle mit einem enorm breiten Anwendungsfeld geworden. Durch seine Strahleigenschaften und seine Typenvielfalt reicht sein Einsatzgebiet von der Materialbearbeitung, der optischen Meßtechnik bis zur Informationsübertragung. Die besonderen Eigenschaften und die Wirkungsweise der Laserstrahlung sind eine Folge der Lichterzeugung durch das Laserprinzip, dessen Grundlagen daher in den folgenden Abschnitten besprochen werden soll. Die Bezeichnung "LASER" ist ein Akronym, sie wurde aus den Anfangsbuchstaben der Definition "Light Amplification by Stimulated Emission of Radiation" (Lichtverstärkung durch stimulierte Emission von Strahlung) gebildet. Diese Bezeichnung entspricht allerdings nicht ganz dem Gerät, das wir mit damit beschreiben, da der Laser nicht nur ein Lichtverstärker, sondern auch ein Lichtsender ist.

6.4.1 Spontane und induzierte Emission

(1) Spontane Emission

Gehen wir zunächst näher auf die Lichtemission der in den vorhergehenden Abschnitten besprochenen Lichtquellen ein. Beispielsweise wird in dem Quecksilberdampf einer Quecksilber-Lampe eine elektrische Gasentladung erzeugt, d. h., es fließt ein Strom aus Elektronen und ionisierten Atomen. Durch Stöße können die Ladungsträger Energie an die Quecksilberatome abgeben und diese anregen. Nach einer i. allg. sehr kurzen Verweilzeit in dem höherenergetischen Zustand gehen die Atome in ihren stabilen Grundzustand zurück und geben ihre Energie in Form einer kurzen Lichtwelle ab (Bild 6.4). Die Emission der Lichtwelle erfolgt statistisch zu einer nicht vorhersagbaren Zeit. Richtung, Polarisation und Phase der emittierten Lichtwelle sind rein

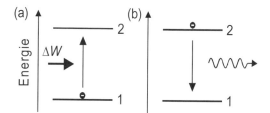

Bild 6.4 (a) Durch einen Elektronenstoß wird einem Atom Energie ΔW zugeführt und ein energetisch höherer Zustand angeregt. (b) Die Rückkehr zum Grundzustand führt zur Emission einer Lichtwelle.

zufällig. Man bezeichnet diese Art der Emission als **spontane Emission**. Alle Atome der Quecksilberentladung wirken in diesem Sinn als Strahler, die unabhängig von einander in statistischer Abfolge Lichtwellenzüge emittieren. Bild 6.5 veranschaulicht diese Art der Emission einer Hochdrucklampe. Sie ist typisch für alle konventionellen Lichtquellen, die wir im letzten Abschnitt besprochen haben. Die Eigenschaften, wie mittlere Länge der emittierten Wellenzüge und räumliche Korrelation des emittierten Lichts, haben wir im Abschn. 1.6 durch die Begriffe der zeitlichen und räumlichen Kohärenz charakterisiert.

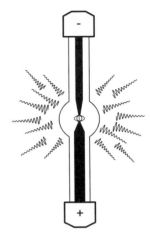

- Lichtquellen, deren Lichtaussendung durch spontane Emission hervorgerufen wird, haben i. allg. eine geringe räumliche und zeitliche Kohärenz.

Bild 6.5 Spontane Emission führt zu einer statistischen Aussendung von Lichtwellen in alle Richtungen mit beliebiger Phase

(2) Induzierte Emission

Für ein Atom im höherenergetischen (angeregten) Zustand besteht noch eine zweite Möglichkeit, seine Energie als Lichtwelle abzugeben. Wird es von einer Lichtwelle getroffen, deren Fotonenenergie hf (h Plancksches Wirkungsquantum, f Lichtfrequenz) gleich der Energiedifferenz der beteiligten Zustände des Atoms ist, kann es durch diese Lichtwelle "stimuliert" werden, in den Grundzustand überzugehen. Die dabei ausgesendete Lichtwelle hat nun die **gleiche Richtung**, die **gleiche Polarisation** und die **gleiche Phase** bzw. **Frequenz** wie die stimulierende Welle. Ursprüngliche und stimuliert emittierte Wellen überlagern sich phasenrichtig, die ursprüngliche Lichtwelle wird **verstärkt** (s. Bild 6.6). Diese Art der Emission, die in normalen Lichtquellen von untergeordneter Bedeutung ist, bezeichnet man als **induzierte** oder **stimulierte Emission**. Aufgrund der Eigenschaften der induzierten Emission wird anschaulich klar, daß eine Lichtquelle, in welcher der Prozeß der induzierten Emission überwiegt, gerichtetes und monochromatisches

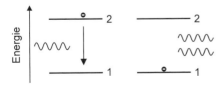

Bild 6.6 Eine Lichtwelle stimuliert den Übergang eines angeregten Atoms in einen energetisch tieferen Zustand und wird durch die dabei freiwerdende Energie verstärkt

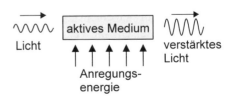

Bild 6.7 Schema eines optischen Verstärkers

Licht aussendet, das emittierte Licht also eine hohe zeitliche und räumliche Kohärenz aufweist.

Gelingt es, durch Energiezufuhr in einem Medium mehr Atome in einen energetisch höheren Zustand zu bringen als sich im energetisch niederen Zustand befinden (Besetzungsinversion), kann damit Licht bestimmter Frequenz verstärkt werden, wir haben also einen **optischen Verstärker** (Bild 6.7).

6.4.2 Der Laser als rückgekoppelter optischer Verstärker

(1) Rückgekoppelter Verstärker als Oszillator

Bei Verstärkern, die ein Eingangssignal S_o um einen Verstärkungsfaktor V vergrößern, kann man die Verstärkung dadurch erhöhen, daß man einen Bruchteil $R < 1$ des verstärkten Ausgangssignals nochmals durch den Verstärker schickt. Das Signal wird dann um den Faktor $\frac{V}{1-VR}$ verstärkt. Das Prinzip ist im Bild 6.8a skizziert und wird im Bereich der Elektro- und Hochfrequenztechnik in vielfältiger Weise angewendet. Ist die Rückkopplung hinreichend hoch, so daß

$$VR = 1 \qquad (6.11)$$

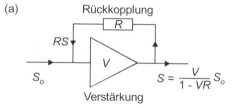

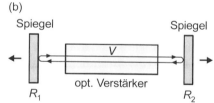

ist, wird der effektive Verstärkungsfaktor sehr groß. Kleinste Signale (Rauschen) werden hoch verstärkt, und das System beginnt alleine zu schwingen. Aus dem Verstärker ist ein Oszillator geworden. In Verstärkeranlagen bei Musikveranstaltungen kann man dies häufig beobachten. Wird die Verstärkung der Anlage zu hoch eingestellt oder kommt ein Mikrophon zu nahe an einen Lautsprecher (starke Rückkopplung), stellt sich ein unangenehmes Rückkopplungspfeifen ein, die Verstärkeranlage wirkt als Oszillator. Nach diesem Prinzip arbeiten im Grunde alle Sender, wobei sich die Bauart (Klystron, Transistor, Röhre) nach Frequenz und Sendeleistung richtet.

Bild 6.8 Analogie zwischen einem rückgekoppelten elektronischen Verstärker (a) und dem Laser als rückgekoppelten optischen Verstärker (b)

Das gleiche Prinzip können wir auf den Lichtverstärker übertragen. Der optische Verstärker wird zwischen zwei gut ausgerichteten Spiegeln mit den Reflexionsgraden R_1, R_2 angeordnet, welche die Rückkopplung bestimmen. Die Spiegelanordnung wird auch als **optischer Resonator** bezeichnet. Werden nun Verstärkung V und Reflexionsgrade R_1, R_2 so gewählt, daß für einen vollen Umlauf des Lichts in dieser Anordnung (zweimaliger Verstärkerdurchgang, Reflexion an den Spiegeln R_1 und R_2) entsprechend Gl. 6.11 die Anschwingbedingung

$$V^2 R_1 R_2 = 1 \qquad (6.12)$$

erfüllt ist, erhalten wir aus dem optischen Verstärker einen Lichtoszillator, den Laser. Laserstrahlung entsteht somit durch das Zusammenwirken des optischen Verstärkers, dem Lasermedium, mit den Spiegeln als rückkoppelnde Elemente, dem Laserresonator.

(2) Eigenschaften der Laserstrahlung

Die prinzipiellen Eigenschaften des Laserlichts werden durch den der optischen Verstärkung zugrunde liegenden Mechanismus der induzierten Emission bestimmt. Es zeichnet sich im Prinzip durch eine hohe Monochromasie und einer dementsprechenden zeitlichen Kohärenz aus. Beispielsweise kann die Kohärenzlänge eines frequenzstabilisierten Helium-Neon-Lasers im Ein-Moden-Betrieb (vgl. unten) bis zu mehreren Kilometern bertragen. Weiterhin ist die Laserstrahlung sehr stark gerichtet, sie besitzt eine hohe räumliche Kohärenz. Das bedeutet, daß das Laserlicht durch eine Linse ganz im Gegensatz zu einer normalen Lichtquelle sehr gut gebündelt werden kann (vgl. Kap. 7). Das ist die Voraussetzung, um hohe Bestrahlungsstärken zu erzielen, wie sie beispielsweise für die Materialbearbeitung erforderlich sind.

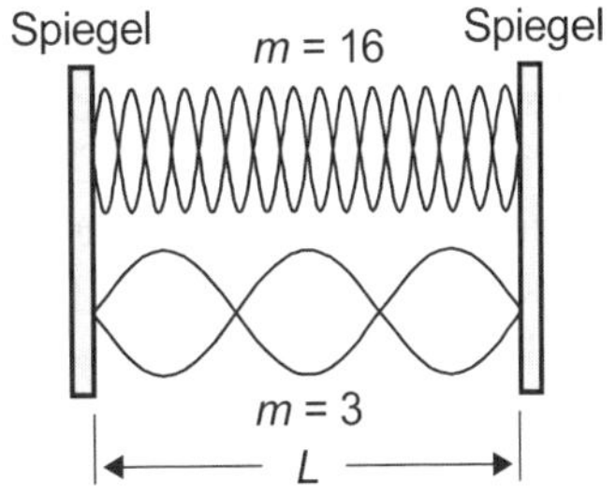

Um jedoch die Eigenschaften der Laserstrahlung eines konkreten Lasersystems besser verstehen zu können, müssen wir das Zusammenwirken des optischen Verstärkers mit dem Laserresonator bei der Erzeugung des Laserlichts etwas genauer betrachten.

Beginnen wir mit dem Resonator. Ein stabiles Lichtfeld kann sich darin nur ausbilden, wenn die zwischen den Spiegeln hin- und herlaufende Welle sich nach jedem Umlauf phasenrichtig mit sich selbst überlagert, also konstruktiv mit sich interferiert. Der Gangunterschied nach einem vollständigen Umlauf $2nL$ (L Spiegelabstand, n Brechzahl des innerhalb des Resonators befindlichen Mediums) muß folglich ein ganzzahliges Vielfaches der Wellenlänge betragen:

Bild 6.9 Stehende Wellen im Resonator (longitudinale Resonatormoden)

$$nL = m \frac{\lambda_m}{2} \qquad m = 1, 2, 3, ... \qquad (6.13)$$

Gl. 6.13 beschreibt gerade die Wellenlängen λ_m, bei denen sich zwischen den Spiegeln analog zu einer schwingenden Saite stehende Wellen ausbilden können, deren erster und letzter Knoten mit den Spiegelflächen zusammenfallen (Bild 6.9). Diese stehenden Wellen bezeichnet man als **longitudinale Resonatormoden**. Entsprechend Gl. 6.13 gehören zu den Resonatormoden λ_m die Frequenzen

$$f_m = m \frac{c}{2nL} \qquad (6.14)$$

6.4 Der Laser

Benachbarte Moden mit den Frequenzen f_m und f_{m+1} haben den Abstand

$$\Delta f = f_{m+1} - f_m = \frac{c}{2nL} \tag{6.15}$$

Bild 6.10b zeigt schematisch einen Ausschnitt des Modenspektrums eines leeren Resonators.

Ebenso wie in einem elektronischen Hochfrequenzverstärker wird in einem optischen Verstärker Licht in einem bestimmten Frequenzbereich Δf_V um die Frequenz f_o des Verstärkungsmaximums verstärkt. Bild 6.10a zeigt dies schematisch. Wellenlänge bzw. Frequenz f_o des Verstärkungsmaximums und Verstärkerbandbreite Δf_V hängen vom Lasermedium und dem Übergang ab, für den eine Besetzungsinversion erzeugt wird.

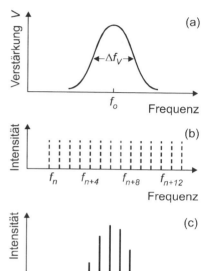

Befindet sich nun ein optischer Verstärker in dem Resonator, können die Moden des Resonators anschwingen, die im Frequenzbereich des Verstärkers liegen, und für die die Anschwingbedingung Gl. 6.12 erfüllt ist. Im Ergebnis sendet der Laser Licht auf mehreren Frequenzen aus, die den Resonatormoden innerhalb des Verstärkungsprofils entsprechen. Diese Frequenzen bezeichnet man als **longitudinale Lasermoden**. Bild 6.10c zeigt schematisch das resultierende **Modenspektrum** des Lasers, dessen Verstärkungsprofil in Bild 6.10a und dessen Resonatormoden im Bild 6.10b dargestellt sind.

Bild 6.10 (a) Frequenzabhängigkeit des Verstärkungsfaktors eines Lasers, (b) Modenspektrum des leeren Resonators, (c) Modenspektrum des Lasers durch das Zusammenwirken von Verstärkung und Resonator

Die Anzahl der longitudinalen Moden, die ein Laser emittiert, hängt also von der Bandbreite des verstärkenden Übergangs des Lasermediums und dem Frequenzabstand der Resonatormoden, d. h., entsprechend Gl. 6.15 von der Resonatorlänge ab. Ein Helium-Neon-Laser mit einer Resonatorlänge von 20 cm hat einen Modenabstand von 750 MHz. Da seine Verstärkerbandbreite $\Delta f_V \approx 1{,}5$ GHz beträgt, besteht sein Emissionsspektrum aus ein bis zwei longitudinalen Moden. Auf der anderen Seite hat beispielsweise ein Farbstofflaser eine Bandbreite von $\Delta \lambda_V \approx 50$ nm ($\Delta f_V \approx 42$ THz), so daß bei einer Resonatorlänge von 50 cm ($\Delta f = 300$ MHz) ca. 10^5 Moden anschwingen können, wenn sich im Resonator keine zusätzlichen frequenzselektiven Elemente befinden.

- Die **zeitliche Kohärenz** eines konkreten Lasersystems hängt von der Frequenzbreite seines Emissionsspektrums, d. h. von der Anzahl der Lasermoden ab (vgl. Abschn. 1.6).

Nur ein Ein-Moden-Laser kann die oben erwähnte Kohärenzlänge von mehreren Kilometern erreichen, während die Kohärenzlänge des Farbstofflasers im μm-Bereich liegen kann.

Die gerade besprochenen longitudinalen Moden kann man im Sinne der geometrischen Optik durch Strahlen beschreiben, die auf der optischen Achse des Resonators hin- und zurücklaufen. Es können sich aber auch sogenannte **transversale Moden** ausbilden, deren Strahlen erst nach einem mehrfachen Umlauf einen in sich geschlossenen Weg im Resonator bilden. Deutlich wird dies bei einem Resonator, in dem sphärische Spiegel ver-

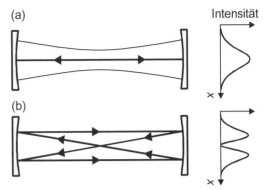

Bild 6.11 a) Strahlen der TEM$_{00}$-Mode verlaufen auf der optischen Achse, b) geschlossener Strahlweg der TEM$_{10}$-Mode nach zwei Umläufen im konfokalen Resonator

wendet werden. Bild 6.11 zeigt das am Beispiel eines sogenannten konfokalen Resonators, der aus zwei sphärischen Spiegeln mit gleichen Krümmungsradien besteht und deren Brennpunkte im Resonatorzentrum zusammenfallen. Die Intensitätsverteilung senkrecht zur optischen Achse, über die die Strahlenoptik keine Aussage machen kann, wird durch Beugung an den Aperturen des Resonators bestimmt. Im eingeschwungenen Zustand muß das elektromagnetische Feld im Resonator nach einem Umlauf bis auf einen konstanten Faktor in sich selbst übergehen. Das führt dazu, daß sich nur bestimmte Intensitätsverteilungen einstellen können, die sich durch Lage und Anzahl der Nullstellen unterscheiden (vgl. Bild 6.11b).

Die möglichen Intensitätsverteilungen werden nach der Anzahl der Nullstellen m n senkrecht zur Ausbreitungsrichtung geordnet und als **TEM$_{mn}$** (transversal elektromagnetische Moden) bezeichnet. Bild 6.12 zeigt Beispiele solcher Intensitätsverteilungen. Vergleichbar sind die transversalen Moden mit Schwingungen einer eingespannten Membran. Neben der Grundschwingung können Oberschwingungen auftreten, die zur Ausbildung von charakteristischen Knotenlinien auf der Membran führen.

Die Angabe TEM$_{00}$ steht für die transversale Grundmode, deren Intensitätsverteilung die Form einer

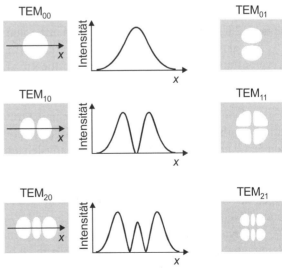

Bild 6.12 Transversale Modenbilder mit Intensitätsverteilungen

zweidimensionalen Glockenfunktion (Gauß-Kurve, vgl. Kap. 7) hat. Liegen die Nullstellen rotationssymmetrisch zur Resonatorachse, werden die Moden häufig mit TEM$^*_{mn}$ bezeichnet.

Die Ausgangsstrahlung realer, Laser insbesondere solcher mit hoher Verstärkung, besteht i. allg. aus einer Überlagerung vieler transversaler Moden. Die Anzahl der transversalen Moden beeinflußt wesentlich die **räumliche Kohärenz** des Laserstrahls (vgl. Abschn. 1.6). Im Grundmode haben alle Punkte des Strahlquerschnitts feste Phasenbeziehungen, d. h., sie sind untereinander interferenzfähig und damit räumlich kohärent. Die transversalen Moden sind dagegen untereinander weitgehend unkorreliert, wodurch die räumliche Kohärenz beeinflußt wird:

- Die räumliche Kohärenz des Laserstrahls ist abhängig von seiner transversalen Modenstruktur und ist um so geringer, je mehr transversale Moden er enthält.

6.4.3 Lasersysteme

Die einzelnen Lasertypen unterscheiden sich nach dem Material, in dem optische Verstärkung erzeugt wird, und nach der Art der Energiezufuhr zur Erzeugung der Besetzungsinversion.

So wird in **Gaslasern** optische Verstärkung durch eine Gasentladung in Gasen bzw. Gasgemischen erzeugt. Der **Helium-Neon-Laser** besteht, wie der Name schon sagt, aus einem Gemisch aus Helium und Neon, wobei Neon das laseraktive Gas ist. Seine Strahlung zeichnet sich durch gute räumliche und zeitliche Kohärenzeigenschaften aus, wobei seine Strahlungsleistung im Bereich von wenigen mW liegt. Neben der häufig benutzten Wellenlänge 632,8 nm können im sichtbaren und infraroten Gebiet weitere Linien angeregt werden.

Das aktive Material der **Excimer-Laser** sind Edelgashalogenide (z. B. Xenonchlorid, Kryptonfluorid), die im UV-Bereich emittieren. Es sind leistungsstarke Impulslaser mit hohen Einzelimpulsenergien bzw. hoher Folgefrequenz.

Metalldampf-Laser benutzen als aktive Medien Metalldämpfe und emittieren auf einer Vielzahl von Wellenlängen im sichtbaren und ultravioletten Bereich. Der wichtigste kontinuierlich arbeitende Metalldampf-Laser ist der Helium-Cadmium-Laser mit den Wellenlängen 325,0 nm und 442,0 nm sowie Ausgangsleistungen im mW-Bereich.

Edelgasionenlaser sind leistungsstarke kontinuierliche Laser, die im sichtbaren und UV-Bereich mit Ausgangsleistungen von 0,5 W bis 20 W emittieren. Die größte Bedeutung haben der **Argonionen-** und **Kryptonionen-Laser**. Die Hauptemissionslinien des Argonionen-Lasers liegen bei 488 nm und 514,5 nm.

Der **Kohlendioxid-Laser** enthält ein Gasgemisch aus Kohlendioxid, Stickstoff und Helium und emittiert im mittleren Infrarotbereich bei etwa 10 µm mit einem Wirkungsgrad > 20%. Je nach Aufbau und Gasdruck wird er kontinuierlich (axiale Durchflußlaser, Leistungen bis in den kW-Bereich) oder als Impulslaser (transversale elektrische Anregung bei Atmosphärendruck, TEA, Impulsenergien von einigen J bis kJ) betrieben.

Farbstofflaser benutzen gelöste fluoreszierende Farbstoffe als aktive Medien. Sie arbeiten im Spektralbereich von 0,32 µm bis 1,28 µm. Farbstofflaser sind in ihrer Wellenlänge weitgehend durchstimmbar. Aufgrund der stark verbreiterten Fluoreszenzübergänge erstreckt sich die optische Verstärkung der Farbstoffen über einen breiten spektralen Bereich, so daß ein Farbstoff eine Variation der Laserwellenlänge über mehrere 10 nm gestattet. Besetzungsinversion in Farbstofflösungen wird durch Licht erzielt (optisches Pumpen). Für kontinuierlich arbeitende Farbstofflaser dienen insbesondere Argonionen- und Kryptonionen-Laser als Pumplichtquellen. Impulsbetriebene Farbstofflaser werden mit Blitzlampen oder Impulslasern (z. B. Excimer-Laser) gepumpt. Blitzlampen-gepumpte Farbstofflaser liefern Impulse mit Energien bis zu ca. 100 J und Dauern im µs-Bereich, während die Impulsdauern der Farbstofflaser, die mit Impulslasern gepumpt werden, bei 5 bis 20 ns liegen.

Der **Festkörperlaser** enthält als aktives Material Kristalle oder Gläser, die mit Ionen seltener Erden oder Metallionen dotiert sind. Sie emittieren hauptsächlich im infraroten und sichtbaren Bereich. Die Anregung erfolgt ausschließlich durch optisches Pumpen. Einer der wichtigsten Vertreter ist der **Neodym-YAG-Laser**. Als aktives Medium dienen Neodym-Ionen im Wirtskristall Yttrium-Aluminium-Granat ($Y_3Al_5O_{12}$) mit dem Laserübergang im nahen Infrarot bei 1,064 µm. Im Impulsbetrieb werden Xenon-Blitzlampen als Pumplichtquellen eingesetzt. Die Energie der Laser-Impulse liegt im Bereich von einigen J bei Impulsdauern von 5 ns bis 15 ns und Impulsfolgefrequenzen von 10 Hz bis 100 Hz. Für den kontinuierlichen Betrieb werden Kryptonbogenlampen als Pumpquelle verwendet. Die Strahlungsleistung liegt im Bereich von 1 W bis etwa 100 W. Für spezielle Anwendungen werden neuerdings auch Halbleiterlaser als Pumpquellen eingesetzt.

Das aktive Material der **Halbleiterlaser** oder **Laserdioden** sind Halbleiterkristalle in Form von pn-Übergängen. Die Anregung geschieht durch einen elektrischen Strom durch den pn-Übergang sowohl kontinuierlich als auch im Impulsbetrieb. Die Strahlung der Laserdioden erstreckt sich je nach verwendetem Halbleitermaterial von 600 nm bis 1,5 µm. Aufgrund seiner kleinen Abmessungen ist dieser Lasertyp ein ideales Bauelement für die Nachrichtentechnik und die integrierte Optik.

In Tab. 6.6 sind Beispiele verschiedener Lasertypen mit ihren Anwendungsgebieten dargestellt. Durch die Erschließung immer neuer Materialen und Übergänge für den Laserbetrieb und die Anpassung gleicher Lasertypen an die verschiedensten Anforderungen sind Laser zu Strahlungsquellen geworden, die in der Meßtechnik, der Materialbearbeitung, der Medizintechnik und der Informationsübertragung eingesetzt werden und auf diesen Gebieten häufig entscheidende Weiterentwicklungen bewirkt haben.

6.4 Der Laser

Tabelle 6.6 Beispiele zu Lasersystemen

Bezeichnung	aktives Material	Wellenlänge	Ausgangsleistung / Impulsenergie	weitere Eigenschaften	Anwendungsbereiche
Gaslaser					
Helium-Neon	Ne	632,8 nm 1,15 µm 3,39 µm	kont. 0,5 - 50 mW	gute räuml. u. zeitl. Kohärenz, hohe Lebensdauer	Meßtechnik, Holografie, Fluchtung, Justierhilfsmittel, Frequenzstandard
Argonionen	Ar^+	514,5 nm 488,0 nm 457,9 nm	kont. 0,01 - 20 W bis 2 W		Holografie, Pumplichtquelle, Spektroskopie
Metalldampf - Kupferdampf	Cu	578,2 nm 510,6 nm	Impuls, 5 - 50 mJ	Folgefrequenz 1 - 100 kHz	Pumplichtquelle, Materialbearbeitung; Spektroskopie, Fotolithografie
- Helium-Cadmium	Cd^+	325,0 nm 442,0 nm	kont.1-10 mW 10 - 50 mW	gute Kohärenzeigenschaften	
Excimer - Xenonchlorid - Kryptonfluorid	XeCl Kr^+F	308 nm 248 nm	Impuls < 200 mJ < 400 mJ	Folgefrequenz 1 - 100 Hz	Spektroskopie, Materialbearbeitung, Fotolithografie, Pumplichtquelle
Kohlendioxid	CO_2	10,6 µm	kont. 15 W - 15 kW, Impuls 0,1 - 50 kJ		Materialbearbeitung
Flüssigkeitslaser					
Farbstofflaser	Rhodamin 6G DCM	570 - 650 nm 610 - 710 nm	kont. < 2 W Impuls, Blitzlampen bis 3 J, Laser gepumpt bis 100 mJ	große Wellenlängendurchstimmbarkeit	Spektroskopie
Festkörperlaser					
Neodym-YAG	Nd^{+++}	1,06 µm	kont. 0,5 - 100 W Impuls < 5 J	gepumpt mit Kryptonbogenlampe Xenon-Blitzlampe	Materialbearbeitung Lidar

Bezeichnung	aktives Material	Wellenlänge	Ausgangsleistung / Impulsenergie	weitere Eigenschaften	Anwendungsbereiche
Titan-Saphir	Ti^{+++}	670 - 1070 nm	kont. < 5 W Impuls < 0,1 mJ	sehr große Wellenlängendurchstimmbarkeit	Spektroskopie
Halbleiterlaser					
Galliumarsenid	GaAs GaAlAs	620 - 910 nm	1 - 200 mW	diodenähnliche Halbleiterbauelemente, Anregung durch Injektionsstrom,	Meßtechnik, CD-Spieler, CD-ROM, Datenübertragung und -speicherung
Indiumphosphid	InGaAsP	1,10 - 1,65 μm	1 - 30 mW	meist elliptisches Strahlprofil	faseroptische Nachrichtenübertragung

6.5 Aufgaben

6.1 Ein schwarzer Körper hat eine Temperatur von 2900 K. Infolge einer Abkühlung verschiebt sich die Wellenlänge des Maximums seiner spektralen Strahldichte um 9 μm. Auf welche Temperatur wurde der Körper abgekühlt?

6.2 Welche Leistung muß man einer geschwärzten Metallkugel mit einem Radius von 2 cm mindestens zuführen, damit ihre Temperatur um 27 K höher gehalten wird als die Temperatur des umgebenden Mediums von 20 °C?

6.3 Bei den ersten Glühlampen wurde Kohlenstoff als Material für die Glühfäden benutzt, bevor Wolfram als Metall mit der höchsten Schmelztemperatur eingesetzt wurde. Beide Materialien können in guter Näherung als graue Strahler angesehen werden. Die Schmelztemperatur und der Absorptionsgrad von Kohlenstoff (Index K) bzw. Wolfram (Index W) sind: ϑ_{sK} = 3650 °C, ϑ_{sW} = 3380 °C; $\alpha_K \approx 0{,}95$, $\alpha_W \approx 0{,}37$ (unter den Betriebsbedingungen einer Glühlampe). In der Aufgabe sollen die Ausstrahlungseigenschaften beider Materialien verglichen werden.
  a) Die Kohlenstoff- und Wolframfadenlampe werden bei einer Temperatur betrieben, die 100 °C unter der jeweiligen Schmelztemperatur liegt. Berechnen Sie die Wellenlängen der maximalen Ausstrahlung und die spezifische Ausstrahlung beider Lampen.
  b) Bei beiden Lampen wird eine elektrische Leistung von 100 W umgesetzt. (Die Fadengeometrie, insbesondere die Ausstrahlungsfläche beider Glühfäden ist gleich. Die Wärmeleitungsverluste z. B. durch die Glühfadenaufhängung sollen vernachlässigt werden.) Unter diesen Bedingungen beträgt die Glühfadentemperatur der Wolframlampe 3250 °C. Welche Temperatur hat der Glühfaden der Kohlenstofflampe? Wie groß ist die spezifische Ausstrah-

lung beider Lampen? Bei welchen Wellenlängen liegt das Ausstrahlungsmaximum beider Lampen?

6.4 Die Glühwendel einer Halogenlampe hat eine Emissionsfläche von 5 mm² und eine Temperatur von 3000 °C. Die Glühwendel kann als grauer Lambert-Strahler mit einem spektralen Absorptionsgrad von 0,37 angenommen werden.
a) Wie groß ist der Strahlungsfluß der Lampe?
b) Bei welcher Wellenlänge liegt das Maximum der Ausstrahlung?
c) Wie groß ist der Strahlungsfluß, der in den sichtbaren Spektralbereich (380 nm - 780 nm) abgestrahlt wird?
d) Ein Filter läßt vom Spektrum der Lampe den Wellenlängenbereich von 550 nm bis 650 nm durch. Wie groß ist der vom Filter transmittierte Strahlungsfluß?
(Hinweis zu c) und d)): Finden Sie entweder eine geeignete Näherung für die erforderliche Integration oder führen Sie die Integration numerisch durch.)

6.5 Bei welcher Wellenlänge hat der spektrale Strahlungsfluß eines schwarzen Körpers sein Maximum? (Hinweis: Bei der Bestimmung des Extremwerts kann benutzt werden, daß in erster Näherung im Maximum $e^{hc_o/(kT\lambda)} \gg 1$ ist.)

6.6 Die spektrale Strahldichte eines Hohlraumstrahlers kann durch das Plancksche Strahlungsgesetz beschrieben werden, seine Ausstrahlungscharakteristik ist die eines Lambert-Strahlers. Wie groß ist die spezifische Ausstrahlung?
(Hinweis: Für die erforderliche Integration kann $\int_0^\infty \frac{x^3}{e^x - 1} dx = \frac{\pi}{15}$ benutzt werden.)

6.7 Für eine Edelgas-gefüllte Glühlampe werden vom Hersteller folgende Nennwerte angegeben: U_N = 6 V, I_N = 5 A, Φ_N = 350 lm, Lebensdauer Δt_N = 600 h, Glühfadentemperatur T_N = 2540 K.
a) Berechnen Sie die Wellenlänge des Strahlungsmaximums der Glühlampe, wenn die Farbtemperatur T_{fN} = 2600 K beträgt.
b) Berechnen Sie die Nennleistung und die Lichtausbeute der Glühlampe.
c) Es wird gefordert, daß die Lampe einen möglichst hohen Lichtstrom abgeben soll, wobei man mit einer mittleren Lebensdauer von 50 h zufrieden ist. Mit welcher Spannung muß die Lampe betrieben werden? Wie ändern sich die übrigen Lampendaten?

7. Optik Gaußscher Strahlen

Der Laser ist inzwischen eine der wichtigsten Strahlungsquellen in der Optik geworden. Für viele Anwendungen ist es wichtig zu wissen, wie die Strahlparameter wie Strahldurchmesser und -divergenz gezielt beeinflußt werden können. Beispielsweise muß für die Abtastung einer CD in einem CD-Spieler die Strahlung eines Halbleiterlasers auf einen Durchmesser im Bereich von 1 µm fokussiert werden, um die hohe Informationsdichte auf der CD auflösen zu können.

Strahlradius und Strahldivergenz werden ganz wesentlich vom transversalen Modenspektrum bestimmt, das der Laser emittiert. Dadurch ist es schwierig, allgemein diese Größen sowie den Einfluß von abbildenden Elementen darauf zu berechnen. Ein wichtiger Spezialfall sind Strahlen von Lasern, die im Grundmode (TEM$_{00}$) arbeiten. Diese zeigen über den Strahlquerschnitt eine gaußförmige Intensitätsverteilung. Sie werden daher auch als **Gaußsche Strahlen** bezeichnet. In diesem Kapitel sollen die Eigenschaften der Gaußschen Strahlen besprochen werden. Die Wirkung von abbildenden Elemente auf die Strahlgrößen wird anhand dünner Linsen diskutiert. Mit Hilfe der Eigenschaften der Gaußschen Strahlen können wir zudem eine Kenngröße für die Strahlqualität von Lasersystemen angeben, die im transversalen Vielmoden-Betrieb arbeiten.

Die geometrische Optik stellt einen Bildpunkt als Schnittpunkt der vom zugehörigen Objektpunkt ausgehenden Strahlen dar. Abgesehen von geometrischen Bildfehlern kann sie daher keine Aussage über die tatsächliche Größen des Bildpunkts machen. Im Abschnitt 2.5.6 hatten wir gesehen, daß auch bei fehlerfreier Abbildung keine unendlich kleinen Bildpunkte entstehen. Die Größe eines Bildpunktes und damit das Auflösungsvermögen des abbildenden Systems wird durch die Beugung des Lichts an den begrenzenden Öffnungen also durch die Welleneigenschaft des Lichts bestimmt. Ebenso werden Divergenz und Bündeldurchmesser eines Gaußschen Strahls durch beugungsbedingte Wellenausbreitung hervorgerufen. Für die Besprechung dieser Größen müssen wir daher auf Ergebnisse der Wellenoptik zurückgreifen. In den Ergänzungen zu diesem Kapitel wird das prinzipielle Vorgehen aufgezeigt, um die beugungsbedingte Ausbreitung von Gaußschen Strahlen sowie den Durchgang durch eine dünne Linse zu berechnen.

7.1 Ausbreitung Gaußscher Strahlen

Wie eben erwähnt, kann die Ausgangsstrahlung eines Lasers im TEM$_{00}$-Mode durch sogenannte Gaußsche Strahlen beschrieben werden. An jeder Stelle eines Gaußschen Strahls ist die Verteilung der Bestrahlungsstärke senkrecht zur Ausbreitungsrichtung gaußförmig. Legen wir die z-Achse in die Ausbreitungsrichtung des Gaußschen Strahls, so können wir die räumliche Abhängigkeit der Bestrahlungsstärke durch

$$E_e(r) = E_{em}\, e^{-2\left(\frac{r}{w}\right)^2} \qquad (7.1)$$

beschreiben. $r = \sqrt{x^2+y^2}$ ist der senkrechte Abstand der z-Achse, E_{em} die Bestrahlungsstärke im Bündelzentrum (auf der z-Achse) und w der Abstand von der Strahlachse, bei dem die Bestrahlungsstärke auf den $1/e^2$-ten Teil der Bestrahlungsstärke E_{em} im Strahlzentrum abgefallen ist. Bild 7.1 zeigt die Bestrahlungsstärke in der x,z-Ebene.

Da die Bestrahlungsstärke mit wachsendem Abstand r von der Strahlachse kontinuierlich abnimmt, muß man eine Größe als Maß für den Strahlradius festlegen. Sehr häufig wird die Größe w selbst als Strahlradius verwendet. Das ist der Abstand von der Strahlachse, bei dem die Bestrahlungsstärke etwa 13,5 % der Bestrahlungsstärke im Bündelzentrum beträgt ($E_e(w) = E_{em}/e^2$). w bezeichnet man daher auch als **$1/e^2$-Radius**.

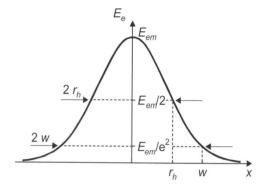

Bild 7.1 Räumliche Verteilung der Bestrahlungsstärke eines Gaußschen Strahls. Eingezeichnet sind der Halbwertsradius r_h und der $1/e^2$ - Radius w

Besonders bei Halbleiterlasern wird auch der Abstand als Radius benutzt, wo die maximale Bestrahlungsstärke auf die Hälfte abgenommen hat ($E_e(r_h) = E_{em}/2$). r_h ist der **Halbwertsradius**. Im Bild 7.1 sind beide Möglichkeiten eingezeichnet. Wir werden im folgenden den $1/e^2$-Abstand w als Maß für den Bündelradius verwenden.

Charakteristisch für Gaußsche Bündel ist das Auftreten einer **Strahltaille**, d.h., wir können immer eine Stelle im Strahl finden, wo der Bündelradius minimal ist. Die Lage der Strahltaille hängt von der Resonatorkonfiguration des Lasers ab. Sie kann innerhalb des Laserresonators liegen, sehr häufig auf dem Ausgangsspiegel, aber auch außerhalb des Resonators. Die Parameter der Strahltaille werden wir mit dem Index o versehen, der Radius dort ist also w_o, die Bestrahlungsstärke im Strahlzentrum der Strahltaille E_{eo}. Im folgenden legen wir den Ursprung des Koordinatensystems zur Beschreibung der Gaußschen Strahlen in die Strahltaille.

Entfernen wir uns von der Strahltaille um die Strecke z entlang der Strahlachse, vergrößert sich der Strahlradius, die Verteilung der Bestrahlungsstärke bleibt aber gaußförmig. Der neue Strahlradius läßt sich aus

$$w(z) = w_o \sqrt{1 + \left(\frac{z}{z_o}\right)^2} \qquad (7.2)$$

bestimmen. Dabei ist

$$z_o = \frac{\pi w_o^2}{\lambda} \qquad (7.3)$$

der sogenannte **Konfokalparameter**, und λ ist die Wellenlänge des Laserlichts.

Im Bereich $-z_o \leq z \leq z_o$ bleibt der Strahlradius innerhalb von $w \leq w(z_o) = \sqrt{2}\, w_o$. Dieser Bereich wird auch als **Konfokalbereich** oder **Nahfeld** bezeichnet.

Wenn wir Gl. 7.2 umstellen

$$\frac{w(z)^2}{w_o^2} - \frac{z^2}{z_o^2} = 1 \qquad (7.4)$$

sehen wir, daß die z-Abhängigkeit des Strahlradius $w(z)$ eine Hyperbel darstellt. Hyperbeln werden durch ihre Asymptoten charakterisiert, die wir aus der Forderung $z \to \infty$ erhalten:

$$w(z) = \pm \frac{w_o}{z_o} z \qquad (7.5)$$

Damit haben wir die Möglichkeit, ein Maß für die **Divergenz** eines Gaußschen Strahls zu definieren. Wir wählen als Divergenzwinkel θ (halber Öffnungswinkel) des Gauß-Bündels die Steigung der Asymptoten $\tan\theta = w_o/z_o$. Ersetzt man z_o in Gl. 7.5 durch Gl. 7.3, ergibt sich

$$\tan\theta = \frac{\lambda}{\pi w_o} \qquad (7.6)$$

In Bild 7.2 ist die z-Abhängigkeit des Strahlradius mit den Asymptoten dargestellt. Die Darstellung macht ebenfalls deutlich, daß weit außerhalb des Konfokalbereichs ($|z| \gg z_o$) die Gaußschen Strahlen nahezu exakt durch ihre Asymptoten beschrieben werden.

Die Ausgangsstrahlung der meisten Lasertypen weist eine sehr geringe Divergenz auf, so daß $\tan\theta \approx \theta$ gesetzt werden kann:

$$\theta \approx \frac{\lambda}{\pi w_o} \qquad (7.7)$$

Gl. 7.6 bzw. 7.7, die die beiden wichtigen Strahlparameter Taillenradius und Strahldivergenz in Zusammenhang bringt, ist eine grundlegende Beziehung der Optik Gaußscher Strahlen. Sie zeigt eine wichtige Eigenschaft der Ausbreitung von Gaußschen

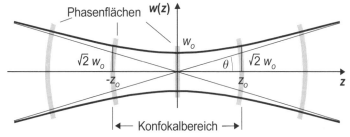

Bild 7.2 Strahlradius $w(z)$ in Abhängigkeit vom Abstand z von der Strahltaille w_o. Ebenfalls eingezeichnet sind die Wellenflächen des Gaußschen Strahls

Strahlen:

- Je kleiner der Radius w_o der Strahltaille ist, um so größer ist die Strahldivergenz.

Als praktische Konsequenz ergibt sich, daß eine starke Fokussierung Gaußscher Strahlen zu einer entsprechend großen Strahldivergenz führt, d. h., der Strahlradius nimmt nach der Taille mit wachsendem Abstand schnell zu. Da nach Gl. 7.3 der Konfokalbereich quadratisch vom Strahltaillenradius abhängt, wird dieser entsprechend klein. Wird andererseits ein Laserstrahl mit geringer Divergenz benötigt, läßt sich dies durch eine Vergrößerung des Taillenradius erreichen (Aufweitung des Gaußschen Strahls, vgl. Abschn. 7.2.2).

Dieses Verhalten ist uns aus der Beugung von Lichtwellen an Öffnungen bekannt. Wir hatten im Abschn. 1.7 gesehen, daß eine Verkleinerung der Spaltbreite bzw. des Blendendurchmessers zu einer Verbreiterung des zentralen Beugungsmaximums führt (vgl. Gln. 1.107 bzw. 1.111). Andererseits begrenzt der Spalt bzw. die Lochblende das Lichtbündel. Nehmen wir die Breite des zentralen Beugungsmaximums als Maß für die Strahldivergenz nach der Öffnung, so wird deutlich, daß, je stärker das Lichtbündel eingeengt wird, desto größer die Strahldivergenz nach der Öffnung ist. Dabei ist es unerheblich, ob die Strahleinengung durch äußere Blenden erfolgt, oder wie bei den Gaußschen Bündeln durch ihre Entstehung bedingt ist.

Typisch für die beugungsbedingte Ausbreitung eines Lichtbündels ist, daß der Divergenzwinkel proportional zu λ/a ist (a steht für die Bündelausmaße, die durch die entsprechende Anordnung gegeben sind: $a = b/2$, halbe Spaltbreite für die Beugung am Spalt, $a = R$, Blendenradius für die Beugung an einer Lochblende oder $a = w_o$, Taillenradius des Gaußschen Bündels).

Einen interessanten Aspekt erkennen wir noch, wenn wir die Vorfaktoren von λ/a für die verschiedenen Anordnungen vergleichen. Für kleine Beugungswinkel ($\sin\alpha_o \approx \alpha_o$) tritt bei der Beugung am Spalt ein Vorfaktor von 0,5 auf (s. Gl. 1.107, bezogen auf die halbe Spaltbreite $b/2$), bei der Beugung an einer Lochblende der Vorfaktor 0,61 (s. Gl. 1.111, bezogen auf den Blendenradius R) und bei einem Gaußschen Strahl der Vorfaktor $1/\pi \approx 0,32$ (s. Gl. 7.7). Von den drei Fällen zeigen Gaußsche Strahlen die geringste Divergenz. Dies gilt allgemein:

- Bei vergleichbaren Bündelausmaßen weisen Strahlen mit einer Gaußschen Intensitätsverteilung im Vergleich zu anderen Intensitätsverteilungen die geringste beugungsbedingte Divergenz auf.

Aufgrund der Strahldivergenz verteilt sich die Strahlungsenergie mit wachsendem Abstand von der Strahltaille auf eine zunehmende Querschnittsfläche. Daher nimmt die Bestrahlungsstärke E_{em} im Bündelzentrum entsprechend der größeren Querschnittsfläche um den Faktor $(w_o/w(z))^2$ ab:

$$E_{em}(z) = \left(\frac{w_o}{w(z)}\right)^2 E_{eo} \tag{7.8}$$

Von Interesse für viele Anwendungen ist der Zusammenhang zwischen dem Strahlungsfluß, den ein Laser emittiert, und der maximalen Bestrahlungsstärke des Laserstrahls bei einem gegebenen Strahlradius. Strahlungsfluß und Bestrahlungsstärke hängen entsprechend Gl. 5.10 durch

$$\Phi_e = \int E_e \, dA \qquad (7.9)$$

zusammen. Wählt man einen zur Strahlachse konzentrischen Kreisring mit dem Radius r als Flächenelement, $dA = 2\pi r \, dr$, kann mit der Bestrahlungsstärke Gl. 7.1 die Integration

$$\Phi_e = 2\pi E_{em} \int_0^\infty e^{-2\left(\frac{r}{w}\right)^2} r \, dr \qquad (7.10)$$

ausgeführt werden. Für die Bestrahlungsstärke im Strahlzentrum ergibt sich

$$\boxed{E_{em} = \frac{2\Phi_e}{\pi w^2}} \qquad (7.11)$$

Gaußsche Strahlen bestehen nicht aus ebenen Wellen sondern aus Wellen mit gekrümmten Phasenflächen. Der Krümmungsradius $R_G(z)$ der Phasenflächen wird durch

$$R_G(z) = z\left(1 + \left(\frac{z_o}{z}\right)^2\right) \qquad (7.12)$$

beschrieben. In der Strahltaille ($z = 0$) sind die Wellenfronten eben ($R_G \to \infty$, vgl. Bild 7.2). Der Krümmungsradius der Phasenfronten ist minimal bei $z = z_o$ ($R_G(z_o) = 2 z_o$). Weit außerhalb des Konfokalbereichs ($|z| \gg z_o$) ist der Krümmungsradius

$$R_G(z) \approx z \qquad (7.13)$$

Der Krümmungsmittelpunkt liegt also am Ort der Strahltaille. Die Wellenfronten sind nahezu identisch mit denen von Kugelwellen, die von der Strahltaille ausgehen. Diesen Bereich bezeichnet man häufig auch als **Fernfeld** der Gaußschen Strahlen (im Unterschied zum Konfokalbereich bzw. **Nahfeld** $|z| \leq |z_o|$). Wie wir gesehen haben, sind im Fernfeld die Gaußschen Strahlen nahezu identisch mit ihren durch Gl. 7.5 beschriebenen Asymptoten.

Gln. 7.2 und 7.12 machen auch deutlich, daß ein Gaußscher Strahl mit der Wellenlänge λ eindeutig beschrieben ist, wenn die Lage ($z = 0$) und der Radius w_o der Strahltaille (oder der Divergenzwinkel θ) bekannt sind.

Beispiel

Ein Argon-Ionen-Laser emittiert bei der Wellenlänge 514 nm eine Strahlungsleistung von 10 W im TEM$_{00}$ - Mode. Der Radius der Strahltaille, die sich auf dem Ausgangsspiegel des Resonators befindet, beträgt 0,5 mm.
a) Wie groß ist die Bestrahlungsstärke im Bündelzentrum der Strahltaille des Gaußschen Strahls?
b) Wie groß sind Strahldivergenz und Konfokalbereich? Welchen Durchmesser hat der Laserstrahl

nach einer Entfernung von 1 km angenommen?
c) Wie groß sind Strahldivergenz und -durchmesser nach 1 km, wenn der Radius der Strahltaille zunächst auf 1 cm vergrößert wird?

Lösung
a) Die maximale Bestrahlungsstärke in der Strahltaille ist nach Gl. 7.11

$$E_{eo} = \frac{2\Phi_e}{\pi w_o^2} = 2{,}55 \; \frac{\text{kW}}{\text{cm}^2}$$

b) Der Divergenzwinkel θ errechnet sich mit Hilfe von Gl. 7.7:

$$\theta \approx \frac{\lambda}{\pi w_o} = \frac{0{,}514 \cdot 10^{-6} \; \text{m}}{\pi \cdot 0{,}5 \cdot 10^{-3} \text{m}} = 0{,}327 \; \text{mrad}$$

Der Konfokalbereich wird durch den in Gl. 7.3 definierten Konfokalparameter z_o bestimmt:

$$z_o = \frac{\pi w_o^2}{\lambda} = 1{,}53 \; \text{m}$$

Den Strahldurchmesser $2w$ für $z = 1$ km erhalten wir aus Gl. 7.2:

$$2w = 2w_o \sqrt{1 + \left(\frac{z}{z_o}\right)^2} = 65{,}4 \; \text{cm}$$

Der Vergleich der Entfernung von 1 km mit dem Konfokalparameter $z_o = 1{,}53$ m zeigt, daß wir uns im Fernfeld des Gaußschen Bündels befinden, so daß wir den Strahldurchmesser auch einfach aus $2w = 2\theta z = 65{,}4$ cm (Gl. 7.5) berechnen können.

c) Ändert sich der Radius der Strahltaille auf $w_o = 1$ cm, verringert sich die Strahldivergenz auf $\theta = 0{,}016$ mrad, während sich der Konfokalbereich auf $z_o = 611{,}2$ m vergrößert. Da jetzt die Entfernung 1 km noch nicht im Fernfeld des Gaußschen Strahls liegt, müssen wir für die Berechnung des Strahldurchmessers $2w$ nach $z = 1$ km Gl. 7.2 benutzen:

$$2w = 2w_o \sqrt{1 + \left(\frac{z}{z_o}\right)^2} = 3{,}8 \; \text{cm}$$

Aufgrund der größeren Strahltaille bleibt die Strahldivergenz sehr gering, und der Strahldurchmesser hat sich nach einem Kilometer nicht wesentlich vergrößert!

Ausbreitung Gaußscher Strahlen nach dem Huygens-Fresnelschen Prinzip

Als wesentliche Ergebnisse haben wir in diesem Abschnitt herausgearbeitet, daß sich die Intensitätsverteilung von Gaußschen Strahlen bei der Ausbreitung nicht ändert, aber der Strahlradius sich durch die beugungsbedingte Strahldivergenz vergrößert. Die Abhängigkeit des Strahlradius vom Abstand von der Strahltaille hatten wir mit Gl. 7.2 beschrieben. Als Ergänzung

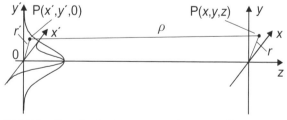

Bild 7.3 Zur Ausbreitung einer ebenen Welle mit einer Gaußschen Amplitudenverteilung

dazu soll nun gezeigt werden, daß sich diese Eigenschaften direkt aus der quantitativen Formulierung des Huygens-Fresnelschen Prinzips (Beugungsintegral, Gl. 1.102) ergibt.

Wir nehmen in der Bezugsebene $z = 0$ eine ebene Welle an, deren elektrische Feldamplitude eine Gauß-Verteilung aufweist, und fragen, wie sich die Welle nach der Strecke z geändert hat. In der komplexen Schreibweise (vgl. Gl. 1.8) hat die Feldamplitude bei $z = 0$ die Form:

$$E_{cm}(x',y',0) = E_{mo}\, e^{-\frac{x'^2+y'^2}{w_o^2}} \tag{7.14}$$

E_{mo} ist die Feldamplitude auf der Strahlachse. Bild 7.3 zeigt die Anordnung.

Die Feldstärke E_c der Welle im Punkt $P(x, y, z)$ ergibt sich nach dem Huygens-Fresnelschen Prinzip aus der Überlagerung aller Elementarwellen, die von der Ebene $z = 0$ ausgehen. Quantitativ wird das durch das Beugungsintegral Gl. 1.102 beschrieben:

$$E_c(x,y,z) = \frac{j}{\lambda}\, e^{j\omega t} \int E_{cm}(x',y',0)\, \frac{e^{-jk\rho}}{\rho}\, da' \tag{7.15}$$

$da' = dx'dy'$ ist das Flächenelement in der Ebene $z = 0$, $k = 2\pi/\lambda$ die Wellenzahl und

$$\rho = \sqrt{(x'-x)^2 + (y'-y)^2 + z^2} \tag{7.16}$$

der Abstand vom Quellpunkt $P(x', y', 0)$ zum Punkt $P(x, y, z)$ (vgl. Bild 7.3 und Gl. 103).

Um das Integral Gl. 7.15 lösen zu können, muß für den Abstand ρ eine Näherung gemacht werden. Um auch Aussagen über das Verhalten der Gaußschen Strahlen in der Nähe der Bezugsebene machen zu können, verwenden wir die Fresnelsche Näherung, d. h., wir nehmen bei der Entwicklung der Wurzel in Gl. 7.16 Terme mit, die quadratisch in x'/z bzw. y'/z sind:

$$\rho = z\sqrt{1 + \frac{(x'-x)^2}{z} + \frac{(y'-y)^2}{z}} \approx z + \frac{(x'-x)^2}{2z} + \frac{(y'-y)^2}{2z}$$
$$= z + \frac{1}{2z}(r^2 + r'^2) - \frac{x'x}{z} - \frac{y'y}{z} \tag{7.17}$$

wobei $r^2 = x^2 + y^2$ und $r'^2 = x'^2 + y'^2$ die Abstände senkrecht zur Strahlachse sind. Da Änderungen von ρ im Nenner des Integranden in Gl. 7.15 das Integral nur wenig ändern im Vergleich zur schnell oszillierenden Exponentialfunktion, nähern wir ρ dort durch $\rho \approx z$. Geht man damit sowie mit Gln. 7.17 und 7.14 in das Beugungsintegral Gl. 7.15 ein und benutzt die Abkürzung $z_o = \pi w_o^2/\lambda$ (s. Gl. 7.3), ergibt sich

$$E_c(x,y,z) = \frac{j}{\lambda z} E_{mo}\, e^{j(\omega t - kz)} e^{-j\frac{k}{2z}r^2} \int_{-\infty}^{\infty} dx' \int_{-\infty}^{\infty} dy'\, e^{-j\frac{k}{2z}\left(1 - j\frac{z}{z_o}\right)r'^2} e^{j\frac{k}{z}(x'x + y'y)} \tag{7.18}$$

Das Integral ist die Fourier-Transformation einer komplexen Gauß-Funktion, die man in entsprechenden Tabellen für Fourier-Integrale nachschlagen kann (z. B. [5]). Man findet

$$E_c(x,y,z) = \frac{z_o}{z_o - jz} E_{mo}\, e^{j(\omega t - kz)}\, e^{-\frac{kr^2}{2}(z_o - jz)^{-1}} = \frac{q(0)}{q(z)} E_{mo}\, e^{j\left(\omega t - k\left(z + \frac{r^2}{2q(z)}\right)\right)} \tag{7.19}$$

mit der Abkürzung

$$q(z) = z + jz_o \tag{7.20}$$

Führt man den Strahlradius $w(z)$ (Gl. 7.2) und den Krümmungsradius der Wellenfronten $R_G(z)$ (Gl. 7.12) ein, läßt sich Gl. 7.19 umschreiben in

$$E_c(x,y,z) = \frac{w_o}{w(z)} E_{mo} e^{-\frac{r^2}{w(z)^2}} e^{j\left(\omega t - k\left(z + \frac{r^2}{2R_G(z)}\right) + \psi\right)} \qquad (7.21)$$

mit $\psi = \arctan(z/z_o)$.

Gl. 7.21 beschreibt das elektrische Feld der Welle, die sich im Abstand z von der Bezugsebene aus der ebenen Welle mit einer Gaußschen Amplitudenverteilung entwickelt hat. Wir sehen, daß die Amplitude $E_{mo} \frac{w_o}{w(z)} e^{-\frac{r^2}{w(z)^2}}$ gaußförmig geblieben ist. Der Strahlradius hat sich entsprechend Gl. 7.2 vergrößert, die Amplitude um den Faktor $\frac{w_o}{w(z)}$ verringert.

Wir sehen aber auch, daß aus der ebenen Welle eine Welle mit gekrümmten Phasenfronten geworden ist (aus dem Phasenterm kz, der eine ebene Welle beschreibt, ist die Größe $k\left(z + \frac{r^2}{2R_G}\right)$ geworden). Das erlaubt uns, die in Gl. 7.12 eingeführte Größe $R_G(z)$ als Krümmungsradius der Wellenfläche bei z zu interpretieren.

Die Größe $q(z)$ (Gl.7.20) geht mit Gln. 7.2 und 7.12 über in

$$\frac{1}{q(z)} = \frac{1}{R_G(z)} - j\frac{\lambda}{\pi w(z)^2} \qquad (7.22)$$

Der Vergleich der Exponenten in Gln. 7.19 und 7.21 legt nahe, $q(z)$ als "komplexen Krümmungsradius" des Gaußschen Strahls zu interpretieren.

Berechnen wir nach Gl. 1.17 aus Gl. 7.21 die zugehörige Bestrahlungsstärke, erhalten wir den in Gl. 7.1 angegebenen Ausdruck mit der Bestrahlungsstärke im Bündelzentrum, die durch Gl. 7.8 gegeben ist.

7.2 Fokussierung Gaußscher Strahlen

In diesem Abschnitt werden wir kennenlernen, wie ein abbildendes System Radius und Position der Strahltaille eines Gaußschen Strahls modifiziert. Zunächst wird das am Beispiel einer dünnen Linse gezeigt.

7.2.1 Durchgang Gaußscher Strahlen durch eine dünne Linse

Um das prinzipielle Vorgehen kennenzulernen, werden wir uns wieder auf das paraxiale Gebiet beschränken und eine dünne Linse annehmen.

Passiert ein Gaußscher Strahl eine Linse, so wird die gaußförmige Verteilung der Bestrahlungsstärke nicht geändert. Die Linse modifiziert jedoch Lage und Größe der Strahltaille und dementsprechend die Strahldivergenz. Bild 7.4 zeigt die Anordnung und die im folgenden verwendeten Größen. Wir benutzen auch hier die im Abschnitt 2.1 eingeführte Vorzeichenkonvention.

Lage s_2 und Größe w_{o2} der neuen Strahltaille werden durch die komplexe Relation

$$\frac{1}{-s_1 + jz_{o1}} + \frac{1}{s_2 - jz_{o2}} = \frac{1}{f'} \tag{7.23}$$

beschrieben. Dabei sind f' die Linsenbrennweite, s_1 bzw. s_2 die Abstände der Strahltaillen w_{o1} bzw. w_{o2} von der Linse sowie $z_{o1} = \frac{\pi w_{o1}^2}{\lambda}$ und $z_{o2} = \frac{\pi w_{o2}^2}{\lambda}$ die Konfokalparameter des Strahls vor und nach der Linse (s. Gl. 7.3).

Auf den ersten Blick ähnelt Gl. 7.23 der Abbildungsgleichung einer dünnen Linse in der geometrischen Optik. Sie geht auch tatsächlich in diese über, wenn sich die Linse im Fernfeld des Gaußschen Strahls befindet ($|s_1| \gg z_{o1}$, $|s_2| \gg z_{o2}$). Wir werden aber unten sehen, daß i. allg.

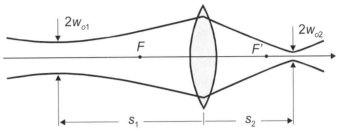

Bild 7.4 Transformation der Strahltaille w_{o1} in die Strahltaille w_{o2} durch eine Linse mit der Brennweite f'

die Transformation der Strahltaille keine Abbildung in dem Sinn darstellt, wie wir sie in der geometrischen Optik kennengelernt haben.

Die komplexe Gl. 7.23 enthält zwei reelle Gleichungen für den Real- und Imaginärteil. Diese lassen sich umschreiben in eine Gleichung für den Abstand s_2

$$s_2 = f'\left(1 - \frac{f'(s_1 + f')}{(s_1 + f')^2 + z_{o1}^2}\right) \tag{7.24}$$

und eine Gleichung für den Radius w_{o2}

$$w_{o2} = \frac{w_{o1} f'}{\sqrt{(s_1 + f')^2 + z_{o1}^2}} \tag{7.25}$$

der transformierten Strahltaille.

Aus Gln. 7.24 und 7.25 lassen sich einige interessante Spezialfälle folgern:
(a) Befindet sich die ursprüngliche Strahltaille in der objektseitigen Fokalebene der Linse ($s_1 = -f'$, Bild 7.5), so ist die abgebildete Strahltaille durch

$$s_2 = f' \tag{7.26}$$

gegeben, d. h., sie befindet sich in der bildseitigen Fokalebene. Der Taillenradius ist

$$w_{o2} = \frac{w_{o1} f'}{z_{o1}} = \frac{\lambda f'}{\pi w_{o1}} \qquad (7.27)$$

Das Ergebnis Gl. 7.26 zeigt deutlich, daß hier keine Abbildung der Strahltaille im üblichen Sinne vorliegt. Ein Objekt in der objektseitigen Brennebene einer Linse würde ein Bild im Unendlichen nach sich ziehen. Die transformierte Strahltaille tritt jedoch in der bildseitigen Bildebene auf. Die Radien beider Strahltaillen sind zueinander umgekehrt proportional, eine große objektseitige Strahltaille zieht also eine kleine bildseitige Strahltaille nach sich und umgekehrt.

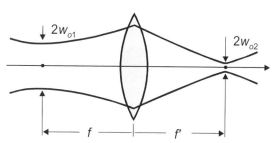

Bild 7.5 Die Strahltaille in der objektseitigen Brennebene wird in die bildseitige Brennebene tranformiert

(b) Ein häufig auftretender Anwendungsfall ist, daß die ursprüngliche Strahltaille sehr weit von der Linse entfernt ist ($|s_1| \gg f'$, z_{o1}), die Linse befindet sich Fernfeld des Gaußschen Strahls. In diesem Fall findet man die transformierte Strahltaille näherungsweise in der bildseitigen Fokalebene:

$$s_2 \approx f' \qquad (7.28)$$

Das entspricht dem Ergebnis einer normalen Abbildung. Die Größe der tranformierten Strahltaille ist

$$w_{o2} \approx \frac{w_{o1} f'}{|s_1|} \qquad (7.29)$$

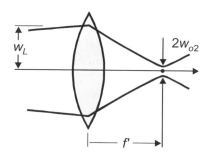

Bild 7.6 Transformation einer weit entfernten Strahltaille

Häufig ist der Abstand s_1 der ursprünglichen Strahltaille w_o von der Linse nicht bekannt, insbesondere, wenn diese wenig ausgeprägt ist oder sich im Laserresonator befindet. Möglich ist es aber, den Strahlradius w_L auf der Linse zu bestimmen (s. Bild 7.6). Da $w_L = w(s_1)$ ist und für $|s_1| \gg z_{o2}$ nach Gl. 7.2

$$w_L = w(s_1) = w_{o1} \sqrt{1 + \frac{s_1^2}{z_{o1}^2}} \approx \frac{\lambda}{\pi w_{o1}} |s_1| \qquad (7.30)$$

gilt, kann s_1 in Gl. 7.29 mit Hilfe von Gl. 7.30 ersetzt werden. Auf diese Weise erhält man die für viele Anwendungen wichtige Beziehung

$$w_{o2} \approx \frac{\lambda}{\pi w_L} f' \qquad (7.31)$$

Entsprechend Gl. 7.7 ist die Divergenz des transformierten Strahls durch

$$\theta_2 = \frac{\lambda}{\pi w_{o2}} \approx \frac{w_L}{f'} \tag{7.32}$$

gegeben. Mit Hilfe von Gln. 7.31 und 7.32 lassen sich Taillenradius und Divergenz des transformierten Gaußschen Strahls einfach aus dem Bündelradius auf der Linse berechnen.

Die Diskussion der beiden Grenzfälle zeigt einen weiteren interessanten Aspekt auf. In beiden Fällen liegt die transformierte Strahltaille in der bildseitigen Brennebene. Es muß folglich im Unterschied zur geometrisch optischen Abbildung eines Gegenstands einen maximalen Abstand der transformierten Taille geben, der im Endlichen liegt. Trägt man den Abstand s_2 der transformierten Strahltaille entsprechend Gl. 7.24 in Abhängigkeit vom Abstand s_1 der ursprünglichen Strahltaille auf (im Bild 7.7 sind die Größen auf den Konfokalparameter z_{o1} normiert), findet man dies bestätigt. Der Grund liegt darin, daß eine im Unendlichen liegende Strahltaille bedeuten würde, daß der Gaußsche Strahl vollständig parallel wäre. Wir wissen aber, daß aufgrund der Welleneigenschaften ein Lichtbündel mit endlicher Ausdehnung beugungsbedingt divergieren muß.

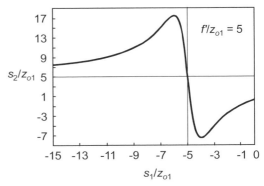

Bild 7.7 Relativer Abstand s_2/z_{o1} der transformierten Strahltaille in Abhängigkeit vom Abstand s_1/z_{o1} der ursprünglichen Taille bei einer relativen Brennweite $f'/z_{o1} = 5$. Die eingezeichneten Linien zeigen die Lage der objekt- und bildseitigen Brennebenen

Beispiel

Ein CO_2-Laser (Wellenlänge 10,6 µm) hat eine Ausgangsleistung von 100 W. Zum Schneiden von Kunststoffplatten wird eine Bestrahlungsstärke im Strahlzentrum von 500 kW/cm² benötigt. Um die Bestrahlungsstärke zu erreichen, wird eine Linse an eine Stelle im Fernfeld des Laserstrahls gestellt, wo der Strahlradius 4 mm beträgt. Welche Brennweite muß die Linse haben, damit in der fokussierten Strahltaille die geforderte Bestrahlungsstärke entsteht?

Lösung
Aus dem Zusammenhang zwischen Strahlungsfluß und Bestrahlungsstärke im Zentrum des Laserbündels (Gl. 7.11) berechnen wir den Taillenradius w_o, der erforderlich ist, um mit dem Strahlungsfluß Φ_e = 100 W die benötigte Bestrahlungsstärke von E_{eo} = 500 kW/cm² zu erzielen:

$$w_o = \sqrt{\frac{2\Phi_e}{\pi E_{eo}}} = 113 \text{ µm}$$

Damit sowie dem Strahlradius auf der Linse w_L = 4 mm finden wir mit Gl. 7.31 die gesuchte Brennweite:

$$f' = \frac{\pi}{\lambda} w_o w_L = 13{,}4 \text{ cm}$$

Wellenoptische Beschreibung des Durchgangs Gaußscher Strahlen durch eine Linse

Wir wollen die anfangs dieses Abschnitts angegebene Ausgangsgleichung für die Beschreibung der Transformation Gaußscher Strahlen durch eine dünne Linse (Gl. 7.23) näher begründen.

Dazu müssen wir zunächst die Frage beantworten, wie die Wirkung einer Linse wellenoptisch beschrieben werden kann. Geometrisch-optisch konnten wir die Wirkung der Linse durch Brechung der Strahlen an ihren sphärischen Flächen beschreiben. Zur Beantwortung dieser Frage ist es hilfreich, sich an die Begründung des Brechungsgesetzes durch das Huygens-Fresnelsche Prinzip zu erinnern. Die Richtungsänderung der Wellenfronten an der Grenzfläche zwischen zwei optischen Medien kam danach durch die unterschiedlichen Phasengeschwindigkeiten in beiden Medien zustande (vgl. Abschn 1.7.1). In diesem Sinn können wir auch die Wirkung einer Linse auf eine Welle verstehen. Die Punkte der Phasenflächen einer Welle müssen je nach Zonenhöhe unterschiedliche optische Wege zurücklegen. Im Bild 7.8 ist das am Beispiel einer plankonvexen Linse mit der Brechzahl n und der Dicke d skizziert. Auf der Achse legen die Punkte der Phasenfläche den durch die Linsendicke d_o verursachten optischen Weg nd_o zurück. Im Abstand r von der Achse müssen die Punkte der Phasenfront auf dem Weg vom Punkt 1 zu 2 (vgl. Bild 7.8) den kleineren Glasweg $d(r)$ durch die Linse passieren. Dort wird folglich der gesamte optische Weg $a + n\,d(r) = d_o + (n - 1)\,d(r)$ schneller durchlaufen als auf der Achse. Aufgrund dieses vom Achsenabstand r abhängigen optischen Weges ändert sich die Krümmung der Phasenflächen beim Durchgang durch die Linse. So geht z. B. eine Welle mit ebenen Phasenflächen über in eine Welle mit konkaven sphärischen Phasenflächen, wie es im Bild 7.8 skizziert ist.

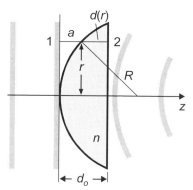

Bild 7.8 Zum optischen Weg einer Wellenfront durch eine Linse

Dem optischen Weg durch die Linse entspricht eine Phasenverschiebung von

$$\psi(r) = \frac{2\pi}{\lambda} (d_o - (n-1)d(r)) \tag{7.33}$$

Ist der Linsendurchmesser groß im Vergleich zum Bündelradius, so daß Beugung an der Linsenöffnung keine Rolle spielt, kann die Wirkung der Linse auf die elektromagnetische Welle folglich durch den Amplitudentransmissionskoeffizienten

$$t_L(r) = e^{-j\psi(r)} \tag{7.34}$$

beschrieben werden, mit dem das elektrische Feld der einfallenden Welle multipliziert werden muß.

Die r - abhängige Linsendicke $d(r)$ wollen wir für den paraxialen Fall der Einfachheit halber für die im Bild 7.8 dargestellte plankonvexe Linse mit dem Krümmungsradius R bestimmen. Aus Bild 7.8 entnehmen wir

$$d(r) = d_o - a = d_o - \left(R - \sqrt{R^2 - r^2}\right) \tag{7.35}$$

Im paraxialen Bereich ist $r/R \ll 1$, so daß wir die Wurzel in Gl. 7.35 durch

$$\sqrt{R^2 - r^2} \approx R\left(1 - \frac{1}{2}\frac{r^2}{R^2}\right) \tag{7.36}$$

nähern können. Setzen wir Gl. 7.35 mit 7.36 in Gl. 7.33 ein und berücksichtigen, daß entsprechend Gl. 2.14

$$f' = \frac{R}{n-1} \tag{7.37}$$

die Brennweite der plankonvexen Linse ist, erhalten wir für die Phasenverschiebung durch die Linse

$$\psi(r) = \frac{2\pi}{\lambda}\left(nd_o - \frac{r^2}{2f'}\right) \tag{7.38}$$

Bei der dünnen Linse können wir noch die konstante Phasenverschiebung durch den optischen Weg nd_o vernachlässigen, so daß Gl. 7.34 mit 7.38 schließlich zu dem gesuchten Amplitudentransmissionsfaktor

$$t_L(r) = e^{j\frac{2\pi}{\lambda}\left(\frac{r^2}{2f'}\right)} \tag{7.39}$$

führt. Gl. 7.39 gilt nicht nur für eine plankonvexe Linse, sondern allgemein für eine beliebige dünne Linse mit der Brennweite f'.

Da die Strahltaille im Abstand s_1 vor der Linse liegt, ergibt sich die Feldverteilung an der Linse aus Gl. 7.19 mit $z = -s_1$. Multiplizieren wir diese mit dem Transmissionsfaktor Gl. 7.39, erhalten wir folglich die Feldverteilung direkt nach der Linse

$$E_c(r) = \frac{q_1(0)}{q_1(-s_1)}E_{mo}e^{j(\omega t + ks_1)}e^{-j\frac{kr^2}{2}\left(\frac{1}{q_1(-s_1)} - \frac{1}{f'}\right)} \tag{7.40}$$

$q_1(-s_1)$ ist der komplexe Krümmungsradius des Gaußschen Strahls vor der Linse.

Gl. 7.40 zeigt, daß der Linsendurchgang die Gaußsche Amplitudenverteilung nicht ändert. Nach der Linse liegt demnach ebenfalls ein Gaußscher Strahl vor, dem wir entsprechend Gl. 7.19 einen komplexen Krümmungsradius $q_2(-s_2) = -s_2 + jz_{o2}$ zuordnen können. s_2 ist der Abstand der Taille des transformierten Gaußstrahls von der Linse und z_{o2} der zugehörige Konfokalparameter. In Gl. 7.40 muß daher die Klammer im Exponenten der zweiten Exponentialfunktion gleich $q_2(-s_2)^{-1}$ sein, was zur Bedingungsgleichung

$$\frac{1}{q_1(-s_1)} - \frac{1}{q_2(-s_2)} = \frac{1}{f'} \tag{7.41}$$

für s_2 und z_{o2} führt. Gl. 7.41 stellt den Zusammenhang der komplexen Krümmungsradien vor und nach der Linse dar und ergibt mit Gl. 7.20 die Ausgangsrelation Gl. 7.23 dieses Abschnitts.

ABCD-Gesetz für Gaußsche Strahlen

In Kap. 2 haben wir gesehen, wie man die Transformation von Strahlen durch ein optisches System mit Hilfe der Strahlmatrix (ABCD-Matrix) des Systems beschreiben kann (vgl. Gl. 2.11). Es soll im folgenden plausibel gemacht werden, daß die Strahlmatrizen auch verwendet werden können, um den Durchgang Gaußscher Strahlen durch ein optisches System zu beschreiben.

Dazu greifen wir noch einmal auf die Strahlenoptik zurück und fragen, wie der Krümmungsradius einer Kugelwelle bei dem Durchgang durch ein optisches Element geändert wird. Das Ergebnis kann auf den komplexen Krümmungsradius (Gl. 7.20) eines Gaußschen Strahls übertragen werden. Bild 7.9a zeigt schematisch die Transformation von Strahlen, die von einem Objektpunkt O_1 ausgehen, durch ein System mit der Strahlmatrix

$$M_S = \begin{pmatrix} A & B \\ C & D \end{pmatrix} \quad (7.42)$$

Steigung und Höhe des ein- bzw. austretenden Strahls werden entsprechend Gl. 2.11 durch

$$x_2 = Ax_1 + B\alpha_1$$
$$\alpha_2 = Cx_1 + D\alpha_1 \quad (7.43)$$

beschrieben.

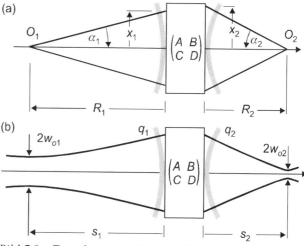

Bild 7.9 Transformation (a) einer Kugelwelle und (b) eines Gaußschen Strahls durch ein optisches System

Den vom Punkt O_1 ausgehenden Strahlen entsprechen Kugelwellen mit dem Krümmungsmittelpunkt in O_1 und einem Krümmungsradius R_1 eingangs des optischen Systems, der in der paraxialen Näherung durch

$$R_1 = \frac{x_1}{\alpha_1} \quad (7.44)$$

ausgedrückt werden kann (vgl. Bild 7.9a). Aus dem System treten Kugelwellen, die zum Punkt O_2 konvergieren und einen Krümmungsradius

$$R_2 = \frac{x_2}{\alpha_2} \quad (7.45)$$

haben. Mit Hilfe von Gln. 7.43 findet man einen Zusammenhang zwischen den Krümmungsradien der ein- und austretenden Wellen

$$R_2 = \frac{Ax_1 + B\alpha_1}{Cx_1 + D\alpha_1} = \frac{AR_1 + B}{CR_1 + D} \quad (7.46)$$

Ein Gaußscher Strahl wird charakterisiert durch den komplexen Krümmungsradius q (s. Gl. 7.20). Das legt nahe, Gl. 7.46 dafür zu verallgemeinern:

$$\boxed{q_2 = \frac{Aq_1 + B}{Cq_1 + D}} \quad (7.47)$$

q_1 ist der komplexe Krümmungsradius des Gaußschen Strahls am Eingang des optischen Systems und q_2 der am Ausgang. Mit Gl. 7.47 haben wir die Möglichkeit, die Transformation eines Gaußschen Strahls durch ein beliebiges optisches System zu beschreiben, dessen Strahlmatrix bekannt ist (vgl. z. B. Tab. 2.1). In Bild 7.9b ist dies schematisch dargestellt. Setzt man beispielsweise die Elemente der Strahlmatrix einer dünnen Linse ein (Gl. 2.13), geht Gl. 7.47 in Gl. 7.41 bzw. 7.23 über.

7.2.2 Durchgang durch ein Teleskop, Strahlaufweitung

Als eine wichtige Anwendung der Transformation Gaußscher Strahlen soll die Strahlaufweitung mit Hilfe eines Teleskops betrachtet werden. Häufig setzt man ein Teleskop ein, um größere Strahlquerschnitte zu erzielen, beispielsweise, um eine größere Fläche auszuleuchten oder um die Strahldivergenz eines Laserstrahls zu verringern.

Wir wollen den Strahldurchgang am Beispiel des Kepler-Teleskops betrachten. Die Anordnung ist in Bild 7.10 gezeigt. Zur Vereinfachung werden die beiden Linsen so angeordnet, daß sich die durch die Linse f_1 erzeugte Strahltaille w_{o2} in der objektseitigen Fokalebene der Linse f_2 befindet. Entsprechend Gl. 7.26 befindet sich dann die von der Linse

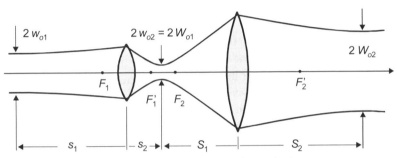

Bild 7.10 Strahlaufweitung mit einem Kepler-Teleskop

f_2 erzeugte Strahltaille W_{o2} in der bildseitigen Brennebene. Der Radius W_{o2} ergibt sich nach Gl. 7.27 aus dem Radius der Strahltaille $W_{o1} = w_{o2}$ hinter der ersten Linse. w_{o2} wiederum erhält man mit Hilfe von Gl. 7.25 aus der ursprünglichen Strahltaille w_{o1}, woraus schließlich

$$W_{o2} = w_{o1} \frac{f_2'}{f_1'} \sqrt{\frac{(s_1 + f_1')^2 + z_{o1}^2}{z_{o1}^2}} \qquad (7.48)$$

folgt. Gl. 7.48 zeigt, daß der Radius der transformierten Strahltaille wesentlich durch das Verhältnis der Brennweiten der Linsen bestimmt wird, die das Teleskop bilden.

Deutlich wird das, wenn wir die beiden im vorhergehenden Abschnitt besprochenen Spezialfälle betrachten. Befindet sich beispielsweise die Strahltaille des Eingangsstrahls in der objektseitigen Fokalebene der ersten Linse, dann ist

$$W_{o2} = w_{o1} \frac{f_2'}{f_1'} \qquad (7.49)$$

Ist die Strahltaille des Eingangsstrahls weit entfernt ($|s_1| \gg f_1', z_{o1}$), finden wir aus Gl. 7.27 mit Gl. 7.31 eine analoge Beziehung:

$$W_{o2} = w_L \frac{f_2'}{f_1'} \tag{7.50}$$

w_L ist der Strahlradius auf der Eingangslinse des Teleskops. In beiden Fällen ist der Linsenabstand $f_1' - f_2'$, d. h., das Teleskop bildet ein afokales System (vgl. Abschn. 4.2.4).

Für viele Anwendungen ist ein Zwischenfokus, wie er im Kepler-Teleskop auftritt (s. Bild 7.10), ungünstig. Insbesondere bei der Strahlung von Hochleistungslasern können dort hohe Bestrahlungsstärken entstehen. In solchen Fällen wird zur Strahlaufweitung ein Teleskop nach Galilei verwendet (vgl. Abschn. 4.24).

7.3 Strahlung von Vielmoden-Lasern

Gaußsche Strahlen beschreiben Laser im transversalen Grundmode (TEM$_{00}$). Die Ausgangsstrahlung von Lasern mit hoher Verstärkung (z. B. bei Lasern, die für die Materialbearbeitung eingesetzt werden), ist i. allg. extrem transversal vielmodig. Dies führt zu signifikanten Abweichungen der Intensitätsverteilung von einer Gauß-Form. Die Folge ist, daß bei einer gegebenen Strahldivergenz θ der Radius $w_o^{(R)}$ der Strahltaille des realen Laserstrahls wesentlich größer als der Taillenradius w_o eines Gaußschen Strahls gleicher Divergenz ist (Bild 7.11):

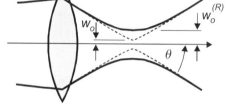

Bild 7.11   Strahltaille eines realen Laserstrahls (Taillenradius $w_o^{(R)}$, durchgezogene Linien) im Vergleich zu der eines Gaußschen Strahl gleicher Divergenz (Taillenradius w_o, gestrichelte Linien)

$$w_o^{(R)} > w_o = \frac{\lambda}{\pi \theta} \tag{7.51}$$

die Strahlung also "schlechter fokussierbar" ist. Bei Anwendungen in der Materialbearbeitung, wie Schneiden oder Schweißen, ist nicht so sehr der Gesamtstrahlungsfluß maßgebend, als vielmehr die Bestrahlungsstärke auf dem Material. Es kann daher durchaus vorkommen, daß ein leistungsstarker Vielmoden-Laser dabei schlechtere Ergebnisse bringt, als ein Laser mit niedrigerem Strahlungsfluß im Grundmode.

Um verschiedene Lasersysteme vergleichen zu können, ist es erforderlich, die Strahlqualität quantitativ zu charakterisieren. Hier gibt es eine Reihe von Kenngrößen, von denen im folgenden die wesentlichen beschrieben werden. Bei der Einführung dieser Größen wird vorausgesetzt, daß die Strahldivergenz so gering ist, daß analog zu Gl. 7.7 der Divergenzwinkel anstelle seines Tangens verwendet wird.

(1) Strahlparameterprodukt

Gl. 7.7 zeigt, daß für einen Gaußschen Strahl das Produkt aus Taillenradius und Divergenzwinkel einen konstanten Wert hat, $w_o \theta = \dfrac{\lambda}{\pi}$. Das legt nahe, die Strahleigenschaften eines realen Laserstrahls mit dem Taillenradius $w_o^{(R)}$ und dem Divergenzwinkel $\theta^{(R)}$ durch das **Strahlparameterprodukt**

$$Q = w_o^{(R)} \theta^{(R)} \qquad (7.52)$$

zu charakterisieren. Für einen realen Laserstrahl ist $Q \geq \dfrac{\lambda}{\pi}$, die Größe von Q ist ein Maß für die Fokussierbarkeit des Laserbündels. Je kleiner das Strahlparameterprodukt Q ist, desto kleiner ist bei gegebener Strahldivergenz der Radius der Strahltaille, desto besser ist also der Strahl fokussierbar. Der Vorteil dieser Kenngröße ist, daß sie sowohl den Einfluß der Wellenlänge als auch die Abweichungen vom Verhalten eines Gaußstrahls auf die Fokussierbarkeit beschreibt. Dadurch kann die Qualität von Laserstrahlen mit verschiedenen Wellenlängen direkt verglichen werden.

(2) M^2-Faktor, normierte Strahlqualität

Eine Strahlkennzahl, die nur die Abweichung vom Verhalten eines Gaußschen Strahls beschreibt, gewinnt man aus dem Verhältnis der Strahlparameterprodukte des realen Laserstrahls und des Gaußschen Strahls

$$M^2 = \frac{w_o^{(R)} \theta^{(R)}}{w_o \theta} = \frac{\pi}{\lambda} w_o^{(R)} \theta^{(R)} = \frac{\pi}{\lambda} Q \qquad (7.53)$$

Sind die Werte des in einem Laserstrahl gemessenen Fokusradius $w_o^{(R)}$ und des Divergenzwinkels $\theta^{(R)}$ so, daß $M^2 = 1$ ist, verhält sich der Strahl wie ein Gaußscher Strahl. Je größer M^2 ist, desto schlechter ist seine Strahlqualität. Bei vorgegebener Strahldivergenz $\theta^{(R)}$ ist der Fokusradius des realen Strahls

$$w_o^{(R)} = M^2 \frac{\lambda}{\pi \theta^{(R)}} \qquad (7.54)$$

gerade um den Faktor M^2 größer als der eines Gaußschen Strahls mit der gleichen Divergenz. Der M^2-Faktor ist besonders geeignet, die Strahlqualität von Laserbündeln mit gleicher Wellenlänge zu vergleichen und ihre Abweichung vom Verhalten Gaußscher Strahlen zu beschreiben. Häufig wird auch der Kehrwert des M^2-Faktors

$$K = M^{-2} = \frac{w_o \theta}{w_o^{(R)} \theta^{(R)}} = \frac{\lambda}{\pi w_o^{(R)} \theta^{(R)}} = \frac{\lambda}{\pi Q} \tag{7.55}$$

als Kenngröße verwendet und als **normierte Strahlqualität** oder als **Strahlpropagationsfaktor** bezeichnet. Je kleiner der K-Wert eines Laserstrahls ist, desto schlechter ist seine Strahlqualität.

Im Bild 7.12 sind die Bereiche skizziert, in denen die normierte Strahlqualität verschiedener Lasersysteme in Abhängigkeit von ihrer Ausgangsleistung liegt. Nach dem oben Gesagten ist bei dem Vergleich der verschiedenen Lasersysteme zu berücksichtigen, daß schon bei idealen Gaußschen Strahlen bei gleicher Divergenz der Strahltaillenradius mit wachsender Wellenlänge zunimmt (vgl. Gl. 7.7).

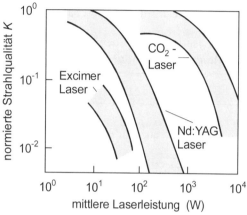

Bild 7.12   Normierte Strahlqualität in Abhängigkeit von der mittleren Ausgangsleistung für verschiedene Lasertypen

(3) Ausbreitung realer Laserstrahlen

Entsprechend Gl. 7.2 wird für einen Gauß-Strahl der $1/e^2$-Radius nach dem Abstand z von der Strahltaille durch

$$w(z)^2 = w_o^2 + \left(\frac{\lambda}{\pi w_o}\right)^2 z^2 \tag{7.56}$$

beschrieben. Um zum Verhalten des realen Laserstrahls zu kommen, wird im Sinne von Gl. 7.1 der Faktor $\theta = \frac{\lambda}{\pi w_o}$ durch den Divergenzwinkel des realen Strahls $\theta^{(R)} = M^2 \frac{\lambda}{\pi w_o^{(R)}}$ ersetzt. Man erhält

$$w^{(R)}(z) = w_o^{(R)} \sqrt{1 + \left(\frac{z}{z_o^{(R)}}\right)^2} \tag{7.57}$$

mit dem Konfokalparameter des realen Laserstrahls

$$z_o^{(R)} = \frac{\pi \left(w_o^{(R)}\right)^2}{M^2 \lambda} \tag{7.58}$$

Mit Gl. 7.57 mit 7.58 kann die Ausbreitung von Laserstrahlen beschrieben werden, deren Strahlqualität durch den M^2-Faktor charakterisiert wird.

In analoger Weise kann der Einfluß der Strahlqualität beim Durchgang von realen Laserstrahlen durch Linsen einbezogen werden. Mit dem Übergang

$$w_o \rightarrow w_o^{(R)}, \quad z_o \rightarrow z_o^{(R)} \tag{7.59}$$

in Gln. 7.24 und 7.25 kann die Transformation der Strahltaille eines realen Laserstrahls durch eine Linse beschrieben werden. Für den häufig verwendeten Spezialfall, daß sich die Linse im Fernfeld befindet, erhält man z. B.

$$w_{o2}^{(R)} = M^2 \frac{\lambda}{\pi w_L^{(R)}} f' \tag{7.60}$$

Eine Linse mit der Brennweite f' erzeugt von einem realen Laserstrahl mit dem Radius $w_L^{(R)}$ auf der Linse eine Strahltaille, deren Radius $w_{o2}^{(R)}$ um den Faktor M^2 größer ist, als der Strahltaillenradius eines Gauß-Strahls mit dem gleichen Radius auf der Linse (vgl. Gl. 7.31).

Durchmesser realer Laserstrahlen

In diesem Abschnitt wurde die Bezeichnung für den Strahlradius übernommen, wie sie für den Gaußschen Strahl im Abschn. 7.1 eingeführt wurde. Genau genommen ist das für reale Laserstrahlen, insbesondere für solche mit großen Abweichungen von einer gaußförmigen Bestrahlungsstärke, nicht mehr richtig. Die Frage ist, wie kann eine Definition für den Strahlradius eines Laserstrahls mit einer beliebigen Intensitätsverteilung gegeben werden, so daß sie eine reproduzierbare Meßvorschrift zu seiner Bestimmung beinhaltet. Hier hilft folgende Überlegung weiter. Die räumliche Verteilung der Bestrahlungsstärke eines Gaußschen Strahls, Gl. 7.1, ist in der mathematischen Statistik gut bekannt, sie stellt bis auf den Vorfaktor die Normalverteilung dar. Der in Abschn. 7.1 eingeführte $1/e^2$-Radius eines Gaußschen Strahls ist gerade das Doppelte der Standardabweichung σ der Normalverteilung,

$$w(z) = 2\sigma(z) \tag{7.61}$$

Dieser Zusammenhang legt nun nahe, den Strahlradius für reale Laserstrahlen durch die Standardabweichung ihrer Intensitätsverteilung festzulegen

$$w_x^{(R)}(z) = 2\sigma_x(z), \quad w_y^{(R)}(z) = 2\sigma_y(z) \tag{7.62}$$

mit

$$\sigma_x(z)^2 = \frac{1}{\Phi_e} \int_{-\infty}^{\infty}\int_{-\infty}^{\infty} E_e(x,y)(x-\bar{x})^2 \, dx\, dy, \quad \sigma_y(z)^2 = \frac{1}{\Phi_e} \int_{-\infty}^{\infty}\int_{-\infty}^{\infty} E_e(x,y)(y-\bar{y})^2 \, dx\, dy \tag{7.63}$$

dem Quadrat der Standardabweichungen (Varianz) bez. der x- und y-Richtung.

$$\Phi_e = \int_{-\infty}^{\infty}\int_{-\infty}^{\infty} E_e(x,y)\, dx\, dy \tag{7.64}$$

ist der Strahlungsfluß und

$$\bar{x} = \frac{1}{\Phi_e} \int_{-\infty}^{\infty}\int_{-\infty}^{\infty} x E_e(x,y)\, dx\, dy, \quad \bar{y} = \frac{1}{\Phi_e} \int_{-\infty}^{\infty}\int_{-\infty}^{\infty} y E_e(x,y)\, dx\, dy, \tag{7.65}$$

sind die Koordinaten des Schwerpunkts der Bestrahlungsstärke ($\bar{x} = 0$, $\bar{y} = 0$ bei Gaußschen Strahlen).

Diese Definition des Strahlradius, die auch die Grundlage der ISO-Norm 11146 zur Bestimmung der Strahlqualität bildet, hat zudem einen ganz entscheidenden Vorteil. Beschreibt man die Ausbreitung von realen Laserstrahlen mit dem Huygens-Fresnelschen Prinzip in der Fresnel-Näherung, wie es in der Ergänzung zu Abschn. 7.1 für Gaußsche Strahlen gemacht wurde, findet man folgende Relationen für die Änderung der so definierten Strahlradien bei der Strahlausbreitung entlang der Ausbreitungsrichtung (z-Achse):

$$w_x^{(R)}(z)^2 = w_{xo}^{(R)2} + \theta_x^{(R)2}(z-z_{ox})^2, \quad w_y^{(R)}(z)^2 = w_{yo}^{(R)2} + \theta_y^{(R)2}(z-z_{oy})^2 \tag{7.66}$$

(vgl. [6]). Die Position des minimalen Strahlradius $w_{xo}^{(R)}$ bez. der x-Richtung ist hier z_{ox}, die des minimalen Strahlradius $w_{yo}^{(R)}$ bez. der y-Richtung z_{oy}. $\theta_x^{(R)}$ und $\theta_y^{(R)}$ sind die Fernfelddivergenzwinkel (Winkel zwischen der z-Achse und Asymptote an die durch Gl. 7.62 definierten Strahlradien) bez. der x- und y-Richtung. Gl. 7.66 entspricht gerade der Relation, die die Ausbreitung des $1/e^2$-Radius von Gaußstrahlen beschreibt (vgl. Gl. 7.2 bzw. Gl. 7.4). Durch die so getroffene Festlegung für die Strahlradien wird die Ausbreitung des Strahlradius von Laserstrahlen durch eine einheitliche Gesetzmäßigkeit beschrieben, unabhängig davon, ob es sich um Gaußsche Strahlen oder um Strahlen mit beliebiger Intensitätsverteilung handelt. Ebenso bleiben die Relationen für die Strahltransformation durch paraxiale Optiken für reale Laserstrahlen gültig (vgl. Gl. 7.59).

7.4 Aufgaben

7.1 Die Angabe des Bündelradius eines Laserstrahls durch den $1/e^2$-Radius ist eine willkürliche Festlegung. Häufig wird insbesondere bei Halbleiterlasern eine andere Definition, nämlich der Halbwertsradius benutzt. Die Zielstellung der Aufgabe ist es, sich mit den verschiedenen Möglichkeiten vertraut zu machen, den Bündelradius zu definieren, mit den sich daraus ergebenden Konsequenzen für die Angabe der Strahldivergenz.
Die räumliche Abhängigkeit der Bestrahlungsstärke eines He-Ne-Laserstrahls (Wellenlänge 633 nm) hat in der Strahltaille einen Halbwertsradius von 0,5 mm.
a) Wie groß ist der $1/e^2$-Radius des Laserbündels? Geben Sie allgemein den Umrechnungsfaktor zwischen beiden Radien an.
b) Wie groß ist der Divergenzwinkel (bezogen auf den $1/e^2$-Radius) des Strahls?
c) Welchen Halbwertsradius hat der Laserstrahl in einem Abstand von 30 m von der Strahltaille?
d) Wie groß ist die Strahldivergenz, wenn diese auf den Halbwertsradius bezogen wird?

7.2 Der Strahl eines Tm:YAG-Lasers (2020 nm, Tm = Thulium) bzw. eines Rubin-Lasers (694 nm) wird zum Mond gesandt, nachdem die Strahltaille durch ein Teleskop auf einen Durchmesser von 0,5 m aufgeweitet wurde. Schätzen Sie die Strahldurchmesser auf dem Mond unter der Annahme ab, daß beide Laser in der Grundmode arbeiten. Die Entfernung zwischen Erde und Mond beträgt 384.000 km. Wie groß wäre der Strahldurchmesser auf dem Mond, wenn die Laserstrahlen mit dem Originaldurchmesser der Strahltaille von 1,5 mm verwendet worden wären?

7.3 Eine dünne Linse mit der Brennweite $f' = 100$ mm steht in einem He-Ne-Laserstrahl am Ort der Strahltaille ($1/e^2$-Radius 0,64 mm).
a) Geben Sie Größe und Lage der neuen Strahltaille an!
b) Welche Divergenz hat der He-Ne-Laserstrahl nach dem Durchgang durch die Linse?

7.4 Das Licht eines He-Ne-Lasers (halber Divergenzwinkel 1 mrad) soll in eine optische Glasfaser mit einem Kernradius von 4 µm eingekoppelt werden. Welche Brennweite muß die für die Einkopplung benötigte Linse haben? (Benutzen Sie als Kriterium, daß der $1/e^2$-Radius der Bestrahlungsstärke in der Strahltaille gleich dem Kernradius der Faser sein soll. Nehmen Sie zur Vereinfachung an, daß sich die ursprüngliche Strahltaille des Laserbündels in der Fokalebene der Linse befindet.)

7.5 Um Lasergravuren durchführen zu können, ist eine Bestrahlungsstärke von 10 MW/cm² erforderlich. Es steht als Strahlungsquelle ein Argonionenlaser mit der Wellenlänge von 514 nm und einem Strahlungsfluß von 20 W zur Verfügung. Um die benötigte Bestrahlungsstärke zu erzielen, wird im Fernfeld des Laserstrahls eine Linse angeordnet. Der $1/e^2$-Radius des Argonlaserstrahls auf der Linsenoberfläche beträgt 1 mm.
 a) Wie groß muß die Brennweite der Linse gewählt werden, damit im Strahlzentrum der transformierten Strahltaille die geforderte Bestrahlungsstärke erzeugt wird?
 b) Der Konfokalbereich ist ein Maß für die Genauigkeit, mit der das Target positioniert werden muß. Wie groß ist der Konfokalbereich für die von Ihnen bestimmte Strahltaille?

7.6 Ein Kohlendioxid-Laser (Wellenlänge 10,6 µm) hat eine Ausgangsleistung von 2 kW, seine Strahlqualität ist durch $M^2 = 20$ charakterisiert. Zum Schneideinsatz wird eine Bestrahlungsstärke im Strahlzentrum von 30 MW/cm² benötigt. Um die Bestrahlungsstärke zu erreichen, wird eine Linse im Fernfeld des Laserstrahls verwendet, wobei der Strahlradius auf der Linse 10 mm beträgt. Welche Brennweite muß die Linse haben, damit in der fokussierten Strahltaille die geforderte Bestrahlungsstärke entsteht?

7.7 Für eine Fluchtungsmessung ist ein Laserstrahl erforderlich, dessen voller Divergenzwinkel $5 \cdot 10^{-2}$ mrad betragen soll. Der zur Verfügung stehende He-Ne-Laser (Wellenlänge 633 nm) hat jedoch einen Divergenzwinkel von 0,8 mrad.
 a) Welchen Radius hat die Strahltaille des zur Verfügung stehenden He-Ne-Lasers?
 b) Wie groß ist die Bestrahlungsstärke im Strahlzentrum der Strahltaille, wenn der Laser eine Strahlungsleistung von 5 mW abgibt?
 c) Zur Verringerung der Strahldivergenz wird der Laserstrahl mit Hilfe eines Teleskops aufgeweitet. Wie groß muß die Strahltaille des aufgeweiteten Strahls sein, um die geforderte Strahldivergenz zu erzielen?
 d) Für das Teleskop steht eine kurzbrennweitige Linse mit der Brennweite 3 cm zur Verfügung. Wie würden Sie das Teleskop anordnen und wie würden Sie die Brennweite der zweiten Linse wählen?

7.8 Ein Nd:YAG-Laser mit einer Ausgangsleistung von 80 W, einer Wellenlänge von 1,054 µm und einer Strahlqualität von $M^2 = 3$ soll als Lichtquelle für eine Laserbeschriftungsanlage genutzt werden. Der $1/e^2$-Radius der Strahltaille des Laserstrahls beträgt 1,5 mm. Für die Anwendungen wird eine Bestrahlungsstärke von 100 kW/cm² benötigt.
 a) Wie groß muß die Brennweite der zur Fokussierung benutzten Linse sein, wenn diese so angeordnet wird, daß sich die ursprüngliche Strahltaille in ihrer Fokalebene befindet?
 b) Wie groß ist die Strahldivergenz vor und nach der Fokussierung?

7.4 Aufgaben

8. Filternde Elemente

Häufig kommt es vor, daß die spektrale Zusammensetzung des Lichts einer Strahlungsquelle für eine bestimmte Anwendung nicht geeignet ist. Beispielsweise kann die Wärmestrahlung von Glühlampen bei nachfolgenden Elementen zu so hohen thermischen Belastungen führen, daß deren Lebensdauer eingeschränkt wird. In anderen Fällen wiederum möchte man vermeiden, daß der UV-Anteil des Spektrums einer Lampe in den optischen Strahlengang des Geräts gelangt. Oder es kann vorkommen, daß für eine Anwendung nur ein kleiner Bereich des von der Strahlungsquelle emittierten Spektrums benötigt wird. In all diesen Fällen benutzt man Filter, die aufgrund ihres wellenlängenabhängigen Transmissions- bzw. Reflexionsgrads den spektralen Strahlungsfluß der Strahlung modifizieren.

Die Einteilung der Filter erfolgt nach ihren spektralen Eigenschaften. **Neutralfilter** schwächen Strahlung in einem größeren Wellenlängenbereich möglichst gleichmäßig. **Kantenfilter** schneiden einen Teil des Spektrums ab (**Langpaßfilter** den kurzwelligen, **Kurzpaßfilter** den langwelligen Teil). **Bandfilter** lassen dagegen einen bestimmten Spektralbereich durch. Bandfilter, die nur einen sehr engen spektralen Bereich durchlassen, werden auch als **Linien-** oder **Monochromatfilter** bezeichnet.

Die Wirkung von Spektralfilter beruht im wesentlichen auf zwei physikalischen Mechanismen. **Absorptionsfilter** nutzen, wie der Name schon sagt, die wellenlängenabhängige Absorption bestimmter Materialien aus. **Interferenzfilter**, **dielektrische Spiegel** und **Farbteiler** beruhen auf Vielfachinterferenzen an dünnen Schichten bzw. Schichtsystemen.

Im Prinzip können Monochromatfilter auch zur Analyse eines Spektrums verwendet werden, insbesondere wenn es gelingt, die Durchlaßkurve des Filters über den Wellenlängenbereich des Spektrums durchzustimmen. Als ein Beispiel für einen solchen **optischen Spektralanalysator** wird das Fabry-Perot-Interferometer in diesem Abschnitt besprochen.

8.1 Allgemeine Eigenschaften

Für die Wirkung eines Filters wird die Wellenlängenabhängigkeit seines Transmissions- oder Reflexionsgrads aufgrund seiner Materialeigenschaften bzw. seines Aufbaus ausgenutzt. Die Wirkung kann daher durch seinen **spektralen Transmissionsgrad**

$$\tau(\lambda) = \frac{\Phi_{e\lambda}(\lambda)_\tau}{\Phi_{e\lambda}(\lambda)_o} \qquad (8.1)$$

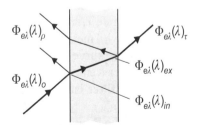

$\Phi_{e\lambda}(\lambda)_\rho$ beschrieben werden. $\Phi_{e\lambda}(\lambda)_o$ ist der auf die Eingangsfläche des Filters auffallende, $\Phi_{e\lambda}(\lambda)_\tau$ der vom

Bild 8.1 Strahlungsflüsse in einem Filter

Filter durchgelassene spektrale Strahlungsfluß (vgl. Bild 8.1). Bei dem Filterdurchgang wird die Strahlung durch das Filtermaterial und durch Reflexionen an den Filterflächen beeinflußt. Der durch Gl. 8.1 definierte Transmissionsgrad beschreibt die Durchlässigkeit des Filters für Strahlung bei der Wellenlänge λ, die sowohl durch das Filtermaterial als auch durch die Reflexionsverluste bestimmt ist.

Will man nur die Wirkung des Filters selbst beschreiben, also ohne Reflexionsverluste an den Oberflächen, wird der **spektrale Reintransmissionsgrad**

$$\tau_i(\lambda) = \frac{\Phi_{e\lambda}(\lambda)_{ex}}{\Phi_{e\lambda}(\lambda)_{in}} \quad (8.2)$$

verwendet. $\Phi_{e\lambda}(\lambda)_{in}$ ist der spektrale Strahlungsfluß direkt nach der Eintrittsfläche des Filters (auffallender Strahlungsfluß, vermindert um den an der Eintrittsfläche reflektierten Strahlungsfluß) und $\Phi_{e\lambda}(\lambda)_{ex}$ der an der Austrittsfläche ankommende spektrale Strahlungsfluß (durchgelassener Strahlungsfluß, zuzüglich des an der Austrittsgrenzfläche reflektierten Strahlungsflusses, vgl. Bild 8.1). Wir sehen an dieser Stelle, daß der im Rahmen der Eigenschaften optischer Medien besprochene Transmissionsgrad (Abschn. 1.4, Gl. 1.36) gerade dem Reintransmissionsgrad entspricht.

Für Glasfilter ist der Reflexionsgrad der Oberflächen klein, so daß man näherungsweise an jeder Grenzfläche nur eine Reflexion zu berücksichtigen braucht. Der Reflexionsgrad der Grenzfläche eines Mediums mit der Brechzahl n zu Luft ist für senkrechten Einfall entsprechend Gl. 1.64

$$\rho = \left(\frac{(n-1)}{(n+1)}\right)^2 \quad (8.3)$$

In diesem Fall besteht zwischen Transmissionsgrad und Reintransmissionsgrad die Beziehung

$$\tau = p\,\tau_i \quad (8.4)$$

Die Größe

$$p \approx (1-\rho)^2 = \frac{16\,n^2}{(1+n)^4} \quad (8.5)$$

wird in Filtertabellen häufig als Reflexionsfaktor bezeichnet, obwohl er den Transmissionsgrad der beiden Grenzflächen beschreibt.

Der spektrale Transmissionsgrad $\tau(\lambda)$ bzw. Reintransmissionsgrad $\tau_i(\lambda)$ als Funktion der Wellenlänge wird meistens als **Filterkurve** zur Charakterisierung des Filters grafisch dargestellt. Die Filterkurve und damit die spektralen Eigenschaften des Filters können durch die Angabe einiger Kennzahlen (vgl. Bild 8.2 a, b) beschrieben werden.

Für **Bandfilter** ist das neben der Wellenlänge maximaler Transmission λ_o (**Durchlaßwellenlänge**, $\tau(\lambda_o) = \tau_{max}$), die **Halbwertsbreite** $\Delta\lambda_{0,5}$, häufig auch als **Bandbreite** bezeichnet. Sie gibt die Breite des Bereichs in Wellenlängeneinheiten an, in dem $\tau(\lambda) \geq 0,5\,\tau_{max}$ ist. Eine genauere Charakterisierung kann noch durch die Angabe der Zehntelwertsbreite $\Delta\lambda_{0,1}$, der Hundertstelwertsbreite $\Delta\lambda_{0,01}$ usw. geschehen (Bild 8.2 a).

Bei **Kantenfiltern** charakterisiert man die Lage der Kante der Filterkurve durch die Wellenlänge $\lambda_{0,5}$ des mittleren Transmissionsgrads ($\tau(\lambda_{0,5}) = 0{,}5\,\tau_{max}$) sowie den Flankenanstieg durch die **Steilheit**

$$\gamma = \frac{\lambda_{0,8} - \lambda_{0,05}}{\lambda_{0,5}} \qquad (8.6)$$

Es wird die Wellenlängendifferenz zwischen den Punkten mit dem Transmissionsgrad $\tau(\lambda_{0,8}) = 0{,}8\,\tau_{max}$ und $\tau(\lambda_{0,05}) = 0{,}05\,\tau_{max}$ (Fußpunkt der Filterkurve) auf die Wellenlänge des mittleren Transmissionsgrads bezogen (Bild 8.2 b).

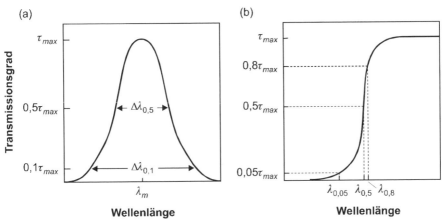

Bild 8.2 Kenngrößen (a) eines Bandfilters und (b) eines Kantenfilters (Langpaßfilter)

Beim spektralen Reflexionsgrad

$$\rho(\lambda) = \frac{\Phi_{e\lambda}(\lambda)_\rho}{\Phi_{e\lambda}(\lambda)_o} \qquad (8.7)$$

wird der gesamte am Filter reflektierte spektrale Strahlungsfluß $\Phi_{e\lambda}(\lambda)_\rho$ auf den einfallenden Strahlungsfluß bezogen (s. Bild 8.1). Er kann durch eine Fläche verursacht werden, wie beispielsweise beim Spiegel, oder an mehreren Flächen (Vorder- und Rückseite) entstehen. Die Kenngrößen, welche die Wellenlängenabhängigkeit des Reflexionsgrads charakterisieren, sind analog denen, die wir für den Absorptionsgrad besprochen haben.

Interessiert man sich für die im Filter absorbierte Strahlungsleistung, gibt darüber der spektrale Absorptionsgrad Auskunft. Er ist definiert als

$$\alpha(\lambda) = \frac{\Phi_{e\lambda}(\lambda)_\alpha}{\Phi_{e\lambda}(\lambda)_o} \qquad (8.8)$$

$\Phi_{e\lambda}(\lambda)_a$ ist der gesamte im Filter absorbierte spektrale Strahlungsfluß, entsprechend Bild 8.1

also die Differenz $\Phi_{e\lambda}(\lambda)_{in} - \Phi_{e\lambda}(\lambda)_{ex}$.

Wegen der Energieerhaltung muß die Summe aus reflektiertem, absorbiertem und durchgelassenem Strahlungsfluß gleich dem einfallenden Strahlungsfluß sein. Aus diesem Grund gilt stets

$$\rho(\lambda) + \alpha(\lambda) + \tau(\lambda) = 1 \qquad (8.9)$$

8.2 Absorptionsfilter

Absorptionsfilter beeinflussen den spektralen Strahlungsfluß im wesentlichen durch die wellenlängenabhängige Absorption des Filtermaterials. Der spektrale Reintransmissionsgrad hängt von dem wellenlängenabhängigen Absorptionskoeffizienten $K(\lambda)$ (vgl. Abschn. 1.8.2) und der Filterdicke d des absorbierenden Materials ab. Der Zusammenhang zwischen diesen Größen wird durch das Beersche Gesetz beschrieben (s. Gl. 1.118):

$$\tau_i(\lambda) = e^{-K(\lambda)d} \qquad (8.10)$$

Mit Hilfe des Beerschen Gesetzes kann der Reintransmissionsgrad von gleichartigen Filtern (d. h., mit gleichem Absorptionskoeffizienten) auf unterschiedliche Dicken umgerechnet werden. Für zwei gleichartige Filter mit den Dicken d_1 und d_2 finden wir die Relation:

$$\tau_{i1}(\lambda)^{d_2} = \tau_{i2}(\lambda)^{d_1} \qquad (8.11)$$

Eine Erhöhung der Schichtdicke verringert den spektralen Reintransmissionsgrad und reduziert den Transmissionsbereich, d. h., die Bandbreite des Filters.

Für Absorptionsfilter werden bevorzugt **Farbgläser** verwendet. Die Herstellung solcher Filter erfolgt durch Stoffbeimengungen zu Gläsern. Beispielsweise zeigen Gläser mit Ionenfärbung nahezu glockenförmige Filterkurven (**Bandfilter**). Chromdioxid wird z. B. zur Herstellung von Grünfiltern verwendet. Bild 8.3 zeigt als Beispiele den Reintransmissionsgrad solcher Bandfilter im blaugrünen Spektralbereich.

Interessant ist die Art der Darstellung der Filterkurven in Bild 8.3. Wir sehen, daß Gebiete hoher Transmission stark gedehnt und Gebiete geringer Transmission gestaucht sind.

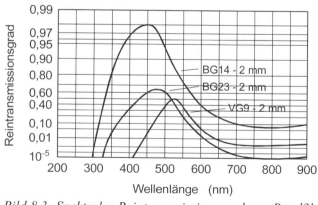

Bild 8.3 Spektraler Reintransmissionsgrad von Bandfiltern der Fa. Schott

Das hat den Vorteil, daß einerseits hohe Werte (von etwa 0,6 bis 1,0) genau abgelesen werden können. Andererseits kann das Verhalten des spektralen Reintransmissionsgrads bis zu sehr kleinen Werten (10^{-5}) verfolgt werden. Das wird dadurch ermöglicht, daß der Reintransmissionsgrad als Ordinate im Maßstab $1 - \log\left(\log\left(\dfrac{1}{\tau_i}\right)\right)$ (**Diabatie-Darstellung**) aufgetragen ist. Ein weiterer Vorteil der Diabatie-Darstellung besteht darin, daß die typische Kurvenform für ein Absorptionsfilter unabhängig von seiner Dicke erhalten bleibt.

Ein anderes Beispiel für Absorptionsfilter sind **Anlaufgläser**. Die Färbung dieser Gläser entsteht erst durch Wärmebehandlung, wodurch aus den Stoffbeimengungen im Glas Mikrokristallite entstehen. So bewirken beispielsweise die Halbleiterkristallite aus Cadmiumsulfid eine Gelbfärbung der Gläser. Die Filterkurve zeigt eine steile Kante, die den kurzwelligen Absorptionsbereich vom langwelligen Durchlaßbereich trennt (**Langpaßfilter**). Beispiele zu solchen Langpaßfiltern ebenfalls in Diabatie-Darstellung sind in Bild 8.4 zu sehen.

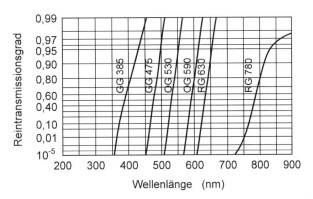

Bild 8.4 Spektraler Reintransmissionsgrad von Langpaßfiltern der Fa. Schott

Beispiel

Ein Farbglas-Absorptionsfilter mit der Dicke von 1 mm und der Brechzahl 1,58 hat bei zwei verschiedenen Wellenlängen die Transmissionsgrade 0,85 bzw. 0,20.
Wie groß werden die Transmissionsgrade für eine Glasdicke von 4 mm?

Lösung:
Entsprechend Gl. 8.11 können die Reintransmissionsgrade von Filtern mit unterschiedlichen Dicken $d_1 = 1$ mm und $d_2 = 4$ mm durch

$$\tau_{i2} = (\tau_{i1})^{d_2/d_1}$$

umgerechnet werden. Da aber die Werte für den spektralen Transmissionsgrad gegeben sind, müssen diese in die Reintransmissionsgrade umgerechnet werden. Wegen des niedrigen Reflexionsgrads einer Glasoberfläche ist die Berücksichtigung je einer Reflexion an beiden Flächen ausreichend, so daß nach Gln. 8.4 und 8.5

$$\tau_i = \frac{\tau}{(1-\rho)^2}$$

gilt. Der Reflexionsgrad einer Glas-Luft-Grenzfläche ist $\rho = \dfrac{(n-1)^2}{(n+1)^2} = 0{,}051$ ($n = 1{,}58$). Mit den angegebenen Werten erhält man:

Wellenlänge 1: $\tau_1 = 0{,}85 \; \tau_{i1} = 0{,}94 \; \tau_{i2} = 0{,}79$
Wellenlänge 2: $\tau_2 = 0{,}20 \; \tau_{i2} = 0{,}22 \; \tau_2 = 0{,}0024$

8.3 Filter auf der Basis von Interferenzen

Im Abschnitt 1.5.2 hatten wir gesehen, wie ein dünner Ölfilm oder die Haut einer Seifenblase durch die Interferenz des an den beiden Grenzflächen des Films reflektierten Lichts farbig erscheint. Im Grunde wirkt der Ölfilm als Filter: Aus dem kontinuierlichen Spektrum des weißen Lichts werden nur die Anteile reflektiert, deren Wellenlänge die Bedingung der konstruktiven Interferenz erfüllen. Dementsprechend hängt die Farbe des reflektierten Lichts von der Schichtdicke und vom Einfallswinkel des Lichts ab. Diese Wellenlängenabhängigkeit der Interferenzerscheinungen wird gezielt für die Konstruktion von filternden Elementen in Reflexion oder Transmission ausgenutzt. Im Unterschied zu unserem Ölfilm, wo die Farben im wesentlichen durch die Interferenz von zwei Strahlen zustande kommen, beruht bei solchen Elementen die Filterwirkung auf Interferenzen zwischen einer großen Anzahl von Strahlen mit einem festen Gangunterschied (**Vielstrahlinterferenz**). Die große Zahl der interferierenden Strahlen wird durch Mehrfachreflexionen an dünnen dielektrischen Schichtsystemen erzeugt.

Durch den Aufbau solcher Schichtsysteme lassen sich die unterschiedlichsten Filtereigenschaften erzielen. Beschichtungen optischer Oberflächen, von einfachen Fensterscheiben bis zu hochwertigen Kameraobjektiven, mit einer oder wenigen Schichten beseitigen unerwünschte Reflexion in einem bestimmten Wellenlängenbereich (**Antireflexbeschichtungen**). Auf Mehrfachreflexionen innerhalb einer Schicht, deren Grenzflächen verspiegelt sind, beruhen **Interferenzfilter** mit sehr kleinen Bandbreiten. Nahezu absorptionsfreie Spiegel sind aus Wechselschichtsystemen (Mehrfachschichten mit abwechselnd hoher und niedriger Brechzahl) aufgebaut. Solche **dielektrischen Spiegel**, die mit definiertem Reflexionsgrad hergestellt werden können, werden bevorzugt in der Lasertechnik eingesetzt. Ebenfalls auf solchen Schichtsystemen beruhen **Farbteiler**, die einen Spektralbereich nahezu verlustfrei in einen reflektierten und einen durchgelassenen Anteil aufteilen. **Kaltlichtspiegel** oder **Wärmereflexionsfilter** sind Beispiele dafür.

Bevor wir auf die Eigenschaften einiger Filtertypen näher eingehen, wollen wir im folgenden Abschnitt eine Methode zur Behandlung von Interferenzen durch Mehrfachreflexionen an Dünnschichtsystemen kennenlernen. Diese Methode ermöglicht es, die Wellenausbreitung in den Schichten durch Matrizen zu beschreiben. Die Wirkung eines Vielschichtstapels kann damit durch Matrixmultiplikation relativ einfach beschrieben werden, ähnlich wie wir es bei der Strahlausbreitung bei der optischen Abbildung (Kap. 2) kennengelernt haben.

Die folgenden Abschnitte sind so aufgebaut, daß der Leser, der sich nur für die Eigenschaften der Filter interessiert, diesen Abschnitt überschlagen und sich den entsprechenden Abschnitten zuwenden kann.

8.3.1 Vielstrahlinterferenzen an Mehrschichtfilmen

Um die durch Überlagerungen von mehreren Wellen hervorgerufenen Erscheinungen richtig beschreiben zu können, müssen zunächst die Feldstärken der beteiligten Wellen summiert werden, um danach aus der resultierenden Feldstärke die Bestrahlungsstärke bestimmen zu können (vgl. Abschn. 1.5.1). Liegt nur eine Schicht vor, so ist es möglich, jede Welle bei der Mehrfachreflexion zu verfolgen und die Feldstärken aller Teilwellen zu summieren, die aus der Schicht austreten. Bei mehreren Schichten wird dieses Verfahren mühsam und unübersichtlich. Wir wollen daher hier eine Methode darstellen, die es gestattet, Reflexions- und Transmissionsgrad einer beliebigen Anzahl von Schichten zu berechnen.

Bild 8.5a zeigt eine Anordnung von M dielektrischen Schichten. Das Licht fällt von links auf den Schichtstapel, an jeder Grenzfläche geht ein Teil durch, der andere Teil wird reflektiert (Bild 8.5b). Das hat zur Folge, daß in jeder Schicht das optische Feld aus einem Anteil besteht, der nach rechts läuft (bezeichnet durch die Feldstärke $E_i^{(r)}$ in der i-ten Schicht) und einem Anteil, der nach links läuft (Feldstärke $E_i^{(l)}$). Um die Modifikation der Felder beim Durchgang durch die Grenzflächen beschreiben zu können, müssen wir die Felder an der linken und rechten Grenzfläche unterscheiden. Die Feldstärken an der linken Grenzfläche werden durch ungestrichene Größen gekennzeichnet, die Feldstärken an der rechten Grenzfläche durch gestrichene Größen (s. Bild 8.5b). Der Übersichtlichkeit halber benutzen wir für die Feldstärken die komplexe Schreibweise (Gl. 1.8).

Beim Durchgang durch die Grenzfläche einer Schicht wird ein Teil des optischen Felds reflektiert. Die dadurch bewirkte Modifikation der Feldstärken wird durch die Amplitudenreflexions- und Transmissionskoeffizienten r_{ij} und t_{ij} beschrieben. Der erste Index kenn-

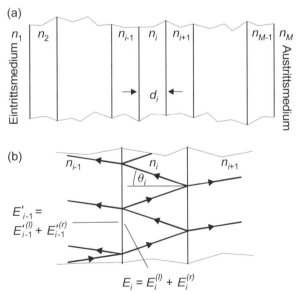

Bild 8.5 Zur Interferenz durch ein Vielschichtsystem:
a) Schema eines Stapels dielektrischer Schichten
b) Das optische Feld innerhalb einer Schicht besteht aus einem nach rechts und einem nach links laufenden Anteil

zeichnet das Ausgangsmedium, der zweite das Endmedium. Der an der Grenzfläche zwischen der i-1-ten und i-ten Schicht reflektierte Anteil der nach rechts laufenden Welle wird folglich durch den Reflexionskoeffizienten r_{i-1i} beschrieben. Die Reflexions- und Transmissionskoeffizienten für dielektrische Schichten sind durch die Fresnelschen Formeln, Gln. 1.33 und 1.34, gegeben. Bei schrägem Lichteinfall haben die Feldkomponenten parallel und senkrecht zur Einfallsebene unterschiedliche Reflexions- und Transmissionskoeffizienten und müssen daher getrennt behandelt werden.

Betrachten wir zunächst den Durchgang zwischen der i-1-ten und i-ten Schicht. Aus Bild 8.5b können die Beziehungen zwischen den Feldern auf beiden Seiten der Grenzfläche ablesen. So setzt sich die nach rechts laufende Welle $E_i^{(r)}$ zusammen aus dem transmittierten Teil von $E'^{(r)}_{i-1}$ und dem reflektierten Teil von $E_i^{(l)}$:

$$E_i^{(r)} = t_{i-1\,i} E'^{(r)}_{i-1} + r_{i i-1} E_i^{(l)} \tag{8.12}$$

Analog gilt

$$E'^{(l)}_{i-1} = t_{i i-1} E_i^{(l)} + r_{i-1\,i} E'^{(r)}_{i-1} \tag{8.13}$$

Aus den Fresnelschen Formeln (Gln. 1.33 und 1.34) können wir die Symmetriebeziehungen

$$r_{i-1\,i} = -r_{i i-1} \tag{8.14}$$

sowie

$$r^2_{i-1\,i} + t_{i-1\,i} t_{i i-1} = 1 \tag{8.15}$$

entnehmen. Gln. 8.12 und 8.13 mit Gln. 8.14 und 8.15 führen zu dem linearen Gleichungssystem

$$\begin{aligned} E'^{(l)}_{i-1} &= \frac{1}{t_{i-1\,i}} E_i^{(l)} + \frac{r_{i-1\,i}}{t_{i-1\,i}} E_i^{(r)} \\ E'^{(r)}_{i-1} &= \frac{r_{i-1\,i}}{t_{i-1\,i}} E_i^{(l)} + \frac{1}{t_{i-1\,i}} E_i^{(r)} \end{aligned} \tag{8.16}$$

das die Felder auf der linken Seite der Grenzfläche zwischen der i-1-ten und der i-ten Schicht in Zusammenhang bringt mit den Feldern auf der rechten Seite der Grenzfläche. Analog zum Kapitel 2 können wir das Gleichungssystem in Matrixschreibweise ausdrücken:

$$\mathscr{E}'_{i-1} = D_{i-1,i} \mathscr{E}_i \tag{8.17}$$

wobei

$$D_{i-1,i} = \frac{1}{t_{i-1\,i}} \begin{pmatrix} 1 & r_{i-1\,i} \\ r_{i-1\,i} & 1 \end{pmatrix} \tag{8.18}$$

die **Übergangsmatrix** für die Grenzfläche zwischen den Schichten i-1 und i darstellt. Die Feldstärken des nach links und nach rechts laufenden optischen Feldes wurden in dem Spaltenvektor

$$\mathscr{E}_i = \begin{pmatrix} E_i^{(l)} \\ E_i^{(r)} \end{pmatrix} \qquad (8.19)$$

zusammengefaßt.

Nachdem wir den Durchgang durch eine Grenzfläche beschrieben haben, fehlt uns noch das Durchlaufen der Schicht von der linken zur rechten Grenzfläche. Bei der Behandlung der Zweistrahlinterferenz an einer planparallelen Schicht (Abschn. 5.2) haben wir gesehen, daß die Schicht ohne Berücksichtigung des Phasensprungs bei der Reflexion einen Gangunterschied zwischen den an der Vorder- und Rückseite reflektierten Strahlen von $2dn\cos\Theta$ verursacht (vgl. Gl. 1.87). Dementsprechend können wir dem einfachen Durchlaufen der Schicht i einen optischen Weg $d_i n_i \cos\Theta$ zuordnen, der eine Phasenverschiebung

$$\beta_i = \frac{2\pi}{\lambda} d_i n_i \cos\Theta_i \qquad (8.20)$$

bewirkt. λ ist die Wellenlänge und Θ_i ist der Einfallswinkel auf der Grenzfläche innerhalb der Schicht i mit der Dicke d_i. Die Feldstärken für die rechte und linke Grenzfläche der nach rechts laufenden Welle hängen folglich durch

$$E'^{(r)}_i = E_i^{(r)} e^{-j\beta_i} \qquad (8.21)$$

zusammen. Für die nach links laufende Welle gilt analog

$$E_i^{(l)} = E'^{(l)}_i e^{-j\beta_i} \qquad (8.22)$$

Beide Gleichungen lassen sich als

$$\mathscr{E}_i = A_i \mathscr{E}'_i \qquad (8.23)$$

schreiben. Die Matrix

$$A_i = \begin{pmatrix} e^{-j\beta_i} & 0 \\ 0 & e^{j\beta_i} \end{pmatrix} \qquad (8.24)$$

beschreibt die Ausbreitung des optischen Feldes in der i-ten Schicht (**Ausbreitungsmatrix**).

Nachdem wir eine einzelne Schicht durch die Durchgangsmatrix Gl. 8.18 und die Ausbreitungsmatrix Gl. 8.24 charakterisiert haben, setzen wir im nächsten Schritt die Einzelschichten zu einem Schichtenstapel zusammen. Wir beginnen mit dem Austrittsmedium und setzen nacheinander Schicht an Schicht, bis das Eintrittsmedium erreicht ist. Für das Austrittsmedium gilt es, als wichtige Eigenschaft festzuhalten, daß es dort nur eine nach rechts laufende Welle gibt, also

$$\mathscr{E}_M = \begin{pmatrix} 0 \\ E_M^{(r)} \end{pmatrix} \qquad (8.25)$$

Das Feld $\mathscr{E}_M$ im Austrittsmedium ist nach dem Durchgang durch die letzte Grenzfläche aus dem Feld $\mathscr{E}'_{M-1}$ auf der rechten Seite der Schicht M-1 hervorgegangen und hängt mit diesem nach Gl. 8.17 durch

$$\mathscr{E}'_{M-1} = D_{M-1,M}\mathscr{E}_M \tag{8.26}$$

zusammen. $\mathscr{E}'_{M-1}$ wiederum bestimmt sich aus dem optischen Feld $\mathscr{E}_{M-1}$ der linken Seite der Schicht M-1 über Gl. 8.23:

$$\mathscr{E}_{M-1} = A_{M-1}\mathscr{E}'_{M-1} = A_{M-1}D_{M-1,M}\mathscr{E}_M \tag{8.27}$$

Durch eine nochmalige Anwendung der Durchgangs- und Ausbreitungsmatrix gelangen wir in die Schicht M-2:

$$\mathscr{E}_{M-2} = A_{M-2}D_{M-2,M-1}\mathscr{E}_{M-1} = A_{M-2}D_{M-2,M-1}A_{M-1}D_{M-1,M}\mathscr{E}_M \tag{8.28}$$

Auf diese Weise fahren wir fort, bis wir die Feldstärke $\mathscr{E}'_1$ im Eintrittsmedium erreichen:

$$\mathscr{E}'_1 = D_{1,2}A_2D_{2,3}\ldots D_{M-2,M-1}A_{M-1}D_{M-1,M}\mathscr{E}_M = S\mathscr{E}_M \tag{8.29}$$

Die Beziehung zwischen dem Feld im Eintrittsmedium 1 und dem Austrittsmedium M

$$\boxed{\mathscr{E}'_1 = S\mathscr{E}_M} \tag{8.30}$$

wird durch die System-Matrix

$$\boxed{S = \begin{pmatrix} S_{11} & S_{12} \\ S_{21} & S_{22} \end{pmatrix} = D_{1,2}A_2D_{2,3}\ldots D_{M-2,M-1}A_{M-1}D_{M-1,M}} \tag{8.31}$$

vermittelt.

Für die Filterelemente interessieren insbesondere Reflexions- und Transmissionsgrad. Diese Größen können aus den Matrixelementen der System-Matrix Gl. 8.31 bestimmt werden. Gl. 8.30 mit Gln. 8.31 und 8.25 führen zu

$$\begin{pmatrix} E_1'^{(l)} \\ E_1'^{(r)} \end{pmatrix} = \begin{pmatrix} S_{11} & S_{12} \\ S_{21} & S_{22} \end{pmatrix} \begin{pmatrix} 0 \\ E_M^{(r)} \end{pmatrix} = \begin{pmatrix} S_{12}E_M^{(r)} \\ S_{22}E_M^{(r)} \end{pmatrix} \tag{8.32}$$

Daraus können wir den Amplitudentransmissionskoeffizienten

$$t = \frac{E_M^{(r)}}{E_1'^{(r)}} = \frac{1}{S_{22}} \tag{8.33}$$

und den Amplitudenreflexionskoeffizienten

$$r = \frac{E_1^{(l)}}{E_1'^{(r)}} = \frac{S_{12}}{S_{22}} \tag{8.34}$$

ablesen. Analog zu Gln. 1.37 und 1.38 können wir hieraus den Transmissions- und Reflexionsgrad berechnen:

$$\tau = \frac{n_M \cos\Theta_M}{n_1 \cos\Theta_1} |t|^2 = \frac{n_M \cos\Theta_M}{n_1 \cos\Theta_1} \frac{1}{|S_{22}|^2} \tag{8.35}$$

$$\rho = |r|^2 = \left|\frac{S_{12}}{S_{22}}\right|^2 \tag{8.36}$$

Θ_1 ist der Einfallswinkel im Eintrittsmedium auf das Schichtsystem und Θ_M der Winkel im Austrittsmedium.

- Die Elemente der System-Matrix S beschreiben den Transmissions- und Reflexionsgrad eines Vielschichtsystems aufgrund der Überlagerung aller durch Reflexion und Transmission an den Grenzflächen entstandenen Teilwellen.

Sind die durch die optischen Wege bedingten Phasen β_i sowie die Transmissions- und Reflexionskoeffizienten der Grenzflächen bekannt, kann die System-Matrix für jede Kombination von Schichtenfolgen berechnet werden. Dabei ist es von besonderem Vorteil, daß die Matrizenmultiplikation in Gl. 8.31 numerisch durch einen Computer besonders einfach ausgewertet werden kann.

Die als Ergebnis erhaltenen allgemeinen Zusammenhänge wollen wir als nächstes für konkrete Schichtanordnungen vertiefen. Diese Anordnungen bilden den Grundaufbau für die in den folgenden Abschnitten zu besprechenden Filterelemente.

(1) Einzelschicht ohne Verluste

Im Abschn. 1.5.2 hatten wir die Interferenz an einer planparallelen Platte besprochen. Dabei hatten wir nur die Überlagerung der beiden Wellen berücksichtigt, die durch je eine Reflexion an der Vorder- und an der Rückseite hervorgerufen wurden. Mehrfachreflexionen können dann vernachlässigt werden, wenn der Reflexionsgrad der Flächen nur wenige Prozent beträgt, wie das z. B. bei Glasflächen der Fall ist. Mit den Ergebnissen dieses Abschnittes können wir nun den allgemeinen Fall von Vielfachreflexionen an den beiden Endflächen behandeln. Die Ergebnisse bilden die Grundlage für die Besprechung des Fabry-Perot-Interferometers im Abschn. 8.3.2.

Wir betrachten eine planparallele Platte, wie sie in Bild 1.13 gezeigt wurde. Ein- und Austrittsmedium haben die Brechzahl $n_1 = n_3 = 1$, die Plattendicke sei d, die Brechzahl der Platte n. Der Einfallswinkel des Lichtes innerhalb der Platte ist Θ.

Bestimmen wir zunächst die System-Matrix der Schicht. Nach Gl. 8.31 ist

$$S = D_{1,2} A_2 D_{2,3} = D_{1,2} A_2 D_{2,1} \tag{8.37}$$

Setzt man darin die Übergangsmatrizen und die Ausbreitungsmatrix entsprechend Gln. 8.18 und 8.24 ein und berücksichtigt, daß $r_{12} = -r_{21}$ (s. Gl. 1.33), ergibt sich

$$S = \frac{1}{t_{12}}\begin{pmatrix}1 & r_{12}\\ r_{12} & 1\end{pmatrix}\begin{pmatrix}e^{-j\beta} & 0\\ 0 & e^{j\beta}\end{pmatrix}\begin{pmatrix}1 & r_{21}\\ r_{21} & 1\end{pmatrix}\frac{1}{t_{21}}$$
$$= \frac{1}{t_{12}t_{21}}\begin{pmatrix}e^{-j\beta} - r_{12}^2 e^{j\beta} & r_{12}(e^{j\beta} - e^{-j\beta})\\ r_{12}(e^{-j\beta} - e^{j\beta}) & e^{j\beta} - r_{12}^2 e^{-j\beta}\end{pmatrix} \tag{8.38}$$

mit

$$\beta = \frac{2\pi}{\lambda} dn \cos\Theta \tag{8.39}$$

(vgl. Gl. 8.20) und λ der Wellenlänge des interferierenden Lichts.

Die nach Gln. 8.35 und 8.36 für den Reflexions- und Transmissionsgrad benötigten Matrixelemente können wir direkt aus Gl. 8.38 ablesen. Für den Transmissions- und Reflexionsgrad ergeben sich

$$\tau = \frac{1}{|S_{22}|^2} = \left|\frac{t_{12}t_{21}e^{-j\beta}}{1 - r_{12}^2 e^{-j2\beta}}\right|^2 \tag{8.40}$$

$$\rho = \left|\frac{S_{12}}{S_{22}}\right|^2 = \left|\frac{r_{12}(1 - e^{-j2\beta})}{1 - r_{12}^2 e^{-j2\beta}}\right|^2 \tag{8.41}$$

Die Betragsbildung im Nenner wird wie folgt ausgeführt

$$\left|1 - r_{12}^2 e^{-j2\beta}\right|^2 = \left(1 - r_{12}^2 e^{-j2\beta}\right)\left(1 - r_{12}^2 e^{j2\beta}\right) =$$
$$= 1 + r_{12}^4 - r_{12}^2 \cos(2\beta) = \left(1 - r_{12}^2\right)^2 + 4r_{12}^2 \sin^2\beta \tag{8.42}$$

wobei $\cos(2\beta) = 1 - 2\sin^2\beta$ benutzt wurde. Ersetzt man in Gl. 8.40 und 8.41 den Nenner durch Gl. 8.42, sowie $t_{12}t_{21}$ mit Hilfe von Gl. 8.15 und β durch Gl. 8.39, erhält man schließlich

$$\tau(\lambda) = \frac{1}{1 + F \sin^2\left(\frac{2\pi}{\lambda} dn \cos\Theta\right)} \tag{8.43}$$

und

$$\rho(\lambda) = \frac{F \sin^2\left(\frac{2\pi}{\lambda} dn \cos\Theta\right)}{1 + F \sin^2\left(\frac{2\pi}{\lambda} dn \cos\Theta\right)} \tag{8.44}$$

mit

$$F = \frac{4\rho_F}{(1-\rho_F)^2} \tag{8.45}$$

$\rho_F = r_{12}^2$ ist der Reflexionsgrad der Endflächen der Platte, d die Plattendicke und n die Brechzahl. Θ ist der Reflexionswinkel innerhalb der Schicht. Gln. 8.43 und 8.44 bilden die Grundlage für das Fabry-Perot-Interferometer und werden im Abschn. 8.3.2 ausführlich besprochen.

(2) Einzelschicht mit metallischer Verspiegelung

Um den Reflexionsgrad und damit die Vielfachreflexionen zu erhöhen, wird die Planplatte auf beiden Seiten häufig mit einem spiegelnden Metallfilm bedampft. Eine solche Anordnung wird beispielsweise für Metallinterferenzfilter verwendet. Genaugenommen liegt ein Dreischichtsystem vor. Wir können dies aber vereinfachen, indem wir die Metalleigenschaften in den Reflexions- und Transmissionskoeffizienten der Endflächen der Einzelschicht berücksichtigen. Der Metallfilm verursacht Absorption beim Durchgang des Lichts und eine Phasenänderung bei der Reflexion. Für den Reflexionskoeffizienten schreiben wir daher:

$$r_{12} = r_M e^{-j\psi} \tag{8.46}$$

ψ ist die durch die Reflexion verursachte Phasenänderung (vgl. auch Ergänzung zum Abschn. 1.8.2), und r_M bestimmt den Reflexionsgrad des Metallfilms: $\rho_M = r_M^2$. Die Größe $|t_{12}t_{21}|^2 = \tau_M$ ist der Transmissionsgrad des Metallfilms. Den Absorptionsgrad α_M des Metallfilms ergibt sich aus der Energieerhaltung:

$$\rho_M + \tau_M + \alpha_M = 1 \tag{8.47}$$

Setzen wir Gl. 8.46 in Gl. 8.40 ein, führen die Betragsbildung wie oben durch, erhalten wir den Transmissionsgrad der verspiegelten Einzelschicht:

$$\boxed{\tau(\lambda) = \frac{\tau_{max}}{1 + F\sin^2\left(\frac{2\pi}{\lambda}nd\cos\Theta + \psi\right)}} \tag{8.48}$$

mit

$$F = \frac{4\rho_M}{(1-\rho_M)^2} \tag{8.49}$$

und

$$\tau_{max} = \frac{\tau_M^2}{(1-\rho_M)^2} \tag{8.50}$$

Gl. 8.48 bildet die Grundlage für Fabry-Perot-Interferometer mit Metallspiegeln und für Metallinterferenzfilter und wird in diesem Zusammenhang ebenfalls im Abschn. 8.3.2 besprochen.

(3) Dielektrische Einzelschicht auf einem Substrat

Um die Reflexionen an den Oberflächen optischer Bauteile zu vermindern, werden diese mit einer sogenannten Antireflexbeschichtung versehen. Die Grundidee einer solchen Antireflexbeschichtung ist, durch destruktive Interferenz der an der Vorder- und Rückseite der Zwischenschicht reflektierten Strahlen den Reflexionsgrad zu verringern. Zur Beschreibung reicht i. allg. die Überlagerung der an beiden Grenzflächen einmal reflektierten Strahlen aus (Zweistrahlinterferenz, vgl. Abschn. 1.5.2). Wir wollen diese Anordnung jedoch als ein weiteres Beispiel für die Anwendung der Matrixmethode benutzen. Dabei beschränken wir uns auf den Fall des senkrechten Lichteinfalls.

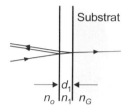

Bild 8.6 Interferenz zwischen den an den Grenzflächen einer dünnen Schicht reflektierten Wellen modifiziert den Reflexionsgrad

Das Eintrittsmedium und Substrat habe die Brechzahlen n_o (in den meisten Fällen $n_o = 1$ für Luft) und n_G (vgl. Bild 8.6). Die Schicht auf dem Substrat hat die Dicke d_1 und die Brechzahl n_1. Die Materialien werden so gewählt, daß $n_o < n_1 < n_G$.

Für dieses Schichtsystem finden wir aus Gl. 8.31 mit Gln. 8.18 und 8.24 die Matrix:

$$S = D_{0,1} A_1 D_{1,G} = \frac{1}{t_{01} t_{1G}} \begin{pmatrix} 1 & r_{01} \\ r_{01} & 1 \end{pmatrix} \begin{pmatrix} e^{-j\beta_1} & 0 \\ 0 & e^{j\beta_1} \end{pmatrix} \begin{pmatrix} 1 & r_{1G} \\ r_{1G} & 1 \end{pmatrix}$$

$$= \frac{1}{t_{01} t_{1G}} \begin{pmatrix} e^{-j\beta_1} + r_{01} r_{1G} e^{j\beta_1} & r_{01} e^{j\beta_1} + r_{1G} e^{-j\beta_1} \\ r_{01} e^{-j\beta_1} + r_{1G} e^{j\beta_1} & e^{j\beta_1} + r_{01} r_{1G} e^{-j\beta_1} \end{pmatrix} \quad (8.51)$$

Bei senkrechtem Einfall ist der Phasenwinkel aufgrund der optischen Dicke der Schicht $\beta_1 = (2\pi/\lambda_o) n_1 d_1$. Die Reflexions- und Transmissionskoeffizienten ergeben sich aus den Fresnelschen Formeln (Gln. 1.33 und 1.34):

$$r_{01} = \frac{n_0 - n_1}{n_1 + n_0}, \qquad r_{1G} = \frac{n_1 - n_G}{n_1 + n_G} \quad (8.52)$$

$$t_{01} = \frac{2n_0}{n_1 + n_0}, \qquad t_{1G} = \frac{2n_1}{n_G + n_1} \quad (8.53)$$

Entsprechend Gl. 8.36 folgt der Reflexionsgrad aus den Elementen der System-Matrix:

$$\rho = \frac{(r_{01} + r_{1G})^2 - 4 r_{01} r_{1G} \sin^2 \beta_1}{(1 + r_{01} r_{1G})^2 - 4 r_{01} r_{1G} \sin^2 \beta_1} \quad (8.54)$$

Der Reflexionsgrad dieser Schichtenanordnung hat ein Minimum, wenn die Dicke entsprechend

$$\beta_1 = \frac{2L\pi}{\lambda_o} n_1 d_1 = (2m+1)\frac{\pi}{2} \quad \text{bzw.} \quad n_1 d_1 = (2m+1)\frac{\lambda_o}{4} \tag{8.55}$$

(m = 0, 1, 2, ...) gewählt wird. Mit den Amplitudenkoeffizienten, Gln. 8.52 und 8.53, ergibt sich der minimale Reflexionsgrad zu

$$\rho = \left(\frac{n_1^2 - n_0 n_G}{n_1^2 + n_0 n_G}\right)^2 \tag{8.56}$$

Der Reflexionsgrad wird Null, wenn der Brechungsindex der Antireflexschicht als geometrisches Mittel der beiden Nachbarbrechzahlen gewählt wird:

$$n_1 = \sqrt{n_0 n_G} \tag{8.57}$$

(4) Periodische Vielfachschichten

Reflexionserhöhende Beschichtungen bestehen aus abwechselnd hoch- und niedrigbrechenden Schichten gleicher optischer Dicke. Die Gesamtreflexion eines solchen periodischen Schichtensystems ergibt sich aus der Interferenz aller an den Grenzflächen reflektierten Beiträge (Bild 8.7). Wählt man die Schichtdicken so, daß alle reflektierten Wellen konstruktiv interferieren, kann man einen entsprechend großen Gesamtreflexionsgrad erzielen und diesen durch die Anzahl der aufgedampften Schichten steuern.

Um die wesentlichen Eigenschaften herauszuarbeiten, betrachten wir senkrechten Lichteinfall (Wellenlänge λ) auf ein Schichtsystem von N Schichtenpaaren. Jedes Schichtenpaar besteht aus einer hochbrechenden Schicht mit der Brechzahl n_h und der Dicke d_h und einer niedrigbrechenden Schicht (n_l, d_l). n_o ist die Brechzahl des Eintrittsmediums (in den meisten Fällen Luft mit $n_o = 1$), und n_G ist die Brechzahl des Glasträgers, auf dem sich das Schichtensystem befindet. Die Systemmatrix dieses Schichtensystems finden wir entsprechend Gl. 8.31

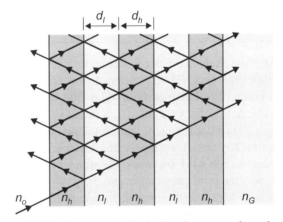

Bild 8.7 Eine periodische Struktur von abwechselnd hoch- (Brechzahl n_h) und niedrigbrechenden (n_l) Schichten. n_G ist die Brechzahl des Glasträgers, n_o die des Eintrittsmediums

$$S = D_{o,h} A_h D_{h,l} A_l ... D_{l,h} A_h D_{h,G} \tag{8.58}$$

$$D_{o,h} = \frac{1}{t_{oh}}\begin{pmatrix} 1 & r_{oh} \\ r_{oh} & 1 \end{pmatrix} \quad D_{h,G} = \frac{1}{t_{hG}}\begin{pmatrix} 1 & r_{hG} \\ r_{hG} & 1 \end{pmatrix} \tag{8.59}$$

sind die Durchgangsmatrizen vom Eintrittsmedium zur ersten Schicht bzw. von der letzten Schicht zum Glasträger und

$$D_{h,l} = \frac{1}{t_{hl}}\begin{pmatrix} 1 & r_{hl} \\ r_{hl} & 1 \end{pmatrix} \qquad D_{l,h} = \frac{1}{t_{lh}}\begin{pmatrix} 1 & -r_{hl} \\ -r_{hl} & 1 \end{pmatrix} \qquad (8.60)$$

die Durchgangsmatrizen für die Grenzflächen zwischen den hoch- und niedrigbrechenden Schichten. Die Reflexions- und Transmissionskoeffizienten ergeben sich wiederum aus den Fresnelschen Formeln Gln. 1.33 und 1.34 für senkrechten Lichteinfall. Da die optischen Dicken der hoch- und niedrigbrechenden Schichten gleich sind ($n_h d_h = n_l d_l$), sind auch die Ausbreitungsmatrizen gleich:

$$A_l = A_h = \begin{pmatrix} e^{-j\beta} & 0 \\ 0 & e^{j\beta} \end{pmatrix} \qquad (8.61)$$

mit

$$\beta = \frac{2\pi}{\lambda} n_h d_h = \frac{2\pi}{\lambda} n_l d_l \qquad (8.62)$$

In Gl. 8.58 können wir ein sich wiederholendes Matrixprodukt ausmachen, das gerade ein Paar hoch- und niedrigbrechender Schichten beschreibt:

$$S_{paar} = A_h D_{h,l} A_l D_{l,h} \qquad (8.63)$$

Gl. 8.58 läßt sich dann umschreiben in

$$\boxed{S = D_{o,h} (S_{paar})^N A_h D_{h,G}} \qquad (8.64)$$

Die Matrixelemente der Systemmatrix, Gl. 8.64 mit Gln. 8.59 bis 8.63, und damit der Reflexionsgrad nach Gl. 8.36 können mit einem geeigneten Numerikprogramm gut berechnet werden. Ein Beispiel dafür zeigt Bild 8.14, in dem der spektrale Reflexionsgrad für verschiedene Schichtenzahlen dargestellt ist.

Wesentliche Eigenschaften können wir aus dem Maximum des Reflexionsgrads eines einfachen Schichtenstapels mit N Schichtenpaaren, der durch die Systemmatrix $(S_{paar})^N$ beschrieben wird, erkennen. Diesen wollen wir daher als nächstes bestimmen. Der Reflexionsgrad wird maximal, wenn die partiell an den Grenzschichten reflektierten Teilwellen konstruktiv interferieren, d. h., wenn die Dicke der Schichten und die Wellenlänge λ so gewählt wird, daß

$$n_h d_h = n_l d_l = \frac{\lambda}{4} \qquad (8.65)$$

Für diesen Fall ergibt Gl. 8.63

$$S_{paar} = \frac{-1}{t_{lh} t_{hl}} \begin{pmatrix} 1 + r_{hl}^2 & -2r_{hl} \\ -2r_{hl} & 1 + r_{hl}^2 \end{pmatrix} \qquad (8.66)$$

Die Systemmatrix für zwei Schichtenpaare ist dann

$$(S_{paar})^2 = \left(\frac{-1}{t_{lh}t_{hl}}\right)^2 \begin{pmatrix} 1+6r_{hl}^2+r_{hl}^4 & -4r_{hl}-4r_{hl}^3 \\ -4r_{hl}-4r_{hl}^3 & 1+6r_{hl}^2+r_{hl}^4 \end{pmatrix} \quad (8.67)$$

Berücksichtigt man, daß

$$(1 \pm r_{hl})^4 = 1 \pm 4r_{hl} + 6r_{hl}^2 \pm 4r_{hl}^3 + r_{hl}^4 \quad (8.68)$$

so kann Gl. 8.67 umgeschrieben werden zu

$$(S_{paar})^2 = \frac{1}{2}\left(\frac{-1}{t_{lh}t_{hl}}\right)^2 \begin{pmatrix} (1+r_{hl})^4 + (1-r_{hl})^4 & (1-r_{hl})^4 - (1+r_{hl})^4 \\ (1-r_{hl})^4 - (1+r_{hl})^4 & (1+r_{hl})^4 + (1-r_{hl})^4 \end{pmatrix} \quad (8.69)$$

Gl. 8.69 ermöglicht uns die Verallgemeinerung auf N Schichtenpaare:

$$(S_{paar})^N = \frac{1}{2}\left(\frac{-1}{t_{lh}t_{hl}}\right)^N \begin{pmatrix} (1+r_{hl})^{2N} + (1-r_{hl})^{2N} & (1-r_{hl})^{2N} - (1+r_{hl})^{2N} \\ (1-r_{hl})^{2N} - (1+r_{hl})^{2N} & (1+r_{hl})^{2N} + (1-r_{hl})^{2N} \end{pmatrix} \quad (8.70)$$

Aus den Matrixelementen von Gl. 8.70 kann nach Gl. 8.36 der maximale Reflexionsgrad der N Schichtenpaare berechnet werden. Berücksichtigt man, daß entsprechend den Fresnelschen Formeln (Gl. 1.33) für senkrechten Lichteinfall

$$1 + r_{hl} = \frac{2n_h}{n_h + n_l} \qquad 1 - r_{hl} = \frac{2n_l}{n_h + n_l} \quad (8.71)$$

gilt, erhält man

$$\rho_N = \left(\frac{1 - (n_h/n_l)^{2N}}{1 + (n_h/n_l)^{2N}}\right)^2 \quad (8.72)$$

Gl. 8.72 beschreibt den Reflexionsgrad von N Schichtenpaaren aus je einer hoch- und niedrigbrechenden Schicht auf einem Substrat mit der Brechzahl n_h und berücksichtigt daher nicht den Einfluß des Eintrittsmediums (Luft) und des Glasträgers auf den Reflexionsgrad. Sie zeigt aber die wesentlichen Abhängigkeiten, die ausführlich im Abschn. 8.3.3 besprochen werden.

8.3.2 Interferenzfilter, Fabry-Perot-Etalon

(1) Grundprinzip

Die Wirkung von Interferenzfiltern und Fabry-Perot-Etalons bzw. Fabry-Perot-Interferometern beruhen auf der gleichen Grundlage. Alle diese Elemente bestehen im Prinzip aus zwei ebenen, parallelen, hochreflektierenden Flächen, die in einem bestimmten Abstand d angeordnet sind (Bild 8.8). Während der Abstand d bei **Interferenzfiltern** in der Größenordnung einer Wellenlänge liegt, variiert er beim **Fabry-Perot-Etalon** bzw. beim **Fabry-Perot-Interferometer** von einigen Millimetern bis zu einigen Zentimetern. Läßt sich der Abstand mechanisch durch Bewegung eines Spiegels variieren, kann die Anordnung zur Vermessung von Wellenlängen verwendet werden, und man bezeichnet sie als Interferometer. Im Falle feststehender Spiegel spricht man von einem Etalon.

Die Wirkung beruht auf der Interferenz aller durch Reflexion an den Spiegeln entstandenen Teilwellen. In Bild 8.8 ist dies schematisch dargestellt. Der einfallende Strahl wird teilweise an der ersten Spiegelfläche, der durchgelassene Bruchteil wiederum teilweise an der zweiten Spiegelfläche reflektiert. Sowohl alle reflektierten wie auch alle durchgelassenen Teilwellen interferieren. Die effektive Zahl der interferierenden Teilwellen hängt vom Reflexionsgrad der reflektierenden Flächen ab: Je größer der Reflexionsgrad ist, desto mehr Teilwellen tragen effektiv zur Interferenz bei. Die Phasendifferenzen zwischen den Teilstrahlen entstehen durch die optischen Wegunterschiede beim Durchlaufen des Spiegelabstands und durch die Phasenverschiebungen bei den Reflexionen an den Spiegelflächen.

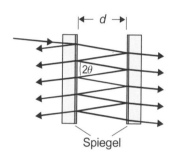

Bild 8.8 Vielstrahlinterferenz durch parallele Spiegelflächen

Der Transmissionsgrad der Anordnung wird maximal, wenn alle durchgelassenen Teilwellen konstruktiv interferieren, d. h., der optische Gangunterschied zwischen den Teilwellen also ein ganzzahliges Vielfaches ihrer Wellenlänge beträgt. Bei nichtabsorbierenden Spiegelflächen und senkrechtem Lichteinfall beträgt der Gangunterschied zwischen benachbarten durchgelassenen Wellen $2nd$ (n Brechzahl des Mediums zwischen den Spiegeln). Der Transmissionsgrad wird also maximal, wenn

$$nd = m\frac{\lambda_{om}}{2} \tag{8.73}$$

$m = 1, 2, ..., \lambda_{om}$ ist die Wellenlänge des Interferenzmaximums m-ter Ordnung.

Die Bestrahlungsstärke des durchgelassenen Lichts finden wir, indem wir die Feldstärken aller durchgelassenen Teilwellen unter Berücksichtigung ihrer Phasendifferenz aufsummieren und aus der resultierenden Feldstärke die Intensität bilden (vgl. Abschn. 8.3.1). Für das Fabry-Perot-Interferometer mit nichtabsorbierenden Spiegelflächen ergibt sich auf diese Weise ein spektraler Transmissionsgrad von

$$\tau(\lambda) = \cfrac{1}{1 + F \sin^2\left(\cfrac{2\pi}{\lambda} dn \cos\Theta\right)} \qquad (8.74)$$

(s. Gl. 8.43). Θ ist der Reflexionswinkel innerhalb der Schicht (s. Bild 8.8), λ die Wellenlänge des interferierenden Lichts und

$$F = \frac{4\rho_F}{(1-\rho_F)^2} \qquad (8.75)$$

wobei ρ_F der Reflexionsgrad der Spiegelflächen ist.

Der spektrale Transmissionsgrad ist in Bild 8.9 für verschiedene Reflexionsgrade der Spiegelflächen dargestellt. Aus der Darstellung ist ersichtlich:

- Mit wachsendem Reflexionsgrad werden die Maxima des spektralen Transmissionsgrads des Fabry-Perot-Interferometers ausgeprägter und schmaler.

Diesem typischem Merkmal der Vielstrahlinterferenz sind wir schon bei der Beugung am Gitter begegnet (vgl. Abschn. 4.3.3 Bild 4.19). Während beim Gitter die effektive Zahl der interferierenden Teilwellen der Zahl der beleuchteten Gitterstriche entsprach, ist sie hier vom Reflexionsgrad der Spiegel bestimmt. Verdeutlichen können wir dies anhand des **Kontrasts** der Transmissionsmaxima:

$$\kappa = \frac{\tau_{max} - \tau_{min}}{\tau_{max} + \tau_{min}} \qquad (8.76)$$

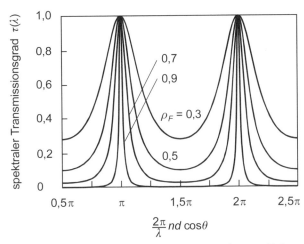

Bild 8.9 Spektraler Transmissionsgrad eines Fabry-Perot-Interferometers bei verschiedenen Reflexionsgraden

Das Transmissionsmaximum τ_{max} ergibt sich aus dem Minimum des Nenners von Gl. 8.74, d. h.,

$$\sin\left(\frac{2\pi}{\lambda} dn \cos\Theta\right) = 0 \qquad (8.77)$$

was zu $\tau_{max} = 1$ führt. Ein Transmissionsminimum τ_{min} tritt auf, wenn der Sinus im Nenner gleich eins ist. Der resultierende Kontrast

$$\kappa = \frac{F}{2+F} = \frac{2\rho_F}{1+\rho_F^2} \qquad (8.78)$$

nimmt mit wachsendem Reflexionsgrad ρ_F der Spiegel zu. Für $\rho_F = 1$ ist $\kappa = 1$. Wir sehen auch, daß die mit Gl. 8.75 eingeführte Abkürzung F ein Maß für den Kontrast darstellt. Die Wellenlänge λ_{om} des Transmissionsmaximums hängt vom Abstand d der Spiegel und vom Reflexionswinkel Θ ab. Aus Gl. 8.77 entnehmen wir

$$dn\cos\Theta = m\frac{\lambda_{om}}{2} \qquad (8.79)$$

$m = 1, 2, 3, ...$ Für senkrechten Einfall $\Theta = 0$ geht Gl. 8.79 in 8.73 über.

- Der Transmissionsgrad eines Fabry-Perot-Interferometers ist maximal, wenn der optische Abstand der Spiegel ein ganzzahliges Vielfaches der halben Wellenlänge beträgt, sich also zwischen den Spiegeln stehende Wellen ausbilden.

(2) Interferenzfilter

Die Wirkung von Interferenzfiltern beruht auf dem oben besprochenen Prinzip des Fabry-Perot-Interferometers. Der spektrale Strahlungsfluß wird durch Vielfachinterferenz in dünnen Schichten beeinflußt. Durch die Wahl der Schichtdicken und des Reflexionsgrads der reflektierenden Schichten können die Durchlaßwellenlänge und die Bandbreite in einem weiten Bereich eingestellt werden. Dadurch können Filterkurven realisiert werden, die mit Absorptionsfiltern nicht möglich sind. Vor allem **Linien-** bzw. **Monochromatfilter** werden durch Interferenzfilter realisiert.

Relativ einfach sind **Metallinterferenzfilter** aufgebaut. Auf einer Trägerglasplatte sind zwei teildurchlässige Metallschichten aufgebracht, die durch eine transparente Abstandsschicht getrennt sind (s. Bild 8.10). Die beiden Metallschichten bilden die Spiegel, deren Reflexionsgrad von der Schichtdicke abhängt. Neben ihrem hohen Reflexionsgrad weisen metallische Spiegelschichten Absorption auf (vgl. Ergänzung zum Abschn. 1.8.2). Dadurch muß hier die Schwächung des Lichts beim Durchgang durch die Metallschichten berücksichtigt werden. Hinzu kommt, daß durch die Metallreflexion das reflektierte Licht gegenüber dem einfallenden eine Phasenverschiebung erfährt. Der spektrale Transmissionsgrad eines Metallinterferenzfilters ist in diesem Fall

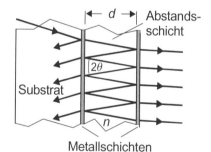

Bild 8.10 Schematischer Aufbau eines Metall-Interferenzfilters

$$\tau(\lambda) = \frac{\tau_{\max}}{1 + F\sin^2\left(\frac{2\pi}{\lambda}nd\cos\Theta + \psi\right)} \qquad (8.80)$$

(vgl. Gl. 8.48). Dabei bedeuten

$$F = \frac{4\rho_M}{(1-\rho_M)^2} \qquad (8.81)$$

und

$$\tau_{max} = \left(\frac{1-\rho_M-\alpha_M}{1-\rho_M}\right)^2 \qquad (8.82)$$

ist der Transmissionsgrad bei konstruktiver Interferenz. ρ_M und α_M sind der Reflexions- und Absorptionsgrad der teildurchlässigen Metallschichten, Θ der Reflexionswinkel des Lichts im Filter (s. Bild 8.10), und ψ ist die Phasenverschiebung, die das Licht bei der Reflexion an einer Metallschicht erfährt.

Maximale Transmission liegt vor, wenn die zwischen den teildurchlässigen Schichten mehrfach reflektierten Wellen konstruktiv interferieren. Aus Gl. 8.80 lesen wir ab, daß das der Fall ist, wenn die Wellenlänge λ_{om} die Bedingung

$$\frac{2\pi}{\lambda_{om}} nd\cos\Theta + \psi = m\pi \qquad (8.83)$$

(m = 1, 2, 3, ...) erfüllt. Für diesen Fall ist $\tau(\lambda_{om}) = \tau_{max}$. Häufig wird die Dicke d der Abstandsschicht so gewählt, daß das Transmissionsmaximum für die erste Ordnung (m = 1) die Durchlaßkurve des Filters bildet. Für senkrechten Einfall (Θ = 0) hängen die Durchlaßwellenlänge λ_o (= λ_{o1}) und die Dicke d der Abstandsschicht dann über

$$nd = \frac{\lambda_o}{2}\left(1 - \frac{\psi}{\pi}\right) \qquad (8.84)$$

zusammen. Für die häufig eingesetzten Silberschichten gilt bei den verwendeten Schichtdicken angenähert

$$\psi = 0{,}25\pi \qquad (8.85)$$

Beispielsweise hat für eine Durchlaßwellenlänge λ_o = 600 nm die Abstandschicht mit einer Brechzahl n = 1,5 eine Dicke von d = 150 nm.

Neben der 1. Ordnung werden entsprechend Gl. 8.83 höhere Interferenzordnungen mit den Wellenlängen

$$\lambda_{om} = \frac{2n\pi d}{m\pi - \psi}, \quad m = 2, 3, ... \qquad (8.86)$$

durchgelassen. Ist das Interferenzfilter beispielsweise für λ_o = 1 μm ausgelegt, ist es ebenfalls durchlässig für λ_{o2} = 428,6 nm, λ_{o3} = 272,7 nm usw. Soll nur eine Ordnung durchgelassen werden, müssen die höheren Interferenzordnungen durch ein zweites Filter unterdrückt werden. Handelsübliche Interferenzfilter sind daher mit einem eingekitteten Farbglas versehen.

Um die Halbwertsbreite der Transmissionsmaxima zu bestimmen, müssen mit Hilfe von Gl. 8.80 die Wellenlängen berechnet werden, für die der Transmissionsgrad auf die Hälfte des Maximums abgefallen ist. Da Interferenzfilter hauptsächlich als Linienfilter ausgelegt sind, muß der Reflexionsgrad der Spiegelschichten relativ hoch sein, d. h., $(1-\rho_M)^2 \ll 1$. Mit dieser Näherung ergibt sich bei senkrechtem Einfall die Halbwertsbreite für das Transmissionsmaximum der m-ten Beugungsordnung zu

$$\Delta\lambda_{0,5} = \frac{\lambda_{om}(1-\rho_M)}{\sqrt{\rho_M}(m\pi-\psi)} = \frac{\lambda_{om}^2(1-\rho_M)}{2\pi n d\sqrt{\rho_M}} \tag{8.87}$$

Aus Gl. 8.87 ist ersichtlich, daß die Bandbreite mit höherer Interferenzordnung m und mit zunehmenden Reflexionsgrad ρ_M der Spiegelschichten abnimmt. Hier liegt auch der für Metall-Interferenzfilter typische Zielkonflikt. Höhere Reflexionsgrade erfordern dickere Metallschichten, wodurch wiederum der Absorptionsgrad zunimmt und entsprechend Gl. 8.82 der maximale Transmissionsgrad abnimmt. Berücksichtigt werden muß dabei jedoch noch, daß sich i. allg. die optischen Konstanten für dünne Metallschichten sich von denen metallischer Festkörper unterscheiden. Handelsübliche Interferenzfilter haben eine Halbwertsbreite im Bereich $\Delta\lambda_{0,5} \approx 5 - 30$ nm bei einem Transmissionsgrad $\tau_{max} \approx 0{,}1 - 0{,}4$.

Bei schrägem Einfall verschiebt sich die Durchlaßwellenlänge nach kleineren Wellenlängen, wie aus Gl. 8.83 ersichtlich ist. Allerdings muß noch berücksichtigt werden, daß die Phasenverschiebung ψ i.allg. winkelabhängig ist und daß bei schrägem Lichteinfall der Reflexionsgrad der Metallschichten für die beiden parallel und senkrecht zur Einfallsebene schwingenden Lichtkomponenten unterschiedliche Werte annimmt, so daß das Licht teilweise polarisiert wird.

Bei **dielektrischen Interferenzfiltern** werden die reflektierenden Metallschichten durch verlustarme dielektrische Spiegel (s. folgender Abschnitt) ersetzt. Diese bestehen aus einem Schichtsystem aus $\lambda/4$-dicken Schichten mit abwechselnd hoher und niedriger Brechzahl. Durch die Anzahl der Schichten kann der Reflexionsgrad und damit die Bandbreite des Filters eingestellt werden.

Beispiele

1. Für eine Anwendung wird ein Filter mit einem Transmissionsmaximum bei 620 nm benötigt. Zur Verfügung stehen zwei Metallinterferenzfilter, deren Transmissionsmaxima bei 600 nm bzw. 650 nm liegen.
   Welches der beiden Interferenzfilter können Sie benutzen? Unter welchem Winkel muß das Licht auf das von Ihnen ausgewählte Interferenzfilter einfallen? (Der Brechungsindex der Zwischenschicht des Interferenzfilters beträgt $n = 1{,}4$.)

Lösung:
Entsprechend Gl. 8.83 verschiebt sich das Transmissionsmaximum bei schrägem Einfall zu kürzeren Wellenlängen, daher muß das Interferenzfilter mit $\lambda_o = 650$ nm verwendet werden.

Bei schrägem Einfall gilt für die Wellenlänge λ_o', bei der die Transmission maximal ist (in niedrigster Ordnung $m = 1$, s. Gl. 8.83):

$$nd\cos\theta = \left(1 - \frac{\psi}{\pi}\right)\frac{\lambda'_o}{2}$$

θ ist der Reflexionswinkel innerhalb des Interferenzfilters. Die unbekannte optische Dicke nd des Filters erhält man aus der Wellenlänge des Transmissionsmaximums bei senkrechter Inzidenz

$$nd = \left(1 - \frac{\psi}{\pi}\right)\frac{\lambda_o}{2}$$

Die durch die Metallreflexion verursachte Phasenverschiebung ψ haben wir dabei näherungsweise unabhängig vom Einfallswinkel angenommen. Aus beiden Gleichungen ergibt sich der Reflexionswinkel innerhalb des Filters

$$\cos\theta = \frac{\lambda'_o}{\lambda_o} = 0{,}9538, \quad \theta = 17{,}5°$$

Mit Hilfe des Brechungsgesetzes, $\sin\alpha = n\sin\theta$, erhält man den Einfallswinkel auf das Filter $\alpha = 24{,}9°$.

2. In einem Metallinterferenzfilter haben die teildurchlässigen Silberschichten einen Reflexionsgrad von 90%, die Zwischenschicht mit dem Brechungsindex 1,3 hat eine Dicke von 0,2 µm.
   a) Bei welcher Wellenlänge im sichtbaren Spektralbereich hat das Interferenzfilter sein Transmissionsmaximum? Bei welchen Wellenlängen befinden sich weitere Transmissionsmaxima?
   b) Wie groß ist im sichtbaren Spektralbereich die Halbwertsbreite seiner Transmissionskurve?

Lösung:

a) Bei senkrechtem Einfall liegen die Transmissionsmaxima bei $\lambda_{om} = \dfrac{2nd}{m\left(1 - \dfrac{\psi}{\pi}\right)}$, $m = 1, 2, 3, ...$

Mit der durch die Reflexion an den Silberschichten verursachten Phasenverschiebung $\psi = 0{,}25\,\pi$ (s. Gl. 8.85) ergibt sich
   $m = 1$: $\lambda_{o1} = 693{,}3$ nm (im sichtbaren Spektralbereich)
   $m = 2$: $\lambda_{o2} = 346{,}7$ nm (im UV)
   $m = 3$: $\lambda_{o3} = 231{,}1$ nm (im UV) usw.

b) Nach Gl. 8.87 ist Halbwertsbreite der Transmissionskurve für die Durchlaßwellenlänge $\lambda_{o1} = 693{,}3$ nm ($m = 1$):

$$\Delta\lambda_{0{,}5} = \frac{\lambda_{o1}(1 - \rho_M)}{\pi\sqrt{\rho_M}\left(1 - \dfrac{\psi}{\pi}\right)} = 31{,}0 \text{ nm}$$

(3) Fabry-Perot-Interferometer

Das Fabry-Perot-Interferometer wird häufig zur detaillierten Analyse von Spektren eingesetzt. Man spricht dann von einem **optischen Spektralanalysator**. Aufgrund der schmalen Transmissionsmaxima ist damit eine hohe spektrale Auflösung möglich. Um ein vorgegebenes Spektrum analysieren zu können, muß die Wellenlänge des Transmissionsmaximums über den Wellenlängenbereich des Spektrums verschoben werden können. Wie das möglich ist, sagt uns Gl. 8.79: Ändert man den Abstand d der Spiegel, verschiebt sich die Wellenlänge λ_{om} des m-ten Transmissionsmaximums entsprechend

$$\lambda_{om} = \frac{2n\cos\Theta}{m} d \quad (8.88)$$

Praktisch wird das realisiert, indem einer der beiden Spiegel des Interferometers verschiebbar beispielsweise auf einem Piezoelement angeordnet ist. Verschiebt man den Spiegel kontinuierlich und mißt dabei das vom Interferometer durchgelassene Licht mit Hilfe eines Fotoempfängers, gibt die registrierte Intensitätsverteilung den spektralen Strahlungsfluß des Lichts wieder. Bild 8.11 zeigt schematisch diese "Abtastung" des Spektrums.

Für den praktischen Aufbau muß allerdings ein weiterer Aspekt berücksichtigt werden. Während wir bei unseren vorangegangenen Überlegungen von ebenen Wellen, also von parallelem Licht ausgegangen sind, haben wir es in der Realität mit mehr oder weniger divergenten Lichtbündeln zu tun. Da entsprechend Gl. 8.79 der Gangunterschied für eine bestimmte Wellenlänge und einen vorgegebenen Spiegelabstand von der Strahlneigung abhängt, entsteht analog zu den Interferenzen gleicher Neigung (vgl. Abschn. 1.5.2) ein System schmaler, konzentrischer Ringe, die beim Verschieben des Spiegels aus dem Zentrum "quellen"

(a)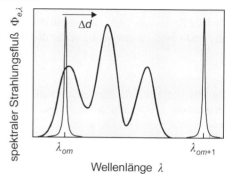

(b)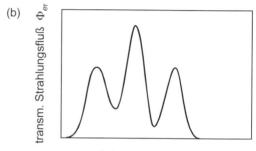

Bild 8.11 (a) Die Wellenlänge λ_{om} des m-ten Transmissionsmaximums wird durch Änderung des Spiegelabstands über den Wellenlängenbereich des Spektrums verschoben. (b) Der transmittierte Strahlungsfluß in Abhängigkeit von der Spiegelverschiebung Δd gibt den spektralen Strahlungsfluß wieder

bzw. dort "verschwinden". Das Ringsystem kann in der Brennebene einer Linse sichtbar gemacht werden. Die Messung des transmittierten Lichts erfolgt nun so, daß durch eine im Zentrum des Ringsystems befindliche kleine Lochblende die äußeren Ringe ausgeblendet werden und nur das Licht aus dem Zentrum zum Empfänger gelangt.

Bild 8.12 zeigt das Schema eines optischen Spektralanalysators, bei dem ein Spiegel durch Anlegen einer Wechselspannung an das Piezoelement periodisch hin- und her bewegt ("gewobbelt") wird. Diese Wechselspannung wird gleichzeitig für die x-Ablenkung des Oszillographen genutzt, mit dem das Empfängersignal sichtbar gemacht wird. Auf diese Weise erhält man auf dem Oszillographenschirm das abgetastete Spektrum.

Um die Eigenschaften des Fabry-Perot-Interferometers als Spektrometer beschreiben zu können, müssen noch einige Kenngrößen eingeführt werden. Ein Maß dafür, wann zwei

Wellenlängenkomponenten eines Spektrums noch durch das Spektrometer unterschieden werden können, ist das **Auflösungsvermögen** (vgl. auch Abschn. 4.3.3). Zunächst stellen wir uns vor, das Fabry-Perot-Interferometer wird mit monochromatischem Licht der Wellenlänge λ beleuchtet. Messen wir beispielsweise mit der eben besprochenen Anordnung

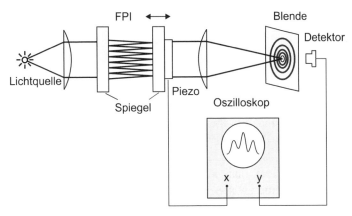

Bild 8.12 Schematischer Aufbau eines Fabry-Perot-Interferometers (FPI) als optischer Spektralanalysator

den durchgelassenen Strahlungsfluß $\Phi_{e\tau}$ in Abhängigkeit vom Spiegelabstand d, was nach Gl. 8.88 der Abhängigkeit von der Wellenlänge entspricht, wird gerade der Transmissionsgrad $\tau(\lambda)$, Gl. 8.80, reproduziert. Die "Antwort" des Spektralanalysators auf monochromtisches Licht stellt also für das Transmissionsmaximum m-ter Ordnung eine Linie mit der Halbwertsbreite

$$\Delta\lambda_{0,5} = \frac{\lambda(1-\rho_M)}{\pi\sqrt{\rho_M}m} \quad (8.89)$$

(s. Gl. 8.87) dar. Entsprechend führt monochromatisches Licht mit einer um $\Delta\lambda$ verschobenen Wellenlänge zu einer zweiten Linie. Man legt nun fest, daß beide Wellenlängen gerade noch getrennt, d. h. aufgelöst werden können, wenn die Maxima der beiden Linien um die Halbwertsbreite $\Delta\lambda_{0,5}$ auseinander liegen. Bild 8.13 verdeutlicht dies. Dieses hier benutzte Kriterium unterscheidet sich etwas von dem Rayleighschem Kriterium, das wir für die Definition des Auflösungsvermögens des Gitterspektrometers (Abschnitt 4.3.3) benutzt hatten. Durch diese Festlegung ergibt sich aus Gl. 8.87 direkt das Auflösungsvermögen

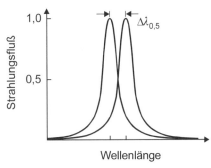

Bild 8.13 Zur Definition des Auflösungsvermögens des Fabry-Perot-Interferometers

$$\frac{\lambda_{om}}{\Delta\lambda} = \frac{\pi\sqrt{\rho_M}m}{(1-\rho_M)} = \frac{2\pi nd\sqrt{\rho_M}}{\lambda_{om}(1-\rho_M)} \quad (8.90)$$

- Das spektrale Auflösungsvermögen eines Fabry-Perot-Interferometers ist um so größer, je höher der Reflexionsgrad ρ_M der Spiegel und je größer die Interferenzordnung m ist.

Beispielsweise führt ein Reflexionsgrad der Spiegel von 99% und ein Spiegelabstand $nd = 1$ cm bei einer Wellenlänge von $\lambda \approx \lambda_{om} = 600$ nm zu einem Auflösungsvermögen von 10^7 bzw. einer auflösbaren Wellenlängendifferenz von $\Delta\lambda = 6 \cdot 10^{-5}$ nm.

Wird das Transmissionsmaximum m-ter Ordnung zur Abtastung eines Spektrums genutzt, so wird aus Bild 8.11a deutlich, daß bei einem zu breiten Spektrum die benachbarten Transmissionsmaxima ebenfalls Licht aus dem Spektrum durchlassen. Der registrierte Strahlungsfluß kann dann nicht mehr eindeutig einer Wellenlänge zugeordnet werden. Die Breite eines Spektrums, die noch eindeutig durch ein Transmissionsmaximum abgetastet werden kann, bezeichnet man als **freien Spektralbereich**. Er entspricht gerade dem Wellenlängenabstand zwischen zwei benachbarten Transmissionsmaxima (s. Gl. 8.88 für $\Theta = 0°$):

$$\Delta\lambda_{FSR} = \lambda_{om} - \lambda_{om+1} = 2nd\left(\frac{1}{m} - \frac{1}{m+1}\right) = \frac{2nd}{m(m+1)} \qquad (8.91)$$

Da $\lambda_{om} - \lambda_{om+1} \ll \lambda_{om}$ ist, ergibt sich daraus

$$\Delta\lambda_{FSR} \approx \frac{\lambda_{om}^2}{2nd} \qquad (8.92)$$

Der freie Spektralbereich für das obige Beispiel beträgt $\Delta\lambda_{FSR} = 0{,}018$ nm.

Bei einer Vergrößerung des Spiegelabstands nimmt nach Gl. 8.90 das Auflösungsvermögen zu. Die Zunahme des Auflösungsvermögens ist aber, wie Gl. 8.92 zeigt, verbunden mit einer Verringerung des freien Spektralbereichs. Für praktische Anwendungen möchte man jedoch sowohl das Auflösungsvermögen wie auch den freien Spektralbereich so groß wie möglich haben. Eine Größe, die unabhängig vom gewählten Spiegelabstand in diesem Sinn ein Maß für die "Güte" des Fabry-Perot-Interferometers darstellt, ist das Verhältnis vom freien Spektralbereich zur Halbwertsbreite, auch als **Finesse** bezeichnet:

$$\mathcal{F} = \frac{\Delta\lambda_{FSR}}{\Delta\lambda} \approx \frac{\pi\sqrt{\rho_M}}{(1-\rho_M)} \qquad (8.93)$$

Für unser Beispiel beträgt die Finesse $\mathcal{F} = 313$. Übliche, als Spektralanalysatoren eingesetzte Fabry-Perot-Interferometer haben eine Finesse von 50 bis ca. 200, sehr gute Geräte erreichen eine Finesse bis über 10000. Solche Geräte haben Spiegel, deren Reflexionsgrad für den zu untersuchenden Wellenlängenbereich $> 99{,}9\%$ ist und die extrem ebene und streuarme Oberflächen besitzen.

8.3.3 Dielektrische Spiegel, Farbteiler

Bei den Interferenzfiltern, die wir im vorangegangenen Abschnitt kennenlernten, wurde der spektrale Strahlungsfluß des durchgelassenen Lichts durch Interferenzen an einer dünnen Schicht modifiziert. Damit einher geht aber auch eine Änderung des reflektierten Lichtes. Sowohl eine Erhöhung als auch eine Verminderung des Reflexionsgrads ist dadurch möglich.

In ähnlicher Weise kann der Reflexionsgrad einer Oberfläche eines optischen Mediums durch eine aufgedampfte dünne Schicht modifiziert werden. Die Teilwellen, die durch Reflexion des Lichts an den Grenzflächen der dünnen Schicht entstehen, können je nach Gangunterschied konstruktiv oder destruktiv interferieren (s. Bild 8.6). Um den Reflexionsgrad zu vergrößern, wird die optische Dicke der Schicht so gewählt, daß konstruktive Interferenz auftritt. Auf diese Weise wird das durchgehende Licht geschwächt und der Anteil des reflektierten Lichts vergrößert.

Wählt man eine Schicht mit einer Brechzahl n_h, die größer als die des Substrats ist, tritt bei der Reflexion an der ersten Grenzfläche ein Phasensprung von einer halben Wellenlänge auf (Reflexion am optisch dichteren Medium). Die an der zweiten Grenzfläche reflektierte Welle durchläuft die Schichtdicke d_h zweimal. Der resultierende Gangunterschied beträgt für Licht mit der Wellenlänge λ_o bei senkrechtem Einfall folglich $2n_h d_h - \lambda_o/2$. Damit die reflektierten Wellen konstruktiv interferieren, muß der Gangunterschied ein ganzzahliges Vielfaches einer Wellenlänge betragen, in niedrigster Interferenzordnung die Schichtdicke also der Bedingung $n_h d_h = \lambda_o/4$ genügen.

Allerdings sind die Brechzahldifferenzen von dielektrischen Medien vergleichsweise gering (z. B. Glas 1,5, dielektrische Beschichtung aus Zinksulfid 2,32), so daß die damit bewirkte Erhöhung des Reflexionsgrads nicht besonders groß ist. Eine zusätzliche Vergrößerung des Reflexionsgrads kann durch eine weitere Schicht diesmal mit einer niedrigen Brechzahl n_l erzielt werden. Die optische Dicke $n_l d_l$ dieser Schicht wird wiederum so gewählt, daß sie zu konstruktiver Interferenz des an ihren Grenzflächen reflektierten Lichts führt.

Damit ist der Grundgedanke des Aufbaus solcher dielektrischen Spiegel klar. Auf einer Trägerglasplatte (Substrat) sind wechselweise dielektrische Schichten mit hohem (n_h) und niedrigem (n_l) Brechungsindex aufgebracht, deren Dicken d_h bzw. d_l so gewählt sind, daß die an den Grenzflächen der Schichten partiell reflektierten Wellen mit der Wellenlänge λ_o bei senkrechtem Einfall konstruktiv interferieren:

$$n_h d_h = n_l d_l = \frac{\lambda_o}{4} \qquad (8.94)$$

(sogenannte $\lambda/4$-Schichten). Entsprechend Gl. 8.94 kann die Wellenlänge λ_o, für die der Reflexionsgrad maximal sein soll, durch die Dicke der Schichten eingestellt werden.

Um die wesentlichen Eigenschaften eines so aufgebauten dielektrischen Spiegels zu verstehen, betrachten wir zunächst den Reflexionsgrad eines solchen Schichtenstapels bei der Schwerpunktswellenlänge λ_o, ohne den Einfluß des Eintrittsmediums (i. allg. Luft) und des Substrats zu berücksichtigen.

Der Reflexionsgrad

$$\rho_N = \left(\frac{1 - (n_h/n_l)^{2N}}{1 + (n_h/n_l)^{2N}} \right)^2 \tag{8.95}$$

(vgl. Gl. 8.72) wächst mit der Anzahl N der Schichtenpaare, wobei ein Schichtenpaar aus je einer hoch- und einer niedrigbrechenden Schicht besteht. Gl. 8.95 zeigt, daß man einerseits sehr hohe Reflexionsgrade erzielen und andererseits durch die Wahl der Schichtenzahl einen definierten Reflexionsgrad einstellen kann. Beispielsweise haben $N = 6$ Schichtenpaare, bestehend aus je einer Schicht Zinksulfid ($n_h = 2{,}32$) und einer Schicht Magnesiumfluorid ($n_l = 1{,}38$), einen Reflexionsgrad von 99,2 %. 3 Schichtenpaare aus diesen Materialien führen dagegen zu einem Reflexionsgrad von 83,8%. Praktisch sind Reflexionsgrade bis über 99,99% erreichbar.

Bild 8.14 zeigt den spektralen Reflexionsgrad von Interferenzspiegeln mit hoch- und niedrigbrechenden Schichten aus Magnesiumfluorid ($n_l = 1{,}38$) und Zinksulfid ($n_h = 2{,}32$) für eine Zentralwellenlänge $\lambda_o = 500$ nm. Die Beschichtung besteht aus $N = 1, 3, 6$ Schichtenpaaren und einer hochbrechenden Schicht, die auf BK7-Glas ($n_G = 1{,}519$) aufgebracht sind (vgl. Bild 8.7). Numerisch berechnet wurde der Reflexionsgrad mit der in Abschn. 8.3.1 dargestellten Matrixmethode (Gl. 8.36 mit der Systemmatrix Gl. 8.64). Der Reflexionsgrad weist insbesondere für große N ein breites plateauartiges Maximum um die Zentralwellenlänge $\lambda_o = 500$ nm ($1/\lambda_o = 2{,}0 \cdot 10^4$ cm^{-1}) auf. Man kann zeigen, daß die Breite dieses Bereiches mit wachsenden Werten des Brechzahlverhältnisses n_h/n_l zunimmt.

Dielektrische Schichten haben geringe Absorptionsverluste, d. h., Spiegel mit dielektrischen Mehrfachschichten sind praktisch verlustfrei. Ihr wesentliches Anwendungsgebiet liegt in der Lasertechnik.

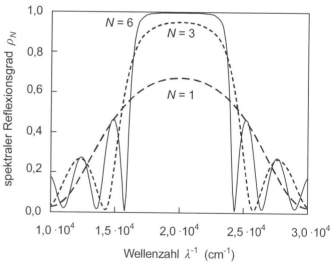

Bild 8.14 Spektraler Reflexionsgrad von dielektrischen Spiegeln mit $N = 1, 3, 6$ Schichtenpaaren

Bild 8.14 zeigt aber noch eine andere Eigenschaft. Die Reflexionskurven für große N weisen steile Kanten auf und sind daher für Anwendungen als **Farbteiler** geeignet. Die störenden Nebenmaxima können durch zusätzliche Schichtsysteme weitgehend unterdrückt werden. Bild 8.15 zeigt ein Beispiel. Auf das Schichtsystem mit 6 Schichtenpaaren (vgl.

Bild 8.14) ist noch eine niedrigbrechende Schicht mit der optischen Dicke $n_l d_l = \lambda_o/8$ ($\lambda/8$-Schicht) aufgebracht. Die Nebenmaxima werden dadurch bis auf eines unterdrückt, das deutlich kleiner als das ursprüngliche ist. Auf diese Weise ist ein **Hochpaßfilter** entstanden: Strahlung oberhalb der Wellenlänge 420 nm wird abgeschnitten (reflektiert), und kurzwelliges Licht unterhalb 420 nm kann mit hoher Transmission passieren. Nach diesem Prinzip sind **Wärmeschutzfilter** (Reflexion im infraroten Bereich und Transmission im Sichtbaren) und die umgekehrt wirkenden **Kaltlichtspiegel** (Reflexion im sichtbaren Bereich und Transmission im IR-Bereich) aufgebaut.

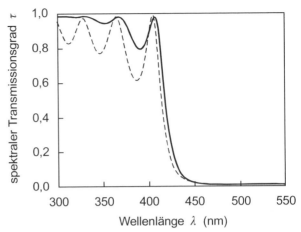

Bild 8.15 Spektraler Transmissionsgrad eines dielektrischen Spiegels mit 6 Schichtenpaaren aus Zinksulfid und Magnesiumfluorid, auf denen zusätzlich noch eine niedrigbrechende $\lambda/8$-Schicht aufgebracht ist (durchgezogene Linie). Zum Vergleich zeigt die gestrichelte Linie den Transmissionsgrad des Spiegels ohne $\lambda/8$-Schicht

8.3.4 Antireflexbeschichtung

Beim Durchgang von Licht treten an jeder Grenzfläche zwischen dielektrischen Materialien Reflexionen auf. Der Reflexionsgrad einer Grenzfläche hängt von den Brechzahlen beider Medien ab (s. Gl. 1.64 für senkrecht einfallendes Licht). Eine Grenzfläche zwischen Glas mit der Brechzahl 1,5 und Luft hat einen Reflexionsgrad von 4%. Für eine Linse mit zwei Glas-Luft Grenzflächen führt das zu einem Reflexionsverlust von 8% bzw. zu einem Transmissionsgrad von 92%. Bei einem Fotoobjektiv mit 7 Linsen würde der Transmissionsgrad auf $\tau = 0,96^{14} = 0,56$, also auf 56% zurückgehen. Hinzu kommt, daß durch die Mehrfachreflexionen an den Linsenflächen Störlicht in die Bildebene gelangt, das die Bildqualität (Kontrast) erheblich vermindern kann. Daher ist insbesondere bei optischen Systemen mit vielen Grenzflächen eine Verminderung der Reflexionsverluste erforderlich.

Wie im vorangegangenen Abschnitt wird auch für die Reflexverminderung ausgenutzt, daß der Reflexionsgrad einer Fläche durch Interferenz der an den Grenzflächen einer aufgedampften dünnen Schicht reflektierten Strahlen modifiziert werden kann (vgl. Bild 8.6). In diesem Fall wird angestrebt, daß die reflektierten Wellen destruktiv interferieren, das reflektierte Licht also geschwächt wird. Die beiden reflektierten Wellen löschen sich im Idealfall aus, wenn ihre Amplituden gleich sind und sie durch die Schichtdicke einen Gangunterschied von einer halben Wellenlänge $\lambda_o/2$ erhalten. Um ähnliche Amplituden der reflektierten Wellen zu erzielen, wählt man eine Zwischenschicht mit einer Brechzahl n_1, die zwischen der der Luft n_o und der des Glases n_G liegt. Die an der zweiten Grenzfläche reflektierte Welle durchläuft die Schichtdicke d zweimal, was zu einem Gangunterschied von $2n_1 d$ führt. Die Schichtdicke muß folglich so gewählt werden, daß für senkrecht einfallendes Licht mit der Wellenlänge λ_o die Bedingung

$$n_1 d = \frac{\lambda_o}{4} \quad (8.96)$$

erfüllt ist. Da durch $n_o < n_1 < n_G$ bei der Reflexion an beiden Flächen der Schicht ein Phasensprung von $\lambda_o/2$ auftritt, wird Reflexminderung ebenfalls durch eine sogenannte $\lambda/4$-Schicht erreicht.

Der Reflexionsgrad dieser Anordnung beträgt bei der Wellenlänge λ_o

$$\rho = \left(\frac{n_1^2 - n_0 n_G}{n_1^2 + n_0 n_G}\right)^2 \quad (8.97)$$

(vgl. Gl. 8.56). Daraus ist ersichtlich, daß der Reflexionsgrad Null wird, wenn der Brechungsindex der Antireflexschicht das geometrische Mittel Brechzahlen der beiden Nachbarmedien ist:

$$n_1 = \sqrt{n_0 n_G} \quad (8.98)$$

Die Reflexion von weißem Licht kann nicht vollständig ausgeschaltet werden, da die Bedingung Gl. 8.96 nur für eine Wellenlänge, beispielsweise für 550 nm, erfüllbar ist. Auch kann Gl. 8.98 i. allg. nicht streng erfüllt werden, da Schichtmaterialien mit geeigneten Brechzahlen nicht für alle Substrate zur Verfügung stehen. Zur Antireflexbeschichtung wird vor allem Magnesiumfluorid ($n_1 = 1{,}38$) verwendet. Bei BK7-Gläsern mit einer Brechzahl $n_G = 1{,}519$ wird der Reflexionsgrad von 4,2% auf ca. 1,3% vermindert. Bild 8.16 zeigt für diesen Fall die Wellenlängenabhängigkeit des spektralen Reflexionsgrads (Schwerpunktwellenlänge $\lambda_o = 550$ nm, Kurve b, berechnet mit Gl. 8.54).

Analog zu den dielektrischen Spiegeln kann eine weitere Verringerung des Reflexionsgrades durch Mehrfachschichten erzielt werden. In Bild 8.16 ist der spektrale Reflexionsgrad für eine Dreifachschicht mit der Schwerpunktwellenlänge $\lambda_o = 550$ nm (Kurve c) mit den Brechzahlen $n_1 = 1{,}38$ ($\lambda/4$-Schicht aus Magnesiumfluorid), $n_2 = 2{,}32$ ($\lambda/2$-Schicht aus Zinksulfid) und $n_3 = 1{,}63$ ($\lambda/4$-Schicht aus Aluminium-

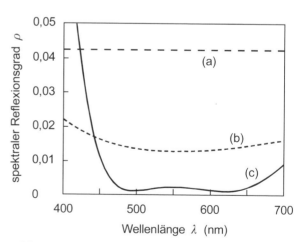

Bild 8.16 Spektraler Reflexionsgrad einer BK7-Glasfläche: (a) ohne Beschichtung, (b) mit einer einfachen Antireflexbeschichtung für 550 nm aus Magnesiumfluorid und (c) mit einer Dreifachschicht

oxid). Im Vergleich zur Einfachschicht ist der Reflexionsgrad deutlich kleiner. Bei beiden Beschichtungen ist der Reflexionsgrad in einem breiten spektralen Bereich um die Zentrumswellenlänge λ_o verringert.

Aus Bild 8.16 können wir aber auch die Ursache für die charakteristische Färbung der optischen Flächen erkennen, die für den sichtbaren Bereich entspiegelt sind. Zu den Rändern des sichtbaren Spektrums nimmt der Reflexionsgrad deutlich zu, was zur beobachteten blauen bzw. purpurnen Färbung der beschichteten Flächen führt.

Beispiel

Die Fenster einer Küvette für ein Infrarotspektrometer sollen für die Wellenlänge 4,0 µm entspiegelt werden. Das Fenstermaterial besteht aus dem optischen Glas IRG N6 mit einer Brechzahl 1,60. Für die Beschichtung soll Magnesiumfluorid (Brechzahl 1,35 bei 4 µm) verwendet werden. Wie dick muß die Antireflexschicht sein, und wie groß ist der Reflexionsgrad einer beschichteten Fensterfläche?

Lösung:

Die Dicke der $\lambda/4$-Schicht beträgt nach Gl. 8.96 $d = \dfrac{\lambda_o}{4 n_1} = 0{,}74$ µm. Aus Gl. 8.97 ergibt sich ein Reflexionsgrad von 0,42%.

8.4 Aufgaben

8.1 Ein Farbglas-Absorptionsfilter mit der Dicke von 2 mm und der Brechzahl 1,58 hat bei zwei verschiedenen Wellenlängen die Transmissionsgrade 0,79 bzw. 0,10. Wie groß sind die Transmissionsgrade für eine Glasdicke von 6 mm?

8.2 Um die Dicke eines Absorptionsfilters zu messen, wird ein Fotodetektor mit dem kollimierten Licht einer Leuchtdiode (850 nm) bestrahlt. Ohne Filter wird ein Fotostrom von 50 mA gemessen. Wird das Absorptionsfilter zwischen Detektor und Leuchtdiode gestellt, sinkt der Fotostrom auf 10 mA. Der Absorptionskoeffizient des Filtermaterials beträgt bei 850 nm 0,69 mm^{-1}, die Brechzahl 1,5. Wie dick ist das Filter?

8.3 In einem Interferenzfilter haben die teildurchlässigen Metallschichten einen Reflexionsgrad von 90%, die Zwischenschicht mit dem Brechungsindex 1,3 hat eine Dicke von 0,2 µm. Die Phasenverschiebung bei der Reflexion an den Metallschichten beträgt $0{,}2\pi$.
   a) Bei welcher Wellenlänge hat das Interferenzfilter sein Transmissionsmaximum im sichtbaren Spektralbereich? Bei welchen Wellenlängen befinden sich weitere Transmissionsmaxima?
   b) Wie groß ist im sichtbaren Spektralbereich die Halbwertsbreite seiner Transmissionskurve?

8.4 Welche der drei Metallinterferenzfilter (Reflexion an einer Metallschicht verursacht eine Phasenverschiebung von $0{,}25\pi$) mit den Dicken der Abstandsschicht (Brechzahl 1,3) von 350 nm, 450 nm und 600 nm lassen nur eine Wellenlänge im sichtbaren Bereich (380 nm bis 780 nm) durch?

8.5 Ein Metallinterferenzfilter soll für eine Wellenlänge von 600 nm in erster Ordnung maximal durchlässig sein. Die Reflexionsschichten sind aus Silber (Phasenverschiebung von $0{,}25\pi$ bei Reflexion) und haben einen Reflexionsgrad von 0,86 sowie einen Absorptionsgrad von 0,02.
  a) Bestimmen Sie die erforderliche Dicke der Abstandsschicht (Brechzahl 1,5) für senkrechten Lichteinfall.
  b) Wie groß sind der maximale Transmissionsgrad und die Halbwertsbreite der Transmissionskurve?
  c) Wie groß sind die Durchlaßwellenlänge und die Halbwertsbreite der Transmissionskurve für die dritte Ordnung?
  d) Wie groß ist der Wellenlängenbereich, für den in erster Ordnung maximale Durchlässigkeit eintritt, wenn ein divergentes Lichtbündel mit einem Öffnungswinkel von 40° auftrifft?

8.6 Ein optischer Spektralanalysator ist mit zwei Spiegeln mit einem Reflexionsgrad von je 99% ausgestattet, der Spiegelabstand beträgt 10 cm. Zwischen den Spiegeln befindet sich Luft (Brechzahl $n_0 = 1$). Mit dem Spektralanalysator soll das Spektrum eines Diodenlasers bei der Wellenlänge von 680 nm untersucht werden.
  b) Wie groß ist der minimale Wellenlängenabstand, der mit dem Spektralanalysator aufgelöst werden kann?
  c) Wie groß sind freier Spektralbereich und Finesse des Geräts?

8.7 Mit einem Fabry-Perot-Spektralanalysator soll das Modenspektrum eines Lasers bei 590 nm untersucht werden. Die Frequenzdifferenz zwischen den Lasermoden beträgt 150 MHz, die Breite des Spektrums 0,1 nm. Zur Verfügung steht ein Fabry-Perot-Spektralanalysator mit einer Finesse von 1000, dessen Spiegelabstand veränderbar ist. Ist der Spektralanalysator geeignet? Wenn ja, welcher Spiegelabstand muß eingestellt werden?

8.8 Mit einem Fabry-Perot-Spektralanalysator soll das Modenspektrum eines Lasers bei 514 nm untersucht werden. Die Spiegel des Analysators haben einen Reflexionsgrad von 99,5%, der Spiegelabstand ist veränderbar. Die Frequenzdifferenz zwischen den Lasermoden beträgt 150 MHz, die Breite des Spektrums 15 GHz.
  a) Welcher Spiegelabstand muß eingestellt werden? Reicht das Auflösungsvermögen aus?
  b) Wie groß ist die Finesse des Fabry-Perot-Spektralanalysators?

8.9 Eine Seite einer Schwerflint-Glasplatte ($n_G = 1{,}75$) soll mit Magnesiumfluorid ($n_1 = 1{,}38$) für die Wellenlänge 480 nm antireflexbeschichtet werden.
  a) Wie dick muß die aufgedampfte Magnesiumfluoridschicht sein?
  b) Berechnen Sie den Reflexionsgrad der entspiegelten Seite der Glasplatte. Vergleichen Sie diesen mit dem Reflexionsgrad der nicht entspiegelten Seite.
  c) Die Glasplatte wird in Wasser (Brechzahl 1,33) getaucht. Wie groß sind jetzt die Reflexionsgrade beider Seiten?
  d) Der Beschichter hat versehentlich eine $\lambda/2$-Schicht aufgedampft. Wie groß ist nun der Reflexionsgrad?

8.10 Auf ein optisches Bauelement aus dem Glas SK5 mit der Brechzahl 1,5914 wird eine Entspiegelungsschicht mit einer Schichtdicke von 0,45 µm aufgebracht. Die Brechzahl der Schicht soll so gewählt werden, daß der Reflexionsgrad Null wird. Für welche Wellenlängen des sichtbaren Spektralbereiches ist das möglich?

8.11 Die erste Fläche der an Luft grenzenden Frontlinse eines Kameraobjektivs soll mit einem Entspiegelungsbelag für den sichtbaren Spektralbereich (550 nm) versehen werden. Die Brechzahl des Linsenmaterials beträgt 1,75.
   a) Was wäre die optimale Brechzahl der Entspiegelungsschicht? Wie dick muß die Entspiegelungsschicht mit der von Ihnen gewählten Brechzahl sein?
   b) Wie groß ist der Reflexionsgrad der entspiegelten Fläche für die Randbereiche des sichtbaren Spektrums (700 nm, 450 nm)?

8.12 Kohlendioxid soll durch Infrarotabsorption an seinen Absorptionsbanden bei der Wellenlänge von 2 µm nachgewiesen werden. Um durch den Mehrfachdurchgang des Lichts durch die Küvette die Wechselwirkungslänge und damit die Empfindlichkeit zu vergrößern, ist die dafür verwendete Meßküvette mit dielektrischen Spiegeln abgeschlossen. Die Verspiegelung der Spiegel besteht aus vier Doppelschichten mit Germanium *(n = 4,0)* und Magnesiumfluorid *(n = 1,38)*.
   a) Wie dick müssen die Schichten sein?
   b) Wie hoch ist der Reflexionsgrad der Spiegel?

8.13 Der dielektrische Auskoppelspiegel eines Hochleistungslasers soll einen Reflexionsgrad von 67 % haben. Er wird abwechselnd bedampft mit einer hochbrechenden Schicht (Brechzahl 1,52) und einer niedrigbrechenden Schicht (Brechzahl 1,38). Wie viele Schichtenpaare sind für den gewünschten Reflexionsgrad erforderlich?

9. Optische Wellenleiter

Konventionelle optische Instrumente nutzen Licht, das sich im freien Raum ausbreitet und dabei fokussiert, gebündelt, abgelenkt usw. wird. Solche optischen Strahlengänge benötigen naturgemäß eine bestimmte Ausdehnung. Das Lichtbündel muß häufig viele Oberflächen von optischen Elementen passieren, wo Unregelmäßigkeiten und Verschmutzungen den Strahlengang beeinträchtigen können. In den letzten Jahren hat sich verstärkt eine neue Technologie der Lichtübertragung etabliert, die optische Wellenleitung. Unter optischer Wellenleitung wird die Führung von Licht durch geeignet strukturierte Dielektrika verstanden. Der zugrundeliegende Mechanismus ist denkbar einfach. Die Führung des Lichts durch Wellenleiterstrukturen beruht auf der wiederholten Totalreflexion in einem Dielektrikum, dessen Brechzahl höher als die der Umgebung ist.

Die wohl bekanntesten Lichtwellenleiter sind **optische Fasern** (Bild 9.1), die inzwischen einen breiten Anwendungsbereich gefunden haben. Durch die Lichtübertragung mit Hilfe von Fasern können schwer zugängliche Stellen beleuchtet werden. Geordnete Faserbündel ermöglichen wiederum die Übertragung einer Abbildung von solchen Stellen. In der Medizintechnik sind Endoskope ein typisches Anwendungsbeispiel dafür. Breiten Raum hat in den letzten Jahren die Anwendung von optischen Fasern zur Datenübertragung in der Telekommunikation gefunden.

Ein Gebiet, das auf der Führung von Licht durch Wellenleiterstrukturen basiert, ist die **integrierte Optik**. Durch die Integration verschiedener optischer Elemente, beispielsweise zur Fokussierung, Strahlteilung oder Lichtmodulation auf einem Substrat, erhält man für eine bestimmte Aufgabenstellung ähnlich wie in der Mikroelektronik einen "optischen Chip". Integrierte Interferometer zur Längenmessung sind ein Beispiel dafür. Optische Wellenleiter in Form von **Film-** oder **Schichtwellenleiter** sowie **Streifenwellenleiter** (Bild 9.1) liefern die optische Verbindung zwischen den integrierten optischen Elementen.

Ein Anwendungsbereich integriert-optischer Elemente und Fasern ist die optische Meßtechnik zur Messung einer großen Anzahl physikalischer und technischer Größen. Faseroptische Sensoren haben den Vorteil, daß sie unempfindlich gegen elektromagnetische Streustrahlung, hochspannungsfest und betriebsicher in explosionsgefährdeter Umgebung sind.

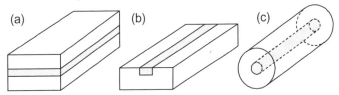

Bild 9.1 Optische Wellenleiterstrukturen: (a) Schichtwellenleiter, (b) Streifenwellenleiter, (c) optische Faser

In diesem Kapitel wollen wir die Grundlagen der Lichtausbreitung in optischen Wellenleitern, insbesondere in Lichtleitfasern, kennenlernen. Wir werden sehen, daß ähnlich wie im Laserresonator die Lichtführung in Wellenleitermoden geschieht.

Größen, welche die Eigenschaften von Wellenleitern charakterisieren, sind der Akzeptanzwinkel und die Grenzwellenlänge. Insbesondere in der optischen Datenübertragung, wo Licht über große Entfernungen in Glasfasern geführt werden muß, ist die Kenntnis der Dämpfung und Übertragungsbandbreite wichtig.

9.1 Schichtwellenleiter

Die wesentlichen Eigenschaften der Lichtausbreitung in einem optischen Wellenleiter sollen zunächst anhand einer einfachen planaren Struktur verständlich gemacht werden. Das betrifft den **Akzeptanzwinkel** bzw. die **numerische Apertur** eines Lichtwellenleiters und die Führung des Lichts in sogenannten **Wellenleitermoden**.

9.1.1 Lichtführung durch Totalreflexion

Ein Schichtwellenleiter (Bild 9.2) besteht aus dem Substrat, auf dem die Wellenleiterschicht aufgebracht ist. Abgeschlossen wird die Struktur durch eine Deckschicht. Häufig (insbesondere bei rotationssymmetrischen Wellenleitern wie den optischen Fasern) bezeichnet man die Wellenleiterschicht auch als **Kern** und die umgebenden Schichten als **Mantel**. Der Einfachheit halber setzen wir voraus, daß die Brechzahlen des Substrats und der Deckschicht gleich sind (symmetrischer Schichtwellenleiter). Die Brechzahlen der Wellenleiterschicht n_1 und des Substrats bzw. der Deckschicht n_2 sind so gewählt, daß $n_1 > n_2$ ist.

Trifft Licht innerhalb der Wellenleiterschicht auf die Grenzfläche zu den benachbarten Schichten, wird ein Teil reflektiert, und der andere Teil geht in die benachbarte Schicht über (Bild 9.2a). Den Zusammenhang zwischen Einfalls- und Brechungswinkel beschreibt das Snelliussche Brechungsgesetz (Gl. 1.32). In

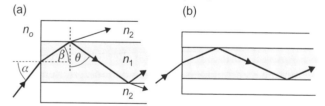

Bild 9.2 (a) Reflexion und Brechung an den Grenzflächen der Wellenleiterschicht, (b) Lichtführung durch Totalreflexion

diesem Fall vermindert sich der Strahlungsfluß innerhalb der Welleneiterschicht mit jeder Reflexion, das Licht wird nicht "geführt". Bei einem Einfallswinkel Θ, der größer als der Grenzwinkel Θ_g der Totalreflexion ist (vgl. Abschn. 1.4.3), wird das Licht vollständig an der Grenzfläche reflektiert und der gesamte Strahlungsfluß bleibt in der Wellenleiterschicht. Das Licht wandert durch fortlaufende Totalreflexionen in der Wellenleiterschicht, es wird vom Wellenleiter geführt (Bild 9.2b).

Zunächst wollen wir überlegen, wie groß der Winkel α maximal werden kann, unter dem Licht auf die Stirnfläche des Wellenleiters auftrifft, so daß es durch Totalreflexion innerhalb der Wellenleiterschicht geführt werden kann. Dieser Winkel wird als **Akzeptanzwinkel** α_{Gr} bezeichnet.

- Der Akzeptanzwinkel bestimmt den Winkelbereich $\alpha \leq \alpha_{Gr}$, in dem Licht in den Wellenleiter eingekoppelt werden kann, so daß es in der Wellenleiterschicht geführt wird.

Den Zusammenhang zwischen dem Grenzwinkel Θ_g der Totalreflexion, bestimmt durch

$$\sin\Theta_g = \frac{n_2}{n_1} \qquad (9.1)$$

(vgl. Gl. 1.69), und dem Akzeptanzwinkel α_{Gr} können wir aus Bild 9.2 ablesen. Mit $\Theta_g = \pi/2 - \beta$ wird

$$\sin\Theta_g = \cos\beta = \sqrt{1 - \sin^2\beta} = \sqrt{1 - \frac{n_o^2}{n_1^2}\sin^2\alpha_{Gr}} \qquad (9.2)$$

Den Winkel β haben wir dabei durch α_{Gr} mit Hilfe des Brechungsgesetzes (Gl. 1.32) ausgedrückt. n_o ist die Brechzahl des Umgebungsmedium. Setzt man Gl. 9.2 in 9.1 ein, ergibt sich die Bestimmungsgleichung für den Akzeptanzwinkel α_{Gr}:

$$n_o \sin\alpha_{Gr} = \sqrt{n_1^2 - n_2^2} \qquad (9.3)$$

Das Produkt aus der Brechzahl des Umgebungsmediums und dem Sinus des Akzeptanzwinkels

$$NA = n_o \sin\alpha_{Gr} \qquad (9.4)$$

wird als **numerische Apertur** NA des Wellenleiters bezeichnet. Die numerische Apertur ist ein grundlegender Begriff in der Optik, der die Öffnung eines optischen Systems charakterisiert (vgl. z. B. Abschn. 2.4.1).

9.1.2 Moden eines Lichtwellenleiters

(1) Lichtwellenleitermoden als Konsequenz der Welleneigenschaft des Lichts

Die Erklärung der Lichtführung in einem Wellenleiter durch Vielfachreflexionen beruht auf strahlenoptischen Überlegungen. Wenn jedoch die Dicke der Wellenleiterschicht klein ist und in die Größenordnung der Wellenlänge kommt, wie das bei vielen Wellenleiterstrukturen der Fall ist, müssen wir die Welleneigenschaften des Lichts berücksichtigen. Um das zu veranschaulichen, ordnen wir jedem reflektierten Strahl in der Wellenleiterschicht eine ebene

Welle zu. In Bild 9.3a sind beispielsweise die Phasenflächen der Wellen des Strahls 1 (hellgrau) und die des nach zweimaliger Reflexion entstandenen Strahls 2 (dunkelgrau) dargestellt. Beide Wellen interferieren, wobei es je nach Gangunterschied zwischen den Wellen 1 und 2 zu destruktiver Interferenz, also zu einer Schwächung der Wellen, oder zu konstruktiver Interferenz kommen kann. Im Bild 9.3a sind beide Wellen so dargestellt, daß sie einen Gangunterschied von einer halben Wellenlänge haben und sich gerade auslöschen würden. Wellen mit diesem "Zickzack"-Weg können sich folglich nicht in dem Wellenleiter ausbreiten. Eine Ausbreitung der Wellen ist nur möglich, wenn der Einfallswinkel Θ

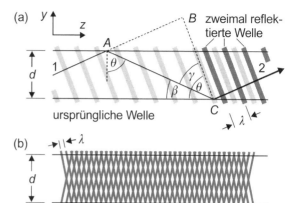

Bild 9.3 (a) Überlagerung einer Welle (zum Strahl 1 gehörige Phasenflächen) mit der nach zweimaliger Reflexion entstandenen Welle (Phasenflächen zum Strahl 2). (b) Sind die Wellen selbstkonsistent, entsteht eine entlang der z-Achse gleichbleibende Feldverteilung

auf der Grenzfläche zu einem Gangunterschied führt, daß beide Wellen konstruktiv interferieren. Allgemeiner ausgedrückt bedeutet das, daß nach einer zweimaligen Reflexion die Welle sich in ihren Eigenschaften (Phase, Amplitude) reproduzieren muß, die Welle also selbstkonsistent sein muß. Wellen, die diese Bedingung erfüllen, bezeichnet man als **Wellenleitermoden**. Ist das der Fall, besteht das elektromagnetische Wellenfeld in dem Wellenleiter aus zwei ebenen Wellen. Bild 9.3b zeigt dies schematisch. Es bildet sich eine transversale Feldverteilung heraus, die sich entlang der Wellenleiterachse nicht ändert.

- Moden eines Wellenleiters sind selbstkonsistente Wellen, deren Feldverteilung entlang der Wellenleiterachse gleich bleibt.

Eine ähnliche Überlegung führte uns in Abschn. 6.4.2 zu den Moden eines Laserresonators. Ein stationäres Wellenfeld kann nur zwischen den beiden Spiegeln des Resonators entstehen, wenn die Welle sich nach einem Umlauf reproduziert, d. h., nach einer zweimaligen Reflexion die gleiche Phase wie die ursprüngliche hat, mit dieser also konstruktiv interferiert. Die resultierende Feldverteilung entspricht im Falle longitudinaler Moden stehenden Wellen zwischen den Spiegeln.

Diese anschauliche Interpretation des Entstehens von Wellenleitermoden ermöglicht uns auch einige quantitative Aussagen. Bild 9.3a zeigt, daß z. B. die Wellenfront, die zum Punkt B des Strahls 1 gehört, die gleiche Phase haben muß wie die vom Punkt C des Strahls 2. Der Gangunterschied zwischen der Welle, die vom Punkt A nach B gelaufen ist, und der Welle von A nach C muß ein Vielfaches der Wellenlänge λ sein:

$$\Delta = n_1(\overline{AC} - \overline{AB}) - \frac{\lambda}{2\pi} 2\varphi = m\lambda, \quad m = 0, 1, 2, \ldots \quad (9.5)$$

Bei der Bestimmung des Gangunterschieds mußte noch berücksichtigt werden, daß bei jeder Totalreflexion eine Phasenverschiebung stattfindet, die durch den Phasenwinkel φ beschrieben wird. Die Größe $\lambda/(2\pi)\varphi$ gibt den dadurch verursachten Gangunterschied an.

Mit $\overline{AC} - \overline{AB} = \overline{AC}(1 - \sin\gamma)$, $\sin\gamma = \sin(2\Theta - \pi/2) = -\cos(2\Theta)$ und $\overline{AC} = d/\cos\Theta$ geht Gl. 9.5 über in

$$2n_1 d \cos\Theta_m - \frac{\lambda}{\pi} \varphi_m = m\lambda, \quad m = 0, 1, 2, \ldots \quad (9.6)$$

d ist die Dicke der Wellenleiterschicht. Der Phasenwinkel φ_m hängt von der Lage der Schwingungsebene des elektrischen Felds bezüglich der Einfallsebene ab. Ist die Schwingungsebene senkrecht zur Einfallsebene, gilt

$$\tan\left(\frac{\varphi_m}{2}\right) = \frac{1}{\cos\Theta_m} \sqrt{\sin^2\Theta_m - \frac{n_2^2}{n_1^2}} \quad (9.7)$$

sowie bei parallel liegender Schwingungsebene

$$\tan\left(\frac{\varphi_m}{2}\right) = \frac{1}{\cos\Theta_m} \left(\frac{n_1}{n_2}\right)^2 \sqrt{\sin^2\Theta_m - \frac{n_2^2}{n_1^2}} \quad (9.8)$$

(vgl. z. B. Ergänzung zum Abschn. 1.4.3). Gl. 9.6 mit 9.7 bzw. 9.8 stellen Bestimmungsgleichungen für die Einfallswinkel Θ_m dar, für welche die Wellen selbstkonsistent sind, also Moden des planaren Wellenleiters bilden. Der Index m macht deutlich, daß es für jede ganze Zahl $m = 1, 2, \ldots$ solche Winkel Θ_m gibt. Die zugehörigen Wellen werden als Moden m-ter Ordnung bezeichnet.

(2) Eigenschaften der Moden des Schichtwellenleiters

Aus Gln. 9.6 - 9.8 können wir Schlußfolgerungen zu wichtigen Eigenschaften der Wellenleitermoden ziehen, die wir auch für andere Wellenleitergeometrien verallgemeinern können.

Diskrete Reflexionswinkel

Aus den vorangegangenen Betrachtungen ist ersichtlich, daß eine Welle geführt wird, wenn zwei Bedingungen erfüllt sind. Zum einen muß der Einfallswinkel auf die Grenzfläche größer sein als der Grenzwinkel der Totalreflexion, $\Theta \geq \Theta_g$. Diese Forderung führte zur numerischen Apertur bzw. zum Akzeptanzwinkel des Lichtwellenleiters (Gl. 9.4). Zum anderen muß die Welle eine Mode des Lichtwellenleiters sein, wodurch nur diskrete Einfallswinkel $\Theta = \Theta_m$ auftreten können. Die für den Schichtwellenleiter möglichen Winkel Θ_m sind Lösungen der Gln. 9.6 - 9.8.

TE- und TM-Moden
Die Phasenverschiebung bei der Totalreflexion hängt ebenfalls von der Lage der Schwingungsebene des elektrischen Felds ab (vgl. Gln. 9.7 und 9.8). Es treten daher Wellenleitermoden auf, deren Schwingungsebene senkrecht zur Einfallsebene steht, und Moden, deren Schwingungsebene parallel zur Einfallsebene liegt. Moden mit senkrechter Schwingungsebene bezeichnet man als **transversal elektrische Moden** oder **TE-Moden**. Die zugehörigen Winkel Θ_m ergeben sich aus Gl. 9.6 mit 9.7. Moden mit paralleler Schwingungsebene, deren magnetisches Feld folglich senkrecht zur Einfallsebene liegt, werden als **transversal magnetische Moden** bzw. **TM-Moden** bezeichnet. Die entsprechenden Winkel finden wir aus Gl. 9.6 mit 9.8. Zu jeder ganzen Zahl m gehören daher zwei Wellenleitermoden mit unterschiedlichen Reflexionswinkeln.

Phasen- und Gruppengeschwindigkeit von Wellenleitermoden
Aus Gl. 9.6 mit 9.7 bzw. 9.8 geht hervor, daß mit zunehmender Modenordnung m die Einfallswinkel auf die Grenzfläche des Kerns Θ_m kleiner werden. Bild 9.4, in dem die Abhängigkeit der Winkel Θ_m von m für ein Wellenleiterbeispiel dargestellt ist, verdeutlicht das. Die Folge ist, daß Moden höherer Ordnung im Vergleich zu Moden niedriger Ordnung einen längeren optischen Weg im Wellenleiter zurücklegen.

Quantitativ beschrieben wird dies durch die Gruppengeschwindigkeit $d\omega/dk$, die gleich der Ausbreitungsgeschwindigkeit eines Signals (beispielsweise eines Lichtimpulses) im Wellenleiter ist (vgl. Gl. 1.30). Um die Signalgeschwindigkeit bestimmen zu können, muß die Abhängigkeit der Wellenzahl der Wellenleitermoden von der Frequenz ω bekannt sein. Die Moden stellen geführte Wellen dar, die sich in Richtung der Wellenleiterachse (z-Achse) ausbreiten. Ihre Wellenzahl, die auch als **Ausbreitungskonstante** bezeichnet wird, ist gleich der z-Komponente der Wellenzahl der total reflektierten Welle:

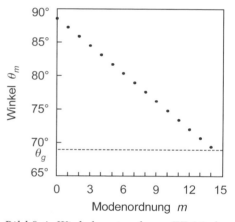

Bild 9.4 Winkel, unter denen TE-Moden eines Schichtwellenleiters (mit den Parametern $n_1 d = 20\lambda$, $n_2/n_1 = 0{,}933$) geführt werden, in Abhängigkeit von der Ordnungszahl m. Θ_g ist der Grenzwinkel der Totalreflexion

$$k_z^{(m)} = n_1 k \sin\Theta_m = \frac{2\pi n_1}{\lambda} \sin\Theta_m \qquad (9.9)$$

($k = 2\pi/\lambda$ ist die Vakuumwellenzahl). Ersetzt man in Gl. 9.9 $\sin\Theta_m$ mit Hilfe von Gl. 9.6, wird deutlich, daß die Ausbreitungskonstante von der Modenordnung m abhängt:

$$\left(k_z^{(m)}\right)^2 = k^2 - \left(\frac{\pi}{d}\right)^2 \left(m + \frac{\varphi_m}{\pi}\right)^2 \qquad (9.10)$$

Phasengeschwindigkeit der Mode m-ter Ordnung $c^{(m)} = \omega/k_z^{(m)}$ und **Signalgeschwindigkeit** $v_m = \dfrac{d\omega}{dk_m^{(m)}}$ hängen daher ebenfalls von der Modenordnung m ab.

Um die Abhängigkeit speziell für die Signalgeschwindigkeit zu veranschaulichen, setzen wir der Einfachheit halber $\varphi_m = 0$. Dies entspricht einem planaren Wellenleiter, in dem die Wellenleitung durch Reflexion an ebenen Spiegelflächen anstelle der dielektrischen Grenzflächen erfolgt (planarer Spiegelwellenleiter).

Leitet man Gl. 9.10 ab, $\dfrac{d(k_z^{(m)})^2}{d\omega} = 2k_z^{(m)} \dfrac{dk_z^{(m)}}{d\omega} = \dfrac{2\omega}{c_1^2}$ (mit $\varphi_m = 0$ und $k = \omega/c_o$, wobei noch die Dispersion der Wellenleiterschicht vernachlässigt wurde) und ersetzt $k_z^{(m)}$ durch Gl. 9.9 bzw. 9.10, finden wir die Signalgeschwindigkeit der m-ten Mode

$$v_m = \frac{d\omega}{dk_z^{(m)}} = c_1 \sin\Theta_m = c_1 \sqrt{1 - \left(\frac{\lambda}{2n_1 d}\right)^2 m^2} \qquad (9.11)$$

$c_1 = c_o/n_1$. Die Gruppengeschwindigkeit und damit die Geschwindigkeit, mit der eine Mode ein Signal transportiert, hängt ab vom Reflexionswinkel Θ_m und der Modenordnung m. Sie nimmt ab mit kleiner werdendem Θ_m, bzw. mit wachsendem m.

Bei der Totalreflexion an dielektrischen Grenzflächen wird die Gruppengeschwindigkeit noch dadurch beeinflußt, daß die Welle teilweise ins Nachbarmedium eindringt und sich dort eine Grenzflächenwelle ausbildet (vgl. Abschn. 1.4). Dies modifiziert die Laufzeit der Moden zusätzlich. Quantitativ drückt sich das in dem Beitrag durch den Phasenwinkel φ_m aus, der in Gl. 9.11 vernachlässigt wurde. Dies ändert aber nichts an der generellen Schlußfolgerung, die wir aus Gl. 9.11 gezogen haben:

- Die Gruppengeschwindigkeit einer Wellenleitermode und damit die Signalübertragungsgeschwindigkeit nimmt mit wachsender Modenordnung ab.

Diese Eigenschaft spielt, wie wir später sehen werden, eine wesentliche Rolle für die Eignung von Lichtwellenleitern (optische Fasern) für die Datenübertragung.

Intensitätsverteilung der Moden

Aus der Bedingung Gl. 9.6 können wir uns überlegen, wie die Intensitätsverteilung der unterschiedlichen Modenordnungen senkrecht zur Wellenleiterachse aussehen muß. Berücksichtigen wir, daß in Analogie zu Gl. 9.9

$$k_x^{(m)} = \frac{2\pi n_1}{\lambda} \cos\Theta_m \qquad (9.12)$$

die Komponente des Wellenzahlvektors senkrecht zur Wellenleiterachse (x-Richtung, vgl. Bild 9.3) ist, sehen wir, daß Gl. 9.6 die Bedingung dafür ist, daß die Komponenten der Wellenleitermoden senkrecht zur Wellenleiterachse stehende Wellen bilden. Diese Bedingung ist anschaulich verständlich. Eine geführte Mode darf nur Energie in Richtung der Wellenleiterachse transportieren, Energietransport senkrecht dazu würde zu einem Abklingen der Welle führen. Eine stehende Welle erfüllt diese Forderung, da sie eine stationäre Schwingungsverteilung darstellt, die keine Energie transportiert. Der Phasenwinkel φ_m bewirkt, daß die Maxima der stehenden Welle nicht genau auf der Grenzfläche zum optisch dünneren Medium liegen. Die Modenordnung m gibt die Anzahl der Nullstellen der stehenden Welle an. Bild 9.3b macht deutlich, daß infolgedessen Maxima und Minima den Wellenleiter parallel zur seiner Achse durchziehen. Die daraus resultierende Intensitätsverteilung veranschaulicht Bild 9.5. Die Zahl der Nullstellen schreibt man als Index: TE_m bzw. TM_m.

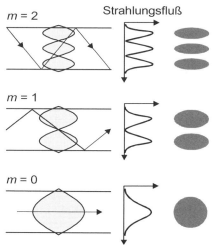

Bild 9.5 *Veranschaulichung der transversalen Intensitätsverteilung der Wellenleitermoden: Die Wellenkomponenten senkrecht zur Wellenleiterachse bilden stehende Wellen, die zu Minima und Maxima im Strahlungsfluß führen*

Einmoden- und Mehrmoden-Wellenleiter

Aus den vorangegangenen Überlegungen wird auch deutlich, daß ein Lichtwellenleiter mehrere Moden gleichzeitig führen kann. In dem Beispiel zu Bild 9.4 sind 15 Winkel möglich, unter denen sich TE-Moden ausbreiten können. Die gleiche Anzahl kommt noch für TM-Moden hinzu, so daß dieser Schichtwellenleiter eingekoppeltes Licht in 30 Wellenleitermoden führen kann. Einen solchen Wellenleiter bezeichnet man daher auch als **Mehrmoden-** oder **Multimode-Wellenleiter**. Sind numerische Apertur, Dicke und Wellenlänge so aufeinander abgestimmt, daß Licht nur in der niedrigsten Modenordnung $m = 0$ (**Grundmode**) geführt werden kann, liegt ein **Einmoden-** bzw. **Monomode-Wellenleiter** vor.

Die Anzahl der Moden, die ein planarer Wellenleiter führen kann, können wir aus der Anzahl der Winkel folgern, welche die Bedingung $\Theta_m \geq \Theta_g$ erfüllen. Für den Grenzwinkel $\Theta_m = \Theta_g$ folgt aus Gln. 9.7 und 9.8 mit Gl. 9.1, daß $\varphi_m(\Theta_g) = 0$ ist. Damit können wir aus Gl. 9.6 mit 9.1 die maximale Modenordnung m_g bestimmen:

$$m_g = \frac{2n_1 d}{\lambda}\cos\Theta_g = \frac{2d}{\lambda}\sqrt{n_1^2 - n_2^2} \qquad (9.13)$$

Es werden TE- und TM-Moden geführt, so daß die **Modenanzahl**, die ein Schichtwellenleiter führen kann, $M = 2(m_g+1)$ ist:

$$M = 2\left(\frac{2d}{\lambda}NA + 1\right) \qquad (9.14)$$

NA ist die numerische Apertur des Wellenleiters (s. Gl. 9.3). Die Modenanzahl *M* eines Wellenleiters wächst mit seiner numerischen Apertur *NA* und der Schichtdicke *d*.

Grenzwellenlänge und Grenzdicke eines Wellenleiters

Nur eine Mode wird geführt (genaugenommen eine TE- und eine TM-Mode), wenn $m_g < 1$ in Gl. 9.13 ist, woraus der Bereich

$$\frac{2d}{\lambda} NA < 1 \qquad (9.15)$$

resultiert. In einem Schichtwellenleiter mit der numerischen Apertur NA und der Schichtdicke d wird folglich Licht in einer einzelnen Mode geführt, wenn die Wellenlänge λ der Bedingung

$$\lambda > \lambda_c = 2d\,NA \qquad (9.16)$$

genügt. Für den Wellenlängenbereich entsprechend Gl. 9.16 ist der Wellenleiter ein Monomode-Wellenleiter. Die Größe λ_c ist ein charakteristischer Parameter eines Wellenleiters und wird als **Grenzwellenlänge** bezeichnet. Soll andererseits Licht mit der Wellenlänge λ in nur einer Mode durch einen Wellenleiter geführt werden, dann muß entsprechend Gl. 9.15 die Dicke der wellenführenden Schicht innerhalb des Bereichs

$$d \leq d_c = \frac{\lambda}{2\,NA}$$

bleiben, wobei d_c die **Grenzdicke** der wellenführenden Schicht ist.

Eindringtiefe

Eine interessante Eigenschaft der Lichtführung im Wellenleiter ist, daß die Strahlungsenergie nicht nur von der Wellenleiterschicht transportiert wird, sondern auch durch die Nachbarschichten. Im Abschn. 1.4.3 hatten wir gesehen, daß bei der Totalreflexion sich im optisch dünneren Nachbarmedium eine Grenzflächenwelle parallel zur Grenzfläche ausbreitet, deren Amplitude senkrecht zur Grenzfläche exponentiell abnimmt. Entsprechend Gl. 1.71

$$\gamma_m = \frac{2\pi n_1}{\lambda} \sqrt{\sin^2 \Theta_m - \frac{n_2^2}{n_1^2}} \qquad (9.18)$$

nimmt die Eindringtiefe γ_m^{-1} der Mode m-ter Ordnung im Mantel zu mit wachsender Modenordnung (kleiner werdender Einfallswinkel Θ_m) und kleiner werdendem Brechzahlverhältnis. Diese Eigenschaft bildet die Grundlage für die Verzweigung von Lichtwellenleitern. Das Prinzip ist so, daß die wellenführenden Schichten zweier Wellenleiter einen Abstand bekommen, der kleiner als die Eindringtiefe ist. Dadurch reicht die Grenzflächenwelle des einen Wellenleiters in die wellenführende Schicht des anderen, was zur Einkopplung von Energie in diesen führt.

9.1 Schichtwellenleiter

Wellentheoretische Beschreibung der Lichtführung in einem Schichtwellenleiter

Der einfache Aufbau des Schichtwellenleiters ermöglicht es, ohne größeren mathematischen Aufwand das prinzipielle Vorgehen darzustellen, wie man mit Hilfe der Wellengleichung (Gl. 1.23) die Ausbreitung von Wellen in einem Wellenleiter beschreibt. Wir werden sehen, daß durch den Ansatz, daß sich ebene Wellen in dem Wellenleiter ausbreiten, die Wellengleichung in eine Differentialgleichung für die Feldamplituden übergeht, die vom Typ einer Schwingungsgleichung ist. Die Lösungen, welche die Feld- bzw. Intensitätsverteilung der Wellen über den Querschnitt des Wellenleiters beschreiben, sind Kosinus- bzw. Sinusfunktionen. Die Forderung, daß die Tangentialkomponenten des elektrischen und magnetischen Felds an beiden Grenzflächen der Wellenleiterschicht stetig übergehen (Gl. 1.25), führt dazu, daß nur diskrete Lösungen auftreten, die der Bedingung Gl. 9.6 genügen und welche die Moden des Lichtwellenleiters beschreiben. Nach dem gleichen Prinzip erfolgt die Beschreibung der Lichtausbreitung in beliebigen Wellenleitergeometrien. Allerdings erfordern kompliziertere Geometrien einen größeren mathematischen Aufwand. Beispielsweise geht für die zirkulare Geometrie einer optischen Faser die Wellengleichung in eine Besselsche Differentialgleichung über, und die Feldverteilungen der Moden lassen sich durch Besselsche Funktionen beschreiben.

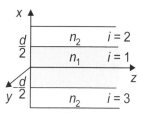

Bild 9.6 Geometrie des symmetrischen Schichtwellenleiters

Wir gehen von einem symmetrischen Schichtwellenleiter aus (Bild 9.6), dessen Wellenleiterschicht ($i = 1$) die Dicke d und die Brechzahl n_1 hat. Die beiden benachbarten Schichten (obere Schicht, $i = 2$, $x > d/2$, untere Schicht, $i = 3$, $x < -d/2$) haben die Brechzahl n_2. Das Vorgehen soll für die transversal elektrischen Moden (TE-Moden) gezeigt werden. In diesem Fall hat das elektrische Feld in den drei Schichten eine Komponente $E_{iy}(x,z,t)$ in y-Richtung, die der Wellengleichung

$$\frac{\partial^2 E_{iy}}{\partial x^2} + \frac{\partial^2 E_{iy}}{\partial z^2} - \frac{1}{c_i^2}\frac{\partial^2 E_{iy}}{\partial t^2} = 0, \quad i = 1, 2, 3 \tag{9.19}$$

genügt (vgl. Gl. 1.23). $c_i = c_0/n_i$ ist die Lichtgeschwindigkeit im i-ten Medium. Das magnetische Feld, das senkrecht auf dem elektrischen Feld steht, hat eine x- und z-Komponente. An den Grenzflächen der Schichten müssen die Tangentialkomponenten des elektrischen und magnetischen Feldes stetig sein:

$$\begin{aligned} x &= \frac{d}{2}: \quad E_{1y} = E_{2y}, \quad H_{1z} = H_{2z} \\ x &= -\frac{d}{2}: \quad E_{1y} = E_{3y}, \quad H_{1z} = H_{3z} \end{aligned} \tag{9.20}$$

Um die Übergangsbedingungen für das magnetische Feld an den Grenzflächen auswerten zu können, benötigen wir die Tangentialkomponente H_{iz}. Aus Gl. 1.18 folgt

$$-\mu_i \frac{\partial H_{iz}}{\partial t} = \frac{\partial E_{iy}}{\partial x} \tag{9.21}$$

In dem Wellenleiter breiten sich ebene Wellen in z-Richtung aus, so daß wir ansetzen:

$$\begin{aligned} E_{iy}(x,z,t) &= \mathcal{E}_i(x)\, e^{-j(\omega t - k_z z)} \\ H_{iz}(x,z,t) &= \mathcal{H}_i(x)\, e^{-j(\omega t - k_z z)} \end{aligned} \tag{9.22}$$

k_z ist die Wellenzahlkomponente in Richtung der Wellenleiterachse. $\mathcal{E}_i$ und $\mathcal{H}_i$ sind die Amplituden der Felder im i-ten Medium. Setzt man das elektrische Feld entsprechend Gl. 9.22 in die Wellengleichung Gl. 9.19 ein, erhält man eine Gleichung für die x-abhängige Amplitude

$$\frac{\partial^2 \mathcal{E}_i}{\partial x^2} + (k_i^2 - k_z^2)\mathcal{E}_i = 0 \tag{9.23}$$

$k_i = n_i k = 2\pi n_i/\lambda = \omega\, n_i/c_o$ ist die Wellenzahl im i-ten Medium. Die Differentialgleichung für die Amplituden des elektrischen Felds ist vom Typ einer Schwingungsgleichung. Für die mittlere Schicht $i = 1$ machen wir daher einen Lösungsansatz in Form einer periodischen Funktion in x. Da wir geführte Wellen betrachten wollen, müssen deren Amplitude in den Nachbarschichten ($i = 2, 3$) abklingen. Der Lösungsansatz für die drei Schichten ist folglich

$$\begin{aligned}
\mathcal{E}_1(x) &= A \cos(k_x x + \varphi) & -\frac{d}{2} \leq x \leq \frac{d}{2}\\
\mathcal{E}_2(x) &= B\, e^{-\gamma x} & x > \frac{d}{2}\\
\mathcal{E}_3(x) &= B\, e^{\gamma x} & x < -\frac{d}{2}
\end{aligned} \tag{9.24}$$

Einsetzen dieses Lösungsansatzes für die drei Schichten in Gl. 9.23 führt zu Bestimmungsgleichungen für die unbekannten Wellenzahlkomponenten k_z, k_x und die Dämpfungskonstante γ:

$$\begin{aligned}
n_1^2 k^2 - (k_x^2 + k_z^2) &= 0\\
n_2^2 k^2 + \gamma^2 - k_z^2 &= 0
\end{aligned} \tag{9.25}$$

$k = (2\pi)/\lambda$. Weitere Gleichungen erhalten wir aus der Forderung der Stetigkeit der Tangentialkomponente der Felder an den Grenzflächen (Gl. 9.20). Für das elektrische Feld ergibt Gl. 9.20 mit 9.24

$$\begin{aligned}
A \cos(k_x \frac{d}{2} + \varphi) &= B\, e^{-\gamma \frac{d}{2}}\\
A \cos(-k_x \frac{d}{2} + \varphi) &= B\, e^{-\gamma \frac{d}{2}}
\end{aligned} \tag{9.26}$$

Die Tangentialkomponente $\mathcal{H}_i$ des magnetischen Felds muß zunächst berechnet werden. Gl. 9.21 mit 9.22 und 9.24 ergibt

$$-j\omega\mu_o \mathcal{H}_i = \frac{\partial \mathcal{E}_i(x)}{\partial x} = \begin{cases} -A k_x \sin(k_x x + \varphi) & -\frac{d}{2} \leq x \leq \frac{d}{2}\\ -B\gamma e^{-\gamma x} & x \geq \frac{d}{2}\\ B\gamma e^{\gamma x} & x \leq -\frac{d}{2}\end{cases} \tag{9.27}$$

wobei wir vorausgesetzt haben, daß für optische Medien $\mu_i = \mu_o$ ist. Setzt man Gl. 9.27 in die Stetigkeitsbedingung Gl. 9.20 ein, erhält man für die beiden Grenzflächen

$$\begin{aligned}
A k_x \sin(k_x \frac{d}{2} + \varphi) &= B\gamma e^{-\gamma \frac{d}{2}}\\
-A k_x \sin(-k_x \frac{d}{2} + \varphi) &= B\gamma e^{-\gamma \frac{d}{2}}
\end{aligned} \tag{9.28}$$

Mit Gln. 9.25, 9.26 und 9.28 haben wir die Möglichkeit, die unbekannten Wellenzahlkomponenten k_z, k_x, die Dämpfungskonstante γ und die Größe zu bestimmen. Gl. 9.26 mit 9.28 ergibt

$$k_x \tan(k_x \frac{d}{2} + \varphi) = \gamma$$
$$k_x \tan(k_x \frac{d}{2} - \varphi) = \gamma \qquad (9.29)$$

Beide Tangensfunktionen sind gleich, wenn sich ihre Argumente nur um ein Vielfaches von π unterscheiden. Dadurch wird die Größe bestimmt:

$$\varphi = \varphi_m = m\frac{\pi}{2}, \qquad m = 0, 1, 2, \ldots \qquad (9.30)$$

Berücksichtigt man, daß die Wellenzahlkomponenten $k_x = n_1 k \cos\Theta_m$ und $k_z = n_1 k \sin\Theta_m$ ($k = 2\pi/\lambda$) sind, ergibt sich aus Gl. 9.25

$$\gamma_m = \frac{2\pi n_1}{\lambda}\sqrt{\sin^2\Theta_m - \frac{n_2^2}{n_1^2}} \qquad (9.31)$$

Θ_m ist der Einfallswinkel auf die Grenzflächen im Lichtwellenleiter. Wegen Bedingung Gl. 9.30 hängt er von m ab und kann daher nur diskrete Werte annehmen. γ_m^{-1} ist ein Maß für die Eindringtiefe der totalreflektierten Wellen in die Nachbarschichten der wellenführenden Schicht (vgl. Abschn. 1.4.3, Gl. 1.71). Die Bedingung für die Einfallswinkel Θ_m, unter denen Licht im Wellenleiter geführt wird, finden wir aus Gl. 9.29 mit 9.30 und 9.31

$$\frac{2\pi}{\lambda} n_1 d \cos\Theta_m - \varphi_m = m\pi \qquad (9.32)$$

mit der Phasenverschiebung aufgrund der Totalreflexion

$$\tan\frac{\varphi_m}{2} = \left(\frac{1}{\cos\Theta_m}\sqrt{\sin^2\Theta_m - \frac{n_2^2}{n_1^2}}\right) \qquad (9.33)$$

Das Ergebnis Gln. 9.32, und 9.33 war der Ausgangspunkt (Gln. 9.6 und 9.7) für die Besprechung der Eigenschaften der Moden des Schichtwellenleiters. Wir hatten sie dort aus der Forderung hergeleitet, daß Wellen nur geführt werden, wenn sie sich nach zweimaliger Reflexion reproduzieren. Den Phasenwinkel φ_m, der durch die zweimalige Totalreflexion an den Grenzflächen verursacht wird, kennen wir schon aus der Ergänzung zum Abschn. 1.7.3.

Zusätzlich können wir hier aus Gl. 9.24 die Feldstärke- und Intensitätsverteilung der Moden bestimmen. Berücksichtigt man, daß $\cos(k_x x + m\pi/2) = \pm\cos(k_x x)$ für geradzahlige m und $\cos(k_x x + m\pi/2) = -\sin(k_x x)$ für ungeradzahlige m ist, ergibt sich mit Gl. 9.32:

$$\mathscr{E}_{1m} = A \begin{cases} \pm\cos\left((m\pi + \varphi_m)\frac{x}{d}\right), & m = 0, 2, 4, \ldots \\ -\sin\left((m\pi + \varphi_m)\frac{x}{d}\right), & m = 1, 3, 5, \ldots \end{cases} \qquad (9.34)$$

Die Feldstärkenamplitude variiert periodisch senkrecht zur Wellenleiterachse, was wir uns oben als stehende Welle veranschaulicht hatten. An den Grenzflächen der Wellenleiterschichten wird die Feldstärke durch den Phasenwinkel φ_m bestimmt, den die Wellen bei der Totalreflexion erhalten. Die Anzahl der Nullstellen der Feldstärkeverteilung ist gleich der Modenordnung m.

9.2 Lichtleitfasern

Eine optische Faser ist ein zylindrischer dielektrischer Wellenleiter. Sie besteht aus einem zentralen **Kern**, in dem das Licht geführt wird, und dem **Fasermantel**, dessen Brechungsindex niedriger ist als der des Kerns (s. Bild 9.1c). Je nach Anwendungsbereich können optische Fasern aus Kunststoffen (Lichtübertragung für Beleuchtungszwecke) oder verschiedenen Glassorten bestehen. In den letzten Jahren wurden beispielsweise extrem verlustarme Quarzglasfasern entwickelt, die Lichtleitung über eine Strecke von 1 km mit Verlusten von weniger als 5% ermöglichen. Dies war die Voraussetzung für den Einsatz von optischen Fasern für die Datenübertragung. Die niedrige Dämpfung und hohe Übertragungskapazität haben dazu geführt, daß in den Kommunikationsnetzen in zunehmenden Maße optische Fasern eingesetzt werden.

In diesem Abschnitt wollen wir die Grundlagen der Lichtausbreitung in optischen Fasern besprechen. Wir werden dabei die Ergebnisse, die wir im vorangegangenen Abschnitt für den Schichtwellenleiter bekommen haben, auf die zylindrische Geometrie verallgemeinern. Analog zu den Schichtwellenleitern charakterisieren wir die Fasern durch ihren **Akzeptanzwinkel** bzw. ihre **numerische Apertur**. Die **Grenzwellenlänge** bzw. der Grenzradius des Kerns geben die Bedingungen an, unter denen die Faser das Licht in nur einer Mode führen kann, also eine **Einmodenfaser** ist. Insbesondere für die Signalübertragung über große Strecken ist die Kenntnis der **Dämpfung** und der **Bandbreite** wichtig. Letztere wird durch die **Faserdispersion** bestimmt.

Neben Fasern, in denen die Brechzahl stufenförmig an der Grenzfläche vom Mantel zum Kern ansteigt, auch **Stufenindexfasern** genannt, gibt es Fasern, bei denen die Brechzahl des Kerns wie bei den Gradientenindexlinsen (vgl. Abschn. 3.1.2) stetig von der Grenzfläche zum Kernzentrum wächst. Diese Fasern werden als **Gradientenfasern** bezeichnet.

9.2.1 Stufenindexfasern

Die Eigenschaften der Stufenindexfasern werden durch die Brechzahlen des Kerns n_1 und des Mantels n_2 sowie den Kernradius R_K bestimmt. Beispiele für die Ausmaße von in der Nachrichtentechnik eingesetzten Standardfasern sind (Kerndurchmesser $2R_K$ / Faserdurchmesser): 8 µm / 125 µm, 50 µm / 125 µm, 85 µm / 125 µm, 100 µm / 140 µm. Als Material werden für solche Fasern Quarzgläser eingesetzt. Der Brechzahlunterschied zwischen Mantel und Kern wird durch Zusatzstoffe (Germanium) in geringen Konzentrationen im Kern erzielt.

(1) Geführte Strahlen

Ein optischer Strahl wird in der Faser durch Totalreflexion geführt, wenn der Einfallswinkel auf der Grenzfläche zwischen Fasermantel und Kern größer als der Grenzwinkel der Totalreflexion ist. Durchsetzen die Strahlen die Faser so, daß einfallender und reflektierter Strahl die Faserachse schneiden und somit immer in einer Ebene bleiben, spricht man von **meridionalen** bzw. **axialen Strahlen** (Bild 9.7a). Diese entsprechen den Strahlen des Schichtwellenleiters. Eine andere Möglichkeit der Strahlführung ergibt sich, wenn Licht schief auf die Faserstirnfläche fällt, so daß die Strahlen innerhalb des Kerns die Faserachse nicht schneiden. In diesem Fall winden sich die Strahlen helixförmig um die Faserachse. Die Projektion der Trajektorie eines solchen **Helixstrahls** auf die Ebene senkrecht zur Faserachse zeigt einen Polygonzug, der in einem Kreisring eingeschlossen ist (Bild 9.7b).

Die Überlegungen zum Akzeptanzwinkel bzw. zur numerischen Apertur lassen sich im Fall der meridionalen Strahlen direkt vom Schichtwellenleiter übernehmen. In dieser Form werden diese Größen auch zur Charakterisierung der optischen Faser benutzt. So ist die **numerische Apertur** NA bzw. der **Akzeptanzwinkel** α_{Gr} einer optischen Faser durch

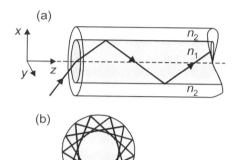

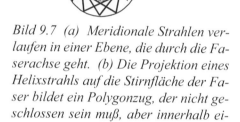

Bild 9.7 (a) Meridionale Strahlen verlaufen in einer Ebene, die durch die Faserachse geht. (b) Die Projektion eines Helixstrahls auf die Stirnfläche der Faser bildet ein Polygonzug, der nicht geschlossen sein muß, aber innerhalb eines Zylinderrings bleibt

$$NA = n_o \sin\alpha_{Gr} = \sqrt{n_1^2 - n_2^2} \qquad (9.35)$$

gegeben. Für die Helixstrahlen entspricht der Grenzwinkel der Totalreflexion einem Winkel zur Faserachse, der kleiner als der Akzeptanzwinkel der Meridionalstrahlen ist.

(2) Moden des zylindrischen Lichtwellenleiters

Wie im Schichtwellenleiter führt der Wellencharakter des Lichts dazu, daß nur bestimmte Wellenformen sich in der optischen Faser ausbreiten können. Aufgrund der größeren Anzahl der möglichen Strahlwege ist die Modenzahl im zylindrischen Wellenleiter wesentlich größer als im Schichtwellenleiter. Die Meridionalstrahlen führen analog zum Schichtwellenleiter zu den transversal elektrischen Moden (TE_{lm}-Moden) und transversal magnetischen Moden (TM_{lm}-Moden). Da diese sowohl in der x,z- als auch in der y,z-Ebene liegen können, numerieren zwei Indizes die Nullstellen durch. Für die Helixstrahlen gibt es keine durchgehende Einfallsebene bez. der das elektrische oder das magnetische Feld transversal ist. Die Moden der Helixstrahlen werden daher als EH_{lm} und HE_{lm} bezeichnet. Der erste Buchstabe gibt das dominierende Feld an, der Index l ist ein Maß für die "Windungsdichte" der Helix. Übersichtlicher ist die oft gebrauchte Beschreibung durch LP$_{lm}$-Moden (linear polarisierte Moden). Der Index l = 0, 1, ... gibt die Hälfte der lokalen Maxima auf einem Ring an, m = 1, 2, ... steht für die Anzahl der Maxima entlang dem Radius. Bild 9.8 zeigt Beispiele für die Intensitätsverteilung verschiedener Fasermoden und die zugehörigen Bezeichnungen.

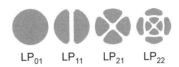

Bild 9.8 Beispiele zu Intensitätsverteilungen von Moden in rotationssymmetrischen Wellenleitern

Die Modenzahl, die eine optische Faser führen kann, ist näherungsweise durch

$$M \approx \frac{1}{2}\left(\frac{2\pi}{\lambda}\right)^2 R_K^2 NA^2 = \frac{1}{2} V^2 \qquad (9.36)$$

gegeben. Die dimensionslose Größe

$$V = \frac{2\pi}{\lambda} R_K \sqrt{n_1^2 - n_2^2} = \frac{2\pi}{\lambda} R_K NA \qquad (9.37)$$

wird häufig als **Strukturparameter** oder **normierte Frequenz** der Faser bezeichnet. Sie tritt, wie wir sehen werden, in vielen wesentlichen Größen auf, welche die Faser charakterisieren. Eine optische Faser mit einer numerischen Apertur NA = 0,23 und einem Kernradius R_K = 50 µm kann z. B. bei einer Wellenlänge λ = 633 nm 6515 Moden führen (Strukturparameter V =114). Im Vergleich dazu führt entsprechend Gl. 9.14 ein Schichtwellenleiter mit der gleichen numerischen Apertur und einer Dicke der wellenführenden Schicht von 100 µm nur 147 Moden.

Ähnlich wie beim Schichtwellenleiter kann man jeder (l, m)-Mode eine **Gruppengeschwindigkeit** zuordnen, also die Geschwindigkeit, mit der die (l, m)-Mode ein Signal überträgt. Für den Fall großer Strukturparameter ($V \gg 1$) und damit großer Modenzahlen ($M \gg 1$) sowie $NA \ll 1$ gilt näherungsweise

$$v_{lm} \approx c_1 \left(1 - \frac{1}{2n_1^2} \frac{(l+2m)^2}{M} NA^2\right) \qquad (9.38)$$

$c_1 = c_o/n_1$ ist die Lichtgeschwindigkeit im Faserkern. Die Indizes l = 0, 1, 2, ... , $\sqrt{M}$, m = 1, 2, ... , $(\sqrt{M} - l)/2$ numerieren die Modenordnungen, ihr Maximalwert ist bestimmt durch $(l + 2m)^2 \leq M$. Ebenso wie beim Schichtwellenleiter ist auch hier die Abhängigkeit der Brechzahl von der Wellenlänge (Materialdispersion) vernachlässigt worden. Wir sehen, daß die Gruppengeschwindigkeit mit wachsender Modenordnung $(l + 2m)$ abnimmt. Für die niedrigste Ordnung (Grundmode) l = 0, m = 1 mit $4/M \ll 1$ ist $v_{ol} \approx c_1$. Für die höchste Modenordnung $(l + 2m)^2 = M$ finden wir aus Gl. 9.38

$$v_M \approx c_1 \left(1 - \frac{NA^2}{2n_1^2}\right) \qquad (9.39)$$

Die durch den Unterschied der Gruppengeschwindigkeiten verursachte Laufzeitdifferenz zwischen den Signalen, die von der Grundmode und von Moden hoher Ordnung übertragen werden, begrenzt, wie wir später ausführlicher besprechen werden, die Übertragungsbandbreite von Mehrmodenfasern.

(3) Einmodenfaser

Die Bedingung, damit eine optische Faser nur eine Mode führen kann, ist ähnlich der des Schichtwellenleiters

$$\frac{2{,}61\, R_K}{\lambda} NA = \frac{V}{2{,}405} < 1 \qquad (9.40)$$

Eine Faser mit einem Kernradius R_K und der numerischen Apertur NA führt Licht in nur einer Mode, wenn die Wellenlänge größer als die **Grenzwellenlänge** λ_c der Faser ist:

$$\lambda > \lambda_c = 2{,}61\, R_K\, NA \qquad (9.41)$$

Entsprechend liegt eine Einmodenfaser für Licht der Wellenlänge λ vor, wenn ihr Kernradius kleiner als der **Grenzradius**

$$R_K < R_c = \frac{\lambda}{2{,}61\, NA} \qquad (9.42)$$

des Kerns ist. Bei einer Quarzglasfaser (n_1 = 1,457, n_2 = 1,452, d.h., NA = 0,12) beträgt z. B. der Grenzdurchmesser $2R_K$ für die Wellenlänge λ = 633 nm $2R_c$ = 4,0 µm, für λ = 890 nm $2R_c$ = 5,7µm und für λ = 1300 nm $2R_c$ = 8,3 µm. Die Werte machen deutlich, welche Anforderungen an die Technik zur Lichteinkopplung, zu Verbindungen und Verzweigungen von Einmodenfasern gestellt werden.

Gl. 9.42 zeigt auch den typischen Zielkonflikt in der Lichtwellenleitertechnik. Einerseits ermöglicht eine große numerische Apertur bzw. der daraus resultierende große Akzeptanzwinkel ein effizienteres Einkoppeln des Lichts, andererseits führt das zu entsprechend kleinen Grenzradien für eine Einmodenfaser.

Beispiele

1. Eine Stufenindexfaser hat eine numerische Apertur von 0,16, einen Kernbrechungsindex von 1,45 und einen Kerndurchmesser von 90 µm.
    a) Berechnen Sie den Akzeptanzwinkel der Faser sowie den Brechungsindex des Mantels.
    b) Ändert sich der Akzeptanzwinkel, wenn die Faser in Wasser (Brechungsindex n = 1,33) gelegt wird?
    c) In wieviel Moden wird Licht mit der Wellenlänge 633 nm durch die Faser geführt?
    d) Die Faser wird zur Datenübertragung verwendet. Ein am Faseranfang einer 100 km langen

Faser eingespeistes Signal (Lichtimpuls) wird von allen Moden transportiert. Wie groß ist der Laufzeitunterschied am Faserende zwischen dem Teil des Signals, das durch die Grundmode übertragen wurde, und dem Teil, das durch die Mode höchster Ordnung übertragen wurde?

Lösung:
Der Akzeptanzwinkel ergibt sich aus der numerischen Apertur $NA = n_o \sin\alpha_{Gr} = \sqrt{n_1^2 - n_2^2}$ (vgl. Gl. 9.35).

a) Ist die umgebende Brechzahl $n_o = 1$, finden wir einen Akzeptanzwinkel von $\alpha_{Gr} = 9{,}21°$ und eine Brechzahl des Mantels von $n_2 = 1{,}441$.

b) Befindet sich die Faser im Wasser, d. h., ist $n_o = 1{,}33$, erniedrigt sich der Akzeptanzwinkel: $\alpha_{Gr} = \arcsin \dfrac{NA}{n_o} = 6{,}9°$.

c) Die Zahl der Moden ergibt sich aus Gl. 9.36

$$M \approx \frac{1}{2}\left(\frac{2\pi}{\lambda}\right)^2 R_K^2 NA^2 \approx 2554$$

d) Der Laufzeitunterschied wird durch die unterschiedliche Gruppengeschwindigkeit der Moden verursacht (s. Gl. 9.38). Die Gruppengeschwindigkeit der Grundmode ist c_1, die der Mode höchster Ordnung

$$v_M \approx c_1\left(1 - \frac{NA^2}{2n_1^2}\right)$$

Die Laufzeitdifferenz ist damit

$$\Delta T = \frac{L}{v_M} - \frac{L}{c_1} \approx 3 \text{ μs}$$

Damit aufeinanderfolgende Signale am Faserende noch unterschieden werden können, darf ihr Zeitabstand am Faseranfang nicht kleiner als etwa 3 μs sein!

2. Berechnen Sie den maximalen Kernradius (Brechungsindex $n_1 = 1{,}50$) einer Glasfaser, wenn diese Licht der Wellenlänge 1,0 μm nur in einem Wellenleitermode übertragen soll. Nehmen Sie an, daß
   a) die Glasfaser keinen Mantel hat (das den Kern umgebende Medium also Luft ist),
   b) der Brechungsindex des Mantels $n_2 = 1{,}48$ beträgt.

Kommentieren Sie die Ergebnisse in Hinsicht auf die Herstellung einer solchen Monomode-Glasfaser!

Lösung:
Die Bedingung für den Kernradius R_K, daß bei gegebener Wellenlänge λ höchstens eine Mode geführt wird, ist nach Gl. 9.42

$$R_K < \frac{\lambda}{2{,}6\sqrt{n_1^2 - n_2^2}}$$

a) Bildet Luft den "Mantel", d. h., ist $n_1 = 1{,}5$ und $n_2 = 1$, muß der Kernradius $R_K < 0{,}34$ μm sein. Herstellung und Handhabung solch dünner Fasern sind sehr problematisch!

b) Mit $n_1 = 1{,}5$, $n_2 = 1{,}48$ ergibt sich $R_K < 1{,}58$ μm.

9.2.2 Gradientenfasern

(1) Aufbau

Im Unterschied zur Stufenindexfaser, deren Brechzahl sich zwischen Mantel und Kern stufenförmig ändert, hat die Brechzahl des Kerns bei der Gradientenfaser eine radiale Abhängigkeit $n(r)$. Sie wächst kontinuierlich vom Mantel $n(R_K) = n_2$ bis zum Maximalwert im Faserzentrum $n(0) = n_1$ (Bild 9.9). Der radiale Verlauf der Kernbrechzahl kann in den meisten Fällen durch

$$n(r)^2 = n_1^2 \left(1 - 2\Delta \left(\frac{r}{R_K}\right)^q\right), \qquad r \leq R_K \qquad (9.43)$$

beschrieben werden. R_K ist der Kernradius und

$$\Delta = \frac{1}{2}\left(\frac{n_1^2 - n_2^2}{n_1^2}\right) \approx \left(\frac{n_1 - n_2}{n_1}\right) \qquad (9.44)$$

Die Größe q wird als **Profilparameter** bezeichnet. Sie bestimmt den radialen Verlauf der Kernbrechzahl. Für $q = 2$ liegt ein quadratisches Indexprofil vor, wie wir es bei der Gradientenindexlinse kennengelernt haben (vgl. Abschn. 3.1.2, Gl. 3.1). Für $q \to \infty$ geht $n(r)$ in eine Stufenfunktion über. In diesem Sinne ist die Stufenindexfaser ein Spezialfall der Gradientenfaser. Bei üblichen Gradientenfasern liegt der Profilparameter im Bereich von $q = 2$ bis $q = 2{,}2$.

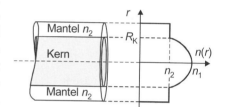

Bild 9.9 Geometrie und radialer Brechzahlverlauf einer Gradientenindexfaser

Der Akzeptanzwinkel hängt bei einer Gradientenfaser genaugenommen vom Abstand r von der Faserachse ab. Man legt als die für den Akzeptanzwinkel wirksame Brechzahl die Brechzahl n_1 im Zentrum des Faserkerns fest. Auf diese Weise sind der Akzeptanzwinkel α_{Gr} und die numerische Apertur NA einer Gradientenfaser auf die gleiche Weise definiert wie bei einer Stufenindexfaser

$$NA = n_o \sin\alpha_{Gr} = \sqrt{n_1^2 - n_2^2} \qquad (9.45)$$

(2) Lichtführung und Moden einer Gradientenfaser

Die Lichtführung geschieht in der Gradientenfaser nicht durch Totalreflexion, sondern durch die fokussierende Wirkung aufgrund des radialen Brechzahlverlaufs. Im Abschnitt 3.1.2 hatten wir gesehen, daß ein solches Medium einen sinusförmigen Strahlverlauf bewirkt.

Diese Eigenschaft bildete die Grundlage für die Gradientenindexlinsen.

Ähnlich wie bei der Stufenindexfaser können wir zwei Arten von Strahlen unterscheiden. Meridionale Strahlen bleiben in einer Ebene, die in der Faserachse liegt (Bild 9.10). Der Strahlweg ist sinusförmig, die Periodenlänge wird durch den Kernradius und die Größe Δ bestimmt (vgl. Abschn. 3.1.2, Gl. 3.6).

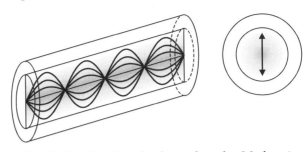

Bild 9.10 *Der Strahlverlauf meridionaler Moden einer Gradientenfaser ist sinusförmig und liegt in einer Ebene. Mit wachsender Modenordnung nimmt die Amplitude des Strahlwegs zu.*

Dementsprechend haben unterschiedlichen Moden die gleiche Periodenlänge, sie unterscheiden sich nur in der Amplitude (maximaler Abstand von der Faserachse) des sinusförmigen Strahlwegs (vgl. Bild 9.10). Mit wachsender Modenordnung nimmt die Amplitude des Strahlwegs zu.

Helixstrahlen winden sich um die Zylinderachse, bleiben aber ähnlich wie bei der Stufenindexfaser innerhalb eines Zylinderrings. Im Bild 9.11 ist dies für einen Helixstrahl schematisch dargestellt.

Ähnlich wie bei der Stufenindexfaser führt die Vielzahl von möglichen Strahlverläufen zu einer im Vergleich zum Schichtwellenleiter großen Modenzahl:

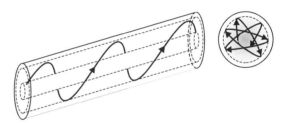

Bild 9.11 *In einer Gradientenfaser windet sich ein Helixstrahl um die Faserachse und bleibt dabei innerhalb eines Zylinderrings*

$$M \approx \frac{q}{q+2} \frac{1}{2} V^2 \qquad (9.46)$$

V ist der Strukturparameter der Faser (Gl. 9.37). Für den Grenzfall $q \to \infty$ geht Gl. 9.46 in Gl. 9.36 über und beschreibt damit die Modenzahl, die eine Stufenindexfaser führen kann.

Ebenso wie die Modenzahl wird auch die Gruppengeschwindigkeit durch den Strukturparameter beeinflußt. In der Näherung $V \gg 1$ ($M \ll 1$) und $NA \ll 1$ sowie unter Vernachlässigung der Materialdispersion findet man dafür

$$v_{lm} \approx c_1 \left(1 - \frac{q-2}{q+2} \left(\frac{(l+2m)^2}{M} \right)^{\frac{q}{q+2}} \frac{NA^2}{2n_1^2} \right) \qquad (9.47)$$

Die Indizes $l = 0, 1, 2, \ldots, \sqrt{M}$, $m = 1, 2, \ldots, (\sqrt{M} - l)/2$ numerieren die Modenordnungen. Auch hier sehen wir, daß im Grenzfall $q \to \infty$ Gl. 9.47 die Gruppengeschwindigkeit der Moden der Stufenindexfaser (Gl. 9.38) beschreibt. Der Grundmode ($m = 1, l = 0$) ist die

Gruppengeschwindigkeit $v_{01} \approx c_1$ zugeordnet, der Mode höchster Ordnung $((l + 2m)^2 = M)$ die Gruppengeschwindigkeit

$$v_M \approx c_1 \left(1 - \frac{q-2}{q+2} \frac{NA^2}{2n_1^2} \right) \qquad (9.48)$$

Gln. 9.47 und 9.48 zeigen einen sehr interessanten Aspekt, der die Anwendungen von Gradientenfasern wesentlich bestimmt. In der verwendeten Näherung wird die Gruppengeschwindigkeit aller Moden gleich, wenn der Profilparameter der Bedingung

$$q_{opt} \approx 2 \qquad (9.49)$$

genügt, die Gradientenfaser also einen quadratischen Indexverlauf hat. Das Ergebnis ist auf den ersten Blick überraschend, da, wie Bild 9.10 verdeutlicht, Moden hoher Ordnung einen wesentlich längeren Weg durch die Faser zurücklegen als Moden niedriger Ordnung. Vergegenwärtigt man sich aber, daß für die Laufzeit einer Mode der optische Weg $n(r)L$ maßgeblich ist, dann macht Bild 9.10 ebenfalls deutlich, daß ein großer Teil des Weges der Moden hoher Ordnung im Randbereich des Kerns liegt, wo das Medium optisch dünner ist als im Kernzentrum. Der geometrisch längere Weg wird durch die kleinere Brechzahl kompensiert.

Berücksichtigt man zusätzlich die Materialdispersion, die in Gl. 9.47 vernachlässigt wurde, wird der optimale Profilparameter etwas modifiziert:

$$q_{opt} \approx 2 \left(1 + \frac{\lambda}{n_1} \frac{dn_1}{d\lambda} \right) \qquad (9.50)$$

Durch die Optimierung des Profilparameters läßt sich die Gruppengeschwindigkeitsdifferenz und damit die Laufzeitdifferenz zwischen den Moden im Vergleich zur Stufenindexfaser sehr gering halten. Eine solche Faser kann daher eine wesentlich höhere Datenrate übertragen als eine entsprechende Stufenindexfaser. Dadurch haben Gradientenfasern eine große Bedeutung für den Einsatz in der Datenübertragung bekommen.

Interessant ist der Vergleich der Modenzahl, die eine Gradientenfaser mit einem optimierten Profilparameter $q_{opt} \approx 2$ führen kann, mit der einer Stufenindexfaser gleicher numerischer Apertur. Gl. 9.46 mit $q = 2$ und Gl. 9.36 zeigen, daß die Modenzahl der Gradientenfaser für diesen Fall gerade halb so groß ist wie die der Stufenindexfaser.

9.3 Dämpfung und Bandbreite von optischen Fasern

Speziell für die Anwendung optischer Fasern in der Datenübertragung sind die Fragen wichtig, über welche Strecke ein optisches Signal übertragen werden kann, ohne daß der Strahlungsfluß für den Nachweis zu gering wird, und mit welcher Übertragungsrate Daten durch eine Faser geschickt werden können. Beide Eigenschaften bestimmen die Übertragungskapazität optischer Fasern. Die Größen, die diese Eigenschaften beschreiben, sind die **Faserdämpfung** und die **Übertragungsbandbreite**. In diesem Abschnitt sollen diese Größen eingeführt werden und die wichtigsten Ursachen für die Faserverluste und die Begrenzung der Übertragungsbandbreite besprochen werden.

9.3.1 Dämpfung

(1) Kenngrößen

Die Abnahme des Strahlungsflusses bei dem Durchgang durch ein Medium mit der Länge L können wir ganz allgemein durch den **spektralen Reintransmissionsgrad** $\tau_i(\lambda)$ (s. Abschn. 8.1) beschreiben. Bezogen auf eine optische Faser stellt der Reintransmissionsgrad das Verhältnis zwischen dem spektralen Strahlungsfluß am Faserende und dem am Faseranfang eingekoppelten Strahlungsfluß dar. Da in der Fasertechnik die Angabe des Reintransmissionsgrads über mehrere Zehnerpotenzen erforderlich ist, hat sich eine logarithmische Kenngröße, die **Dämpfungskonstante**:

$$D(\lambda) = -\frac{10}{L} \log \tau_i(\lambda) \tag{9.51}$$

(in dB/km) eingebürgert. L ist die Faserlänge in km. Die Abhängigkeit des spektralen Reintransmissionsgrad von der Faserlänge L kann für die wesentlichen Verlustursachen wie Streuung und Absorption durch das Beersche Gesetz (s. Abschn. 1.8.2)

$$\tau_i = e^{-K(\lambda)L} \tag{9.52}$$

beschrieben werden. Der Zusammenhang zwischen der Dämpfungskonstanten und dem wellenlängenabhängigen Absorptionskoeffizienten $K(\lambda)$ des Fasermaterials ist

$$D(\lambda) = -10 \, K(\lambda) \log e \tag{9.53}$$

Als Richtwert für dämpfungsarme Fasern gilt $D(\lambda) < 1$ dB/km.

(2) Verlustursachen

Die wichtigsten Dämpfungsmechanismen sind **Strahlungsverluste**, die mit den Führungseigenschaften der Faser zusammenhängen, **Streuung** und **Absorption**.

Strahlungsverluste kommen durch Störungen bei der Totalreflexion zustande. Wie wir gesehen haben, wird Licht in einer Faser geführt, wenn die Reflexionswinkel an der Grenzfläche zwischen Kern und Mantel größer als der Grenzwinkel der Totalreflexion sind. Wird eine Faser jedoch gekrümmt, können im Bereich solcher Krümmungen Reflexionswinkel auftreten, die kleiner als der Grenzwinkel sind. Dadurch tritt ein Teil des Lichts im Faserkern in den Mantel und geht verloren. Neben den mit Richtungsänderungen der Faser verbundenen Krümmungen (Makrokrümmungen) beeinflussen besonders Mikrokrümmungen den Transmissionsgrad einer Faser. Mikrokrümmungen werden verursacht durch Verdrillen von Fasern beim Konfektionieren in Kabeln oder durch Unebenheiten innerhalb von Faserkabeln. Krümmungsverluste können durch einen Absorptionskoeffizienten in. Gl. 9.52 der Form

$$K_{Kr} = C\,e^{-\frac{R}{R_c}} \tag{9.54}$$

beschrieben werden. C ist eine Konstante, R der Radius der Faserkrümmung und $R_c = d_F/(2NA^2)$, wobei d_F der Faserdurchmesser ist. Die Verluste durch eine Krümmung der Faser nehmen stark zu, wenn der Krümmungsradius in die Größenordnung des Durchmessers der Faser kommt.

Bei einer Vielmodenfaser sind die Strahlungsverluste von Moden hoher Ordnung durch Faserkrümmungen höher als die von Moden niedriger Ordnung, da ihr Reflexionswinkel näher am Grenzwinkel der Totalreflexion liegt.

Faserkrümmungen, insbesondere Mikrokrümmungen, führen zu einer **Kopplung** von Moden unterschiedlicher Ordnung in der Faser. Eine Mode m-ter Ordnung, die unter einem Reflexionswinkel Θ_m geführt wird, erhält bei einer Krümmung einen neuen Reflexionswinkel Θ_m', der zu einer anderen Modenordnung m' gehört. Auf diese Weise ist die Mode m-ter Ordnung in die Mode m'-ter Ordnung übertragen worden.

Eine grundsätzliche Verlustursache in Fasern ist die **Streuung** des Lichts an Inhomogenitäten im Fasermaterial. Bei der Besprechung der Lichtausbreitung haben wir stets ideal homogene optische Medien vorausgesetzt. In der Realität weisen Gläser jedoch statistische Brechzahlschwankungen auf, die durch Inhomogenitäten in ihrer Struktur und Zusammensetzung verursacht werden. Diese wirken als Streuzentren, an denen Licht gestreut wird. Die Streuung geschieht in alle Richtungen, so daß nur ein kleiner Teil des gestreuten Lichts innerhalb des Akzeptanzwinkels der Faser bleibt, der andere Teil verläßt den Faserkern. Da die Ausmaße solcher Brechzahlinhomogenitäten klein gegenüber der Wellenlänge sind, kann die Streuung des Lichts daran durch die **Rayleigh-Streuung** beschrieben werden. Der Absorptionskoeffizient, durch welchen die Rayleigh-Streuung in Gl. 9.52 beschrieben wird

$$K_R(\lambda) = \frac{\beta}{\lambda^4} \tag{9.55}$$

zeigt eine ausgeprägte Wellenlängenabhängigkeit. Er nimmt stark zu mit abnehmender Wellenlänge λ. β ist eine materialabhängige Konstante, die für Quarzgläser den Wert $\beta \approx 2\cdot 10^{-28}$ m^3 hat. Die dadurch verursachte Dämpfungskonstante beträgt bei einer Wellenlänge von 500 nm 13,9 dB/km (Reintransmissionsgrad für 1 km Faserlänge $\tau_i = 4{,}1\,\%$), bei 1,3 μm 0,3 dB/km ($\tau_i = 93\,\%$) und bei 1,5 μm 0,17 dB/km. ($\tau_i = 96\,\%$). Die Werte zeigen, daß die

Verluste aufgrund der Rayleigh-Streuung im sichtbaren Bereich wesentlich ausgeprägter sind als im Infrarotbereich. Ebenso wie die Mikrobiegung bewirkt die Lichtstreuung innerhalb der Faser neben Verlusten auch eine Modenkopplung.

Absorptionsverluste innerhalb einer Faser werden durch Verunreinigungen in den Gläsern verursacht, insbesondere durch Spuren von Metallionen wie Eisen (Fe^{3+}) und Kupfer (Cu^{2+}) sowie durch Hydroxylionen (OH^-). Die letzteren zeigen ausgeprägte Absorptionsmaxima bei den Wellenlängen 0,95 µm, 1,24 µm und 1,39 µm. Während bei den modernen Herstellungsverfahren für hochwertige Faser Verluste durch Spuren von Metallverunreinigungen weitgehend vermieden werden können, lassen sich Verunreinigungen durch OH^--Ionen herstellungsbedingt nicht vollständig verhindern. Man nutzt daher die Minima bei 1,3 µm und 1,55 µm zwischen den Absorptionsmaxima der OH^--Verunreinigungen als "Transmissionsfenster" für die optische Datenübertragung (vgl. Bild 9.12).

Im Infrarotbereich begrenzt die Infrarotabsorption der Gläser den Transmissionsbereich (s. auch Bild 1.26). Bei Quarzgläsern wird diese ab 1,6 µm merklich. Bild 9.12 zeigt schematisch die Wellenlängenabhängigkeit der Dämpfungskonstanten einer Quarzglasfaser, die durch die Rayleigh-Streuung, OH^--Absorption und Infrarotabsorption verursacht wird. Man erkennt den Abfall der Dämpfung mit zunehmender Wellenlänge entsprechend der Rayleigh-Streuung, die von den Absorptionsmaxima der OH^--Ionen überlagert wird. Während die UV-Absorption im wesentlichen durch die Rayleigh-Streuung bestimmt wird, reicht die Infrarotabsorption des Quarzglases bis in den nahen Infrarotbereich und bestimmt dort die Dämpfung. Deutlich sind auch die Dämpfungsminima, die als Transmissionsfenster für die optische Datenübertragung genutzt werden.

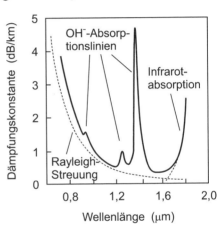

Bild 9.12 Wellenlängenabhängigkeit der Dämpfungskonstante einer Quarzglasfaser, verursacht durch Rayleigh-Streuung, OH^--Absorption und IR-Absorption des Glases

9.3.2 Dispersion und Bandbreite von optischen Fasern

Bei Anwendung optischer Fasern für die Datenübertragung ist neben der Dämpfung die maximale Datenrate (Bitrate, Bit pro Sekunde bei digitalen Daten), die übertragen werden kann, ein wichtiges Leistungsmerkmal einer Faser. Die maximale Datenrate, die eine Faser übertragen kann, wird durch verschiedene Mechanismen bestimmt. Bei einer Vielmodenfaser begrenzt die **Intermoden-Dispersion** die Datenrate, bei einer Einmodenfaser die **Materialdispersion** und die **Wellenleiterdispersion**. Material- und Wellenleiterdispersion der Einmodenfaser werden häufig zusammengefaßt als **chromatische Dispersion** bezeichnet.

(1) Kenngrößen

Schickt man einen Lichtimpuls als kleinste Informationseinheit durch eine optische Faser, so stellt man fest, daß sich die Dauer des Impulses nach dem Durchgang durch die Faser vergrößert hat. Aus dem Eingangsimpuls mit der Halbwertsdauer T_1 ist am Faserende ein Ausgangsimpuls mit der größeren Halbwertsdauer T_2 entstanden (Bild 9.13a). Die Größe

$$\Delta Y = \sqrt{T_2^2 - T_1^2} \qquad (9.56)$$

die diese Impulsverbreiterung charakterisiert, bezeichnet man als **Dispersion**. Die Bedeutung der Dispersion ΔY wird deutlich, wenn wir einen sehr kurzen Impuls ($T_1 \approx 0$, Delta-Impuls) durch die Faser schicken. In diesem Fall ist ΔY die Halbwertsdauer des von der Faser transmittierten Impulses.

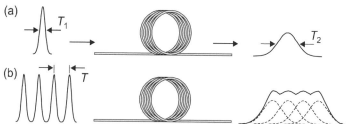

Bild 9.13 (a) Beim Durchgang durch eine Faser verlängert sich die Halbwertsdauer T_1 eines Impulses auf T_2. (b) Ist die Folgefrequenz $1/T$ eines Impulszugs zu groß, verschmieren die Impulse und können nicht mehr aufgelöst werden

Da die am Faserende beobachtete Zunahme der Impulsdauer u. a. von der Faserlänge L abhängig ist, gibt man häufig die auf die Längeneinheit bezogene, **spezifische Dispersion**

$$\Delta \tau = \frac{\Delta Y}{L} \qquad (9.57)$$

in ns/km oder ps/km an.

Bei der Datenübertragung wird nun eine Folge solcher Lichtimpulse durch eine Faser geschickt. Ist der Abstand zweier aufeinanderfolgender Impulse zu gering, überlagern sich diese aufgrund der Impulsverbreiterung und können vom Empfänger nicht mehr getrennt werden, die Information ist verlorengegangen. Bild 9.13b macht deutlich, daß eine Folge von Impulsen nur von einem Detektor aufgelöst werden kann, wenn ihr zeitlicher Abstand größer als die Impulsverbreiterung, $T > \Delta Y$, bzw. die Datenrate $f = 1/T < \Delta Y^{-1}$ ist. Die maximal übertragbare Datenrate f_g ist daher umgekehrt proportional zur Dispersion

$$f_g = \frac{b}{\Delta Y} \qquad (9.58)$$

und wird als **Bandbreite** der Faser bezeichnet. Die Konstante b hängt von der Impulsform ab und beträgt bei gaußförmigen Impulsen $b = 0,44$.

(2) Ursachen der Dispersion

Die ausgeprägteste Impulsverbreiterung tritt in einer Mehrmodenfaser mit Stufenindexprofil auf und wird als **Modendispersion** bezeichnet. Sie wird verursacht durch die unterschiedlichen Laufzeiten der Moden in der Faser, die sich in der von der Modenordnung abhängigen Gruppengeschwindigkeit ausdrückt (vgl. Gl. 9.38). Die Dispersion ΔY können wir in diesem Sinn als Laufzeitdifferenz zwischen der Grundmode und der Mode mit der maximalen Ordnung M, die von der Stufenindexfaser geführt wird, ausdrücken:

$$\Delta Y = \frac{L}{v_{o1}} - \frac{L}{v_M} \qquad (9.59)$$

Mit der Gruppengeschwindigkeit für die Grundmode $v_{o1} = c_1 = c_o/n$ und der für die Mode mit der Ordnung M (Gl. 9.39) erhalten wir

$$\boxed{\Delta Y \approx \frac{NA^2}{2c_o n_1} L} \qquad (9.60)$$

wobei wieder die Näherung $NA \ll 1$ benutzt wurde.

Gl. 9.60 gilt exakt nur für den Fall, daß die Moden der Faser unabhängig voneinander sind. Wie wir bei der Besprechung der Verlustursachen gesehen haben, sind in Realität die Moden gekoppelt. Durch Materialinhomogenitäten und Mikrokrümmungen der Faser wird Energie von einer Mode in die anderen gestreut, insbesondere also auch Energie von den "schnellen" in die "langsamen" Moden und umgekehrt. Dies bewirkt einen gewissen Ausgleich der Laufzeiten zwischen den Moden. Nach einer bestimmten Länge (normalerweise in der Größenordnung von 1 km) hat der Energieaustausch zwischen den Moden ein Gleichgewicht erreicht. Bis zu dieser Länge wird die Modendispersion durch Gl. 9.60 beschrieben und ist proportional zur Faserlänge L, danach gilt $\Delta Y \sim L^a$ mit $a \approx 0{,}5$.

Bei einer Gradientenfaser hatten wir bei der Besprechung der Gruppengeschwindigkeit gesehen, daß die Laufzeitunterschiede zwischen den Moden aufgrund des Brechzahlprofils des Kerns sehr gering gehalten werden können. Wird der Profilparameter q entsprechend Gl. 9.50 optimiert, bleibt noch eine Dispersion von

$$\boxed{\Delta Y \approx \frac{NA^4}{32 c_o n_1^3} L} \qquad (9.61)$$

übrig. Der Vergleich mit Gl. 9.60 zeigt, daß sich die Modendispersion einer Gradientenfaser von der einer Stufenindexfaser um den Faktor $NA^2/(16 n_1^2)$ unterscheidet und daher erheblich geringer ist.

Modendispersion kann naturgemäß vermieden werden, wenn man **Einmodenfasern** verwendet. Da die Strahlung jedoch nicht ideal monochromatisch ist, gibt es auch hier Vorgänge, die Impulsdispersion verursachen. Der wichtigste ist die durch die Wellenlängenabhängigkeit der Brechzahl verursachte **Materialdispersion**.

Wir haben im Abschn. 1.3 gesehen, daß sich ein Signal im Medium mit der Brechzahl

n_1 mit der Gruppengeschwindigkeit

$$v = \frac{d\omega}{dk} = c_1\left(1 + \frac{\lambda}{n_1}\frac{dn_1}{d\lambda}\right) \qquad (9.62)$$

($c_1 = c_o/n_1$) ausbreitet. Wegen der Wellenlängenabhängigkeit der Brechzahl hängt auch die Gruppengeschwindigkeit von der Wellenlänge λ ab. Hat der Impuls ein Spektrum mit der Bandbreite $\Delta\lambda$, führt das dazu, daß sich die verschiedenen Bereiche des Spektrums mit unterschiedlichen Gruppengeschwindigkeiten im Medium fortpflanzen, der Impuls also auseinanderläuft. Um das zu verdeutlichen, greifen wir uns zwei Bereiche des Spektrums im Abstand der Bandbreite $\Delta\lambda$ heraus (s. Bild 9.14) und bestimmen die Laufzeitdifferenz, die diese

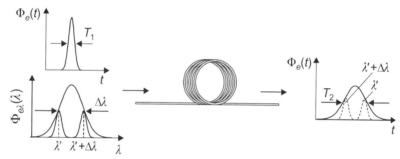

Bild 9.14 *Zur Materialdispersion eines Impulses mit dem zeitabhängigen Strahlungsfluß $\Phi_e(t)$ und dem spektralen Strahlungsfluß $\Phi_{e\lambda}(\lambda)$: Die herausgegriffenen Bereiche des Spektrums mit den Wellenlängen λ' und $\lambda'+\Delta\lambda'$ durchlaufen die Faser mit unterschiedlichen Geschwindigkeiten, wodurch der Impuls verbreitert wird*

beim Passieren der Faser erhalten. Ist $v(\lambda)$ die Gruppengeschwindigkeit der Wellengruppe mit der Wellenlänge λ' und $v(\lambda' + \Delta\lambda)$ die bei der Wellenlänge $\lambda' + \Delta\lambda$, ist die Laufzeitdifferenz beider Wellengruppen nach der Faser

$$\Delta Y = \frac{L}{v(\lambda')} - \frac{L}{v(\lambda'+\Delta\lambda)} \approx L\frac{d}{d\lambda}\left(\frac{1}{v(\lambda)}\right)\Delta\lambda \qquad (9.63)$$

Mit Gl. 9.62 und der Näherung $\dfrac{1}{v(\lambda)} \approx \dfrac{1}{c_1}\left(1 - \dfrac{\lambda}{n_1}\dfrac{dn_1}{d\lambda}\right)$ ist

$$\frac{d}{d\lambda}\left(\frac{1}{v}\right) = \frac{1}{c_o}\frac{d}{d\lambda}\left(n_1 - \lambda\frac{dn_1}{d\lambda}\right) = -\frac{\lambda}{c_o}\frac{d^2n_1}{d\lambda^2} \qquad (9.64)$$

so daß die Materialdispersion als

$$\Delta Y = -\frac{\lambda}{c_o}\frac{d^2n_1}{d\lambda^2}L\Delta\lambda = \kappa(\lambda)L\Delta\lambda \qquad (9.65)$$

geschrieben werden kann. Die Größe $\kappa(\lambda)$ bezeichnet man auch als Materialdispersionsparameter. Die Faserlänge L wird üblicherweise in km, die spektrale Bandbreite $\Delta\lambda$ der Strahlungsquelle in nm gemessen, so daß $\kappa(\lambda)$ in ps/(km·nm) angegeben wird.

Analog zur Modendispersion wächst die Materialdispersion linear mit der Faserlänge L. Hinzu kommt die Abhängigkeit von der spektralen Bandbreite $\Delta\lambda$. Aus diesem Grund werden möglichst schmalbandige Lichtquellen wie Halbleiterlaser für die optische Datenübertragung eingesetzt.

Die Materialeigenschaft des Faserkerns geht ein durch den Materialdispersionsparameter $\kappa(\lambda)$, der proportional zur zweiten Ableitung der Kernbrechzahl $n_1(\lambda)$ nach der Wellenlänge λ ist. Die Wellenlängenabhängigkeit der zweiten Ableitung der Brechzahl ist in Bild 9.15 für Quarz als wichtigstes Fasermaterial dargestellt. Wir sehen zunächst die relativ großen Werte im Bereich $\lambda < 1{,}0$ µm. Wichtig ist die Nullstelle bei etwa 1,28 µm. Damit wird deutlich, warum optische Datenübertragungssysteme für große Entfernungen die Wellenlänge von etwa 1,3 µm benutzen. Zum einen liegt dort ein Dämpfungsminimum vor (vgl. Bild 9.12). Zum anderen führt die minimale Dispersion bei dieser Wellenlänge zu einem Maximum der Bandbreite von Einmodenfasern.

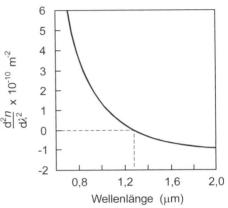

Bild 9.15 Wellenlängenabhängigkeit der zweiten Ableitung der Brechzahl von reinem Quarzglas. Die Nullstelle bei 1,28 µm führt zu einem Minimum in der Materialdispersion

Genaugenommen wird die Lichtwelle in der Faser durch ihre Ausbreitungskonstante beschrieben (s. Gl. 9.10 für den planaren Wellenleiter). Diese führt in der Gruppengeschwindigkeit zu einer zusätzlichen Wellenlängenabhängigkeit in Form von λ/R_K (im planaren Wellenleiter tritt diese für $m > 0$ auf, vgl. Gl. 9.11). Die dadurch verursachte Impulsverbreiterung bezeichnet man als **Wellenleiterdispersion**. Normalerweise ist ihr Einfluß wesentlich geringer als der der Materialdispersion.

Beispiel

Man vergleiche die Bandbreiten einer Stufenindexfaser, einer Gradientenfaser mit optimiertem Profilparameter (Kernradien 50 µm) und einer Einmodenfaser (Kernradius 2,5 µm). Die Faserlängen betragen 100 km, die numerische Apertur der Fasern 0,12 und die Kernbrechzahl 1,45. Als Lichtquelle wird eine Leuchtdiode verwendet, die Gaußimpulse mit einer Wellenlänge 890 nm und einer spektralen Bandbreite von 30 nm emittiert. Wie ändert sich die Bandbreite der Einmodenfaser, wenn anstelle der Leuchtdiode ein Halbleiterlaser mit einer spektralen Bandbreite von 0,1 nm eingesetzt wird?

Lösung

Die Bandbreite $f_g = 0{,}44/\Delta Y$ wird durch die Dispersion ΔY bestimmt. Die Stufenindexfaser mit dem

Kernradius 50 µm ist eine Mehrmodenfaser, in der die Modendispersion $\Delta Y \approx \dfrac{NA^2}{2 c_o n_1} L$ dominiert. Mit den genannten Werten ergibt sich eine Bandbreite von f_g = 0,27 MHz.

Bei der Gradientenfaser bestimmt ebenfalls die Modendispersion die Bandbreite. Bei einem optimierten Profilparameter beträgt diese $\Delta Y \approx \dfrac{NA^4}{32 c_o n_1^3} L$, woraus sich eine Bandbreite von f_g = 621 MHz ergibt. Die Bandbreite der optimierten Gradientenfaser ist um den Faktor 2300 größer als die der Stufenindexfaser!

Bei der Einmodenfaser bleibt die Materialdispersion $\Delta Y = \kappa(\lambda)\, \Delta\lambda\, L$ als begrenzende Größe. Den Materialdispersionsparameter können wir aus Bild 9.15 entnehmen: $\kappa(890\ \text{nm}) \approx 73$ ps/(km·nm). Bei einer spektralen Bandbreite von 30 nm beträgt die Faserbandbreite f_g = 2,0 MHz, bei 0,1 nm haben wir hingegen f_g = 603 MHz.

Das Beispiel zeigt einmal, wie wichtig bei einer Einmodenfaser eine schmalbandige Lichtquelle für die Faserbandbreite ist, und zum anderen, daß im Wellenlängenbereich < 1 µm die Materialdispersion vergleichbar ist mit der Modendispersion einer optimierten Gradientenfaser. Der Vorteil einer Einmodenfaser bez. der Bandbreite kommt tatsächlich bei einer Wellenlänge von 1,3 µm zum Tragen, wo Bandbreiten im GHz-Bereich erreicht werden.

9.4 Optische Verzweigungen

9.4.1 Allgemeine Betrachtungen

Bei faseroptischen Anwendungen muß häufig das Signal von einer Faser auf andere Fasern verzweigt werden. In einem faseroptischen Übertragungsnetz werden beispielsweise Signale von mehreren Fasern in eine Faser eingespeist oder das Signal einer Faser auf weitere Fasern aufgeteilt. Diese und ähnliche Anordnungen nutzen passive Elemente, die als optische **Richtkoppler** bekannt sind. Bild 9.16 zeigt schematisch die Grundformen. In einem Y-Koppler wird ein Signal aus einer Eingangsfaser in einem vorgegebenen Verhältnis auf zwei Fasern aufgeteilt (Bild 9.16a). Der Y-Koppler kann auch verwendet werden, um Signale aus zwei Eingangsfasern zu kombinieren und in eine Ausgangsfaser zu führen (Bild 9.16b). Beide Funktionen, Verzweigung und Kombination, werden vom X-Koppler bzw. 2×2-Richtkoppler ausgeführt (Bild 9.16c). In Verallgemeinerung dieser Grundformen werden insbesondere in lokalen Netzwerken fa-

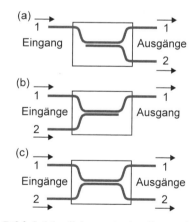

Bild 9.16 Schematische Darstellung von Richtkopplern (a) zur Strahlverzweigung, (b) zur Kombination von zwei Eingangssignalen in ein Ausgangssignal und (c) zur Verzweigung und Kombination

seroptische Verzweigungen eingesetzt, die ein Signal auf mehrere Ausgangsfasern aufteilen, bzw. viele Eingangssignale zu einem Ausgangssignal ($1 \times M$- bzw. $M \times 1$-Koppler) kombinieren. $N \times M$-Koppler bzw. Sternkoppler kombinieren N Eingangssignale und verzweigen diese auf M Ausgangssignale.

Das Kopplungsverhältnis zwischen dem i-ten Eingangssignal und dem j-ten Ausgangssignal wird durch die logarithmische Größe

$$L_{ji} = -10 \log \frac{\Phi_{ej}}{\Phi_{ei}} \qquad (9.66)$$

(in dB) charakterisiert. Φ_{ej} ist die Strahlungsleistung in der j-ten Ausgangsfaser, Φ_{ei} die der i-ten Eingangsfaser. Ein sogenannter 3-dB-Y-Koppler verzweigt folglich den Strahlungsfluß der Eingangsfaser je zur Hälfte auf die beiden Ausgangsfasern.

9.4.2 Prinzip der Richtkopplung

Wir wollen das Prinzip der Richtkopplung am einfachen Modell des Einmoden-Schichtwellenleiters besprechen. Für die Richtkopplung wird eine wichtige Eigenschaft der Totalreflexion ausgenutzt, nämlich daß die Strahlung nicht nur in der Wellenleiterschicht, sondern auch in den Nachbarschichten als Grenzflächenwelle geführt wird (vgl. Abschn. 1.4.3).

Um das Licht von einem Wellenleiter in einen anderen zu koppeln, bringt man die wellenführenden Schichten beider Wellenleiter auf einen Abstand zusammen, der kleiner als die Eindringtiefe der Grenzflächenwelle ist. Dadurch reicht die Grenzflächenwelle des einen Wellenleiters in die wellenführende Schicht des anderen und regt dort die Wellenleitermode an. Auf diese Weise wird Energie von dem einen Wellenleiter in den anderen übertragen (Bild 9.17).

Beide Wellenleiter bilden resonante Systeme, was sich in der Eigenschaft ausdrückt, Licht in Wellenleitermoden zu führen. Die beschriebene Kopplung zwischen den Wellenleitern zeigt daher wesentliche Analogien zu dem physikalischen Modell gekoppelter Pendel. Wird ein Pendel zum Schwingen

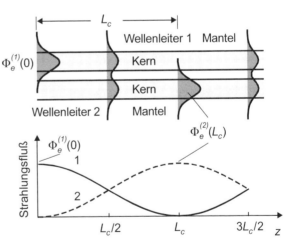

Bild 9.17 Die Grenzflächenwelle der Mode des 1. Wellenleiters reicht in den Kern des 2. Wellenleiters und regt dort die Mode an, wodurch es zu einem periodischen Energieaustausch zwischen beiden Wellenleitern kommt. Im Diagramm ist der dazugehörige Strahlungsfluß im Wellenleiter 1 (durchgehende Linie) und der im Wellenleiter 2 (gestrichelte Linie) dargestellt

gebracht, übt es auf das andere durch die Kopplung eine periodische Kraft aus. Dadurch wird dieses ebenfalls zum Schwingen angeregt, wobei es Energie vom ersten Pendel abzweigt. Besitzen beide Pendel die gleiche Resonanzfrequenz, hat nach einer bestimmten Zeit das zweite Pendel die gesamte Schwingungsenergie übernommen und das erste ist zur Ruhe gekommen. Nun beginnt der umgekehrte Prozeß, das erste Pendel wird durch das zweite angeregt, und die Schwingungsenergie flutet zum ersten Pendel zurück. Auf diese Weise wird die Energie periodisch zwischen beiden Pendeln ausgetauscht, wobei die Dauer einer Periode von der Kopplungsstärke zwischen den Pendeln abhängig ist. Ein periodischer Energieaustausch findet auch statt, wenn beide Pendel unterschiedliche Resonanzfrequenzen haben. Dann ist jedoch die Energieübertragung nicht vollständig, d. h., kein Pendel kommt völlig zur Ruhe.

Bild 9.17 zeigt den analogen Prozeß des periodischen Energieaustausches zwischen den Moden der beiden gekoppelten Wellenleiter. Die Grenzflächenwelle der ersten Mode regt die Mode des zweiten Wellenleiters an und überträgt Energie auf diese. Haben beide Mode die gleiche Phasengeschwindigkeit, d. h., die gleiche Ausbreitungskonstante (**Modenanpassung**), ist nach einer bestimmten Länge (**Kopplungslänge** L_c) der gesamte Strahlungsfluß in den zweiten Wellenleiter umgekoppelt. Nun beginnt der umgekehrte Prozeß, die Mode des zweiten Wellenleiters regt die des ersten an, und die Strahlungsleistung fließt zurück. Sind beide Wellenleiter nicht phasenangepaßt, d. h., haben ihre Moden unterschiedliche Ausbreitungsgeschwindigkeiten, findet analog zu den Pendeln mit unterschiedlicher Resonanzfrequenz nur ein teilweises Überkoppeln der Strahlungsleistung statt.

Der Strahlungsfluß des zweiten Wellenleiters, der durch die Übertragung des Strahlungsflusses aus dem ersten Wellenleiter nach der Strecke z hervorgerufen wird, kann durch

$$\Phi_e^{(2)}(z) = \Phi_e^{(1)}(0) \frac{\beta^2}{\beta^2 + \delta^2} \sin^2(\sqrt{\beta^2 + \delta^2} z) \tag{9.67}$$

beschrieben werden. $\Phi_e^{(1)}(0)$ ist der anfängliche Strahlungsfluß im ersten Wellenleiter und β der Kopplungsparameter, der vom Abstand und den Brechzahlen beider Wellenleiter abhängt. Die Größe

$$\delta = \frac{1}{2}(k_z^{(1)} - k_z^{(2)}) \tag{9.68}$$

ist der Modenanpassungsparameter, wobei $k_z^{(1)}$ und $k_z^{(2)}$ die Ausbreitungskonstanten der Grundmoden in den beiden Wellenleitern sind (vgl. Gl. 9.10 für $m = 0$). Gl. 9.67 macht das periodische Pendeln der Strahlungsleistung zwischen beiden Wellenleitern deutlich, wie es im Diagramm vom Bild 9.17 dargestellt ist.

Aus Gl. 9.67 können wir die Kopplungslänge ablesen. Der umgekoppelte Strahlungsfluß ist maximal, $\Phi_e^{(2)}{}_{max} = \Phi_e^{(2)}(L_c)$, wenn

$$L_c = \frac{\pi}{2} \frac{1}{\sqrt{\beta^2 + \delta^2}} \tag{9.69}$$

Die Kopplungslänge hängt sowohl vom Modenanpassungsparameter δ als auch vom Kopplungsparameter β ab. Der Kopplungswirkungsgrad

$$\frac{\Phi_{emax}^{(2)}}{\Phi_{e}^{(1)}(0)} = \frac{\beta^2}{\beta^2+\delta^2} \quad (9.70)$$

wird wesentlich durch den Modenanpassungsparameter δ bestimmt. Sind die Ausbreitungskonstanten der Moden in beiden Wellenleiter gleich ($\delta = 0$), wird die gesamte Strahlungsleistung nach der Kopplungslänge $L_c = \pi/(2\beta)$ übertragen.

Durch die Wahl der Länge L, auf der die wellenführenden Schichten nebeneinander liegen, können Richtkoppler mit unterschiedlichen Teilungsverhältnissen realisiert werden. Einen Strahlteiler, der die Eingangsleitung je zur Hälfte auf die beiden Ausgänge aufteilt (3-dB-Y-Koppler), erhält man beispielsweise, wenn bei modenangepaßten Wellenleitern die Wechselwirkungslänge beider wellenführenden Schichten $L = L_c/2$ gewählt wird (vgl. Bild 9.18).

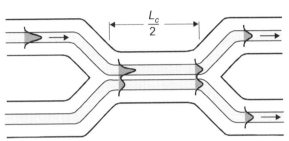

Bild 9.18 Schema eines 3-dB-Richtkopplers: Auf der halben Kopplungslänge werden 50% des Strahlungsflusses umgekoppelt

9.5 Aufgaben

9.1 In einem planaren Wellenleiter mit der Dicke d des Kerns, der Mantelbrechzahl n_2 und der numerischen Apertur NA wird ein Lichtstrahl unter dem Grenzwinkel der Totalreflexion an der Grenzfläche zwischen Kern und Mantel reflektiert.
   a) Wie groß ist der Abstand zwischen zwei benachbarten Auftreffpunkten des Strahls auf den Grenzflächen?
   b) Wie viele Male wird der Strahl in einem 1 m langen Wellenleiter (Kerndicke 50 µm, Mantelbrechzahl 1,45, numerische Apertur 0,12) reflektiert?
   c) Durch Streuung an nichtidealen Grenzflächen geht pro Reflexion 0,1% des Strahlungsflusses verloren. Wie groß ist der dadurch verursachte Gesamtverlust in dem 1 m langen Wellenleiter?

9.2 Ein planarer Wellenleiter besteht aus einer beidseitig verspiegelten Glasschicht (Dicke 40 µm, Brechzahl 1,5). In diesem Spiegel-LWL werden Lichtpulse der Wellenlänge 650 nm geführt, bei den Reflexionen an den Spiegelschichten treten keine Phasenverschiebungen auf.
   a) Wie groß ist das Verhältnis der Geschwindigkeiten, mit denen die Lichtpulse in der Grundmode und in der Mode 180. Ordnung transportiert werden?
   b) Welche maximale Modenordnung kann in dem Spiegelwellenleiter geführt werden?

9.3 Die Überlegungen, die zu wichtigen Eigenschaften des planaren Lichtwellenleiters geführt haben, sollen für den Spiegelwellenleiter nachvollzogen werden. Ein planarer Spiegel-LWL besteht aus einer beidseitig verspiegelten Glasschicht (Dicke 10 µm, Brechzahl 1,5). Bei den Reflexionen an

den Spiegelschichten treten keine Phasenverschiebungen auf.
a) Geben sie allgemein die Reflexionswinkel an, unter denen sich Moden ausbreiten können. Unter welchem Winkel breitet sich die Mode niedrigster Ordnung aus?
b) Wie groß ist die maximale Modenordnung, die bei einer Wellenlänge von 600 nm geführt werden kann? Wie viele Moden können geführt werden?
c) Was ist die Grenzwellenlänge des Spiegel-LWL? Wie groß ist die Grenzdicke für die Wellenlänge von 600 nm?

9.4 Das Licht eines He-Ne-Lasers mit dem Strahlungsfluß von 2 mW soll mit einer Linse in eine optische Faser eingekoppelt werden. Die Faser ist 2 km lang. Die numerische Apertur der Faser beträgt 0,12, die Dämpfungskonstante 4 dB/km.
a) Wie groß darf der Öffnungswinkel des durch die Linse erzeugten Strahlkegels maximal sein, damit das in die Faser eingekoppelte Licht auch geführt wird?
b) Welcher Strahlungsfluß steht am Ende der Faser noch zur Verfügung? (Nehmen Sie an, daß die Einkopplung verlustfrei geschieht und daß das gesamte Licht in der Faser geführt wird.)

9.5 Eine Stufenindexfaser hat eine numerische Apertur von 0,16, einen Kernbrechungsindex von 1,45 und einen Kerndurchmesser von 90 μm.
a) Berechnen Sie den Akzeptanzwinkel der Faser sowie den Brechungsindex des Mantels.
b) Ändert sich der Akzeptanzwinkel, wenn die Faser in Wasser (Brechungsindex n = 1,33) gelegt wird?
c) In wie vielen Moden wird Licht mit der Wellenlänge 633 nm durch die Faser geführt?

9.6 Berechnen Sie den maximalen Kernradius (Brechungsindex 1,50) einer Glasfaser, wenn diese Licht der Wellenlänge 1,0 μm nur in einer Wellenleitermode übertragen soll. Nehmen Sie an, daß
a) die Glasfaser keinen Mantel hat (das den Kern umgebende Medium also Luft ist),
b) der Brechungsindex des Mantels 1,48 beträgt.
Kommentieren Sie die Ergebnisse in Hinsicht auf die Herstellung einer solchen Einmodenfaser!

9.7 Zur Datenübertragung über eine 5 km lange Strecke soll eine Stufenindexfaser mit folgenden Daten verwendet werden: Brechungsindex des Kerns 1,45, Kernradius 20 μm, Brechungsindex des Mantels 1,445, Dämpfungskoeffizient 5 dB/km. Das Datensignal besteht aus einem Zug von gaußförmigen Lichtpulsen mit einem mittleren Strahlungsfluß von 1 mW bei einer Wellenlänge von 1,3 μm. Die Halbwertsdauer der Lichtpulse beträgt 100 ps; die Einkoppelverluste in die Faser liegen bei 20%.
a) Wie groß ist der mittlere Strahlungsfluß am Ausgang der Faser?
b) Wie viele Moden können von der Faser bei der angegebenen Wellenlänge geführt werden?
c) Wie groß ist die Halbwertsdauer der Lichtpulse am Ausgang der Faser?
d) Wie groß ist die durch die Faser maximal übertragbare Datenrate?

9.8 Die genaue Messung der Faserdämpfung wird dadurch erschwert, daß die Messung der eingekoppelten Leistung nur mit großen Fehlern möglich ist. Man bedient sich daher eines Tricks: Man mißt die Leistung, die aus einer Faser der Länge L austritt, schneidet ohne die Einkopplung zu verändern davon ein Stück der Länge L' ab und mißt die Leistung, die aus dem übrig gebliebenen Faserstück austritt. Eine Messung dieser Art liefert folgende Ergebnisse: Strahlungsfluß aus der Faser mit L = 150 m, 80 pW, nach dem Abschneiden eines Faserstücks aus dem Reststück von 1 m, 100 pW. Berechnen Sie den Dämpfungskoeffizienten der Faser.

9.9 Sie sollen entscheiden, welcher Fasertyp für eine Datenübertragungsstrecke von 100 km mit einer Bandbreite von mindestens 500 MHz eingesetzt werden soll. Zur Verfügung steht eine Stufenindexfaser, eine Gradientenfaser mit optimiertem Profilparameter (Kernradius beider Fasern ist 50 µm) sowie eine Einmodenfaser mit $\dfrac{d^2 n_1}{d\lambda^2} = 1{,}8 \cdot 10^{10}$ m^{-2} bei 890 nm und einem Kernradius von 2,5 µm. Die numerische Apertur der Fasern beträgt 0,12 und die Kernbrechzahl 1,45. Als Lichtquelle kann eine Leuchtdiode verwendet werden, die Gauß-Pulse mit einer Wellenlänge von 890 nm und einer spektralen Bandbreite von 30 nm emittiert, oder ein Halbleiterlaser der gleichen Wellenlänge mit einer spektralen Bandbreite von 0,1 nm. Prüfen Sie auch nach, ob die Einmodenfaser bei der angegebenen Wellenlänge tatsächlich maximal eine Mode führen kann.

9.10 Für einen Faserrichtkoppler, der aus zwei gleichartigen Fasern besteht, beträgt die Kopplungslänge L_c = 0,5 cm. Wie lang muß die Kopplungsstrecke in dem Richtkoppler sein, damit 2/3 des Eingangsstrahlungsflusses in die zweite Faser umgekoppelt werden?

9.5 Aufgaben

10. Polarisationsoptik

Licht besteht aus elektromagnetischen Wellen, wobei das elektrische und magnetische Feld vektorielle Größen sind. Für die Überlegungen in den vorhergehenden Kapiteln spielte die Richtung der Felder keine wesentliche Rolle, so daß die Felder durch skalare Größen beschrieben werden konnten. Es gibt jedoch wichtige optische Erscheinungen, die nur mit Hilfe des Vektorcharakters der Feldstärken verstanden werden können. Die damit verbundenen Eigenschaften des Lichtes faßt man unter dem Begriff der **Polarisation** des Lichtes zusammen. In diesem Kapitel werden zunächst die möglichen Polarisationszustände des Lichtes beschrieben. Danach werden die in der Optik verwendeten polarisierenden Elemente dargestellt, mit denen polarisiertes Licht erzeugt bzw. gezielt verändert werden kann. Zum Schluß werden die wichtigsten polarisationsabhängigen Phänomene besprochen, welche die Grundlage für die Funktionsweise polarisierender Elemente bilden.

10.1 Polarisation des Lichts

Im Abschn. 1.3 wurde dargelegt, daß Licht als transversale elektromagnetische Wellen beschrieben werden kann, bei der die Vektoren des elektrischen Feldes $\vec{E}$ und des magnetischen Feldes $\vec{H}$ senkrecht aufeinander und auf der Ausbreitungsrichtung stehen. Die Ausbreitungsrichtung wird durch den Wellenzahlvektor $\vec{k}$ festgelegt. Die Richtung des elektrischen Feldvektors bestimmt die **Schwingungsebene** und die des darauf senkrecht stehenden magnetischen Feldvektors die **Polarisationsebene**.

Wir gehen wieder aus von einer ebenen monochromatischen Welle, die sich in z-Richtung ausbreitet. Entsprechend seinem Vektorcharakter können wir das elektrische Feld (Gl. 1.4) in die x- und y-Komponente zerlegen

$$\vec{E}(t,z) = E_x \vec{e}_x + E_y \vec{e}_y \qquad (10.1)$$

($\vec{e}_x, \vec{e}_y$ Einheitsvektoren in x- und y-Richtung) mit

$$\begin{aligned} E_x &= E_{mx} \cos(\omega t - kz) \\ E_y &= E_{my} \cos(\omega t - kz + \psi) \end{aligned} \qquad (10.2)$$

(k Wellenzahl, ω Kreisfrequenz). E_{mx}, E_{my} sind die Komponenten der Amplitude der elektrischen Feldstärke.

Wir haben hier eine zunächst willkürlich erscheinende Phasenverschiebung ψ zwischen beiden Komponenten zugelassen. Wodurch eine solche Phasendifferenz zustande kommen kann, werden wir später besprechen. Eine positive Phasendifferenz ψ zwischen beiden Komponenten bewirkt, daß die y-Komponente der elektrischen Welle der x-Komponente vorauseilt (die Kosinusfunktion der y-Komponente erreicht am Ort z den gleichen Wert wie die Kosinusfunktion der x-Komponente zu einer früheren Zeit ψ/ω). Bei negativem ψ ist es umgekehrt. Die Phasenverschiebung bestimmt wesentlich eine Eigenschaft des resultierenden Felds $E(z,t)$, nämlich seine Polarisation.

(1) Linear polarisiertes Licht

- Licht bezeichnet man als **linear polarisiert**, wenn die Schwingungsebene, also die Richtung des elektrischen Feldvektors raumfest ist.

Bild 10.1 macht deutlich, daß beim Fortschreiten der Welle der Vektor des elektrischen Felds und damit auch des magnetischen Felds in einer raumfesten Ebene bleibt. Aus Gl. 10.2 können wir entnehmen, daß das der Fall ist, wenn die Phasendifferenz zwischen beiden Komponenten $\psi = 0$ oder $\psi = \pi$ ist. Im ersten Fall sind beide Komponenten in Phase, im zweiten Fall schwingen sie gegenphasig. In beiden Fällen ist E_y proportional zu E_x:

$$E_y = \frac{E_{my}}{E_{mx}} E_x = \tan\varphi\, E_x \qquad \psi = 0$$
$$E_y = -\frac{E_{my}}{E_{mx}} E_x = -\tan\varphi\, E_x \qquad \psi = \pi \qquad (10.3)$$

Die Lage der Schwingungsebene wird durch den Winkel φ zur x-Achse beschrieben, der durch das Amplitudenverhältnis der Komponenten bestimmt wird (Bild 10.1). Schwingen beide Komponenten gegenphasig, hat die Schwingungsebene den Winkel $-\varphi$ zur x-Achse, sie ist an der x-Achse gespiegelt gegenüber der Schwingungsebene im gleichphasigen Fall.

Nach dem Gesagten sind die mit Gl. 10.2 beschriebenen Komponenten jede für sich linear polarisiert.

- Die Überlagerung von zwei linear polarisierten Wellen mit senkrecht zueinander stehenden Schwingungsebenen, deren Phasendifferenz ein ganzzahliges Vielfaches von π beträgt, ergibt wieder eine linear polarisierte Welle.

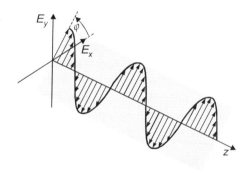

Bild 10.1 Bei linear polarisiertem Licht ist die Schwingungsebene raumfest

(2) Zirkular polarisiertes Licht

Ein interessanter Fall liegt vor, wenn beide Komponenten die gleiche Amplitude haben, $E_{mx} = E_{my} = E_m$, und die Phasenverschiebung $\psi = \pm\pi/2$ beträgt. Berücksichtigt man, daß $\cos(\alpha \pm \pi/2) = \mp\sin\alpha$ und $\sin^2\alpha = 1 - \cos^2\alpha$ ist, erhält man aus Gl. 10.2

$$E_x^2 + E_y^2 = E_m^2 \qquad (10.4)$$

Der Betrag des Feldstärkevektors ist an jedem Ort z und zu jedem Zeitpunkt t konstant und dies, obwohl beide Komponenten die Orts- und Zeitabhängigkeit einer Welle haben (vgl. Gl. 10.2). Mit anderen Worten, da Gl. 10.4 die Gleichung eines Kreises darstellt, muß die Spitze des Feldvektors immer auf einem Kreis mit dem Radius E_m liegen.

Um klar zu machen, was das bedeutet, betrachten wir das Verhalten des Feldstärkevektors an einem festen Ort (z. B. z = 0) für den Fall $\psi = \pi/2$. Zur Zeit t = 0 zeigt der Feldvektor in die positive x-Richtung. Nach einer viertel Periodendauer t = T/4 ($\omega t = \pi/2$) ist die x-Komponente gleich Null, der Feldvektor zeigt in die negative y-Richtung, er hat sich um 90° gedreht, wobei sein Betrag sich nicht geändert hat. Nach einer halben Periodendauer ($\omega t = \pi$) hat er sich um 180° und nach einer ganzen Periode 360° gedreht. Der elektrische Feldvektor rotiert mit wachsender Zeit t um die Ausbreitungsrichtung im Uhrzeigersinn mit einer Winkelgeschwindigkeit ω. Eine derartige Welle nennt man **rechts zirkular polarisiert**. Die Bezeichnung wird verständlich, wenn wir die z-Abhängigkeit zu einem festen Zeitpunkt (z. B. t = 0) betrachten. In diesem Fall entnehmen wir aus Gl. 10.2, daß der Feldvektor bei z = 0 in die positive x-Richtung zeigt und sich nach einer viertel Wellenlänge $z = \lambda/4$ ($kz = \pi/2$) in die positive y-Richtung gedreht hat. Er bewegt sich mit wachsendem z entgegen dem Uhrzeigersinn auf einer Schraubenlinie um die Ausbreitungsrichtung und bildet eine **Rechtsschraube** (Bild 10.2). Ist $\psi = -\pi/2$ bildet das elektrische Feld eine Linksschraube. Eine solche Welle bezeichnet man als **links zirkular polarisiert**.

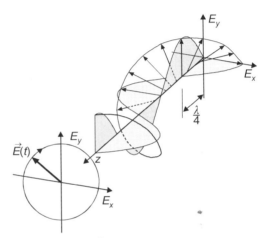

Bild 10.2 Die Überlagerung von zwei linear polarisierten Wellen mit gleichen Amplituden und einer Phasendifferenz $\pi/2$ ergibt eine rechts zirkular polarisierte Welle. Die Spitzen des Feldvektor liegen auf einer Schraubenlinie, die einer Rechtsschraube entspricht. Zeitlich rotiert der Feldvektor im Uhrzeigersinn.

- Bei zirkular polarisiertem Licht läuft der elektrische Feldvektor auf einer Schraubenlinie um die Ausbreitungsrichtung, wobei sein Betrag konstant bleibt. Je nach Umlaufsinn wird zwischen rechts (Rechtsschraube) und links (Linksschraube) zirkularer Polarisation unterschieden.

Rechts zirkular polarisiertes Licht entsteht auch, wenn die Phasendifferenz zwischen beiden linear polarisierten Komponenten $\psi = -3\pi/2, 5\pi/2$ usw. beträgt, links zirkular polarisiertes Licht, wenn $\psi = 3\pi/2, -5\pi/2$ usw. ist.

Auch hier sehen wir, daß eine zirkular polarisierte Welle aus der Überlagerung von zwei linear polarisierten Wellen entstanden ist:

- Eine zirkular polarisierte Welle entsteht durch die Überlagerung von zwei linear polarisierten Wellen gleicher Amplitude, deren Schwingungsebenen senkrecht zueinander stehen und deren Phasendifferenz ein ungeradzahliges Vielfaches von $\pi/2$ beträgt

(3) Elliptisch polarisiertes Licht

Sind die Amplituden E_{mx} und E_{my} nicht gleich, ist aber $\psi = \pm\pi/2$, kann Gl. 10.2 analog zu oben umgeformt werden. Das Ergebnis

$$\frac{E_x^2}{E_{mx}^2} + \frac{E_y^2}{E_{my}^2} = 1 \tag{10.5}$$

zeigt, daß die Feldkomponenten einer Ellipsengleichung genügen. Der elektrische Feldvektor läuft auf einer elliptischen Schraubenlinie um die Ausbreitungsrichtung und bildet eine Rechtsschraube für $\psi = \pi/2$ und eine Linksschraube für $\psi = -\pi/2$. Die Halbachsen der Ellipse liegen parallel zu den Koordinatenachsen, und ihre Größen sind durch die Amplituden E_{mx} und E_{my} gegeben.

Für den allgemeinen Fall $\psi \neq \pm \pi/2$ kann ebenfalls gezeigt werden, daß die Feldkomponenten durch eine Ellipsengleichung beschrieben werden. Eliminiert man die $(\omega t - kz)$-Abhängigkeit in Gl. 10.2 durch Anwendung der Additionstheoreme für die Kosinus- und Sinusfunktionen, erhält man:

$$\frac{E_x^2}{E_{mx}^2} + \frac{E_y^2}{E_{my}^2} - 2\frac{E_x E_y}{E_{mx} E_{my}} \cos\psi = \sin^2\psi \tag{10.6}$$

(vgl. Übungsbeispiel). Das ist die Gleichung einer Ellipse, deren Hauptachsen gegenüber den Koordinatenachsen um den Winkel φ gedreht sind (Bild 10.3), der durch

$$\tan 2\varphi = \frac{2 E_{mx} E_{my}}{E_{mx}^2 - E_{my}^2} \cos\psi \tag{10.7}$$

bestimmt ist. Die Ellipse kann in ein Rechteck mit den Seitenlängen $2E_{mx}$ und $2E_{my}$ einbeschrieben werden (vgl. Bild 10.3).

- Elliptisch polarisiertes Licht entsteht, wenn die senkrecht zueinander schwingenden Komponenten des elektrischen Feldes bei einer Phasendifferenz $\psi = \pm\pi/2, \pm 3\pi/2$ usw. unterschiedliche Amplituden oder eine Phasendifferenz $\psi \neq 0, \pm\pi/2, \pm\pi$ usw. haben.

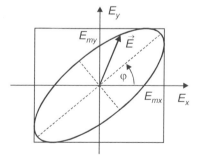

Bild 10.3 Bei elliptisch polarisiertem Licht läuft der Feldvektor auf einer Ellipse um

Wir sehen an dieser Stelle, daß linear und zirkular polarisiertes Licht Spezialfälle von elliptisch polarisiertem Licht sind. Im ersten Fall ($\psi = 0, \pm\pi$ usw.) entartet die Ellipse zu einer Geraden (Gl. 10.3), im zweiten Fall ($\psi = \pm\pi/2, \pm3\pi/2$ usw., $E_{mx} = E_{my} = E_m$) zu einem Kreis (Gl. 10.4).

(4) Unpolarisiertes Licht, Polarisationsgrad

Die Bezeichnung unpolarisiertes Licht stellt erst einmal einen Widerspruch in sich dar, da wir gesehen haben, daß die Polarisation mit dem Vektorcharakter der elektrischen und magnetischen Felder verknüpft ist. Mit dieser Bezeichnung trägt man der Natur von natürlichem Licht Rechnung, die wir schon im Zusammenhang mit der Kohärenz besprochen hatten (vgl. Abschn. 1.6). Natürliches Licht besteht aus kurzen Wellenzügen, die regellos mit willkürlichen Schwingungsrichtungen ausgestrahlt werden. Jedem einzelnen Wellenzug können wir einen definierten Polarisationszustand zuordnen. Ebenfalls führt die Überlagerung von zwei Wellen mit bestimmten Polarisationszuständen wieder zu einer Welle mit definierter Polarisation, die von der Phasendifferenz und den Amplituden der beiden Primärwellen abhängt. Ändern sich diese Größen, ändert sich die resultierende Polarisation, d. h., die Form und Orientierung der Ellipse, auf welcher der Feldvektor umläuft. Hat das Licht eine endliche Kohärenzzeit, variiert die Phasendifferenz zwischen den Wellzügen statistisch und dementsprechend ändern sich Form und Orientierung der Polarisationsellipsen irregulär und schnell. Dadurch sind im zeitlichen Mittel alle Schwingungsrichtungen bzw. alle Polarisationszustände gleich verteilt, und bei einer Messung der Polarisation mit einer Meßdauer, die größer als die Kohärenzzeit ist, erscheint das Licht unpolarisiert.

Wir sehen, daß beide Eigenschaften, Kohärenz und Polarisation eng zusammenhängen. Nur dem Grenzfall ideal monochromatischen Lichts, das aus unendlich langen Wellenzügen besteht, können wir die oben besprochenen elementaren Polarisationszustände zuordnen. Licht mit diesen Eigenschaften haben wir als kohärent bezeichnet. Der andere Grenzfall des inkohärenten Lichtes ist folglich vollständig unpolarisiert. Im allgemeinen ist Licht weder vollkommen polarisiert noch unpolarisiert. Man bezeichnet solches Licht als **teilweise polarisiert**. Teilweise polarisiertes Licht kann man als Überlagerung von polarisiertem und unpolarisiertem Licht beschreiben. In diesem Sinne kann man teilweise polarisiertes Licht durch seinen **Polarisationsgrad** charakterisieren:

$$P = \frac{E_{ep}}{E_{ep} + E_{eup}} \qquad (10.8)$$

E_{ep} und E_{eup} sind die Bestrahlungsstärken des polarisierten bzw. unpolarisierten Anteils. Bei vollständig polarisiertem Licht ($E_{eup} = 0$) ist $P = 1$ und bei unpolarisiertem Licht ($E_{ep} = 0$) wird $P = 0$. Daher gilt $0 \leq P \leq 1$.

Ist das Licht **teilweise linear polarisiert**, kann der Polarisationsgrad relativ einfach mit einem sogenannten **Analysator** bestimmt werden. Ein Analysator ist, wie wir unten ausführlicher besprechen werden, ein optisches Element, das nur eine Schwingungsrichtung des Lichts durchläßt und zum Nachweis bzw. zur Untersuchung von polarisiertem Licht verwendet wird. Orientiert man die Durchlaßrichtung des Analysators im Strahlenbündel so, daß die durchgelassene Bestrahlungsstärke minimal (E_{emin}) wird, steht seine Durchlaßrichtung senkrecht auf der Schwingungsebene des linear polarisierten Anteils. Die durchgelassene Bestrahlungsstärke rührt nur von dem unpolarisierten Anteil her und ist, wie wir unten sehen werden, $E_{emin} = E_{eup}/2$. Wird der Analysator um 90° gedreht, so daß seine Durchlaßrichtung parallel zur Schwingungsebene des linear polarisierten Anteils liegt, kommt noch dessen Bestrahlungsstärke dazu: $E_{emax} = E_{ep} + E_{eup}/2$. Der Polarisationsgrad von teilweise linear polarisiertem Licht kann damit durch

$$P = \frac{E_{emax} - E_{emin}}{E_{emax} + E_{emin}} \tag{10.9}$$

ausgedrückt werden.

Im allgemeinen Fall von teilweise elliptisch polarisiertem Licht ist der Nachweis des Polarisationsgrads schwieriger. Da man mit dem eben beschriebenen Verfahren nicht zwischen unpolarisiertem und elliptisch polarisiertem Anteil unterscheiden kann, benötigt man zusätzlich eine sogenannte Phasenplatte. Diese führt eine definierte Phasenverschiebung zwischen den senkrechten Feldkomponenten ein und ermöglicht damit, wie wir unten sehen werden, die Umwandlung des elliptisch polarisierten Anteils in linear polarisiertes Licht.

Beispiele

1. Eine rechts und eine links zirkular polarisierte Welle mit gleichen Amplituden und gleicher Ausbreitungsrichtung werden überlagert. Wie ist die resultierende Welle polarisiert?

Lösung:
Die rechts zirkular polarisierte Welle hat nach Gl. 10.2 mit $\psi = \pi/2$ die Komponenten

$$E_x^{(r)} = E_m \cos(\omega t - kz)$$
$$E_y^{(r)} = E_m \cos(\omega t - kz + \pi/2) = -E_m \sin(\omega t - kz)$$

sowie die links zirkular polarisierte Welle mit $\psi = -\pi/2$

$$E_x^{(l)} = E_m \cos(\omega t - kz)$$
$$E_y^{(l)} = E_m \cos(\omega t - kz - \pi/2) = E_m \sin(\omega t - kz)$$

Die aus der Überlagerung resultierende Welle erhält man, indem die Feldstärken komponentenweise addiert werden $E_x = E_x^{(r)} + E_x^{(l)}$, $E_y = E_y^{(r)} + E_y^{(l)}$:

$$E_x = 2 E_m \cos(\omega t - kz), \qquad E_y = 0$$

Es entsteht eine linear polarisierte Welle, deren Schwingungsebene in der x,z-Ebene liegt.

2. Man zeige, daß die Überlagerung von zwei linear polarisierten Wellen mit der gleichen Ausbreitungsrichtung im allgemeinen zu einer elliptisch polarisierten Welle führt.

Lösung:
Bei den beiden Komponenten in Gl. 10.2 muß die ($\omega t - kz$)-Abhängigkeit eliminiert werden. Die y-Komponente in Gl. 10.2 wird dazu mit Hilfe der Additionstheoreme $\cos(\alpha + \beta) = \cos\alpha \cos\beta - \sin\alpha \sin\beta$ und $\sin\alpha = \sqrt{1 - \cos^2\alpha}$ umgeformt:

$$\frac{E_y}{E_{my}} = \cos(\omega t - kz + \psi) = \cos(\omega t - kz)\cos\psi - \sin(\omega t - kz)\sin\psi =$$
$$= \cos(\omega t - kz)\cos\psi - \sqrt{1 - \cos^2(\omega t - kz)}\sin\psi$$

$\cos(\omega t - kz)$ kann durch die x-Komponente von Gl. 10.2 ersetzt werden

$$\frac{E_y}{E_{my}} - \frac{E_x}{E_{mx}}\cos\psi = -\sqrt{1 - \frac{E_x^2}{E_{mx}^2}}\sin\psi$$

Quadriert man den Ausdruck und benutzt beim Umordnen, daß $\sin^2\psi + \cos^2\psi = 1$, ergibt sich die Ellipsengleichung Gl. 10.6.

10.2 Polarisationselemente

Nachdem wir Polarisationseigenschaften des Lichts kennengelernt haben, wollen wir im nächsten Schritt optische Elemente zusammentragen, mit denen polarisiertes Licht erzeugt oder die Polarisation gezielt verändert werden kann. Im danach folgenden Abschnitt werden die physikalischen Mechanismen besprochen, auf denen solche Elemente basieren.

(1) Polarisatoren und Analysatoren

Aus natürlichem (unpolarisiertem) Licht erhält man durch ein optisches Element, **Polarisator** genannt, polarisiertes Licht. Am häufigsten werden **Linearpolarisatoren** verwendet, die linear polarisiertes Licht erzeugen. Sie haben eine bestimmte **Durchlaßrichtung**, d. h., sie lassen nur in dieser Richtung liegende Komponenten des elektrischen Feldes bzw. der Schwingungsebene durch (vgl. Bild 10.4). Derartige Elemente lassen sich auch für den Nachweis oder zur Untersuchung von polarisiertem Licht einsetzen. In diesem Fall werden sie als **Analysatoren** bezeichnet.

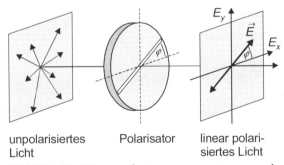

Bild 10.4 Ein Linearpolarisator erzeugt aus unpolarisiertem Licht linear polarisiertes

Wichtig für solche Anwendungen ist die Kenntnis der Winkelcharakteristik des Transmissionsgrads. Fällt linear polarisiertes Licht mit der Feldamplitude E_m auf den Analysator, dessen Schwingungsrichtung unter dem Winkel φ zur Durchlaßrichtung liegt (Bild 10.5), kann nur die Komponente parallel zur Durchlaßrichtung $E_m\cos\varphi$ den Analysator passieren. Da die Bestrahlungsstärke proportional zum Quadrat der Feldamplitude ist (vgl. Gl. 1.14), ist der winkelabhängige Transmissionsgrad als das Verhältnis von durchgelassener zu einfallender Bestrahlungsstärke durch

$$\tau(\varphi) = \cos^2\varphi \tag{10.10}$$

gegeben. Dies ist das **Malussche Gesetz**. Wir sehen auch, daß $\tau(90°)$ = 0 ist. Liegt die Schwingungsebene von linear polarisiertem Licht senkrecht zur Durchlaßrichtung (**Sperrichtung**) des Polarisators, wird das Licht "ausgelöscht". Damit haben wir die Eigenschaften eines idealen Polarisators bzw. Analysators: Für linear polarisiertes Licht mit einer Schwingungsebene in Durchlaßrichtung ist sein Transmissionsgrad gleich eins, senkrecht dazu gleich Null.

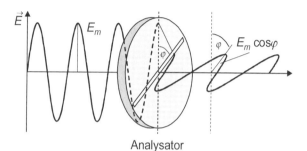

Bild 10.5 Malussches Gesetz: Die Komponente der Schwingungsebene in Durchlaßrichtung von linear polarisiertem Licht passiert den Analysator

Reale Polarisatoren weisen auch in Sperrichtung einen geringen Transmissionsgrad τ_{sperr} auf. Auch ist ihr Transmissionsgrad in Durchlaßrichtung $\tau_{pol} < 1$, wobei $\tau_{sperr} \ll \tau_{pol}$ sein muß. Der winkelabhängige Transmissionsgrad für **linear polarisiertes Licht** eines realen Analysators ist folglich

$$\tau(\varphi) = \tau_{sperr} + (\tau_{pol} - \tau_{sperr})\cos^2\varphi \approx \tau_{pol}\cos^2\varphi \tag{10.11}$$

so daß $\tau_{sperr} \leq \tau(\varphi) \leq \tau_{pol}$ ist.

In **unpolarisiertem Licht** sind alle Schwingungsrichtungen gleich verteilt. Für den Transmissionsgrad muß daher über alle Winkel gemittelt werden: $\tau = \dfrac{1}{2\pi}\int\limits_0^{2\pi}\tau(\varphi)\,d\varphi$. Das Ergebnis für einen realen Polarisator ist

$$\tau = \frac{\tau_{sperr} + \tau_{pol}}{2} \approx \frac{\tau_{pol}}{2} \tag{10.12}$$

Der Polarisationsgrad, den unpolarisiertes Licht nach dem Passieren eines realen Polarisators hat, ist entsprechend Gl. 10.9

$$P = \frac{\tau_{pol} - \tau_{sperr}}{\tau_{sperr} + \tau_{pol}} \tag{10.13}$$

Häufig werden in polarisationsoptischen Anwendungen ein Polarisator und ein Analysator hintereinander angeordnet. Der Gesamttransmissionsgrad dieser Anordnung hängt von dem Winkel φ zwischen beiden Durchlaßrichtungen ab und kann durch Verdrehen beider Elemente gegeneinander kontinuierlich variiert werden. Damit hat man beispielsweise die Möglichkeit, den Strahlungsfluß eines Lichtbündels definiert zu schwächen. Für einfallendes unpolarisiertes Licht ist der Gesamttransmissionsgrad durch

$$\tau_\varphi = \tau_{pol}\tau_{sperr} + \frac{(\tau_{pol}-\tau_{sperr})^2}{2}\cos^2\varphi \qquad (10.14)$$

gegeben (vgl. Übungsbeispiel). Maximale Durchlässigkeit für unpolarisiertes Licht erhält man bei $\varphi = 0°$

$$\tau_{0°} = \frac{\tau_{pol}^2 + \tau_{sperr}^2}{2} \approx \frac{\tau_{pol}^2}{2} \qquad (10.15)$$

(**Hellstellung**) und minimale Durchlässigkeit bei $\varphi = 90°$

$$\tau_{90°} = \tau_{pol}\tau_{sperr} \qquad (10.16)$$

(**Dunkelstellung**). Diese Größe wird häufig von den Herstellern als Kennwert angegeben und als **Auslöschung** bezeichnet

(2) Verzögerungsplatten

Eine Verzögerungsplatte hat in ihrer Ebene zwei senkrecht zueinander stehende Vorzugsrichtungen. Durchläuft eine Welle eine derartige Verzögerungsplatte, erhalten die Komponenten der Schwingungsrichtung in diesen Vorzugsrichtungen eine definierte Phasendifferenz. Beträgt diese Phasendifferenz π, was einem Gangunterschied von einer halben Wellenlänge zwischen beiden Komponenten entspricht, spricht man von einer **Halbwellenplatte** oder **$\lambda/2$-Platte**. Bei einer Phasendifferenz von $\pi/2$ oder einem Gangunterschied von einer viertel Wellenlänge liegt eine **Viertelwellenplatte** oder **$\lambda/4$-Platte** vor. Mit Hilfe derartiger Verzögerungsplatten kann die vorhandene Polarisation einer Lichtwelle definiert modifiziert werden. Aus den Ausführungen im Zusammenhang mit Gl. 10.2 können wir uns überlegen, wie dies geschieht. Um dies verständlich zu machen, legen wir unser x,y-Koordinatensystem so, daß die Koordinatenachsen mit den Vorzugsrichtungen der Verzögerungsplatte zusammenfallen und der Phasenunterschied ψ zur y-Komponente hinzukommt. Bei positivem ψ eilt die y-Komponente der x-Komponente voraus, so daß man auch von der **schnellen Achse** im Unterschied

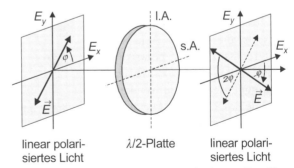

linear polarisiertes Licht $\lambda/2$-Platte linear polarisiertes Licht

Bild 10.6 Beim Durchgang durch die Halbwellenplatte wird die Schwingungsebene der linear polarisierten Welle an der schnellen Achse (s.A.) gespiegelt und erfährt dadurch eine Drehung um 2φ (l.A. langsame Achse)

zur **langsamen Achse** spricht.

Beginnen wir mit der Halbwellenplatte. Fällt linear polarisiertes Licht ein, erhält die y-Komponente eine zusätzliche Phase $\psi = \pi$. Bildet die Schwingungsebene der einfallenden Welle den Winkel φ zur x-Achse (langsame Achse), tritt sie nach Gl. 10.3 unter dem Winkel $-\varphi$ aus der Halbwellenplatte aus, sie wird an der schnellen Achse gespiegelt. Die Schwingungsebene der linear polarisierten Welle hat eine Drehung um 2φ erfahren (Bild 10.6). Die Drehung, welche die Schwingungsebene erfährt, hängt also von der Lage der einfallenden Schwingungsebene bez. der Vorzugsrichtungen der Verzögerungsplatte ab.

- Mit Hilfe einer Halbwellenplatte kann die Schwingungsebene von linear polarisiertem Licht definiert gedreht werden. Eine Drehung der Vorzugsachsen der Halbwellenplatte gegenüber der einfallenden Schwingungsebene um einen Winkel φ führt zu einer Drehung der Schwingungsebene der austretenden Welle um den doppelten Winkel 2φ.

Bei einer Viertelwellenplatte erhält die y-Komponente (schnelle Achse) eine zusätzliche Phase $\pi/2$. Ist das einfallende Licht linear polarisiert, wird es, wie Gl. 10.5 zeigt, i. allg. elliptisch polarisiert. Die Länge der Ellipsenachsen hängt von den Amplituden ab, die durch die Lage der Schwingungsebene zu den Vorzugsrichtungen der Viertelwellenplatte bestimmt sind:

$$E_{mx} = E_m \cos\varphi \qquad E_{my} = E_m \sin\varphi \qquad (10.17)$$

E_{mx}, E_{my} sind die Amplituden der Feldstärkekomponenten bez. der Vorzugsrichtungen, E_m die Feldamplitude der einfallenden linear polarisierten Welle und φ der Winkel der Schwingungsebene zur langsamen Achse der Viertelwellenplatte (x-Achse).

Bildet die einfallende Schwingungsebene einen Winkel von 45° zu den Vorzugsachsen, wird aus dem linear polarisierten Licht zirkular polarisiertes. Für die im Bild 10.7 skizzierte Geometrie (Feldvektor in der Winkelhalbierenden des 1. bzw. 3. Quadranten, y-Achse ist die schnelle Achse) entsteht rechts zirkular polarisiertes Licht. Bildet die einfallende Schwingungsebene die Winkelhalbierende des 2. bzw. 4. Quadranten, ist die austretende Welle links zirkular polarisiert.

Fällt die Schwingungsebene mit einer der Vorzugsachsen der Viertelwellenplatte zusammen, bleibt die lineare Polarisation ungeändert.

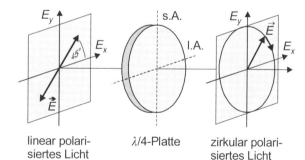

linear polari-   λ/4-Platte   zirkular polarisiertes Licht   siertes Licht

Bild 10.7 Linear polarisiertes Licht mit einer Schwingungsebene unter 45° zur langsamen Achse (l.A.) wird von einer Viertelwellenplatte in rechts zirkular polarisiertes Licht umgewandelt

- Eine Viertelwellenplatte erzeugt aus linear polarisiertem Licht elliptisch polarisiertes. Bildet die einfallende Schwingungsebene einen Winkel von 45° zu den Vorzugsachsen, entsteht zirkular polarisiertes Licht.

Es ist aber auch die Umkehrung möglich:

- Elliptisch polarisiertes Licht wird beim Durchgang durch eine Viertelwellenplatte zu linear polarisiertem, wenn die Vorzugsrichtungen der Platte mit den Hauptachsen der Ellipse zusammenfallen.

Die Phasenverschiebung, die zu elliptisch polarisiertem Licht führte, wird durch die Viertelwellenplatte rückgängig gemacht. Sofort deutlich wird das für den Fall $\psi = \pm\pi/2$ in Gl. 10.2, der zur Ellipsengleichung (Gl. 10.5) führte. Eilt beispielsweise die y-Komponente des elektrischen Feldes der x-Komponente um $\psi = \pi/2$ voraus und fällt mit der langsamen Achse der Viertelwellenplatte zusammen, so läuft E_y eine viertel Schwingung langsamer durch die Platte als E_x. Beide Komponenten haben nach der Platte wieder die gleiche Phase, und es ergibt sich eine linear polarisierte Welle. Auch wenn die schnelle Achse der Viertelwellenplatte mit der y-Komponente zusammenfällt, erhalten wir linear polarisiertes Licht. Die zusätzliche Phasenverschiebung um $\pi/2$ ergibt insgesamt eine Phasendifferenz von π, so daß die Welle linear polarisiert ist mit einer um 180° gedrehten Schwingungsebene.

Die gleiche Überlegung gilt auch für den allgemeinen Fall, der zu elliptisch polarisiertem Licht mit einer gedrehten Ellipse (Gl. 10.6) führte. Hier müssen die Vorzugsrichtungen der Viertelwellenplatte mit den Achsen der um den Winkel φ gedrehten Ellipse zusammenfallen, damit linear polarisiertes Licht entsteht (Bild 10.8).

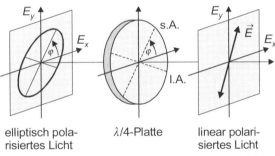

elliptisch polarisiertes Licht   λ/4-Platte   linear polarisiertes Licht

Bild 10.8 Elliptisch polarisiertes Licht wird beim Durchgang durch eine Viertelwellenplatte zu linear polarisiertem, wenn die Vorzugsrichtungen der Platte mit den Ellipsenachsen zusammenfallen.

Mit Hilfe der Viertelwellenplatte ist es nun möglich, den Polarisationsgrad von teilweise polarisiertem Licht zu messen, das aus unpolarisiertem und elliptisch bzw. linear polarisiertem Licht besteht (vgl. Abschn. 10.1 (4)). Zunächst werden mit dem Analysator die Durchlaßrichtungen maximaler und minimaler Transmission festgestellt. Diese Messung allein kann, wie wir gesehen haben, noch keine Aussage darüber liefern, ob das Licht in einem Grenzfall eine Mischung aus unpolarisiertem und in der maximalen Durchlaßrichtung linear polarisiertem Licht ist, bzw. im anderen Grenzfall vollkommen elliptisch polarisiert ist oder irgendwo dazwischen liegt. Die Entscheidung kann mit Hilfe einer Viertelwellenplatte getroffen werden. Diese wird so angeordnet, daß die schnelle Achse mit der maximalen Durchlaßrichtung zusammen fällt. Alles elliptisch polarisierte Licht mit der Halbachse in dieser Richtung wird dadurch in linear polarisiertes umgewandelt. Nach der Viertelwellenplatte liegt also ein Gemisch aus unpolarisiertem und linear polarisiertem Licht vor, dessen Polarisationsgrad mit Hilfe des Analysators bestimmt werden kann, wie es im Abschn. 10.1 (4) besprochen wurde.

Beispiel

Häufig werden in der Polarisationsoptik ein Polarisator und ein Analysator hintereinander angeordnet. Der Gesamttransmissionsgrad dieser Anordnung hängt von dem Winkel ab, unter dem die Durchlaßrichtungen beider Elemente gegeneinander verdreht sind. Mit einer derartigen Anordnung kann beispielsweise eine definierte Lichtschwächung erzielt werden. Der Transmissionsgrad beider Elemente in Durchlaßrichtung beträgt 0,84, der in Sperrrichtung $5 \cdot 10^{-6}$. Die Anordnung wird mit unpolarisiertem Licht beleuchtet.
a) Wie groß ist der Gesamttransmissionsgrad in "Hellstellung" (beide Durchlaßrichtungen parallel) und
b) in "Dunkelstellung" (beide Durchlaßrichtungen unter 90°)?
c) Wie hängt der Gesamttransmissionsgrad von dem Winkel ab, unter dem beide Durchlaßrichtungen gegeneinander verdreht sind?

Lösung:
a) Das von der Anordnung durchgelassene Licht setzt sich zusammen aus den Anteilen in Durchlaß- und Sperrrichtung beider Elemente, so daß der Gesamttransmissionsgrad die Summe aus den Transmissionsgraden beider Richtungen ist: $\tau_{0°} = \tau_\parallel + \tau_\perp$.
Entsprechend Gl. 10.12 ist der Transmissionsgrad des Polarisators für unpolarisiertes Licht in Sperrrichtung $\tau_{sperr}/2$. Diese Schwingungskomponente wird vom Analysator mit dem Transmissionsgrad τ_{sperr} durchgelassen, so daß der Transmissionsgrad bzgl der Sperrrichtung $\tau_\perp = \tau_{sperr}^2/2$ ist. In Durchlaßrichtung hat der Polarisator für unpolarisiertes Licht den Transmissionsgrad $\tau_{pol}/2$. Die parallel zur Durchlaßrichtung liegende Schwingungskomponente passiert den Analysator mit dem Transmissionsgrad τ_{pol}, so daß hier $\tau_\parallel = \tau_{pol}^2/2$ ist. Damit ergibt sich der Gesamttransmissionsgrad beider Elemente in Hellstellung

$$\tau_{0°} = \frac{\tau_{sperr}^2 + \tau_{pol}^2}{2} \approx \frac{\tau_{pol}^2}{2} = 0{,}35$$

b) Die Überlegung ist analog zu a). Das vom Polarisator in Durchlaßrichtung mit $\tau_{pol}/2$ durchgelassene Licht passiert den Analysator in Dunkelstellung mit dem Transmissionsgrad τ_{sperr}, so daß der Transmissionsgrad bez. dieser Schwingungsrichtung $\tau_{pol} \tau_{sperr}/2$ beträgt. Entsprechend passiert das vom Polarisator in Sperrrichtung mit $\tau_{sperr}/2$ durchgelassene Licht den Analysator mit τ_{pol}, so daß der Transmissionsgrad beider Elemente bez. dieser Richtung ebenfalls $\tau_{pol} \tau_{sperr}/2$ ist. In Dunkelstellung ist der Transmissionsgrad beider Elemente daher

$$\tau_{90°} = \tau_{sperr} \tau_{pol} = 4{,}2 \cdot 10^{-6}$$

c) Auch hier müssen die Transmissionsgrade für Durchlaß- ($\tau_\parallel$) und Sperrrichtung ($\tau_\perp$) des Polarisators zunächst getrennt bestimmt werden. Für die Durchlaßrichtung gilt

$$\tau_\parallel = \frac{1}{2}\tau_{pol}\tau(\varphi) = \frac{1}{2}\tau_{pol}\tau_{sperr} + \frac{1}{2}\tau_{pol}(\tau_{pol} - \tau_{sperr})\cos^2\varphi$$

wobei für $\tau(\ )$ Gl. 10.11 eingesetzt wurde. Die Schwingungsebene des in Sperrrichtung des Polarisators durchgelassenen Lichts hat den Winkel 90° − zur Durchlaßrichtung des Analysators. Der Transmissionsgrad des Analysators für diese Schwingungskomponente ist daher:

$$\tau_\perp = \frac{1}{2}\tau_{sperr}\,\tau(90°-\varphi) = \frac{1}{2}\tau_{sperr}^2 + \frac{1}{2}\tau_{sperr}(\tau_{pol}-\tau_{sperr})\sin^2\varphi$$

Der Gesamttransmissionsgrad ist die Summe beider Transmissionsgrade. Mit $\sin^2 = 1 - \cos^2$ findet man schließlich

$$\tau_\varphi = \tau_\| + \tau_\perp = \tau_{pol}\tau_{sperr} + \frac{(\tau_{pol}-\tau_{sperr})^2}{2}\cos^2\varphi$$

Der Lösungsweg wird wesentlich kürzer, wenn man sich vergegenwärtigt, daß das Licht nach dem Polarisator sich zusammensetzt aus einem unpolarisierten Anteil, der proportional zu τ_{sperr} ist und entsprechend Gl. 10.12 vom Analysator durchgelassen wird, und einem polarisierten Anteil, der proportional zu $\frac{1}{2}(\tau_{pol}-\tau_{sperr})$ ist und entsprechend Gl. 10.11 vom Analysator durchgelassen wird. Der Gesamttransmissionsgrad ist die Summe aus beiden

$$\tau_\varphi = \tau_{sperr}\frac{1}{2}(\tau_{sperr}+\tau_{pol}) + \frac{1}{2}(\tau_{pol}-\tau_{sperr})(\tau_{sperr}+(\tau_{pol}-\tau_{sperr})\cos^2\varphi)$$

und ergibt Gl. 10.14.

10.3 Polarisationsabhängige Effekte

Beim Durchgang von Licht durch dielektrische Medien gibt es eine Reihe von Erscheinungen, die von der Polarisation abhängig sind bzw. diese verändern. In diesem Abschnitt besprechen wir die wichtigsten polarisationsabhängigen Phänomene, welche die Grundlage für die Herstellung polarisierender optischer Elemente bilden.

Bekannt ist uns schon, daß der Reflexionsgrad dielektrischer Oberflächen bei schrägem Lichteinfall von der Lage der Schwingungsebene abhängt (vgl. Abschn. 1.4.2). Bei der Totalreflexion tritt eine Phasenverschiebung zwischen einfallender und reflektierter Welle auf, die ebenfalls von der Polarisation des Lichts abhängig ist.

Eine wichtige Rolle in der Polarisationsoptik spielen anisotrope Materialen, d. h., Materialien, deren optische Eigenschaften von der Lage der Schwingungsebene und der Ausbreitungsrichtung des Lichts abhängt. Bei **doppelbrechenden Kristallen** hängt die Brechzahl von der Polarisation und der Ausbreitungsrichtung ab, während bei **dichroitischen Kristallen** zusätzlich die Absorption ein anisotropes Verhalten zeigt.

10.3.1 Reflexion und Brechung

Die Reflexionseigenschaften von Grenzflächen zwischen dielektrischen Medien hängen wesentlich von der Polarisation des einfallenden Lichts ab. Das betrifft sowohl den Reflexionsgrad bei normaler Reflexion wie auch die bei der Totalreflexion auftretende Phasenverschiebung zwischen einfallender und reflektierter Welle. Beide Eigenschaften können zur Herstellung polarisierender Elemente ausgenutzt werden.

(1) Polarisationsabhängiger Reflexionsgrad

Der Reflexionsgrad von Glasoberflächen ist bei schrägem Einfall von der Lage der Schwingungsrichtung des einfallenden Lichts zur Einfallsebene abhängig. Quantitativ zeigte sich das in den Fresnelschen Formeln für den Reflexionsgrad einer dielektrischen Grenzfläche, wo wir unterscheiden mußten zwischen Licht mit einer Schwingungsrichtung parallel und senkrecht zur Einfallsebene (Abschn. 1.4.2, Gln. 1.39 und 1.40). Bilder 1.8 und 1.9, in denen die Winkelabhängigkeit des Reflexionsgrads für eine Luft-Glas-Grenzfläche aufgetragen ist, zeigen, daß bei schrägem Einfall der Reflexionsgrad für Licht mit senkrecht zur Einfallsebene liegender Schwingungsebene durchgehend höher ist als für Licht mit paralleler Schwingungsebene. Das hat zur Folge, daß an Glas- und Wasseroberflächen reflektiertes Licht i. allg. teilweise linear polarisiert ist. In der Fotografie kann man sich diese Eigenschaft zunutze machen, um störende Reflexe weitgehend zu unterdrücken. Dazu wird ein auf das Objektiv aufgesetztes Polarisationsfilter, das nichts anderes als ein oben besprochener Polarisator ist, so gedreht, daß seine Durchlaßrichtung senkrecht zur im reflektierten Licht dominierenden Schwingungskomponente steht.

Stehen insbesondere der gebrochene und reflektierte Strahl senkrecht aufeinander, so wird kein Licht mit parallel zur Einfallsebene liegender Schwingungsrichtung reflektiert (vgl. Abschn. 1.4.3). Das reflektierte Licht ist also vollständig linear polarisiert mit einer Schwingungsebene, die senkrecht auf der Einfallsebene steht. Der erforderliche Einfallswinkel α_p (**Polarisationswinkel** bzw. **Brewster-Winkel**, vgl. Gl. 1.78) ist durch das Brewstersche Gesetz

$$\tan\alpha_p = \frac{n_2}{n_1} \qquad (10.18)$$

bestimmt. n_1 und n_2 sind die Brechzahlen beider Medien. Bei einer Luft-Glas-Grenzfläche ($n_1 = 1, n_2 = 1,5$) beträgt der Polarisationswinkel beispielsweise 56,3°. Damit haben wir eine relativ einfache Möglichkeit, linear polarisiertes Licht zu erzeugen. Der Nachteil dieser Methode ist ihr geringer Wirkungsgrad, da der Reflexionsgrad von Glasoberflächen im Bereich von wenigen Prozent liegt. Durch wiederholte Reflexion unter dem Polarisationswinkel mit Hilfe eines Stapels von planparallelen Glasplatten kann der Wirkungsgrad deutlich verbessert werden.

(2) Phasenverschiebung durch Totalreflexion

Beim Übergang von einem optisch dichteren zu einem optisch dünneren Medium kann Totalreflexion auftreten. Dabei erfährt die reflektierte gegenüber der einfallenden Welle eine Phasenverschiebung. Die Phasenverschiebung ist vom Einfallswinkel θ, aber auch von der Lage der Schwingungsrichtung der einfallenden Welle abhängig. Die durch die Totalreflexion hervorgerufene Phasendifferenz zwischen den beiden Schwingungskomponenten des Lichts kann zum Aufbau von polarisierenden Elementen genutzt werden.

Für die elektrische Feldkomponente senkrecht zur Einfallsebene findet man eine Phasenverschiebung von

$$\tan\frac{\varphi_\perp}{2} = \frac{1}{\cos\alpha}\sqrt{\sin^2\alpha - \frac{n_2^2}{n_1^2}} \qquad (10.19)$$

sowie für die Feldkomponente parallel zur Einfallsebene

$$\tan\frac{\varphi_\parallel}{2} = \frac{n_1^2}{n_2^2} \qquad (10.20)$$

(vgl. z. B. Ergänzung zum Abschn. 1.4.3). α ist der Einfallswinkel im optisch dichteren Medium mit der Brechzahl n_1 auf die Grenzfläche zum optisch dünneren Medium mit der Brechzahl n_2. Gelingt es, die Phasendifferenz $\Delta\varphi = \varphi_\parallel - \varphi_\perp$ zwischen den reflektierten Wellen mit parallel und senkrecht zur Einfallsebene schwingendem elektrischen Feldvektor groß genug zu machen, kann dadurch eine Phasenplatte realisiert werden.

Mit Hilfe der Additionstheoreme für trigonometrische Funktionen

$$\tan\frac{\Delta\varphi}{2} = \frac{\tan\frac{\varphi_\parallel}{2} - \tan\frac{\varphi_\perp}{2}}{1 + \tan\frac{\varphi_\parallel}{2}\tan\frac{\varphi_\perp}{2}} \qquad (10.21)$$

und Gln. 10.19 und 10.20 findet man nach wenigen Umformungen eine Bestimmungsgleichung für $\Delta\varphi$

$$\tan\frac{\Delta\varphi}{2} = \frac{\cos\theta\sqrt{\sin^2\theta - \frac{n_2^2}{n_1^2}}}{\sin^2\theta} \qquad (10.22)$$

θ ist der Einfallswinkel.

Mit Hilfe der Brechzahlen üblicher Gläser kann eine Phasendifferenz $\Delta\varphi = \pi/4$ durch eine einfache Reflexion erzielt werden, mit zwei Reflexionen also $\pi/2$, was der Wirkung einer Viertelwellenplatte entspricht. Bild 10.9a zeigt, wie dies mit einem **Fresnel-Rhombus** erfolgt. Beim Durchgang von linear polarisiertem Licht, dessen Schwingungsebene 45° zur Einfallsebene liegt, wird zwischen den parallel und senkrecht zur Einfallsebene schwingenden Komponenten bei der ersten Totalreflexion eine Phasenverschiebung von $\Delta\varphi = \pi/4$, bei der zweiten Totalreflexion von insgesamt $\pi/2$ erzeugt. Besteht der Rhombus

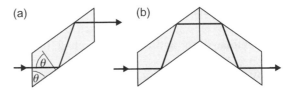

Bild 10.9 Fresnel-Rhombus als Phasenplatte:
(a) Zweimalige Totalreflexion bewirkt eine Phasendifferenz von $\pi/2$ (Viertelwellenplatte),
(b) durch viermalige Totalreflexion entsteht eine Halbwellenplatte

z. B. aus BK 7 mit einer Brechzahl n_1 = 1,517, muß der Einfallswinkel auf der totalreflektierenden Grenzfläche θ = 55,23° betragen (bei n_2 = 1 für Luft). Unter diesem Winkel muß auch der Rhombus geschliffen sein, damit der Einfallswinkel für senkrechten Strahleintritt auftritt. Der Vorteil der Fresnel-Rhomben ist, daß die Phasendifferenz in einem relativ großen Wellenlängenbereich näherungsweise gleich ist (achromatische Verzögerungsplatte).

Verkittet man zwei Fresnel-Rhomben (Bild 10.9b), ergeben die vier Reflexionen eine Phasendifferenz von $\Delta\varphi$ = π, was einer Halbwellenplatte entspricht.

10.3.2 Polarisationselemente auf der Grundlage von Doppelbrechung

(1) Doppelbrechung

Bisher haben wir stillschweigend vorausgesetzt, daß die optischen Medien isotrop sind, d. h., daß ihre optischen Eigenschaften nicht von der Richtung abhängen, in der sie vom Licht durchsetzt werden. Bei einer ganzen Reihe von optischen Medien ist das nicht der Fall. Bei ihnen ändern sich optische Eigenschaften wie Brechzahl und Absorption mit der Richtung und Polarisation des Lichts. Solche Materialien bezeichnet man als optisch anisotrop.

In sogenannten **doppelbrechenden Materialien** sind Lichtgeschwindigkeit und damit die Brechzahl abhängig von der Ausbreitungsrichtung und der Lage der Schwingungsebene des Lichtes. Dabei wird eine einfallende Welle in zwei senkrecht zueinander polarisierte Teilwellen aufgespalten, die sich mit unterschiedlichen Geschwindigkeiten ausbreiten. Nur für bestimmte Richtungen, die man auch als **optische Achsen** bezeichnet, entfällt diese Aufspaltung.

Typische Vertreter doppelbrechender Materialien sind Kristalle. Bei ihnen sind die Atome periodisch in sogenannten Gittern angeordnet. Periodizität und Anordnung der Gitterelemente, welche die optischen Eigenschaften des Kristalls bestimmen, sind i. allg. unterschiedlich für verschiedene Richtungen im Kristall. Materialien, deren Gitterstrukturen eine hohe Symmetrie besitzen, sind optisch isotrop. Zu ihnen gehören Diamant und Steinsalz. Sie besitzen eine sogenannte kubische Kristallstruktur.

Kristalle mit einer geschichteten Gitterstruktur haben eine Richtung mit hoher Symmetrie und gehören daher zu den **optisch einachsigen** Kristallen. Wie wir sehen werden, können ihre optischen Eigenschaften durch die Angabe von zwei Brechzahlen vollständig beschrieben werden. Die wichtigsten Vertreter sind Kalkspat und Quarz. Kristalle, deren Gitterstrukturen eine geringere Symmetrie aufweisen, sind **optisch zweiachsig**, und für die Beschreibung ihrer optischen Eigenschaften ist die Angabe von drei Brechzahlen erforderlich.

Wir wollen uns im folgenden auf die Beschreibung der einfachsten Form, nämlich von optisch einachsigen Kristallen, beschränken. Wir legen unser Koordinatensystem so, daß die z-Achse in die Richtung der optischen Achse zeigt. Jede Ebene, welche die optische Achse enthält, insbesondere auch die, die durch die Ausbreitungsrichtung des Lichts und die optische Achse gebildet wird, bezeichnet man als **Kristallhauptschnitt** oder kurz **Hauptschnitt**. (Wichtig für das Verständnis ist, daß die optische Achse nicht, wie der Name fälschlicher-

Um uns die wichtigsten Eigenschaften klar zu machen, wollen wir die Ausbreitung von Wellen in einem solchen Medium mit Hilfe des Huygensschen Prinzips beschreiben. Wir verfolgen im ersten Schritt die Phasenfronten einer

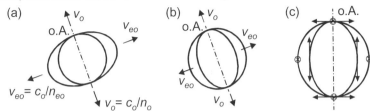

Bild 10.10 Huygenssche Elementarwellen in einem einachsigen, (a) negativen (b) positiven Kristall. (c) Für alle Richtungen liegt die Schwingungsebene der sphärischen Welle senkrecht zum Hauptschnitt, die der elliptischen Welle parallel dazu. o.A. bezeichnet die optische Achse

Elementarwelle, die zum Zeitpunkt $t = 0$ von einem punktförmigen Erregungszentrum im Kristall ausgehen. Nach einer Zeit t haben sich **zwei Wellenflächen** gebildet (Bild 10.10). Eine der beiden Wellenflächen ist kugelförmig. Für diese Welle sind die Phasengeschwindigkeit $v_o = c_o/n_o$ und damit die Brechzahl n_o für alle Richtungen gleich. Zudem stellt man fest, daß das Licht, das zu der sphärischen Welle beiträgt, linear polarisiert ist, so daß die Schwingungsebene (Richtung des elektrischen Feldvektors) senkrecht auf dem Hauptschnitt steht. Der Kristall verhält sich für diese Welle isotrop ("ordentlich"). Strahlen, die aus den sphärischen Elementarwellen herrühren, bezeichnet man daher als **ordentliche Strahlen** und die zugehörige Brechzahl n_o als **ordentlichen Brechungsindex**.

Die zweite Elementarwelle besteht aus linear polarisiertem Licht mit einer parallel zum Hauptschnitt liegenden Schwingungsebene. Ihre Phasenfläche ist nicht mehr sphärisch, sondern kann durch ein Ellipsoid beschrieben werden, der rotationssymmetrisch zur optischen Achse ist. Die Ursache ist, daß die Geschwindigkeit der Phasenfront dieser **außerordentlichen Welle** von der Richtung abhängig ist. Das Ellipsoid berührt die Kugel an zwei Punkten, die auf einer Geraden durch das Zentrum der elliptischen Welle liegen. In dieser Richtung, die gerade der **optischen Achse** entspricht (o.A., vgl. Bild 10.10), bewegen sich die ordentliche und die außerordentliche Welle mit der gleichen Phasengeschwindigkeit v_o entsprechend dem ordentlichen Brechungsindex n_o. Senkrecht zur optischen Achse breitet sich die Phasenfront mit der Geschwindigkeit $v_{eo} = c_o/n_{eo}$ aus, wobei die Brechzahl n_{eo} als **außerordentlicher Brechungsindex** bezeichnet wird. Ist in dieser Richtung die Geschwindigkeit kleiner als die in Richtung der optischen Achse, ist also $n_{eo} > n_o$, nennt man den Kristall **positiv**, für $n_o > n_{eo}$ **negativ**. In allen anderen Richtungen liegt die Geschwindigkeit $v = c_o/n$ und die Brechzahl n zwischen diesen beiden Grenzfällen.

Die Eigenschaft dieser Elementarwellen, sich in verschiedenen Richtungen mit unterschiedlichen Geschwindigkeiten auszubreiten, verbunden mit der elliptischen Form der Phasenfronten, hat weitreichende Konsequenzen für die Ausbreitung außerordentlicher ebener Wellen. Im nächsten Schritt wollen wir daher die Ausbreitung der Flächen konstanter Phase (Wellenfronten) eines außerordentlichen Strahls mit Hilfe des Huygensschen Prinzips betrachten. Danach wirken alle Punkte einer Wellenfront als Erregungszentren von Elementarwellen, deren Einhüllende zu einem späteren Zeitpunkt die neue Wellenfront bildet (vgl. Abschn. 1.7.1). Allerdings müssen wir für den außerordentlichen Strahl die eben besprochenen elliptischen Elementarwellen für die Konstruktion der neuen Wellenfront benutzen. In Bild 10.11 ist das schematisch dargestellt. Die Darstellung verdeutlicht eine überraschende Eigenschaft des außerordentlichen Strahls: Die Wellenfrontnormale (Richtung des Wellenzahlvektors $\vec{k}$ und damit Wellenrichtung) ist nicht mehr parallel zur Strahlrichtung (Vektor $\vec{s}$, dessen Richtung durch die Gerade OP bestimmt ist, wobei P der Berührungspunkt der tangential anliegenden Wellenfront ist). Das hat zur Folge, daß die Wellenfront bei der Fortbewegung seitlich auswandert, und dieses Auswandern bestimmt die Richtung des außerordentlichen Strahls. Wichtig ist zu betonen, daß die Strahlrichtung auch die Richtung des Energietransports ist. Nur wenn die Wellenfronten parallel oder senkrecht zur optischen Achse liegen, fallen Wellen- und Strahlrichtung zusammen.

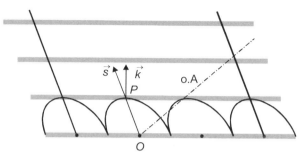

Bild 10.11 Konstruktion der Wellenfront des außerordentlichen Strahls in einem positiven Kristall mittels elliptischer Elementarwellen. Der Wellenzahlvektor $\vec{k}$ beschreibt die Wellenrichtung, $\vec{s}$ die Strahlrichtung

Bild 10.12 verdeutlicht noch einmal die unterschiedlichen Richtungen anhand einer einzelnen elliptischen Elementarwelle. Die Strahlungsrichtung $\vec{s}$ wird bestimmt durch die Richtung der Geraden vom Zentrum O der Elementarwelle zum Punkt P der Ellipse, an dem die neue Wellenfront tangential anliegt. Sie bildet den Winkel ϑ_S zur optischen Achse. Der Wellenzahlvektor $\vec{k}$, der definitionsgemäß die Richtung der Wellenausbreitung bestimmt, steht senkrecht auf der Wellenfront, d. h., senkrecht auf der Tangentialebene im Punkt P und bildet den Winkel ϑ_k zur optischen Achse. Strahlrichtung und Wellennormale bilden den Winkel $\Delta\vartheta = \vartheta_S - \vartheta_k$.

Bild 10.12 zeigt aber auch, daß die Geschwindigkeit $v(\vartheta_S)$, mit welcher der Punkt P entlang der Richtung $\vec{s}$ nach außen wandert, gerade die Geschwindigkeit der ebenen Wellenfront in Strahlrichtung ist. Sie wird daher auch als **Strahlgeschwindigkeit** bezeichnet. Die **Phasengeschwindigkeit** der Welle (Geschwindigkeitskomponente in Normalenrichtung der Wellenfront) ist die Projektion der Strahlgeschwindigkeit auf die Wellenfrontnormale

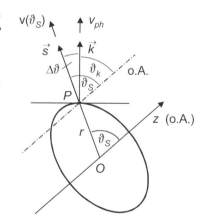

Bild 10.12 Richtungen des Strahls $\vec{s}$, der Strahlgeschwindigkeit v, des Wellenzahlvektors $\vec{k}$ und der Phasengeschwindigkeit v_{ph} zur optischen Achse o.A. bei einer elliptischen Elementarwelle

$$v_{Ph}(\vartheta_k) = v(\vartheta_S) \cos\Delta\vartheta = \frac{c_o}{n(\vartheta_S)} \cos\Delta\vartheta \qquad (10.23)$$

$n(\vartheta_S)$ ist die Brechzahl bez. der Strahlrichtung. In Richtung der optischen Achse und senkrecht dazu fallen Phasen- und Strahlgeschwindigkeit zusammen.

Aus den beiden Brechzahlen n_o und n_{eo} können wir die Brechzahl $n(\vartheta_S)$ für jede vorgegebene Richtung ϑ_S des außerordentlichen Strahls bestimmen. Betrachten wir dazu wieder die elliptische Elementarwelle, die zur Zeit $t = 0$ entstanden ist. Nach der Zeit t haben sich die Punkte auf der optischen Achse um die Strecke $v_o t$, die Punkte senkrecht dazu um die Strecke $v_{eo} t$ vom Erregungszentrum entfernt. Beide Strecken bilden die Halbachsen des entstandenen Ellipsoids. Ein Punkt $P(x,y,z)$ auf der elliptischen Wellenfront, die sich nach der Zeit t ausgebildet hat, wird folglich durch die Ellipsoidgleichung

$$\frac{\rho^2}{(v_{eo}t)^2} + \frac{z^2}{(v_o t)^2} = 1 \qquad (10.24)$$

mit $\rho = \sqrt{x^2+y^2}$ beschrieben. Der Punkt P bewegt sich mit der Geschwindigkeit

$$v(\vartheta_S) = \frac{r}{t} = \frac{c_o}{n(\vartheta_S)} \qquad (10.25)$$

nach außen. $r = \sqrt{\rho^2+z^2}$ ist der Abstand zwischen dem Ursprung O und P, ϑ_S ist der Winkel der dazugehörigen Strahlrichtung zur optischen Achse (Bild 10.12). Mit $z = r\cos\vartheta_S$ und $\rho = r\sin\vartheta_S$ sowie $v_o = c_o/n_o$ und $v_{eo} = c_o/n_{eo}$ ergibt sich aus Gl. 10.24 mit 10.25

$$n(\vartheta_S)^2 = n_{eo}^2 \sin^2\vartheta_S + n_o^2 \cos^2\vartheta_S \qquad (10.26)$$

Damit besteht die Möglichkeit, die Brechzahl $n(\vartheta_S)$ für jede Strahlrichtung ϑ_S des außerordentlichen Strahls aus den beiden Brechzahlen n_o und n_{eo} zu berechnen. Trägt man den reziproken Wert $n(\vartheta_S)^{-1}$ der Brechzahl als Strecke vom Ursprung O in Abhängigkeit vom Winkel ϑ_S auf (Polardiagramm), ergibt sich ein Ellipsoid, das rotationssymmetrisch zur optischen Achse (z-Achse) ist (Bild 10.13). Die Längen der Achsen des Ellipsoids sind n_o^{-1} (parallel zur optischen Achse) und n_{eo}^{-1} (senkrecht dazu). Da $n(\vartheta_S)^{-1}$ proportional zu der Strahlgeschwindigkeit $v(\vartheta_S)$ ist, bezeichnet man die Darstellung auch als **Strahlenellipsoid**.

In vielen Fällen ist eine Darstellung der Brechzahl in Abhängigkeit von der Wellenrichtung (Winkel ϑ_k) vorteilhafter. Für die Umrechnung aus Gl. 10.26 hilft uns eine Beziehung aus der Mathematik weiter (z. B. [5]). Es gilt

$$\tan\Delta\vartheta = -n(\vartheta_S)\left(\frac{dn(\vartheta_S)}{d\vartheta_S}\right)^{-1} \qquad (10.27)$$

Gl. 10.27 mit 10.26 führen nach einigen Umformungen unter Benutzung der Additionstheoreme für trigonometrische Funktionen zu

$$\frac{1}{n(\vartheta_k)^2} = \frac{\sin^2\vartheta_k}{n_{eo}^2} + \frac{\cos^2\vartheta_k}{n_o^2} \qquad (10.28)$$

Hier haben wir die Möglichkeit, die Brechzahl $n(\vartheta_k)$ für jede Wellenrichtung ϑ_k aus den beiden Brechzahlen n_o und n_{eo} zu berechnen. Trägt man $n(\vartheta_k)$ in Abhängigkeit vom Winkel ϑ_k in einem Polardiagramm auf, ergibt sich ebenfalls ein zur optischen Achse rotationssymmetrisches Ellipsoid (Bild 10.14). Die Längen der Achsen des Ellipsoids sind n_o parallel zur optischen Achse und n_{eo} senkrecht zur optischen Achse. Diese Darstellung bezeichnet man daher auch als **Indexellipsoid**. Gln. 10.26 und 10.28 zeigen, daß Strahlen- und Indexellipsoid zueinander invers sind. Für einen positiven Kristall

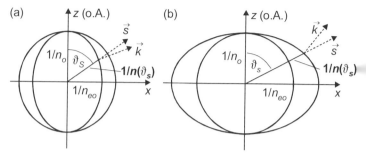

Bild 10.13 *Strahlenellipsoid: Polardarstellung von 1/n in Abhängigkeit vom Strahlenrichtung ϑ_S für (a) einen positv und (b) einen negativ einachsigen Kristall für den ordentlichen Strahl (Kreis) und den außerordentlichen Strahl (Ellipse)*

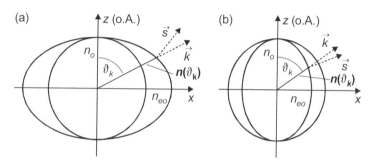

Bild 10.14 *Indexellipsoid: Polardarstellung der Brechzahl n in Abhängigkeit von der Wellenrichtung ϑ_k für (a) einen positiv (b) einen negativ einachsigen Kristall*

($n_{eo} > n_o$) ist das Indexellipsoid zusammengedrückt (Bild 10.14a), wohingegen das Strahlenellipsoid gestreckt ist (Bild 10.13a). Für einen negativen Kristall ($n_o > n_{eo}$) ist das Strahlenellipsoid zusammengedrückt (Bild 10.13b) und das Indexellipsoid gestreckt (Bild 10.14b).

Die Ausbreitungseigenschaften des außerordentlichen Strahls modifizieren natürlich auch die Brechung an einer Grenzfläche des Kristalls. Wir wollen dies ebenfalls mit dem Huygensschen Prinzip für den einfachsten Fall verdeutlichen, daß unpolarisiertes Licht senkrecht auf die Kristallfläche auffällt. Die optische Achse steht schief auf der Grenzfläche (Bild 10.15). Wie wir gesehen haben, sieht für den ordentlichen und außerordentlichen Strahl die Konstruktion der Huygens-Elementarwellen verschieden aus: Für das ordentliche Licht gelten sphärische Elementarwellen, für das außerordentliche Ellipsoidwellen, deren eine Achse parallel zur optischen Achse und damit schief zur Grenzfläche steht. Die Wellenfronten ergeben sich als Tangentenflächen auf den Elementarwellen. Bild 10.15a zeigt, daß, während das ordentliche Licht (dunkle Wellenflächen) erwartungsgemäß senkrecht durch die Grenzfläche geht, das außerordentliche (helle Wellenflächen) seitlich auswandert. Der außerordentliche Strahl wird also trotz seines senkrechten Einfalls gebrochen und trennt sich vom ordentlichen. Der Winkel zwischen beiden Strahlen ist gleich dem

Winkel $\Delta\vartheta$ zwischen Wellennormale und Richtung des außerordentlichen Strahls und kann prinzipiell aus Gln. 10.26 und 10.28 berechnet werden. Aus der gegenüberliegenden Kristallfläche treten beide Strahlen parallel gegeneinander verschoben aus (Bild 10.15b).

Man kann dies sehr schön beobachten. Legt man einen Kalkspatkristall auf eine Buchseite, so sieht man ein Doppelbild der Buchstaben. Beide Bilder rühren von den gegeneinander versetzten ordentlichen und außerordentlichem Strahlen her und sind daher senkrecht zueinander polarisiert. Hält man über den Kristall einen Polarisator und dreht diesen, verschwindet je nach Lage seiner Durchlaßrichtung einmal das eine Bild und einmal das andere Bild.

Zum Schluß dieses Teils wollen wir die insbesondere für die auf der Doppelbrechung basierenden Polarisationselemente wichtigsten Aussagen zusammenfassen:

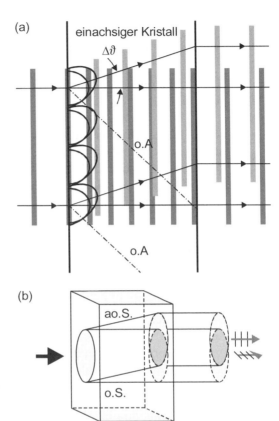

Bild 10.15 (a) Huygenssche Konstruktion für senkrechten Einfall auf eine Kristallfläche: Der ordentliche Strahl passiert senkrecht die Fläche während der außerordentliche Strahl (helle Wellenfronten) gebrochen wird und sich vom ordentlichen Strahl trennt. (b) Perspektivische Darstellung der Winkeltrennung von ordentlichem (o.S.) und außerordentlichem (ao.S.) Strahl mit der Lage der Schwingungsebenen

- Für Licht, dessen Schwingungsebene senkrecht auf dem Hauptschnitt steht, verhält sich das doppelbrechende Material isotrop. Der Brechungsindex n_o (ordentlicher Index) ist unabhängig von der Ausbreitungsrichtung (**ordentlicher Strahl**).

- Für Licht, dessen Schwingungsebene parallel zum Hauptschnitt liegt (**außerordentlicher Strahl**), hängt die Brechzahl von der Ausbreitungsrichtung ab (Gln. 10.26 und 10.28). Strahlrichtung (Richtung des Energietransports) und Wellenrichtung sind i. allg. unterschiedlich. Durchsetzt der außerordentliche Strahl den Kristall senkrecht zur optischen Achse, wird seine Phasengeschwindigkeit durch den außerordentlichen Brechungsindex n_e bestimmt.

- Licht, das senkrecht auf die Oberfläche eines Kristalls einfällt, dessen optische

10.3 Polarisationsabhängige Effekte

Achse schief auf der Fläche steht, spaltet in zwei Teilstrahlen auf, die senkrecht zueinander polarisiert sind. Der ordentliche Strahl geht ungebrochen durch die Grenzfläche. Der außerordentliche Strahl wird seitlich abgelenkt.

Für viele Polarisationselemente werden die Ausbreitungseigenschaften senkrecht zur optischen Achse ausgenutzt:

- Für Licht, das sich senkrecht zur optischen Achse einfällt, sind Strahl- und Wellenrichtung gleich. Ordentlicher und außerordentlicher Strahl breiten sich mit unterschiedlichen Geschwindigkeiten aus, wobei die Phasengeschwindigkeit des ordentlichen Strahls durch den ordentlichen Brechungsindex bestimmt ist $v_o = c_o/n_o$ und die des außerordentlichen Strahls durch den außerordentlichen Index $v_{eo} = c_o/n_{eo}$.

Um einen Überblick über die Größenordnung der Doppelbrechung zu erhalten, sind in Tab. 10.1 Brechzahlen für einige einachsige Kristalle aufgeführt.

Die Unterschiede zwischen ordentlichen und außerordentlichen Brechzahlen sind im allgemeinen nicht sehr groß. Zu den Materialien mit der größten Differenz zwischen ordentlichem und außerordentlichem Brechungsindex gehört Kalkspat, das daher häufig für Polarisationselemente verwendet wird und das wir im folgenden Abschnitt als Materialbeispiel benutzen werden. Kalkspat kann man leicht spalten,

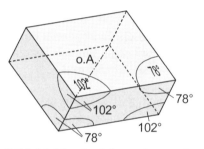

Bild 10.16 Spaltform des Kalkspats

Tabelle 10.1 Brechzahlen einiger einachsiger Kristalle bei 589 nm

	n_o	n_e	$n_e - n_o$	
Kalkspat (CaCO$_3$)	1.658	1.486	-0.172	negativ
Quarz (SiO$_2$)	1.544	1.553	0.009	positiv
Turmalin	1.669	1.638	-0.031	negativ
Ammoniumdihydrogen-phosphat, ADP ((NH$_4$)H$_2$PO$_4$)	1.525	1.479	-0.046	negativ
Lithiumniobat (LiNbO$_2$)	2.300	2.208	-0.092	negativ
Rutil (TiO$_2$)	2.616	2.903	-0.287	negativ
Eis (H$_2$O)	1.309	1.310	0.001	positiv

wobei glatte Flächen entstehen, die als **Spaltebenen** bezeichnet werden. Die Orientierung der Spaltebenen wird durch die Gitteranordnung der Atome im Kristall bestimmt. Die aus den möglichen Spaltebenen entstandene **Spaltform** bildet ein Parallelepiped, wobei jeder der zueinander parallelen Flächen ein Parallelogramm mit den Winkeln 101°55' und 78°5' darstellt (Bild 10.16). Die Richtungder kristallographischen Hauptachse und damit der optischen Achse ist so festgelegt, daß sie durch den Eckpunkt der beiden stumpfesten Ecke läuft und mit jeder Kante gleiche Winkel (63,8°) bildet.

(2) Polarisationsprismen

Der Einsatz von doppelbrechenden Materialien für Polarisatoren beruht zum einen auf der Winkeltrennung zwischen ordentlichem und außerordentlichen Strahl beim Durchlaufen des Materials, und zum anderen wird ausgenutzt, daß die unterschiedlichen Brechzahlen beider Strahlen zu unterschiedlichen Brechungswinkeln bzw. Grenzwinkeln der Totalreflexion an den Grenzflächen führt. Bild 10.17 zeigt das Prinzip des Zusammenwirkens beider Effekte für einen positiven Kristall, dessen Hauptschnitt parallel zur Bildebene liegt. Der unpolarisierte Lichtstrahl trifft auf eine Kathetenfläche des Prismas und wird in

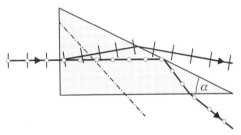

Bild 10.17 Prinzip der Trennung von zueinander senkrecht polarisierten Strahlen durch Doppelbrechung und Totalreflexion (o.S., ao.S. ordentlicher bzw. außerordentlicher Strahl, o.A. optische Achse)

einen ordentlichen (o.S.) und einen außerordentlichen Strahl (ao.S.) mit senkrecht zueinander stehenden Schwingungsebenen getrennt. Die Lage der Schwingungsebene der Strahlen ist durch Striche (parallel zur Bildebene) und Punkte (senkrecht zur Bildebene) angedeutet. Der Winkel α wird so gewählt, daß der ordentliche Strahl an der Hypotenuse total reflektiert wird, der außerordentliche dagegen nur gebrochen wird und austreten kann. Die Konstruktion praktischer Ausführungen richtet sich nach durch die verschiedenen Anwendungen bedingten Forderungen wie großer Akzeptanzwinkel, Geradsichtigkeit, kein Strahlversatz usw.

Das **Nicol-Prisma** ist mehr von historischem Interesse, da es heute weniger eingesetzt wird. Es besteht aus zwei diagonal geschnittenen Kristallhälften, die mit einem optischen Kitt (Kanada-Balsam, $n = 1,55$) verkittet sind. Der Brechungsindex des Kitts liegt zwischen den Brechzahlen n_o und n_e des Kristalls. Die Geometrie eines Nicol-Prismas aus Kalkspat ist im

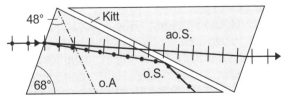

Bild 10.18 Nicol-Prisma aus Kalkspat

Hauptschnitt in Bild 10.18 dargestellt. Winkel und Orientierung der optischen Achse (o.A. sind so gewählt, daß der ordentliche Strahl an der ersten Kristall-Balsam-Grenzfläche totalreflektiert wird, während der außerordentliche diese passieren kann. Damit wird eine Trennung der beiden zueinander senkrecht polarisierten Strahlen erreicht. Die Nachteile dieser Anordnung sind der geringe Akzeptanzwinkel (maximal zulässige halbe Öffnungswinkel des zu polarisierenden Strahlenbündels) und der Parallelversatz des durchgehenden Strahls.

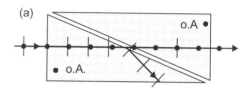

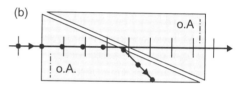

Das in Bild 10.19a dargestellte **Glan-Thompson-Prisma** vermeidet diese Nachteile. Wie beim Nicol-Prisma besteht es aus zwei zusammengekitteten Kristallhälften. Die beiden Teile sind so geschnitten, daß die optische Achse parallel zur Hypotenuse sowie senkrecht zur Bildebene liegt. Der einfallende Strahl trifft senkrecht auf die Eintrittsfläche, und ordentlicher sowie außerordentlicher Strahl haben die gleiche Richtung im Kristall. Die Trennung geschieht durch Totalreflexion an der Grenzfläche zur Kittschicht. Schnittwinkel und Brechungszahl des Kitts sind so gewählt, daß der ordentliche Strahl totalreflektiert und der außerordentliche mit geringen Verlusten transmittiert wird. Liegt die optische Achse beider

Bild 10.19 (a) Glan-Thompson-Polarisationsprisma, (b) Glan-Taylor-Polarisationsprisma

Hälften parallel zur Eintrittsfläche und in der Bildebene (Bild 10.19b), die damit gleich dem Hauptschnitt ist, spricht man von einem **Glan-Taylor-Prisma**.

Ein Nachteil aller bisher besprochenen Prismen ist, daß der Kitt nahezu undurchlässig für ultraviolettes Licht ist und außerdem keine höheren Strahlungsintensitäten aushält. Speziell für Laser- und UV-Anwendungen wird die Kittschicht durch einen Luftspalt ersetzt (**Glan-Prisma**), so daß das Polarisationsprisma für den ganzen Durchlässigkeitsbereich des Kristalls verwendet werden kann.

Strahlteiler-Polarisationsprismen erzeugen aus polarisiertem Licht zwei transmittierte Strahlen mit zueinander senkrecht stehender Schwingungsebene und unterschiedlicher Ausbreitungsrichtung. Diese Prismen werden gewöhnlich aus Kalkspat oder Quarz gefertigt.

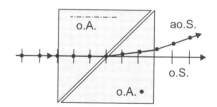

Im **Rochon-Prisma** (Bild 10.20) durchlaufen beide Strahlen die erste Hälfte (optische Achse senkrecht zur Eintrittsfläche) mit dem ordentlichen Brechungsindex. In der zweiten Hälfte (optische Achse senkrecht zur Bildebene) bleibt für den ordentlichen Strahl die Brechzahl gleich, so daß er nicht abgelenkt wird. Der außerordentliche Strahl, der senkrecht zur Bildebene schwingt,

Bild 10.20 Rochon-Polarisationsprisma

wird entsprechend dem außerordentlichen Brechungsindex gebrochen. Häufig wird für die erste Hälfte auch ein Glasprisma eingesetzt, dessen Brechzahl gleich dem ordentlichen Brechungsindex des Kristalls ist.

Wollaston-Polarisationsprismen sind aus zwei Teilprismen mit zueinander senkrechten optischen Achsen aufgebaut (Bild 10.21). Beide Strahlen erfahren daher an der dazwischen liegenden Grenzfläche einen Brechzahlsprung und werden abgelenkt. Dadurch entsteht ein größerer Winkelunterschied zwischen den austretenden Strahlen als beim Rochon-Prisma.

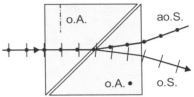

Bild 10.21 Wollaston-Prisma

(3) Halb- und Viertelwellenplatten aus doppelbrechendem Material

Halb- und Viertelwellenplatten erzeugen eine Phasendifferenz von π bzw. $\pi/2$ (Gangunterschied $\lambda/2$ bzw. $\lambda/4$) zwischen den beiden senkrecht schwingenden elektrischen Feldkomponenten des Lichts. In einem doppelbrechenden Material wird das durch den Laufzeitunterschied zwischen ordentlichem und außerordentlichem Strahl aufgrund der unterschiedlichen Ausbreitungsgeschwindigkeiten erzielt. Die Verzögerungsplatte besteht aus einer planparallelen Kristallplatte mit einer Dicke d, deren optische Achse parallel zur Eintrittsfläche liegt. Fällt Licht senkrecht auf die Eintrittsfläche, breiten sich ordentlicher und außerordentlicher Strahl in die gleiche Richtung (senkrecht zur optischen Achse), aber mit unterschiedlichen Geschwindigkeiten $v_o = c_o/n_o$ bzw. $v_{eo} = c_o/n_{eo}$ aus. Nach einer Strecke d wird dadurch ein Gangunterschied von

$$\Delta = d(n_{eo} - n_e) \tag{10.29}$$

zwischen beiden Komponenten erzeugt. Durch die Wahl der Dicke d können definierte Gangunterschiede eingestellt werden. Um eine **Halbwellenplatte** zu realisieren, muß $\Delta = \lambda/2$ sein, was einer Dicke der Kristallplatte von

$$d = \frac{\lambda}{2\,|n_{eo} - n_e|} \tag{10.30}$$

erfordert (Halbwellenplatte nullter Ordnung). Eine Quarzkristallplatte wirkt für $\lambda = 589$ nm als $\lambda/2$-Platte, wenn $d = 32{,}7$ µm beträgt (vgl. Tabelle 10.1). Natürlich sind auch Gangunterschiede von ganzzahligen Vielfachen der halben Wellenlänge möglich, so daß mechanisch stabilere Platten mit größerer Dicke entstehen (Halbwellenplatte höherer Ordnung).

Eine **Viertelwellenplatte** entsteht, wenn der Gangunterschied $\Delta = \lambda/4$ beträgt, die Plattendicke also

$$d = \frac{\lambda}{4\,|n_{eo} - n_e|} \tag{10.31}$$

gewählt wird. Ebenso sind Viertelwellenplatten höherer Ordnung möglich (Gangunterschied ist ein ungeradzahliges Vielfaches von $\lambda/4$).

Gln. 10.30 und 10.31 zeigen auch, daß die Herstellung einer Halb- oder Viertelwellenplatte nur für eine vorgegebene Wellenlänge möglich ist. Als Materialien für Verzögerungsplatten werden Glimmer (zweiachsiger Kristall), Quarz und Magnesiumfluorid eingesetzt. Für die Fertigung ist die einfachste Ausführung eine Einzelplatte höherer Ordnung aus dem entsprechenden Material. Allerdings führen bei solchen Platten kleine Abweichungen von senkrechten Einfall zu merklichen Änderungen des Gangunterschieds. Ebenso sind sie empfindlich gegen Längenänderungen durch Temperaturschwankungen.

Die Nachteile von Einzelplatten höherer Ordnung lassen sich durch **Doppelplatten nullter Ordnung** vermeiden. Diese bestehen aus zwei Einzelplatten höherer Ordnung, die eine Dickendifferenz aufweisen, die gerade der nullten Ordnung der gewünschten Verzögerung entspricht. Beide Platten werden so angeordnet, daß die langsame Achse der ersten Platte mit der schnellen Achse der zweiten Platte zusammenfällt. Der Phasenunterschied, den die erste Platte erzeugt, wird durch die zweite Platte rückgängig gemacht bis auf die durch die Dickendifferenz bewirkte Verzögerung.

(4) Spannungsdoppelbrechung

Gläser und Kunststoffe, die im Normalfall isotrope Materialien sind, werden durch mechanische Spannungen doppelbrechend. In einem auf Zug beanspruchtem Glasstab ist die Brechzahl in Zugrichtung kleiner als senkrecht dazu. Hervorgerufen wird dies durch die von der Zugspannung verursachte Anisotropie der Atomanordnung: In Zugrichtung vergrößert sich der mittlere Atomabstand, während er senkrecht dazu durch die Querkontraktion reduziert wird. Der Stab verhält sich wie ein positiv einachsiger Kristall mit der optischen Achse in Zugrichtung. Man bezeichnet diese Erscheinung auch als **Fotoelastizität**. Die Brechzahldifferenz ist mit guter Näherung proportional der Differenz der Spannungen σ_1 und σ_2 in Richtung der Zugbeanspruchung und senkrecht dazu (Hauptspannungsdifferenz):

$$n_2 - n_1 = C(\sigma_2 - \sigma_1) \tag{10.32}$$

C ist eine materialabhängige spannungsoptische Konstante. Wie bei einer Verzögerungsplatte erhalten die zu den beiden Hauptspannungsrichtungen parallelen Schwingungskomponenten von einfallendem linear polarisierten Licht eine Phasendifferenz, die von der Dicke d und der Hauptspannungsdifferenz abhängt. Das austretende Licht ist folglich elliptisch polarisiert. Nur wenn die einfallende Schwingungsebene parallel zu einer der beiden Hauptspannungsrichtungen liegt, bleibt die lineare Polarisation erhalten. Ist die Belastung über dem Stab nicht gleichmäßig, hängen sowohl die Phasendifferenz als auch die Orientierung der Achsen (Hauptspannungsrichtungen) vom Ort ab. Solche ungleichmäßigen Belastungen werden z. B. durch innere Spannungen verursacht, wie sie bei ungleichmäßiger Abkühlung von Gläsern entstehen oder bei der Beanspruchung von Bauteilen. Die Änderung des Polarisationszustands, die linear polarisiertes Licht beim Durchgang durch ein solches Bauteil erfährt, kann für die Messung der Größe und Richtung der auftretenden Spannungen genutzt werden.

Das Bauteil wird zwischen einem Polarisator und einem Analysator angeordnet, deren Durchlaßrichtungen senkrecht zueinander stehen (Bild 10.22). Wird die Anordnung mit unpolarisiertem Licht beleuchtet und ist das Bauteil spannungsfrei, bleibt das Gesichtsfeld dunkel, da das vom Polarisator erzeugte linear polarisierte Licht den Analysator nicht passieren kann. Bei mechanischer Belastung erscheinen alle Orte schwarz, bei denen die Hauptspannungsrichtungen mit den Durchlaßrichtungen von Polarisator oder Analysator übereinstimmen, da hier die vom Polarisator erzeugte lineare Polarisation ungeändert bleibt. Die auf diese Weise entstandene dunkle Kurve (**Isokline**) verbindet die Punkte gleicher Hauptspannungsrichtung. Verdreht man Polarisator und Analysator um einen definierten Winkel, wobei beide Durchlaßrichtungen senkrecht

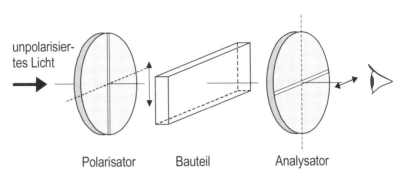

Bild 10.22 *Meßaufbau für spannungsoptische Untersuchungen*

zueinander bleiben müssen, entsteht eine neue Isokline entsprechend der neuen Lage der Durchlaßrichtungen. Durch eine schrittweise Winkelverstellung erhält man ein Isoklinennetz und damit den Spannungsverlauf auf dem Bauteil. Wird farbiges Licht verwendet, entstehen zusätzlich noch farbige Linien, die das Gesichtsfeld überziehen. Diese sogenannten **Isochromaten** verbinden Orte gleicher Phasendifferenz und entsprechend Gl. 10.32 Punkte gleicher Hauptspannungsdifferenz.

Die dargestellten Erscheinungen lassen sich auch quantitativ durch den Transmissionsgrad

$$\tau = \tau_{max} \sin^2(2\gamma) \sin^2\left(\frac{\pi d}{\lambda} C(\sigma_2 - \sigma_1)\right) \qquad (10.33)$$

für einen Punkt des Bauteils beschreiben. Dabei bedeuten γ der Winkel zwischen Durchlaß- und einer Hauptspannungsrichtung an diesem Punkt, $\sigma_2 - \sigma_1$ die Differenz der Hauptspannungen, C die spannungsoptische Konstante des Materials und d die Bauteildicke. Wird der erste $\sin^2$-Faktor gleich Null, d. h., ist der Winkel γ zwischen einer Hauptspannungsrichtung und der Durchlaßrichtung gleich Null, erhalten wir die Isoklinen. Die Nullstellen des zweiten Faktors, die für

$$\frac{\pi d}{\lambda} C(\sigma_2 - \sigma_1) = m\pi \qquad (10.34)$$

auftreten, führen zu den Isochromaten.

10.3.3 Dichroismus

Bei sogenannten **dichroitischen Materialien** ist der Absorptionskoeffizient abhängig von der Orientierung des elektrischen Feldvektors des Lichts. Einige Kristalle zeigen neben Doppelbrechung auch Dichroismus. Bei dem wohl bekanntesten Kristall Turmalin wird die Schwingungskomponente einer einfallenden Lichtwelle, die senkrecht auf der optischen Achse steht (ordentlicher Strahl), stark absorbiert. 1 mm Dicke eines parallel zur optischen Achse geschnittenen Turmalinkristalls genügen, um den ordentlichen Strahl nahezu vollständig zu absorbieren. Die optische Achse ist die Durchlaßrichtung des Polarisators.

Praktische Bedeutung für großflächige Polarisatoren haben heute jedoch nur Polarisationsfolien aus hochpolymeren Stoffen wie Polyvinylalkohol. Diese Folien werden in einer Richtung gedehnt, so daß sich die Kettenmoleküle in dieser Richtung ausrichten, und durch organische Farbstoffe oder Jod eingefärbt. Die Farbstoffmoleküle lagern sich in die Struktur der ausgerichteten Kettenmoleküle ein und führen so zu dichroitischer Absorption. Für den sichtbaren Bereich lassen sich auf diese Weise großflächige Polarisationsfilter herstellen, deren Transmissionsgrade in Durchlaßrichtung im Bereich von τ_{pol} = 0,4 bis 0,8 sowie in Sperrichtung τ_{sperr} = 10^{-2} bis 10^{-5} liegen. Der mit solchen Folien erreichbare Polarisationsgrad beträgt P = 0,98 bis 0,9999.

Beispiele

1. Unter welchem Winkel muß Sonnenlicht auf eine Schaufensterscheibe (Brechzahl 1,5) fallen, damit das von der Vorderseite reflektierte Licht vollständig polarisiert ist? Ist das von der Schaufensterrückseite reflektierte Licht ebenfalls vollständig polarisiert?

Lösung:

Aus dem Brewsterschen Gesetz $\tan\alpha_p = \dfrac{n_2}{n_1}$ ergibt sich mit n_1 = 1 und n_2 = 1,5 α_P = 56,3°.

Der Brechungswinkel β nach der Brechung an der Luft-Glas-Grenzfläche $\dfrac{\sin\alpha_P}{\sin\beta} = n_2$ ist gleich dem Einfallswinkel auf der Rückseite der Schaufensterscheibe. Da das Licht unter dem Winkel α_P aus der Scheibe austritt, erfüllen aber auch Reflexions- und Brechungswinkel an der Rückseite die Brewster-Bedingung $\beta + \alpha_P$ = 90° (vgl. Abschn. 1.4.3). $\beta = \beta_P$ ist folglich der Polarisationswinkel für die Reflexion an der Glas-Luft-Grenzfläche.

2. Auf eine Viertelwellenplatte aus Quarz fällt Licht einer Natriumlampe (Wellenlänge 589). Die Platte ist in erster Ordnung für diese Wellenlänge hergestellt.
   a) Welche Dicke besitzt die Quarzplatte?
   b) Welche Frequenz und Wellenlänge haben ordentlicher und außerordentlicher Strahl innerhalb des Kristalls?

Lösung:
a) Für eine Viertelwellenplatte erster Ordnung muß der Gangunterschied zwischen dem ordentlichen

und außerordentlichen Strahl $\Delta = d(n_{eo} - n_e) = \dfrac{3\lambda}{4}$ betragen. Daraus ergibt sich mit den Werten aus Tabelle 10.1 eine Plattendicke von $d = \dfrac{3\lambda}{4(n_{eo} - n_o)} = 49{,}1\ \mu\text{m}$.

b) Die Frequenz bleibt beim Eintritt ins Medium unverändert $f = c_0/\lambda = 5{,}09 \cdot 10^{14}$ Hz. Die Wellenlängen beider Strahlen im Quarzkristall betragen $\lambda_o = \dfrac{\lambda}{n_o} = 381{,}5$ nm und $\lambda_{eo} = \dfrac{\lambda}{n_{eo}} = 379{,}3$ nm.

10.4 Aufgaben

10.1 Die Durchlaßrichtungen von zwei hintereinander stehenden, idealen Polarisatoren sind um den Winkel $\alpha = 30°$ gegeneinander verdreht.
a) Auf die Anordnung fällt Licht, dessen Schwingungsrichtung den Winkel $\varphi = 15°$ zur Durchlaßrichtung des ersten Polarisators bildet. Wie groß ist der Transmissionsgrad dieser Anordnung?
b) Wie groß ist der Transmissionsgrad, wenn natürliches (unpolarisiertes) Licht auf die Anordnung fällt?

10.2 Auf eine Polarisationsanordnung, die aus zwei gekreuzten, idealen Polarisatoren besteht (die Durchlaßrichtungen beider Polarisatoren stehen senkrecht aufeinander), fällt natürliches Licht mit dem Strahlungsfluß Φ_e.
a) Wie groß ist der Strahlungsfluß des transmittierten Lichts?
b) Zwischen die gekreuzten Polarisatoren wird ein weiterer gestellt, dessen Durchlaßrichtung um 45° gegenüber der des ersten Polarisators verdreht ist. Wie ändert sich der Strahlungsfluß des transmittierten Lichts?
c) Mit welcher Frequenz ist das transmittierte Licht moduliert, wenn der mittlere Polarisator mit der Winkelgeschwindigkeit ω rotiert?

10.3 Mit einer Polarisationsfolie, deren Transmissionsgrad in Durchlaßrichtung 0,83 und in Sperrrichtung $6 \cdot 10^{-3}$ beträgt, soll aus natürlichem Licht annähernd linear polarisiertes Licht erzeugt werden.
a) Wie groß ist der Transmissionsgrad der Polarisationsfolie?
b) Wie groß ist der Polarisationsgrad des von der Folie transmittierten Lichts?

10.4 Eine Polarisationsfolie mit einem Transmissionsgrad in Durchlaßrichtung von 0,83 und in Sperrrichtung von $6 \cdot 10^{-3}$ wird mit linear polarisiertem Licht beleuchtet. Die Schwingungsebene hat einen Winkel von 40° zur Durchlaßrichtung
a) Wie groß ist der Transmissionsgrad der Polarisationsfolie?
b) Welchen Polarisationszustand hat das transmittierte Licht? Wie groß ist sein Polarisationsgrad?

10.5 Licht unbekannter Polarisation wird mit einem idealen Analysator und einer Viertelwellenplatte analysiert. Geben Sie für die verschiedenen Fälle Polarisationszustand und -grad des Lichts an.
a) Bei Drehung des Linearpolarisators ändert sich die transmittierte Lichtintensität nicht. Auch die Drehung einer vor den Analysator gestellten Viertelwellenplatte führt zu keiner Intensi-

tätsänderung.

b) Ohne Viertelwellenplatte zeigt das transmittierte Licht keine Intensitätsänderung bei Drehung des Analysators. Ordnet man vor dem Analysator die Viertelwellenplatte an und dreht diese, beobachtet man eine Variation zwischen Null und maximaler Intensität.

c) Bei Drehung des Analysators variiert die transmittierte Lichtintensität, ohne vollständig Null zu werden. Der Analysator wird in der Stellung maximaler Transmission gelassen und eine Viertelwellenplatte davor angeordnet, deren optische Achse parallel zur Durchlaßrichtung des Analysators ist. Dreht man nun den Analysator, variiert die Intensität zwischen Null und maximaler Intensität.

d) Bei Drehung des Analysators variiert die transmittierte Lichtintensität, ohne vollständig Null zu werden. Die minimale Intensität beträgt 20% vom Intensitätsmaximum. Der Analysator wird in der Stellung maximaler Transmission gelassen und eine Viertelwellenplatte davor angeordnet, deren optische Achse parallel zur Durchlaßrichtung des Analysators ist. Dreht man nun den Analysator, variiert die Intensität in gleicher Weise, wie es ohne Viertelwellenplatte beobachtet wurde.

10.6 Aus einem Kalkspatkristall soll eine $\lambda/4$-Platte für die Natrium D-Linie (λ = 589 nm) geschnitten werden. Der ordentliche und außerordentliche Brechungsindex von Kalkspat betragen für diese Wellenlänge n_o = 1,658 und n_{eo} = 1,486.

a) Wie groß muß die Mindestdicke des Kalkspatkristalls sein? Welche Dicken würden günstiger hinsichtlich der Herstellung solcher $\lambda/4$-Platten sein?

b) Welche Dicke erfordert eine $\lambda/4$-Platte dritter Ordnung?

10.7 Aus einem Quarzkristall soll eine $\lambda/2$-Platte für die Natrium D-Linie (589 nm) geschnitten werden. Der ordentliche und außerordentliche Brechungsindex von Quarz betragen für diese Wellenlänge n_o = 1,5442 und n_{eo} = 1,5533. Wie groß muß die Mindestdicke der Quarzkristallplatte sein?

10.8 Beim Durchgang durch die $\lambda/2$-Platte wird die Schwingungsebene von linear polarisiertem Licht gedreht. Zeigen sie allgemein, daß die Schwingungsebene um das Doppelte des Winkels gedreht wird, den die Schwingungsebene des einfallenden Lichts mit der optischen Achse des Kristalls bildet.

10.9 Zeigen Sie allgemein, daß linear polarisiertes Licht durch eine Viertelwellenplatte bei beliebigen Winkeln zwischen Schwingungsebene und optischer Achse der Viertelwellenplatte elliptisch polarisiert wird.

10.10 Ein in der nichtlinearen Optik häufig verwendeter Kristall ist KDP (KH_2PO_4). Er ist einachsig und hat bei 600 nm die Brechzahlen n_o = 1,509274 und n_{eo} = 1,468267. Eine linear polarisierte Lichtwelle hat eine Ausbreitungsrichtung von 60° zur optischen Achse des Kristalls. Wie groß ist der Gangunterschied ausgedrückt in Wellenlängen zwischen den Schwingungskomponenten parallel und senkrecht zum Hauptschnitt nach einem Weg von 2 mm in dem Kristall?

11. Lösungen der Aufgaben

11.1 Physikalische Grundlagen

1.1 Aus Gl. 1.14 ergibt sich $E_m = \sqrt{\dfrac{2E_e}{\varepsilon_o c_o}} = 868{,}02\ \dfrac{V}{m}$. Mit Gl. 1.10, $Z_o = \sqrt{\dfrac{\mu_o}{\varepsilon_o}} = 376{,}730\ \Omega$, findet man $H_m = \dfrac{E_m}{Z_o} = 2{,}30\ \dfrac{A}{m}$.

1.2 Nach Gl. 1.10 ist $H_m = \dfrac{E_m}{Z} = \dfrac{1}{nZ_o}E_m = 0{,}354\ \dfrac{A}{m}$. Mit Gl. 1.14 ergibt sich

$$E_e = \frac{1}{2}\varepsilon c E_m^2 = \frac{1}{2}\varepsilon_o c_o n E_m^2 = 79{,}633\ \frac{W}{m^2}.$$

Dabei wurde benutzt, daß für optische Materialien $\mu_r \approx 1$ und damit $n = \sqrt{\mu_r \varepsilon_r} \approx \sqrt{\varepsilon_r}$ ist.

1.3 Aus Gl. 1.16 folgt $E_e = \dfrac{\Phi_e}{4\pi r^2} = 0{,}127\ \dfrac{W}{m^2}$ sowie $E_m = \sqrt{\dfrac{2E_e}{\varepsilon_o c_o}} = 9{,}794\ \dfrac{V}{m}$.

1.4 Die Bestrahlungsstärke einer Welle ist $E_e = \dfrac{\Phi_e}{A}$. Da die Fläche des Zylindermantels $A = 2\pi rL$ ist (L Länge des Zylinders), muß die Bestrahlungsstärke $E_e \sim \dfrac{1}{r}$ sein. Anderseits ist $E_e \sim E_m^2$ (vgl. Gl. 1.14), so daß $E_m \sim \dfrac{1}{\sqrt{r}}$ gelten muß.

1.5 In Silizium ergibt sich die Lichtgeschwindigkeit bei der Brechzahl $n(1{,}5\ \mu m) = 3{,}4828$ zu $c = \dfrac{c_o}{n(1{,}5\ \mu m)} = 8{,}6078\cdot 10^7\ \dfrac{m}{s}$.

Aus Gl. 1.31 erhält man mit $\left.\dfrac{dn}{d\lambda}\right|_{\lambda=\lambda_0} = -\dfrac{2A_1}{\lambda_0^3} = -8{,}8539\cdot 10^{-2}\ \dfrac{1}{\mu m}$ die Gruppengeschwindigkeit $v_g = 8{,}2796\cdot 10^7\ \dfrac{m}{s}$.

1.6 a) Licht kann nur austreten, wenn der Einfallswinkel kleiner als der Grenzwinkel der Totalreflexion ist. Gl. 1.69, $\sin\alpha_g = \dfrac{n_2}{n_1}$, mit $n_2 = 1$, $n_1 = 2{,}41$ führt zu $\alpha_g = 24{,}51°$.

b) Der Reflexionsgrad, Gl. 1.64, einer Diamantoberfläche für senkrechten Lichteinfall ist

$$\rho = \rho_\parallel = \rho_\perp = \left(\frac{n_1-n_2}{n_1+n_2}\right)^2 = 0{,}17, \text{ d. h., 17\% werden an der Diamantoberfläche reflektiert (im}$$

Vergleich zu ca. 4% an einer normalen Glasoberfläche).

c) Linear polarisiertes Licht mit einer Schwingungsebene parallel zur Einfallsebene wird vollständig transmittiert, wenn es unter dem Brewster-Winkel α_P auf die Grenzfläche auftrifft. Mit Gl. 1.78 findet man $\alpha_P = 22{,}53°$.

1.7 a) Aus der Bedingung für den Grenzwinkel der Totalreflexion $\sin\Theta_{gr} = \dfrac{n_2}{n_1} = 0{,}9933$ (Gl. 1.69)

ergibt sich $\Theta_{gr} = 83{,}38°$.

b) Zur Bestimmung des maximalen Einfallswinkels α_{Gr} wird $\sin\beta = \cos\Theta = \sqrt{1-\sin^2\Theta}$ (mit $\beta = 90° - \Theta$) in das Brechungsgesetz, Gl.1.32, eingesetzt, was zu $\sin\alpha_{Gr} = \dfrac{n_1}{n_0}\sqrt{1-\sin^2\Theta_{gr}}$

führt. Mit der Bedingung für den Grenzwinkel $\sin\Theta_{gr} = \dfrac{n_2}{n_1}$ findet man $n_0 \sin\alpha_{Gr} = \sqrt{n_1^2 - n_2^2}$.

Diese Größe wird auch als numerische Apertur des Wellenleiters bezeichnet (vgl. Abschn. 9.1.1). Der maximale Einfallswinkel ist folglich $\alpha_{Gr} = 9{,}96°$.

1.8 Licht tritt gerade nicht mehr aus der Zuckerlösung aus, wenn Θ gleich dem Grenzwinkel der Totalflexion ist, $\sin\Theta_{gr} = \dfrac{n_0}{n}$. Mit

$\Theta = 2\alpha$ (vgl. Bild) ergibt sich $n = \dfrac{n_0}{\sin(2\alpha_{gr})} = 1{,}3673$.

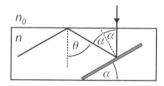

1.9 a) Der am Strahlteiler 1 reflektierte Strahl erhält bei der Reflexion am Strahlteiler 1 und 2 jeweils einen Phasensprung von π (Gangunterschied von je $\lambda/2$, Reflexion am dichteren Medium), während der transmittierte Strahl bei der Reflexion am Strahlteiler 2 keinen Phasensprung erleidet (Reflexion am dünneren Medium). Die Gangunterschiede zwischen beiden Strahlen zum Detektorausgang und zum anderen Ausgang des Interferometers unterscheiden sich folglich um $\lambda/2$. Wenn also am Detektorausgang ein Interferenzmaximum beobachtet wird, muß am anderen Ausgang ein Minimum auftreten.

b) Interferenz im Mach-Zehnder-Interferometer wird durch die Differenz der Strahlwege in der unteren Hälfte L_1 und L_2 in der oberen Hälfte des Interferometers bestimmt. Helligkeit (Interferenzmaxima) wird beobachtet, wenn $\Delta_1 = L_2 - L_1 = m\lambda$ ist. Wird die Küvette gefüllt, muß der geometrische Weg durch die Küvette $d = 10$ cm durch den optischen Weg nd ersetzt werden (n gesuchte Brechzahl des Schwefelwasserstoffs):
$$\Delta_2 = L_2 - d + nd - L_1 = L_2 + d(n-1) - L_1 = (m + \Delta m)\lambda$$
$\Delta m = 95$ ist die Verschiebung um 95 Maxima. Aus $\Delta_2 - \Delta_1 = d(n-1) = \Delta m\lambda$ ergibt sich die gesuchte Brechzahl $n = 1 + \dfrac{\Delta m \lambda}{d} = 1{,}000601$.

1.10 a) Ein Phasensprung von π tritt bei der Reflexion an der Vorder- und Rückseite der Antireflexschicht auf. Mit $\alpha = 0°$ und $m = 0$ geht die Bedingung für Interferenzminima, Gl. 1.91, über in $2dn = \frac{\lambda}{2}$. Die erforderliche Schichtdicke ist $d = \frac{\lambda}{4n} = 0,1$ µm.

b) Entsprechend Gl. 1.90 sind die Wellenlängen für Interferenzmaxima bei senkrechtem Einfall bestimmt durch $2nd = (m+1)\lambda_m$ bzw. $\lambda_m = \frac{2nd}{(m+1)} = \frac{\lambda}{2(m+1)}$. Das zum Reflexionsminimum benachbarte Maximum ($m = 0$) hat die Wellenlänge $\lambda_0 = \frac{\lambda}{2} = 277,5$ nm. Weitere Maxima liegen bei $\lambda_1 = \frac{\lambda}{4} = 138,7$ nm und $\lambda_2 = \frac{\lambda}{6} = 92,5$ nm (UV-Bereich).

c) Für die Schichtdicke $2dn = \frac{\lambda}{2}$ verschiebt sich die Wellenlänge für Lichteinfall unter dem Winkel α entsprechend Gl. 1.91, $\lambda' = \lambda\sqrt{1 - \frac{1}{n^2}\sin^2\alpha} = 453,7$ nm, zu kürzeren Wellenlängen.

d) Für $m = 5$ ist die Schichtdicke durch $nd = (2m+1)\frac{\lambda}{4} = 1,526$ µm bestimmt. Die Wellenlängen der Maxima ergeben sich damit aus $\lambda_p = \frac{2nd}{(p+1)}$ ($p = 0, 1, 2, ...$). Maxima im sichtbaren Bereich liegen bei $\lambda_3 = 763,1$ nm, $\lambda_4 = 610,5$ nm, $\lambda_5 = 508,7$ nm, $\lambda_6 = 436,1$ nm und $\lambda_7 = 381,6$ nm. Die Maxima liegen nun enger zusammen, so daß der Spektralbereich mit merklicher Reflexionsminderung kleiner als für $m = 0$ ist.

1.11 a) Entsprechend Gl. 1.81 ist die resultierende Bestrahlungsstärke zweier interferierender Wellen

$$E_{ep} = E_{e1} + E_{e2} + 2\sqrt{E_{e1}E_{e2}}\cos\left(\frac{4\pi n}{\lambda}d\right)$$ (der Gangunterschied ist $z_2 - z_1 = 2nd$).

$E_{e1} = \rho_1 E_{e0}$ und $E_{e2} = \rho_2 \tau_1^2 E_{e0}$ sind die Bestrahlungsstärken der an der Vorder- und Rückseite der Antireflexschicht reflektierten Wellen, $\rho_1 = \frac{(n_o - n)^2}{(n_o + n)^2} = 0,0255$ und $\rho_2 = \frac{(n - n_G)^2}{(n + n_G)^2} = 0,00174$ die Reflexionsgrade der Vorder- und Rückseite, sowie $\tau_1 = 1 - \rho_1 = \frac{2nn_0}{(n_0 + n)^2} = 0,9745$ der Transmissionsgrad der Vorderseite der Antireflexschicht (vgl. Gln. 1.40 und 1.38 für $\alpha = \beta = 0°$). Damit ergibt sich der Reflexionsgrad $\rho = \frac{E_{ep}}{E_{e0}} = \rho_1 + \rho_2\tau_1^2 + 2\tau_1\sqrt{\rho_1\rho_2}\cos\left(\frac{4\pi n}{\lambda}d\right)$.

b) Reflexionsminima treten auf, wenn $\cos\left(\frac{2\pi n}{\lambda}d\right) = -1$ ist, der Reflexionsgrad ist $\rho_{min} = \left(\sqrt{\rho_1} - \tau_1\sqrt{\rho_2}\right)^2 = 0,014$, (1,4% im Vergleich zu 4% der nicht entspiegelten Oberfläche). Das Minimum niedrigster Ordnung findet man für $\frac{4\pi n}{\lambda}d = \pi$ bzw. $\lambda = 4nd = 496,8$ nm.

c) Die Grafik zeigt, daß zum kurzwelligen und langwelligen Rand des sichtbaren Spektrums der Reflexionsgrad ansteigt. Je nach genauer Lage des Reflexionsminimums entsteht ein blauer

Schimmer (Reflexionsgrad am kurzwelligen Ende dominiert) oder ein violetter Schimmer (Reflexionsgrade am kurzwelligen und langwelligen Ende sind etwa gleich).

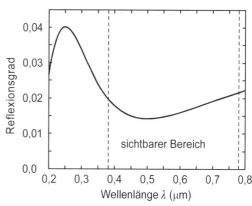

1.12 Entsprechend Gl. 1.98 ist die Kohärenzlänge $l_c \approx \dfrac{c_o}{\Delta f}$. Rechnet man die spektrale Bandbreite in Frequenzeinheiten Δf in Wellenlängeneinheiten um, $\Delta f \approx \dfrac{df}{d\lambda}\Delta\lambda = -\dfrac{c_o}{\lambda^2}\Delta\lambda$, erhält man für die Beträge $l_c \approx \dfrac{\lambda^2}{\Delta\lambda} \approx 168\ \mu\text{m}$.

1.13 Die Anwendung des Huygens-Fresnelschen Prinzips auf die Reflexion bedeutet: In jedem Punkt, wo die einlaufende Welle auf die Grenzfläche trifft, wird eine Elementarwelle erzeugt. Die Einhüllende aller Elementarwellen bildet die reflektierte Welle. So trifft im Punkt A die Wellenfront AC auf die Grenzfläche und erzeugt dort eine Elementarwelle. Während der Zeit, die der Punkt C der Wellenfront braucht, um zur Grenzfläche zu gelangen, $\Delta t = \dfrac{\overline{CB}}{c_0}$ (c_0 Lichtgeschwindigkeit), breitet sich die Kugelwelle aus und bekommt den Radius $R = c_0 \Delta t = \overline{CB}$. Die reflektierte Wellenfront wird durch die Strecke $\overline{DB}$ gebildet. Da $\sin\alpha = \dfrac{\overline{CB}}{\overline{AB}} = \dfrac{R}{\overline{AB}} = \sin\beta$ ist, müssen Einfalls- und Reflexionswinkel gleich sein.

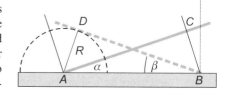

1.14 a) Der Gangunterschied zwischen den Elementarwellen der beiden Spalte für eine bestimmte Richtung α ist gleich der Strecke $\Delta = b\sin\alpha$. Maxima treten auf für einen Gangunterschied von $\Delta = \pm m\lambda$, d. h., $b\sin\alpha_m = \pm m\lambda$ ($m = 0, 1, 2, \ldots$). Analog gilt für das Auftreten von Minima $\Delta = \pm(2m+1)\dfrac{\lambda}{2}$ und damit $b\sin\alpha_{0m} = \pm(2m+1)\dfrac{\lambda}{2}$. Entsprechend $b\sin\alpha_0 = \pm\dfrac{\lambda}{2}$ sind die Winkel der zum Hauptmaximum benachbarten Minima $\alpha_0 = \pm 1{,}432°$ ($m = 0$).

b) Zum Δ kommt noch ein zusätzlicher Gangunterschied von einer halben Wellenlänge dazu, so daß der resultierende Gangunterschied $\Delta' = \Delta + \dfrac{\lambda}{2} = b\sin\alpha + \dfrac{\lambda}{2}$ ist. Die Bedingungen für Maxima und Minima kehren sich dadurch gerade um.

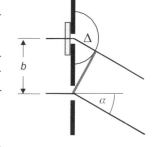

1.15 Die Interferenzen verschwinden, wenn die Interferenzbilder beider

Lichtquellen so verschoben sind, daß die Maxima der Interferenzen der einen Quelle mit den Minima der anderen zusammenfallen. Unter dem Winkel β beobachte man für die Strahlen der Lichtquelle LQ_1 auf dem Schirm ein Maximum m-ter Ordnung (Gangunterschied $\Delta_1 = b\sin\beta = m\lambda$). LQ_2 wird nun so angeordnet, daß die davon ausgehenden Strahlen unter dem gleichen Winkel β ein benachbartes Minimum erzeugen. Der Gangunterschied der Strahlen von LQ_2 wird durch Δ_1 und Δ_2 bestimmt:

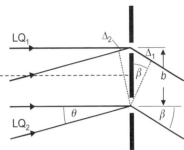

$$\Delta_1 + \Delta_2 = b\sin\theta + b\sin\beta = \left(m + \frac{1}{2}\right)\lambda.$$

Daraus ergibt sich $b\sin\theta \approx b\theta = \dfrac{\lambda}{2}$ bzw. $b \approx \dfrac{\lambda}{2\theta} \approx \dfrac{L\lambda}{2a}$.

Für die angegebenen Werte erhält man $b = 0{,}15$ mm. Der so bestimmte Spaltabstand entspricht gerade der transversalen Kohärenzlänge l_t des Lichts der beiden Punktlichtquellen im Abstand L.

1.16 Das Beugungsbild des Drahts mit dem Durchmesser b ist gleich dem eines Spalts mit der Breite b. Entsprechend Gl. 1.108 treten Beugungsminima auf mit $\sin\alpha_{om} \approx \alpha_{om} \approx \pm m\dfrac{\lambda}{b}$. Der Winkelabstand von benachbarten Minima ist $\Delta\alpha = \alpha_{om+1} - \alpha_{om} = \dfrac{\lambda}{b}$. Mit $\Delta\alpha \approx \dfrac{\delta}{L}$ ($\delta = 1{,}5$ mm Abstand der Nullstellen und $L = 2$ m Entfernung des Beugungsbilds) findet man $b \approx \dfrac{L\lambda}{\delta} = 0{,}844$ mm.

1.17 Entsprechend Gl. 1.107 ist der Winkelabstand vom Hauptmaximum zur benachbarten Nullstelle durch $b\sin\alpha_o \approx b\alpha_o \approx \lambda$ bestimmt. Der Winkel α_o ergibt sich aus dem Abstand der Nebenmaxima $a = 2{,}056$ cm und dem Abstand $L = 2$ m zu $2\alpha_o \approx \dfrac{a}{L}$. Die gesuchte Wellenlänge ist daher $\lambda \approx \dfrac{ab}{2L} = 514$ nm.

1.18 Hauptbrechzahl: $n_e = n(0{,}54607 \mu\text{m}) = 1{,}694159$.
Hauptdispersion: $n_{F'} - n_{C'} = n(479{,}99 \text{ nm}) - n(643{,}85 \text{ nm}) = 1{,}705941 - 1{,}683507 = 0{,}022434$.

11.2 Optische Abbildung

2.1 Die Strahlmatrix der dicken Linse setzt sich zusammen aus den Brechungsmatrizen der beiden sphärischen Flächen (Krümmungsradien R_1, R_2) und der Translationsmatrix über die Dicke t der Linse $M_{DL} = M_{B2} M_T M_{B1}$, d. h.,

$$M_{DL} = \begin{pmatrix} 1 & 0 \\ \frac{1}{R_2}\left(1 - \frac{n_L}{n_0}\right) & \frac{n_L}{n_0} \end{pmatrix} \begin{pmatrix} 1 & -t \\ 0 & 1 \end{pmatrix} \begin{pmatrix} 1 & 0 \\ \frac{1}{R_1}\left(1 - \frac{n_0}{n_L}\right) & \frac{n_0}{n_L} \end{pmatrix}$$

$$M_{DL} = \begin{pmatrix} 1 & 0 \\ \frac{1}{R_2}\left(1 - \frac{n_L}{n_0}\right) & \frac{n_L}{n_0} \end{pmatrix} \begin{pmatrix} 1 - \frac{t}{R_1}\left(1 - \frac{n_0}{n_L}\right) & -t\frac{n_0}{n_L} \\ \frac{1}{R_1}\left(1 - \frac{n_0}{n_L}\right) & \frac{n_0}{n_L} \end{pmatrix} = \begin{pmatrix} 1 - \frac{t}{R_1}\left(1 - \frac{n_0}{n_L}\right) & -t\frac{n_o}{n_L} \\ \frac{1}{f'} & 1 + \frac{t}{R_2}\left(1 - \frac{n_o}{n_L}\right) \end{pmatrix}$$

mit der Brechkraft der dicken Linse $\dfrac{1}{f'} = \left(\dfrac{n_L}{n_o} - 1\right)\left(\dfrac{1}{R_1} - \dfrac{1}{R_2} + \dfrac{t}{R_1 R_2}\left(1 - \dfrac{n_o}{n_L}\right)\right)$.

2.2 a) Eliminiert man in der Abbildungsgleichung $\dfrac{1}{f'} = \dfrac{1}{s_2} - \dfrac{1}{s_1}$ mit Hilfe des Abbildungsmaßstabs $\beta_x = \dfrac{x_2}{x_1} = \dfrac{s_2}{s_1}$ die Bildweite s_2, ergibt sich $s_1 = f'\left(\dfrac{1}{\beta_x} - 1\right) = f'\left(\dfrac{x_1}{x_2} - 1\right)$. Nimmt man die Kamera im Querformat, kann die Bildgröße maximal $x_2 = -24$ mm betragen, die Entfernung muß also mindestens $|s_1| = 3{,}60$ m sein. Im Hochformat ($x_2 = -36$ mm) ist $|s_1| = 2{,}38$ m.

b) $\beta_x = \dfrac{x_2}{x_1} = -0{,}0137$ für das Querformat und $\beta_x = -0{,}0206$ für das Hochformat. Der Winkelmaßstab ist $\beta_\alpha = \beta_x^{-1} = -72{,}92$ bzw. $= -48{,}61$.

2.3 a) In der Abbildungsgleichung $\dfrac{1}{f'} = \dfrac{1}{s_2} - \dfrac{1}{s_1}$ wird s_1 durch den Abstand zwischen Objekt- und Bildebene $d = -s_1 + s_2$ (Vorzeichenkonvention!) ersetzt, $\dfrac{1}{f'} = \dfrac{1}{s_2} + \dfrac{1}{d - s_2}$. Die resultierende quadratische Gleichung $s_2^2 - s_2 d + d f' = 0$ hat die Lösungen $s_{2(1,2)} = \dfrac{d}{2} \pm \sqrt{\left(\dfrac{d}{2}\right)^2 - d f'}$. Es gibt folglich zwei Abstände $s_{2(1)}$ und $s_{2(2)}$ der Bildebene von der Linse, die ein scharfes Bild liefern. Die Differenz dieser Abstände ist $\Delta = s_{2(1)} - s_{2(2)} = \sqrt{d^2 - 4 d f'} = 60$ cm. Auflösen nach d führt zu $d = 2 f' + \sqrt{4 f'^2 + \Delta^2} = 1$ m.

b) Aus $\Delta = 0$ ergibt sich $d = 4 f' = 64$ cm.

2.4 a) Die Systemmatrix setzt sich aus einer Translation über die Strecke $a_1 = -60$ cm, dem Durchgang durch die dünne Linse und einer Translation über die Strecke $a_2 = 30$ cm zusammen:

$$\begin{pmatrix} A & B \\ C & D \end{pmatrix} = \begin{pmatrix} 1 & -a_2 \\ 0 & 1 \end{pmatrix} \begin{pmatrix} 1 & 0 \\ \frac{1}{f'} & 1 \end{pmatrix} \begin{pmatrix} 1 & a_1 \\ 0 & 1 \end{pmatrix} = \begin{pmatrix} 1 - \frac{a_2}{f'} & a_1 - a_2 - \frac{a_1 a_2}{f'} \\ \frac{1}{f'} & 1 + \frac{a_1}{f'} \end{pmatrix} = \begin{pmatrix} -2 & 0 \\ 0{,}05 & -2 \end{pmatrix}$$

b) Das Verschwinden von B zeigt, daß es sich um zueinander konjugierte Ebenen handelt, die Ausgangsebene ist die Bildebene der Eingangsebene (vgl. Gl. 2.18). A gibt in diesem Fall den Abbildungsmaßstab an und D den Winkelmaßstab (vgl. Gln. 2.19 und 2.20).

2.5 Die Kugellinse ist ein Spezialfall der dicken Linse mit betragsmäßig gleichen Krümmungsradien $R_1 = -R_2 = R$, bei der die Krümmungsmittelpunkte beider Flächen zusammenfallen, so daß die Linsendicke $t = R_1 - R_2 = 2R$ ist. Setzt man dies in die Relationen für Brennweite und Lage der Hauptebenen für die dicke Linse ein, Gln. 2.43 und 2.44, ergibt sich für die Brennweite $f' = \frac{n_L}{n_L - n_0} \frac{R}{2}$ sowie für die Lage der Hauptebenen $h_1 = -h_2 = R$. Die Hauptebenen fallen im Kugelmittelpunkt zusammen, die Kugellinse verhält sich wie eine ideale dünne Linse!

2.6 Für die plankonvexe Linse ist $R_1 = \infty$. Entsprechend Gln. 2.43 und 2.44 ergibt sich die Brennweite $f' = \frac{n_0 R}{n_L - n_0}$ ($R = -R_2$) sowie $h_2 = 0$ (die zweite Hauptebene liegt also auf der Scheitelebene der zweiten Fläche). Da die objektseitige Brennebene auf der ebenen Linsenfläche liegen soll, muß gelten $h_1 = -f = f' = \frac{n_0 R}{n_L - n_0}$.

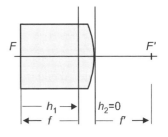

2.7 a) Aus Gl. 2.15 erhält man für die Sammellinse mit $R_1 = -R_2 = 15$ cm und $t = 1$ cm
$$M_S = \begin{pmatrix} 0{,}977 & -0{,}658 \text{ cm} \\ 0{,}068 \text{ cm}^{-1} & 0{,}977 \end{pmatrix}$$
sowie für die Plankonvexlinse mit $R_1 = -15$ cm, $R_2 = \infty$ und $t = 0{,}5$ cm
$$M_Z = \begin{pmatrix} 1{,}1014 & -0{,}284 \text{ cm} \\ -0{,}051 \text{ cm}^{-1} & 0{,}986 \end{pmatrix}$$
Die resultierende Matrix der Linsenkombination ist dann
$$M = M_Z \cdot M_S = \begin{pmatrix} 0{,}972 & -0{,}945 \text{ cm} \\ 0{,}018 \text{ cm}^{-1} & 0{,}997 \end{pmatrix}$$

b) Die Brennweite ist der Kehrwert des (2,1)-Elements, $f' = 56{,}295$ cm. Die Hauptebenen findet man entsprechend Gl. 2.40 zu $h_1 = 0{,}19$ cm und $h_2 = -1{,}581$ cm.

c) Die Brechkraft von zwei zusammenstehenden dünnen Linsen ist gleich der Summe der Brechkräfte der Einzellinsen (vgl. Gl. 2.46) $\frac{1}{f} = \frac{1}{f_S} + \frac{1}{f_Z}$. Mit $\frac{1}{f'} = \left(\frac{1}{R_1} - \frac{1}{R_2} \right)(n_L - 1)$ (vgl. Gl. 2.24) ergibt sich $\frac{1}{f'_S} = 0{,}069$ cm^{-1} und $\frac{1}{f'_Z} = -0{,}051$ cm^{-1} sowie die resultierende Brennweite $f = 54{,}41$ cm. Der Unterschied beträgt etwa 1,9 cm.

346 *11.2 Optische Abbildung*

2.8 a) Konstruktionsstrahlen für das Bild des Objekts sind Parallel- und Mittelpunktsstrahl (durchgezogene, graue Linien). Das umgekehrte Bild entsteht 8 cm hinter der Linse und hat die gleiche Größe wie das Objekt.

b) Die Austrittspupille ist das Bild der Eintrittspupille bzw. umgekehrt. Beide können daher mit Hilfe der Bildkonstruktion auseinander gewonnen werden (Konstruktionsstrahlen sind ebenfalls Parallel- und Mittelpunktsstrahl - gestrichelte, graue Linien). Das virtuelle Bild der Aperturblende befindet sich 4 cm vor der Linse und hat einen Durchmesser von 4 cm. Die Aperturblende begrenzt den Öffnungswinkel der Strahlen vom Achsenpunkt des Objekts (durchgezogene schwarze Linien) und bildet daher die Eintrittspupille (EP). Das virtuelle Bild der Eintrittspupille ist die Austrittspupille (AP).

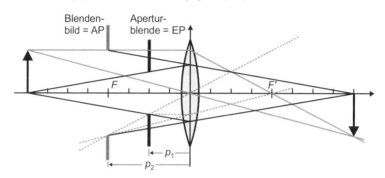

c) Aus der Abbildungsgleichung für die dünne Linse, Gl. 2.23, ergibt sich für den Bildabstand $s_2 = \dfrac{s_1 f'}{s_1 + f'} = 8$ cm. Mit Hilfe des Abbildungsmaßstabs, Gl. 2.26, erhält man die Bildgröße

$$x_2 = \beta_x x_1 = \left(1 - \dfrac{s_2}{f'}\right) x_1 = -2 \text{ cm}.$$

d) Die Eintrittspupille wird durch die Aperturblende gebildet (Abstand von der Linse $p_1 = -2$ cm, Radius $R_1 = 1$ cm). Den Abstand des Bilds (Austrittspupille) findet man in analoger Weise, $p_2 = \dfrac{p_1 f'}{p_1 + f'} = -4$ cm. Der Radius ist $R_2 = \beta_x R_1 = \left(1 - \dfrac{p_2}{f'}\right) R_1 = 2$ cm.

2.9 a) Die Bildkonstruktion (Parallel- und Brennpunktsstrahl, grau gestrichelt) für einen beliebigen Objektpunkt zeigt, daß das Bild, das Linse 1 entwirft, auf der Blende liegt. Dieses Zwischenbild wird durch Linse 2 auf eine Bildebene abgebildet, die 4 cm hinter Linse 2 liegt.

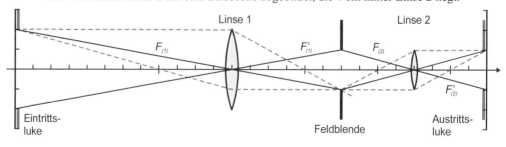

b) Die Hauptstrahlen zeigen, daß die eingesetzte Blende als Feldblende wirkt. Das Bild der Feldblende durch Linse 1 auf der Objektebene ist die Eintrittsluke, das Bild durch Linse 2 auf der Bildebene die Austrittsluke (die ausgewählten Konstruktionsstrahlen zeigen gleichzeitig die Bilder der Blende durch die beiden Linsen).

c) Der Öffnungswinkel der Strahlen vom Achsenpunkt des Bilds wird von der Öffnung der Linse 2 begrenzt (durchgezogene schwarze Linien), die daher die Aperturblende und gleichzeitig die Austrittspupille (AP) bildet. Die Eintrittspupille (EP) ist das Bild der Austrittspupille durch Linse 1 (Parallel- und Brennpunktsstrahl als Konstruktionsstrahlen, gepunktet)

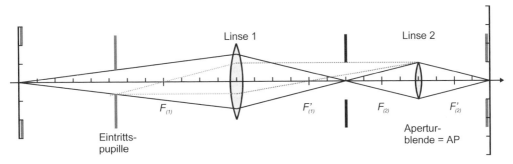

und befindet sich 6,7 cm vor der Linse 1.

d) Die Eintrittsluke begrenzt eine Öffnung von 4 cm Durchmesser auf der Objektebene, die auf die Öffnung der Austrittsluke vor der Bildebene mit einem Durchmesser von 2 cm abgebildet wird.

2.10 Nach Gl. 2.70 beträgt die Winkelauflösung des Auges $\Delta\alpha_{min} = 1{,}22 \dfrac{\lambda'}{d_{EP}} = 0{,}25$ mrad. $\lambda' = \dfrac{\lambda}{n}$ ist die Wellenlänge in der Augenflüssigkeit mit der Brechzahl $n = 1{,}34$. Der kleinste auflösbare Abstand ist folglich $\Delta L \approx L \Delta\alpha_{min} = 2{,}5$ m ($L = 10$ km), so daß die einzelnen Fenster nicht mehr getrennt wahrgenommen werden können.

2.11 Die minimale Periodenlänge ist bestimmt durch die maximale Ortsfrequenz $R_{max} = g_{min}^{-1}$, die das Objektiv übertragen kann, $R_{max} = \dfrac{D}{f'\lambda} = \dfrac{1}{g_{min}}$ (vgl. Gl. 2.74). Der Aperturdurchmesser D ist durch die Blendenzahl k (Gl. 2.59) gegeben, $D = \dfrac{f'}{k}$. Die kürzeste Periodenlänge, die das Objektiv übertragen kann, ist demnach $g_{min} = k\lambda$ mit $g_{min} = 1{,}54$ µm für die Blendenzahl 2,8 und $g_{min} = 8{,}8$ µm für $k = 16$. Bei der beugungsbegrenzten Abbildung vergrößert sich aufgrund der Beugung des Lichts an der Apertur die minimale Periodenlänge merklich mit zunehmender Blendenzahl (abnehmendem Aperturdurchmesser). Bei der realen, fehlerbehafteten Abbildung verringert sich häufig der Einfluß der Bildfehler mit zunehmender Blendenzahl, so daß man zwischen beiden Tendenzen das Optimum finden muß.

11.3 Optische Elemente

3.1 Die bildseitige Brennweite der Kugel ist $f' = \dfrac{nR}{2(n-1)} = 2{,}25$ mm (vgl. Tab. 3.2). Die Brennweite wird von der Hauptebene aus gemessen, diese befinden sich aber bei einer Kugel im Kugelzentrum. Der Arbeitsabstand ist folglich $S' = f' - R = 0{,}75$ mm.

3.2 a) Die Stablinse ist so aufgebaut, daß ein Brennpunkt auf der ebenen Linsenfläche liegt. Das bedingt eine Stablänge von $t = \dfrac{nR}{(n-1)} = 4{,}5$ mm (vgl. Tab. 3.2).

b) Da in diesem Fall der bildseitige Brennpunkt auf der ebenen Fläche liegt, muß sich das Faserende direkt auf der ebenen Linsenfläche befinden, $S' = 0$ mm.

c) Die bildseitige Hauptebene liegt auf dem Scheitelpunkt der gekrümmten Fläche, $h_2 = 0$ mm. Der Arbeitsabstand ist daher gleich der bildseitigen Brennweite $S' = f' = \dfrac{R}{n-1} = 3$ mm.

3.3 Für die Wellenlänge 1,56 µm beträgt die Brechzahl $n_1 = 1{,}5503$ und $\sqrt{A} = 0{,}2369$ mm^{-1}.

a) Die Länge einer 0,5 pitch GRIN-Linse ist $L = 0{,}5 z_o = \dfrac{\pi}{\sqrt{A}}$. Damit ergibt sich $L = 12{,}7$ mm für $\lambda = 0{,}630$ µm sowie $L = 13{,}3$ mm für $\lambda = 1{,}56$ µm.

b) Aus dem Brechzahlverlauf einer GRIN-Linse, Gl. 3.1, ergibt sich die Brechzahldifferenz $\Delta n = n(0 \text{ mm}) - n(r) = \dfrac{n_1 A}{2} r^2$. Mit $r = 1$ mm erhält man $\Delta n = 0{,}0477$ für $\lambda = 0{,}630$ µm sowie $\Delta n = 0{,}0437$ für $\lambda = 1{,}56$ µm.

b) Die Lage der Hauptebenen ($n_0 = 1$) ist $h_1 = -h_2 = \dfrac{1-\cos(\sqrt{A}L)}{n_1\sqrt{A}\sin(\sqrt{A}L)} = 1{,}9$ mm und die Brennweite $f' = \dfrac{1}{n_1\sqrt{A}\sin(\sqrt{A}L)} = 2{,}7$ mm. Objekt- und bildseitiger Arbeitsabstand sind $S = h_1 + f = h_1 - f'$ bzw. $S' = h_2 + f' = 0{,}8$ mm.

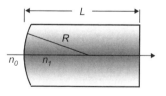

3.4 a) Die Strahlmatrix der plankonvexen GRIN-Linse setzt sich zusammen aus der Strahlmatrix der GRIN-Linse und der Brechungsmatrix der sphärischen Grenzfläche zwischen Luft $n_0 = 1$ und dem Linsenmaterial mit der Brechzahl $n(r) \approx n_1$:

$$M_{pkGRIN} = M_{GRIN} M_B = \begin{pmatrix} \cos(\sqrt{A}L) & -\dfrac{1}{n_1\sqrt{A}}\sin(\sqrt{A}L) \\ n_1\sqrt{A}\sin(\sqrt{A}L) & \cos(\sqrt{A}L) \end{pmatrix} \begin{pmatrix} 1 & 0 \\ \dfrac{1}{R}\left(1-\dfrac{1}{n_1}\right) & \dfrac{1}{n_1} \end{pmatrix}$$

mit dem Ergebnis

$$M_{pkGRIN} = \begin{pmatrix} \cos(\sqrt{A}L) - \dfrac{n_1-1}{n_1^2 R\sqrt{A}} \sin(\sqrt{A}L) & -\dfrac{1}{n_1^2 \sqrt{A}} \sin(\sqrt{A}L) \\ n_1\sqrt{A}\sin(\sqrt{A}L) + \dfrac{n_1-1}{n_1 R}\cos(\sqrt{A}L) & \dfrac{1}{n_1}\cos(\sqrt{A}L) \end{pmatrix}$$

b) Das Element C ist die Brechkraft der resultierenden Linse $\dfrac{1}{f'} = C$. Die Brennweite ist daher

$$f' = \dfrac{1}{n_1\sqrt{A}\sin(\sqrt{A}L) + \dfrac{n_1-1}{n_1 R}\cos(\sqrt{A}L)} = 1{,}9 \text{ mm und die Lage der Hauptebenen}$$

$$h_1 = f'(1-D) = f'(1 - \dfrac{1}{n_1}\cos(\sqrt{A}L)) = 1{,}9 \text{ mm},$$

$$h_2 = -\dfrac{1}{C}(1-A) = f'(-1 + \cos(\sqrt{A}L) - \dfrac{1}{\sqrt{A}}\dfrac{1}{R}\dfrac{n_1-1}{n_1^2}\sin(\sqrt{A}L)) = -2{,}6 \text{ mm}.$$

c) Objekt- und bildseitiger Arbeitsabstand sind $S = h_1 + f = h_1 - f' = 0{,}0$ mm bzw. $S' = h_2 + f' = 0{,}7$ mm.

3.5 a) Aus dem minimalen Ablenkwinkel, Gl. 3.18, können die Brechzahlen für die verschiedenen Wellenlängen bestimmt werden, $n = \dfrac{\sin\left(\frac{1}{2}(\delta_{min} + \alpha)\right)}{\sin\left(\frac{\alpha}{2}\right)}$. Man erhält $n_{C'} = 1{,}64967$ für 643,85 nm, $n_e = 1{,}65907$ für 546,07 nm sowie $n_{F'} = 1{,}66940$ für 479,99 nm. Die Hauptdispersion ist $n'_F - n'_C = 0{,}01973$, die Abbesche Zahl (Gl. 1.114) $v_e = \dfrac{n_e - 1}{n'_F - n'_C} = 33{,}41$.

b) Um die Winkeldispersion, Gl. 3.19, abzuschätzen, wird $\dfrac{dn}{d\lambda}$ durch $\dfrac{dn}{d\lambda} \approx \dfrac{n'_C - n'_F}{\Delta\lambda} =$ $-1{,}204 \cdot 10^{-4}$ nm^{-1} genähert. Mit $n \approx n_e$ findet man $\dfrac{\Delta\delta}{\Delta\lambda} \approx -0{,}216 \dfrac{\text{mrad}}{\text{nm}} = -0{,}0123°$ nm^{-1}. Der Ablenkwinkel ändert sich für 479,99 nm bis 643,85 nm um $\Delta\delta \approx 2{,}02°$.

3.6 Ein Littrow-Prisma ist ein halbes symmetrisches Dispersionsprisma mit symmetrischem Strahldurchgang. Für diesen Fall muß $\varepsilon'_p = \dfrac{\alpha}{2}$ sein.

ε'_p ist der Brewster-Winkel im Prismenmaterial, $\tan\varepsilon'_p = \dfrac{1}{n}$, woraus $\dfrac{\alpha}{2} = \varepsilon'_p = 31{,}76°$ folgt.

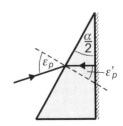

11.4 Optische Instrumente

4.1 Damit der Strahlungsfluß vom Objektiv durch die Augenpupille gelangt, darf der Durchmesser des vom Okular entworfenen Bilds der Objektivapertur maximal gleich dem Durchmesser D_p der Augenpupille sein, $D_p = \beta_x D_{ob}$. Mit $\beta_x = \dfrac{f'_{ok}}{f'_{ok} + s_1}$ (Gl. 2.27, $s_1 = -(f'_{ob} + f'_{ok})$ Abstand zwischen Objektiv und Okular) wird $\beta_x = -\dfrac{f'_{ok}}{f'_{ob}}$ und $f'_{ok} = f'_{ob}\dfrac{D_p}{D_{ob}} = 18$ mm. Die Vergrößerung beträgt $\Gamma_F = -\dfrac{f'_{ob}}{f'_{ok}} = -\dfrac{D_{ob}}{D_p} = -16{,}7$ (vgl. auch Gl. 4.22).

4.2 In der Vergrößerung $\Gamma = \dfrac{\tan\Theta'}{\tan\Theta}$ (Gl. 4.2) ist der Sehwinkel Θ ohne Lupe bestimmt durch $\tan\Theta = -\dfrac{x_1}{s_B}$. Mit Lupe wird das Bild x_2 im Abstand s_B unter Θ' mit $\tan\Theta' = \dfrac{x_2}{s_B}$ gesehen. Mit $x_2 = \beta_x x_1 = \left(1 - \dfrac{s_B}{f'}\right) x_1$ ergibt sich $\Gamma = 1 - \dfrac{s_B}{f'}$. Für $s_B = -250$ mm und $f' = 30$ mm erhält man $\Gamma = 9{,}3$ im Vergleich zur Normalvergrößerung $\Gamma_L = -\dfrac{s_B}{f'} = 8{,}3$ (vgl. Gl. 4.5).

4.3 Da das Zwischenbild in der ersten Linse auftritt, hat diese keinen Einfluß auf die Abbildung (sie wirkt effektiv als Feldlinse). Es liegt daher in der Brennebene der zweiten Linse, die ein virtuelles Bild im Unendlichen erzeugt. Die Vergrößerung ist folglich die Normalvergrößerung einer Lupe mit der Brennweite $f' = 30$ mm, also $\Gamma_L = -\dfrac{s_B}{f'} = 8{,}3$ (vgl. Gl. 4.5).

4.4 a) Die Mikroskopvergrößerung ist $\Gamma_M = \dfrac{t s_B}{f'_{Ob} f'_{Ok}}$ (vgl. Gl. 4.9). Mit dem optischen Abstand zwischen den Linsen, $t = t_{me} - f'_{Ok} - f'_{Ob} = 100$ mm ($t_{me} = 150$ mm), findet man $\Gamma_M = -62{,}5$.

b) Der kleinste auflösbare Abstand ist entsprechend Gl. 4.10 $\Delta x_{min} = 0{,}61 \dfrac{\lambda}{n_o \sin\sigma}$. Der Aperturwinkel σ bestimmt sich aus $\tan\sigma = \dfrac{D_{Ob}}{2 f'_{Ob}}$ und ist $\sigma = 21{,}80°$. Damit wird $\Delta x_{min} = 0{,}90$ μm.

c) Die förderliche Vergrößerung liegt im Bereich $|\Gamma_{förd}| = 500 A_N \ldots 1000 A_N = 186 \ldots 371$ (vgl. Gl. 4.17). Das potentielle Auflösungsvermögen des Mikroskops wird nicht ausgenutzt

4.5 a) Die Mikroskopvergrößerung, Gl. 4.7, mit dem Abbildungsmaßstab des Objektivs, Gl. 2.26, $\beta_{Ob} = 1 - \dfrac{s_2}{f'_{Ob}} = -41{,}5$ ($s_2 = 166$ mm + 4 mm = 170 mm) ist $\Gamma_M = 830$.

b) Aus der Abbildungsgleichung, Gl. 2.23, erhält man den Objektabstand von der objektseitigen Hauptebene des Objektivs $s_1 = \dfrac{s_2 f'_{OB}}{f'_{Ob} - s_2} = -4{,}096$ mm (etwa 0,1 mm vor der objektseitigen Brennebene).

4.6 Der Abbildungsmaßstab des Objektivs ist $\beta_{Ob} = \dfrac{x_2}{x_1} = 1 - \dfrac{s_2}{f'_{Ob}}$ (Gl. 2.26). Da das Zwischenbild in der Brennebene des Okulars entsteht, ist die Bildweite $s_2 = t + f'_{Ok} = 110$ mm. Damit ergibt sich der Abbildungsmaßstab zu $\beta_{Ob} = -26{,}5$. Die Strukturgröße ist $|x_1| = 54{,}7$ µm.

4.7 a) Die Bildgröße $\Delta x_{2min} = 10$ µm des minimal auflösbaren Abstands Δx_{1min} ist bestimmt durch die Winkelauflösung $\Delta \alpha_{min}$ des Objektivs $\Delta x_{2min} = \Delta \alpha_{min} f'_{Ob}$ mit $\Delta \alpha_{min} = 1{,}22 \dfrac{\lambda}{D_{Ob}}$ (Gl. 4.24).

Der erforderliche Durchmesser der Objektivapertur ist also $D_{Ob} = 1{,}22 \dfrac{\lambda f'_{Ob}}{\Delta x_{2min}} = 122$ mm.

b) Der aus der Höhe $h = 30$ km kleinste auflösbare Abstand ist $\Delta x_{1min} \approx \Delta \alpha_{min} h = \dfrac{\Delta x_{2min}}{f'_{Ob}} h =$ 0,6 m.

4.8 a) Da das Zwischenbild in der ersten Linse auftritt, liegt es in der Brennebene der zweiten Linse, die folglich ein virtuelles Bild im Unendlichen erzeugt (die erste Linse hat keinen Einfluß auf die Abbildung, sie wirkt als Feldlinse). Die Vergrößerung ist demnach die Normalvergrößerung einer Lupe mit der Brennweite $f' = f'_{Ok} = 15$ mm, $\Gamma_{Ok} = -\dfrac{s_B}{f'} = 16{,}7$.

b) Die Vergrößerung des Fernrohrs ist $\Gamma_F = -\dfrac{f'_{Ob}}{f'_{Ok}}$ (Gl. 4.20). Die Brennweite des Okulars ist gleich der Brennweite der Einzellinse (vgl. Beispiel zum Abschn. 4.2.2), woraus $\Gamma_F = 23{,}3$ folgt.

c) Die Eintrittspupille ist der Durchmesser der Objektivapertur $D_{EP} = 5$ cm, die vom Okular in die Austrittspupille D_{AP} abgebildet wird, $D_{AP} = \beta_x D_{EP}$, mit $\beta_x = \dfrac{f'_{Ok}}{f'_{Ok} + s_{EP}}$ (Gl. 2.27). Der Abstand der Objektivapertur s_{EP} (Objektweite) wird von der objektseitigen Hauptebene des Okulars gemessen, die, wie in dem Beispiel zu Abschn. 4.2.2 gezeigt wurde, in der Ebene der zweiten Linse liegt, so daß $s_{EP} = -(f'_{Ob} + f'_{Ok})$ ist. Man erhält $\beta_x = -\dfrac{f'_{Ok}}{f'_{Ob}}$ und damit die Größe der Austrittspupille $D_{AP} = 2{,}14$ mm. (D_{AP} hätte auch direkt aus Gl. 4.22 bestimmt werden können!)

Die Lage ergibt sich aus der Abbildungsgleichung $\dfrac{1}{f'_{Ok}} = \dfrac{1}{s_{AP}} - \dfrac{1}{s_{EP}} = \dfrac{1}{s_{AP}} + \dfrac{1}{f'_{Ob} + f'_{Ok}}$ zu

$$s_{AP} = f'_{Ok}\left(1 + \frac{f'_{Ok}}{f'_{Ob}}\right) = 15{,}64 \text{ mm}.$$ Der Abstand wird von der bildseitigen Hauptebene aus gemessen, die auf der ersten Linse liegt, d. h., die Austrittspupille liegt etwa auf der zweiten Linse.

c) Der Durchmesser D der ersten Linse des Okulars wirkt als Feldblende und bestimmt den Öffnungswinkel des Sehfelds, $\tan\Theta = \dfrac{D}{2f'_{Ob}}$, zu $2\Theta = 2{,}45°$.

4.9 a) Das Auftreten von Interferenzmaxima und -minima wird durch den Gangunterschied zwischen den von den Spalten ausgehenden Elementarwellen bestimmt. Für zwei herausgegriffene benachbarte Strahlen 1 und 2 hängt der Gangunterschied ab von den Strecken $a = -g\sin\alpha$ (reflektierter Strahl 2 ist gegenüber dem reflektierten Strahl 1 verzögert) und $b = g\sin\beta$ (Strahl 2 trifft später auf den Schirm auf als Strahl 1). Der resultierende Gangunterschied ist $\Delta = a - b = -g(\sin\alpha + \sin\beta)$. (Orientierung der Winkel beachten!) Maxima treten auf, wenn $\Delta = -g(\sin\alpha_m + \sin\beta) = m\lambda$, $m = 0, \pm 1, \pm 2, \ldots$, ist.

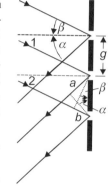

b) Beugungsmaximum 1. Ordnung: $\sin\alpha_1 = -\dfrac{\lambda}{g} - \sin\beta = -0{,}6420$, $\alpha_1 = -39{,}94°$, Beugungsmaximum -1. Ordnung: $\sin\alpha_1 = \dfrac{\lambda}{g} - \sin\beta = -0{,}04202$, $\alpha_{-1} = 2{,}41°$.

4.10 a) Die Winkeldispersion eines Prismas beschreibt Gl. 3.19. Mit $\dfrac{d\delta}{d\lambda} \approx \dfrac{\Delta\delta}{\Delta\lambda}$ und $\dfrac{dn}{d\lambda} \approx \dfrac{\Delta n}{\Delta\lambda}$ ergibt sich daraus $\Delta\delta \approx \dfrac{2\sin\dfrac{\alpha}{2}}{\sqrt{1 - n^2\sin^2\dfrac{\alpha}{2}}} \Delta n$. Für $\Delta n = -0{,}0115$ und $n \approx 1{,}64036$ (Mittelwert aus den beiden Brechzahlen) findet man $\Delta\delta \approx -1{,}15°$ (negativ, da die blaue Wellenlänge stärker abgelenkt wird als die rote).

b) Entsprechend Gl. 4.30 ist $A = b\left|\dfrac{dn}{d\lambda}\right| \approx b\left|\dfrac{\Delta n}{\Delta\lambda}\right| = 2703$. Die kleinste auflösbare Wellenlängendifferenz bei 580 nm ist dann $\Delta\lambda = \dfrac{\lambda}{A} \approx 0{,}21$ nm.

4.11 Der auflösbare Wellenlängenabstand ist bedingt durch die Differenz der Wellenlängen an den Spalträndern $\Delta\lambda = \lambda_1 - \lambda_2$. Aus der Gleichung für die Winkeldispersion, Gl. 3.19, erhält man mit $\dfrac{d\delta}{d\lambda} \approx \dfrac{\Delta\delta}{\Delta\lambda}$

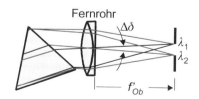

$$\Delta\lambda \approx \frac{\sqrt{1 - n^2 \sin^2\left(\frac{\alpha}{2}\right)}}{2\frac{\mathrm{d}n}{\mathrm{d}\lambda}\sin\left(\frac{\alpha}{2}\right)} \Delta\delta$$

Mit $\Delta\delta \approx \frac{b}{f'_{Ob}}$ (b Spaltbreite), $\frac{\mathrm{d}n}{\mathrm{d}\lambda} \approx \frac{\Delta n}{\Delta\lambda}$, $\Delta n = -0{,}0115$, $\Delta\lambda = 170{,}2$ nm und $n \approx 1{,}64036$ (Mittelwert aus den beiden Brechzahlen) findet man für $b = 1$ mm $\Delta\lambda \approx 21{,}2$ nm (schlechte Wellenlängenauflösung) sowie für $b = 100$ µm $\Delta\lambda \approx 2{,}1$ nm. Die Spaltbreite hat einen entscheidenden Einfluß auf das Auflösungsvermögen!

4.12 Entsprechend Gl. 4.42 ist das Auflösungsvermögen eines Beugungsgitters bestimmt durch die Anzahl der beleuchteten Gitterstriche und damit durch die Breite des beleuchteten Bereichs des Gitters. Wenn die Spaltbreiten optimal eingestellt sind, ist eine Verbesserung zu erzielen, wenn das Gitter vollständig ausgeleuchtet, also der Bündeldurchmesser vergrößert wird!

4.13 Aus der Gittergleichung für senkrechten Einfall, Gl. 4.32, erhält man $\alpha_2 = 41{,}3°$ für $\lambda = 550$ nm und $\alpha_2 = 32{,}68°$ für $\lambda = 450$ nm. Die Winkeldifferenz beträgt $8{,}62°$.

4.14 a) Die Winkeldispersion für senkrechten Einfall ist $\frac{\mathrm{d}\alpha_m}{\mathrm{d}\lambda} = \frac{m}{\sqrt{g^2 - (m\lambda)^2}}$ (vgl. Gl. 4.41). Mit der Gitterkonstante $g = \frac{1}{4000}$ cm $= 2{,}5$ µm und $m = 3$ ergibt sich $\frac{\mathrm{d}\alpha_3}{\mathrm{d}\lambda} = 1{,}92 \frac{\mathrm{mrad}}{\mathrm{nm}} = 0{,}11°/\mathrm{nm}$. Eine Winkeländerung $\mathrm{d}\alpha_3$ führt auf dem Empfänger, der sich im Abstand der bildseitigen Objektivbrennweite befindet, zu einer Abstandsänderung $\mathrm{d}x = f'_{OB}\mathrm{d}\alpha_3$. Die Abstandsdispersion auf dem Empfänger ist folglich $\frac{\mathrm{d}x}{\mathrm{d}\lambda} = f'_{Ob}\frac{\mathrm{d}\alpha_3}{\mathrm{d}\lambda} = 2{,}88 \frac{\mathrm{mm}}{\mathrm{nm}}$.

b) Das Auflösungsvermögen eines Gitters ist $A = mp$. Mit der Anzahl der beleuchteten Gitterstriche $p = \frac{b}{g}$ ergibt sich $A = m\frac{b}{g} = 60\,000$.

c) Aus Gl. 4.32 ist ersichtlich, daß $\frac{m\lambda}{g} \leq 1$ bzw. $m \leq \frac{g}{\lambda} = 3{,}8$ sein muß. Das Gitter kann höchstens bis zur 3. Beugungsordnung verwendet werden.

4.15 a) Aus dem Auflösungsvermögen eines Gitters, $A = \frac{\lambda}{\Delta\lambda} = mp$ (Gl. 4.42), erhält man $m = 10{,}26$. Es wird also mindestens die 10. Beugungsordnung benötigt, um die Feinstruktur aufzulösen.

b) Die Gitterbreite ist $b = gp$. Die Gitterkonstante, die das Gitter mindestens haben muß, ergibt sich aus der Forderung, daß die Beugungsordnung beobachtbar sein muß, d. h., in Gl. 4.32 muß $\sin\alpha_{10} \leq 1$ bzw. $\frac{m\lambda}{g} \leq 1$ sein. Man findet $g \geq m\lambda = 6{,}56$ µm, die Mindestbreite des Gitters ist also $b = 2{,}63$ cm.

4.16 a) Ersetzt man in dem Auflösungsvermögen, Gl. 4.42, die Linienzahl p durch die Breite b de Gitters, $p = \dfrac{b}{g}$, findet man die Gitterkonstante $g = mb\dfrac{\Delta\lambda}{\lambda} = 1{,}76$ μm.

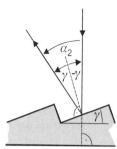

b) Der Beugungswinkel ist durch die Gittergleichung für senkrechten Einfall bestimmt, Gl. 4.32. Für $m = 2$ ergibt sich $\sin\alpha_2 = \dfrac{2\lambda}{g} = 0{,}3853$ und $\alpha_2 = 22{,}66°$.

c) Der Steigungswinkel der Sägezahnfurchen des Blaze-Gitters muß so sein, daß das Licht in die Richtung der zweiten Beugungsordnung reflektiert wird. Aus Gl. 4.39 ergibt sich mit $\beta = 0°$ der Blaze-Winkel $\gamma = \dfrac{1}{2}\alpha_2 = 11{,}33°$.

d) Die Winkeldispersion ist gemäß Gl. 4.41 $\dfrac{d\alpha_2}{d\lambda} = \dfrac{2}{g\cos\alpha_2} = 0{,}123\,\dfrac{\text{mrad}}{\text{nm}} = 0{,}07°/\text{nm}$.

4.17 a) Aus der Gleichung für das Auflösungsvermögen, Gl. 4.42, ist ersichtlich, daß, wenn die geforderte auflösbare Wellenlängendifferenz am langwelligen Ende des Spektrums (780 nm) erreicht wird, diese über das gesamte sichtbare Spektrum gewährleistet ist. Damit ergibt sich für die erste Beugungsordnung $p = \dfrac{\lambda}{\Delta\lambda} = 15600$, was einer Gitterkonstanten von $g = 1{,}92$ μm entspricht.

b) Aus Gl. 4.41 mit $\dfrac{d\alpha_1}{d\lambda} \approx \dfrac{\Delta\alpha_1}{\Delta\lambda}$ ergibt sich die Winkeldifferenz $\Delta\alpha_1$, die der Wellenlängendifferenz $\Delta\lambda$ entspricht, $\Delta\alpha_1 \approx \dfrac{1}{\sqrt{g^2 - \lambda^2}}\Delta\lambda = 0{,}027$ mrad. Die Winkeländerung $\Delta\alpha_1$ führt auf dem Empfänger zu einer Abstandänderung $\Delta x = f'_{OB}\Delta\alpha_1 = 16{,}2$ μm. Die Auflösung der CCD-Zeile ist ausreichend.

4.18 a) In der Littrow-Anordnung wird das gebeugte Licht in sich reflektiert, d. h., für die dritte Beugungsordnung muß $\alpha_3 = \beta = \gamma$ gelten (vgl. Gl. 4.39). Der Beugungswinkel α_3 ist durch Gl. 4.34 für das Beugungsgitter in Reflexionsanordnung bestimmt, $-g(\sin\alpha_3 + \sin\beta) = 3\lambda$ bzw. $\sin\alpha_3 = -\dfrac{3}{2}\dfrac{\lambda}{g}$. Die Gitterkonstante g ergibt sich aus dem geforderten Auflösungsvermögen, $\dfrac{\lambda}{\Delta\lambda} = 3p = \dfrac{3b}{g}$ bzw. $g = 3b\dfrac{\Delta\lambda}{\lambda} = 1{,}0$ μm. Damit wird $\sin\alpha_3 = -\dfrac{\lambda^2}{2b\Delta\lambda} = -0{,}45$. Beugungs- und Einfallswinkel sowie Blaze-Winkel sind folglich $\alpha_3 = \beta = \gamma = -26{,}74°$.

b) Bei senkrechtem Einfall ($\beta = 0°$) ist der erforderliche Blaze-Winkel $\gamma = \dfrac{\alpha_3}{2}$. Der Beugungswinkel ist $\sin\alpha_3 = -\dfrac{3\lambda}{g} = -0{,}9$, d. h., $\alpha_3 = -64{,}16°$ sowie der Blaze-Winkel $\gamma = 32{,}08°$.

c) Die Winkeldispersion erhält man aus Gl. 4.41, $\dfrac{d\alpha_3}{d\lambda} = \dfrac{3}{g\cos\alpha_3}$, für die Littrow-Anordnung

$\dfrac{d\alpha_3}{d\lambda} = 3{,}36 \, \dfrac{\text{mrad}}{\text{nm}} = 0{,}19°/\text{nm}$ sowie für senkrechten Einfall $\dfrac{d\alpha_3}{d\lambda} = 6{,}88 \, \dfrac{\text{mrad}}{\text{nm}} = 0{,}39°/\text{nm}$.

11.5 Strahlungsbewertung und Strahlungsgesetze

5.1 a) Der Strahlungsfluß eines isotropen Strahlers in einen Kegel mit dem halben Öffnungswinkel α ist $\Phi_e = 2\pi I_e (1 - \cos\alpha)$, vgl. Gl. 5.16. Mit $\alpha = \pi$ ergibt sich der gesamte Strahlungsfluß $\Phi_{etot} = 4\pi I_e = 1{,}257 \text{ kW}$.

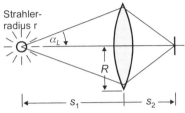

b) Der objektseitige Öffnungswinkel α_L der Linse ist bestimmt durch $\tan\alpha_L = \dfrac{R}{|s|} = 0{,}3$ und folglich $\alpha_L = 16{,}7°$. Damit erhält man den Strahlungsfluß auf der Linse $\Phi_e = 2\pi I_e (1 - \cos(16{,}7°)) = 26{,}5 \text{ W}$ (2,1 % des gesamten abgestrahlten Strahlungsflusses).

5.2 Der Strahlungsfluß eines Lambert-Strahlers in einen Kegel mit dem halben Öffnungswinkel α ist entsprechend Gl. 5.21 $\Phi_e(\alpha) = \pi L_e A_s \sin^2\alpha$, $A_s = \pi r_s^2$ ist die Strahlerfläche mit dem Radius r_s.

a) Aus dem gegebenen Gesamtstrahlungsfluß der Strahlungsquelle (in den Halbraum), $\Phi_{etot} = \Phi_e(\pi/2) = \pi L_e A_s$ erhält man die Strahldichte $L_e = \dfrac{\Phi_{etot}}{\pi^2 r_s^2} = 2{,}53 \cdot 10^6 \, \dfrac{\text{W}}{\text{m}^2 \text{sr}}$.

b) Der halbe Öffnungswinkel α_L des Raumwinkels durch die Linse mit dem Radius $R_L = 10$ mm im Abstand $d = 80$ mm ist gegeben durch $\tan\alpha_L = \dfrac{R_L}{d}$ und hat den Wert $\alpha_L = 7{,}1°$. Der Strahlungsfluß durch die Linse ist folglich $\Phi_e(\alpha_L) = \pi L_e A_s \sin^2\alpha_L = 1{,}54 \text{ W}$.

5.3 a) Die Richtung ε_0 mit dem halben Maximalwert der Strahlstärke, $I_e(\varepsilon_0) = I_{eo}\cos^2\varepsilon_0 = \dfrac{I_{eo}}{2}$ bzw. $\cos^2\varepsilon_0 = 0{,}5$, ist $\varepsilon_0 = 45°$.

b) Der Strahlungsfluß in einen Kegel mit dem Öffnungswinkel α, $\Phi_e(\alpha) = \int I_e(\varepsilon_s) d\Omega$ wird mit dem Raumwinkelelement $d\Omega = 2\pi \sin\varepsilon_s d\varepsilon_s$ (vgl. Gl. 5.20) berechnet:

$$\Phi_e(\alpha) = 2\pi I_{eo}\int_0^\alpha \cos^2\varepsilon_s \sin\varepsilon_s d\varepsilon_s = -\dfrac{2\pi}{3} I_{eo}\cos^3\varepsilon_s \Big|_0^\alpha = \dfrac{2\pi}{3} I_{eo}(1 - \cos^3\alpha)$$

Der Strahlungsfluß in den Halbraum ist $\Phi_e\left(\dfrac{\pi}{2}\right) = \dfrac{2\pi}{3} I_{eo} = 209{,}44 \text{ mW}$.

c) $\Phi_e(30°) = 73{,}40 \text{ mW}$.

5.4 Da die Ausmaße von Sender und Empfänger klein im Vergleich zum Abstand sind, ist entsprechend Gl. 5.26 $\Phi_e = I_e(\varepsilon_S) \dfrac{A_E \cos \varepsilon_E}{r^2}$. Mit $\varepsilon_E = 0°$ und der relativen Strahlstärke unter einem Winkel von $\varepsilon_S = 20°$ zur Flächennormalen von 0,8 (vgl. Diagramm) bzw. $I_e(\varepsilon_S) = 0,8\, I_{eo}$ ergibt sich der Strahlungsfluß auf dem Empfänger $\Phi_e = 0{,}32$ µW.

5.5 Für die Schwärzung des Films ist die Strahlungsenergie pro Fläche verantwortlich. Die Bestrahlung muß folglich für beide Abstände r_1, r_2 gleich sein, $H_e = T_1 E_e(r_1) = T_2 E_e(r_2)$ (vgl. Gl. 5.12). Entsprechend dem fotometrischen Entfernungsgesetz, Gl. 5.26, ist $\dfrac{E_e(r_1)}{E_e(r_2)} = \dfrac{r_2^2}{r_1^2}$ und damit $\dfrac{T_2}{T_1} = \dfrac{r_2^2}{r_1^2} = 2{,}25$.

5.6 a) Nebenstehendes Bild zeigt die Winkelcharakteristik der relativen Strahlstärke im Polardiagramm.
b) Die Richtung ε_0 mit dem halben Maximalwert der Strahlstärke, $I_e(\varepsilon_0) = I_{eo} \cos^4 \varepsilon_0 = \dfrac{I_{eo}}{2}$ bzw. $\cos^4 \varepsilon_0 = 0{,}5$, ist $\varepsilon_0 = 32{,}76°$.

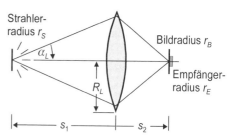

c) Der Strahlungsfluß in einen Kegel mit dem halben Öffnungswinkel α, $\Phi_e(\alpha) = \int I_e(\varepsilon_s)\, d\Omega$, wird mit dem Raumwinkelelement $d\Omega = 2\pi \sin \varepsilon_s\, d\varepsilon_s$ (vgl. Gl. 5.20) berechnet:

$$\Phi_e(\alpha) = 2\pi I_{eo} \int_0^\alpha \cos^4 \varepsilon_s \sin \varepsilon_s\, d\varepsilon_s = -\dfrac{2\pi}{5} I_{eo} \cos^5 \varepsilon_s \Big|_0^\alpha = \dfrac{2\pi}{5} I_{eo}(1 - \cos^5 \alpha)$$

Die Strahlung in den Halbraum ist $\Phi_e\left(\dfrac{\pi}{2}\right) = \dfrac{2\pi}{5} I_{eo} = 5{,}03$ mW.

d) Der Öffnungswinkel zur Linse ist bestimmt durch $\tan \alpha_L = \dfrac{R_L}{|s_1|} = 0{,}15625$ und damit $\alpha_L = 8{,}88°$. Der Strahlungsfluß zur Linse ist daher $\Phi_e(8{,}88°) = 0{,}29$ mW sowie der Fotostrom $I_{Ph} = s\, \Phi_e(8{,}88°) = 2{,}9$ mA.

e) Der erforderliche Radius der Empfängerfläche r_E ist durch den Abbildungsmaßstab $|\beta_x| = \dfrac{r_E}{r_S} = \left|\dfrac{f'}{f' + s_1}\right| = 1$ bestimmt, d. h., $r_E = r_S$. Der Radius der Strahlerfläche ist $r_S = \sqrt{\dfrac{A_S}{\pi}} = 0{,}4$ mm $= r_E$.

5.7 Der Fotostrom des Empfängers ist $I_{Ph} = s\, \Phi_{eE}$ mit $s = 10$ A/W der Empfindlichkeit des Empfängers ist und $\Phi_{eE} = E_e A_E$ dem Strahlungsfluß auf der Empfängerfläche $A_E = \pi r_E^2$ (wenn die Empfängerfläche kleiner als die Bildfläche ist). Da die Bestrahlungsstärke am Ort des Bildes

$E_e = \dfrac{\Phi_e}{A_B}$ ist (Φ_e Strahlungsfluß durch die Linse, $A_B = \pi r_B^2$ Fläche des Strahlerbilds), ergibt sich

für $r_E \leq r_B$ $\Phi_{eE} = \dfrac{A_E}{A_B}\Phi_e = \dfrac{r_E^2}{r_B^2}\Phi_e$. Berechnet werden muß also der Strahlungsfluß Φ_e durch die Linse und der Radius r_B des Strahlerbilds.

Der Radius r_B ergibt sich aus dem Abbildungsmaßstab, Gl. 2.27, $\beta_x = \dfrac{r_B}{r_S} = \dfrac{f'}{f'+s_1} = -2$ zu

$r_B = |\beta_x| r_S = 1$ cm.

Der Strahlungsfluß durch die Linse ist $\Phi_e = \pi L_e A_S \sin^2\alpha$ (vgl. Gl. 5.21). Mit $\tan\alpha = \dfrac{R_L}{s_1}$, $\alpha = 6{,}34°$ und der Strahlerfläche $A_S = \pi r_S^2 = 0{,}785$ cm^2 erhält man $\Phi_e = 3{,}01$ W, $\Phi_{eE} = 3{,}01 \cdot 10^{-2}$ W sowie den Fotostrom $I_{ph} = s\,\Phi_{eE} = 0{,}30$ A.

5.8 Zunächst muß geklärt werden, welcher Teil des unendlich ausgedehnten Strahlers abgebildet wird und somit für den transmittierten Strahlungsfluß verantwortlich ist. Die Lage des Strahlerbilds ist durch die Abbildungsgleichung, Gl. 2.23, bestimmt, $b_s = \dfrac{f' g_s}{g_s + f'} = 20$ cm.

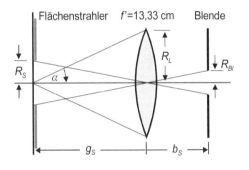

Das Bild liegt gerade auf der Blende. Dadurch trägt nur der Teil des Lambert-Strahlers zum Strahlungsfluß durch das Linsen - Blendensystem bei, der gerade auf die Blendenöffnung abgebildet wird (im Bild ist das Blendenbild auf der Strahlerfläche grau gezeichnet)! Den Radius R_S und die Fläche A_S dieses Teils des Strahlers findet man mit Hilfe des Abbildungsmaßstabs

$|\beta_x| = \left|\dfrac{b_s}{g_s}\right| = \dfrac{R_{BL}}{R_S} = 0{,}5$ zu $R_S = 0{,}5$ cm und $A_S = \pi R_S^2 = 78{,}54$ mm^2.

Der Strahlungsfluß, der von diesem Strahlerausschnitt durch die erste Linse transmittiert wird, ist $\Phi_e(\varepsilon) = \pi L_e A_S \sin^2\alpha = 1{,}54 \cdot 10^{-2}$ W (vgl. Gl. 5.21), wobei $\tan\alpha = \left|\dfrac{R_L}{g_s}\right|$ bzw. $\alpha = 1{,}43°$ verwendet wurde.

5.9 Da die Verluste des Lampenkolbens vernachlässigt werden können, muß seine spezifische Lichtausstrahlung M_v gleich der Beleuchtungsstärke E_v durch die Wendel auf dem Kolbeninneren sein. Die Beleuchtungsstärke eines isotropen Strahlers ist $E_v = \dfrac{\Phi_v}{A_K} = \dfrac{\Phi_v}{4\pi R^2}$ ($A_K = 4\pi R^2$ Kugeloberfläche). Mit dem von der Wendel emittierten Lichtstrom $\Phi_v = I_v \Omega = 4\pi I_v$ erhält man die spezifische Ausstrahlung, $M_v = \dfrac{I_v}{R^2}$, was a) zu $M_v = 16$ lm/cm^2 und b) zu $M_v = 4$ lm/cm^2 führt.

5.10 a) $\Phi_v = K_m V(\lambda) \Phi_e = 1{,}01 \cdot 10^{-8}$ lm, ($K_m = 683$ lm/W).

b) $E_v = \dfrac{\Phi_v}{A_E} = 5{,}05 \cdot 10^{-4}$ lx.

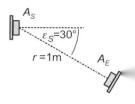

c) Die Beleuchtungsstärke auf dem Empfänger wird durch Gl. 5.26 beschrieben, $E_v = I_v(\varepsilon_S) \dfrac{\cos\varepsilon_E}{r^2}$. Mit $\varepsilon_E = 0°$ und dem Lambertschen Kosinusgesetz, Gl. 5.18, $I_v(\varepsilon_S) = I_v(0)\cos\varepsilon_S$ ergibt sich $I_v(0) = \dfrac{r^2 E_v}{\cos\varepsilon_S} = 5{,}83 \cdot 10^{-4}$ cd.

5.11 a) Der Lichtstrom des isotropen Strahlers zur Linse ist $\Phi_v(\alpha) = 2\pi I_v(1 - \cos\alpha)$ (vgl. Gl. 5.16). Der gesamte Lichtstrom ($\alpha = \pi$) ist $\Phi_v(\pi) = 4\pi I_v = 10053{,}10$ lm.

b) Der Lichtstrom auf dem Faserende ist bei verlustfreier Abbildung gleich dem auf die Linse auftreffenden Lichtstrom $\Phi_v(\alpha_L)$, wozu der Öffnungswinkel α_L benötigt wird. Da die Bildgröße der Licht-

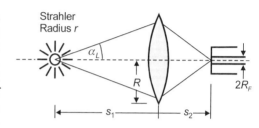

quelle gleich dem Faserkerndurchmesser sein soll, ist der Abbildungsmaßstab auf $\beta_x = \dfrac{R_F}{r} = \dfrac{s_2}{s_1} = -0{,}5$ festgelegt. Aus Gl. 2.27 ergibt sich damit $s_1 = f'\left(\dfrac{1}{\beta_x} - 1\right) = -90$ mm.

Der objektseitige Öffnungswinkel ($\tan\varepsilon_L = \dfrac{R}{|s_1|} = 0{,}111$) ist folglich $\alpha_L = 6{,}34°$ und der von der Linse eingesammelte Lichtstrom $\Phi_v = 2\pi I_v(1 - \cos(6{,}34°)) = 30{,}74$ lm (0,3% des gesamten abgestrahlten Lichtstroms).

5.12 a) Der Abstand d zum Punkt r ist $d = \sqrt{(h^2 + r^2)}$, und damit $E_v = I_{vo} \dfrac{h}{\sqrt{(h^2 + r^2)^3}}$. Für $r = 0$ m ist $E_v = \dfrac{I_{vo}}{h^2} = 200$ lx, sowie $E_v = 70{,}71$ lx für $r = R = 1$ m.

b) Der Strahlungsfluß auf der Tischfläche ist durch $\Phi_v = \iint\limits_{\text{Tischfläche}} E_v \, dA$ bestimmt. Als Flächenelement wird ein Kreisring konzentrisch zum Tischmittelpunkt gewählt, $dA = 2\pi r\, dr$, so daß $\Phi_v = 2\pi h I_{vo} \int_0^R \dfrac{r\, dr}{\sqrt{(h^2 + r^2)^3}}$ wird. Das Ergebnis ist $\Phi_v = 2\pi I_{vo}\left(1 - \dfrac{h}{\sqrt{(h^2 + r^2)}}\right) = 368{,}06$ lm.

11.6 Lichtquellen

6.1 Nach dem Wienschen Verschiebungsgesetz, Gl. 6.4, $\lambda_{max} = \dfrac{2898\ \mu m\cdot K}{T} = \dfrac{\kappa}{T}$ entspricht der Temperatur T_1 die Wellenlänge $\lambda_{max}^{(1)} = \dfrac{\kappa}{T_1}$ und T_2 die Wellenlänge $\lambda_{max}^{(2)} = \dfrac{\kappa}{T_2}$. Aus der Wellenlängenverschiebung $\Delta\lambda = \lambda_{max}^{(2)} - \lambda_{max}^{(1)} = \dfrac{\kappa}{T_2} - \dfrac{\kappa}{T_1}$ ergibt sich die Temperatur $T_2 = \dfrac{\kappa T_1}{\Delta\lambda T_1 + \kappa} = $ 289,82 K.

6.2 Bei der Umgebungstemperatur T_0 absorbiert die Kugel die gleiche Strahlungsleistung, die sie emittiert (thermisches Gleichgewicht). Die von der Kugel effektiv abgegebene Strahlungsleistung ΔP ist daher $\Delta P = \left(M_e(T_0 + \Delta T) - M_e(T_0)\right) A_K$ ($A_K = 4\pi R^2$ Kugeloberfläche). Um die Temperaturdifferenz aufrecht zu erhalten, muß diese Leistung der Kugel zugeführt werden. Mit $M_e = \sigma T^4$ (vgl. Gl. 6.6) erhält man $\Delta P = \sigma\left((T_0 + \Delta T)^4 - \sigma(T_0)^4\right)A_K = 0{,}89$ W.

6.3 Für den grauen Strahler mit dem Absorptionsgrad α ist die Wellenlänge des Ausstrahlungsmaximums $\lambda_{max} = \dfrac{2898\ \mu m\cdot K}{T}$ (Gl. 6.4) und die spezifische Ausstrahlung $M_e = \alpha\sigma T^4$ (vgl. Gl. 6.8).

a) Kohlefaden: $T_K = 3823$ K, $\lambda_{maxK} = 758{,}0$ nm (tiefes Rot), $M_{eK} = 1{,}03$ kW/cm^2.
Wolfram: $T_W = 3553$ K, $\lambda_{maxW} = 815{,}6$ nm (nahes IR), $M_{eW} = 0{,}30$ kW/cm^2.
Die Ausstrahlungseigenschaften der Kohlefadenlampe sind günstiger wegen der höheren möglichen Betriebstemperatur und des größeren Absorptionskoeffizienten.

b) Die zugeführte elektrische Leistung muß gleich der abgestrahlten Leistung $\Phi_e \sim \alpha\sigma T^4$ sein, so daß diese für beide Lampen gleich ist. Wegen der gleichen Fadengeometrie sind zudem die Proportionalitätsfaktoren gleich, d. h., $\alpha_W \sigma T_W^4 = \alpha_K \sigma T_K^4$. Damit errechnet sich die Temperatur des Kohlenstoffadens, $T_K = \sqrt[4]{\dfrac{\alpha_W}{\alpha_K}} T_W = 2783{,}2$ K, und die spezifische Ausstrahlung ist für beide Lampen $M_e = \alpha_W \sigma T_W^4 = 323{,}23\ \dfrac{W}{cm^2}$. Die Wellenlängen der Ausstrahlungsmaxima liegen bei $\lambda_{maxK} = 1{,}04\ \mu m$ und $\lambda_{maxW} = 0{,}82\ \mu m$.

6.4 a) Der Strahlungsfluß, den die Wendel emittiert, ist $\Phi_e = A_E M_e$ mit $M_e = \alpha\sigma T^4$ der spezifischen Ausstrahlung des grauen Strahlers (vgl. Gl. 6.8). Für $T = 3273{,}15$ K erhält man $\Phi_e = 12{,}041$ W.

b) $\lambda_{max} = \dfrac{2898\ \mu m\cdot K}{T} = 885{,}4$ nm (vgl. Gl. 6.4).

c) Im sichtbaren Wellenlängenbereich ist die spezifische Ausstrahlung $M_e = \pi \int\limits_{380\,nm}^{780\,nm} L_{e,\lambda}(\lambda)\,d\lambda$

und damit $\Phi_e = \alpha A_E M_e = \pi \alpha A_E \int_{380\,\text{nm}}^{780\,\text{nm}} L_{e,\lambda}(\lambda)\,d\lambda$. Bild 6.2 zeigt, daß bei der Temperatur von etwa 3000 K die spektrale Strahldichte im sichtbaren Bereich in grober Näherung linear verläuft. Als Näherung für die Integration kann daher z. B. die Trapezformel verwendet werden:

$$\int_{380\,\text{nm}}^{780\,\text{nm}} L_{e,\lambda}(\lambda)\,d\lambda \approx L_{e,\lambda}(580\,\text{nm})(780\,\text{nm} - 380\,\text{nm}) = 928{,}12\,\frac{\text{W}}{\text{m}^2\cdot\text{nm}\cdot\text{sr}}\cdot 400\,\text{nm} = 3{,}71\cdot 10^5\,\frac{\text{W}}{\text{m}^2\cdot\text{sr}}.$$

Der Strahlungsfluß im sichtbaren Bereich ist damit $\Phi_e \approx 2{,}16$ W. Die numerische Integration mit einem geeigneten Taschenrechner bzw. einem Mathematikprogramm für den PC liefert $\Phi_e = 2{,}05$ W (nur etwa 17% des gesamten Strahlungsflusses!)

d) Analog zu c) erhält man als Näherung für den Strahlungsfluß

$$\Phi_e = \pi \alpha A_E \int_{550\,\text{nm}}^{650\,\text{nm}} L_{e,\lambda}(\lambda)\,d\lambda \approx \pi \alpha A_E L_{e,\lambda}(600\,\text{nm})\cdot(100\,\text{nm}) = 0{,}586\,\text{W}$$

sowie durch numerische Integration $\Phi_e = 0{,}583$ W.

6.5 Gesucht ist das Maximum von $L_{e\lambda}^{(s)}(\lambda,T) = \dfrac{a}{\lambda^5}\dfrac{1}{e^{b/\lambda} - 1}$ mit $a = 2hc_o^2$ und $b = \dfrac{hc_o}{kT}$. Aus der Forderung $\dfrac{d}{d\lambda}L_{e\lambda}^{(s)}(\lambda) = 0$ ergibt sich $\lambda = \dfrac{b}{5}\dfrac{e^{b/\lambda}}{(e^{b/\lambda} - 1)}$. Mit der Näherung $e^{b/\lambda} \gg 1$ erhält man als erste Näherung $\lambda_{(1)} \approx \dfrac{b}{5} = \dfrac{hc_o}{5kT} = \dfrac{2877{,}5\,\mu\text{m}\cdot\text{K}}{T}$. Setzt man diesen Wert im Sinne eines Iterationsverfahrens in die Exponentialfunktionen ein und berechnet mit dieser Korrektur die Wellenlänge, erhält man als nächste Näherung $\lambda_{(2)} \approx \dfrac{1{,}007\,b}{5} = \dfrac{2897{,}7\,\mu\text{m}\cdot\text{K}}{T}$ (vgl. Gl. 6.4). Weitere Iterationsschritte bringen keine wesentliche Verbesserung mehr.

6.6 Die spezifische Ausstrahlung ist $M_e = \pi L_e = \pi \int_0^\infty L_{e\lambda}^{(s)}(\lambda,T)\,d\lambda = \pi \int_0^\infty \dfrac{a}{\lambda^5}\dfrac{1}{e^{b/\lambda} - 1}\,d\lambda$ mit $a = 2hc_o^2$ und $b = \dfrac{hc_o}{kT}$. Benutzt man die Substitution $\lambda = \dfrac{b}{x}$, $d\lambda = -\dfrac{b}{x^2}dx$, $x_1 = \infty$, $x_2 = 0$, ergibt sich daraus

$$M_e = \frac{\pi a}{b^4}\int_0^\infty \frac{x^3}{e^x - 1}\,dx = \frac{\pi^2 a}{15\,b^4},$$

bzw. mit den verwendeten Abkürzungen $M_e = \sigma T^4$, wobei

$$\sigma = \frac{2\pi^5 k^4}{15\,c_o^2 h^3} = 5{,}6705\cdot 10^{-8}\,\frac{\text{W}}{\text{m}^2\cdot\text{K}^4}$$

ist (vgl. Gl. 6.6).

6.7 a) Nach dem Wienschen Verschiebungsgesetz, Gl. 6.4, ist $\lambda_{max}\,T_{fN} = 2897{,}7\,\mu\text{m}\cdot\text{K}$ bzw. $\lambda_{max} = 1{,}14\,\mu$m (nahes Infrarot).

b) Die Nennleistung ist $P_N = I_N U_N = 30$ W sowie die Lichtausbeute $\eta_N = \Phi_N/P_N = 11{,}67$ lm/W.

c) Aus Tab. 6.4 entnimmt man: $\Delta t_L = \Delta t_N (U/U_N)^{-14}$, $U = U_N(\Delta t_N/\Delta t_L)^{1/14} = 7{,}17$ V. Die neuen

Lampendaten sind dann $\Phi_v = \Phi_N(U/U_N)^{3,8}$ = 687 lm, $I = I_N(U/U_N)^{0,5}$ = 5,46 A, $P = IU$ = 39,15 W, η = 17,55 lm/W sowie die Glühfadentemperatur $T = T_N(U/U_N)^{0,4}$ = 2727 K.

11.7 Optik Gaußscher Strahlen

7.1 a) Der Halbwertsradius r_h des Gauß-Strahls mit dem $1/e^2$-Radius w ergibt sich aus Gl. 7.1 mit der Bedingung $E_e(r=r_h) = \frac{1}{2}E_{em} = E_{em}e^{-\frac{2r_h^2}{w^2}}$ zu $r_h = \sqrt{\frac{\ln 2}{2}}w$. Für einen Halbwertsradius der Strahltaille von r_{ho} = 0,5 mm erhält man einen $1/e^2$-Radius von $w_0 = \sqrt{\frac{2}{\ln 2}}r_{h0}$ = 0,85 mm.

b) Der halbe Divergenzwinkel ist $\theta = \frac{\lambda}{\pi w_o}$ = 0,24 mrad.

Für c) und d) muß die z-Abhängigkeit des $1/e^2$-Radius, Gl.7.2, $w(z) = w_0\sqrt{1+\left(\frac{z}{z_0}\right)^2}$ mit $z_0 = \frac{\pi w_0^2}{\lambda}$ in eine Relation für die Ortsabhängigkeit des Halbwertsradius r_h umgerechnet werden. Mit dem Umrechnungsfaktor aus a) ergibt sich $r_h(z) = r_{ho}\sqrt{1+\frac{z^2}{z_{ho}^2}}$ mit $z_{ho} = \frac{2\pi r_{ho}^2}{\lambda \ln 2}$.

c) $r_h(30\text{ m})$ = 4,2 mm.

d) Die Steigung der Asymptoten von $r_h(z)$ ($z \to \infty$) entspricht der Strahldivergenz bez. des Halbwertsradius $r_h(z) \approx \frac{r_{ho}}{z_o}z = \frac{\lambda \ln 2}{2\pi r_{ho}}z$ bzw. $\tan\theta_h \approx \theta_h \approx \frac{\lambda \ln 2}{2\pi r_{ho}} = \sqrt{\frac{\ln 2}{2}}\theta$ = 0,14 mrad. Die Strahldivergenz bez. des Halbwertsradius ist um den Faktor $\sqrt{\frac{\ln 2}{2}}$ = 0,59 kleiner als die Divergenz bez. des $1/e^2$-Radius.

7.2 Der Strahldurchmesser auf dem Mond ist $D_M \approx 2\theta d$ mit d = 384 000 km und $\theta = \frac{\lambda}{\pi w_o}$.

Thulium-Laser, λ = 2,02 µm: Für $w_o \approx$ 0,25 m ergibt sich ein Strahldurchmesser $D_M \approx$ 987,63 m auf dem Mond, für $w_o \approx$ 0,75 mm hingegen ein Strahldurchmesser von 329,2 km (!)
Rubin-Laser, λ = 694 nm: Für $w_o \approx$ 0,25 m ergibt sich ein Strahldurchmesser $D_M \approx$ 339,31 m auf dem Mond; für $w_o \approx$ 0,75 mm hingegen ein Strahldurchmesser von 113,1 km (!)

7.3 Die Lage der neuen Strahltaille erhält man aus Gl. 7.24 mit $s_1 = 0$, $s_2 = f' - \frac{f'}{1+(z_o/f')^2}$ =

99,8 mm, die Größe aus Gl. 7.25, $w_{o2} = w_{o1} \dfrac{f'}{\sqrt{f'^2 + z_{o1}^2}} = 31{,}4\ \mu m$. Die Divergenz des Strahls nach der Linse ist $\theta = \dfrac{\lambda}{\pi w_{o2}} = 6{,}41$ mrad.

7.4 Die gesuchte Brennweite ist entsprechend Gl. 7.27 $f' = \dfrac{\pi w_{o1} w_{o2}}{\lambda}$. Mit $w_{o1} = \dfrac{\lambda}{\pi \theta}$ erhält man $f' = \dfrac{w_{o2}}{\theta} = 8$ mm (Mikroskopobjektiv ist erforderlich).

7.5   a) Aus der geforderten Bestrahlungsstärke ergibt sich der benötigte Radius der transformierten Strahltaille $w_{o2} = \sqrt{\dfrac{2\Phi_e}{\pi E_{em}}} = 11{,}28\ \mu m$ (vgl. Gl. 7.11). Eine Linse im Fernfeld mit der Brennweite f' erzeugt eine Strahltaille $w_{o2} = \dfrac{\lambda}{\pi w_L} f'$ (vgl. Gl. 7.31). Die erforderliche Brennweite ist daher $f' = \dfrac{\pi w_L w_{o2}}{\lambda} = 6{,}90$ cm.

b) Der Konfokalbereich ist bestimmt durch $z_{o2} = \dfrac{\pi w_{o2}^2}{\lambda} = 0{,}78$ mm (vgl. Gl. 7.3).

7.6   Um den benötigten Strahltaillenradius aus der geforderten Bestrahlungsstärke zu bestimmen, wird für den realen Laserstrahl ebenfalls Gl. 7.11 verwendet. Man erhält $w_{o2}^{(R)} = \sqrt{\dfrac{2\Phi_e}{\pi E_{em}}} = 130{,}3\ \mu m$. Eine Linse im Fernfeld mit der Brennweite f' erzeugt entsprechend Gl. 7.60 eine Strahltaille $w_{o2}^{(R)} = M^2 \dfrac{\lambda}{\pi w_L^{(R)}} f'$. Die erforderliche Brennweite ist daher $f' = \dfrac{\pi w_L^{(R)} w_{o2}^{(R)}}{M^2 \lambda} = 19{,}3$ mm.

7.7   a) Mit $\theta_1 = \dfrac{\lambda}{\pi w_{o1}}$ ergibt sich $w_{o1} = \dfrac{\lambda}{\pi \theta_1} = 0{,}50$ mm.

b) $E_{em} = \dfrac{2\Phi_e}{\pi w_{o1}^2} = 12{,}54$ kW/cm^2.

c) Der geforderten Divergenz von $\theta_2 = 2{,}5 \cdot 10^{-2}$ mrad entspricht eine aufgeweitete Strahltaille mit dem Radius von $W_{o2} = \dfrac{\lambda}{\pi \theta_2} = 8{,}06$ mm.

d) Ordnet man das Teleskop z. B. so an, daß die Strahltaille w_{o1} in der Brennebene der kurzbrennweitigen ersten Linse liegt, ist die Strahltaille des aufgeweiteten Strahls $W_{o2} = w_{o1} \dfrac{f_2'}{f_1'}$

(vgl. Gl. 7.49). Für die zweite Linse wird eine Brennweite von $f_2' = \dfrac{W_{o2}'}{w_{o1}} f_1 = 48{,}0$ cm benötigt.

7.8 Der benötigte Strahltaillenradius ist $w_{o2}^{(R)} = \sqrt{\dfrac{2\Phi_e}{\pi E_{em}}} = 225{,}7$ μm (Gl. 7.11). Verallgemeinert man
Gl. 7.27 mit 7.59 und 7.58 für den realen Laserstrahl, findet man $w_{o2}^{(R)} = \dfrac{w_{o1}^{(R)}}{z_{o1}^{(R)}} f' = M^2 \dfrac{\lambda}{\pi w_{o1}^{(R)}} f'$.

Die erforderliche Brennweite ist daher $f' = \dfrac{\pi w_{o1}^{(R)} w_{o2}^{(R)}}{M^2 \lambda} = 33{,}63$ cm.

11.8 Filternde Elemente

8.1 Mit Hilfe von Gl. 8.11 können die Reintransmissionsgrade für unterschiedliche Dicken d_1 und d_2 umgerechnet werden, $(\tau_{i1})^{d_2} = (\tau_{i2})^{d_1}$ bzw. $\tau_{i2} = (\tau_{i1})^{d_2/d_1}$. Die gegebenen Transmissionsgrade hängen mit den Reintransmissionsgraden über $\tau_i = \dfrac{\tau}{(1-\rho)^2}$ zusammen. Der Reflexionsgrad der Glas-Luftfläche ist $\rho = \dfrac{(n-1)^2}{(n+1)^2} = 0{,}051$.
Wellenlänge 1: $\tau_{i1} = 0{,}88$, $\tau_{i2} = 0{,}67$, $\tau_1 = \tau_{i1}(1-\rho)^2 = 0{,}61$.
Wellenlänge 2: $\tau_{i1} = 0{,}11$, $\tau_{i2} = 0{,}0014$, $\tau_2 = 0{,}0012$.

8.2 Der Transmissionsgrad der Filterplatte ist unter Berücksichtigung des Reflexionsgrads ρ der Oberflächen $\tau = (1-\rho)^2 \tau_i = \dfrac{\Phi_{e\rho}}{\Phi_{eo}} = \dfrac{I}{I_o} = 0{,}2$. Mit dem Reintransmissionsgrad, Gl. 8.10, $\tau_i = e^{-Kd}$ erhält man $d = \dfrac{1}{K} \ln\left(\dfrac{(1-\rho)^2}{\tau}\right) = 2{,}21$ mm.

8.3 Bei senkrechtem Einfall liegen die Transmissionsmaxima bei $\lambda_{om} = \dfrac{2nd}{m - \psi/\pi}$, $m = 1, 2, \ldots$ (vgl. Gl. 8.86).
a) $m = 1$: $\lambda_{o1} = 650$ nm (im sichtbaren Spektralbereich)
   $m = 2$: $\lambda_{o2} = 288{,}9$ nm (im UV)
   $m = 3$: $\lambda_{o3} = 185{,}7$ nm (im UV) usw.
b) Mit $\lambda_{o1} = 650$ nm folgt aus Gl. 8.87 $\Delta\lambda_{0{,}5} = \dfrac{\lambda_{o1}^2 (1-\rho)}{2\pi nd\sqrt{\rho}} = 27{,}26$ nm.

8.4 Entsprechend Gl. 8.86 ist die Durchlaßwellenlänge $\lambda_{om} = \dfrac{2nd}{m - 0{,}25}$. Nur eine Wellenlänge ($\lambda_{o1}$ = 520 nm) im sichtbaren Bereich läßt das Filter mit der Abstandsschicht von 350 nm durch.

8.5 a) Die Dicke der Schicht ergibt sich aus Gl. 8.84, $d = \dfrac{\lambda_{o1}}{2n}\left(1 - \dfrac{\psi}{\pi}\right) = \dfrac{\lambda_{o1}}{2n} 0{,}75 = 150$ nm.

b) Der maximale Transmissionsgrad ist entsprechend Gl. 8.82 $\tau_{max} = \dfrac{(1-\rho-\alpha)^2}{(1-\rho)^2} = 0{,}735$ (73,5 %), die Halbwertsbreite der Transmissionskurve $\Delta\lambda_{0{,}5} = \dfrac{\lambda_{o1}^2 (1-\rho)}{2\pi n d \sqrt{\rho}} = 38{,}44$ nm.

c) Für die dritte Ordnung ($m = 3$) ist die Durchlaßwellenlänge $\lambda_{o3} = \dfrac{2nd}{2{,}75} = 163{,}63$ nm sowie die Halbwertsbreite $\Delta\lambda_{0{,}5} = 2{,}86$ nm.

d) Die Winkelabhängigkeit der Durchlaßwellenlänge beschreibt Gl. 8.83, $\lambda_{o1} = \dfrac{2nd\cos\Theta}{0{,}75}$.

Θ ist der Winkel innerhalb der Schicht und muß mit dem Brechungsgesetz $\sin\Theta = \dfrac{n_o}{n}\sin\alpha$, in den Einfallswinkel α auf das Filter umgerechnet werden, $\lambda_{o1} = \dfrac{2nd}{0{,}75}\sqrt{1 - \dfrac{n_o^2}{n^2}\sin^2\alpha}$. Für $\alpha = \pm 20°$ ist $\lambda_{o1} = 584{,}19$ nm, der Durchlaßbereich reicht also von 584,19 nm bis 600 nm.

8.6 a) Die kleinste auflösbare Wellenlängendifferenz des Fabry-Perot-Interferometers ist entsprechend Gl. 8.90 $\Delta\lambda = \dfrac{\lambda_o^2 (1-\rho)}{2\pi d n \sqrt{\rho}} = 7{,}36 \cdot 10^{-6}$ nm ($n = 1$ für Luft), was einer Frequenzdifferenz von 4,77 MHz entspricht.

b) Der freie Spektralbereich ist $\Delta\lambda_{FSR} = \dfrac{\lambda_o^2}{2nd} = 2{,}31 \cdot 10^{-3}$ nm (vgl. Gl. 8.92) bzw. in Frequenzeinheiten $\Delta f_{FSR} = \dfrac{c_0}{2nd} = 1{,}50$ GHz. Die Finesse ist folglich $\mathscr{F} = \dfrac{\Delta\lambda_{FSR}}{\Delta\lambda_{0{,}5}} = 314{,}16$.

8.7 Der maximale Spiegelabstand ist durch den erforderlichen freien Spektralbereich bestimmt (vgl. Gl. 8.92), der mindestens gleich der Breite des zu untersuchenden Spektrums sein muß, $d = \dfrac{\lambda_o^2}{2n\Delta\lambda_{FSR}} = 1{,}74$ mm ($n = 1$ für Luft). Der Spektralanalysator ist geeignet, wenn bei diesem freien Spektralbereich der Modenabstand aufgelöst werden kann. Gl. 8.93 mit $\Delta f = -\dfrac{c_o}{\lambda^2}\Delta\lambda$ ergibt die auflösbare Frequenzdifferenz $\Delta f = \left|\dfrac{c_o}{\lambda^2}\dfrac{\Delta\lambda_{FSR}}{\mathscr{F}}\right| = 86{,}12$ MHz, die ausreichend ist.

8.8 a) Der maximale Spiegelabstand ist durch den erforderlichen freien Spektralbereich bestimmt, der mindestens gleich der Breite des Modenspektrums sein muß, $d = \dfrac{c_o}{2n\Delta f_{FSR}} = 1$ cm (Gl. 8.92, $n = 1$ für Luft). Gl. 8.90 mit $|\Delta f| = \dfrac{c_o}{\lambda^2}\Delta\lambda$ ergibt den auflösbaren Frequenzabstand

$\Delta f = \dfrac{c_o(1-\rho)}{2\pi n d\sqrt{\rho}} = 23{,}93$ MHz, der ausreichend ist.

b) $\mathscr{F} = \dfrac{\pi\sqrt{\rho}}{1-\rho} = 626{,}75$

8.9 a) Antireflexbeschichtung wird durch eine $\lambda/4$-Schicht erzielt (vgl. Gl. 8.96). Die geforderte Dicke ist daher $d = \dfrac{\lambda_o}{4n_1} = 86{,}97$ nm.

b) Der Reflexionsgrad der entspiegelten Seite ergibt sich aus Gl. 8.97, $\rho = \left(\dfrac{n_1^2 - n_0 n_G}{n_1^2 + n_0 n_G}\right)^2 = 0{,}0018$. Der Reflexionsgrad der nicht entspiegelten Seite ist $\rho = \left(\dfrac{n_o - n_G}{n_o + n_G}\right)^2 = 0{,}074$.

c) Im Wasser ($n_o = 1{,}33$) sind die Reflexionsgrade der entspiegelten Seite 0,01 und der nicht entspiegelten Seite 0,019.

d) Der Reflexionsgrad einer dielektrischen Schicht wird allgemein durch Gl. 8.54 beschrieben. Mit $n_1 d = \lambda/2$ wird $\beta_1 = \pi$ und $\sin\beta_1 = 0$, und der Reflexionsgrad geht für diesen Fall über in $\rho = \dfrac{(r_{01} + r_{1G})^2}{(1 + r_{01} r_{1G})^2} = \left(\dfrac{n_o n_1 - n_1 n_G}{n_o n_1 + n_1 n_G}\right)^2$. Man erhält $\rho = 0{,}074$.

8.10 Die Antireflexschicht führt zur vollständigen Auslöschung der Reflexionen, wenn ihre Brechzahl entsprechend Gl. 8.98 $n_1 = \sqrt{n_o n_G} = 1{,}2615$ gewählt wird. Auslöschung erfolgt für $\lambda_{om} = \dfrac{4 n_1 d}{2m+1}$ (vgl. Gl. 8.55). Im sichtbaren Bereich liegen $\lambda_{o1} = 756{,}90$ nm und $\lambda_{o2} = 454{,}14$ nm.

8.11 a) Der resultierende Reflexionsgrad wird Null, wenn die Brechzahl der Entspiegelungsschicht entsprechend Gl. 8.98 $n_1 = \sqrt{n_o n_G} = 1{,}3229$ gewählt wird. Die erforderliche Dicke ist die einer $\lambda/4$-Schicht (vgl. Gl. 8.96), $d = \dfrac{\lambda_o}{4n_1} = 103{,}9$ nm.

b) Der Reflexionsgrad einer dielektrischen Schicht, Gl. 8.54, mit $r_{01} = \dfrac{n_o - n_1}{n_o + n_1} = r_{1G} = -0{,}139$

geht für diesen Fall über in $\rho = \dfrac{4 r_{01}^2 (1 - \sin^2\beta_1)}{(1 + r_{01}^2)^2 - 4 r_{01}^2 \sin^2\beta_1}$, wobei $\beta_1 = \dfrac{2\pi}{\lambda} n_1 d$ ist. Man erhält für $\lambda = 450$ nm $\rho = 0{,}0093$ und für $\lambda = 700$ nm $\rho = 0{,}0087$. Die Reflexionsgrade liegen immer noch unter 1%.

8.12 a) Es müssen λ/4-Schichten aufgebracht werden. Die erforderliche Dicke der Germaniumschicht ist daher $d_h = \dfrac{\lambda_o}{4n_h} = 125$ nm, die der Magnesiumfluoridschicht $d_l = \dfrac{\lambda_o}{4n_l} = 362{,}3$ nm.

b) Der Reflexionsgrad ergibt sich aus Gl. 8.95 mit $N = 4$ zu $\rho = 99{,}92\%$.

8.13 Der Reflexionsgrad, Gl. 8.95, wird nach N aufgelöst, $N = \dfrac{1}{2\ln(n_h/n_l)} \ln \dfrac{1+\sqrt{\rho}}{1-\sqrt{\rho}}$. Für $\rho = 0{,}67$ erhält man $N = 12$.

11.9 Optische Wellenleiter

9.1 a) Aus dem Bild entnimmt man $\tan\Theta_g = \dfrac{a}{d}$. Mit $\tan\Theta_g = \dfrac{\sin\Theta_g}{\cos\Theta_g}$, $\cos\Theta_g = \sqrt{1-\sin^2\Theta_g}$ und der Bedingung für den Grenzwinkel der Totalreflexion, Gl. 9.1, $\sin\Theta_g = \dfrac{n_2}{n_1}$ erhält man den gesuchten Abstand

$a = \dfrac{n_2 d}{\sqrt{n_1^2 - n_2^2}} = \dfrac{n_2 d}{NA}$.

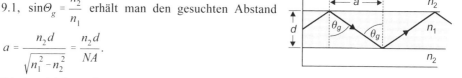

b) Die Anzahl der Reflexionen entlang der Länge L ist $N = L/a$. Mit dem Abstand zwischen zwei Reflexionen $a = 604{,}17$ µm ergibt sich $N = 1655$.

c) Pro Reflexion wird der Bruchteil $\rho = 1 - 0{,}001 = 0{,}999$ des einfallenden Strahlungsflusses reflektiert. Nach N Reflexionen sind das $\rho_{ges} = \rho^N = 0{,}19$, die gesamten Verluste betragen also 81%. Das Beispiel zeigt, wie wichtig bei optischen Wellenleitern (z. B. bei optischen Fasern) streuarme Grenzflächen zwischen Kern und Mantel sind.

9.2 a) Die Signalgeschwindigkeit in einem Spiegelwellenleiter ist $v_m = \dfrac{c_o}{n_1}\sqrt{1 - \left(\dfrac{\lambda}{2n_1 d}\right)^2 m^2}$ (vgl. Gl. 9.11) und damit das Verhältnis der Geschwindigkeiten $\dfrac{v_{180}}{v_0} = \sqrt{1 - \left(\dfrac{\lambda}{2n_1 d}\right)^2 180^2} = 0{,}22$.

b) Der Radikand darf nicht kleiner als Null werden, d. h. $m \leq \dfrac{2n_1 d}{\lambda} = 184{,}62$. Die maximale Modenordnung, die geführt werden kann, ist 184.

9.3 a) Die möglichen Reflexionswinkel ergeben sich aus Gl. 9.6 mit $\varphi_m = 0$ zu $2n_1 d\cos\Theta_m = m\lambda$, $m = 0, 1, 2, \ldots$ Die Grundmode, $m = 0$ bzw. $\Theta_0 = 90°$, breitet sich parallel zur LWL-Achse aus.

b) Die maximale Modenordnung m' ergibt sich aus der Bedingung $\cos\Theta_m \leq 1$, d. h.,

$m \le m' = \dfrac{2n_1 d}{\lambda}$. Mit den angegebenen Werten findet man $m' = 50$. Die Anzahl der geführten Moden (TE- und TM-Moden) ist $M = 2(m' + 1) = 2\left(\dfrac{2n_1 d}{\lambda} + 1\right) = 102$.

c) Nur eine Mode kann geführt werden, wenn die maximale Modenordnung $m' < 1$ bzw. $\dfrac{2n_1 d}{\lambda} < 1$ ist. Die Grenzwellenlänge ergibt sich daraus zu $\lambda > \lambda_c = 2n_1 d$ ($= 30$ μm für die gegebenen Werte). Die Grenzdicke der Wellenleiterschicht ist $d < d_c = \dfrac{\lambda}{2n_1} = 0{,}2$ μm.

9.4 a) Der halbe Öffnungswinkel des durch die Linse erzeugten Strahlkegels darf maximal gleich dem Akzeptanzwinkel α_{Gr} der Faser sein, $n_o \sin \alpha_{Gr} = NA$ bzw. $\alpha_{Gr} = 6{,}89°$ (vgl. Gl. 9.35).

b) Der Reintransmissionsgrad τ_i der Faser wird aus der Dämpfungskonstanten, Gl. 9.51, bestimmt, $\tau_i = 10^{\frac{-DL}{10}} = 0{,}158$. Der Strahlungsfluß am Faserende beträgt $\Phi_e(L) = \tau_i \Phi_{eo} = 0{,}317$ mW.

9.5 Die numerische Apertur einer Faser ist $NA = n_o \sin \alpha_{Gr} = \sqrt{n_1^2 - n_2^2}$ (vgl. Gl. 9.35).

a) Befindet sich die Faser in Luft, $n_o = 1$, beträgt der Akzeptanzwinkel $\alpha_{Gr} = 9{,}21°$. Der Brechungsindex des Mantels ist $n_2 = 1{,}441$.

b) Ist hingegen die Faser im Wasser, $n_o = 1{,}33$, beträgt der Akzeptanzwinkel $\alpha_{Gr} = 6{,}91°$.

c) Die Anzahl der geführten Moden beträgt $M = 2\left(\dfrac{\pi R_K}{\lambda}\right)^2 NA^2 \approx 2554$ (vgl. Gl. 9.36).

9.6 Die Bedingung für den Kernradius R_K, daß bei gegebener Wellenlänge λ maximal eine Mode geführt wird, ist $R_K \le R_c = \dfrac{\lambda}{2{,}61 \sqrt{n_1^2 - n_2^2}}$ (vgl. Gl. 9.42).

a) Faser ohne Mantel, $n_1 = 1{,}5$, $n_2 = 1$: $R_c = 0{,}34$ μm (die Herstellung solch dünner Fasern ist problematisch!)

b) Faser mit Mantel, $n_1 = 1{,}5$, $n_2 = 1{,}48$: $R_c = 1{,}57$ μm.

9.7 a) Der Gesamttransmissionsgrad der Faser ist bestimmt durch den Transmissionsgrad bei der Einkopplung, $\tau_E = 0{,}8$, und dem Reintransmissionsgrad der Faser, $\tau_i = 10^{\frac{-DL}{10}} = 3{,}16 \cdot 10^{-3}$, so daß der Strahlungsfluß am Faserende $\Phi_e = \Phi_{eo} \tau_F \tau_E = 2{,}53$ μW ist.

b) Die Anzahl der geführten Moden ist $M \approx 2\left(\dfrac{\pi R_K}{\lambda} \sqrt{n_1^2 - n_2^2}\right)^2 \approx 68$ (vgl. Gl. 9.36).

c) Die Pulsverbreiterung wird bestimmt durch die Modendispersion der Stufenindexfaser, Gl. 9.60, $\Delta Y = \dfrac{n_1^2 - n_2^2}{2 n_1 c_o} L = 83{,}25$ ns. Aus Gl. 9.56, $\Delta Y = \sqrt{\Delta T_2^2 - \Delta T_1^2}$, erhält man die Pulsdauer am Ende der Faser, $\Delta T_2 = \sqrt{\Delta T_1^2 + \Delta Y^2} = 83{,}25$ ns.

d) Die maximal übertragbare Datenrate ist $f_g = 0{,}44/\Delta Y_{mod}$ = 5,29 MHz (vgl. Gl. 9.58).

9.8 Der Reintransmissionsgrad des Faserstücks der Länge L' = 149 m ist $\tau_i = \dfrac{\Phi_e}{\Phi_e'}$ = 0,8 (die Reflexionen an den Austrittsflächen der Faser sind in beiden Fällen gleich und fallen daher heraus). Der Dämpfungskoeffizient ist folglich $D = -\dfrac{10}{L'}\log\tau_i$ = 6,50 dB/km.

9.9 Die Bandbreite $f_g = 0{,}44/\Delta Y$ wird durch die Faserdispersion ΔY bestimmt. In der Stufenindexfaser dominiert die Modendispersion mit $\Delta Y \approx \dfrac{NA^2}{2c_o n_1}L$ (Gl. 9.60), die die Bandbreite auf f_g = 0,27 MHz begrenzt.

Bei der Gradientenfaser begrenzt die Modendispersion mit $\Delta Y \approx \dfrac{NA^4}{32 c_o n_1^3}L$ (Gl. 9.61) die Bandbreite in diesem Fall auf f_g = 620,59 MHz.

Bei der Einmodenfaser bleibt die Materialdispersion $\Delta Y = \left|\dfrac{\lambda}{c}\dfrac{d^2 n_1}{d\lambda^2}\Delta\lambda L\right|$ (Gl. 9.65) als begrenzende Größe. Für eine spektrale Bandbreite von $\Delta\lambda$ = 30 nm ergibt sich ΔY = 0,16 µs und eine Bandbreite f_g = 2,7 MHz, bei $\Delta\lambda$ = 0,1 nm haben wir hingegen ΔY = 0,53 ns und f_g = 823 MHz. Licht wird in nur einer Mode geführt, wenn $\lambda \geq \lambda_c = 2{,}61\, R_K NA$ = 783 nm (Gl. 9.41) erfüllt ist. Die vorliegende Faser kann bei 840 nm tatsächlich nur eine Mode führen.
Für die Übertragungsstrecke würden sich die Gradientenfaser und die Einmodenfaser mit schmalbandigem Halbleiterlaser eignen. Da die Komponentenkosten wegen des größeren Kernradius niedriger sind, verwendet man für diese Übertragungsbereiche in der Praxis Gradientenfasern. Das Beispiel zeigt aber auch, wie wichtig bei einer Einmodenfaser eine schmalbandige Lichtquelle und eine geeignete Wellenlänge für die Faserbandbreite ist. Im Wellenlängenbereich < 1 µm ist die Materialdispersion vergleichbar mit der Modendispersion einer optimierten Gradientenfaser. Der Vorteil der Einmodenfaser kommt tatsächlich bei einer Wellenlänge von 1,3 µm zum Tragen, wo Bandbreiten im GHz-Bereich erreicht werden.

9.10 Die nach der Strecke L durch den Richtkoppler umgekoppelte Leistung ist $\Phi_e^{(2)}(L) = \Phi_e^{(1)}\sin(\beta L)$ (vgl. Gl. 9.67 mit δ = 0 für gleichartige Fasern). Der Kopplungsparameter β wird aus der Kopplungslänge L_c, Gl. 9.69, bestimmt, $\beta = \dfrac{\pi}{2L_c} = 3{,}142\cdot 10^2$ m^{-1}. Mit der Forderung $\Phi_e^{(2)}(L) = \dfrac{2}{3}\Phi_e^{(1)}$ ergibt sich L = 2,32 mm.

11.10 Polarisationsoptik

10.1 a) Der Transmissionsgrad des ersten Polarisators für polarisiertes Licht ist $\tau_1(\varphi) = \cos^2\varphi = 0{,}933$ (Gl. 10.10). Nach dem ersten Polarisator ist die Schwingungsebene des Lichts parallel zu dessen Durchlaßrichtung, so daß für den zweiten Polarisator $\tau_2(\alpha) = \cos^2\alpha = 0{,}750$ ist. Der gesamte Transmissionsgrad ist daher $\tau_{ges} = \tau_1\tau_2 = \cos^2\varphi\cos^2\alpha = 0{,}700$.
b) Für unpolarisiertes Licht ist der Transmissionsgrad des ersten Polarisators $\tau_1 = 0{,}5$ (vgl. Gl. 10.12), womit der gesamte Transmissionsgrad $\tau_{ges} = \tau_1\tau_2 = 0{,}5\cos^2\alpha = 0{,}375$ wird.

10.2 a) Da $\alpha = 90°$ ist, ist $\tau_{ges} = 0$.
b) Der gesamte Transmissionsgrad ist $\tau_{ges} = \tau_1\tau_2\tau_3$ mit $\tau_1 = 0{,}5$, $\tau_2 = \cos^2 45° = 0{,}5$ und $\tau_3 = \cos^2(90° - 45°) = 0{,}5$, so daß sich $\tau_{ges} = 0{,}125$ ergibt.
c) Der Winkel der Schwingungsebene des Lichts nach dem ersten Polarisator zur Durchlaßrichtung des 2. Polarisators wird zeitabhängig, $\alpha_2 = \omega t$, und damit ist $\tau_2(t) = \cos^2(\omega t)$. Entsprechend ändert sich der Winkel der Schwingungsebene des Lichts nach dem zweiten Polarisator zur Durchlaßrichtung des dritten Polarisators, $\alpha_3 = \pi/2 - \omega t$, so daß der Transmissionsgrad des dritten Polarisators $\tau_3(t) = \cos^2(\pi/2 - \omega t) = \sin^2(\omega t)$ ist. Der gesamte Transmissionsgrad ist also

$$\tau_{ges} = 0{,}5\cos^2(\omega t)\sin^2(\omega t) = \frac{1}{16}(1 - \cos(4\omega t))$$

Das durchgehende Licht ist mit einer Frequenz von 4ω zeitlich moduliert.

10.3 a) Der Transmissionsgrad für unpolarisiertes Licht ist $\tau = \frac{1}{2}(\tau_{sperr} + \tau_{pol}) = 0{,}418$ (vgl. Gl. 10.12).
b) $P = \dfrac{\tau_{pol} - \tau_{sperr}}{\tau_{sperr} + \tau_{pol}} = 0{,}986$ (vgl. Gl. 10.13).

10.4 a) Der Transmissionsgrad für linear polarisiertes Licht ist $\tau(45°) = \tau_{sperr} + (\tau_{pol} - \tau_{sperr})\cos 45° = 0{,}49$ (vgl. Gl. 10.11).
b) Das transmittierte Licht bleibt linear polarisiert, seine Schwingungsebene hat einen Winkel von $0{,}41°$ zur Durchlaßrichtung des Polarisators. Der Polarisationsgrad ist $P = 1$.

10.5 a) Das Licht ist unpolarisiert, der Polarisationsgrad ist $P = 0$.
b) Das Licht ist zirkular polarisiert und damit vollständig polarisiert, $P = 1$.
c) Das Licht ist elliptisch polarisiert und ebenfalls vollständig polarisiert, $P = 1$.
d) Das Licht ist teilweise linear polarisiert. Der Polarisationsgrad ergibt sich aus Gl. 10.9 mit $E_{emin} = 0{,}2 \cdot E_{emax}$ zu $P = 0{,}667$.

10.6 Die Dicke d einer $\lambda/4$-Platte ist bestimmt durch $d(n_o - n_e) = (2m + 1)\dfrac{\lambda}{4}$, $m = 0{,}1{,}2{,}\ldots$

a) Für $m = 0$ ($\lambda/4$-Platte nullter Ordnung) ist $d_{min} = \dfrac{\lambda}{4(n_o - n_e)} = 0{,}86\,\mu m$ (vgl. Gl. 10.31). (Die Dicke liegt unter $1\,\mu m$, für die Herstellung ist daher ein Vielfaches von $\lambda/4$ günstiger: $m =$

1, 2, 3.)

b) In dritter Ordnung ($m = 3$) ergibt sich $d = \dfrac{7\lambda}{4(n_o - n_e)} = 5{,}99\ \mu\text{m}$.

10.7 Die minimale Dicke ist die einer $\lambda/2$-Platte nullter Ordnung, $d_{\min} = \dfrac{\lambda}{2\,|n_o - n_e|} = 32{,}36\ \mu\text{m}$ (vgl. Gl. 10.30).

10.8 Die Division der Komponenten der Lichtwelle vor dem Durchgang durch die Halbwellenplatte $E_o = A\sin\Theta\cos(\omega t - kz)$, $E_{eo} = A\cos\Theta\cos(\omega t - kz)$ ergibt $E_o = E_{eo}\tan\Theta$. Das beschreibt eine Gerade mit der Steigung $\tan\Theta$ (Orientierung der Schwingungsebene, vgl. Bild). Die Halbwellenplatte bewirkt eine Phasenverschiebung um π z. B. der eo-Komponente, $E'_{eo} = A\cos\Theta\cos(\omega t - kz + \pi) = -A\cos\Theta\cos(\omega t - kz)$, was zu $E'_o = -E'_{eo}\tan\Theta$ führt. Das stellt eine Gerade mit der Steigung $-\tan\Theta$ dar (Lage der gedrehten Schwingungsebene). Der Drehwinkel α der Schwingungsebene ist folglich der Winkel zwischen beiden Geraden, $\alpha = 180° - 2\Theta$.

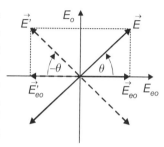

10.9 Die Komponenten einer elektromagnetischen Welle senkrecht und parallel zur optischen Achse, $E_o = A\sin\Theta\cos(\omega t - kz)$, $E_{eo} = A\cos\Theta\cos(\omega t - kz)$, erfahren nach dem Durchgang durch die $\lambda/4$-Platte eine Phasendifferenz von $\pi/2$ (z. B. Phasenverschiebung der eo-Komponente), $E'_o = A\sin\Theta\cos(\omega t - kz)$, $E'_{eo} = A\cos\Theta\cos(\omega t - kz + \dfrac{\pi}{2})$.

Eliminiert man $\cos(\omega t - kz)$ in $E'_{eo} = A\cos\Theta\sin(\omega t - kz) = A\cos\Theta\sqrt{1 - \cos^2(\omega t - kz)}$ mit Hilfe der Gleichung für E'_o, erhält man $\dfrac{E'^2_o}{A^2\sin^2\Theta} + \dfrac{E'^2_{eo}}{A^2\cos^2\Theta} = 1$. Das stellt eine Ellipsengleichung für die Feldstärkekomponenten dar, d. h., der Durchgang von linear polarisiertem Licht durch eine Viertelwellenplatte führt i. allg. zu elliptisch polarisiertem Licht.

10.10 Die Schwingungskomponente senkrecht zum Hauptschnitt (ordentlicher Strahl) durchläuft den optischen Weg $n_o\,d$, die Schwingungskomponente parallel zum Hauptschnitt (außerordentlicher Strahl) den Weg $n_{eo}(\vartheta)d$, der Gangunterschied ist $\Delta = (n_o - n_e(\vartheta))d$. Die Brechzahl des außerordentlichen Strahls ergibt sich aus Gl. 10.28, $n_{eo}(60°) = 1{,}478205$. Der Gangunterschied ist $\Delta = 62{,}13\ \mu\text{m}$ bzw. $\Delta = 103{,}55\ \lambda$.

Literatur

[1] E. Hering, R. Martin, M. Stohrer, *Physik für Ingenieure*, Springer, Berlin 1999

[2] L. Bergman, E. Schäfer, *Lehrbuch der Experimentalphysik, Bd. 3, Optik*, de Gruyter, Berlin 1993

[3] M.V. Klein, T. E. Furtak, *Optik*, Springer, Berlin 1988

[4] H. Naumann, G. Schröder, *Bauelemente der Optik,* Carl Hanser, München 1992

[5] I. N. Bronstein, K. A. Semendjajew, G. Musiol, H. Mühlig, *Taschenbuch der Mathematik*, Harri Deutsch, Thun und Frankfurt am Main 2000

[6] A. E. Siegman, *Defining the Effective Radius of Curvature for a Nonideal Optical Beam*, IEEE Journal of Quantum Electronics **27** (5), 1146 (1941)

Stichwortverzeichnis

Abbesche Beugungstheorie	142	Absorptionslänge	49
Abbesche Invariante	72	Achromat	103, 142
Abbesche Sinusbedingung	69, 97, 143, 184	Achse	
Abbesche Zahl	47	langsame	318
abbildende Elemente	113	schnelle	317
abbildende Systeme		achsenferne Punkte	
Bewertung	106	Abfall der Bestrahlungsstärke	185
Abbildende Systeme mit mehreren Öffnungen	87	ADP	330
Abbildung		afokales System	146, 234
aplanatische	96	Airy-Scheibchen	44, 45, 103
dünne Linse	66, 86	Airy-Verteilung	44, 104
Erhaltung der Strahldichte	184	Akkommodation	133
fotometrische Größen	183	Akzeptanzwinkel	276, 277, 287, 288, 331
optische Systeme	75	Allgebrauchslampe	
sphärische Fläche	72	Lichtausbeute	198
Abbildung durch eine sphärische Fläche	72	Amici-Prisma	126
Abbildung durch optische Systeme	75, 77	Ammoniumdihydrogenphosphat	330
Abbildungsfehler	73, 92	Amplitudenreflexionskoeffizient	14, 17, 50, 247, 250
Abbildungsgleichung		Amplitudentransmissionskoeffizient	14, 17, 247, 250
brennpunktsbezogene	68, 73		
dünne Linse	66	Analysator	313, 315
hauptpunktsbezogene	68, 73	anastigmatische Bildfeldwölbung	101
Newtonsche	68	Anlaufglas	245
paraxiale Optik	73	Antireflexbeschichtung	246, 254, 269, 270
Abbildungsgleichungen	64	Reflexionsgrad	270
Abbildungsmaßstab	65, 68, 73, 141	Apertur	37
Abbildungsstrahlengang	145, 154	numerische	89
Abbildungssystem	154	Aperturblende	85, 87, 100, 144, 145
ABCD-Gesetz für Gaußsche Strahlen	231	Kenngrößen	89
ABCD-Matrix	60, 231	mehrlinsiges System	88
Aberration		Aplanate	97
chromatische	93, 102	aplanatische Abbildung	96
sphärische	93	aplanatische Linse	96
Ablenkprisma	123	aplanatische Punkte	96
Ablenkwinkel	124	Apochromat	103, 142
minimaler	124	Äquatorialebene	98
absolute Empfindlichkeit	189	Arbeitsbeleuchtung	192
absolute Empfindlichkeit	189	Argonionen-Laser	214
Absorption	48, 295	Asphäre	119
Absorptionsfilter	241, 244	Asphäre mit korrigiertem Öffnungsfehler	120
Absorptionsgrad	253	asphärische abbildende Elemente	119
spektraler	243	asphärische Fläche	119
Absorptionskoeffizient	48, 244	asphärische Kondensorlinse	120

asphärische Linse 119
asphärische Plankonvexlinse 119, 120
asphärische Rotationsfläche 119
asphärischer Spiegel 121
astigmatische Bildschalen 101
astigmatische Differenz 101
Astigmatismus 93, 100, 134
astronomisches Teleskop 149
Asymmetriefehler 98
Auflichtbetrachtung 154
auflösbarer Abstand 142, 143
auflösbarer Winkelabstand 105
Auflösung 45
Auflösungsvermögen 93, 104, 105, 158, 159, 165, 166, 265
   Auge 134
   beugungsbegrenztes 103, 134
   Fabry-Perot-Interferometer 265
   Fernrohr 148
   Mikroskop 142
   Mikroskopobjektiv 142
   Rayleighsches Kriterium 105
Auge 133
   Auflösungsvermögen 134
   beugungsbegrenztes Auflösungsvermögen 134
augenbezogene Instrumente 135
   Vergrößerung 135
Augenkammer 133
Augenlinse 133
Ausbreitung Gaußscher Strahlen 219
Ausbreitungskonstante 280
Ausbreitungsmatrix 249
Auslöschung 317
außerordentliche Welle 325
außerordentlicher Brechungsindex 325
außerordentlicher Strahl 329
Ausstrahlung
   spezifische 174, 177, 192
Ausstrahlung einer Strahlungsquelle 172
Ausstrahlungscharakteristik 199
Ausstrahlungsdiagramm 174
Ausstrahlungseigenschaft 174
Austrittsluke 89
Austrittspupille 87, 91, 145
Austrittsspalt 157
Autokollimationsfernrohr 150
Autokollimationsfernrohr mit geometrischer Teilung 151
Autokollimationsfernrohr mit physikalischer Teilung 151
axialen Strahlen 288
Babinetsches Prinzip 54
Bandbreite 242, 262, 287, 295, 297, 298
   spektrale 34
Bandbreite von optischen Fasern 295
Bandfilter 241-244
   Bandbreite 242
   Durchlaßwellenlänge 242
   Halbwertsbreite 242
Bauernfeind-Prisma 127
Bauernfeind-Prisma mit Dachkante 128
Beersches Gesetz 49, 244, 295
Beleuchtungsanordnung
   Köhlersche 144
Beleuchtungsapertur 37
Beleuchtungssituation 192
Beleuchtungsstärke 192, 193
Beleuchtungsstrahlengang 144, 145, 154
   Mikroskop 144
Beleuchtungssystem 154
Belichtung 192
Bestrahlung 176, 177, 192
   kleine Strahlungsquelle 180
Bestrahlung einer Empfängerfläche 180
Bestrahlungsstärke 7, 8, 171, 176, 177, 192, 222, 223
   Abfall für achsenferne Punkte 185
   Kugelwelle 8
   mittlere 176
Bestrahlungsstärke durch einen Flächenstrahler 182
Bestrahlungsstärke Gaußscher Strahlen 220
Bestrahlungsstärke in der Bildebene 185
Beugung 38
   Huygens-Fresnelsches Prinzip 40, 42
Beugung am Gitter 160
   Beugungsfunktion 162
   Breite der Hauptmaxima 163
   Hauptmaxima 162
   Nebenmaxima 162
Beugung am Spalt 42
   Bestrahlungsstärke 43
Beugung an der Lochblende 42, 44
Beugung im Fernfeld 40
beugungsbedingte Divergenz 222
beugungsbegrenzte Divergenz 45
beugungsbegrenztes Auflösungsvermögen 103,

	134
Beugungsgitter	157, 160
Auflösungsvermögen	165, 166
Herstellung	163
holographisches	163
Winkeldispersion	165
Beugungsgitter in Reflexionsanordnung	161, 163
Beugungsgitter in Transmissionsanordnung	163
Beugungsintegral	40
Beugung am Spalt	46
Beugungsordnung	161
Beugungstheorie	40
Bewertung abbildender Systeme	106
Bewertung durch Empfänger	187
Bezugssehweite	134
Bikonvexlinse	67
Bild	
reelles	70
virtuelles	70, 71
Bildebene	64
Bestrahlungsstärke	185
Bildentstehung	64
Bildfeldkrümmung	93
Bildfeldwölbung	100
anastigmatische	101
meridionale	101
sagittale	101
Bildkonstruktion	70, 78
Bildlage	126
Seitentausch	126
Umkehr	127
Bildraum	56
bildseitige Brennebene	67
bildseitige Brennweite	61, 66
bildseitiger Brennpunkt	61, 66
Bildweite	66
Blaze-Wellenlänge	165
Blaze-Winkel	165
Blendenzahl	89
blinder Fleck	134
brechende Kante	123
brechender Winkel	123
Brechkraft	61
Brechung	13, 113, 321
Brechung an einer Kugelfläche	58
Brechung an einer sphärischen Fläche	57
Brechungsgesetz	13
Brechungsindex	

außerordentlicher	325
ordentlicher	325
Brechungsmatrix	
Kugelfläche	58
Brechzahl	4
komplexe	49
Brennebene	
bildseitige	67
objektseitige	67
Brennpunkt	
bildseitiger	61, 66, 70, 71
gegenstandsseitiger	62
meridionaler	100
objektseitiger	71
sagittaler	100
brennpunktsbezogene Abbildungsgleichung	68, 73
Brennpunktsstrahl	62, 70
Brennweite	61
bildseitige	61, 66, 67, 78
dünne Linse	73
gegenstandsseitige	62
objektseitige	67
Brewster-Prisma	125
Brewster-Winkel	20, 23, 125, 322
Brewstersches Gesetz	23, 322
Bündelablenkung	123
Candela	190-192
Cassegrainsches Teleskop	150
chromatische Aberration	102
chromatische Dispersion	297
Cittert-Zernike-Theorem	37
Czerny-Turner	164
Dämmerungszahl	148
Dämpfung	287, 295
Kenngrößen	295
Dämpfung von optischen Fasern	295
Dämpfungskonstante	295
Wellenlängenabhängigkeit	297
destruktive Interferenz	26
Dia-Projektion	154
Diabatie-Darstellung	245
Dichroismus	336
dichroitischer Kristall	321
dichroitisches Material	336
dicke Linse	62
Hauptebenen	78
Strahlmatrix	63
dielektrische Einzelschicht	254

dielektrische Interferenzfilter	262	Reflexionsgrad	252, 25.
dielektrische Verschiebung	8	Transmissionsgrad	25:
dielektrischer Spiegel	241, 246, 267	Eis	33●
Reflexionsgrad	268	elektrisches Feld	5, 6, ＄
Dioptrie	61	elektromagnetische Wellen	
diskrete Reflexionswinkel	279	Ausbreitung	ᴢ
Dispersion	47, 113, 297, 298	Eigenschaften	ㄥ
normale	47	Energietransport	3, ㄱ
spezifische	298	Polarisationsebene	⁵
Dispersionsformel	47	Schwingungsebene	⁵
Dispersionsprisma	123, 157	Transversalität	⁵
Dispersionsprismen	123, 157	Elektromagnetisches Spektrum	2
Ausführungen	125	infraroter Bereich	3
Divergenz	221	optischer Bereich	3
beugungsbedingte	222	ultravioletter Bereich	3
beugungsbegrenzte	45	Ellipsoidspiegel	121
doppelbrechender Kristall	321	Ellipsometrie	50
Doppelbrechung	324, 330	elliptisch polarisiertes Licht	312, 319
Doppelplatte nullter Ordnung	334	Emission	
Doppelspaltexperiment	36	induzierte	208, 209
Dove-Prisma	129, 130	spontane	208
Dunkelstellung	317	Empfänger	171, 188
dünne Linse	60	Strahlungsbewertung	188
Brennweite	73	Empfindlichkeit	
Hauptpunkt	68	absolute	189
Strahlmatrix	63	spektrale	188, 189
Durchlaßrichtung	315	Endoskop	275
Durchlaßwellenlänge	242	Energieerhaltung	244
Durchlichtbetrachtung	154	Energiestromdichte	7
Durchlichtprojektor	154	Energietransport	3
Ebene		Epi-Projektion	154
konjugierte	64	Erdfernrohr	146
ebene Welle	4, 6	Erhaltung der Strahldichte	184
Echelette-Gitter	164	Excimer-Laser	214
Edelgasionenlaser	214	Kryptonfluorid	216
Eigenschaften optischer Medien	47	Xenonchlorid	216
Eindringtiefe	21, 283	Fabry-Perot-Etalon	258
Einfallsebene	13	Fabry-Perot-Interferometer	241, 251, 253, 258, 263, 265
Einmoden-Wellenleiter	282		
Einmodenfaser	287, 290	Auflösungsvermögen	265
Grenzradius	290	Finesse	266
Grenzwellenlänge	290	Metallspiegel	253
Materialdispersion	299	Reflexionsgrad	252
Eintrittsluke	89, 145	Transmissionsgrad	252, 253, 258
Eintrittspupille	86, 87, 91, 92, 154	Farbeindruck	198
Eintrittsspalt	157	Farben dünner Schichten	29
Einzelschicht	251	Farbfehler	93
dielektrische	254	Farbglas	244
metallische Verspiegelung	253	Farblängsfehler	93, 103

Farbstofflaser	215, 216	Neodym-YAG	216
DCM	216	Titan-Saphir	217
Rhodamin 6G	216	Filmwellenleiter	275
Farbteiler	241, 246, 267, 268	Filter	
Farbtemperatur	198, 202	allgemeine Eigenschaften	241
ähnlichste	198, 202	Filterkurve	242
grauer Strahler	202	filternde Elemente	241
Farbvergrößerungsfehler	93, 103	Finesse	266
Farbwahrnehmung		Flächenstrahler	182
Grenze	192	Bestrahlungsstärke	182
Laser		Fluchtfernrohr	152
Absorptionsverluste	297	Fluchtgerade	152
Akzeptanzwinkel	287	Fluchtungsmessung	152
axiale Strahlen	288	Fluchtungsprüfung	152
Bandbreite	287, 295, 297, 298	Flüssigkeitslaser	216
Dämpfung	287, 295	Fokussierung Gaußscher Strahlen	222, 226
Dämpfungskonstante	295	förderliche Vergrößerung	142-144, 148, 153
Dispersion	287, 297, 298	Fotoelastizität	334
Grenzwellenlänge	287	Fotometrie	171
meridionale Strahlen	288	objektive	171
normierte Frequenz	289	subjektive	171
numerische Apertur	287	fotometrische Grenzentfernung	181
optische	114, 275, 287	fotometrische Größen bei einer Abbildung	183
Rayleigh-Streuung	296	fotometrisches Grundgesetz	182, 183
Strahlungsverlust	296	fotometrisches Strahlungsäquivalent	190, 191
Streuung	296	fotopische Anpassung	191
Strukturparameter	289	fotopisches Sehen	134
Faserdämpfung	295	Fraunhofer-Näherung	41
Faserdispersion	287	Fraunhofersche Beugung	40-42
Faserkern	287	freier Spektralbereich	166, 266
Fasermantel	287	Frequenz	4, 5
Faseroptik	115	Fresnel-Beugung	40
faseroptischer Sensor	275	Fresnel-Linse	119, 122, 156
Fasertechnik	114	Fresnel-Rhombus	323, 324
abbildende Elemente	114	Fresnelsche Formeln	14, 16, 18
Feldblende	85, 89, 90, 145	Fresnelsche Näherung	225
Felddurchmesser	148	Galilei-Fernrohr	146, 147, 149
Feldlinse	89-92, 138, 140, 154	Galilei-Teleskop	234
Feldstärken		Gangunterschied	25
Addition	31	Gasentladungslampen	197, 205
Feldstecher	146, 149	Gasfüllung	203
Fernfeld	223	gasgefüllte Lampe	203
Fernfeld-Näherung	41	Gaslaser	214, 216
Fernpunkt	134	gaußförmige Intensitätsverteilung	219
Fernrohr	146, 150, 157	gaußförmiger Impuls	298
terrestrisches	146, 149	Gaußsche Optik	56
Vergrößerung	146-148	Gaußsche Strahlen	219, 361
Fernrohrvergrößerung	146	ABCD-Gesetz	231
Festkörperlaser	215, 216	Ausbreitung	219, 224

378 Stichwortverzeichnis

Bestrahlungsstärke	219, 220	Gradientenfaser	287, 29
beugungsbedingte Divergenz	222	Akzeptanzwinkel	29
Divergenz	221	Gruppengeschwindigkeit	29
Durchgang durch dünne Linse	226	Helixstrahl	29
Durchgang durch ein Teleskop	233	Lichtführung	29
Fernfeld	223	Modenzahl	29
Fokussierung	226	numerische Apertur	29
Halbwertsradius	220	Profilparameter	292, 29
komplexer Krümmungsradius	226, 231, 232	Gradientenindexlinse	11
		Strahlmatrix	62, 6
Konfokalbereich	221	grauer Strahler	20
Nahfeld	221, 223	Gregorysches Teleskop	15
Phasenflächen	223	Grenzflächenwelle	21, 283, 30
Radius	220	Grenzradius	29
Strahlaufweitung	233	Grenzwellenlänge	287, 29
Strahltaille	220	Grenzwellenlänge eines Wellenleiters	283
Tranformation	227	GRIN-Linse	115
wellenoptische Beschreibung	230	Arbeitsabstand	117
Gaußscher Strahl	219	Hauptebenen	117
Strahlradius	220	Strahlmatrix	116
Transformation	232	Grundmode	219, 234, 282
geführte Strahlen	288	Gruppengeschwindigkeit	10, 11, 289, 293
Gegenstandsebene	64	Gruppengeschwindigkeit von Wellenleitermoden	280
Gegenstandsraum	56		
gegenstandsseitige Brennweite	62	Haidingersche Ringe	28
gegenstandsseitiger Brennpunkt	62	Halbapochromat	142
Gegenstandsweite	66	Halbkugellinse	115
gelber Fleck	134	Halbleiterlaser	215, 217
genormtes Spektrum	189	Galliumarsenid	217
geometrische Optik	44	Indiumphosphid	217
Geradsichtigkeit	331	Halbwellenplatte	317, 318, 333
Geradsichtprisma	126	Halbwertsbreite	242, 262
Gesichtsfeld	85	Halbwertsradius	220
Gesichtsfeldblende	85, 89, 90	Halbwürfelprisma	129
Gitter		Halogen-Flutlichtlampe	198
Beugung	160	Lichtausbeute	198
Gittergleichung	161	Halogen-Metalldampflampe	207
Gitterkonstante	160	Halogen-Projektorlampe	198
Gitterspektralgeräte	160	Lichtausbeute	198
Gitterspektrometer nach Czerny-Turner	164	Halogenglühlampe	192
Glan-Prisma	332	Halogenlampe	203
Glan-Taylor-Prisma	332	harmonische Wellen	5, 9
Glan-Thompson-Prisma	332	Hauptbrechzahl	47
Glühdraht	203	Hauptdispersion	48
Glühlampen	192, 197, 199	Hauptebenen	75, 76
Aufbau und konstruktive Merkmale	202	Abstand von Scheitelebenen	79
Betriebsgesetze	204	Bestimmungsgleichungen	77
Lebensdauer	204	dicke Linse	78
Typenklassen	203	dicke Plankonvexlinse	83

GRIN-Linse	117	induzierte Emission	208, 209
Linsensystem	82	infraroter Bereich	3
Vorzeichenkonvention	78	inkohärent	31
Hauptpunkt	68	integrierte Optik	275
Hauptpunkte	76	Intensität	7, 171, 172, 177
Hauptpunktsbezogene Abbildungsgleichung		Intensitäten	
	68, 73	Addition	31
Hauptschnitt	123, 324	Intensitätsverteilung	
Hauptspannungsdifferenz	334	gaußförmige	219
Hauptstrahl	90	Interferenz	24, 25
Hefner-Kerze	190	destruktive	26
Helium-Neon-Laser	214	Gangunterschied	25
Helixstrahl	288, 293	konstruktive	25
Hellempfindlichkeitsgrad		Phasendifferenz	25
spektraler	191	Interferenz an planparallelen Schichten	26
Helligkeitsabfall	185	Interferenzen gleicher Neigung	28
Helligkeitseindruck	190, 191	Interferenzerscheinungen	9, 25
fotopische Anpassung	191	Interferenzfilter	241, 246, 258, 260
skotopische Anpassung	191	Bandbreite	262
Helligkeitsempfinden	171, 191	dielektrische	262
Hellstellung	317	Interferenzspiegel	268
Helmholtz-Lagrange-Gleichung	69, 73, 97,	Reflexionsgrad	268
	184	Intermoden-Dispersion	297
Hochdrucklampe	206, 207	Internationale Kerze	190
Anwendungsbereiche	207	Invariante	
Leistung	207	Abbesche	72
Lichtausbeute	207	Iris	133
Xenon	206, 207	Isochromate	335
Hochpaßfilter	269	Isokline	335
Höchstdrucklampe	206, 207	Kalkspat	330
Anwendungsbereiche	207	Spaltebenen	331
Leistung	207	Spaltform	331
Lichtausbeute	207	Kaltlichtspiegel	246, 269
Quecksilber	206, 207	Kammerwasser	133
Hochvoltlampe	203	Kantenfilter	241, 243
Hoeghscher Meniskus	80	Steilheit	243
Hohlraumstrahler	199	Kenngrößen der Aperturblende	89
Ausstrahlungscharakteristik	199	Kepler-Fernrohr	146, 147, 149
Hohlraumstrahlung	199	Kepler-Teleskop	233, 234
holographisches Gitter	163	Kern	276, 287
Hornhaut	133	kissenförmige Verzeichnung	102
Hundertstelwertsbreite	242	kleine Strahlungsquelle	
Huygens-Fresnelsches Prinzip	38, 160, 224,	Bestrahlungsstärke	181
	225, 230	Strahlungsfluß	181
Huygens-Fresnelsches-Prinzip	38, 39	kohärent	31
Huygens-Okular	138	partiell	31
Huygenssches Prinzip	9, 38, 325, 328	Kohärenz	31, 209, 313
Hyperboloidspiegel	122	räumliche	32, 35, 209, 214
Indexellipsoid	328	zeitliche	32, 33, 209, 212

Kohärenzfunktion	31, 32	spezifische Ausstrahlung	17
Kohärenzlänge	33, 34, 211	Strahlungsfluß	17
transversale	36	Strahlungsleistung	17
Kohärenzzeit	33, 34	Kugellinse	110, 11
Kohlendioxid-Laser	214	Kugelwelle	4,
Köhlersche Beleuchtungsanordnung	144	Kurzpaßfilter	24
Kollektor	144	Kurzsichtigkeit	13
Kollimator	150, 157	Lambert-Strahler	179, 182, 19
Koma	93, 97, 98	spezifische Ausstrahlung	180, 18
tangentiale	99	Strahldichte	17
transversale	99	Strahlstärke	17
komplanare Ebenen	130	Strahlungsfluß	18
komplanare Spiegelungen	130	Lambertsches Kosinusgesetz	179
komplexe Brechzahl	49	Langpaßfilter	241, 243, 245
komplexe Exponentialdarstellung		Längsaberration	94
ebene Welle	6	langsame Achse	318
Kugelwelle	6	Laser	208
komplexer Krümmungsradius	226, 231	Argonionen	214, 216
Transformation	232	Edelgasionen	214
Kondensor	89, 92, 154-156	Excimer	214, 216
Konfokalbereich	221	Farbstoff	215
Konfokalparameter	221	Festkörper	215
konjugierte Ebenen	64, 77	Halbleiter	215
Konkavgitter	164	Helium-Cadmium	216
Konkavlinse	68	Helium-Neon	214, 216
Konkavspiegel	155	Kohlendioxid	214, 216
Konstruktionsstrahlen	70	Kryptonionen	214
konstruktive Interferenz	25	Kupferdampf	216
Kontinuumsstrahler	198	Metalldampf	214, 216
Kontrast	32, 107, 259	Neodym-YAG	215
Konvexlinse	67	Laser als rückgekoppelter optischer Verstärker	
Kopplungslänge	304		210
Korrektur des Öffnungsfehlers	95	Laserdiode	215
Kreisfrequenz	4	Lasermode	212
Kristall	321	longitudinale	212
dichroitischer	321	Laserstrahlung	
doppelbrechender	321	Eigenschaften	211
negativer	325	Kohärenzlänge	211
optisch einachsiger	324	räumliche Kohärenz	211, 214
optisch zweiachsiger	324	zeitliche Kohärenz	212
positiver	325	Lasersysteme	214
Kristallhauptschnitt	324	Lebensdauer	204
Kronglas	47	Leseglas	136
Krümmungsradius		Leuchtdichte	192, 198
komplexer	226	Leuchtdiode	192
Kryptonionen-Laser	214	Leuchtfeldblende	144
Kugelfläche		Leuchtstofflampe	192, 206
Strahlmatrix	63	Farbtemperatur	206
kugelförmige Strahlungsquelle	178	Leuchtstoffröhre	198

Lichtausbeute	198	dünne	60
icht		neutrale	80
Polarisation	309	nichtrotationssymmetrische	123
ichtausbeute	197, 204	optischer Weg	230
Allgebrauchslampe	198	Phasenverschiebung	230
Halogen-Flutlichtlampe	198	plankonkave	114
Leuchtstoffröhre	198	plankonvexe	114
schwarzer Strahler	198	sphärische	113
Lichtausstrahlung		torische	123
spezifische	192	Linse mit konzentrischen Flächen	81
Lichtempfänger	7	Linsen bester Form	95
Lichtführung durch Totalreflexion	276	Linsenkombination	82
Lichtführung in einem Schichtwellenleiter		Linsenmacherformel	61, 73
wellentheoretische Beschreibung	284	Linsenzone	94
Lichtführung in einer Gradientenfaser	292	Lithiumniobat	330
Lichtgeschwindigkeit	4	Littrow-Anordnung	165
Lichtleitfasern	287	Littrow-Prisma	126
Akzeptanzwinkel	287	longitudinale Lasermode	212
Bandbreite	287	longitudinale Resonatormode	211
Dämpfung	287, 295	LSF	108
Dispersion	287, 297, 298	Luke	145, 155
Grenzwellenlänge	287	Lumen	190, 192
numerische Apertur	287	Lumineszenzstrahler	197
Lichtleitung	21	Lupe	136
Lichtquellen	192, 193, 197	Normalvergrößerung	137
allgemeine Eigenschaften	197	Lux	192
Farbtemperatur	202	M^2-Faktor	235
Lichtstrom	192	magnetisches Feld	5, 8
Lichtstärke	190, 192, 198	Malussches Gesetz	316
Lichtstrom	190, 192, 193, 197, 204	Mantel	276
Lichttechnik	171	Materialdispersion	158, 159, 297, 299, 300
lichttechnische Größen	171, 190, 192	Materialdispersionsparameter	301
Lichtwellenleiter	114, 275	Maxwellsche Gleichungen	8, 9
line spread function	108	Medien mit inhomogener Brechzahlverteilung	
linear polarisiertes Licht	23, 310, 316, 318		118
Linearpolarisator	315	Mehrmoden-Wellenleiter	282
Durchlaßrichtung	315	Mehrschichtfilm	
Sperrichtung	316	Vielstrahlinterferenz	247
Linienbildfunktion	108	Meniskus	80
Linienfilter	241, 260	negativer	114
Linienpaare pro mm	107	positiver	67, 114
Linienspektrum	206	Meniskuslinse	81
Linienstrahler	198	meridionale Bildfeldwölbung	101
links zirkulare Polarisation	311	meridionale Strahlen	288
Linse		Meridionalebene	98
aplanatische	96	meridionaler Brennpunkt	100
bikonkave	114	Meßprojektor	154
bikonvexe	114	Metalldampf-Laser	214
dicke	62	Helium-Cadmium	216

Kupferdampf	216	Nennlichtstrom	20
Metallfilm	253	Nennspannung	20
Metallinterferenzfilter	253, 260, 263	Nennwert	20
spektraler Transmissionsgrad	260	Neodym-YAG-Laser	21
Metallreflexion	49	Netzhaut	13
Michelson-Interferometer	25, 31	Netzhautgrube	13
Mikrolinse	114	neutrale Linse	80, 14
Mikroskop	140	neutrale Meniskuslinse	8
Auflösungsvermögen	142	Neutralfilter	24
Strahlengang	140	Newtonsche Abbildungsgleichung	6
Vergrößerung	140	Newtonsches Spiegelteleskop	14
Mikroskopobjektiv	141	nichtrotationssymmetrische Linsen	12
Auflösungsvermögen	142	Nicol-Prisma	33
Mikroskopvergrößerung	141, 142	Niederdrucklampe	20
Mittelpunktsstrahl	61, 70	Anwendungsbereiche	207
Mode		Leistung	207
transversale	213	Lichtausbeute	207
Moden		Niederdrucklampen	206, 207
transversal magnetische	280	Niedervoltlampe	203
TEM	213	normale Dispersion	47
transversal elektrische	280	Normalkomponenten	
Moden der Gradientenfaser	292	Stetigkeit	10
Moden des Schichtwellenleiters		Normalvergrößerung	137
Eigenschaften	279	Normalvergrößerung der Lupe	137
Moden des Wellenleiters	277	Normfarbwert	198
Modenanpassung	304	normierte Frequenz	289
Modenanpassungsparameter	304	normierte Strahlqualität	235, 236
Modendispersion	299	Normlicht	189
Modenkopplung	296, 297, 299	numerische Apertur	89, 141, 142, 276, 277, 287, 288
Modenspektrum	212		
Modenzahl	282, 289, 293	nutzbarer Wellenlängenbereich	166
Modulation	107	Oberflächenspiegel	149
Modulation transfer function	107	Objektbeleuchtung	144
Modulationsfrequenz	11	Objektiv	140
Modulationsübertragungsfaktor	107	objektive Fotometrie	171
Modulationsübertragungsfunktion	106-108	Objektlage	126
Monochromatfilter	241, 260	Objektraum	56
monochromatische Strahlung	188	objektseitige Brennebene	67
monochromatisches Licht	6, 35	objektseitige Brennweite	67
Monochromator	156, 158	Öffnungsfehler	73, 93, 94
Monomode-Wellenleiter	282	Öffnungsverhältnis	89
MTF	107	Okular	136, 138, 140
Multimode-Wellenleiter	282	optical transfer function	107
Nachtsehen	134, 191	Optik	
Nahakkommodation	137, 138	integrierte	275
Nahfeld	221, 223	Optik Gaußscher Strahlen	219
Nahpunktweite	134	optisch dichtes Medium	13
natürliches Licht	313	optisch dünnes Medium	13
negativer Kristall	325	optisch einachsiger Kristall	324

optisch zweiachsiger Kristall	324	Polarisation	309, 313
optische Abbildung	55, 64	elliptische	312
beugungsbegrenztes Auflösungsvermögen		lineare	310
	103	links zirkulare	311
optische Achse	55, 324, 325	rechts zirkulare	311
optische Elemente	113	zirkulare	310
optische Faser	21, 287	Polarisation des Lichts	309
optische Instrumente	133	polarisationsabhängige Effekte	321
optische Medien	47	polarisationsabhängiger Reflexionsgrad	322
optische Signalverarbeitung	41	Polarisationsebene	5, 14, 309
optische Übertragungsfunktion	106, 108	Polarisationselemente	315
optische Verzweigung	302	Polarisationsfilter	23
optische Weglänge	4	Polarisationsfolie	336
optische Wellenleiter	275	Polarisationsgrad	313, 314, 316, 320
optischer Bereich	3	Polarisationsoptik	309
optischer Resonator	210	Polarisationsprisma	331
optischer Spektralanalysator	241, 263	Polarisationswinkel	20, 23, 322
optischer Verstärker	210	Polarisator	315
ordentlicher Brechungsindex	325	Porro-Prisma	128
ordentlicher Strahl	325, 329	Porro-Prisma erster Art	129
Ortsfrequenz	107	positiver Kristall	325
OTF	107, 108	Poyntingvektor	7
Parabolspiegel	121	Prisma nach Abbe bzw. König	129
paraxiale Näherung	56, 93	Prismen	123
Paraxialgebiet	56, 73, 92, 93	Prismenspektralgerät	158
partiell kohärent	31	Auflösungsvermögen	158
Pentagonalprisma	127, 129, 130	Prismenspektrometer	157
periodische Vielfachschichten	255	Auflösungsgrenze	159
Petzval-Bildfeldwölbung	101	Profilparameter	292, 294
Phase	5	optimaler	294
Phasendifferenz	25	Projektionsabstand	155
Phasenfläche	4, 5, 223	Projektor	154
Krümmungsradius	223	PSF	108
Phasengeschwindigkeit	4, 5, 10, 326	Punktbildfunktion	108
Phasengeschwindigkeit von Wellenleitermoden		Pupille	85, 145, 155
	280	Pupillendurchmesser	133
Phasenübertragungsfunktion	108	Quarz	330
Phasenverschiebung durch Totalreflexion	22,	Quecksilber-Höchstdrucklampe	207
	322	Quecksilber-Niederdrucklampe	206
pitch	116	Quecksilberdampflampe	192
planarer Wellenleiter		Queraberration	95
Modenzahl	282	Ramsden-Okular	138
Plancksches Strahlungsgesetz	200	Randbedingungen	16
Plankonvexlinse	67	räumlich kohärent	36
asphärische	120	räumliche Kohärenz	32, 35, 214
Planobjektiv	142	Raumwinkel	172
planparallele Platte	251	Raumwinkelintegration	180
point spread function	108	ray tracing	94
Polardiagramm	174	Rayleigh-Streuung	296

Rayleighsches Kriterium	105, 159, 165, 265
rechts zirkulare Polarisation	311
reelles Bild	70
Reflexion	13, 113, 321
Phasenverschiebung	19
sphärischer Spiegel	59
Reflexion am sphärischen Spiegel	59
Reflexion an Metalloberflächen	49
Phasenverschiebung	50
Reflexionsfaktor	242
Reflexionsgesetz	13
Reflexionsgrad	15, 19, 250, 253, 255, 270
polarisationsabhängiger	322
spektraler	243
Reflexionsgrad der Einzelschicht	252
Reflexionsgrad dielektrischer Spiegel	268
Reflexionsgrad von Vielfachschichten	257
Reflexionsmatrix	
sphärischer Spiegel	59
Reflexionsprisma	126
Bildlage	126
Reflexionsprisma nach Bauernfeind	127
Reflexionsprisma nach Dove	128
Reflexionswinkel	
diskrete	279
Regenbogenhaut	133
Reintransmissionsgrad	242, 295
spektraler	242, 244, 295
Resonator	210
optischer	210
Resonatormode	211
longitudinale	211
Richtfernrohr	146
Richtkoppler	302
Richtkopplung	
Prinzip	303
Richtungsabhängigkeit der Ausstrahlung	171
Richtungscharakteristik	174
Richtungsmessung	150
Rochon-Prisma	332
Rowland-Kreis	164
Rutil	330
sagittale Bildfeldwölbung	101
Sagittalebene	98
sagittaler Brennpunkt	100
Sammellinse	67
Scheitelpunkt	55
Schichtenstapel	256
Reflexionsgrad	256, 257
Schichtwellenleiter	275-27
Modenzahl	28
numerische Apertur	27
wellentheoretische Beschreibung	28
schnelle Achse	31
Schreibprojektor	122, 154, 15
schwach absorbierende Medien	4:
schwarzer Körper	
spektrale Strahldichte	20(
spezifische Ausstrahlung	20
schwarzer Strahler	19(
Absorptionsgrad	19(
Lichtausbeute	19
spektrale Strahldichte	20(
Strahldichte	20(
Schwingungsdauer	4
Schwingungsebene	5, 14, 309
Sehfeld des Fernrohrs	148
Sehwinkel	135
Seidelsche Fehlertheorie	93
Sellmeier-Gleichung	54
sichtbarer Bereich	3
Signalgeschwindigkeit	10, 11, 281
Signalverarbeitung	
optische	41
Silberschicht	261
Sinusbedingung	
Abbesche	69, 97
skotopische Anpassung	191
skotopisches Sehen	134
Snelliussches Brechungsgesetz	13, 17, 18, 39, 118
Huygenssches Prinzip	39
Spaltebene	331
Spaltform	331
Spannungsdoppelbrechung	334
Spektralanalysator	158, 266
optischer	241, 263
Spektralbereich	
freier	166, 266
spektrale Bandbreite	34
spektrale Dichte des Strahlungsflusses	187
spektrale Empfindlichkeit	188, 189
spektrale strahlungsphysikalische Größe	171
spektrale strahlungsphysikalische Größen	187
spektrale Stromempfindlichkeit	188
spektraler Absorptionsgrad	243
spektraler Hellempfindlichkeitsgrad	191
spektraler Reflexionsgrad	243

spektraler Reintransmissionsgrad	242, 244, 295	Strahlen	55
spektraler Strahlungsfluß	187	meridionale	288
spektraler Transmissionsgrad	241	axiale	288
Spektralgeräte	156	Strahlenellipsoid	327, 328
Aufbau	164	Strahlengang	
optischer Aufbau	157	abbildender	154
Spektrallampe	206, 207	verflochtener	145
Spektrograph	156, 158	Strahlgeschwindigkeit	326
Spektrometer	34, 156, 158	Strahlkennzahl	235
Spektroskop	156, 157	Strahlmatrix	60
Spektrum	34, 156	dicke Linse	62, 63, 75
genormtes	189	dünne Linse	61, 63
Sperrichtung	316	Gradientenindexlinse	63
spezifische Ausstrahlung	174, 177, 192	GRIN-Linse	116
spezifische Lichtausstrahlung	192	Kugelfläche	63
sphärische Aberration	93, 94, 100	sphärischer Spiegel	63
sphärische Linsen	113	Translation	63
sphärischer Spiegel		Strahlmatrizen optischer Elemente	63
Strahlmatrix	63	Strahlparameterprodukt	235
Spiegel		Strahlparameterprodukt	235
asphärischer	121	Strahlpropagationsfaktor	236
dielektrischer	241, 246, 267	Strahlqualität	219
Spiegelteleskop		Strahlradius	220
Cassegrainsches	150	Strahlrichtung	329
Gregorysches	150	Strahlstärke	172, 173, 175, 177, 192, 198
Newtonsches	149	Lambert-Strahler	179
spontane Emission	208, 209	Strahlstärke des Lambert-Strahlers	179
Stablinse	110	Strahltaille	220
Stablinse	115	Transformation	227, 228
stark absorbierende Medien	49	Strahlteiler-Polarisationsprisma	332
komplexe	50	Strahltransformation durch optische Elemente	
Stefan-Boltzmannsches Gesetz	201		57
Steilheit	243	Strahlung von Vielmoden-Lasern	234
Steradiant	173	Strahlungsäquivalent	
Sternkoppler	303	fotometrisches	190
stimulierte Emission	209	Strahlungsausbeute	197
Strahl		Strahlungsbewertung	171
außerordentlicher	329	Strahlungsbewertung durch Empfänger	188
ordentlicher	325, 329	Strahlungsfluß	8, 171, 172, 175, 177, 181, 192
Strahlablenkung		Strahlungsgesetze	171
minimale	124	Strahlungsleistung	8, 171, 172
Strahlaufweitung	233	strahlungsphysikalische Größe	176
Strahlbegrenzung	85	strahlungsphysikalische Größen	171, 172, 176, 192
Strahldichte	175, 177, 192, 198		
Erhaltung	184	strahlungsphysikalische Größen des Temperaturstrahlers	199
Lambert-Strahler	179	Strahlungsquelle	171
Strahldivergenz	222, 229	Strahlungsquellen	
Strahldurchgang durch Linsen	60	Ausstrahlung	172
Strahldurchgang durch mehrere Elemente	59		

kugelförmige	178	Transmissionsgrad der Einzelschicht	25
Lichtausbeute	198	Transmissionsgrad der verspiegelten Einzelschicht	25
Modelle	178		
Strahlungsverlust	295	Transmissionsgrad des Fabry-Perot-Interferometers	25
Straßenbeleuchtung	192		
Streifenwellenleiter	275	transversal elektrische Mode	280
Streuung	295	transversal elektromagnetische Mode	213
Strukturparameter	289	Intensitätsverteilung	213
Stufenindexfaser	287	transversal kohärent	36
Akzeptanzwinkel	288	transversal magnetische Mode	280
geführte Strahlen	288	transversale Kohärenzlänge	36
Gruppengeschwindigkeit	289	transversale Mode	213
Moden	288	Tubuslänge	140
Modenzahl	289	mechanische	140
numerische Apertur	288	optische	140
subjektive Fotometrie	171	Turmalin	330, 336
System-Matrix	250, 251	Übergangsmatrix	248
Tagessehen	134, 191	Überlagerung von Wellen	24
Tangentialebene	98	Übertragungsbandbreite	295
Tangentialkomponenten		ultravioletter Bereich	3
Stetigkeit	9	Umkehrprismensystem	
TE-Mode	280	Abbe - König	129
teilweise linear polarisiertes Licht	313	Porro I	128
teilweise polarisiertes Licht	313	Umlenkprismen	
Teleobjektiv	82	Beispiele	127
Teleskop		unpolarisiertes Licht	313, 316
astronomisches	149	Unschärfekreis	100
TEM-Moden	213	Vakuumlampe	203
Temperaturstrahler	197	Vakuumlichtgeschwindigkeit	4
strahlungsphysikalische Größen	199	Van Cittert-Zernike-Theorem	37
terrestrisches Fernrohr	149	verflochtener Strahlengang	145, 154, 155
TM-Mode	280	Vergrößerung	135
tonnenförmigen Verzeichnung	102	Fernrohr	146, 148
torische Fläche	119	förderliche	142-144, 148
Totalreflexion	20, 21, 275, 276	leere	144
frustrierte	22	Mikroskop	140
gestörte	22	Vergrößerung des Mikroskops	141
Grenzflächenwelle	21	Verspiegelung	
Grenzwinkel	21	metallische	253
Phasenverschiebung	22, 322	Verstärker	
Translation		optischer	210
Strahlmatrix	63	rückgekoppelter	210
Translation eines Strahls	57	Verzeichnung	102
Translationsmatrix	57	kissenförmige	102
Transmissionsgrad	15, 16, 250, 335	negative	102
Mehrschichtsystem	250	positive	102
Polarisator	316	tonnenförmige	102
spektraler	241, 259	Verzerrung	93
winkelabhängiger	316	Verzögerungsplatte	317

Verzweigung		Wollaston-Polarisationsprisma	333
optische	302	X-Koppler	302
Vielfachschichten		Y-Koppler	302
periodische	255	Zehntelwertsbreite	242
Reflexionsgrad	257	zeitliche Kohärenz	32, 212
Vielkanal-Spektrometer	158	Zerstreuungslinse	68
Vielmoden-Laser	234	Zielfernrohr	146, 149
Strahlparameterprodukt	235	Ziliarmuskel	133
M^2-Faktor	235	zirkular polarisiertes Licht	310, 319
normierte Strahlqualität	235, 236	Zonenfehler	96
Strahlkennzahl	235	Zweistrahlinterferenz	24
Strahlpropagationsfaktor	236	Zylinderlinse	119, 123
Vielschichtsystem	251		
Transmissionsgrad	250		
Vielstrahlinterferenz	162, 246, 259		
Viertelwellenplatte	317-319, 333		
Vignettierung	90, 91, 185		
virtuelles Bild	70, 71		
Vorzeichenkonvention	56, 78		
Wärmereflexionsfilter	246		
Wärmeschutzfilter	156, 269		
Weglänge			
optische	4		
Weitsichtigkeit	134		
Wellen	4		
Überlagerung	24		
Wellenfläche	4, 5		
Wellenfront	4		
Wellengleichung	8, 9		
Wellenlänge	2, 4, 5		
Wellenlängenbereich			
nutzbarer	166		
Wellenleiter	275		
Grenzdicke	283		
Grenzwellenlänge	283		
Moden	277		
Wellenleiterdispersion	297, 301		
Wellenleitermode	276, 278		
Ausbreitungskonstante	280		
Gruppengeschwindigkeit	280, 281		
Intensitätsverteilung	281		
Phasengeschwindigkeit	280, 281		
Signalgeschwindigkeit	281		
Wellenwiderstand	6		
Wellenzahl	4		
Wiensches Verschiebungsgesetz	200-202		
Winkeldispersion	123, 124, 157, 158, 165		
Winkelmaßstab	65, 69, 73		
Wohnzimmerbeleuchtung	192		

Aus unserem Verlagsprogramm

H. Stöcker (Hrsg.)
Taschenbuch der Physik
5., korrigierte Auflage 2004
1.080 Seiten, zahlreiche Abbildungen und Tabellen, Plastikeinband
ISBN 3-8171-1720-5
mit Multiplattform-CD-ROM
ISBN 3-8171-1721-3

Das Taschenbuch der Physik wurde von einem Team erfahrener Hochschuldozenten, Wissenschaftler und in der Praxis stehender Ingenieure unter dem Gesichtspunkt „Physik griffbereit" erstellt: Alle wichtigen Begriffe, Formeln, Meßverfahren und Anwendungen sind hier kompakt zusammengestellt.

Nicht zuletzt die ausführlichen Tabellenteile zur Mechanik, zu Schwingungen/Wellen/Akustik/Optik, zur Elektrizitätslehre, zur Thermodynamik und zur Quantenphysik machen dieses Buch zu einem unverzichtbaren Nachschlagewerk für Ingenieure und Naturwissenschaftler, die im physikalisch-technischen Sektor tätig sind.

H. Stöcker (Hrsg.)
Taschenbuch mathematischer Formeln und moderner Verfahren
Sonderausgabe der 4., korrigierten Auflage 1999, 2003
903 Seiten, zahlreiche Abbildungen und Tabellen, gebunden
ISBN 3-8171-1700-0
mit Multiplattform-CD-ROM
ISBN 3-8171-1701-9

Elementare Schulmathematik, Basis- und Aufbauwissen für Abiturienten oder Studenten, mathematischer Hintergrund für Ingenieure oder Wissenschaftler: dieses Buch bietet alle wichtigen Begriffe, Formeln, Regeln und Sätze, zahlreiche Beispiele und praktische Anwendungen, Hinweise auf Fehlerquellen, wichtige Tips und Querverweise, analytische und numerische Lösungsverfahren im direkten Vergleich.

Zudem behandelt das Taschenbuch auch Graphen und Bäume, Wavelets, Fuzzy Logik, Neuronale Netze, Betriebssysteme sowie ausgewählte Programmiersprachen und gibt eine Einführung in die Computeralgebra.

Beide Bücher sind jeweils auch mit einer CD-ROM aus der DeskTop-Reihe erhältlich, die den kompletten Inhalt der Taschenbücher als vernetzte HTML-Struktur mit farbigen Abbildungen, multimedialen Zusatzkomponenten und komfortabler Suchfunktion enthält. Diese Multimedia-Enzyklopädien sind plattformübergreifend nutzbar und damit eine zeitgemäße Lern- und Arbeitshilfe an PC, Workstation oder Mac.

Aus unserem Verlagsprogramm

Ostwalds Klassiker der exakten Wissenschaften

Band 20
Christian Huygens
Abhandlung über das Licht
Worin die Ursachen der Vorgänge bei seiner Zurückwerfung und Brechung und besonders bei der eigentümlichen Brechung des isländisches Spates dargelegt sind.
Herausgeber: A.J. v. Oettingen
4. Auflage 1996, 115 Seiten, kartoniert.
ISBN 3-8171-3020-1

Die Wellentheorie des Lichts gehört zu den berühmten Arbeiten des ungewöhnlich vielseitigen Naturforschers. Bereits 1678 formulierte Huygens das „Huygensche Prinzip", mit dem die Lichtreflexion und -brechung erklärt werden konnte. Huygens erkannte die Polarisation des Lichts und lieferte 1678 die Erklärung für die Doppelbrechung des Kalkspats.

Der niederländische Physiker, Mathematiker und Astronom Christian Huygens (1629–1695) gilt als einer der bedeutendsten Naturforscher des 17. Jahrhunderts. Er leistete fundamentale Beiträge zur Mechanik, Optik, Astronomie und Wellentheorie. Zu seinen Erfindungen zählen die Pendeluhr, die stählerne Unruh und das Huygensche Okular.

Band 96
Sir Isaac Newton
Optik
oder Abhandlung über Spiegelungen, Brechungen, Beugungen und Farben des Lichts
(Erstes bis drittes Buch)
Reprint der Einzelbände 96 und 97
Übersetzer und Herausgeber: W. Abendroth
2. Auflage 1998, 288 Seiten, kartoniert.
ISBN 3-8171-3096-1

Bei der Durchführung optischer Experimente entdeckte Newton die Abhängigkeit des Brechungsindex von der Farbe des Lichts und die Zusammensetzung des weißen Lichts aus den verschiedenen Spektralfarben. In den drei Büchern der Optik gab er eine genaue Beschreibung seiner Experimente zu Spiegelungen, Brechungen, Beugungen und Farben des Lichts und versuchte, sie mit seiner Korpuskulartheorie des Lichts zu erklären.

Sir Isaac Newton (1642–1727), englischer Mathematiker, Physiker und Astronom, gehört zu den bedeutendsten Naturforschern des Menschheitsgeschichte. Bahnbrechende theoretische Ansätze über die Natur des Lichts, über Gravitation und Planetenbewegungen und über mathematische Probleme, vor allem zur Infinitesimalrechnung und Algebra, wurden von ihm entwickelt. Newtons Ruhm als Begründer der klassischen theoretischen Physik und damit – neben Galilei – der exakten Naturwissenschaften überhaupt geht vorwiegend auf sein Hauptwerk „Mathematische Prinzipien der Naturlehre", bekannt als „Principia", zurück. Die von ihm geschaffene Grundlage der Mechanik wurde erst zu Beginn des 20. Jahrhunderts durch die Einsteinsche Relativitätstheorie modifiziert.